高等院校研究生通用教材

系统可靠性建模与仿真

孙宇锋　赵广燕　编著

北京航空航天大学出版社

内 容 简 介

科技的发展使各类系统和装备(如物联网、自动驾驶车辆等)日益复杂,模拟并分析这些系统的可靠性对工程设计是十分重要的工作,仿真技术在其中体现出越来越大的优势。

本书介绍了系统可靠性仿真方法和典型可靠性建模方法。全书分为仿真基本原理、可靠性仿真方法、可靠性高级建模方法三部分,共 13 章。内容包括:系统仿真概述、随机变量与随机过程抽样方法、蒙特卡罗方法基础和应用、离散事件系统仿真方法、可靠性框图与网络图仿真、静态与动态故障树仿真方法、复杂关联系统可靠性仿真方法、人机系统可靠性仿真方法、可靠性评估仿真及应用、可维修系统的可用性仿真、基于 Markov 的系统可靠性建模分析、基于 Petri 网的系统可靠性建模分析、可靠性仿真分析的工程应用等。本书介绍的可靠性仿真与建模方法,既能有效地解决问题,又有较好的扩展性和可用性,可较好地满足复杂系统可靠性建模与仿真分析的需求。

本书可为可靠性工程专业、控制科学与工程专业、系统工程专业、安全工程专业及其他有关专业的教科书,也可供从事系统可靠性理论、概率论与随机过程、系统可靠性分析设计的工程技术人员及大专院校相关专业的师生参考。

图书在版编目(CIP)数据

系统可靠性建模与仿真 / 孙宇锋,赵广燕编著.
北京 : 北京航空航天大学出版社,2025. 3. -- ISBN
978 - 7 - 5124 - 4594 - 9

Ⅰ. TP391.9;N945.12

中国国家版本馆 CIP 数据核字第 2025N29U71 号

系统可靠性建模与仿真

孙宇锋 赵广燕 编著

策划编辑 蔡 喆 责任编辑 蔡 喆

*

北京航空航天大学出版社出版发行

北京市海淀区学院路 37 号(邮编 100191) http://www.buaapress.com.cn
发行部电话:(010)82317024 传真:(010)82328026
读者信箱: goodtextbook@126.com 邮购电话:(010)82316936
北京建宏印刷有限公司印装 各地书店经销

*

开本:787×1 092 1/16 印张:30.5 字数:781 千字
2025 年 3 月第 1 版 2025 年 3 月第 1 次印刷
ISBN 978 - 7 - 5124 - 4594 - 9 定价:99.00 元

前　言

科技发展的日新月异,使得与人们生活息息相关的各类系统和装备(如分布式计算、云计算、无线传感器网络、物联网、自动驾驶车辆等)比以往任何时候都更加强大和复杂。这些复杂系统和装备具有多功能、多任务、多阶段、多状态、复杂相关性、高可靠、小子样等特点,存在着许多不完全故障覆盖的容错系统、共因失效系统及功能相关系统。具有这些特点和类型的系统大量存在于以安全或任务为核心的应用领域中,如航空航天、电力系统、医疗系统、电信系统、传输系统等。这些复杂系统在运行中的可靠性问题,直接关系到人们日常生活、经济活动的可靠和稳定,可靠性和安全性差,就会引起任务失败、人员伤亡,甚至造成严重的军事、政治和经济影响。因此,系统可靠性的分析计算对于工程设计人员和管理人员来说都是一项十分重要的工作。

开展系统可靠性分析的首要条件是对系统的行为进行建模。由于系统的复杂程度越来越高,使用传统的物理实验或数学解析方法往往难以奏效,准确地对它们进行解析建模变得越来越困难。传统的系统可靠性技术通过对复杂系统的结构和功能进行简化,根据所获得的近似的简单系统解决复杂系统的可靠性问题,有时会导致难以接受的误差甚至荒谬的结论。另外,由于系统运行环境中存在随机性且涉及因素的不确定性,系统的行为模式也随机变化,这就为系统可靠性的建模分析带来了更大的挑战。因此,传统的解析计算模型和方法已经不能满足人们对复杂系统可靠性分析的需要,而系统数字仿真却能为之提供一种可行而有效的解决途径,并表现出了巨大的技术优势。本书介绍的蒙特卡罗方法和离散事件系统仿真方法,是用于解决复杂系统可靠性分析和指标计算问题的有效手段。

编者在消化、吸收国内外新理论、新方法的基础上,总结多年来从事研究生教学工作的经验和相关科研成果,编写了本书。本书介绍系统可靠性分析计算中具有较好应用、普及价值的数字仿真分析方法,以及一些典型的可解决系统可靠性分析难题的高级建模方法,以夯实专业基础、培养和拓展学生解决实际问题的能力为目的,内容编写侧重概念与理论基础,突出工程使用,便于计算机编程实现。

本书分为三部分,共13章。第一部分介绍了离散事件系统仿真的基本原理,由 4 章组成。第 1 章概述了系统仿真的基础概念和基本原理;第 2 章详细说明了随机变量抽样与随机过程抽样的相关理论和方法;第 3 章全面叙述了蒙特卡罗方法的原理及其提升效率的方法;第 4 章给出了离散事件系统仿真的流程、模型及数据统计分析方法。

第二部分介绍了典型系统的可靠性数字仿真方法,由 6 章组成。第 5 章给出了常用的系统可靠性框图和可靠性网络图的仿真方法;第 6 章具体描述了静态故障树仿真方法和动态故障树仿真方法;第 7 章详细介绍了冷/热储备旁联系统可靠性、相关失效系统可靠性、系统性能可靠性的仿真分析方法;第 8 章结合人机系统分析需要,详细描述了人机系统可靠性建模与风险分析的仿真方法;第 9 章给出了利用蒙特卡罗方法进行单元及系统可靠性评估的仿真方法,并介绍了若干分析应用的实例;第 10 章介绍了可维修系统进行可用性分析的仿真方法。

第三部分介绍了常用的系统可靠性高级建模方法及可靠性仿真的工程实践,由 3 章组成。第 11 章详细叙述了基于 Markov 的可靠性建模分析与可靠性建模方法;第 12 章具体描述了基于 Petri 网的系统可靠性建模方法;第 13 章选取了几种当前实践中较成熟的可靠性仿真热点技术,并结合应用案例进行了详细介绍。

结合各章实例,本书附有部分算法框图或程序,一些数据表和部分仿真程序源代码也一并列入各章附录中以供参考。

本书可作为控制科学与工程专业、可靠性工程专业、系统工程专业、安全工程专业、电子信息专业和其他相关专业的教学用书,也可作为从事系统可靠性理论、概率论与随机过程、系统可靠性分析设计的工程技术人员及大专院校相关专业师生的参考用书。

本书的第 1～第 5 章、第 9 章、第 10 章、第 12 章由孙宇锋编写,第 6～第 8 章、第 11 章、第 13 章由赵广燕编写。在本书的编写过程中,温玉红、孙洁颖、丁子焕、常莉莉、李涵蕊协助编写了附录中的部分程序,做了部分流程图编辑、排版和文字校订等工作,在此一并感谢。

由于编者水平有限,书中难免存在缺点和不足,希望读者批评指正。

编著者
2024 年 12 月

目　录

第一部分

第二部分

第三部分

第一部分

第 1 章　系统仿真概述

　　系统仿真是近 80 年发展起来的一门综合性很强的技术学科,它涉及各相关专业理论与技术,如系统分析、控制理论计算方法和计算机技术等。当在实际系统上进行试验研究比较困难甚至无法实现时,仿真技术就成为十分重要甚至必不可少的工具。仿真技术目前已在科学试验、军事研究、重大决策、国民经济、工程技术、生产管理及社会科学和自然科学等领域得到了广泛的应用,其效果显著,在重大装备系统或关键技术研究中,仿真技术水平的高低直接影响它们的先进性和经济性。

　　系统仿真技术是以相似原理、控制理论、计算技术、信息技术及其应用领域的专业技术为基础,以计算机和各种物理效应设备为工具,利用系统模型对实际的或设想的系统进行动态试验研究的一门综合性技术。简单讲,系统仿真实际就是进行模型试验,是指通过系统模型的试验去研究一个已经存在的或正在设计中的系统的过程。

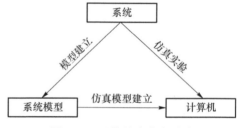

图 1-1　系统仿真基本活动

　　系统仿真包含三个基本活动,即建立系统模型、构造仿真模型和进行仿真实验。其中系统是研究的对象,模型是对系统的抽象,仿真则是对模型进行实验研究的过程。联系这三个活动的是系统仿真的三个要素:系统、模型、计算机。它们的关系如图 1-1 所示。

　　本章主要介绍系统、模型、仿真的基本概念,系统建模仿真的步骤,系统仿真技术的发展等,使读者对系统仿真有一个基本的了解。

1.1　系统、模型和仿真的基本概念

1.1.1　系统定义与特性

1.1.1.1　系统定义

　　系统一词含义广泛,很难用简明扼要的文字准确地定义,它可以泛指自然界的一切现象和过程。系统一词最早见于古希腊原子论创始人德谟克利特(公元前 460 年—公元前 370 年)的著作《世界大系统》。该书明确地论述了系统的内涵:"任何事物都是在联系中显现出来的,都是在系统中存在的,系统联系规定每一事物,而每一联系又能反映系统的联系的总貌。"在总结前人思想的基础上,G.戈登在其所著《系统仿真》中将系统定义为:"按照某些规律结合起来,互相作用、互相依存的所有实体的集合或总和。"在我国GJB 541A中,系统则定义为:"能够完成某项工作任务的设备、人员及技术的组合。一个完整的系统应包括在规定的工作环境下,使系统的工作和保障可以达到自给所需的一切设备及有关的设施、器材、软件、服务和人员。"

系统的概念可以是抽象的,也可以是实际的。一个抽象的系统可以是相关的概念或思维结构的有序组合,而一个实际系统是为完成一个目标而共同工作的一组元素的有机组合。

系统具有以下四个特点:

① 系统是由部件组成的,各部件之间存在着联系;

② 系统行为的输出也就是对目标的贡献;

③ 系统各单元之和的贡献大于各单元的贡献之和;

④ 系统的状态是可以转换的,在某些情况下系统有输入和输出,同时系统状态的转换是可以控制的。

据此,从工程系统角度看,系统就是一些部件为了某种目的而有机地结合的一个整体。就其本质而言,系统就是在某具体环境中一类为达到某种目的而相互联系、相互作用的事物的有机集合体。以下列举几个系统示例。

示例1.1:飞机自动驾驶仪(图1-2)。自动驾驶仪中的回转仪用于检测飞机的实际航向与目标航向之间的偏差,然后将偏差信号传送至控制翼面,通过控制翼面的姿态调整和操作控制,确保飞机运动方向调整到目标航向上来。

图1-2 飞机自动驾驶仪

示例1.2:飞机的飞行模拟器。飞行模拟器由各种操纵机构和显示设备的飞行座舱组成,包括了能描述飞行动力学、发动机及各机载系统特性的仿真计算机系统、提供运动感受的运动系统、提供力反馈感觉的操纵负荷系统及视景系统等。

示例1.3:网店的快递服务。一个网店的快递服务就是一个人工系统,该系统中有快递员和订单顾客,顾客下的订单按照某种规律到达,快递员根据顾客的要求,按一定的程序为顾客投送快递,顾客收到快递后评价并结束服务。在该系统中,顾客订单和快递员互相作用,订单到达模式影响着快递员的工作忙或闲状态和网店服务的排队状态,而快递员数量、服务效率也影响着顾客接收快递的质量。

示例1.4:仪器生产制造系统(图1-3)。该系统由五个部门组成,包括生产零件的制造车间、生产成品的装配车间、负责原材料供应的采购部门、负责发送成品的装运部门及负责接收用户订货并对各部门工作进行分配的生产管理部门。

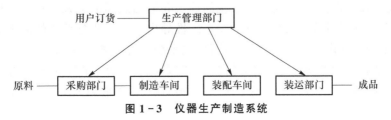

图1-3 仪器生产制造系统

1. 系统的"三要素"

尽管系统千差万别,但都可归结出描述系统的"三要素",即实体、属性、活动。

(1) 实体

实体是组成系统的元素、对象,是系统中可单独辨识和刻画的构成要素。实体确定了系统的构成和系统的边界,如工厂中的机器、商店中的服务员、生产线上的工件、道路上的车辆等。从仿真分析角度看,实际系统就是由相互间存在一定关系的实体集合组成的,实体间的相互联系和作用产生系统特定的行为。

(2) 属性

属性是对实体特征的描述。属性一般是系统所拥有的全部特征的一个子集,用特征参数或变量表示。一般按以下原则确定实体属性的特征参数:

① 便于实体分类,如到达购物店顾客的性别;

② 便于实体行为的描述,如飞机的速度、位置参数;

③ 便于排队规则的确定,如生产线上待处理工件的优先级。

(3) 活动

活动是指实体在一段时间内持续进行的操作或过程。活动定义了系统内部实体之间的相互作用,反映了系统内部发生变化的过程。很多情况下的活动是由几个实体协同完成的。

2. 状态

对实体活动的特征状况划分,其表征量称为状态变量。活动总是与一个或几个实体的状态相对应。状态可作为动态属性进行描述。把在某一指定时间内,由存在于系统内部的实体、属性、活动组成的整体称为系统状态。

在上述自动驾驶仪系统中,机身、回转仪、控制翼面是系统的实体,它们的属性有飞行速度、控制翼面的角度、回转仪的定位等,而活动则是控制翼面的驱动、机身对控制运动的响应等。在上述飞行模拟器系统中,每个分系统都可视为一个实体(或由多个实体组成),操纵人员也是一个实体,它们都有描述自身特性的属性,例如,描述飞行器动力学特性的属性有姿态角、角速度、角加速度等,系统活动则是各分系统按照预先控制程序下的运行和动作。在上述网店快递服务中,快递员和订单顾客都是实体,快递员数量、快递速度、订单的分布参数等就是实体属性,而顾客下单、快递员投送等行为就是活动,快递员有忙或闲、顾客有等待等状态。在上述仪器制造系统中,订货单、零件、成品等就是实体,订货单要求生产的零件数量和类型、需要制造的仪器数量就是对应属性,各部门生产或工作过程就是活动。

1.1.1.2 系统特性

系统是按照某些规律组合起来,相互作用、相互依存的所有实体的集合或总和。描述一个系统时,在明确研究目标的同时,可以进一步详细地把系统分为多级来进行描述。一个系统可以看成由相互作用的若干个分系统所组成。利用逻辑关系或组成关系图,可以把各个孤立的分系统组合起来描述系统,并确定各分系统的输入和输出之间的关系。每一个分系统的输入和输出,事实上通常都可从定义分系统的关系式推导出来。一些分系统的输出变成另一些分系统的输入,由于这些内部变量的存在,从而导致系统内部的相互作用。另一方面,除了研究系统的实体属性和活动等动态变化外,还需要研究影响系统活动的外部条件,这些外部条件称为环境。但系统与环境的边界是不确定的,对于相同系统,可能因为不同的研究目的而有不同的环境。

综上分析,仿真中对系统的研究一般都需考虑目的性、整体性、相关性、环境适用性等系统特征。

1. 系统的目的性[1]

系统的含义与具体研究目标有关。设计或综合一个系统,是为了实现预定的目的,也就是系统的目的性。因此,系统的定义及其边界的确定,也最终取决于对系统研究的目的。以阿波罗飞船工程为例,假定研究目的是如何保证登月飞船的设计可靠性和质量问题,则系统的内涵和边界正是图1-4中的"方案论证至详细设计"部分,它包括了图中各有关环节(子系统)。但当研究目的是如何全面提高飞船工程的可靠性和质量问题时,则系统的内涵和边界必须包括图1-4中"方案论证至详细设计""制造与试验""飞行前评价"及"发射及飞行"等阶段所包括的所有环节(子系统)。由此可见,任何一个特定系统的内涵和边界都是根据特定的研究目的而确定的,其内涵中环节的多寡不但取决于对系统认识的深化程度,还取决于研究目的所需的量化精度要求。

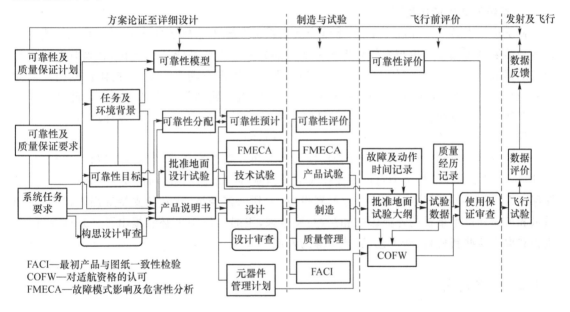

图1-4 阿波罗飞船可靠性质量保证构成图

2. 系统的整体性[1]

系统作为统一的整体具有一定的功能,要实现其特定的功能必须把各部分作为一个不可分割的整体来研究。如果研究目的是为提高阿波罗飞船设计阶段的质量和可靠性,则不能只研究其中一个或几个环节,因为设计的质量、可靠性是依靠由各环节构成的质量、可靠性体系运行而得以实现的。此外还应指出,人们无需对各环节平均地使用人、财、物力。大量工程的实践结果表明,在设计阶段,制订可靠性和质量保证计划、正确分析和选择可靠性总目标,推行故障模式影响及危害性分析(FMECA),实施设计评审及制订和贯彻元器件控制大纲等环节,对提高飞船的质量和可靠性具有明显的效益,因此在系统分析中应给以充分重视。由此可见,从系统工程观点出发,整体并不是各个环节(子系统)的简单总和,而是为实现特定目的由各环节(子系统)构成的有机综合体。因此在研究系统时,应根据研究目的和系统的边界与内涵,对整体进行综合分析。

3. 系统的相关性[1]

在一个系统内的各个部分不仅有它自己的相对独立性,而且相互之间有一定的联系。要使一个系统有效地按照预定目标完成任务,它的各环节或者各子系统之间就必须相互联系、相互作用。仍以阿波罗飞船设计阶段为例,当人们初步分析,选择了可靠性目标值后,即可对各子系统进行第一轮可靠性分配工作,此后进行各子系统(如飞船的结构、控制、动力等子系统)的可靠性预计工作,其结果将反映出各子系统有可能达到的可靠性量值。再根据需要与可能,对已做出的可靠性指标分配值进行适当的调整。在设计阶段中上述有关工作应多次重复进行,以体现可靠性指标分配的合理性和现实性,在确有充分根据的条件下,尚可重新调整和确定飞船的可靠性总指标。还应指出,FMECA 工作对于可靠性分配、预计均有重要参考价值;同时,后者又进一步为 FMECA 指明了工作重点。由此可见,系统中各环节均完成某一特定功能而有其相对独立性,在它们之间又具有直接或间接的相互联系和制约关系,这些联系和制约反映于系统内的物质和信息流动,充分体现了其相关性。

4. 系统的环境适应性[1]

系统总是在某一个环境中工作,常常会受到系统外界环境变化的影响。同时,系统内的某些活动结果也可能会产生与系统外界环境之间的界限。为使系统达到优化,必须对系统进行相应的调节,使之适应环境的变化。众所周知,飞船在宇宙空间飞行中,其向阳面耐受高温而背阳面则经受低温,在宇宙空间还有与小流星和宇宙微粒物体等碰撞的可能等。此外飞船的登月着陆子系统将面临月球的新环境。飞船的可靠性设计必须与这些外界环境条件相适应,以确保飞船在规定的条件下,在规定的工作时间内,完成其规定的功能。我们还应当注意到,在飞船的设计和研制过程中,市场能否按预定要求和计划进度提供所需的元器件、原材料、外协件,一个国家的经济技术力量能否支持飞船的研制等一系列因素,均构成了飞船质量和可靠性保证系统的外界环境条件。小到原材料供应,大到国家经济、技术的支持等因素,均对飞船质量和可靠性产生重要的外界影响和制约;反过来,飞船的研制也必然提出了一系列新课题,刺激和促进某些新材料、新工艺、新技术等的发展。

1.1.2　模型定义

为达到研究与分析系统特性的目标,人们需要收集系统的有关信息,并以某种形式描述系统有关实体的属性、状态及相关活动,这种形式就是模型。模型是对系统与外部的作用关系及系统内在的运动规律所做的抽象,是系统的某种特定性能的一种体现。模型可以描述系统的本质和内在的关系,通过对模型的分析研究,达到对原型系统的认知和了解。

系统模型实质上是一个由研究目的所确定的,关于系统某一方面本质属性的抽象和简化,并以某种表达形式来描述。系统模型是通过对客观世界的反复认识、分析,经过多次相似整合过程所得到的结果。

系统模型的构建,是以系统之间的相似原理为基础的。相似原理指出,对于自然界的任一系统,存在另一个系统,它们在某种意义上可以建立相似的数学描述或有相似的物理属性。一个系统可以用模型在某种意义上来近似,这是整个系统仿真的理论基础。

系统模型是系统的代表,同时也是对系统的简化,它往往以某种逻辑形式来描述,利用如符号、文字、图表、实物、数学公式等提供关于系统的信息。由于不同的研究者关心的问题不同,或者想了解的系统的方面不同,对同一个系统就会产生相应于不同目标的多种模型。

一个系统的数学模型可以用如下七元组集合来描述[8]

$$S = (T, X, \Omega, Q, Y, \delta, \lambda) \qquad (1-1)$$

式中, T——时间基,描述系统变化的时间坐标;

X——输入集,代表外部环境对系统的作用;

Ω——输入段集,描述某个时间间隔内的输入模式,是 (X, T) 的一个子集;

Q——内部状态集,描述系统内部状态量,是系统内部结构建模的核心;

δ——状态转移函数,定义系统内部状态是如何变化的,它是一个映射 $\delta: Q \cdot \Omega \rightarrow Q$,其含义是:若系统在 t_0 时刻处于状态 q,并且有 $w: \langle t_0, t_1 \rangle \rightarrow X$,则 $\delta(q, w)$ 表示系统处于 t_1 状态;

Y——输出集,系统通过它作用于环境;

λ——输出函数,是一个映射 $\lambda: Q \cdot X \cdot T \rightarrow Y$,给出了一个输出段集。

实际系统建模时,由于要求不同,模型描述的级别亦不同,有三种级别。

1. 行为级

该级别将系统视为黑盒,通过施加输入信号,测得输出响应,则该级别系统模型只给出输入/输出的观测结果。

2. 状态级

该级别定义了系统内部的状态集及状态转移函数,系统模型不仅能反映输入/输出关系,还能反映出系统内部状态,以及状态与输入、输出间的关系。

3. 结构级

该级别将系统视为若干个黑盒连接起来,定义每个盒的输入与输出,以及它们相互之间的连接关系。

1.1.3　仿真定义

1.1.3.1　模拟与仿真

根据国际标准化组织(ISO)标准中的解释,模拟(simulation)是选取一个物理的或抽象的系统的某些行为特征,用另一个系统来表示它们的过程;仿真(emulation)是使用另一种数据处理系统中使用的硬件,完全或部分地模仿目标处理系统,让模仿系统得到相同的数据、执行相同的程序、获得相同的结果。目前,模拟和仿真所包含的内容都归属于仿真的范畴,并用 simulation 来表示。

1978 年 Korn 在《连续系统仿真》中将仿真定义为:"用能代表所研究的系统的模型做实验"。1984 年 Oren 提出了"建模—实验—分析"的基本仿真思想,将仿真定义为:"一种基于模型的活动"。无论哪种定义,仿真是"基于模型的实验"这一基本观点是共同的[8]。

1.1.3.2　系统仿真的定义

简单讲,系统仿真就是用模型代替实际系统进行试验。它是在不破坏真实系统环境的情况下,为了研究系统的特性而构造并运行这种真实系统模型的方法。

从技术学科角度看,系统仿真是建立在控制理论、相似理论、信息处理技术和计算技术等理论基础之上的,以计算机和其他专用物理效应设备为工具,利用系统模型对真实或假想的系统进行试验,并借助于专家的经验知识、统计数据和信息资料对试验结果进行分析研究,进而做出决策的一门综合性和试验性的学科。

1.1.3.3 仿真法与解析法的对比

给出一个系统的数学模型之后,一般情况下用解析法就可以求解系统有关的信息。但是,当不能应用解析法的时候,就必须用仿真法去求解。解析法和仿真法之间的重要区别是:解析法可以直接得到通解或理想解,而仿真法则是通过一步一步地求解得到它的解,而每一步的解是相对于一个设定条件而得到的,得到的解也是近似解。

然而,用解析法求解问题的范围毕竟是有限的。用解析法求解问题时,要求系统模型用一些特殊的公式表示(如用线性微分方程组的形式)。为了求得一个模型结果,使它能适于用解析法求解,就要对模型加以抽象和近似处理。这时就要判断:为了应用解析法而对模型进行抽象的程度是否合适?模型的近似程度与颗粒度与所要求的计算精度直接相关,要求的计算精度越高,模型的复杂度可能就越高,额外增加的计算工作量就会大幅增加,此时应用仿真求解就是最合适的方法。

1.2 系统仿真的类型

1.2.1 系统类型

系统的分类方法很多,分类的实质是从不同的角度判定系统所属的类型。现将几种常用系统分类概述如下。

1. 静态系统和动态系统

静态系统是被视为相对不变的,如处于平衡状态下的一根梁,若无外界的干扰,则其平衡力是一个静态系统。系统的状态可改变时称为动态系统。如一个处于工作运行状态的仿真计算机可以看成一个系统,它由处理机、存储器、接口电路、外围设备和仿真作业等几个部分组成。仿真作业在处理机中运行或使用外围设备,由于计算机分配一个仿真作业带来的资源改变,就会改变各组成部分之间的相互关系,因此在一个仿真作业实施运行后,系统的状态就会随之改变,这样的系统就属于动态系统。

2. 确定系统和不确定系统(含随机系统)

对于动态系统可以进一步分为两类。一个系统的每个状态,若其连续的状态是唯一确定时,这个系统称为确定系统。在既定的条件和活动下,系统从一个状态转换为另一个状态不是确定性的,可能带有一定的随机性质,即相同的输入经过系统的转换过程会有不同的输出结果,这个系统称为不确定系统。例如,一个放射性的原子核就是一个不确定系统,导致放射性裂变的状态是随机的,也就是粒子的放射是无规律的。

3. 连续系统和离散系统

随着时间的改变,系统内实体状态数值是连续变化的系统称为连续系统,如一架飞机在空中飞行,其位置和速度相对于时间是连续改变的。若系统状态随时间呈间断地改变或突然变化,则称为离散系统,例如,一个仿真作业完成计算离开处理机,转到外围设备排队等待输出结果,这个系统就属于离散系统。在实际工程应用中,状态完全是连续或离散的系统是较少见的,大多数系统中既有连续成分,也有离散的成分,如生产车间的数控机床,虽然机床的启动和停止是断续的,但是其运行却是连续的。对于大多系统来说,依据研究目标需要,当某种变化类型占优势时,就把它归入这一类系统。

本书的主要研究对象是与装备研制相关的各类质量特性系统,是属于动态的、随机的离散型系统。

1.2.2　模型类型与描述

按照不同研究角度,模型的分类有多种提法,会得到不同的模型类别,现总结如下。

1.2.2.1　从模型与现实系统的关系角度分类

从模型与现实系统的关系角度,分为物理模型和抽象符号模型。

1. 物理模型

物理模型是根据实际系统之间的相似性而建立起来的实体模型。这类模型或是保留着实际系统的外形性质,或是保留着实际系统行为的相似性,但性质和结构可以存在不同。

前者一般采用几何外观相似的原理,通过缩小的实体外形模型(又称比例模型)进行实验,进而获得实际系统的各种性能参数。如在风洞做吹风试验的飞机模型、船体模型、车体模型等。后者一般利用数学模型的相似原理(即可用同一形式方程表示不同的物理现象),通过研究一个简易实验系统的性能,来分析另一个困难实验系统的性能。如力学系和电学系类似,建立电学系统时去研究力学系统就更为简便。如果要预测悬置系统的减振器或弹簧参数的变化对汽车性能的影响,那么只要研究对应电学模型中的电路电阻和电容值,观测它们对电压变化的影响就可以推测悬置系统的减振性能。

2. 抽象符号模型

抽象符号模型是借助文字、字母、符号、图表、语言和数学公式来描述现实系统的模型。它可以分为概念模型、数学模型和仿真模型。

① 概念模型(conceptual model):又称非形式化描述模型,是针对一种已有的或设想的系统,对其组成、原理、要求、实现目标等,用文字、图表、技术规范、工作流程等文档来描述,反映系统中各种事物、实体、过程的相互关系、运行过程和最终结果,以此对这种系统进行非形式化的概念描述,这种描述称为概念模型。这类模型描述了研究对象的本质但不侧重细节,它帮助建模者随着对模型的深入研究能保持对模型的完整形态有清晰的认识。

② 数学模型(mathematic model):是采用数学符号与关系式对系统内在规律及与外部的作用关系进行抽象和对某些本质特征进行描述的模型,它是一种形式化的描述。例如,连续系统模型主要采用微分方程(组)来描述,离散系统模型主要采用差分方程(组)来描述,离散事件系统用概率分布、排队论等来描述。

③ 仿真模型(simulation model):是将数学模型通过某种数字仿真算法将其转换成能在计算机上运行的数字模型,是一类面向仿真应用的专用模型或运行软件。

1.2.2.2　从数学模型与系统时间关系角度分类

从数学模型与系统时间关系角度,分为静态模型和动态模型。

1. 静态模型

静态模型是静态系统的描述模型,是系统处于相对平衡状态时某些属性的表述。静态模型与时间没有关系,它的一般形式是代数方程、逻辑表达关系式。如系统的稳态解公式、理想电位器转角和输出电压之间的关系式、继电器的逻辑关系输出式等。

2. 动态模型

动态模型是动态系统的描述模型,它描述了系统属性随时间发生的变化。依据系统不同时间特性的差异,动态模型又可分为连续系统模型、离散系统模型和混合动态模型。

(1)连续系统模型

在此模型中,系统状态随时间连续变化,如飞行中的飞机速度、高度、位置、姿态角等变化。连续系统模型有确定型模型和随机型模型两种。

① 确定型模型。若系统的输出完全可用其输入来表示,则称为确定型模型。按照确定型模型输入和输出是否与系统各质点位置有关,可分为集中参数模型和分布参数模型。

a. 集中参数模型:如果建模对象的每个组成部分的状态都一样,则该系统就可视为一个集中参数系统。例如,研究一个由无数个质点组成的物体的质心运动时,可假设每个质点的运动状态相同,整个物体的质量均集中在质心处,这样得到的质心运动模型就是一个集中参数模型。这类模型的描述一般用常微分方程、状态方程和传递函数。工程实践中像航天器发射与运行、汽车越野问题等都是此类问题,建模时可利用直接分析法建立起该系统的数学模型。

b. 分布参数模型:如果建模对象的每个微小部分的状态都不一样,那么这些系统就必须视为由无限多个微小部分组成。如研究物体弹性振动、大气中污染物扩散、热传递过程等问题。这时系统的输出将为多元函数,它不仅是时间的函数,而且是系统各点位置的函数。描述分布参数系统的数学模型通常是偏微分方程,该模型的建立一般要比上述集中参数连续系统复杂,多采用机理分析法和系统辨识法。

② 随机型模型。若系统的输出是随机的,即对于给定的输入存在多种可能的输出,则该系统是随机型模型。

(2)离散系统模型

在此模型中,系统状态仅在离散的时刻点发生变化,例如,在制造系统中,零件会在特定的时间到达和离开,机器会在特定的时刻进行运动操作。根据系统的状态变化的随机性,离散模型又可进一步分为时间离散系统模型和离散事件系统模型。

① 时间离散系统模型。时间离散系统又称采样控制系统,模型一般用差分方程、离散状态方程和脉冲传递函数来描述。这种系统的特性其实是连续的,仅在采样的时刻点才研究系统的输出,如各种数字式控制器的模型等。

② 离散事件系统模型。离散事件系统模型的输出不完全由输入作用的形式描述,往往存在着多种可能的输出。它是一个随机系统,如库存系统、交通系统、排队服务系统等。输入和输出在系统中是随机发生的,一般要用概率模型来描述这种系统。

(3)混合动态模型

在有的系统模型中,既有连续变化的成分,也有离散变化的因素,这种模型称为混合动态模型。例如,机加工车间中的数控车床,工作时刀具压力是连续变化的,但是车床的启动和停止会在离散时间点上出现。

按照上述系统数学模型的描述,其分类汇总见表1-1。进一步按照时间特性及变量轨迹分类见表 1-2[26]，对应的动态系统的几种典型数学模型描述形式见表 1-3。

表 1-1　系统模型分类

模型类型	静态模型	动态模型					
		连续系统模型			离散系统模型		混合动态模型
		集中参数	分布参数	随机	时间离散模型	离散事件模型	
数字描述	代数方程	微分方程 传递函数 状态方程	偏微分方程	概率分布 混沌理论	差分方程、Z 变换、离散状态方程	概率分布 排队论	连续与离散系统方法
应用举例	系统稳态解	工程动力学 系统动力学	热传导系统	长期天气预报	数据采样系统 计算机控制系统	交通系统、电话系统、分时系统	容错系统

表 1-2　依据时间特性及变量轨迹划分的仿真建模体系[26]

分类	连续系统模型	离散系统模型
连续时间模型	常微分方程模型、偏微分方程模型、连续时间 PDE、连续空间、离散空间	面向进程模型、面向事件模型、排队模型、活动扫描模型
离散时间模型	偏微分方程模型、离散时间 PDE、连续空间、离散空间、系统动力学模型	差分方程模型、离散运算模型、马尔可夫(Markor)链模型、有限态自动机、Mealy-moore 自动机、确定或随机型自动机

表 1-3　动态系统数学模型的表达形式

类型	描述方法	数学模型描述形式
连续时间模型	微分方程	假定系统输入量 $u(t)$、输出量 $y(t)$ 及内部状态变量 $x(t)$ 都是时间的连续函数，则有 $$\frac{\mathrm{d}^n y(t)}{\mathrm{d}t^n} + a_1 \frac{\mathrm{d}^{n-1} y(t)}{\mathrm{d}t^{n-1}} + \cdots + a_n y(t) = c_0 \frac{\mathrm{d}^{n-1} u(t)}{\mathrm{d}t^{n-1}} + c_1 \frac{\mathrm{d}^{n-2} u(t)}{\mathrm{d}t^{n-2}} + \cdots + c_n u(t)$$
	传递函数	假定系统输入量 $u(t)$、输出量 $y(t)$ 及内部状态变量 $x(t)$ 都是时间的连续函数，则有 $$G(s) = \frac{Y(S)}{U(S)} = \frac{c_0 s^{n-1} + c_1 s^{n-2} + \cdots + c_{n-1}}{s^n + a_1 s^{n-1} + \cdots + a_n}$$ （式中，s 为拉普拉斯算子）
	权函数	假定系统输入量 $u(t)$、输出量 $y(t)$ 及内部状态变量 $x(t)$ 都是时间的连续函数，则在零初始条件下，系统对理论脉冲函数的响应 $g(t)$ 称为权函数 $$g(t) = \begin{cases} \infty, & t = 0 \\ 0, & t \neq 0 \end{cases}, \quad \text{且} \int_0^\infty g(t)\mathrm{d}t = 1$$ 式中，$g(t) = L^{-1}[G(s)]$，且对于任意 $u(t)$ 满足 $y(t) = \int_0^\tau u(\tau) g(t-\tau)\mathrm{d}t$
	状态空间表达	假定系统输入量 $u(t)$、输出量 $y(t)$ 及内部状态变量 $x(t)$ 都是时间的连续函数，则其状态空间的表达由状态方程和输出方程构成，其矩阵形式为 $$\begin{cases} x = \boldsymbol{A}x + \boldsymbol{B}u \\ y = \boldsymbol{C}x \end{cases}$$ 式中，$\boldsymbol{A}$ 为状态系数阵；$\boldsymbol{B}$ 为输入系数阵；$\boldsymbol{C}$ 为输出系数阵

类　型	描述方法	数学模型描述形式
离散时间模型	差分方程	假定系统输入量 $u(k)$、输出量 $y(k)$ 和状态变量 $x(k)$ 是时间的离散函数，则有 $$y(n+k)+a_ky(n+k-1)+\cdots+a_ny(k)=b_1u(n+k-1)+\cdots+b_nu(k)$$
	Z 传递函数	假定系统输入量 $u(k)$、输出量 $y(k)$ 和状态变量 $x(k)$ 是时间的离散函数，则有 $$H(z)=\frac{Y(z)}{U(z)}=\frac{b_1z^{-1}+\cdots+b_nz^{-n}}{a_0+a_1z^{-1}+\cdots+a_nz^{-n}}$$
	权序列	假定系统输入量 $u(k)$、输出量 $y(k)$ 和状态变量 $x(k)$ 是时间的离散函数，则有 $$y(k)=\sum_{i=0}^{k}u(i)h(k-i)$$，并满足 $Z[h(k)]=H(z)$
	离散状态空间	假定系统输入量 $u(k)$、输出量 $y(k)$ 和状态变量 $x(k)$ 是时间的离散函数，则其状态空间的表达由状态方程和输出方程构成，其形式为 $$\begin{cases} x(k+1)=\boldsymbol{F}x(k)+\boldsymbol{G}u(k) \\ y(k)=\sum_{j=1}^{n}b_jq^jx(k+n)=\sum_{j=1}^{n}b_jx_{n-j+1}(k)=\boldsymbol{\Gamma}x(k) \end{cases}$$ 式中，$\boldsymbol{F}$ 为状态系数阵；$\boldsymbol{G}$ 为输入系数阵；$\boldsymbol{\Gamma}$ 为输出系数阵
混合模型	混合法	该系统使用连续及离散时间两类模型来共同描述（描述形式同上）

本书各章讨论的模型都是动态的、离散事件系统模型，它们属于符号模型范畴，是模仿动态系统的一种描述模型。

1.2.3　仿真的分类

按照系统仿真的不同研究角度，有多种分类方式，概述如下。

1.2.3.1　按照仿真的实现物理途径分类

按照仿真实现的不同物理途径，系统仿真可分为物理仿真、半物理仿真和计算机仿真，分类见表 1-4。

表 1-4　系统仿真类型

仿真类型	模型类型	计算机类型	经济性
物理仿真（模拟仿真）	物理模型	模拟计算机	费用高
半物理仿真（混合仿真）	物理—数学模型	混合计算机	费用适中
计算机仿真（数字仿真）	数学模型	数字计算机	费用低

1. 物理仿真

物理仿真又称实物仿真，是按照真实系统的物理性质构造系统的物理模型，并在物理模型上进行实验的过程。如飞机模型做风洞试验。在数字计算机出现以前，仿真都是利用实物或它的模型来进行研究的，又称模拟。物理仿真是以相似原理为基础的，实际系统中的物理量，如距离、速度、角度和重量等，都可以用按一定比例变换的电压来表示，系统某一物理量随时间变化的动态关系和模拟计算机上与该物理对应的电压随时间的变化关系是相似的。因此,原系统的数学方程和模拟机上的解题方程是相似的,只要原系统能用微分方程、代数方程(或逻辑方程)描述,就可以在模拟机上求解。

物理仿真具有以下特点:

① 物理仿真直观、形象,物理实体能与实际系统外形高度近似;

② 物理仿真用模拟机的解题速度与原系统的复杂程度无关,能快速求解微分方程;

③ 物理仿真用模拟机易于和实物相连,能灵活设置仿真试验时间标尺;

④ 模拟仿真精度低于数字机仿真、逻辑控制功能差、自动化程度低;

⑤ 物理仿真的代价比较高、周期长、模型改变困难、实验限制多。

2. 计算机仿真

计算机仿真又称数字仿真,是对实际系统进行抽象,并将其特性用数学关系加以描述而得到系统的数学模型,对数学模型进行试验,模仿系统实际情况的变化,用定量化的方法分析系统变化的全过程。数字仿真首先需要建立系统的数学模型,并将数学模型转化为仿真计算模型,通过仿真计算模型的运行来达到对系统运行的目的,因此数字仿真需要研究各种仿真算法,这是数字仿真与物理仿真最基本的差别。

计算机仿真具有以下特点:

① 数字仿真十分方便、灵活、经济,便于大规模开展;

② 数字仿真的计算精度高;

③ 数字仿真受限于建模技术,系统数学模型不易建立;

④ 数字仿真需要研究各种仿真算法;

⑤ 数字仿真存在计算延迟。仿真速度与计算机本身的存取和运算速度、所求解问题本身的复杂性、所使用的计算方法有关;

⑥ 利用计算机进行实物/半实物仿真需要 A/D、D/A 变换,实时仿真比物理仿真难。

3. 半物理仿真

半物理仿真又称半实物仿真,是把数学模型、物理模型(或实际分系统)联合在一起的仿真。对系统中比较简单的部分或对其规律比较清楚的部分建立数学模型,对系统中比较复杂的部分或对规律尚不十分清楚的部分,其数学模型的建立比较困难,则采用物理模型或实物。仿真时将两者连接起来完成整个系统的实验。

半物理仿真具有以下特点:

① 可以充分发挥模拟仿真和数字仿真的特点;

② 仿真任务分配时,模拟机一般承担精度要求不高的快速计算任务,数字机承担高精度、逻辑控制复杂的慢速计算任务。

1.2.3.2 按照仿真对象的数学模型分类

按照仿真对象的不同数学模型,系统仿真可分为连续系统仿真和离散事件系统仿真。

1. 连续系统仿真

一个系统(如一架飞机)在运行中的状态变化(如姿态、速度等)在时间上是连续的,而且与在空间的位置变化无关,称为集中参数系统,可采用线性/非线性微分方程、传递函数、线性/非线性状态方程等来描述和计算;若一个系统(如热传导系统)的状态变化不仅依赖于时间连续变化,而且与空间位置有关,称为分布参数系统,可采用偏微分方程来描述和计算;如一个系统

(如采样系统)的输入、输出及其内部状态变量均是某些时间点上的离散函数,称为离散时间系统,可采用差分方程来描述和计算。根据以上数学模型建立仿真模型并在计算机上运行、实验,称为连续系统仿真。

2. 离散事件系统仿真

一个系统(如物流管理系统)的系统状态变化发生在随机时间点上,称为离散事件系统,这类系统的动态特性很难用人们所熟悉的数学方程形式(如微分方程)加以描述,无法得到系统动态过程的解析表达,一般只能借助活动图或流程图来建立概念模型,并利用概率分布、排队论等数学模型来描述。根据以上模型建立仿真模型并在计算机上运行和实验,称为离散事件系统仿真。

1.2.3.3　按照仿真功能及用途分类

按照仿真功能及用途的不同,系统仿真可大致分为工程仿真和训练仿真。

1. 工程仿真

工程仿真主要用于产品的设计、制造和实验,也包括对产品可靠性、维修性、保障性及安全性等质量特性的分析和评估。工程仿真一般采用建模、仿真技术建立数字化虚拟样机、工程模拟器、半实物仿真系统等,可以实现缩短产品开发周期、提高产品质量和服务质量、降低成本等目标。

2. 训练仿真

训练仿真是采用各种训练模拟器或培训仿真系统,对操纵人员进行操作技能的训练、应急处理各种故障的能力的训练、以及对指挥员和管理人员的训练。使用训练型模拟器及培训仿真系统具有经济、安全、不受场地和气象条件的限制、能缩短训练周期等突出优点。

1.2.3.4　按照仿真系统的体系结构分类

按照仿真系统体系结构的不同,系统仿真可分为单平台仿真和多平台分布交互仿真。

1. 单平台仿真

单平台仿真系统一般是由一台计算机、一个仿真对象(如一架飞机)及相关的仿真设备构成。任务就是利用该仿真系统进行真实设备或系统的设计、分析、实验与评估及相关使用人员的操作培训。

2. 多平台分布交互仿真

多平台的分布交互仿真是采用协调一致的结构、标准、协议,通过局域网或广域网,将分散在各地、各类的仿真系统互联,构造一个人在其中的、时空一致的,能实现动态、交互仿真的分布式虚拟环境。

1.3　系统建模仿真的步骤

1.3.1　建模方法、原则和步骤

1.3.1.1　建模方法

利用计算机对一个系统进行仿真,首先要建立起被研究系统的数学模型,有三种途径来解决实际系统的建模问题。

1. 演绎法

通过定理、定律、公理及已经验证了的理论推演出数学模型。这种方法适用于内部结构和特性很明确的系统,可以利用已知的定律来确定系统内部的运动关系,大多数工程系统属于这一类。

2. 归纳法

通过大量的试验数据,分析、总结归纳出数学模型。对那些内部结构不十分清楚的系统,可以根据对系统输入、输出的测试数据来建立系统的数学模型。

3. 混合方法

是将演绎法和归纳法结合起来的一种建模方法。通常采用先验知识确定系统模型的结构形式,再用归纳法来确定具体参数。

1.3.1.2 建模原则

构建能全面而精确地反映系统的状态、本质特征和变化规律的数学模型是仿真分析的关键。在实际处理问题时,直接能用数学公式描述的对象是有限的,在许多情况下模型与实际现象完全吻合也是不大可能的。数学模型只是系统结构和机理的一个抽象,只有在系统满足一些原则的前提下,所描述的模型才趋于真实。因此建模一般遵循下述原则。

1. 现实性原则

根据系统研究的目的,要求所构建的模型能确切地反映和符合实际系统。在实际问题中,系统模型的建立首先要求了解所研究对象的实际背景,明确预期要达到的目标,然后就是对系统进行抽象,并根据研究对象的特点,提出一些合理的假设,确定出表征该对象系统的状态、特征和变化规律的若干基本变量,把系统的本质属性和关系准确反映进去。此时,假设的合理性直接关系到系统模型的真实性。

2. 简洁性原则

影响一个系统的因素比较多,如果想把全部影响因素都反映到模型中来,这样的数学模型是很难甚至不可能建立的。对于系统的数学模型应该是既能反映实际系统的表征和内在特性,又不至于太复杂。因此,在现实性的基础上,建模要做到简单明了,但又能反映问题的本质,这样做不仅可以节省建模的时间和求解的时间,而且也便于分析问题。此外,在人力和物力上都是有利的。

3. 适应性原则

现实系统通过模型来描述,当系统由于某些具体条件发生变化时,要求系统模型应具有一定的适应能力和适用范围,同时系统模型的输入和输出变量应是可测量、可选择的。

1.3.1.3 建模步骤

系统建模的步骤大致可以划分为如下五个阶段,如图1-5所示。

1. 准备阶段

弄清问题的复杂背景、建模的目的。对于计划分

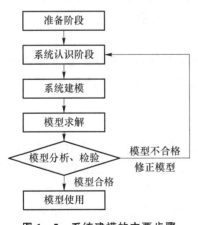

图1-5 系统建模的主要步骤

析的问题和模型,要熟悉模型的所属领域,要清楚建模的对象属于哪个科学领域。不同领域的模型具有各自领域的特点与规律,应当根据具体的问题来寻求建模的方法与技巧,确定模型的实现方法。

2. 系统认识阶段

明确系统建模的目标;根据模型目标确定所涉及的各种系统要素,选择真正起作用的因素,筛去那些对目标无显著影响的因素;对模型要素之间的各种影响、因果联系进行深入分析,找出那些对模型真正起作用的重要关系和约束条件,这些关系可把目标与所有要素联系起来,表示为一个结构模型。

3. 系统建模阶段

在合理性假设基础上,对系统对象进行抽象和简化,把那些反映问题本质属性的参量及其关系抽象出来,对非本质因素进行简化,选择恰当的数学工具和建模方法,构建并刻画实际问题的数学模型。

4. 模型求解阶段

根据已知条件和数据,分析模型的特征和模型的结构特点,设计或选择求解模型的数学方法和算法,然后编写程序,并借助计算机完成对模型的求解。

5. 模型分析与检验阶段

对模型求解结果进行稳定性分析、参数灵敏度分析或误差分析等。如果分析结果不符合要求,就修正或增减建模假设条件,重新建模,直到符合要求。如果符合要求,还可以对模型进行评价、预测、优化等方面的分析和探讨。

1.3.2 仿真步骤

计算机仿真是通过试验来分析求解问题的,为了能得到准确的仿真模型或利用仿真进行系统特性的统计和优化,就必须经过对模型的深入研究,反复修改、多次运行才能最终解决问题。图1-6给出了系统仿真的一般过程,主要包括以下步骤。

1. 问题阐述

不论是系统的决策人员还是分析人员,对仿真系统的内涵及其边界必须有明确的定义和阐述。所提出的问题必须是清楚明白的,必要时可以对问题进行重复陈述。

2. 系统分析与描述

首先给出系统的详细定义,明确系统的构成、边界、环境和约束。其次是根据问题确定系统的目标,以及目标能否实现的衡量标准。同时对解决问题的途径、可能的花费、预期的效益进行分析。

3. 建立系统的数学模型

根据系统分析的结果和目标,分析系统及其各组成部分的状态变量和参数之间的数学逻辑关系,在此基础上建立系统的数学逻辑模型。应根据想要达到的目标来建模,因此模型和实际系统不必完全一一对应,而应抓住实际系统的本质。同时,构造模型的复杂程度应当适中。模型过于简单,可能无法真实完整地反映系统的内在机制;而模型过于复杂,可能会降低模型的效率,同时又增加了不必要的计算过程。

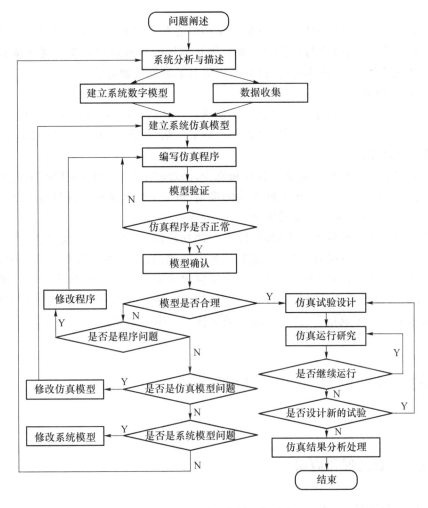

图 1-6　系统仿真的一般过程

4. 数据收集

在系统仿真中需要输入大量数据,数据收集包括收集与系统的输入输出有关的数据,以及反映系统各部分之间关系的数据,其正确性对仿真输出结果有很大影响,因此,收集和整理数据便成为系统仿真的重要组成部分。

5. 建立系统仿真模型

建立系统仿真模型的过程包括根据系统的数学模型,确定仿真模型的模块结构、确定各个模块的输入输出接口、确定模型和数据的存储方式、选择程序语言、进行程序设计等。

6. 模型验证

模型验证就是确认系统模型是否能准确地由仿真模型或计算机程序表示出来。具体验证和计算机程序有关,需要通过调试性仿真来验证程序是否能正确地实现数学逻辑模型。

7. 模型确认

模型确认是确定模型是否精确地代表实际系统,是把模型及其特性与现实系统及其特性进行全面比较的过程。对模型的确认工作往往是通过对模型的校正来完成的,比较模型和实际系统的特性是一个迭代过程,这个过程重复进行直到模型精度达到预定的要求为止。

8. 试验设计

仿真试验设计就是确定需要进行的仿真试验的方案。方案的选择与系统分析设计的目的及模型执行情况有关，同时也与计算能力及对仿真结果的分析能力有关。通常试验设计包括确定不同的控制变量组合、仿真运行时间、每次运行的重复次数等。

9. 仿真运行研究

仿真运行就是将仿真模型在计算机上反复执行计算试验，以获得足够的输出数据，并了解模型对各种不同的输入数据及不同仿真机制下的输出响应，分析预测系统的实际规律。

10. 仿真结果分析

确定仿真试验中所得的信息是否合理和充分，是否满足系统的目标要求，同时将仿真结果分析整理成报告，确定并比较系统不同方案的准则、试验结果和数据的评价标准及问题可能的解，为系统方案的最终决策提供辅助支持。

可以将上述仿真过程分为三个阶段，即模型建立阶段、模型变换阶段、模型试验阶段。模型建立阶段的工作是根据研究目的、系统原理和历史数据，建立能模拟真实系统的模型，这一阶段的关键技术是建模；模型变换阶段的工作是将数学模型转换成适合计算机处理的仿真模型，这一阶段的关键技术是仿真算法设计；模型试验阶段的工作是设计仿真试验方案，完成仿真试验和结果分析并形成报告，这一阶段的关键技术是仿真软件。

1.4　系统仿真发展与应用特点

1.4.1　系统仿真发展和应用

1.4.1.1　仿真发展概述

系统仿真的发展与现代工业与计算机高速发展密切相关。仿真计算机是实现仿真模型解算的关键，是仿真系统的核心。随着计算机技术的发展，系统仿真经历了模拟仿真、混合仿真、数字仿真、人在回路大系统仿真等几个发展阶段。

1. 模拟仿真阶段（20世纪40年代中期到20世纪50年代末期）

20世纪40年代是模拟计算机发展的起步阶段，仿真系统首先使用于工程系统。20世纪40年代中期，美国在发展原子弹的曼哈顿计划中成功地使用了系统仿真法，解决了用一般数学方法不能表达的问题，大大加快了原子弹研制的过程。20世纪40年代末，第一台模拟计算机被用于飞机三自由度系统的仿真。20世纪50年代后模拟机进入了黄金发展时期。模拟计算机利用具有各种数学模型特征的典型电路，组成各种典型的基本运算部件（如加法器等），将一个系统的数学方程按相应的运算部件连接起来，按照一定步骤，编制模拟计算机的解题程序并启动运行，就可实现模拟仿真。模拟计算机是一种并行运算的机器，计算速度很快，但是存在复杂函数生成困难、解题不便和模拟信号受环境影响、运算精度不高等缺点。

2. 混合仿真阶段（20世纪50年代末期到20世纪70年代）

由于宇航系统和核电站研究的需要，为了解决模拟计算机存在的问题，20世纪50年代末至 20 世纪 70 年代混合计算机从诞生发展到鼎盛时期。混合计算机是将模拟计算技术和数字计算技术灵活结合的一种计算机。其目的是充分利用模拟计算机的并行运算和连续信号处理功能、以及数字部件的迭代运算、逻辑运算和复杂函数生成功能。

3. 数字仿真阶段(20 世纪 70 年代末期到 20 世纪 90 年代末期)

20 世纪 70 年代末期,随着通用数字计算机的快速发展,数字计算机性价比的不断提高,逐渐取代混合计算机,在工程系统中得到大量应用。至此数字仿真成为主流,开始在工业、经济、社会、生态等领域中得到广泛使用。在可靠性工程相关领域,仿真技术也开始得到发展和运用,如用于核工业系统的故障分析、使用仿真技术研究高可靠产品的可靠性评估方法、用于军事运筹决策和分析的蒙特卡罗方法等。

4. 人在回路大系统仿真阶段(21 世纪初至今)

21 世纪以来,仿真技术在面向对象仿真、可视化仿真、多媒体仿真、嵌入式仿真、数字样机、虚拟制造、虚拟现实仿真、分布交互仿真、并行计算、网格计算及最新的云计算等多方面有了突飞猛进的发展。系统仿真已经从纯数字仿真,发展到由多仿真系统共同参与、人在回路中的大系统仿真新阶段,是网络化和可视化的综合仿真。一个最重要的特征是把仿真中的数字信息变成直观的、以图像表示的、随时空变化的仿真过程,直接为研究人员提供了可实时地跟踪和控制数据模拟与实验过程的手段。

目前系统仿真技术主要有以下研究热点。

1. 基于网络的时空一体化复杂大系统仿真

以现代复杂军事系统为例,它涉及战略战术、技术抉择、指挥、通信、运输系统,外层空间、内层空间、武器和运载系统,地面与空间各种兵种、协同作战系统与作战环境等,系统分析对其时空一致、任务协同、实时性、应用性等要求很高。分布交互仿真技术是实现上述目标的核心技术,它是通过技术手段把分散在不同地点的软硬件设备及有关人员利用网络连接起来,在人工合成的电子环境中交互地进行仿真试验的一种综合的仿真环境。随着高性能计算与网络技术的发展,支持分布建模/仿真的基于网络的分布计算机系统,在系统规划、论证研制、生产、试验、使用训练等多个方面得到越来越广泛的应用。

2. 数字样机

数字样机又称虚拟样机。虚拟样机是一个与物理原型具有相似功能的产品数字化模型,它从外观、功能和行为上模拟真实产品,并将模型按照内在关系集成在虚拟环境中,用于对该产品全生命周期的研究、测试与评估。它是一种基于产品模型的数字化设计方法,以建模/仿真技术为基础,相关领域的知识为支撑,建立产品的数字化、虚拟化原型,使产品的开发人员在产品研制的早期通过对产品的虚拟原型系统进行设计、研究、实验,在一定程度上减少或代替开发物理原型样机和采用物理样机进行实验的一门技术。采用虚拟样机可以缩短产品研制周期、降低研究经费、提高产品质量、减轻环境污染、安全节能等。

3. 虚拟制造

虚拟制造是在计算机上实现与产品制造相关的活动和过程,是基于三维模型,在计算机仿真环境下,对产品进行构思、设计制造、测试和分析,实现产品开发的本质过程,是实现对制造的全方位预测,这使制造技术不再主要依靠经验。虚拟制造技术提供多个与制造相关的建模/仿真环境,使产品的开发规划、设计、制造、装配等均可以在计算机上实现,并且可以对生产过程的各个方面提供技术支持,虚拟制造的目标是减少物理样机的试制、缩短开发周期、降低成本。从技术角度讲,虚拟制造技术包括上述系统数字样机所使用的技术。

4. 虚拟现实技术

虚拟现实是将真实环境、模型化物理环境、用户融为一体,为用户提供视觉、听觉、嗅觉感官等逼真感觉信息的仿真系统。虚拟现实仿真系统具备沉浸、交互、构思3个基本特征,一般包括计算机生成环境,物理实现的建模环境和真实环境3部分。虚拟现实利用计算机生成虚拟环境,能对介入者产生各种感官刺激,给人以身临其境的感觉,同时人与虚拟环境之间可以进行多维信息的交互作用,参与者从虚拟环境中可以获得对目标对象的深刻体验及感性和理性的认识。

5. 智能仿真技术

智能仿真技术是人工智能技术(如专家系统、神经网络等)与仿真技术的集成。智能仿真系统则是把以知识为核心和人类思维模式为背景的智能技术引入系统建模与仿真过程,并构造相关基本知识的仿真系统。当前随着人工智能技术的快速发展,人们开始研究应用最新的大数据和人工智能技术,改善系统仿真环境的自学习、自组织、自适应能力,以实现智能、高速处理数值计算和数据三者结合,增强系统的智能建模和仿真计算能力。主要包括:① 引入知识表达技术,增强模型知识描述能力;② 引入自动推理与解释机制,提升机器学习能力;③ 研究并行推理及实时专家系统,提升计算速度;④ 建立智能仿真模型。

6. 云计算技术

对于超大型复杂系统、分布系统、综合系统进行仿真分析时,由于信息量庞大,往往需要海量的计算资源支持,在这种仿真计算需求的支撑下,云计算技术得到了快速发展。它是将Web服务与现代建模/仿真技术结合,构建一个包括仿真门户层、仿真服务管理层、仿真服务层、基础服务层和仿真资源层的协同建模/仿真集成环境。在仿真服务层将网格化的建模/仿真资源通过仿真门户层以服务的方式向用户提供,实现资源/服务跨地域、跨组织的安全共享、集成优化与动态调度。该技术通过网络实现了计算资源、存储资源、信息资源、知识资源的全面共享,突破了资源使用上的种种限制,提供了一种解决复杂仿真问题的、全新的、更安全的、更方便的方式。

1.4.1.2 仿真应用领域

现代仿真系统的应用包括航空、航天、电力、交通运输、通信、化工、核能各个领域、系统概念研究、系统的可行性研究、系统质量特性分析与设计、系统测试与评估、系统操纵人员的培训、系统预测、系统的使用与维护等各个方面。它的应用领域已经发展到军事,以及与国民经济相关的各个重要领域。

1. 系统仿真技术在军事领域中的应用

在武器装备研制过程中,仿真技术使得在新武器研制计划开始前,能够充分利用仿真系统检验武器系统的设计方案和战术、技术性能的合理性,避免在实际研制过程中出现的方案不合理想象,缩短研制周期,并支持技术评估、系统更新、样机研制,使得能够以较低的代价提高武器装备的战术性能。装备的研制部门、采购部门、训练部门和军事使用部门等可在合成环境中按需要综合应用各种仿真手段进行演习、训练和试验,鉴定现有的和研制中的武器装备的性能、战术部署和后勤保障。

(1)武器系统研制

在武器系统的设计阶段,可通过仿真来评估设计对系统性能指标的影响,缩短获得最优设计的周期。如美国的 C-5 运输机,在研制过程中采用模拟器审查了平尾、垂尾、方向和操纵系统等,模拟了 6 种形式的机体,从中选出了最佳设计;美国 F-16 战斗机,使用计算机仿真从 1 600 种方案中筛选出 16 种,然后再进行风洞试验,确定出最佳方案。

在武器系统试验和鉴定阶段,如果仅依赖于飞行试验,那么用于靶场试验的次数和经费是惊人的。当试验样本数量有限或实际系统不可能直接参与试验时,仿真便是研究系统性能响应的有效手段,以仿真试验来代替部分甚至大部分外场试验,可很大程度地节省时间和费用,加速武器系统效能的评价过程,因此在导弹、飞机、航天器等武器系统的研制中仿真成为不可少的试验手段。以地空导弹系统的研制为例,据国外统计,美国"爱国者"导弹研制中仿真应用节省了 28% 的靶试实弹数及 8 000 万美元的经费。美国的阿姆拉姆导弹的系统仿真工作是极为成功的,由于仿真试验充分,在三次实弹试验后就获得了导弹生产合同。波音公司对武器系统仿真做过效益分析:若做 3 000 发导弹试验需 2 年周期,耗资 1.2 亿美元,而做同样次数的仿真试验,只需要 3 周时间,仅花费 10 万美元。

(2) 作战模拟和训练

分布式仿真系统可通过互联网将分散在各地的人、在回路中的仿真器、计算机生成兵力及其他设备联结为一个整体,使过去主要依靠野战演习完成的任务可以利用计算机、仿真器和人工合成的虚拟环境来进行。还可进一步把部队和这种仿真器联合起来进行演习,利用仿真器产生直观的环境,配合仿真地形和敌方武器,使部队能进行逼真的军事演习,这被认为是一种最大限度地贴近实战的训练方式。以美国陆军研制的多功能综合激光交战系统为例,它包括模拟分系统、控制分系统和管理分系统,参训武器种类有步枪、重机枪、反坦克火箭、坦克炮、反坦克导弹、高炮和毒刺地空导弹,可满足师级规模的演习。

在利用仿真进行作战推演方面,在海湾战争前美国利用"扩展的防空仿真系统"对准备采用的大规模空袭作战过程进行了仿真。在执行重点飞行作战前,首先通过多种侦察手段获得预定航线的地形、地貌、目标情况、可能遇到的敌方火力、电磁威胁、气象条件及昼夜变化等资料,然后通过计算机生成在目标区及整个航线上飞行员能观察到的视景、雷达显示、红外前视等逼真动态图像输入作战仿真器。飞行员首先在作战仿真器上经历了该项任务的仿真飞行,并在此过程中采取了相应的对策措施进行评价和修改,然后正式执行战斗飞行任务,从而保证正确、高效、安全地完成任务。据美军统计,从未参加过实战的飞行员,首次执行任务时生存概率只有 60%,经过计算机模拟对抗训练后,生存概率能提高到 90%。

2. 系统仿真技术在复杂产品研制中的应用

随着市场竞争的加剧,复杂高技术产品的研制面临着技术更新周期越来越短、产品性能和质量的要求越来越高的压力。解决这一问题的关键,是建立以信息化为核心的"集成化、数字化、虚拟化、网络化、智能化"的产品设计、制造、试验、维护、使用一体化的平台及技术。而现代仿真技术正是提供这种综合集成与应用技术能力的最佳途径,这就是被称为虚拟样机和虚拟制造(目前已发展为数字孪生)的技术。

由于复杂高技术产品的设计方案的正确选择将对产品的开发、制造成本和最终产品的性能与质量产生重大影响,因此对设计方案的充分论证和迭代设计是十分重要的,此时采用建模/仿真技术建立复杂产品虚拟样机是十分必要的。在规范化的建模/仿真支撑平台和资源共享的协同环境中,对影响产品性能的主要子系统进行数字化、可视化建模、模型的集成和仿真运行,建立一个能反映产品动态性能、几何外观、主要技术指标的,数字化、虚拟化、可视化的产品原型系统。通过对虚拟样机的分析和仿真运行,实现对其总体方案和性能参数的设计评估和技术指标考核。

3. 系统仿真技术在系统操作培训中的应用

系统的操作、控制与管理一般都需要训练与培养,早期的培训大都在实际系统或设备上进行。随着系统规模的加大、复杂程度的提高,特别是系统造价日益昂贵,训练时因操作不当引起破坏而带来的损失大大增加。以发电厂为例,美国能源管理局的报告认为,电厂的可靠性可以通过改进设计和加强维护来改善,但只能占提高可靠性的 20%～30%,其余要依靠提高运行人员的素质来提高。为了解决这些问题,需要有这样的系统,它能模拟实际系统的工作状况和运行环境,又可避免采用实际系统时可能带来的危险性及高昂的代价,这就是训练模拟器及培训仿真系统。

训练模拟器是指能够在特定环境下正确模拟真实武器动作,并能在主要性能上获得与真实系统操作感觉一致,具有逼真的视景系统的音响效果,甚至是动力学特性的模拟装置。培训仿真系统则是利用计算机并通过运动设备、操作设备、显示设备、仪器仪表等复现所模拟的对象行为,并产生与之适应的环境,成为训练操作、控制或管理人员的系统。这些训练模拟器及培训仿真系统一般都是由模拟座舱或操作台、仿真计算机系统、各种显示设备、环境仿真设备(如视景、音响、动感、力感系统)等组成的,强调培训人员在模拟器或在培训仿真系统上的主观感受与在真实系统上的感受尽可能相似。例如,美国 SIMNET 将分布在美国和德国 11 个城市的 260 个地面装甲车辆仿真器和飞行模拟器集成起来,形成一个广域战场网络系统,既可单独进行装备模拟训练,又可进行多种武器平台模拟训练、多兵种合成训练。

4. 数字仿真技术在系统可靠性分析中的应用

简单系统的可靠性评估一般可以用普通解析分析方法确定,而可靠性数字仿真适用于复杂系统的可靠性和可用性分析。对于一些特殊系统,如具有非指数失效分布及维修分布的部件,或具有负载相关失效和有转换判定的系统等,利用解析法分析十分复杂,甚至是不可能的,仿真是实现这些系统可靠性评估的必备工具,甚至是唯一有效的分析手段。

可靠性数字仿真可以在系统不同研制阶段进行,在系统方案论证阶段,它可以对系统可靠性和可用性进行预测;在系统的工程设计阶段,它可以作为权衡分析工具,利用数字仿真计算分析系统中各子系统、各部件的可靠性与维修性水平,从而选择最佳实现方案;当系统已发展成为实体,并已能获得部件的实际性能及失效分布时,它可以用来评估和预测系统的可靠性、维修性、可用性。正是由于可靠性数字仿真具有通用性及对复杂系统的适应性,它已被广泛应用于各类系统的研制、生产及使用各阶段。

1.4.2 仿真广泛应用的原因

计算机仿真是在模型上进行试验,已是研究人员不可缺少的设计分析工具。计算机仿真技术具有经济、安全可靠、试验周期短等特点,已在航空、航天、航海、石油、化工、电子、机械制造、钢铁、冶金等工程领域,以及在社会经济、生物、医学、工业管理等非工程领域有了广泛的应用。在工程系统研制的方案论证与设计、初步设计、详细设计、分系统试验等各阶段,仿真技术均发挥了显著的作用,使系统研制周期缩短、研制费用显著减少。

计算机仿真技术广泛应用的原因主要有以下几方面。

1. 系统的复杂性

一些复杂的系统,如生产系统、运输系统或武器系统的运行情况和使用效果,难以用一般的理论分析或数学解析方法对其认识和分析,甚至很难用解析的数学模型描述。例如,一个工业系统的运行用一组简单的方程是难以描述的,对于这类问题,仿真就成为一个极为有效的工具。此外,有的问题即使可以用表达式来构造一个数学模型,但直接用解析法尚不能得到解答。例如,经济系统中某些情况,从概念上可用一组数学方程来描述这些动态系统,但在不确定条件下运行时,用现代数学和计算机技术无法处理这类问题。在一些复杂系统中实际上存在许多随机性,众多复杂的随机因素互相影响,这往往难以用解析方法来分析系统。得不到解析的最优解,但可通过仿真技术得到近似解或满意解。

2. 系统的不可重复性

一些复杂的系统,由于规模和投资巨大,很难在研制早期给出一个精确设计,会存在若干种甚至数百种可能执行方案。例如,人们要新建一条油气运输管线、新建一个海港或一个机场时,如果在建成后发现有问题,想再改建或重建,需要花费大量的人力、物力和财力。对于这类大规模的复杂系统,需要在设计阶段真实系统还没有建立以前,就能准确地预测和了解未来系统的性能、确定具体设计参数、安排好工程实施进度、实现最优系统设计。这些任务就需要通过对系统模型的反复模拟试验来完成,这些无法重现的系统可以在计算机中反复地重演。

3. 系统的假设性

对于经济、社会、生态等非工程系统,直接实验是不允许甚至是不可能的,在这些情况下仿真数据可以用来检验所选用的假设。通过仿真中选择系统模型,在系统运行中研究某些信息、组织和环境改变而带来的影响,观察在不同选择下对系统特性的影响,从而验证有关的假设。例如,要预测一个地区未来五年或十年的经济计划执行情况,无法让国民经济去实际运行一段时间以取得这些指标。但是可以构造一个经济仿真模型,利用搜集到的数据,依据方案设想对其进行各种模拟试验,从而得到各种预测的经济计划指标。

4. 安全性因素

对于某些系统,如载人宇宙飞行器、核电站控制等,在真实系统上进行试验很可能会引起系统破坏发生严重安全性事故,因此直接实验往往是危险和不允许的。仿真可用作一个防护性试验,对所运行的系统探索出新的决策和决定准则。在上述情况下,仿真是获得相关解答的唯一有效的工具。另外,某些训练也是有危险的。例如,为了培训飞行员,需要利用模拟飞行器在地面上进行充分的训练后才能进行实际飞行训练。否则在不熟练时就进行试飞有相当大的危险性。

5. 经济性因素

除了上述的一些原因外,还有一个重要的因素是为了节省成本费用。对于任何一种新研武器系统,都需要对其作战效果和性能指标进行评价和检验,例如,大尺寸导弹的发动机性能测试,任何试图通过运行实际系统的办法都是非常昂贵的,直接实验的成本十分高昂甚至无法实现,而如果采用计算机模拟来代替,就会节约大量的人力和财力。据统计采用仿真实验仅需原先成本的 $1/5 \sim 1/10$,而且仿真所用软件或设备可以重复使用。

1.4.3 仿真的局限性

虽然在许多情况下,仿真是系统分析的一种合适工具,特别是大多数具有随机性的复杂系统无法用准确的数学模型并用解析方法求解时,但是,仿真在实际应用中还有一些难点,在仿真研究之前及研究过程中都应加以考虑。

① 对复杂系统的理论认知如果尚未达到很高的抽象程度,即较难以一种严格的数学形式来对系统进行定义,系统结构较难从空间和时间上分割并确定系统的边界和水平时,则通过分析构建的数学模型的可信度就会降低;另外,如果对复杂系统的观测较为困难,也会使人们降低对通过观测数据抽象出系统行为规律的可信度。

② 计算机仿真方法都比较复杂,构造和确认仿真模型需要耗费较多的时间,有时还必须不断修改甚至重新建立模型,并且编制计算机仿真程序也较费人力,因此它的费用较大、消耗人力较多。

③ 在产品设计阶段尤其在初步设计中,确认复杂模型,可能是很困难的。由于人们对系统的认识深度受到一定限制,仿真运行产生出虚假的结果不易马上被系统分析人员所辨认,这样可能造成不良的后果,因此要求模型设计人员对模型抽象化,以及模型有效性有明确而恰当的衡量标准。

④ 掌握的系统参量的数据较少时,仿真结果的精度往往难以估计,甚至对定义完好的模型也是如此。这是因为系统模型中往往有不少随机变量,而在系统仿真时,对这些随机变量的描述只能用有限的样本数据为依据,仿真结果的置信度与样本量有关。此外,仿真结果也取决于输入数据的精度,在系统发展初期阶段,这些数据由于种种原因受到限制。

⑤ 仿真结果不完全是问题的最优解。仿真研究成败的关键在于研究方案的优劣,为此应对系统有透彻的认识,并充分研究方案选择的正确性,通过多种方案仿真结果的分析比较寻求题的最优解。

习   题

1. 系统仿真的定义是什么?
2. 系统模型如何分类?
3. 系统建模的一般过程是什么?
4. 什么是计算机仿真?分为哪几类?
5. 计算机仿真有哪几个要素?它们之间是如何联系起来的?
6. 为什么要对系统仿真模型进行校核与验证?
7. 试举出一个物理仿真的实例(用实际系统或其原型试验);举出一个不能进行物理仿真而只能进行数学仿真的系统实例;举出一个混合仿真的实例。
8. 指出下列系统中的实体、属性、活动、事件及可能的状态变量。
① 一个汽车 4S 店;② 一个大型超市;③ 一个特色餐馆;④ 一个医院急救室。
9. 指出下列系统的主要元素(部件),并指出各自系统边界与系统环境。
① 坦克;② 无人机操控系统;③ 交通控制系统;④ 飞行器设计研发和制造的工程系统。
10. 你计划在家里做一顿饭招待到访的朋友,预计晚上 7 点前开始用餐。请参考计算机仿真实施过程,用模拟思想给出该项活动的每一步,讨论模拟过程中所需收集的数据有哪些?判断该活动中的实体、属性、事件、活动和状态变量可能是什么?

第2章　随机变量与随机过程抽样方法

本章详细介绍随机数产生和检验方法、连续和离散随机变量的不同抽样方法、随机向量及随机过程的生成方法等,使读者对不同类随机变量的抽样原理有基本了解。

2.1　随机数的生成与检验

2.1.1　随机数的定义及性质

从均匀分布 $U(0,1)$ 抽样得到的简单子样称为随机数。

一个随机数序列 $\eta_1,\eta_2\cdots$ 具有两个重要的性质:均匀性和独立性。每一个随机数 η_i 都是 $0\sim1$ 之间均匀分布的独立样本值。其概率密度函数、累积分布函数、数学期望和方差的表达见表 $2-1$。

表 $2-1$　均匀分布 $U(0,1)$ 的概率统计特征量

概率密度函数	累积分布函数	数学期望	方差
$f(x)=\begin{cases}1, & 0\leqslant x\leqslant1\\0, & x\notin[0,1]\end{cases}$	$F(x)=\begin{cases}0, & x<0\\x, & 0\leqslant x\leqslant1\\1, & x>1\end{cases}$	$E(\eta)=\int_0^1 x\mathrm{d}x=\dfrac{1}{2}$	$D(\eta)=\int_0^1 x^2\mathrm{d}x-[E(\eta)]^2=\dfrac{1}{12}$

一个随机数序列 $\eta_1,\eta_2\cdots$ 必须具有高维分布均匀性。即由 n 个随机数所组成的 n 维空间上的点 $(\eta_1,\eta_2,\cdots,\eta_i,\cdots,\eta_n)$,在 n 维空间的单位立方体 G_n 上服从均匀分布。

对于任意的 a_i,$(0\leqslant a_i\leqslant1,i=1,2,\cdots,n)$,随机数 $\eta_i\leqslant a_i$ 的概率为

$$P(\eta_i\leqslant a_i,i=1,2,\cdots,n)=\prod_{i=1}^n a_i \tag{2-1}$$

2.1.2　随机数的生成

对含有随机变量的系统或过程的模拟,都需要提取或生成具有随机特性的样本数据。从指定随机分布中提取样本数据的过程称为抽样。实现从指定分布(如指数分布、正态分布、二

项分布等)的随机变量和各种随机过程(如非平稳泊松过程)中抽样,都需要利用随机数和某种确定的转换方法来获得。本节将介绍获取独立随机数的基本方法。

2.1.2.1 概　述

产生随机数的方法有一个漫长的发展历史[22]。到目前为止,已经有许多种获得随机数的方法,现列举如下。

1. 手工方法

最早的方法都是手工进行的,如掷骰子、抽签、发纸牌或从搅拌充分的盒中抽出有编号的球,现在许多彩票活动仍然是这样做的。这种方法的效率很低。

2. 随机数表法

在20世纪初,统计学家开始建造机械化的设备来加快随机数的生成。在20世纪30年代末,肯德尔和巴宾顿·史密斯[22]使用旋转圆盘产生了一个含100 000个随机数的表格。兰德公司以脉冲源为信息源,用电子旋转轮生成包含百万个随机数的表格。制造随机数表的方法有许多种,其中一种是取 0,1,…,9 十个数字,以等概率相互独立地从中抽取一个,这就是最简单的随机数字。如果将一系列的随机数字整理成表就叫随机数表。若要得到 n 位有效数字的随机数,只需将表中的 n 个相邻的数字合并在一起,并用 10^n 来除,则可获得相互独立的以等概率($1/10^n$)出现的随机数序列。随机数表法不太适用于在计算机上使用,它既费时又占用过多计算机内存单元,现代大规模仿真计算中使用的随机数远超过 1 000 000,而随机数表的长度是有限的,因此这种方法已逐渐被淘汰。

3. 物理方法

为了克服随机数表法的缺点,人们对建造物理随机数机器产生了更多的兴趣,通常的办法是在计算机上安装一台物理随机数发生器,它把具有随机性质的物理过程,直接在机器上变换为随机数字。例如,宫崎骏等[22]描述的一种基于伽马射线计数的随机数发生装置和以电子管或晶体管的固有噪声为随机源的随机数发生器。物理方法能得到真正的随机数,但是它不能重复出现,无法再用原来的随机数进行试算或检查,物理发生器产生随机数速度低,目前几乎比数学方法低2个数量级,同时它的成本和对设备的要求也很高,因此推广使用受到很多限制。

4. 数学方法

随着计算机和仿真技术越来越广泛的使用,与计算机兼容的随机数生成方法受到极大关注,在计算机上用数学方法产生随机数,变成目前广泛使用的方法。它的特点是占用内存少、产生速度快、便于重复产生,不太受计算机条件的限制。然而,这种随机数是根据确定的递推公式求得的,存在着周期现象,初值确定后所有的随机数便被唯一确定了下来,不满足真正随机数的要求,因此常把用数学方法产生的随机数称为伪随机数。由于这种方法属于半经验性质,因此只能近似地具备随机性质。在实际应用中,如果产生伪随机数的递推公式选得较好、参数选得适当,只要递推公式产生的这些伪随机数序列的独立性和均匀性可以近似得到满足,并能通过一系列的统计检验,还是可以把它当作"真"随机数使用。

一个品质优良的随机数发生器应当具备以下几个特征:

① 生成的随机数序列要具有均匀总体随机样本的统计性质,如分布的均匀性、抽样的随机性、数列间的独立性等,能通过严格的统计检验;

② 产生随机数的程序应当是快速的,且不占据计算机很多内存单元。虽然产生一次随机数的计算并不昂贵,但实际仿真时可能需要成千上万个随机数,因此要考虑选择一种低成本的随机数生成方法;

③ 伪随机数序列可以重复产生。给定初始条件下,应当能产生相同的随机数序列。仿真中需要对系统输出结果进行比较时,随机数可再现使用是很必要的;

④ 产生的伪随机数序列应有足够长的周期,至少有 10^{50},如果问题需要 N 个随机数,则周期需要 $2N^2$;

⑤ 随机数可多线程产生,能在并行计算机上实现;

⑥ 不产生 0 或 1 的伪随机数,避免除零溢出或其他数值计算困难。

用递推公式产生随机数的方法有很多,主要包括平方取中法、乘积取中法、线性同余法、斐波那契法、移位指令加法、陶斯沃斯法、组合法、非线性同余、多步线性递推、进位错位运算、麦森变型等。本节后续将介绍几种经典方法。

2.1.2.2　平方取中法

20 世纪 40 年代,随机数的生成研究开始转向由算术方法来生成。冯·诺依曼(von Neumann)和梅特罗波利斯(Metropolis)提出了第一个这样的算法,即平方取中法。

设 x_n 为 s 位数(十进制或二进制),x_n 自乘后,去头截尾仅保持中间的 $2s$ 个数码,然后相应地除以 10^{2s} 或 2^{2s},作为 $[0,1]$ 上的伪随机数。不断重复这一过程,直至出现与某数字重复(出现周期)或为 0(退化)时为止。计算公式见表 2-2。

表 2-2　平方取中法计算公式

十进制	二进制
$x_{n+1} \equiv \left[\dfrac{x_n^2}{10^s}\right](\text{mod } 10^{2s})$	$x_{n+1} \equiv \left[\dfrac{x_n^2}{2^s}\right](\text{mod } 2^{2s})$
$r_{n+1} = \dfrac{x_{n+1}}{10^{2s}}$	$r_{n+1} = \dfrac{x_{n+1}}{2^{2s}}$
式中,x_0 是 $2s$ 位非负整数;$[x]$ 表示不超过 x 的最大整数 　　　$x = a(\text{mod } M)$ 表示 x 等于 a 被 M 除的余数	

示例 2.1:十进制 $2s = 4$,并取 $x_0 = 6\,406$,则 $x_0^2 = 41\,036\,806$,有 $\left[\dfrac{x_0^2}{10^2}\right] = 410\,368$,$x_1 = 410\,368(\text{mod } 10^4) = 0\,368$,重复计算,可得到表 2-3。

表 2-3　平方取中法计算示例结果

次序 n	x_n	x_n^2	次序 n	x_n	x_n^2	次序 n	x_n	x_n^2
0	6 406	41 036 836	7	7 529	56 685 841	14	1 300	01 690 000
1	0 368	00 135 424	8	6 858	47 032 164	15	6 900	47 610 000
2	1 354	01 833 316	9	0 321	00 103 041	16	6 100	37 210 000
3	8 333	69 438 889	10	1 030	01 060 900	17	2 100	04 410 000
4	4 388	19 254 544	11	0 609	00 370 881	18	4 100	16 810 000
5	2 545	06 477 025	12	3 708	13 749 264	19	8 100	65 610 000
6	4 770	22 752 900	13	7 492	56 130 064	20	6 100	37 210 000

观察表 2-2 可以发现，自 x_{20} 起同 x_{16} 相同，出现周期，其序列长度（从初值到发生周期或退化前，序列中伪随机数的总数）为 20。若取初值不同，序列周期也会发生变化。

经过大量研究发现，虽然平方取中法也能产生一些较长的序列，并通过均匀性检验，但其序列退化现象（向小数偏移的倾向）终不可避免，加之算法相对复杂，现在已很少使用。与此相似的方法，还有如乘积取中法、常数因子法等，乘积取中法是将两个多位数 x_n、x_{n+1} 变换相乘，然后取中间部分，如此重复，由于方法的特点近似，不再赘述。

2.1.2.3 移位寄存器法

移位寄存器法是 1965 年由陶斯沃斯（Tausworthe）提出的，也称陶斯沃斯法。该方法是通过对寄存器进行位移（递推），直接在存储单元中形成随机数，其递推公式如下

$$a_i = (c_q a_{i-q} + c_{q-1} a_{i-q+1} + \cdots + c_1 a_{i-1}) \bmod 2 \qquad (2-2)$$

式中，$a_1, a_2 \cdots$ 是二进制序列数；q 是给定正整数；$c_1, c_2, \cdots, c_{q-1}$ 是值为 0 或 1 的常数，$c_q = 1$。

给定初值 $a_1, a_2, \cdots, a_q$，由式（2-2）可产生 0 或 1 值组成的二进制序列 $\{a_n\}$。在该序列中连续截取 b 位二进制数构成一个整数，以此类推

$$\begin{cases} x_n = a_{(n-1)b+1} 2^{b-1} + a_{(n-1)b+2} 2^{b-2} + \cdots + a_{nb-1} 2 + a_{nb} \\ u_n = x_n / 2^k \end{cases} \qquad (n=1,2\cdots) \qquad (2-3)$$

式中，$\{u_n\}$——移位寄存器法产生的随机数序列。

移位寄存器法的使用经验表明，式（2-2）中系数 $c_j (j=1,2,\cdots,q)$ 中仅有两个为 1，其余全为 0 的情况下，不仅计算变得简单，而且效果好。这时递推公式（2-2）为

$$a_i = (a_{i-q} + a_{i-r}) \bmod 2 \qquad (2-4)$$

式中，r、q——正整数，且满足 $0 < r < q$。

示例 2.2：取 $r=3, q=5, b=4, a_1 = a_2 = \cdots = a_5 = 1$，据式（2-4）产生前 42 位序列 $\{a_n\}$ 为 111110001101110101000010010110011111000110111010，显然该数列的周期为 $2^b - 1 = 31$。对应生成的伪随机数序列见表 2-4：

表 2-4 移位寄存器法示例

次序 n	1	2	3	4	5	6	7	8	9	10	⋯
x_n	15	8	13	13	4	2	5	9	15	1	⋯
u_n	0.973 5	0.5	0.812 5	0.24	0.25	0.125	0.312 5	0.562 5	0.937 5	0.062 5	⋯

移位寄存器法的缺点是产生的伪随机数可能具有高位序列相关性，用这种伪随机数进行模拟，预测结果可能有意外错误[5-6]，该方法曾经受到批评。但是，由于它只按二进制位进行异或运算，生成伪随机数快速高效和具有特别长的周期（最长周期为 $2^q - 1$），仍然吸引人们探索研究。一些学者对该方法进行深入研究，提出了改进的发生器，如广义反馈移位寄存器发生器、麦森变型发生器，以及用于并行计算的快速麦森变型发生器等[5]。

2.1.2.4 斐波那契法

经典的斐波那契（Fibonacci）伪随机数发生器，是 1956 年由陶斯斯基（Taussky）和托德（Tod）提出的一种加同余生成器，在初值 x_0, x_1 和 m 为非负数情况下，其递推公式为

$$\begin{cases} x_{n+1} = (x_{n-1} + x_n)(\bmod m) \\ u_n = x_{n+1} / m \end{cases} \qquad (n=1,2\cdots) \qquad (2-5)$$

当两个初始值都为 1 时,式(2-5)产生的随机数序列就是经典斐波那契序列。

示例 2.3:取 $x_0=0$, $x_1=1$, $m=8$,据式(2-5)得到伪随机数序列见表 2-5:

表 2-5　斐波那契法示例

n	1	2	3	4	5	6	7	8	9	10	11	12	13	14	⋯
x_{n+1}	1	2	3	5	0	5	5	2	7	1	0	1	1	2	⋯
u_n	0.125	0.25	0.375	0.625	0	0.625	0.625	0.25	0.875	0.125	0	0.125	0.125	0.25	⋯

观察表 2-5 可以发现,自 x_{14} 起同 x_2 相同,出现周期,其序列长度为 12,大于 m。

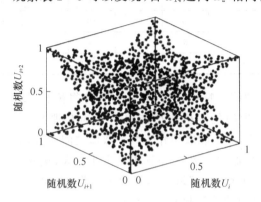

图 2-1　经典斐波那契生成器的异常现象

1981 年学者努斯(Knuth)指出了经典斐波那契生成器的问题,其随机数序列存在显著序列相关,随机数只能分布在 3 维空间的 8 个等边三角形平面上,出现样本三重分布异常现象,如图 2-1 所示[5]。

经典斐波那契生成器的均匀性和独立性虽然不好,但由于速度快和周期较长,仍吸引很多学者进行深入的研究,并提出了迟延斐波那契生成器,它是使用序列中更前面的随机数去产生新的随机数,迟延斐波那契生成器的递推公式为

$$X_i \equiv (X_{i-p} \otimes X_{i-q})(\bmod\ m)\quad (i>p, p>q) \tag{2-6}$$

式中,p 和 q——迟延数;

　　运算符 $\otimes$——二进制操作符;

　　p——个初始值 $X_{0,1}, X_{0,2}, \cdots, X_{0,p}$。

迟延斐波那契生成器计算效率高,能产生周期非常长的随机数,最大周期为 $m^p + m^q$,对 32 位计算机,$m=2^{31}$,最大周期为 $2^{31p} + 2^{31q}$,但其生成的伪随机数质量依赖于二进制操作符、初始值、迟延数及模数的选取。

2.1.2.5　线性同余法

1. 线性同余法的定义

该方法由莱赫姆(Lehmer)于 1949 年首次提出。由于该方法产生的随机数周期长、统计性质较优,得到了较为广泛的应用。

一个整数系列 $x_1, x_2 \cdots$ 和对应的(0,1)随机数序列 $u_1, u_2 \cdots$,线性同余由式(2-7)确定

$$\begin{cases} x_{i+1}=(ax_i+c)(\bmod\ m) \\ u_{i+1}=x_{i+1}/m \end{cases} \quad (i=0,1,2\cdots) \tag{2-7}$$

式中,模 m、乘数 a、增量 c 及种子 x_0——非负整数,并有 $m>0$, $m>a$, $m>c$, $m>x_0$。

将式(2-7)中第 1 式结果进一步迭代,又有

$$x_{i+1}=[ax_0+c(a^{i+1}-1)/(a-1)](\bmod\ m)\quad (i=0,1,2\cdots) \tag{2-8}$$

可知对于每个 x_{i+1} 值都是由 m, a, c 和 x_0 值完全确定的,因此,这些值的选择对随机数的统计性质和周期有很大影响。

示例 2.4：取 $m=16$，$a=5$，$c=3$ 及 $x_0=7$，依据式（2-7）得到伪随机数序列，见表 2-6。

观察表 2-6 可以发现，自 x_{17} 起同 x_1 相同，且有完全相同的次序，出现了周期，其序列长度 $m=16$。如果周期用 p 表示，则一般 $p \leqslant m$，当 $p=m$ 时称为满周期线性同余随机数发生器。这个周期的长短与式（2-7）中选择的三个参数有关。

表 2-6 乘同余法示例

I	0	1	2	3	4	5	6	7	8	9	10
x_i	7	6	1	8	11	10	5	12	15	14	9
u_i	—	0.375	0.063	0.500	0.688	0.625	0.313	0.750	0.938	0.875	0.563
i	11	12	13	14	15	16	17	18	19	20	⋯
x_i	0	3	2	13	4	7	6	1	8	11	⋯
u_i	0.000	0.188	0.126	0.183	0.250	0.438	0.375	0.063	0.500	0.688	⋯

通常，为了保证 $[0,1]$ 区间上伪随机数序列的统计特性可用，它必须具有很长的周期和很高的密度。观察式（2-7）可知，线性同余法产生的伪随机数可能只呈现为有理数 $0,1/m$，$2/m,\cdots,(m-1)/m$，也就是只能取到有限个数值，而不能取到介于两个数值之间的数，如介于 0 和 $1/m$ 之间的 $0.5/m$。所以线性同余随机发生器中模数 m 一般取值应非常大，这样可以使 $[0,1]$ 中伪随机数可取值点变得非常密集。另一方面，由于取余运算速度较慢，因此应避免进行这种相除。综上，对一个 b 位（如 32 位或 64 位）的计算机系统，考虑到其最高位是符号位，一般选取 $m=2^{b-1}$ 较好，不但可保证 m 取值大，而且还可利用整型溢出特性，避免直接进行除法运算。即一个 b 位计算机系统的最大可保存整型数据为 $2^{b-1}-1$，若要用整型类型保存一个位数大于 b 的整数，那么实际保存的是该整数的低 b 位数值，而高于 b 位数据被丢失，也就是说，保留下来的 b 位数值实际上是待保存整数求完模 m 后的结果，因此模数 m 这种取值法，可直接利用计算机位数限制自动避免取余运算。

线性同余法又包括乘同余法和混合同余法，乘同余法由莱赫姆于 1949 年提出，混合同余法由罗滕伯格（Rotenberg）于 1961 年提出。

（1）乘同余法

当式（2-7）中 $c=0$ 时，线性同余法又称乘同余法。可以证明，当取 $m=2^k(k>2)$，$a=8q\pm3$，q 为任意正整数，a 和 m 为互素的整数，初值 x_0 为任意奇数时，可得到最大周期 $p=2^{k-2}$ 的伪随机数序列。例如，取 $m=2^{32}$，$x_0=1$，$a=5^{13}$ 的乘同余发生器，经检验认为有较好的随机性。

一般认为：直接取 $m=2^k$ 的乘同余法并不好，另一种被证明非常成功的方法是取 m 为小于 2^k 的最大素数，称为素数模乘同余法，例如，取 $k=35$，$m=2^{35}-31$，$a=5^5$。

（2）混合同余法

当式（2-7）中 $c>0$ 时，线性同余法又称混合同余法。可以证明，当取 $m=2^k$，$a=4q+1$，q 为任意正整数，c 为奇数，x_0 为任意非负整数，可以得到 $p=m=2^k$ 的满周期序列。例如，当 $k=31$ 时，$x_i=(314\,159\,269x_{i-1}+453\,806\,245)(\bmod\,2^{31})$ 经过试验并认为有较好性能。

2. 线性同余随机数发生器的问题

根据随机数的定义和性质，随机数应具有高维分布均匀性。线性同余法在一维情况下，经过统计检验和实际应用表明，只要有较长的字长，适当选择初值，就能得到效果很好的 $[0,1]$ 上的均匀分布伪随机数序列。然而在多维情况下,该方法却出现了非均匀性、样本相关、长周期相关等问题,影响了多维伪随机数的实际使用价值。

1968年美国佛罗里达州立大学的马萨格利亚教授,首先发现了线性同余法产生的伪随机数具有很强的相关性。具体说,就是由线性同余法连续产生的伪随机数序列,把其相继的 n 个伪随机数 $u_1, u_2, \cdots, u_n$ 作为 n 维空间的一个点时,这些点只分布在 n 维空间的少数几个彼此平行的超平面上,随着维数增大,随机数仅出现在少数几个低维超平面上,这就是降维现象,并产生稀疏栅格。例如,当 $m = 2^{32}$ 时,伪随机数只可能落在 n 维空间中不超过 $(n!m)^{1/n}$ 个低维超平面上,当维数 $n = 1, 5, 10, 50, 100, 500$ 时,低维超平面个数为232,84,9.2,5.6,1.3,1.1。

对于乘同余随机数生成器 $(a = 7, m = 2^{31} - 1)$,它会在 $(0,1)$ 区间内产生稀疏栅格,伪随机数只落在7条线上,其二重分布稀疏栅格如图2-2所示。它产生的随机数独立性不好,样本不独立,利用式(2-9)正态分布抽样公式得到的2维随机变量样本点不再是正态随机的,而呈现了样本相关现象,点 (x, y) 落在一条螺旋线上,样本值 x 与 y 不是独立的,如图2-3所示。

$$\begin{cases} x_i = \sqrt{-2\ln u_i} \cos(2\pi u_{i+1}) \\ y_i = \sqrt{-2\ln u_i} \sin(2\pi u_{i+1}) \end{cases} \qquad (2-9)$$

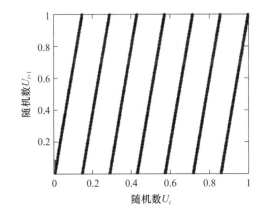

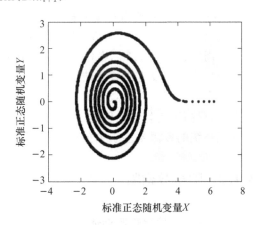

图2-2　乘同余生成器的稀疏栅格[5]　　　　图2-3　乘同余生成器的样本相关[5]

除了上面的降维和稀疏栅格及样本相关异常外,乘同余法生成器还可能存在长周期相关问题。以 $x_{i+1} = (15x_i \bmod 19)$, $x_0 = 1$ 为例,此生成器产生周期为18的伪随机数序列为

$\{X_i\}$:1,15,16,12,9,2,11,13,5,18,4,3,7,10,17,8,6,14,1。

写出相关系数为 -1 的另一序列为

$\{19 - X_i\}$:18,4,3,7,10,17,8,6,14,1,15,16,12,9,2,11,13,5,18

显然,后一个序列只是前一序列的前后两半段位置的互换,前后两半段随机数显然是强相关的,这就是长周期相关现象。

为克服线性同余发生器的缺陷,人们通过深入研究进行了多种改进,以下介绍两种改进的发生器,其他还有进位借位运算随机数生成器、线性同余组合随机数生成器等[5]。

2.1.2.6　组合法

组合法是把两个(或多个)独立的生成器以某种方式组合起来产生最终的随机数,希望这样能比其中任何一个单独的生成器得到周期更长、统计性质更优的随机数。迄今为止,已有多种这样的生成器组合,如由几个线性同余生成器组成的发生器、由一个混合同余生成器和两个联合移位寄存器组成的 KISS93 发生器、由一个是迟延斐波那契发生器和一个是简单的算术序列组成的马萨格利亚通用发生器、由两个多步线性递推发生器合并而组合 MRG32K3A 发生器等。

以一种典型的线性同余生成器组合方法为例,设有 n 个线性同余生成器

$$Y_{ij} \equiv A_j Y_{i-1,j} (\mathrm{mod}\ m_j) \quad (1 \leqslant j \leqslant n) \tag{2-10}$$

式中,各个模 m_j 为互异素数,假设 m_j 中最大者为 m_j,乘子 A_j。

由这 n 个线性同余生成器组合而成的生成器为

$$\begin{cases} X_i \equiv \sum_{j=1}^{n} \delta_j Y_{ij} (\mathrm{mod}\ m_1) \\ u_i \equiv \sum_{j=1}^{n} (\delta_j Y_{ij}/m_j) (\mathrm{mod}\ 1) \end{cases} \tag{2-11}$$

式中,δ_j 是任意非 0 整数,u_i 是 $(0,1)$ 伪随机数。

示例 2.5: $Y_{i1} \equiv 16\,807 Y_{i-1,1} [\mathrm{mod}(2^{31}-1)]$,$Y_{i2} \equiv 40\,692 Y_{i-1,2} [\mathrm{mod}(2^{31}-249)]$,$\delta_1 = 1$,$\delta_2 = -1$,则线性同余组合生成器为

$$X_i \equiv (Y_{i1} - Y_{i2}) [\mathrm{mod}(2^{31}-1)] \quad (i \geqslant 1) \tag{2-12}$$

其周期为 7.4×10^{16},在 $(0, 0.001)$ 间隔,两个线性同余生成器都出现稀疏栅格,而线性同余组合生成器则没有出现稀疏栅格。

组合生成器可有效减少单一生成器的自相关,提高了独立性,同时它可延长随机数发生器的周期,提高了均匀性。但由于同时使用多个发生器,并执行一些辅助操作,组合生成器占用计算机系统的资源要多于单独用一个简单生成器。

2.1.3 随机数检验

2.1.3.1 检验原理综述

随机数的统计特性主要是均匀性和独立性,为了判定随机数发生器所产生的数列是否满足其统计特性,应当进行一定的检验。这是因为当前用于计算机仿真的所有随机数发生器都是用迭代公式来获得的,实际上它的数列完全是确定型的,因此,要对这些伪随机数进行测试,观察它与均匀分布 $U(0,1)$ 随机变量的类似程度,通常称为随机数检验。随机数检验一般有经验检验和理论检验两种不同方法。

理论检验方法是一种事前检验方法,是在计算随机数序列之前,通过对数列生成方法的理论分析,可事先知道这些检验的结果。理论检验可用来确定产生伪随机数方法中的参数,如针对线性同余法中,要考虑其增量 c 和乘数 a 等参数的选择,以避免出现降维现象和稀疏栅格的出现,由此形成了一套理论检验方法,包括相邻平行超平面之间最大距离检验、平行超平面最小数目检验和最接近点之间距离检验等[5]。由于理论检验是对整个周期上的随机数所得的结果,它并不能表明一个周期中某个特定段的实际情况如何,而在实际上所使用伪随机数的往往只是周期中的一部分,因此这种理论检验的结果并不能代替经验检验,对于实际使用来说,仍应该以经验检验的结果为主。

经验检验方法是一种对伪随机数序列的统计检验。虽然对某个伪随机数发生器而言,给

定初值时随机数序列就已完全确定,并不具有随机性,只希望这个随机数列具有独立服从均匀分布 $U(0,1)$ 随机变量的统计性质。统计检验的具体步骤如下:

① 提出检验假设,根据随机数具有的随机性质和统计规律,构造统计检验方法;

② 给出显著水平 α,确定检验概率判别法则,即如果检验概率值 p 小于等于 α,则拒绝原假设;如果检验概率值 p 大于 α,则接受原假设;

③ 选取检验统计量,确定检验统计量所遵从的分布;

④ 根据统计检验方法,计算检验统计量和检验概率值;

⑤ 根据检验概率值进行统计推断,判断假设是否成立。

针对随机数序列的不同数据形式,经验检验又可以分为一般检验和严格检验。

(1) 一般检验

一般检验的对象是 $(0,1)$ 实数随机数序列,是以十进制形式表示的,因此一般检验方法是对十进制表示的实数随机数进行统计检验的方法,包括参数检验、均匀性检验(如频率检验、累积频率检验、序列检验、最大值检验[1,15] 等)、独立性检验(如相关系数检验、联列表检验、无连贯性检验、游程检验[1,15] 等)及其他(如距离检验、扑克检验、配套检验、空隙检验[15,17])等多种检验方法。实践表明,一般检验方法是不太严格的,例如,在检验同余法(以 IBM 乘同余产生器[$a=16\,807, m=2^{31}-1$]为例)产生的随机数序列时并不能发现实际存在的高维稀疏栅格问题,却能通过检验。因此,就需要更严格的方法来检验伪随机数。

(2) 严格检验

严格检验的对象是整数随机数,随机数产生器产生整数随机数序列是以二进制形式表示的,所以严格检验方法就是对二进制位串序列的整数随机数进行统计检验的方法,包括有进位秩检验、计数 1 检验、猴子检验、生日间隔检验、最大共因数检验、大猩猩检验等[5]。按二进制位串排列检验,比按十进制数值排列的检验要严格得多。上述方法中的生日间隔检验、最大公因数检验和大猩猩检验是最严格的检验,能通过这三种方法的检验,可以认为通过了统计检验[5]。

伪随机数的统计检验是有局限性的,一般要同时采用几种不同的检验方法。另外,即使某随机数序列已通过多种方法的检验,也还可能存在某些"不好"数列尚未被识破。通过某种检验的伪随机数序列,只能说它与随机数的性质和规律不矛盾,虽不能拒绝它,但也不能武断地说它具有随机数的性质和规律。因此,某随机数序列通过的检验愈多,使用它就愈加可靠。因篇幅限制,以下仅对常用的一般检验方法进行介绍,对其他检验方法有兴趣的读者可参阅有关资料。

需要指出的是,虽然计算机系统都有随机数发生器,但是应当谨慎地选取,并按照其应用情况做各种检验,如可靠性分析中,故障小概率发生情况很常见,因此对小概率的性质就应做检验。特别是当仿真要求高精度结果时,随机数检验工作就显得更为重要。

2.1.3.2　参数检验

参数检验是检验随机数分布参数估计值与 $[0,1]$ 均匀分布参数理论值的差异是否显著。

设 $\eta_1, \eta_2, \cdots, \eta_N$ 是需统计检验的一组随机数,则该序列的平均值和样本方差的估计值是

$$\begin{cases} \overline{\eta} = \dfrac{1}{N} \sum_{i=1}^{N} \eta_i \\ s^2 = \dfrac{1}{N-1} \sum_{i=1}^{N} (\eta_i - \overline{\eta})^2 \end{cases} \qquad (2-13)$$

如果均匀性假设成立,依据表 2 - 1 则有

$$\begin{cases} E(\bar{\eta}) = \dfrac{1}{2}, & D(\bar{\eta}) = \dfrac{1}{12N} \\[2mm] E(s^2) = \dfrac{1}{12}, & D(s^2) = \dfrac{1}{180N} \end{cases} \tag{2-14}$$

根据中心极限定理,当 N 充分大时,以下统计量

$$\begin{cases} Z_1 = \dfrac{\bar{\eta} - E(\bar{\eta})}{\sqrt{D(\bar{\eta})}} = \sqrt{12N}\left(\bar{\eta} - \dfrac{1}{2}\right) \\[3mm] Z_2 = \dfrac{s^2 - E(s^2)}{\sqrt{D(s^2)}} = \sqrt{180N}\left(s^2 - \dfrac{1}{12}\right) \end{cases} \tag{2-15}$$

渐近服从 $N(0,1)$ 正态分布。若取显著水平 $\alpha = 0.05$,当 $|Z_j| > 1.96$ 时($j = 1, 2$),称有显著差异,拒绝接受 $\{\eta_i\}$($i = 1, 2, \cdots, N$)为 $[0,1]$ 均匀分布随机变量的简单子样。

2.1.3.3 均匀性检验

随机数均匀性检验可采用两种不同的检验方法,分别是频率检验和累积频率检验。两种检验都是测量所产生的随机数样本的经验分布与理论均匀分布之间的拟合程度。两种假设都是基于在样本的经验分布和理论分布之间无显著差异的零假设。

1. 频率检验(称拟合优度检验,又称 χ^2 检验)

将 $[0,1]$ 区间分成 k 个相等的互不重叠子区间,若随机数 $\eta_1, \eta_2, \cdots, \eta_N$ 在 $[0,1]$ 上是均匀分布的,则每个随机数属于第 j 组的概率为 $p_j = 1/k$,即落在每个子区间上的随机数个数的理论值为 N/k,称为理论频率。实际上由随机数发生器产生的随机数,落在每个子区间上的个数不可能正好等于理论值,会有偏差。频率检验就是检验实际频率和理论频率之间偏差的大小,通常采用统计量 χ^2 检验,即

$$\chi^2 = \frac{k}{N} \sum_{j=1}^{k} \left(n_j - \frac{N}{k}\right)^2 \tag{2-16}$$

近似地服从 $\chi^2(k-1)$ 分布,式中,n_j 是每个子区间内的实际频数。

随机数发生器 χ^2 检验基本步骤如下:

① 原假设:给定随机数发生器产生的 $\eta_1, \eta_2, \cdots, \eta_N$ 是独立同分布的 $[0,1]$ 均匀分布随机数;

② 将 $[0,1]$ 分成 k 个等长的不重叠的连续子区间;

③ 统计在每个子区间上的随机数个数 η_j($j = 1, 2, \cdots, k$);

④ 对给定显著水平 α,查 χ^2 分布表得临界值 $\chi_\alpha^2(k-1)$;

⑤ 依据式(2 - 16)计算 χ^2 的值,若 $\chi^2 < \chi_\alpha^2(k-1)$,则可认为经验频数与理论频数没有显著差异;否则认为差异显著且假设不成立。

χ^2 检验时,区间的确定将影响检验的效能。为了使检验无偏,落在每个区间上的随机数频率应该基本相等。根据经验,区间 k 的个数宜在 30~40 以下,并能使 $Np_j \geqslant 5$,以提高检验的有效性。

示例 2.6: 对已产生的 1 000 个伪随机数作均匀性检验,将其分成 10 个等距的组($k = 10$),每组实际频数和理论频数见表 2 - 7。

表 2－7　随机数实际频数和理论频数统计表

频数 ＼ 组距	0.0～0.1	0.1～0.2	0.2～0.3	0.3～0.4	0.4～0.5	0.5～0.6	0.6～0.7	0.7～0.8	0.8～0.9	0.9～1.0
实际值 n_j	102	104	95	100	91	110	98	116	94	90
理论值 $\frac{N}{k}$	100	100	100	100	100	100	100	100	100	100

若取显著水平 $\alpha=0.05$，则自由度 $k-1=9$。查 χ^2 分布表得 $\chi^2_{0.95}(9)=16.919$。由表 2－8 数据计算得 $\chi^2=6.22$，由于 $\chi^2<\chi^2_{0.95}(9)$，因此不拒绝这批伪随机数。

2. 序列检验

前面叙述了在一维 $[0,1]$ 区间上检验随机数均匀性的拟合优度方法，实际上此方法可以向高维空间推广，用来检验一个序列中连续的数之间的随机性。

假设 η_i 为 $(0,1)$ 范围内均匀分布随机变量，则不相重迭的 r 元组

$$\begin{cases} \boldsymbol{X}_1=(\eta_1,\eta_2,\cdots,\eta_r) \\ \boldsymbol{X}_2=(\eta_{r+1},\eta_{r+2},\cdots,\eta_{2r}) \\ \cdots \\ \boldsymbol{X}_N=(\eta_{(N-1)r+1},\eta_{(N-1)r+2},\cdots,\eta_{Nr}) \end{cases} \tag{2-17}$$

是 r 维的单位超立方体 $(0,1)^r$ 上均匀分布的简单随机向量，即随机向量 $\boldsymbol{X}_1,\boldsymbol{X}_2,\cdots,\boldsymbol{X}_N$ 在 r 维的单位超立方体上是独立和均匀分布的。

将该单位超立方体划分为 k^r 个超立方体，其每一个体积为 $1/k^r$，用 $V_{j_1,\cdots,j_r}$ 表示落入 r 元组下列单元中的频数。

$$\left(\frac{j_{i-1}}{k},\frac{j_i}{k}\right)\quad(i=1,\cdots,r;\ j_i=1,\cdots,k) \tag{2-18}$$

在均匀性和独立性假设前提下，统计量

$$Y=\frac{k^r}{N}\sum_{j_1=1}^{k}\sum_{j_2=1}^{k}\cdots\sum_{j_r=1}^{k}\left(V_{j_1,\cdots,j_r}-\frac{N}{k^r}\right)^2 \tag{2-19}$$

将近似服从自由度为 k^r-1 的 χ^2 分布。一般来说，取 $N/r^k\geqslant5$ 比较合适。

示例 2.7：对 N 个二维随机数对 $(\eta_1,\eta_2),(\eta_3,\eta_4),\cdots,(\eta_{2N-1},\eta_{2N})$，对它们做二维区间是均匀分布的零假设检验。设初始种子值均用 37 237，利用式（2-12）产生 $N=65\ 536$ 对二维伪随机数，取 $K=64$，计算统计量 Y 值为 2 673.25，取显著水平为 0.1 的临界值 $\chi^2(64^2-1)\approx 4\ 211.402$。因此，该随机数样本通过了两维序列的均匀性检验。

对高维随机数序列作均匀性检验时，如果各个随机数 η_i 是相关的，r 维向量的分布就会离开 r 维均匀性轨道。因此序列检验也是对随机数 η_i 独立性的一个间接检验。应当说明，由于高维序列检验要求有大容量的存储器来存放 k^r 个 $V_{j_1,\cdots,j_r}$ 值，所以通常只做二维序列检验。

3. 累积频率检验（柯尔莫哥洛夫拟合优度检验，又称 K-S 检验）

上节 χ^2 检验中，为提高检验有效性及无偏性，一般要求 $Np_j\geqslant5$。但如果 N 较小，则 p_j 的值会较大，得到的区间过大，可能造成观测数据的信息丢失。K-S 检验则可避免上述问题，

它不需要对样本分组,而是检验样本的经验分布函数与理论分布函数间的差异是否显著。

根据柯尔莫哥洛夫定理,随机数发生器 K-S 检验的基本步骤如下:

① 原假设:给定随机数发生器产生的 $\eta_1,\eta_2,\cdots,\eta_N$ 是独立同分布的 $[0,1]$ 均匀分布随机数;

② 将 N 个随机数从小到大排列,令 $\eta_{(i)}$ 表示第 i 个最小观察值,即 $\eta_{(1)}\leqslant\eta_{(2)}\leqslant\cdots\leqslant\eta_{(N)}$,其经验分布函数为

$$F_n(x)=\begin{cases} 0, & x<\eta_{(1)} \\ i/n, & \eta_{(i)}\leqslant x<\eta_{(i+1)} \quad (i=1,2,\cdots,n-1) \\ 1, & x\geqslant\eta_{(n)} \end{cases} \qquad (2-20)$$

③ 将 $F_n(x)$ 与 $[0,1]$ 均匀分布函数比较,计算最大偏差 $D=\max(D^+,D^-)$,其中

$$\begin{cases} D^+=\max_{1\leqslant i\leqslant N}\{i/N-\eta_{(i)}\} \\ D^-=\max_{1\leqslant i\leqslant N}\{\eta_{(i)}-(i-1)/N\} \end{cases} \qquad (2-21)$$

④ 由于 D 渐近服从柯尔莫哥洛夫·斯米尔诺夫分布,在指定显著性水平 α,样本量 N 下,查 K-S 分布表,得到临界值 $D_\alpha(N)$;

⑤ 若 $D>D_\alpha(N)$,则拒绝数据来自均匀分布的假设;反之,若 $D\leqslant D_\alpha$,则认为在经验分布 $F_n(x)$ 与均匀分布之间没有明显的差异。

示例 2.8:假设产生了 5 个数 0.44,0.81,0.14,0.05,0.93,若取 $\alpha=0.05$,现利用 K-S 检验分析其均匀性。首先把数从小到大排列,见表 2-8 第一行。计算统计量 $D^+=0.26$ 及 $D^-=0.21$,故最大偏差 $D=0.26$。当 $\alpha=0.05$ 和 $N=5$ 时,查 K-S 分布表,知对应的临界值为 0.565,大于 D,因此认为所产生数的分布和均匀分布之间没有明显的差异。

表 2-8　示例伪随机数的 K-S 检验计算表

$\eta_{(i)}$	0.05	0.14	0.44	0.81	0.93
i/N	0.20	0.40	0.60	0.80	1.00
$i/N-\eta_{(i)}$	0.15	0.26	0.18	—	0.07
$\eta_{(i)}-(i-1)/N$	0.05	—	0.04	0.21	0.13

K-S 检验用于连续分布,允许对每一个观察点做拟合优度检验。χ^2 检验可用于有阶跃组成的分布,只对 k 组检验,由于忽略组内变化,要考虑区间长度的灵敏度。当 N 足够大时,这两种检验方法都是可取的。

2.1.3.4 独立性检验

一个随机数序列可以是均匀分布的,但却不一定满足独立性的要求。随机数的独立性检验是检验随机数列 $\eta_1,\eta_2,\cdots,\eta_N$ 之间的统计相关性是否显著。下面介绍三种常用的方法。

1. 相关系数检验

相关系数反映了随机变量之间的线性相关程度。若两个随机变量独立,它们的相关系数必为 0 是其必要条件,故可以利用相关系数来检验随机数的独立性。

设 $\eta_1,\eta_2,\cdots,\eta_N$ 是一组待检验的 N 个随机数,假设 j 阶自相关系数 $\rho_j=0(j=1,2,\cdots,$

m)。则先后间隔为 j 的两项间的相关系数为

$$\overline{\rho}_j = \frac{\dfrac{1}{N-j}\sum\limits_{i=1}^{N-j}\eta_i\eta_{i+j} - \left(\dfrac{1}{N}\sum\limits_{i=1}^{N}\eta_i\right)^2}{\dfrac{1}{N-1}\sum\limits_{i=1}^{N}\left(\eta_i - \dfrac{1}{2}\right)^2} \tag{2-22}$$

对充分大的 N(如 $N-j>50$),统计量 $\nu_j = \overline{\rho}_j\sqrt{N-j}$ 渐近服从 $N(0,1)$ 分布,因此对于指定显著水平 α,当 $|\nu_j|\leqslant Z_{\alpha/2}$ 时接受相关系数 $\rho_j=0$ 的假设;否则拒绝假设。

在实际检验工作中,通常取前 20 阶相关系数($j=1\sim20$),若它们当中至多只有 1 个相关函数与 0 有显著差别,则可在显著水平为 0.05 下接受随机数不相关的假设。同样,也可取前 10 阶相关系数做显著水平为 0.01 的相关系数检验。

示例 2.9:表 2-9 给出对一组容量为 10 000 的随机数样本进行相关系数检验的结果。显著水平为 0.01 的拒绝域为 $|\nu_j|\geqslant1.645$。由表 2-9 中计算结果可见,前 10 阶相关系数都与 0 无显著差别,因此在显著水平 0.01 时可接受该组随机数不相关的假设。

表 2-9　随机数示例的相关系数与统计量检验结果计算表

阶数 j	1	2	3	4	5
自相关系数 $\overline{\rho}_j$	0.000 919 9	−0.000 656 8	−0.002 995	−0.004 104	−0.005 292
统计量 $|\nu_j|$	0.091 99	0.065 67	0.299 5	0.410 0	0.529 0
阶数 j	6	7	8	9	10
自相关系数 $\overline{\rho}_j$	0.000 022 96	−0.006 460	−0.007 210	0.010 80	−0.000 310 4
统计量 $|\nu_j|$	0.002 295	0.645 8	0.720 7	1.079 7	0.031 02

2. 联列表检验

在 xOy 平面上,把一个单位正方形分为 k^2 个相同的小正方形,把随机数序列 $\eta_1,\eta_2,\cdots,\eta_N$,按其出现的先后顺序两两分组,如取

$$(\eta_1,\eta_{l+1}),(\eta_2,\eta_{l+2}),\cdots,(\eta_{n-l},\eta_n),(\eta_{n-l+1},\eta_l),\cdots,(\eta_n,\eta_1) \tag{2-23}$$

其中,$0<l<n/2$ 为整数,这样可以把它们看成平面上的 n 个点。记落入小正方形 (i,j) 内的观测次数为 $n_{ij}(i,j=1,2,\cdots,k)$,令

$$n_{i\cdot} = \sum_{j=1}^{k}n_{ij}, \quad n_{\cdot j} = \sum_{i=1}^{k}n_{ij} \tag{2-24}$$

如果 $\{\eta_i\}$ 是相互独立的,则落入第 (i,j) 个小正方形中的理论频数应当是

$$n\cdot\frac{n_{i\cdot}}{n}\cdot\frac{n_{\cdot j}}{n} = \frac{n_{i\cdot}n_{\cdot j}}{n} \tag{2-25}$$

根据独立性假设,统计量

$$\chi_D^2 = \sum_{i,j=1}^{k}\left[\left(n_{ij}-\frac{n_{i\cdot}n_{\cdot j}}{n}\right)^2\bigg/\frac{n_{i\cdot}n_{\cdot j}}{n}\right] = n\sum_{i,j=1}^{k}\left[n_{ij}^2/(n_{i\cdot}n_{\cdot j})-1\right] \tag{2-26}$$

渐近服从自由度为 $(k-1)^2$ 的 χ^2 分布,由此可进行检验。

与联列表检验类似的还有无重复列联检验[17]、有重复列联检验(又称顺序检验)[17]。

3. 连贯性检验

随机数序列中各样本除具有均匀性外,其出现的先后顺序也是不可忽视的。如果伪随机数序列是随机的,则这些样本的大小、升降就应符合均匀分布的规律。连贯性检验就是通过考察一个序列中随机数的排列来检验其独立性的,即检验随机数出现的先后顺序的随机性,重点是检验其连贯现象是否异常。

设 $0<q<1$,对伪随机数序列 $\{\eta_i\}$ 以 q 为基准进行分类,若 $\eta_i>q$,则归为一类(记为 a 类),若 $\eta_i\leqslant q$,则归为另一类(记为 b 类),这样就得到不同性质的两类 a 和 b。因此,连就是指连续出现的同类元素或相似事件,其连续的个数称为连长(以 k 表示),对应某个连长 k 在序列中出现的个数称为连数(以 L_k 表示)。连检验时通常首先分析连数,然后再分析连长。

按照分析性质不同,通常把连又分为升降连和正负连两类。升降连是分析随机数大小的变化趋势(是向上还是向下),正负连则是分析随机数被均值 0.5 分类后的变化趋势。

设随机数序列总样本数为 N,连长为 k,对应 k 的连数为 L_k,且长度为 k 的连的观测值是 O_k,总连数为 L;另外假设 n_1、n_2 分别为正连个数与负连个数。

升降连和正负连的连数与连长检验及其统计量的汇总见表 2-10。

表 2-10 随机数的连贯性检验及其统计量[1,17]

连检验类型		数学期望与方差	统计量与假设检验
升降连	连数检验	$\mu_L=\dfrac{2N-1}{3}$, $\sigma_L^2=\dfrac{16N-29}{90}$	当 $N>20$ 时,$Z_0=(L-\mu_L)/\sigma_L$ 近似服从正态分布 $N(0,1)$。对给定显著水平 α,若 $Z_0\leqslant\lvert Z_{1-\alpha/2}\rvert$,则不拒绝独立性假设
升降连	连长检验	$k\leqslant N-2$:$E(L_k)=\dfrac{2\left[N(k^2+3k+1)-(k^3+3k^2-k-4)\right]}{(k+3)!}$ $k\leqslant N-1$:$E(L_k)=2/N!$	若独立性的零假设为真,$M=N-1$,则 $\chi_0^2=\displaystyle\sum_{k=1}^{M}\dfrac{\left[O_k-E(L_k)\right]^2}{E(L_k)}$ 近似服从 $\chi_0^2(M-1)$ 分布。对显著水平 α,若 $\chi_0^2<\chi_\alpha^2(M-1)$,则不拒绝独立性假设
正负连	连数检验	$\mu_L=\dfrac{2n_1n_2}{N}+\dfrac{1}{2}$, $\sigma_L^2=\dfrac{2n_1n_2(2n_1n_2-N)}{N^2(N-1)}$	当 $N>20$ 时,$Z_0=(L-\mu_L)/\sigma_L$ 近似服从正态分布 $N(0,1)$。给定显著水平 α 时,若 $Z_0\leqslant\lvert Z_{1-\alpha/2}\rvert$,则不拒绝独立性假设
正负连	连长检验	$E(L_k)=N/2^{k+1}$, $E(L)=N/2$	若独立性零假设为真,$M=N$,则统计量 $\chi_0^2=\displaystyle\sum_{k=1}^{M}\dfrac{\left[O_k-E(L_k)\right]^2}{E(L_k)}$ 近似服从 $\chi_0^2(M-1)$ 分布。对显著水平 α,若 $\chi_0^2<\chi_\alpha^2(M-1)$,则不拒绝独立性假设

示例 2.10:以正负连检验为例,考察 40 个随机数序列独立性假设能否被拒绝,取 $\alpha=0.05$。

0.41 0.68 0.89 0.94 0.74 0.91 0.55 0.62 0.36 0.27 0.19 0.72 0.75 0.08 0.54 0.02 0.01 0.36 0.16 0.28 0.18 0.01 0.95 0.69 0.18 0.47 0.23 0.32 0.82 0.53 0.31 0.42 0.73 0.04 0.83 0.45 0.13 0.57 0.63 0.29

利用正负连检验法的检验计算过程见表 2 - 11,检验结果表明,无论是对随机数序列的连数进行检验还是对连长进行检验,都不能拒绝其独立性假设。

表 2 - 11　伪随机数序列的正负连检验计算过程

正负连检验的过程	计算过程与结果		
分类后正负号序列	－＋＋＋＋＋＋＋＋－－＋＋－＋－－－－－－－＋＋－－－－＋＋－＋－＋－＋－＋＋－		
关键变量观测值获取	正连数 $n_1=18$,负连数 $n_2=22$,观测数 $N=40$,总连数 $L=17$		
数学期望与方差计算	$\mu_L=\dfrac{2\times18\times22}{40}+\dfrac{1}{2}=20.3,\quad \sigma_L^2=\dfrac{(2\times18\times22)(2\times18\times22-40)}{40^2(40-1)}=9.54$		
连数的统计量检验	$Z_0=\dfrac{17-20.3}{\sqrt{9.54}}=-1.07$,$Z_{1-\alpha}=Z_{0.95}=1.96$,$\mid Z_0\mid<Z_{1-\alpha}$,因此不拒绝独立性假设		

把 $k\geq5$ 的区间合并,则 M＝5,各变量计算结果如下:

连长 k	观察连数 O_k	期望连数 $E(L_k)$	$[O_k-E(L_k)]^2/E(L_k)$
1	7	10	0.9
2	6	5	0.2
3	1	2.5	0.9
4	1	1.25	0.05
≥5	2	1.25	0.45
总计	17	20	2.5

连长观测值与期望值	(见上表)
连长的统计量检验	查表 $\chi^2_{0.95}(4)=9.4877$,由于 $\chi^2_0=2.5$,因此不拒绝独立性假设

2.2　随机变量的抽样方法

随机变量抽样方法是指从随机变量服从的概率分布获得其样本值的数学方法。2.1节中介绍的随机数生成方法,就是在[0,1]范围内均匀分布随机变量的抽样方法。对于产生服从其他分布的样本的方法而言,一般都是在假设随机数已知情况下并且具有严格的理论根据,因此,只要抽样方法所用的随机数序列满足均匀性和独立性要求,那么由它所产生的已知分布的简单子样,就严格满足具有相同的总体分布且相互独立。随机变量的一般抽样方法有逆变换法、函数变换法、组合法、卷积法、舍选法、近似法等,本节将分别介绍。

2.2.1　逆变换法

2.2.1.1　连续型随机变量的逆变换

基本定理:设随机变量 $\xi\in(-\infty,+\infty)$,具有累积分布函数 $F(x)$(或分布密度函数 $f(x)$),则 $Z=F(\xi)$ 是[0,1]上均匀分布的随机变量。

证明:由于分布函数 $F(x)$ 是在[0,1]上取值的单调递增连续函数,所以当 ξ 在 $(-\infty,x)$ 内取值时,随机变量 Z 则在 $[0,F(x)]$ 内取值,因此,Z 在 $[0,1]$ 上的一个取值 z,至少有一个 x 满足 $z=F(x)=P(\xi\leqslant x)$,则其反函数 $x=F^{-1}(z)$。

用 $G(z)$ 表示 Z 的累积分布函数,则根据随机变量的定义有

$$G(z)=P(Z\leqslant z)$$
$$=P[F(\xi)\leqslant z]=P[\xi\leqslant F^{-1}(z)]=P(\xi\leqslant x) \tag{2-27}$$

根据 Z 在 $[0,1]$ 上取值,由式(2-27)可得

$$G(z)=\begin{cases}0, & z\leqslant 0 \\ P(\xi\leqslant x)=z, & 0<z\leqslant 1 \\ 1, & z>1\end{cases} \tag{2-28}$$

由式(2-28)可见,随机变量 Z 在 $[0,1]$ 上服从均匀分布。Z 的子样 $z_1,z_2,\cdots,z_N$ 即为随机数序列,常用符号 $\eta_1,\eta_2,\cdots,\eta_N$ 表示。

逆变换算法:若 Z 为 $[0,1]$ 上均匀分布的随机变量,$F(x)$ 为随机变量 ξ 的累积分布函数,且 $F(x)$ 为单调递增连续函数,则 $\xi=F^{-1}(Z)$ 就是以 $F(x)$ 为累积分布函数的随机变量,因此,可用随机数来直接产生随机变量 ξ 的抽样值。直观意义可用图2-4表示。

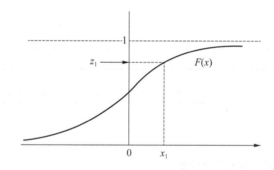

图2-4 连续型随机变量的逆变换抽样法

示例2.11:产生 $[a,b]$ 上均匀分布随机变量 ξ 的抽样值。已知 ξ 分布密度函数为

$$f(x)=\begin{cases}\dfrac{1}{b-a}, & a\leqslant x\leqslant b \\ 0, & 其他\end{cases}$$

则其累积分布函数 $F(x)$ 为

$$F(x)=\int_a^x f(x)\mathrm{d}x=\frac{x-a}{b-a}$$

设 $Z=F(x)$,则其反函数为

$$F^{-1}(Z)=(b-a)Z+a \tag{2-29}$$

将 Z 的抽样值 η 代入式(2-29),得到随机变量 ξ 的抽样值(用 $X_{F(\xi)}$ 表示)公式,则有

$$X_{F(\xi)}=F^{-1}(\eta)=(b-a)\eta+a \tag{2-30}$$

示例2.12:产生服从指数分布的产品寿命随机变量 ξ 的抽样值。

已知产品寿命 ξ 的累积分布密度函数为

$$F(t)=\begin{cases}1-\mathrm{e}^{-\lambda t}, & t\geqslant 0 \\ 0, & 其他\end{cases}$$

设 $Z=F(x)$，则由其反函数得到 ξ 的抽样公式为

$$\xi=F^{-1}(Z)=-\frac{1}{\lambda}\ln(1-Z) \tag{2-31}$$

将 Z 的抽样值 η 代入式(2-31)，得到产品寿命 ξ 的随机抽样值 $X_{F(\xi)}$ 的计算公式为

$$t_{F(\xi)}=F^{-1}(\eta)=-\frac{1}{\lambda}\ln(1-\eta) \tag{2-32}$$

注意：式(2-32)这里可以用 η 来代替 $1-\eta$，因为 $1-\eta$ 和 η 服从相同的 $[0,1]$ 内的均匀分布，用其代替可以在效率上得到一点改善。然而，用 η 代替 $1-\eta$，会导致 ξ 是 Z 的减函数而不是增函数，在某些特殊变量生成算法中，这种替代就会导致错误的结果。

由上述例子可见，只要随机变量 ξ 具有连续单调递增的分布函数，且其反函数可用显式表示时，就可用随机数直接抽样 $X_{F(\xi)}=F^{-1}(\eta)$，又称反函数法。

对于连续型随机变量的分布密度函数 $f(x)$ 而言，可认为是变量 ξ 在不同范围内的改变量。以图 2-5 的威布尔分布的密度函数(形状参数取 1.5，尺度参数取 6)为例。图 2-5(a)中的纵轴区间 $[0.25,0.30]$ 内包含了 5% 的 Z 的取值，相应 ξ 会在 x 轴上一个较狭窄的区间 $[2.6,3.0]$ 内取值；而在纵轴区间 $[0.93,0.98]$ 内也包含 5% 的 Z 的取值，但却对应 x 轴上的一个较大区间 $[11.5,14.9]$，这时我们仍得到 5% 的 ξ 取值，但却在一个大得多的范围内。因此，虽然 Z 的取值在纵轴上是均匀分布的，但 Z 在横轴方向上的取值实际上是当函数 $f(x)$ 取值较大时比较密集，而当 $f(x)$ 取值较小时其分布的区间更广。因此，逆变换法本质上是将服从均匀分布的随机变量 Z 进行畸变得到给定的分布密度函数 $f(x)$ 的随机变量 ξ。

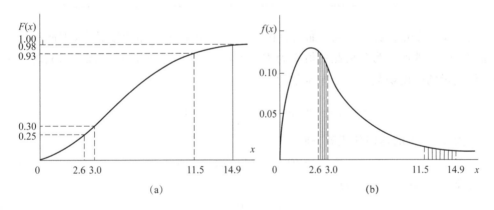

图 2-5　威布尔分布(1.5,6)密度函数的 Z 和 ξ 的对应间距关系图

2.2.1.2　离散型随机变量的逆变换

若离散型随机变量 ξ，以概率 $p_1,p_2\cdots$，取值 $x_1,x_2\cdots$，且 $x_1<x_2<\cdots$，则分布密度函数为 $P(\xi=x_k)=p_i,k=1,2\cdots$，累积分布函数为 $F(x_k)=\sum_{j=1}^{k}p_j$。从随机数序列 $\{\eta\}$ 中，依次选取 η_i，$i=1,2\cdots$，计算满足以下条件的 k 值。

$$F(x_{k-1})<\eta_i\leqslant F(x_k) \tag{2-33}$$

这时可得到 ξ 的抽样值 $X_{F(\xi)}$，即 $X_{F(\xi)}=x_k$，抽样过程如图 2-6 所示。

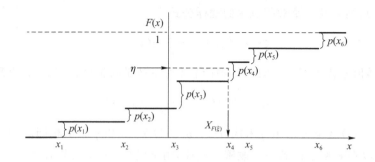

图 2-6 离散随机变量的逆变换法

示例 2.13: 某专用设备的处理情报时间为离散随机变量(取值 Δt_{B_i}),已知其概率分布见表 2-12,现对处理情报时间进行随机抽样,依据式(2-33)判定,求出对应抽样值,抽样结果见表 2-13。

表 2-12 已知的处理情报时间的概率分布

i	处理时间	$P(\Delta t_{(B_i)})$	$F(\Delta t_{(B_i)})$
1	13	0.05	0.05
2	15	0.50	0.56
3	17	0.20	0.75
4	20	0.20	0.95
6	21	0.05	1.00

表 2-13 处理情报时间的抽样结果

随机数 η	k	$X_{F(\xi)} = \Delta t_{(B_i)}$
32	2	15
29	2	15
94	4	20
87	4	20
...	...	...

示例 2.14: 若用 p 表示一批产品的合格率,用 $1-p$ 表示产品的废品率,则前 k 件产品都是废品,第 $k+1$ 件产品为合格品的概率为 $P(x=k)=p(1-p)^k,k=0,1,2,\cdots,n$,这就是几何分布随机变量的密度函数。其分布函数为

$$F(x) = \sum_{k=0}^{x} p(1-p)^k = 1 - (1-p)^{x+1} \tag{2-34}$$

若 η 为 $(0,1)$ 上的均匀随机数,则有

$$1 - F(x) = (1-p)^{x+1} = \eta \tag{2-35}$$

为方便起见,式(2-35)写成

$$(1-p)^x = \eta \tag{2-36}$$

因此,有 $x = \ln(\eta)/\ln(1-p)$,再对 x 取整,就得到了几何分布的抽样值。

逆变换法在使用中有一些显著优点[22],该方法有助于减少产生的随机变量之间的强相关性,可简化从截断分布函数生成随机变量的过程,对产生需要排序的统计数据也非常有用。然而逆变换法也存在一些不足,在连续情况下,逆变换法可能会遇到对于已知分布无法写出反函数表达式的情况,此外,对于一个给定的分布,逆变换法可能不是生成随机变量的最快的方法。

2.2.2 函数变换法

函数变换法是关于随机变量的函数(仍为随机变量)的抽样方法。通过随机变量间的关系

式可导出其分布函数间的关系式,故可利用均匀随机数生成某个确定分布随机变量的抽样值。函数变换法基本原理介绍如下。

（1）一维情况

设随机变量 X 具有密度函数为 $f(x)$,另一随机变量 $Y=g(X)$ 为一一对应变换,若 $g(X)$ 的反函数存在,记作 $g^{-1}(X)=h(Y)$,且有一阶导数 $h'(y)$,则 Y 的密度函数 $f_Y(y)$ 为

$$f_Y(y)=f[h(y)] \cdot |h'(y)| \tag{2-37}$$

函数变换抽样的过程,是为了由分布 $f_Y(y)$ 中抽样产生 y,先由分布 $f(x)$ 中抽样产生 x,然后通过变换 $y=g(x)$ 得到,不难看出,直接抽样方法实际上是变换抽样方法的特殊情况,即 $f(x)$ 是定义在 $[0,1]$ 上的均匀分布,$g(x)=F^{-1}(x)$。

示例 2.15:已知随机变量 Y 密度函数为 $\phi(y)=\begin{cases}\cos(y), & 0 \leqslant y \leqslant \pi/2 \\ 0, & 其他\end{cases}$,求 Y 的抽样公式。

求解步骤如下:

① 引入变换函数 $y=\arcsin(x)$,则其反函数为 $x=\sin(y)$,y 取值范围是 $[0,\pi/2]$,x 取值范围为 $[0,1]$。

② 依据式(2-37)求 Y 的密度函数

$$\phi(y)=f(x) \cdot |(\sin(y)'| =f(x) \cdot \cos y \quad 0 \leqslant x \leqslant 1, 0 \leqslant y \leqslant \pi/2 \tag{2-38}$$

式(2-38)中随机变量 X 服从均匀分布时,有 $f(x)=1$,故

$$\phi(y)=\cos y \quad (0 \leqslant y \leqslant \pi/2) \tag{2-39}$$

② 随机变量 Y 的抽样公式为

$$y_\phi=\arcsin(\eta) \tag{2-40}$$

式中,η——随机数。

（2）多维情况

对于多维情况有类似结果,以二维为例。设随机向量 (X,Y) 服从二维联合分布密度 $f(x,y)$,且存在 X 和 Y 对应的变换函数 $u=g_1(x,y)$,$v=g_2(x,y)$ 是一个连续且一一对应的变换,对 X 和 Y 具有连续的偏导数,变换的函数行列式不为 0。若函数 g_1 和 g_2 的反函数存在,记为 $x=h_1(u,v)$,$y=h_2(u,v)$。则随机变量 U 和 V 的二维联合分布密度函数为

$$f_{U,V}(u.v)=f(h_1(u,v),h_2(u,v)) \cdot |J| \tag{2-41}$$

式中,J 表示逆变换的函数行列式,其表达式是

$$J=\begin{vmatrix} \partial x/\partial u & \partial x/\partial v \\ \partial y/\partial u & \partial y/\partial v \end{vmatrix} \tag{2-42}$$

示例 2.16:已知 U、V 服从标准正态分布 $N(0,1)$,用函数变换法求其抽样公式。

求解步骤如下:

① 引入变换函数

$$\begin{cases} u=\sqrt{-2\ln x} \cdot \cos(2\pi y) \\ v=\sqrt{-2\ln x} \cdot \sin(2\pi y) \end{cases} \tag{2-43}$$

② 获取反函数:通过求解式(2-43)两项的平方和及两项相除,得到表达式

$$\begin{cases} x=\exp[-(u^2+v^2)/2] \\ y=\dfrac{1}{2\pi}[\arctan(u/v)] \end{cases} \tag{2-44}$$

③ 依据式(2-41)求随机变量 U 和 V 的二维联合分布密度函数。求偏导数 $\frac{\partial x}{\partial u}, \frac{\partial x}{\partial v}, \frac{\partial y}{\partial u}$ 和 $\frac{\partial y}{\partial v}$,求得函数变换行列式 J 为

$$J = -\frac{1}{2\pi}\exp\left[-\frac{1}{2}(u^2+v^2)\right] \qquad (2-45)$$

当随机变量 X 和 Y 均服从[0,1]内均匀分布时,有 $f(x,y)=1$。可以得到

$$f_{U,V}(u,v) = f(x,y) \cdot |J| = \frac{1}{\sqrt{2\pi}}\exp\left(-\frac{u^2}{2}\right) \cdot \frac{1}{\sqrt{2\pi}}\exp\left(-\frac{v^2}{2}\right) \qquad (2-46)$$

显然,随机变量 U 和 V 相互独立,且服从正态分布 $N(0,1)$。

④ 随机变量 U 和 V 的抽样公式为

$$\begin{cases} u = \sqrt{-2\ln\eta_1} \cdot \cos(2\pi\eta_2) \\ v = \sqrt{-2\ln\eta_1} \cdot \sin(2\pi\eta_2) \end{cases} \qquad (2-47)$$

式中,η_1 和 η_2 为随机数。

故每次用两个相互独立的[0,1]均匀分布随机变量抽样值,可得到两个相互独立的正态分布 $N(0,1)$ 的随机变量抽样值。

2.2.3 舍选抽样法

对于连续型分布,用直接抽样法首先是要求分布函数能用解析式表示,其次是要求分布函数的反函数能用显式表示。此外,有的分布虽然给出了反函数,但其计算量较大。1947 年冯·诺依曼提出了舍选抽样方法,该方法是从许多均匀分布的随机数中选出一部分,使其具有给定分布的随机变量,它可用于产生任意有界的随机变量。舍选抽样属于非直接的方法,此方法计算较简单,当不能用直接抽样法时,可考虑用此方法抽样。

1. 舍选抽样法基本原理

设 $F(x)$ 和 $f(x)$ 分别是所求随机变量的分布函数和概率密度函数,选定一个与 $f(x)$ 有相同取值域的函数 $g(x)$,使之覆盖 $f(x)$,即满足对所有 $f(x)$ 取值域内均有 $g(x)\geqslant f(x)$。通常 $g(x)$ 不是一个密度函数,有

$$c = \int_{-\infty}^{+\infty} g(x)\mathrm{d}x \geqslant \int_{-\infty}^{+\infty} f(x) = 1 \qquad (2-48)$$

但是显然 $r(x)=g(x)/c$ 是一个分布密度函数。如果 X 服从 $r(x)$,随机变量 U 服从均匀分布 $U(0,1)$,且 X 和 U 相互独立,当 $U\leqslant f(x)/r(x)$ 时,令 $Y=X$,则 Y 服从 $f(x)$。

由定义和假设条件可得

$$P\{Y \leqslant y\} = P\{X \leqslant y \mid U \leqslant f(X)/g(X)\} = \frac{P\{X \leqslant y, U \leqslant f(X)/g(X)\}}{P\{U \leqslant f(X)/g(X)\}}$$

$$= \frac{\int_{-\infty}^{y}\int_{0}^{f(x)/g(x)} r(x)\mathrm{d}x \cdot \mathrm{d}u}{\int_{-\infty}^{+\infty}\int_{0}^{f(x)/g(x)} r(x)\mathrm{d}x \cdot \mathrm{d}u} = \frac{\int_{-\infty}^{y} r(x) \cdot f(x)/g(x)\mathrm{d}x}{\int_{-\infty}^{+\infty} r(x) \cdot f(x)/g(x)\mathrm{d}x}$$

$$= \int_{-\infty}^{y} f(x)\mathrm{d}x \qquad (2-49)$$

利用上述原理,舍选抽样的步骤如下:

① 利用 $r(x)$ 产生样本值 x;

② 产生服从 $(0,1)$ 均匀分布的随机数 U;

③ 若 $U \leqslant f(x)/r(x)$,令 $y=x$,则 y 就是 $F(x)$ 的样本值;否则转到步骤①重新抽样。

下面举一种特例来解释舍选抽样的直观意义,实际上这也是舍选抽样最常使用的。

2. 简单舍选抽样

设随机变量 ξ 在有限区间 $[a,b]$ 上取值,它的分布密度函数 $f(x)$ 定义在区间 $[a,b]$ 上,而且是有界的。令 M 为其上界,即有 $o \leqslant F(x) \leqslant M$。则产生随机变量 ξ 样本值(算法如图 2-7 所示)的步骤如下:

① 产生两个随机数 η_1 和 η_2;

② 由 η_1 产生服从 $[a,b]$ 均匀分布的样本值 x,$x=(b-a)\eta_1+a$;

③ 检验 $\eta_2 \leqslant f(x)/M$ 是否成立。如果成立 x 就是变量 ξ 的样本值;如果不成立,则不输出任何值,继续转到步骤①重新抽样。

图 2-7 中的 η_1 和 η_2 是一次试验所用随机数,用于生成图 2-8 中随机点 S 的坐标,即利用均匀分布抽样公式(2-30)得到点 S 的坐标 (x,y)

$$\begin{cases} x=(b-a)\eta_1+a \\ y=M\eta_2 \end{cases} \tag{2-50}$$

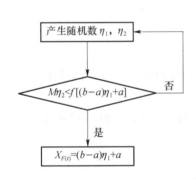

图 2-7　简单舍选抽样的算法

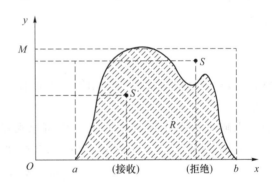

图 2-8　简单舍选抽样的几何意义

如图 2-8 所示,在 $[a,b]$ 范围内曲线 $f(x)$ 以下的面积 R 为 1。这种简单舍选方法的直观意义是:若在边长为 M 和 $(b-a)$ 的矩形中随机抛掷点 S,若 S 点落在 $f(x)$ 曲线下方,则该点的横坐标值作为随机变量 ξ 的输出;若 S 点落在曲线 $f(x)$ 上方,则舍弃。如此反复进行。因此舍选抽样的实质是从一些随机数序列中选取一部分,使之成为具有给定分布的随机抽样。

示例 2.17:求舍选抽样产生密度函数 $f(x)=2x,0 \leqslant x \leqslant 1$ 的样本值。

解:依 $f(x)$ 条件,由其取值范围可得其上界 $M=2$,因此算法如下。

① 产生两个随机数 η_1 和 η_2。

② 检验 $\eta_2 \leqslant \eta_1$ 是否成立。如果成立 η_1 就是满足 $f(x)$ 的样本值;如果不成立,则不输出任何值,继续转到步骤① 重新抽样。

此时抽样效率 $E=1/2$,经分析可知,$\eta_2 > \eta_1$ 情况没有必要舍弃,而应取 $X_{F(\xi)}=\eta_2$。因此,

更合适的办法是取 $X_{F(\xi)}=\max(\eta_1,\eta_2)$，此时抽样效率 $E=1$。

对于上述分布密度函数 $f(x)$，其分布函数 $z=F(x)=x^2$，其反函数为 $x=F^{-1}(z)=\sqrt{z}$，故有 $X_{F(\xi)}=\sqrt{\eta}$。上式求 $X_{F(\xi)}$ 需要做开方运算。而舍选法只要选取两个随机数即可。

3. 简单舍选抽样的效率

由上面的论述，可以看出，舍选抽样法不能每次循环都得到一个样本值，到底多少次才能获得一个给定分布随机变量的样本值呢？这实际上就是舍选抽样法的接受效率的问题。直观上来说，该效率应该是 $f(x)$ 曲线下方的面积与边长为 M 和 $(b-a)$ 的矩形的面积之比。由分布密度函数的定义可知，$f(x)$ 曲线下方的总面积必为1，若用 E 表示效率，则有

$$E=P\{M\eta_2<f[(b-a)\eta_1+a]\}=\frac{1}{(b-a)M} \tag{2-51}$$

舍选抽样效率 E 的倒数，即表示得到随机变量 ξ 一个抽样值的平均试验次数。

式(2-51)是定义了 $g(x)=M$ 时的效率，对于更一般性的舍选抽样 $g(x)\neq M$ 来说，接受效率 $P=1/c$。由于当 $g(x)=M$ 时，$c=\int_a^b Mdx=M(b-a)$。因此 c 的值越小，舍选抽样的效率越高。然而 c 的值越接近1，那么曲线 $g(x)$ 就越接近曲线 $f(x)$，求取密度函数 $r(x)=g(x)/c$ 的随机变量样本值就越困难，因此提高效率和求取 $r(x)$ 样本值有时是矛盾的。通常用舍选法求取随机变量样本值，往往要先确定 $r(x)$，$r(x)$ 采用常见且易求解的密度函数，如均匀分布、指数分布等，然后选择 c，使 $g(x)=r(x)c\geqslant f(x)$，并使 c 尽可能接近1。

示例 2.18： 求单位区间内的 $\beta(4,3)$ 分布的样本值，$\beta(4,3)$ 的密度函数为

$$f(x)=\begin{cases}60x^3(1-x)^2, & 0\leqslant x\leqslant 1\\ 0, & 其他\end{cases}$$

解： $\beta(4,3)$ 的分布函数是一个六阶多项式，使用逆变换法求解很困难。因此采用舍选抽样方法求解。

首先求解 $f(x)$ 的上界，令 $df/dx=0$，可以求得该函数在 $x=0.6$ 时取得最大值，即 $M=f(0.6)=2.0736$，因此定义如下 $g(x)$ 函数，其应覆盖 $f(x)$

$$g(x)=\begin{cases}2.0736, & 0\leqslant x\leqslant 1\\ 0, & 其他\end{cases} \tag{2-52}$$

令 $c=\int_0^1 Mdx=2.0736$，这样 $r(x)$ 就是 $[0,1]$ 范围内的均匀分布密度函数（图2-9）。

因此求取 $\beta(4,3)$ 样本值的算法如下。

① 产生两个随机数 η_1 和 η_2。

② 检验式(2-53)是否成立。如果成立 η_1 就是满足 $f(x)$ 的样本值；如果不成立，则不输出任何值，继续转到步骤①重新抽样。

$$\eta_2\leqslant\frac{60\eta_1^3(1-\eta_1)^2}{2.0736} \tag{2-53}$$

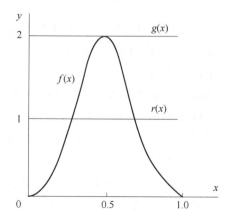

图2-9 $\beta(4,3)$ 的舍选抽样示意图

2.2.4　组合抽样法

当随机变量 ξ 的分布函数 $F(x)$ 可以表示成为其他分布函数 $F_1,F_2\cdots$ 的组合,而这些分布函数 F_j 较原始的分布函数 F 更易求得其抽样时,就要用到组合的方法,这个方法是 1961 年由马萨格里亚提出的。具体来说,假设对于所有的 x,$F(x)$ 可写成

$$F(x) = \sum_{j=1}^{+\infty} p_j F_j(x) \tag{2-54}$$

式中,$p_j \geqslant 0$,$\sum_{j=1}^{+\infty} p_j = 1$,且每个 $F_j(x)$ 都是一个分布函数。同理,随机变量 ξ 如果有分布密度函数 $f(x)$,则可写为

$$f(x) = \sum_{j=1}^{+\infty} p_j f_j(x) \tag{2-55}$$

式中,$f_j(x)$——其他的分布密度函数。

组合抽样的算法如下:

① 定义累计函数 $S(j) = \sum_{i=1}^{j} p_i (1 \leqslant j \leqslant +\infty)$,并令 $S(0)=0$;

② 产生两个随机数 η_1 和 η_2;

③ 判定满足 $S(j-1)<\eta_1 \leqslant S(j)$ 的整数 j 值;

④ 根据 η_2 由分布函数 $F_j(x)$ 获得其样本值 x_j;

⑤ 取 $X_{F(\xi)} = x_j$。

算法前三步是以概率 P_j 来选择分布函数 $F_j(x)$,算法后两步是生成一个与 j 无关的 x 样本值。从几何上对组合法的理解是:对于分布密度函数 $f(x)$ 为连续型随机变量 X,可以将 $f(x)$ 函数曲线下面的整个区域,分解成对应概率 $p_1,p_2\cdots$ 的一系列小区域。则可认为算法前三步是选择区域,最后两步是由所选区域对应的分布产生随机变量。容易看出,由上述算法得到的样本,服从分布函数

$$P(\xi \leqslant x) = \sum_{j=1}^{\infty} P(\xi \leqslant x \mid J=j) p_j = \sum_{j=1}^{\infty} F_j(x) p_j = F(x) \tag{2-56}$$

在使用组合法时,可以利用横坐标将分布密度函数 $f(x)$ 分为若干个区域来得到其表达式,也可以利用纵坐标来分解 $f(x)$。

示例 2.19:用组合法求解双指数分布(又称拉普拉斯分布)随机变量的抽样值,该分布的密度函数为 $f(x)=0.5\mathrm{e}^{|x|}$,如图 2-10 所示,x 的取值范围是所有实数。

解:从图 2-10 中可以看到除常数因子 0.5 之外,$f(x)$ 就是由一个正指数分布函数和一个负指数分布函数分段组合的,因此使用组合法将 $f(x)$ 表示为式(2-57),且 $p_1 = p_2 = 0.5$。

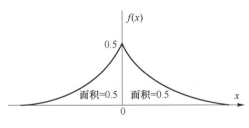

图 2-10　双指数分布密度函数

$$f(x) = 0.5\mathrm{e}^{x} I_{(-\infty,0)}(x) + 0.5\mathrm{e}^{-x} I_{(0,+\infty)}(x) \tag{2-57}$$

式中，$I_A(x)$ 表示为集合 A 的阶跃函数，定义如下

$$I_A(x) = \begin{cases} 1, & x \in A \\ 0, & 其他 \end{cases} \tag{2-58}$$

使用组合法，首先产生服从 $[0,1]$ 均匀分布的随机数 η_1 和 η_2。如果 $\eta_1 \leqslant 0.5$，则返回 $X_{F(\xi)} = \ln \eta_2$；如果 $\eta_1 > 0.5$，则 $X_{F(\xi)} = -\ln \eta_2$。

示例 2.20：利用组合抽样法产生服从右梯形分布的随机变量样本，对于 $0 < a < 1$，其分布密度函数（图 2-10）为

$$f(x) = \begin{cases} a + 2(1-a)x, & 0 \leqslant x \leqslant 1 \\ 0, & 其他 \end{cases}$$

解：观察图 2-11 所示的右梯形分布密度函数，将函数曲线下的区域划分为一个面积为 a 的矩形和一个面积为 $1-a$ 的右三角形，如虚线所示。则有

$$f(x) = p_1 f_1(x) + p_2 f_2(x) = a U_{[0,1]}(x) + (1-a)2x U_{[0,1]}(x)$$
$$p_1 = a \quad f_1(x) = U_{[0,1]}(x)$$
$$p_2 = 1-a \quad f_2(x) = 2x U_{[0,1]}(x) \tag{2-59}$$

式(2-59)中 $U_{[0,1]}(x)$ 是 $[0,1]$ 上均匀分布密度函数。

因此，首先产生服从 $[0,1]$ 均匀分布的随机数 η_1 和 η_2，然后检验 $\eta_1 \leqslant a$ 是否成立。如果成立，则返回 $X_{F(\xi)} = \eta_2$；如果不成立，则由右三角分布来产生随机变量，可以通过以下两种方法实现：

① 对 $f_2(x)$ 应用逆变换法，则取 $X_{F(\xi)} = \sqrt{\eta_2}$；

② 参考 2.2.3 节示例，再产生 1 个随机数 η_3，取 $X_{F(\xi)} = \max(\eta_2, \eta_3)$。

由于开平方根计算可能比产生一个服从 $U(0,1)$ 的随机数再做比较所花费的时间要多，因此第二种方法看起来更快捷。

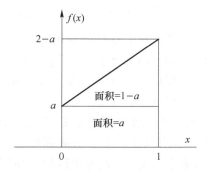

图 2-11 右梯形分布密度函数

2.2.5 复合抽样法

复合概率分布是指随机变量 X 服从的概率分布是与另一随机变量 Y 有关的概率分布，它在实际问题中是一种常见的重要分布类，Kahn(1954)针对这类分布提出了复合抽样方法。考虑如下复合分布

$$f(x) = \int_{-\infty}^{+\infty} f_2(x|y) dF_1(y) \tag{2-60}$$

式中，$f_2(x|y)$ 表示随机变量 ξ 与参数 y 有关的条件分布密度函数；$dF_1(y)$ 表示分布函数。

显然，式(2-60)具有条件分布的特征，对于这种复合分布的抽样方法如下：

① 从分布 $F_1(y)$ 抽样产生 Y_{F_1}；

② 从分布 $f_2(x|Y_{F_1})$ 中抽样产生 $X_{f_2}(x|Y_{F_1})$；

③ 取 $X_f = X_{f_2}(x|Y_{F_1})$。

上述复合抽样方法的证明并不困难。关于事实上，对于任意的 x，抽样满足式(2-61)

$$P\{x \leqslant \xi_f < x + \mathrm{d}x\} = P\{x \leqslant X_{f_2(x \mid Y_{F_1})} < x + \mathrm{d}x\}$$

$$= \left\{\int_{-\infty}^{+\infty} f_2(x \mid y)\mathrm{d}F_1(y)\right\}\mathrm{d}x = f(x)\mathrm{d}x \qquad (2-61)$$

由式(2-61)得出 ξ_f 所服从的分布为 $f(x)$。

一种特例情况下,若式(2-60)中 y 为一个整参数时,则改写成了式(2-62)的形式

$$f(x) = \sum_{j=1}^{+\infty} p_j f_j(x \mid y = j) \qquad (2-62)$$

式中,$\sum_{j=1}^{+\infty} p_j = 1, p_j > 0; j = 1,2\cdots; p_j = P(y = j); f_j(x)$ 是与参数 j 有关的密度函数。

式(2-62)就是 2.2.4 节的式(2-55),可利用组合抽样法获得样本。

示例 2.21:用复合抽样产生指数函数分布的抽样样本。指数函数分布是一种积分形式的分布,其一般形式为

$$f(x) = n\int_1^\infty y^{-n} \cdot \mathrm{e}^{-xy}\mathrm{d}y \quad (1 < y < \infty; n \geqslant 1) \qquad (2-63)$$

解:依据指数函数分布形式,取

$$\mathrm{d}F_1(y) = \frac{n\mathrm{d}y}{y^{n+1}} \quad f_2(x \mid y) = y\mathrm{e}^{-yx} \qquad (2-64)$$

具体抽样步骤如下:

① 产生两个随机数 η_1 和 η_2;

② 利用反函数法得到 $F_1(y)$ 抽样公式,产生样本 $Y_{F_1} = \eta_1^{(-1/n)}$;

③ 将 Y_{F_1} 代入 $f_2(x \mid Y_{F_1})$,利用反函数法得到 $f_2(x \mid Y_{F_1})$ 抽样公式,产生样本 $X_{f_2} = -\ln \eta_2 / Y_{F_1}$;

④ 即有 $X_f = X_{f_2}$。

2.2.6　卷积法

一些重要概率分布的随机变量,可以表示为两个或多个独立随机变量之和。由于新构成的随机变量的概率密度是原始变量的概率密度的卷积,因此称用这种方法生成随机变量的方法为卷积法。实际上卷积法是一种特殊的函数变换法,相当于取抽样公式

$$X = Y_1 + Y_2 + \cdots + Y_m \qquad (2-65)$$

式中,随机变量 $Y_1, Y_2, \cdots, Y_m$ 是独立同分布的,X 的分布称为 Y_j 分布的 m 重卷积,因此 $Y_1 + Y_2 + \cdots + Y_m$ 与随机变量 X 有着相同的分布,则有

$$P(X \leqslant x) = P(Y_1 + Y_2 + \cdots + Y_m \leqslant x) = F(x) \qquad (2-66)$$

假定 X 的分布函数为 $F(x)$,Y_j 的分布函数为 $G(y)$,卷积法的一般步骤如下:

① 产生分布函数均为 $G(y)$ 随机变量 $Y_1, Y_2, \cdots, Y_m$;

② 返回 $X = Y_1 + Y_2 + \cdots + Y_m$。

注意,不要将这种情况和组合方法混淆。这里是假设随机变量 X 可以表示为其他随机变量的和,而组合方法的假设是 X 的分布函数是其他分布函数的加权求和,这两种情况是完全不一样的。

示例 2.22:n 阶爱尔朗(Erlang)分布抽样方法。若 X 是服从参数为 λ 的指数分布随机变

量,令 $Y=X_1+X_2+\cdots+X_n$,则 Y 服从 n 阶爱尔朗分布,其密度函数为

$$f(y)=\frac{\lambda^n y^{n-1}}{(n-1)!}\mathrm{e}^{-\lambda y}\quad(y>0;\lambda>0)\tag{2-67}$$

为了产生 Y,可首先产生 $X_1,X_2,X_3,\cdots,X_n$,作为具有参数 λ 的独立相同分布的指数变量,然后令 $Y=X_1+X_2+\cdots+X_n$。如果指数随机变量 X_i 由逆变法产生,则 $X_i=(-1/\lambda)\ln\eta_i$,于是有

$$Y=\sum_{i=1}^n X_i=\sum_{i=1}^n -\frac{1}{\lambda}\ln\eta_i=-\frac{1}{\lambda}\ln\left(\prod_{i=1}^n\eta_i\right)\tag{2-68}$$

利用式(2-68),生成 n 阶爱尔朗分布样本的抽样方法为:

① 生成相互独立的随机数 $\eta_1,\eta_2,\eta_3,\cdots,\eta_n$;

② 计算 $Y_F=-1/\lambda\cdot\ln\left(\prod_{i=1}^n\eta_i\right)$。

则 Y_F 即为服从 n 阶爱尔朗分布的样本。

示例 2.23:泊松分布(poisson)抽样方法。若 $X_1,X_2,X_3,\cdots,X_k$ 表示相继到达的随机事件的间隔时间,且它们相互独立并服从相同指数分布(参数 λ),则在 $[0,1]$ 时间内到达的随机事件数 X 服从泊松分布 $P(\lambda)$,其概率分布函数为

$$P\{X=k\}=\frac{\lambda^k}{k!}\mathrm{e}^{-\lambda}\quad(k=0,1,2\cdots)\tag{2-69}$$

利用卷积性质,抽样算法为:

① 生成相互独立的随机数 $\eta_1,\eta_2,\eta_3,\cdots,\eta_n$;

② 如果 $\eta_1<\mathrm{e}^{-\lambda}$,令 $X_F=0$;

③ 如果整数 k 满足:$\eta_1\cdot\eta_2\cdots\eta_k\cdot\eta_{k+1}<\mathrm{e}^{-\lambda}\leqslant\eta_1\cdot\eta_2\cdots\eta_k$,令 $X_F=k$,则 Y_F 即为服从泊松分布 $P(\lambda)$ 的样本。

示例 2.24:二项分布抽样方法。若 $X_1,X_2,X_3,\cdots,X_n$ 相互独立且均服从参数为 p 的伯努利分布,则随机变量 $Y=X_1+X_2+\cdots+X_n$ 服从参数为 n 和 p 的二项分布,记为 $Y\sim B(n,p)$,则 n 次试验中正好得到 k 次成功的概率,由如下概率分布函数给出

$$P\{X=k\}=\frac{n!}{k!(n-k)!}p^k(1-p)^{n-k}\tag{2-70}$$

在 $n=1$ 时,二项分布就是伯努利分布。

利用卷积性质,二项分布抽样算法为:

① 生成相互独立的随机数 $\eta_1,\eta_2,\eta_3,\cdots,\eta_n$;

② 生成服从伯努利分布的随机变量的样本,即若 $\eta_i<p$,则 $X_i=1$,否则 $X_i=0$;

③ 令 $Y_F=X_1+X_2+X_3+\cdots+X_n$,则 Y_F 即为服从二项分布 $B(n,p)$ 的样本。

2.2.7 近似法

上面介绍的舍选抽样、组合抽样、复合抽样等方法都是为了解决直接抽样方法的困难而提出来的。然而,由于在实际问题中随机变量所服从的分布是千差万别的,用这些方法实现随机变量抽样还是有困难的。概括起来说,这些困难主要有以下两点:一方面是有些分布用上述方法虽然可以实现,但抽样效率很低;另一方面是有些分布虽然抽样效率也不低,但运算量很大。

由于上述原因,采用某种近似抽样方法是很必要的。近似抽样方法主要有三种形式,现分述如下。

1. 对已知密度函数 $f(x)$ 进行近似

确定某一近似的分布 $f_a(x) \approx f(x)$,然后对近似分布 $f_a(x)$ 进行抽样,用近似分布的随机变量 ξ_{f_a} 代替原分布的随机变量 ξ_f。这种方法中最常见的是阶梯近似,即把随机变量 ξ 的取值区间划分成一系列小区间:$[x_1, x_2]$,$[x_2, x_3]$,$\cdots$,$[x_{n-1}, x_n]$,区间划分的原则是使概率密度函数在各小区间内可近视为常数,即有

$$f_a(x) = \int_{x_{i-1}}^{x_i} f(x) \mathrm{d}x \quad (x_{i-1} < x \leqslant x_i) \tag{2-71}$$

其抽样步骤是:

① 产生随机数 η;

② 若 $F_a(x)$ 为密度函数 $f_a(x)$ 对应的分布函数,并有 $F_a(x_{i-1}) < \eta \leqslant F_a(x_i)$ 则

$$\xi_{f_a} = x_{i-1} + \frac{\eta - F_a(x_{i-1})}{F_a(x_i) - F_a(x_{i-1})}(x_i - x_{i-1}) \tag{2-72}$$

重复上述步骤就可以产生随机变量 ξ_f 的一系列抽样值。

2. 对分布函数的反函数 $F^{-1}(\eta)$ 给出近似

对连续型随机变量的分布函数的反函数 $F^{-1}(\eta)$ 给出近似计算方法,用 $F^{-1}(\eta)$ 的近似值替代 $\xi_F = F^{-1}(\eta)$。很明显,第一种方法同第二种方法是完全相类似的,所不同的是第二种方法更加灵活,可以直接采用计算数学中的各种近似计算方法。如对分布函数的反函数进行有理逼近,这方面讨论最多的是对标准正态分布函数的反函数进行有理逼近。现将其中较好的一种近似算法给出:

① 产生随机数 η。

② 构造随机变量 x 为

$$x = \begin{cases} \sqrt{-2\ln \eta}, & 0 < \eta \leqslant 0.5 \\ \sqrt{-2\ln(1-\eta)}, & 0.5 < \eta < 1 \end{cases} \tag{2-73}$$

③ 计算服从标准正态分布 $N(0,1)$ 的随机变量 ξ 的抽样公式为

$$\xi_f = \begin{cases} x - \dfrac{a_0 + a_1 x + a_2 x^2}{1 + b_1 x + b_2 x^2 + b_3 x^3}, & 0 < \eta \leqslant 0.5 \\ \dfrac{a_0 + a_1 x + a_2 x^2}{1 + b_1 x + b_2 x^2 + b_3 x^3} - x, & 0.5 < \eta \leqslant 1 \end{cases} \tag{2-74}$$

式中,$a_0 = 2.515\,517$,$a_1 = 0.802\,853$,$a_2 = 0.010\,328$,$b_1 = 1.432\,788$,$b_2 = 0.189\,269$,$b_3 = 0.001\,308$。用这一方法抽样误差小于 10^{-4}。

3. 用渐近分布随机变量代替原分布随机变量

根据中心极限定理,在渐近分布 $f_n(x)$ 的极限分布为已知分布时,若 n 足够大,则可用渐近分布的随机变量 ξ_{f_n} 代替原分布的随机变量 ξ_f。很明显,第三种方法实际上也同前两种方法相类似,所不同的只是第三种方法不要求给出 $f_n(x)$ 的具体形式,而只要求 ξ_{f_n} 所服从的分布的极限分布为已知分布 $f_n(x)$。这里仍以正态分布的抽样为例说明。

由表 2-1 可知随机数 η 的期望值为 $1/2$,方差为 $1/12$。若取随机数 $\eta_1, \eta_2, \cdots, \eta_n$,则根据中心极限定理,$\sum\limits_{i=1}^{n} \eta_i$ 为渐近正态分布 $N\left(\dfrac{n}{2}, \sqrt{\dfrac{n}{12}}\right)$ 的随机变量,因此

$$\xi_{f_n} = \frac{\sum\limits_{i=1}^{n} \eta_i - n/2}{\sqrt{n/12}} = \sqrt{12n}\left(\frac{1}{n}\sum_{i=1}^{n}\eta_i - \frac{1}{2}\right) \tag{2-75}$$

ξ_{f_n} 为渐近标准正态分布 $N(0,1)$ 的随机变量,可用 ξ_{f_n} 代替标准正态分布的随机变量 ξ_f。在实际应用中,取 $n=4\sim12$ 即能得到满意结果。若取 $n=12$,此时有

$$\xi_{f_n} = \sum_{i=1}^{12}\eta_i - 6 \tag{2-76}$$

因此服从 $N(\mu,\sigma)$ 分布的随机变量 t 的近似抽样公式($n=12$ 时)为

$$t_{f_n} = \sigma \cdot \xi_{f_n} + \mu = \sigma\left(\sum_{i=1}^{12}\eta_i - 6\right) + \mu \tag{2-77}$$

2.3 常用随机变量分布的抽样

所有的真实系统都包含一个或多个随机变量。如生产设备正常工作时间,出现故障后的维修时间,港口船舶装卸货时间、到达时间等。在实现一个包含若干个随机变量的系统的仿真过程时,必须先确定它们的概率分布,然后再根据这种概率分布产生随机变量输入到模型中去,这是实现一个仿真系统的重要一步。

2.3.1 常用连续型随机变量分布的抽样算法

常用的连续型随机变量分布,包括均匀分布、指数分布、正态分布、对数正态分布、威布尔分布等,利用上节给出的连续型随机变量的不同抽样方法,可得到这些常用分布的抽样算法,见表 2-14。

表 2-14 常用连续型随机变量分布的抽样算法

分布名称	分布密度函数 $f(x)$	抽样公式(或方法)
均匀分布 $U(a,b)$	$f(x) = \dfrac{1}{b-a} \quad (a \leqslant x \leqslant b)$	$X_F = (b-a)\eta + a$
指数分布 $\exp(1/\lambda)$	$f(x) = \lambda\exp(-\lambda x)$	$X_F = -\dfrac{1}{\lambda}\ln(1-\eta)$ 或 $X_F = -\dfrac{1}{\lambda}\ln\eta$
标准正态分布 $N(0,1)$	$f(x) = \dfrac{1}{\sqrt{2\pi}}\mathrm{e}^{-\frac{x^2}{2}}$	$X_F = \sqrt{-2\ln\eta_1}\cos 2\pi\eta_2$ $X_F = \sqrt{-2\ln\eta_1}\sin 2\pi\eta_2$

续表 2-14

分布名称	分布密度函数 $f(x)$	抽样公式(或方法)
正态分布 $N(\mu,\sigma^2)$	$f(x)=\dfrac{1}{\sigma\sqrt{2\pi}}\mathrm{e}^{-\frac{(x-\mu)^2}{2\sigma^2}}$	$X_F=X_{N(0,1)}\cdot\sigma+\mu$ 其中 $X_{N(0,1)}$ 是标准正态分布的抽样值
对数正态分布 $LN(\mu,\sigma^2)$	$f(x)=\dfrac{1}{x\sigma\sqrt{2\pi}}\exp\left(\dfrac{-(\ln x-\mu)^2}{2\sigma^2}\right)$ $(x>0)$	$X_F=\exp(\sigma X_{N(0,1)}+\mu)$ 其中 $X_{N(0,1)}$ 是标准正态分布的抽样值
威布尔分布 $Weibull(\gamma,\nu,m)$	$f(x)=\dfrac{m}{\nu}\left(\dfrac{x-\gamma}{\nu}\right)^{m-1}\cdot\mathrm{e}^{-\left(\frac{x-\gamma}{\nu}\right)^m}$ $(x\geqslant\gamma)$	$X_F=\nu\left[-\ln(1-\eta)\right]^{1/m}+\gamma$
瑞利分布	即形状参数 m 为 2 的单参数威布尔分布 $f(x)=\dfrac{2x}{\nu}\exp\left(-\dfrac{x^2}{\nu^2}\right)$ $(x\geqslant0)$	$X_F=\nu(-\ln\eta)^{1/2}$
超指数分布	$f(x)=\begin{cases}\sum\limits_{i=1}^{N}P_i\lambda_i\mathrm{e}^{-\lambda_i x},&t>0\\0,&t\leqslant0\end{cases}$ 式中,$P_i\geqslant0$,且 $\sum\limits_{i=1}^{N}P_i=1$	1. 产生一个随机数 η_1 和 η_2,按下式求解 i $$\sum_{i=1}^{n-1}P_i<\eta_1\leqslant\sum_{i=1}^{1}P_j$$ 2. 求解 $X_F=\dfrac{-\ln(1-\eta_2)}{\lambda_i}$
三角分布 $triang(a,b,c)$	$f(x)=\begin{cases}\dfrac{2(x-a)}{(b-a)(c-a)},&当 a\leqslant x\leqslant c\\\dfrac{2(b-x)}{(b-a)(b-c)},&当 c<x\leqslant b\\0,&其他\end{cases}$	$X_F=\begin{cases}\sqrt{c\eta},&0\leqslant x\leqslant c\\1-\sqrt{(1-c)(1-\eta)},&c<x\leqslant1\end{cases}$
伽马分布 $Gamma(\alpha,\lambda)$	$f(x)=\begin{cases}\dfrac{\lambda^\alpha}{\Gamma(\alpha)}x^{\alpha-1}\mathrm{e}^{-\lambda x},&x>0\\0,&x\leqslant0\end{cases}$	1. $Gamma(\alpha,1)$ 抽样方法: (1) $\alpha=1$ 时,为指数分布 $f(x)=\exp(-x)$,采用指数分布抽样公式; (2) $\alpha>1$ 时: ① 产生随机数 η_1,η_2; ② 计算 $V=(2\alpha-1)^{-1/2}\ln\left[\eta_1/(1-\eta_1)\right]$,$Y=\alpha\cdot\exp(V)$,$Z=\eta_1^2\eta_2$,和 $W=\alpha-\ln4+(\alpha+\sqrt{2\alpha-1})V-Y$; ③ 如果 $W\geqslant\ln Z$,则输出 $X=Y$,否则返回第① 步继续执行。 (3) $0<\alpha<1$ 时: ① 产生随机数 η_1,η_2; ② 令 $P=b\eta_2$,若 $P>1$,则转而执行第④步,否则执行第③步; ③ 令 $Y=P^{1/\alpha}$,若 $\eta_1<\mathrm{e}^{-Y}$,则输出 $X=Y$,否则舍弃返回第① 步; ④ 令 $Y=-\ln\left[(b-P)/\alpha\right]$,若 $\eta_1<Y^{\alpha-1}$,则输出 $X=Y$,否则舍弃返回第① 步。 2. $Gamma(\alpha,\lambda)$ 抽样方法: $X_F=X_1/\lambda,X_1$ 服从 $Gamma(\alpha,1)$ 分布
	令 $\lambda>0,n=\alpha$ 且 n 为正整数,则有 $f(x)=\dfrac{\lambda^n}{(n-1)!}x^{n-1}\mathrm{e}^{-\lambda x}$	$X_F=-\dfrac{1}{\lambda}\ln(\eta_1\cdot\eta_2\cdots\eta_n)$

分布名称	分布密度函数 $f(x)$	抽样公式(或方法)
贝塔分布 $B(\alpha,\lambda)$	$f(x)=\dfrac{x^{\alpha-1}(1-x)^{\beta-1}}{B(\alpha,\beta)}$　$(0<x<1)$	(1) 产生 $Y_1\sim\text{Gamma}(\alpha,1)$ 和 $Y_2\sim\text{Gamma}(\lambda,1)$，且 Y_1 与 Y_2 相互独立； (2) 输出 $X_F=\dfrac{Y_1}{Y_1+Y_2}$，则 X_F 即为 $[0,1]$ 区间上 $B(\alpha,\lambda)$ 分布的抽样值
	当 n,k 为非负整数，则 $B(k,n-k+1)$ 有 $f(x)=\dfrac{n!}{(k-1)!\ (n-k)!}x^{k-1}(1-x)^{n-k}$	产生 n 个随机数 $\eta_1,\eta_2,\cdots,\eta_n$，并由小到大按次序排列，则第 k 个 X_k 就是抽样值
爱尔朗分布	$f(x)=\dfrac{\lambda^k x^{k-1}}{(k-1)!}\mathrm{e}^{-\lambda x}(x>0;\lambda>0;k\text{ 为正整数})$	$X_F=-\dfrac{1}{\lambda}\ln\left(\displaystyle\prod_{i=1}^{k}\eta_i\right)$

注：表中 $\eta,\eta_1,\eta_2,\eta_3,\eta_4,\cdots,\eta_n$ 均为随机数。

2.3.2　常用离散型随机变量分布的抽样算法

常用的离散型随机变量分布，包括几何分布、二项分布、超几何分布和泊松分布等，利用上节给出的离散型随机变量的抽样方法，得到这些分布的抽样算法，见表 2-15。

表 2-15　常用离散型随机变量分布的抽样算法

分布名称	分布密度函数 $f(x)$	抽样公式(或方法)
伯努利分布 Bernoulli(p)	$P(x=k)=\begin{cases}1-p, & k=0\\ p, & k=1\\ 0, & \text{其他}\end{cases}$	产生随机数 η，若 $\eta<p$ 则 $X_F=1$，否则 $X_F=0$
二项分布 Bin(n,p)	$P(x=k)=c_n^k p^k(1-p)^{n-k}$ $k\in\{0,1,\cdots,n\}$	产生随机数 $\eta_1,\eta_2,\cdots,\eta_n$，使 $\eta_i<p$ 成立的个数
泊松分布 Poisson(λ)	$P(x=k)=\dfrac{\lambda^k}{k!}\mathrm{e}^{-\lambda}$　$k\in\{0,1,\cdots,n\}$	产生随机数 $\eta_1,\eta_2,\cdots$，满足 $\displaystyle\prod_{i=0}^{k}\eta_i\geqslant\mathrm{e}^{-\lambda}>\prod_{i=0}^{k+1}\eta_i$ 的 k 值
几何分布 geom(p)	$P(x=k)=p(1-p)^k$　$k\in\{0,1\cdots\}$	$X_F=\lfloor\ln(1-\eta)/\ln(1-p)\rfloor$
负二项分布 negbin(s,p)	$P(x=k)=C_{s+k-1}^k p^s(1-p)^k$ $k\in\{0,1\cdots\}$	1. 生成服从 geom(p) 几何分布的 s 个随机变量 $Y_1,Y_2,\cdots,Y_s$ 且它们独立同分布； 2. $X_F=Y_1+Y_2+\cdots+Y_s$
离散均匀分布 DU(i,j)	$P(x=k)=\begin{cases}\dfrac{1}{j-i+1}, & k\in\{i,i+1,\cdots,j\}\\ 0, & \text{其他}\end{cases}$	$X_F=i+\lfloor(j-i+1)\eta\rfloor$

注：表中 $\eta_0,\eta_1,\eta_2,\cdots,\eta_n$ 均为随机数；式中 $\lfloor m\rfloor$ 表示 $\leqslant m$ 的最大整数。

2.4　随机向量与随机过程的抽样

2.4.1　随机向量抽样方法

前面已介绍的各种抽样方法都只考虑了从各种单变量分布中产生单一的随机变量。但在用蒙特卡罗方法解决可靠性应用问题时,经常需要产生多维随机向量的样本。如果随机向量的各个分量相互独立,那么就可以用已经介绍的一些方法,分别对各个分量独立地进行抽样。但在许多情况下,各个分量可以是相关的,如要考虑产品的维修,对于一个损坏严重的产品可能要进行多次检查和修理,当需要考虑此产品两次修理的时间是正相关情况时,就要求产生相关的随机向量。相关随机向量的抽样方法有条件概率密度法、舍选法和变换法,本小节将介绍相关随机向量的这些抽样方法。

2.4.1.1　条件概率密度法

1. 基本原理

设随机向量 $\boldsymbol{X} = (X_1, X_2, \cdots, X_n)^T$ 的联合概率密度函数为 $f(x_1, x_2, \cdots, x_n)$,则有

$$f(x_1, x_2, \cdots, x_n) = f_1(x_1) \cdot f_2(x_2 \mid x_1) \cdot f_3(x_3 \mid x_1, x_2), \cdots, f_n(x_n \mid x_1, x_2, \cdots, x_{n-1})$$

$$(2-78)$$

式中,$f_1(x_1)$ 是 X_1 的概率密度函数;$f_2(x_2 \mid x_1), \cdots, f_n(x_n \mid x_1, x_2, \cdots, x_{n-1})$ 均为条件概率密度函数,分别表示在 $X_1 = x_1$ 条件下 X_2 的概率密度函数,$\cdots$,在 $X_1 = x_1, X_2 = x_2, \cdots, X_{n-1} = x_{n-1}$ 的条件下 X_n 的概率密度函数。

生成随机向量 $\boldsymbol{X} = (X_1, X_2, \cdots, X_n)^T$ 的步骤如下:

① 由密度函数 $f_1(x)$ 产生 X_1 的抽样值 x_1;

② 以 x_1 为已知参数,由条件密度函数 $f_2(x_2 \mid x_1)$ 产生 X_2 的抽样值 x_2;

③ 以 x_1, x_2 为已知参数,由条件密度函数 $f_3(x_3 \mid x_1, x_2)$ 产生 X_3 的抽样值 x_3;

……

⒩ 以此类推,在 $x_1, x_2, x_3, \cdots, x_{n-1}$ 为已知参数,由条件密度函数 $f_n(x_n \mid x_1, x_2, \cdots, x_{n-1})$ 产生 X_n 的抽样值 x_n。

最后,得到随机向量 $\boldsymbol{X}$ 的抽样值 $(x_1, x_2, \cdots, x_n)^T$。

示例 2.25:设二维随机向量 (ξ_1, ξ_2) 的联合分布密度函数为 $f(x, y)$,随机变量 ξ_1 的边缘分布密度函数为

$$f_1(x) = \int_{-\infty}^{+\infty} f(x, y) \mathrm{d}y \qquad (2-79)$$

选取随机数 η_1,利用以前讨论的抽样方法产生边缘分布 $f_1(x)$ 的随机变量 ξ_1 抽样值 x_1。此时随机变量 ξ_2 的条件分布密度函数为

$$f_2(y \mid x_1) = f(x_1, y) / f_1(x_1) \qquad (2-80)$$

由随机数 η_2,利用以前讨论的抽样方法产生 ξ_2 的抽样值 y。

条件概率密度方法具有普遍性,但是在实际应用时是很有限的,因为它不仅要求整个联合分布已知,而且要求可得所有需要的边缘及联合分布。在一个复杂的仿真模型中,这些细节几乎不可能同时满足。

2. 效率讨论[11]

对随机变量 $X_1, X_2, \cdots, X_n$ 来说,可以有 $n!$ 种不同的排列组合方法来表示一个随机向量 $\boldsymbol{X}$,例如,$n=2$ 时,$n!=2$,则有两种不同方法产生随机向量 $\boldsymbol{X}$。

$$\text{方法 } 1: f_{X_1 X_2}(x_1, x_2) = f_{X_1}(x_1) f_{X_2|X_1}(x_2|x_1);$$

$$\text{方法 } 2: f_{X_1 X_2}(x_1, x_2) = f_{X_2}(x_2) f_{X_1|X_2}(x_1|x_2)。$$

下面用一个示例来说明随机变量 X_i 在向量中的排列次序对计算效率的影响。

示例 2.26:设随机变量 X_1, X_2 的联合概率密度为

$$f_{X_1 X_2}(x_1, x_2) = \begin{cases} 6x_1, & x_1 + x_2 \leqslant 1 \\ 0, & \text{其他} \end{cases}$$

(1) 次序 1: $f_{X_1 X_2}(x_1, x_2) = f_{X_1}(x_1) f_{X_2|X_1}(x_2|x_1)$

X_1 的边缘概率密度函数为

$$f_{X_1}(x_1) = \int_0^{1-x_1} f_{X_1 X_2}(x_1, x_2) \mathrm{d}x_2 = 6x_1(1-x_1) \quad (0 \leqslant x_1 \leqslant 1) \tag{2-81}$$

在 $X_1 = x_1$ 时,X_2 的条件概率密度函数为

$$f_{X_2|X_1}(x_2|x_1) = \frac{f_{X_1 X_2}(x_1, x_2)}{f_{X_1}(x_1)} = \frac{1}{1-x_1} \quad (0 \leqslant x_2 < 1-x_1) \tag{2-82}$$

相应的分布函数为

$$F_{X_1}(x_1) = \int_0^{x_1} f_{X_1}(x_1) \mathrm{d}x_1 = 3x_1^2 - 2x_1^3 \quad (0 \leqslant x_1 \leqslant 1)$$

$$F_{X_2|x_1}(x_2 \mid x_1) = \int_0^{x_2} f_{X_2|x_1}(x_2 \mid x_1) \mathrm{d}x_2 = \frac{x_2}{1-x_1} \quad (0 \leqslant x_2 < 1-x_1) \tag{2-83}$$

相应的 X_1, X_2 的抽样值求解公式为

$$3X_1^2 - 2X_1^3 = \eta_1$$

$$X_2(1-X_1)^{-1} = \eta_2 \tag{2-84}$$

(2) 次序 2: $f_{X_1 X_2}(x_1, x_2) = f_{X_2}(x_2) f_{X_1|x_2}(x_1|x_2)$

X_2 的边缘概率密度函数为

$$f_{X_2}(x_2) = \int_0^{1-x_2} f_{X_1 X_2}(x_1, x_2) \mathrm{d}x_1 = 3(1-x_1)^2 \quad (0 \leqslant x_2 \leqslant 1) \tag{2-85}$$

在 $X_2 = x_2$ 时,X_2 的条件概率密度函数为

$$f_{X_1|X_2}(x_1|x_2) = \frac{f_{X_1 X_2}(x_1, x_2)}{f_{X_2}(x_2)} = 2x_1(1-x_2)^{-2} \quad (0 \leqslant x_1 < 1-x_2) \tag{2-86}$$

相应的分布函数为

$$F_{X_2}(X_2) = \int_0^{x_2} f_{X_2}(x_2) \mathrm{d}x_2 = 1 - (1-x_2)^3 \quad (0 \leqslant x_2 \leqslant 1) \tag{2-87}$$

$$F_{X_1|X_2}(x_1 \mid x_2) = \int_0^{x_1} f_{X_1|X_2}(x_1 \mid x_2) \mathrm{d}x_1 = x_1^3(1-x_1)^{-2} \quad (0 \leqslant x_1 < 1-x_2) \tag{2-88}$$

考虑到随机数 η 与 $1-\eta$ 具有相同分布,X_1、X_2 的抽样值求解公式为

$$X_2 = 1 - \eta_1^{1/3}, \quad X_1 = \eta_1^{1/3} \eta_2^{1/2} \tag{2-89}$$

比较上述两种不同次序情况,显然第二种情况比第一种情况的求解要简单得多。然而对于不同概率分布函数,要事先找出向量中随机变量排列的最佳次序是困难的。

2.4.1.2　舍选法

随机向量舍选法是随机变量舍选法的直接推广。

设 n 维随机向量 $\boldsymbol{X} = (X_1, X_2, \cdots, X_n)^{\mathrm{T}}$ 的联合概率密度函数为 $f(x_1, x_2, \cdots, x_n)$,该函数在平行多面体内定义:$\{a_i \leqslant x_i \leqslant b_i\}; i = 1, 2, \cdots, n$。联合概率密度函数在平行多面体内的最大值为 $M_0 = max[f(x_1, x_2, \cdots, x_n)] < +\infty$。则随机向量的舍选算法如下:

① 产生随机数 $\eta_1, \eta_2, \cdots, \eta_n, \eta_{n+1}$;

② 若 $M_0 \cdot \eta_{n+1} < f[(b_1 - a_1)\eta_1 + a_1, \cdots, (b_n - a_n)\eta_n + a_n]$,则各随机变量 X_i 的抽样值 $X_i = (b_i - a_i)\eta_i + a_i, i = 1, 2, \cdots, n$;否则返回步骤①。

该算法的抽样效率为

$$E = 1/M_0 \prod_{i=1}^{n}(b_i - a_i) \tag{2-90}$$

示例 2.27:椭球面上均匀分布抽样。已知球的主轴为 a, b, c,球面三个坐标参数方程为

$$\begin{cases} x_1 = a \sin v_2 \cos v_1 \\ x_2 = b \sin v_2 \sin v_1 \quad (v_1 \in [0, 2\pi], v_2 \in [0, \pi]) \\ x_3 = c \cos v_2 \end{cases} \tag{2-91}$$

若球的面积为 $S(a, b, c)$,椭球面均匀分布的概率密度函数为

$$\begin{aligned} f(v_1, v_2) &= \frac{|\sin v_2|}{S(a, b, c)} \sqrt{\left(\frac{bcx_1}{a}\right)^2 + \left(\frac{acx_2}{b}\right)^2 + \left(\frac{abx_3}{c}\right)^2} \\ &= \frac{|\sin v_2|}{S(a, b, c)} \sqrt{b^2 c^2 \sin^2 v_2 \cos^2 v_1 + a^2 c^2 \sin^2 v_2 \sin^2 v_1 + a^2 b^2 \cos^2 v_2} \end{aligned} \tag{2-92}$$

当取 $a = 4, b = 2, c = 1$ 时,可由舍选法得到样本值 X_1, X_2, X_3,抽样效率为 0.891 3。

面对高维问题时,如果舍选法的抽样效率公式中的分母值很大时,舍选法抽样效率是很低的,即拒绝率很高。例如,上面的球面均匀分布抽样示例中,当 $a = 4, b = 2, c = 1$ 时,舍选法的抽样效率较高。但是当 $a = 400, b = 2, c = 1$ 时,舍选法的接受概率在 $(0.005, 0.006\,5)$ 之间,抽样效率极低,该方法不可接受。

2.4.1.3　多维正态分布随机向量抽样

若随机变量 $X_i (i = 1, 2, \cdots, n)$ 的概率分布(边缘分布)服从 $N(\mu_i, \sigma_{ii})$,则 n 维正态分布的随机向量 $\boldsymbol{X} = (X_1, X_2, \cdots, X_n)^{\mathrm{T}}$ 服从 $N_n(\boldsymbol{\mu}, \boldsymbol{\Sigma})$,其联合概率密度函数为

$$f_x(x) = \frac{1}{(2\pi)^{n/2} |\boldsymbol{\Sigma}|^{1/2}} \exp\left[-\frac{(x - \mu)^{\mathrm{T}} \boldsymbol{\Sigma}^{-1} (x - \mu)}{2}\right] \tag{2-93}$$

式中,$\boldsymbol{\mu} = (\mu_1, \mu_2, \cdots, \mu_n)^{\mathrm{T}}$——$\boldsymbol{X}$ 的均值向量,其中 $\mu_i = \sum_{k=1}^{n} x_{ik}/n$;

$\boldsymbol{\Sigma} = (\sigma_{ij})_{n \cdot n}$——$\boldsymbol{X}$ 的协方差矩阵,其中 $\sigma_{ij} = \dfrac{1}{n} \sum_{k=1}^{n}(x_{ik} - \mu_i)(x_{jk} - \mu_j)$;

$|\boldsymbol{\Sigma}|$——$\boldsymbol{\Sigma}$ 的绝对值,$\boldsymbol{\Sigma}^{-1}$ 是 $\boldsymbol{\Sigma}$ 的逆矩阵。X_i 和 X_j 相关系数 $\rho_{ij} = \sigma_{ij} / \sqrt{\sigma_{ii} \sigma_{jj}} = \rho_{ji}$,范围为 $-1 \sim +1$,因此 $\sigma_{ij} = \rho_{ij} / \sqrt{\sigma_{ii} \sigma_{jj}} = \sigma_{ji}$,参数 ρ_{ij} 和 σ_{ij} 可作为多维正态分布向量的备选参数来取

代 $\boldsymbol{\Sigma}$，其中 $i=1,2,\cdots,n;j=i+1,\cdots,n$。

n 维正态分布随机向量的抽样，可应用前面讨论的条件概率密度法进行。但是可以利用 n 维正态分布的特殊性质，得到更简单的方法获得正态分布随机向量的抽样值。

由于 $\boldsymbol{\Sigma}$ 是对称正定的矩阵，因此必然存在下三角阵 $C_{n\cdot n}$，使 $\boldsymbol{\Sigma}$ 可唯一分解为 $\boldsymbol{\Sigma}=CC^{\mathrm{T}}$，也称乔里斯基（Cholesky），记 c_{ij} 为 $C_{n\cdot n}$ 的第 (i,j) 分量。若随机向量 $\boldsymbol{Z}=(Z_1,Z_2,\cdots,Z_n)^{\mathrm{T}}$ 各分量独立且同服从 $N(0,1)$ 分布，则 $\boldsymbol{X}=\boldsymbol{\mu}+CY$ 就是以式（2-93）为联合概率密度函数的 n 维正态分布随机向量。c_{ij} 的计算则由式（2-94）给出

$$c_{ij}=\left[\sigma_{ij}-\sum_{k=1}^{j-1}c_{ik}c_{jk}\right]\Big/\sqrt{\sigma_{jj}-\sum_{k=1}^{j-1}c_{jk}^2},\quad \sum_{k=1}^{0}c_{ik}c_{jk}=0\quad(1\leqslant j\leqslant i\leqslant n)\quad(2-94)$$

由此，生成 n 维正态分布随机向量 $\boldsymbol{X}$ 的算法如下：

① 生成独立的服从标准正态分布 $N(0,1)$ 的随机变量抽样值 $\{z_1,z_2,\cdots,z_n\}$；

② 将正定矩阵 $\boldsymbol{\Sigma}$ 分解成 $\boldsymbol{\Sigma}=CC^{\mathrm{T}}$，其中 $C=(c_{ij})_{n\cdot n}$ 是下三角阵；

③ 令 $x_i=\mu_i+\sum_{j=1}^{i}c_{ij}z_j(i=1,2,\cdots,n)$，返回 $x=(x_1,x_2,\cdots,x_n)^{\mathrm{T}}$ 是 n 维正态分布随机向量的抽样值。

2.4.2　随机过程抽样方法

随机过程 $\{X(t),t\in T\}$ 是一组相似的随机变量随时间顺序排列的集合，这些随机变量都定义在一个共同的样本空间上，简记为 $X(t)$。这些随机变量是相关的，不是独立的，这些随机变量所具有的所有可能值的集合称为状态空间。如果集合是 $X_1,X_2\cdots$，那么有一个离散时间随机过程。如果集合是 $\{X(t),t\geqslant0\}$，则有一个连续时间随机过程。

在许多仿真模拟中，需要在时间 $0=t_0\leqslant t_1\leqslant t_2\leqslant\cdots$ 时，生成一系列随机点，使某种事件在时间 $t_i(i=1,2\cdots)$ 发生，并且事件次数 $\{t_i\}$ 的分布遵循某种特定的形式。设 $N(t)=\max\{i:t_i\leqslant t\}$ 为 $t\geqslant0$ 时 t 或 t 之前发生的事件数。把随机过程 $\{N(t),t\geqslant0\}$ 称为到达过程，因为从可靠性分析角度看，人们最感兴趣的事件通常是故障发生、维修完成的情况，即一般意义上的客户接受某种服务或到达某种服务设施的过程。

在第 2.4.2.1 节中，讨论最常用的一个到达过程——泊松过程，泊松过程可能是客户到达排队系统应用最多的模型。第 2.4.2.2 节将讨论非平稳泊松过程，即当客户到达率随时间变化时的到达过程的模型。第 2.4.2.3 节将讨论批量客户到达过程的建模方法，即其中每个事件实际上是一批客户的到达的情况。在最后的 2.4.2.4～2.4.2.6 节中，将讨论 Morkov 过程、正态随机过程及维纳过程的样本生成方法。

在接下来的各小节内容中，讨论的随机过程抽样是完全已知概率分布的直接抽样，即联合概率分布有解析形式，并且假设 $A_i=t_i-t_{i-1}(i=1,2,\cdots)$ 为第 $(i-1)$ 和第 i 个客户之间的到达时间。

2.4.2.1　泊松过程及其抽样方法

如果随机过程 $\{N(t),t\geqslant0\}$ 满足以下条件，则称为泊松过程。

① 顾客一次到达一个；

② $N(t+s)-N(t)$（时间间隔 $(t,t+s]$ 内的到达次数）与 $\{N(u),0\leqslant u\leqslant t\}$ 无关；

③ 对于所有 $t,s \geq 0$，$N(t+s)-N(t)$ 的分布与 t 无关。

上述定义中，条件①是指客户不能成批到达；条件②是指区间 $(t,t+s)$ 中的客户到达次数与更早时间区间 $[0,t]$ 中的到达次数无关，也与这些到达次数的出现时间无关；条件③则意味着客户的到达率并不取决于一天中的某个具体时间段。

性质 1：如果 $\{N(t),t \geq 0\}$ 是一个泊松过程，那么在任意长时间间隔 s 内到达的次数，是一个参数为 λs 的泊松分布随机变量（$\lambda > 0$），即有

$$P[N(t+s)-N(t)=k]=\frac{\mathrm{e}^{-\lambda s}(\lambda s)^k}{k!} \quad (k=0,1,2,\cdots \text{ 且 } t,s \geq 0) \qquad (2-95)$$

因此有 $E[N(s=1)]=\lambda s=\lambda$，$\lambda$ 则称为泊松过程的速率。

性质 2：如果 $\{N(t),t \geq 0\}$ 是速率 λ 的泊松过程，则其对应的到达间隔时间 $A_1,A_2 \cdots$ 是参数值为 $1/\lambda$ 的 2 维指数分布随机变量。反之，如果到达过程 $\{N(t),t \geq 0\}$ 的到达时间 $A_1,A_2 \cdots$ 是参数为 $1/\lambda$ 的 2 维指数分布随机变量，那么该到达过程是速率为 λ 的泊松过程。

设泊松概率分布参数为 λ，t 的间隔为 $[0,T]$，则平稳泊松过程抽样算法如下：
① 假设 $t_0=0$，$i=1$；
② 产生 $U(0,1)$ 随机数 η_i；
③ $t_i=t_{i-1}-(1/\lambda)\ln \eta_i$；
④ 若 $t_i < T$，$i=i+1$，返回步骤②。

2.4.2.2　非平稳泊松过程及其抽样方法

设 $\lambda(t)$ 是客户在某个时间 t 到达某个系统的速率。如果顾客到达系统时遵循一个常速率的泊松过程 λ，则 $\lambda(t)=\lambda$，$t \geq 0$。然而对于许多现实世界的系统，$\lambda(t)$ 实际上是 t 的一个函数。例如，快餐店的顾客到达率在中午的高峰时间会比下午的更高，高速公路上的交通在早晚高峰时段会更加繁忙。如果到达率 $\lambda(t)$ 确实随时间变化，那么到达间隔时间 $A_1,A_2 \cdots$ 就不是完全相同的分布，需要讨论一个具有时变到达率的到达过程模型及其抽样方法。

如果随机过程 $\{N(t),t \geq 0\}$ 满足以下条件，则其是一个非平稳泊松过程[22]。
① 顾客一次到达一个；
② $N(t+s)-N(t)$（时间间隔 $(t,t+s)$）内的到达次数）与 $\{N(u),0 \leq u \leq t\}$ 无关。

对所有 $t \geq 0$，设 $\Lambda(t)=E[N(t)]$，定义 $\lambda(t)=\mathrm{d}\Lambda(t)/\mathrm{d}t$，$\Lambda(t)$、$\lambda(t)$ 分别称为非平稳泊松过程的期望函数和速率函数。对于非平稳泊松过程，虽然速率 $\lambda(t)$ 是时间的函数，但客户仍然必须一次到达一个，并且不相交区间中的到达次数是独立的。

性质 1：如果 $\{N(t),t \geq 0\}$ 是具有连续期望函数 $\Lambda(t)$ 的非平稳泊松过程，则

$$P[N(t+s)-N(t)=k]=\frac{\mathrm{e}^{-b(t,s)}[b(t,s)]^k}{k!} \quad (k=0,1,2\cdots \text{ 且 } t,s \geq 0) \qquad (2-96)$$

式中，$b(t,s)=\Lambda(t+s)-\Lambda(t)=\int_t^{t+s}\lambda(y)\mathrm{d}y$，如果 $\mathrm{d}\Lambda(t)/\mathrm{d}t$ 在 $[t,t+s]$ 上有界且存在，并且对 $[t,t+s]$ 中除有限多点外的所有点都是连续的。

由于 $\lambda(t)$ 的变化，直接用 2.4.2.1 节算法，将第③步中的 λ 用 $\lambda(t_{i-1})$ 代替，来获得非平稳泊松过程的到达时间的抽样值是有问题的，必须采取一种缩减的方法来抽样。即考虑当 $\lambda^*=max_t\{\lambda(t)\}$ 是有限的，首先生成一个速率为常数 λ^*，以及到达时间为 $\{t_i^*\}$ 的平稳泊松过程，然后通过摒弃每个速率为 $1-\lambda(t_i^*)/\lambda^*$ 的 t^*，对 $\{t_i^*\}$ 进行缩减。具体抽样算法如下[22]：

① 令 $t=t_{i-1}$；

② 生成服从 $U(0,1)$ 随机数 η_1 和 η_2；

③ 用 $t-(1/\lambda^*)\ln\eta_1$ 代替 t；

④ 当 $\eta_2\leqslant\lambda(t)/\lambda^*$ 时，返回 $t_i=t$；否则转步骤②。

2.4.2.3 批量到达过程及其抽样方法

若客户是成批或成组到达的，如来参加体育赛事或自助餐厅的人通常是分批来的，如何对这样的到达过程抽样？如客户批到达时间服从近似二维指数随机变量，可以利用 2.4.2.1 节的方法获得客户批的到达时间，建立一个 $\{N(t),t\geqslant0\}$ 的泊松过程模型。然后，对连续批的客户数量进行离散分布抽样，获得每批顾客的数量。

考虑这样一个批量到达过程，设 $N(t)$ 是按时间 t 到达的单个客户的批次数，$\{N(t),t\geqslant0\}$，是一个泊松过程。$X(t)$ 是到达时间 t 的单个客户总数，其第 i 批客户的到达时间为 t_i，第 i 批中的客户数为一个离散随机变量 B_i，假设 B_i 是独立同分布的，且与 i 相互独立，则 $X(t)$ 是

$$X(t)=\sum_{i=1}^{N(t)}B_i,\quad t\geqslant0 \tag{2-97}$$

则批量到达过程的递归算法[22]如下：

① 生成下一个到达时间 t_i；

② 生成离散随机变量 B_i，其与前面所生成的所有 $B_j(j=1,2,\cdots,i-1)$ 相互独立，且与 t_1，$t_2,\cdots,t_i$ 也相互独立；

③ 返回 B_i 个顾客在到达的 t_i 信息。

注意到达时间序列 $\{t_i\}$ 是任意的，特别的，它们可以来自于一个非平稳过程。

2.4.2.4 Markov 过程的抽样方法

Markov 过程的特点是离散状态之间的指数分布的跃迁时间。具有以下特性：

① 对 $t>0$，过程 $X(t)$ 的状态假定都是一个离散值；

② 从一个状态到另一个状态的转换时间，服从指数分布。

Markov 过程 $X(t)$ 的联合概率密度函数的通式为

$$f(X(t_0),X(t_1),\cdots,X(t_m))=f(X(t_0))f(X(t_1)\mid X(t_0))\cdots f(X(t_m)\mid X(t_{m-1}))$$
$$\tag{2-98}$$

离散自变量的向量 Markov 过程抽样算法如下：

① $t=0$，从初始概率分布 $f(X(0))$ 抽样产生 $X(0)$；

② 从条件概率分布 $f(X(t+1)\mid X(t))$ 抽样产生样本值 $X(t+1)$；

③ $t=t+1$，返回步骤②。

2.4.2.5 正态随机过程抽样方法

在 2.4.1.3 节中给出多维正态随机向量的抽样方法，可直接用于正态随机过程抽样。

n 维正态随机过程 $X(t)$ 的联合概率密度函数为

$$f_x(x(t),\mu,\Sigma)=\frac{1}{\sqrt{(2\pi)^n\det(\Sigma)}}\exp\left[-\frac{(x(t)-\mu)^T\Sigma^{-1}(x(t)-\mu)}{2}\right],\quad-\infty<X<+\infty \tag{2-99}$$

式中，μ——均值向量；

Σ——协方差矩阵函数；

det($\boldsymbol{\Sigma}$)——$\boldsymbol{\Sigma}$ 的行列式；

$(\boldsymbol{X}(t)-\boldsymbol{\mu})^{\mathrm{T}}$——矩阵转置，$\boldsymbol{\Sigma}^{-1}$ 为逆矩阵。抽样算法如下[38]：

① 独立标准正态分布 $N(0,1)$ 抽样产生 $\boldsymbol{Y}(t)=(Y(t_1),\cdots,Y(t_m))$；

② 正定矩阵 $\boldsymbol{\Sigma}$ 分解成 $\boldsymbol{\Sigma}=\boldsymbol{C}\boldsymbol{C}^{\mathrm{T}}$，其中 $\boldsymbol{C}=(c_{ij})_{n\cdot n}$ 是下三角阵，得到 $\boldsymbol{C}$；

③ 正态过程的样本值 $\boldsymbol{X}(t)=\boldsymbol{\mu}+\boldsymbol{C}\boldsymbol{Y}(t)$。

2.4.2.6　维纳过程抽样方法

维纳过程是 $W(t)=t^{1/2}Z(t)$，其中 $Z(t)$ 为标准正态过程。维纳过程 $W(t)$ 的联合概率密度函数为

$$f(w(t);t)=(1/\sqrt{2\pi t})\exp(-w^2(t)/2t) \quad (-\infty<w(t)<+\infty) \qquad (2-100)$$

把连续时间离散化，采样点取离散值，则维纳过程抽样算法如下[38]：

① 采样点 $0=t_0<t_1<t_2<\cdots<t_m$；

② 从标准正态分布 $N(0,1)$ 抽样产生 $Z(t_1),Z(t_2),\cdots,Z(t_m)$；

③ 样本值 $W(t_k)=\sum\limits_{j=1}^{k}\sqrt{t_k-t_{k-1}}Z(t_j))$，$k=1,2,\cdots,m$。

2.4.3　未知分布的随机向量抽样方法

随机变量和随机过程的概率分布如果有解析式，则可用前面的直接抽样方法。如果概率分布没有解析式，则上述抽样方法就不适用。客观世界中的随机向量和随机过程的概率分布并不是都能够写出其解析式，例如，运筹学和空气动力学中常见的大气温度、风速和风向随高度变化、飞行器质量随时间变化、飞行器空气阻力随速度变化等，这些实际的随机向量和随机过程的概率分布是很难写出其解析式的，其概率分布是未知的。另一方面，相关随机向量的联合概率分布一般都很复杂，给不出解析式，其联合概率分布也是未知的，因此出现了未知概率分布抽样的现实问题。

2.4.3.1　Copula 抽样方法

Copula 理论是由学者 Sklar 提出，并由学者 Nelsen 发展而成的。Copula 理论认为任意一个多维联合概率分布都可以分解为多个一维边缘概率分布，Copula 函数就是一维边缘分布与多维联合分布的联系函数，Copula 函数的基本性质是尺度不变性。因此只要知道边缘概率分布和 Copula 函数，就可以生成联合概率分布，由生成的联合概率分布实现抽样[5]。

（1）Copula 抽样方法的基本原理

设边缘分布 U_i 为 $(0,1)$ 均匀分布，n 维随机向量 $\boldsymbol{U}=(U_1,U_2,U_3,\cdots,U_n)$ 的 Copula 函数为

$$C(\eta_1,\eta_2,\cdots,\eta_n)=P(U_1\leqslant\eta_1,U_2\leqslant\eta_2,\cdots,U_n\leqslant\eta_n) \qquad (2-101)$$

则定义 n 维随机数向量 $\boldsymbol{X}=(X_2,\cdots,X_s)^{\mathrm{T}}$ 的 Copula 函数为

$$F(x_1,x_2,\cdots,x_n)=C(F_1(x_1),F_2(x_2),\cdots,F(x_n)) \qquad (2-102)$$

式 (2-102)左边是联合累积分布函数，右边 C 是表示 Copula 函数，C 函数内部的分布是各维边缘分布的累积分布函数。Copula 函数的名称也随着函数形式的不同而改变，常见的 Copula 函数有正态 Copula 函数、学生 Copula 函数、阿基米德 Copula 函数等。利用 Copula 生成联合

概率分布的过程,首先是利用边缘分布的信息,然后选择合适的 Copula 函数类型,用这些信息去拟合现实数据,最后确定 Copula 函数中待定参数就能得到联合概率分布。

对各维边缘分布进行逆变换抽样,得到 $X_i = F_i^{-1}(\eta_i)$,n 维随机数向量 $\boldsymbol{X} = (X_2, \cdots, X_n)^{\mathrm{T}}$,如果随机向量 $\boldsymbol{U}$ 的联合累积分布函数为 $C(\eta_1, \eta_2, \cdots, \eta_n)$,$\boldsymbol{X}$ 的联合累积分布函数为 $F_1(x_1)$,$F_2(x_2), \cdots, F_n(x_n)$。依据上述定义可知,只要知道边缘分布和 Copula 函数,就能得到 $\boldsymbol{X}$ 的联合概率分布,就可以进行随机抽样。

(2) Copula 抽样算法[5]

① 利用 Copula 函数抽样,产生 n 维随机向量样本 $\boldsymbol{U} = (\eta_1, \eta_2, \cdots, \eta_n)$;

② 随机向量样本值 $\boldsymbol{X} = (X_1, \cdots, X_n)^{\mathrm{T}} = (F_1^{-1}(\eta_1), \cdots, F_n^{-1}(\eta_n))^{\mathrm{T}}$。

例如,学生 Copula 函数为

$$C(\eta_1, \eta_2, \cdots, \eta_n) = T_{\nu, \boldsymbol{\Sigma}}(T_\nu^{-1}(\eta_1), T_\nu^{-1}(\eta_2), \cdots, T_\nu^{-1}(\eta_n))$$

式中,$T_{\nu, \Sigma}$——相关随机向量学生分布 $t_\nu(0, \boldsymbol{\Sigma})$ 的累积分布函数;

ν——自由度;

0——均值向量为 0;

$\boldsymbol{\Sigma}$——协方差矩阵或相关系数矩阵,其下三角元素为 1;

T_ν^{-1}——单变量学生分布 t_ν 的累积分布函数的逆变换。

生成 n 维正态 Copula 函数的抽样算法如下:

① 正态 Copula 的参数是一个 $n \cdot n$ 相关系数矩阵,乔里斯基阵分解得到 $\boldsymbol{L}$;

② n 维独立标准正态分布抽样产生 $\boldsymbol{X}_0$;

③ 计算 $\boldsymbol{L}\boldsymbol{X}_0$,将结果的各个分量,求其标准正分布累积分布函数的值;

④ 用各个分量分别代换到各维的累积分布函数的反函数中,得到各维的数值;

⑤ 最后将这些数值按照顺序组合成一个向量,此向量为随机向量的样本值。

示例 2.28[5]:想要产生 10 000 个二维相关随机向量 $\boldsymbol{X} = (X_1, X_2)^{\mathrm{T}}$,$X_1 \sim \mathrm{Gamma}(2, 1)$,$X_2 \sim N(0, 1)$ 抽样值。利用学生 Copula 函数,$\nu = 10$,关系数为 0.7,矩阵 $\boldsymbol{\Sigma}$ 的非对角线元素为 0.7,对角线元素为 1,得到 Copula 抽样结果。

2.4.3.2 统计参数抽样方法

随机过程的统计参数有期望函数、方差函数、协方差函数、相关系数函数等,这些统计参数可以精确地或近似地描述随机过程的概率分布。统计参数抽样不是从概率分布出发进行抽样,而是从统计参数出发进行抽样。随机过程的概率分布虽然没有精确的解析表示式,但是通过随机过程抽样的样本值,则可以由表示成具有某种数学形式的统计参数得到。因此,未知概率分布的随机过程抽样,由随机过程的统计参数得到某种数学形式的参数,因此得到随机过程抽样的样本值。对正态随机过程,数学形式有递推关系公式、滑动求和公式等;对非正态随机过程,数学形式有正则展开、谱展开、待定系数和非线性变换等[5]。除了递推公式是精确方法外,其他数学形式抽样产生的样本值都是近似子样,即是通过近似算法获得的。以下介绍递推算法和正则展开算法。

1. 递推关系算法[5]

递推关系算法用于正态随机过程,它是把正态随机过程样本值取为递推关系公式

$$X(t_k) = \sum_{j=0}^{l} a_j Y(t_{k-j}) + \sum_{j=1}^{m} b_j X(t_{k-j}) \quad (k = m, m+1 \cdots) \tag{2-103}$$

式中,k 表示自变量的采样点数;$X(t_k)$ 和 $X(t_{k-j})$ 表示第 k 个和第 $k-j$ 个采样点标量正态过程的样本值;$Y(t_{k-j})$ 是从标准正态分布 $N(0,1)$ 抽样产生的样本值。

递推关系算法:首先由相关系数函数 $K(\tau)$ 确定递推公式的参数 l,m,a,b;然后从标准正分布 $N(0,1)$ 抽样产生样本值 $Y(t_{k-j})$;最后根据递推公式得到正态过程的样本值 $X(t_k)$。

一种典型的相关系数函数为

$$K(\tau)=\sigma^2\exp(-\alpha|\tau|) \tag{2-104}$$

则相应的正态过程抽样的样本值为

$$X(t_k)=a_1Y(t_k)+b_1X(t_{k-1}) \tag{2-105}$$

令自变量 t 的间隔 $\Delta t=t_k-t_{k-1}$,由相关系数函数 $K(\tau)$ 的系数 σ 和 α 确定递推关系公式的参数 a_1 和 b_1,得到

$$a_1=\sigma\sqrt{1-\exp(-2\alpha\Delta t)},b_1=\exp(-\alpha\Delta t) \tag{2-106}$$

2. 正则展开算法[5]

正则展开算法用于非正态随机过程,它将非正态随机过程抽样样本值的数学形式取为正则展开式。所谓正则展开式是指一些随机变量的确定性函数,正则展开式算法就是把随机过程表示为一些随机变量的确定性函数,其主要目的是使抽样具有等同性,其期望函数和相关系数函数有确定值。正则展开式为

$$X(t)=\mu(t)+\sum_{i=1}^{m}x_ig_i(t) \tag{2-107}$$

式中,$X(t)$——非正态随机过程样本值;

$\mu(t)$——非正态随机过程的期望函数;

x_i——独立互不相关随机变量,其期望值为 0,方差为 $D(x_i)$;

$g_i(t)$——坐标函数,为自变量 t 的非随机函数,是由随机过程的相关系数函数 $K(\tau)$ 确定的非随机函数。

随机变量 x_i 方差 $D(x_i)=D_i$ 和坐标函数 $g_i(t_j)$ 的递推公式分别为

$$D_i=K(t_i;t_i)-\sum_{k=1}^{i-1}g_k^2(t_i)D_k \quad (i=1,2,\cdots,m) \tag{2-108}$$

$$g_i(t_j)=(K(t_i;t_j)-\sum_{k=1}^{i-1}D_kg_k(t_i)g_k(t_j))/D_i \quad (i,j=1,2,\cdots,m) \tag{2-109}$$

式中,当 $i>j$ 时,$g_i(t_j)=0$,而 $g_i(t_i)=1$。

求出随机过程的正则展开式以后,可进行随机过程抽样,抽样算法如下:

① 根据随机过程的相关系数函数,利用递推公式,计算得到独立互不相关的随机变量 x_i 的方差 $D(x_i)$ 和坐标函数 $g_i(t_j)$;

② 从期望值为 0,方差为 $D(x_i)$ 给定的概率分布中抽样产生样本值。即由非正态随机过程的期望函数 $\mu(t_i)$ 和坐标函数 $g_i(t_j)$,用式(2-110)算出非正态随机过程样本值

$$
\begin{aligned}
X(t_1) &= \mu(t_1)+X_1g_1(t_1) \\
X(t_2) &= \mu(t_2)+X_1g_1(t_2)+X_2g_2(t_2) \\
&\cdots \\
X(t_m) &= \mu(t_m)+\sum_{i=1}^{m}X_ig_i(t_m)
\end{aligned} \tag{2-110}
$$

示例 2.29[5]：某个非正态随机过程的相关系数函数 $K(t_i;t_j)$ 见表 2-16，利用方差和坐标函数递推公式计算得到的方差 $D(x_i)$ 和坐标函数 $g_i(t_j)$ 见表 2-17。

从具有期望值为 0、方差为 $D(x_i)$ 的概率分布抽样产生样本值 X_i，$i=1,2,\cdots,5$，由式（2-110）得到非正态随机过程的样本值 $X(t_i)$，$i=1,2,\cdots,5$。

表 2-16　随机过程的相关系数函数 $K(t_i;t_j)$

t_i,t_j	1	2	3	4	5
1	0.16	0.14	0.11	0.08	0.05
2	—	0.20	0.18	0.17	0.14
3	—	—	0.23	0.20	0.19
4	—	—	—	0.26	0.22
5	—	—	—	—	0.28

表 2-17　方差 $D(x_i)$ 和坐标函数 $g_i(t_j)$

i	$D(x_i)$	$g_i(t_1)$	$g_i(t_2)$	$g_i(t_3)$	$g_i(t_4)$	$g_i(t_5)$
1	0.16	1.00	0.87	0.69	0.50	0.31
2	0.08	0.00	1.00	1.05	1.25	1.21
3	0.07	0.00	0.00	1.00	0.57	0.77
4	0.07	0.00	0.00	0.00	1.00	0.55
5	0.09	0.00	0.00	0.00	0.00	1.00

习　题

1. 已知：$x_0=1,a=7,m=10^3$，试用乘同余法求随机数 $\eta_i(i=1,2,\cdots,5)$。

2. 利用现有计算机中随机数发生器，用编程语言编程，对 1 000 个随机数序列做均匀性检验（自定随机数序列的初值）。

3. 用 K-S 法检验下列样本是否符合均值为 0，方差为 2.5 的正态分布，检验水平为 $\alpha=0.05$。

　　1.549 422　　2.444 344　　−1.356 287　　−1.158 468　　1.986 288

　　−1.317 650　　1.203 433　　−2.405 187　　−0.983 101　　−0.942 457

　　2.627 202　　2.295 194　　0.253 501　　0.256 372　　−1.221 426

　　−2.819 277　　2.729 291　　1.374 238　　−0.028 606　　0.940 219

　　−1.100 076　　−2.032 944　　−1.105 679　　1.694 956　　0.019 935

4. 已知随机变量 X 服从威布尔分布，其分布密度函数为式（2-111），推导其抽样公式。

$$f(x)=\frac{c}{b}\left(\frac{t-a}{b}\right)\exp\left[-\left(\frac{t-a}{b}\right)^c\right] \tag{2-111}$$

5. Logiatie 分布密度函数为式（2-112），式中 $-\infty<\alpha<+\infty$，$\beta>0$，试推导该分布的抽样

公式。

$$f(x)=\frac{e^{-(x-a)/\beta}}{\beta\left[1+e^{-(x-a/B)}\right]^2},\quad -\infty<x<+\infty \tag{2-112}$$

6. 极值分布有两种形式,称为Ⅰ型和Ⅱ型极值分布,其密度函数分别为式(2-113)和式(2-114),试推导这两种极值分布的抽样公式。

$$f_X(x)=a\cdot b\cdot\exp\left[-(be^{-ax}+ax)\right] \tag{2-113}$$

$$f_I(x)=b\cdot k\cdot x^{-(k+1)}\cdot\exp(-bx^{-k}) \tag{2-114}$$

7. 写出用复合法产生具有式(2-115)所示密度函数的抽样算法。

$$f(x)=\frac{12}{(3+2\sqrt{3})\pi}\left(\frac{\pi}{4}+\frac{2\sqrt{3}}{3}\cdot\sqrt{1-x^2}\right)\quad(0\leqslant x\leqslant1) \tag{2-115}$$

8. 某机修厂修理某种机床所需时间的统计数据见表2-18,试产生修理时间抽样值。

表 2-18 题 8 表

修理时间区间(x)	频率	相对频率	累计频率
$0.0\leqslant x\leqslant0.5$	31	0.31	0.31
$0.5\leqslant x\leqslant1.0$	10	0.10	0.40
$1.0\leqslant x\leqslant1.5$	25	0.25	0.66
$1.5\leqslant x\leqslant2.0$	34	0.34	1.00

9. 设某随机变量的分布密度函数为 $f(x)=\begin{cases}3x^2, & 0\leqslant x\leqslant1\\0, & 其他\end{cases}$,试求出 5 个抽样值(选用附录 2-1 中随机数,解答时要写出所用随机数)。

10. 假设某产品的寿命服从指数分布,已知其失效率 $\lambda=6.979\times10^{-4}/h$,要求用直接抽样法进行三次抽样(规定随机数取值从附录 2-1 第 9 栏第 1 个选)。

11. 用编程语言编写下列分布的随机抽样程序,并对给定分布参数下求出抽样值 20 个。
① 泊松分布(已知:$1/\lambda=0.4$);
② 二项分布(已知:$n=50,p=0.35$);
③ 指数分布(已知:$\lambda=0.015$);
④ 正态分布(已知:$\mu=25,\sigma=5$);
⑤ 对数正态分布(已知:$\mu=25,\sigma=5$);
⑥ 威布尔分布(已知:$a=0,b=10\,000,c=1.3$)。

12. 已知 ξ 的分布密度函数为 $f(x)$,表达式如下,试用舍选法求 ξ 的 5 个抽样值,随机数序列从附录 2-1 的第 5 栏第 1 个取起。

$$f(x)=h\left(1-\frac{x^2}{h^2}\right)\quad(x\geqslant0,其中\ h=f_0=15) \tag{2-116}$$

13. 用复合抽样法产生下列分布密度函数的抽样公式 $f(x)=2\int_1^{+\infty}y^{-2}\cdot e^{-xy}dy$,并用编程语言编程实现抽样,输出 200 个抽样值,并绘制分布曲线。

14. 分别用反变换法、复合法和舍选抽样法产生密度函数 $f(x)=\frac{3x^2}{2}(-1\leqslant x\leqslant1)$ 的随机数,并讨论哪一种方法好。

附录 2-1　随机数表

78 466	83 326	95 689	88 727	72 655	49 682	82 338	28 583	01 522	11 248
787 22	47 603	03 477	29 523	63 956	01 255	29 840	32 370	18 032	82 051
06 401	87 397	72 898	32 441	88 361	71 803	55 626	77 847	29 925	76 106
04754	14 489	39 420	94 211	58 042	43 184	60 977	74 801	05 931	73 822
97 118	06 774	878 43	60 156	38 037	16 201	35 137	54 513	68 023	34 380
71 923	49 313	59 713	95 710	05 975	64 982	79 253	93 876	33 707	84 956
78 870	77 328	09 637	67 080	49 168	75 290	50 175	34 312	82 593	76 606
61 208	17 172	33 187	92 523	69 895	28 284	77 956	45 877	08 044	58 292
05 033	24 214	74 232	33 769	06 304	54 676	70 026	41 957	40 112	66 451
95 983	13 391	30 369	51 035	17 042	11 729	88 647	70 541	36 026	23 113
19 946	55 448	75 049	24 541	43 007	11 975	31 797	05 373	43 893	25 665
03 580	67 206	09 635	84 612	62 611	86 724	77 411	99 415	58 901	86 160
56 823	49 819	20 283	22 272	00 114	92 007	24 369	00 543	05 417	92 251
87 633	31 761	99 865	31 488	49 947	06 060	32 083	47 944	00 449	06 050
95 552	10 133	52 693	22 480	50 336	49 502	06 296	76 414	18 358	05 313
05 639	24 175	79 438	92 151	57 602	03 590	25 465	54 780	79 098	73 594
65 927	55 525	67 270	22 907	55 097	63 177	34 119	94 216	84 861	10 457
59 005	29 000	38 395	80 367	34 112	41 866	30 170	84 658	84 441	03 926
06 626	42 682	91 522	45 955	23 263	09 764	26 824	82 936	16 813	13 878
11 306	02 732	34 189	04 228	58 541	72 573	84 071	58 066	67 159	29 633
45 143	56 545	94 617	42 752	31 209	14 380	81 477	36 952	44 934	97 435
97 612	87 175	22 613	84 175	96 413	83 336	12 408	89 318	41 713	90 669
97 035	62 442	06 940	45 719	39 918	60 274	54 353	54 497	29 789	82 928
62 493	00 257	19 179	06 313	07 900	46 733	21 413	63 627	48 734	92 174
80 306	19 257	18 690	54 653	07 263	19 894	89 909	76 415	57 246	02 621
84 114	84 884	50 129	68 942	93 264	72 344	98 794	16 791	83 861	32 007
58 437	88 807	92 141	88 677	02 864	02 052	62 843	21 692	21 373	29 408
15 702	53 457	54 258	47 485	23 399	71 692	56 806	70 801	41 548	94 809
59 966	41 287	87 001	26 462	94 000	28 457	09 469	80 416	05 897	87 970
43 641	05 920	81 346	02 507	25 349	93 370	02 064	62 719	45 740	62 080
25 501	50 113	44 600	87 433	00 683	79 107	22 315	42 162	25 516	98 431
98 294	08 491	25 251	26 737	00 071	45 090	68 628	64 390	42 684	94 956
52 582	89 985	37 863	60 788	27 412	47 502	71 577	13 542	31 077	13 353

26 510	83 622	12 546	00 489	89 304	15 550	09 482	07 504	64 588	92 662
24 755	31 543	71 667	83 624	27 085	65 905	32 386	30 775	19 689	41 437
38 399	88 796	58 856	18 220	51 016	04 976	54 062	49 109	95 563	48 244
18 889	87 814	52 232	58 244	95 206	05 947	26 622	01 381	28 744	38 374
51 774	89 694	02 654	63 161	54 622	31 113	51 160	29 015	64 730	07 750
88 375	37 710	61 619	69 820	13 131	90 406	45 206	06 386	06 398	68 852
10 416	70 345	93 307	87 360	53 452	61 179	46 845	91 521	32 430	74 795
99 258	03 778	54 674	51 499	13 659	36 434	84 760	96 446	64 026	97 534
58 923	18 319	95 092	11 840	87 646	85 330	58 143	42 023	28 972	30 657
39 407	41 126	44 469	78 889	54 462	38 609	58 555	69 793	27 258	11 296
29 372	70 781	19 554	95 559	63 088	35 845	60 162	21 228	48 296	05 006
07 287	76 846	92 658	21 985	00 872	11 513	24 443	44 320	37 737	97 360
07 089	02 948	03 699	71 255	13 944	86 597	89 052	88 399	03 553	42 145
35 757	37 447	29 860	04 546	28 742	27 773	10 215	09 774	43 420	22 961
58 797	70 878	78 167	91 942	15 108	37 441	99 254	27 121	92 358	94 254
32 281	97 860	23 029	61 409	81 887	02 050	63 060	45 246	46 312	30 378
93 531	08 514	30 244	34 641	29 820	72 126	62 419	93 233	26 537	21 179

第3章　蒙特卡罗方法基础和应用

本章详细介绍了蒙特卡罗方法原理、误差及其概率收敛性,蒙特卡罗方法的应用示例,以及为减少误差的重要度抽样、分层抽样等随机变量高级抽样方法,使读者对蒙特卡罗方法的基本原理与应用有一个全面了解。

3.1　蒙特卡罗方法及其原理

3.1.1　蒙特卡罗方法概述

蒙特卡罗(Monte Carlo)方法又称概率模拟方法、随机抽样技术或统计试验方法。它是一种通过随机模拟和统计试验来求解数学物理、工程技术问题近似解的数值方法。蒙特卡罗方法的思想很早就被人们所发现和利用。早在 17 世纪,人们就知道用事件发生的频率来决定事件的概率。19 世纪人们则用投针实验的方法来确定圆周率。该方法正式的提出,源于第二次世界大战中美国的"曼哈顿计划",该计划的主持人之一——数学家冯·诺依曼,在对原子弹项目相关的中子随机扩展进行模拟时采用了一种方法,以世界闻名赌城"摩纳哥的蒙特卡罗"来命名这种方法,用来比喻随机模拟。此后,人们便把这种计算机随机模拟方法称为蒙特卡罗方法。随着现代计算机技术的飞速发展,用计算机完成大量仿真试验,进而获得所求问题的分析结果已成为常用手段,蒙特卡罗方法已在科学研究和工程等各个行业的技术应用中发挥了重要的作用。

3.1.1.1　蒙特卡罗方法发展[5]

早在 17 世纪,与投硬币和掷骰子等博弈游戏紧密联系的随机试验就已经出现了。1777 年法国数学家蒲丰(George-Louis Leclerc de Buffon)提出了用随机投针实验估算圆周率 π 的办法。由蒲丰完成的实验中,投针 2 212 次相交 704 次,得出圆周率 π＝2 212/704≈3.142。尽管蒲丰投针实验结果的精度不高,但它却演示了蒙特卡罗方法的随机抽样和模拟统计的基本思想,这被认为是蒙特卡罗方法的起源。

蒲丰(1707—1788)

1908 年统计学家古斯赛特依据近似正态分布的人体测量数据,利用有放回抽样的方法,经验性得出了相关样本方差的分布,这也是利用模拟抽样求样本统计量分布的示例。所不同的只是,那时所采用的办法是对具有随机性质的问题进行直接试验,还不能成为一种普遍和有效解决实际问题的方法。

蒙特卡罗方法的真正提出和开创是在 20 世纪 40 年代中后期。随着美国研制原子弹的"曼哈顿"计划的实施,为解决高维偏微分积分方程求解问题,美国洛斯阿拉莫斯的波兰裔美籍数学家乌拉姆(S. Ulam)、匈牙利裔美籍计算机科学家冯·诺依曼、希腊裔美籍物理学和计算机科学家梅特罗波利斯,于 1946 年提出和开创了蒙特卡罗方法,并在世界首台电子计算机上实现了中子在原子弹内扩散和增殖的蒙特卡罗模拟。乌拉姆首先提出蒙特卡罗方法,并给出可随机抽样的逆变换算法;冯·诺依曼设计研制了世界首台电子计算机,提出了蒙特卡罗模拟的具体方案,给出了随机抽样的取舍算法和产生随机数的平方取中法;梅特罗波利斯则完成了蒙特卡罗方法具体实现与计算机编程,在计算机上实现物质状态方程的蒙特卡罗模拟,提出了全新的梅特罗波利斯算法,成为推动蒙特卡罗算法发展的重要研究热点。

乌拉姆(1909—1984)　　冯·诺依曼(1903—1957)　　梅特罗波利斯(1915—1999)

蒙特卡罗方法理论主要包括三个方面,即随机数产生和检验方法、概率分布抽样方法、降低方差提高效率方法。经过 70 多年的发展,蒙特卡罗理论研究取得了长足进步。蒙特卡罗模拟已经可以使用真随机数,噪声和量子真随机数产生器已经做到实用,比较有效的伪随机数生成器也出现了 10 多种,专用仿真软件中的伪随机数的周期已经接近无穷大,随机统计检验出现了马萨格利亚的严格检验方法。随机抽样方法更加有效和完善,理论研究得到的直接抽样法、马尔可夫链蒙特卡罗抽样法和未知概率分布抽样法,几乎可满足所有应用领域的需要。随着蒙特卡罗方法应用领域的扩展,专用的降低方差技巧不断地产生,出现了许多高效蒙特卡罗方法,如互熵方法、稀有事件模拟方法、Markov 链蒙特卡罗模拟法、拟随机数和拟蒙特卡罗方法、序贯蒙特卡罗方法和并行蒙特卡罗方法等。

20 世纪 50 年代以后,蒙特卡罗方法的应用从传统领域迅速扩展到其他领域,包括科学技术、工程、统计和金融经济等领域。如确定性问题、粒子运输、稀薄气体动力学、物理学、化学、生物学、装备可靠性维修性、数理统计学、金融经济学及科学实验模拟等。

虽然蒙特卡罗方法对问题的复杂性不敏感,其误差与问题维数无关,但是对所研究对象的小概率事件却很敏感。在这样小的概率条件下,特别是发生概率低于 10^{-4} 时,蒙特卡罗概率估计的统计方差很大,计算效率很低,概率越小,则误差越大,这种现象在系统可靠性估计中十分典型。这种复杂性与稀有性的冲突,是一种挑战,也是蒙特卡罗方法未来发展的驱动力。

3.1.1.2　蒙特卡罗方法特点

蒙特卡罗方法是利用已构建的描述实际问题的概率模型,通过对模型中随机变量的抽样试验与系统评价参数统计,最终得到问题近似解的过程。蒙特卡罗方法是以概率和数理统计为其主要理论基础,以随机抽样为其主要手段。

蒙特卡罗方法排名 20 世纪十大算法的首位,被喻为"最后的方法"。意思是当解析法或数值法不能解决问题时,最后考虑用蒙特卡罗方法,言外之意就是蒙特卡罗方法能解决其他方法无法解决的问题,是解决问题的最后方法。

蒙特卡罗方法可以解决各种类型的问题。按照是否涉及随机过程状态,这些问题可分为两类:第一类是确定性的数学问题,如计算多重积分或解线性代数方程组等;第二类是随机性问题,如装备可靠性与维修性问题、保障性中的备件库存问题、随机服务系统中的排队问题等。从理论和应用上看,该方法具有以下几个特点:

① 蒙特卡罗方法具有解决广泛问题的能力,受所求问题的条件限制的影响小,既能解决确定性问题,也能解决随机性问题,它不但可以解决估计值问题,也可以解决最优化问题。

② 蒙特卡罗方法的适用性广、实际应用的灵活性强,分析误差容易确定,分析逻辑清晰简单,易于实现计算机编程。

③ 蒙特卡罗方法的收敛速度与求解问题的维数无关。一般数值法中,如在计算多重积分时达到同样的误差精度,计算量要随维数的幂次方而增加。但蒙特卡罗方法要达到同一求解精度,其选取的点数与维数无关,计算时间仅与维数成比例,因此蒙特卡罗方法对多维问题有较好的适用性。

④ 与其他数值方法比,蒙特卡罗方法的直接模拟中确实存在收敛速度较慢、精度不高的缺点,这是由其数学性质决定的。但是蒙特卡罗方法的精度和收敛速度是可以改善的,可以使用各种降低方差技巧和高效蒙特卡罗算法。特别是对于解决复杂问题,与通过常见的简化模型方式得到的近似结果相比,由于蒙特卡罗方法是对实际系统的模拟,因此与近似结果相比,蒙特卡罗方法的模拟结果是最准确的。

3.1.2　蒙特卡罗方法的基本思想

3.1.2.1　蒙特卡罗思想示例

以下举例说明蒙特卡罗方法的基本思想。

例 1　硬币正反面概率问题。

我们知道抛一个质地均匀的硬币,出现正面或反面的概率都为 0.5。历史上均有学者进行了抛硬币实验,并得到了出现正面或反面的实验数据,表 3-1 列出了这些学者的实验结果。

表 3-1　抛硬币实验的结果[12]

实验者	实验次数	出现正面的次数	出现正面的频率
德·摩根	2 048	1 061	0.518 1
蒲丰	4 040	2 048	0.506 9
皮尔逊 1	12 000	6 019	0.501 6
皮尔逊 2	24 000	12 012	0.500 5

例 2　产品检验合格率问题。

人们在检查产品质量的时候,往往是在一批产品中抽出一部分样品(如 N 个)进行检验,如果其中有 n 个是合格品,则产品的合格率为

$$P \approx \frac{n}{N} \tag{3-1}$$

它是以频率代替概率,作为产品合格率的评定结果。由概率论中伯努利定理可知,当 N 数量愈大时,统计的产品合格率就愈准确。

例 3　蒲丰投针求圆周率问。

1777 年法国数学家蒲丰为了验证大数定律,用随机投针实验求得圆周率。即任意投掷一根针到地面上,将针与地面上一组等距平行线相交的频率,作为针与平行线相交概率的近似值。然后据此求出圆周率的近似值。蒲丰投针实验示意图如图 3-1 所示。

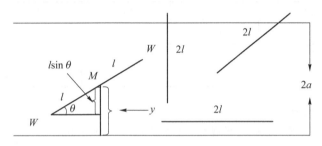

图 3-1　蒲丰投针实验中针的几种可能状态

图 3-1 中取两条平行线作为代表,其他线段代表针与直线的几种可能相对位置(相交和不相交)。设两平行线之间的距离为 $2a$,针长度为 $2l$,针的中点 M 到最近一条直线的距离为 y,针与水平方向的夹角为 θ,规定 y 取值为 $0 \leqslant y \leqslant a$,夹角 θ 取值为 $0 \leqslant \theta \leqslant \pi$。在这种情况下,针与平行线相交的充分条件是 $y \leqslant l\sin\theta$,针的位置不影响相交性质。

任意投针意味着 y 与 θ 在其规定值域都是任意取值并且概率都一样,这就是说,随机变量 y 服从均匀分布,它的分布密度函数为

$$f(y) = \begin{cases} 1/a, & 0 \leqslant y \leqslant a \\ 0, & \text{其他} \end{cases} \tag{3-2}$$

同样,随机变量 θ 也是服从均匀分布,它的分布密度函数为

$$f(\theta) = \begin{cases} 1/\pi, & 0 \leqslant \theta \leqslant \pi \\ 0, & \text{其他} \end{cases} \tag{3-3}$$

这两者相互独立,其联合密度函数为

$$f(y,\theta) = \begin{cases} \dfrac{1}{\pi a}, & 0 \leqslant y \leqslant a, 0 \leqslant \theta \leqslant \pi \\ 0, & \text{其他} \end{cases} \tag{3-4}$$

因此,针与线相交的概率为

$$p = \iint f(y,\theta)\,\mathrm{d}y\mathrm{d}\theta = \int_0^\pi \frac{1}{\pi} \int_0^{l\sin\theta} \frac{1}{a}\,\mathrm{d}y\mathrm{d}\theta = \frac{2l}{a\pi} \tag{3-5}$$

因此如果能够得到这个概率的估计值 $\hat{p}$,则可求得圆周率 π。为了求出"针与线相交"次数,定义一个函数 $S(y,\theta)$ 为

$$S(y,\theta) = \begin{cases} 1, & y \leqslant l\sin\theta \\ 0, & \text{其他} \end{cases} \tag{3-6}$$

设 N 是投针次数，n 是相交次数，如投针实验次数 N 足够大，则有圆周率的估计值为

$$\hat{\pi} = \frac{2l}{\hat{p}a} = \frac{2l}{\dfrac{1}{N}\sum_{i=1}^{N}S(y_i,\theta_i)a} = \frac{2Nl}{a\sum_{i=1}^{N}S(y_i,\theta_i)} = \frac{2Nl}{na} \tag{3-7}$$

历史上曾经有许多学者做过蒲丰投针实验，部分结果见表 3-2。

表 3-2　蒲丰投针人工实验结果[15]

实验者	时间	针长度	投针次数	相交次数	π 的估值
Wolf	1 850	0.8	5 000	2 532	3.159 6
Smith	1 855	0.6	3 204	1 218.5	3.155 4
De Morgan，C	1 860	1.0	600	382.5	3.137
Fox	1 884	0.75	1 030	489	3.159 5
Lazzerini	1 901	0.833 333 33	3 408	1 808	3.141 592 9
Reina	1 925	0.541 9	2 520	859	3.179 5

例 4　射击成绩问题。

运动员进行射击比赛，按照比赛规则，运动员的每一发射击成绩与射击弹着点至靶心的距离直接关联，弹着点如落入圆环外则脱靶，如落入圆环内则命中，见表 3-3。

表 3-3　每个圆环与靶心距离及对应成绩分数

圆环序号	1	2	3	4	5	6	＞6
圆环到靶心距离/cm	3	6	9	12	15	18	＞18
圆环内成绩/环	10	9	8	7	6	5	0

设 r 为射击弹着点至靶心的距离，弹着点 r 处的得分为 Y，依据表 3-3，则 $Y = g(r)$。假设某运动员多次射击的弹着点分布密度函数为 $f(r)$，则该运动员的射击成绩，应该是一个随机变量 Y 的数学期望 $E(Y)$

$$E(Y) = \int_0^\infty Y \cdot f(r)\mathrm{d}r = \int_0^\infty g(r)f(r)\mathrm{d}r \tag{3-8}$$

实际比赛中，若该射击运动员共实弹射击 N 次，弹着点分别为 $r_1, r_2, \cdots, r_n$，对应环数分别为 $y_1, y_2, \cdots, y_n$，则 N 次射击成绩的平均环数为

$$\hat{Y} = \frac{1}{N}\sum_{i=1}^{N}y_i = \frac{1}{N}\sum_{i=1}^{N}g(r_i) \tag{3-9}$$

当该运动员有射击次数 N 足够多时，式(3-9)即可作为式(3-8)的近似值。

3.1.2.2　蒙特卡罗方法基本思想与工作步骤

以上 4 个例子中，一个求硬币单面概率，一个求正品率，一个求圆周率，一个求射击成绩。虽然它们的具体内容各不相同，但都是通过统计试验的方法来求解。这 4 个实例充分反映了蒙特卡罗的基本思想：① 当所求解的问题是某个事件出现的概率时，可以通过抽样试验的方法得到这种事件出现的频率，把它做为问题的解，如前 3 个例子所述；② 当所求解的问题是某

个随机变量的期望值时,可通过抽样试验,求出这个随机变量的样本平均值,并把它作为问题的解,如例 4 所述。

由上述基本思想,得出实施蒙特卡罗方法的三个主要步骤。

(1) 构造或描述概率过程

对于本身就具有随机性质的问题,主要是正确描述和模拟这个概率过程,如硬币正反面概率、产品合格率、射击成绩问题;对于本身不具有随机性质的确定性问题,就必须事先人为构造出一个概率模型,使其某参量正好是所要求问题的解,即将不具有随机性质的问题转化为随机性质的问题,如求圆周率的随机投针过程。

(2) 实现从已知概率分布抽样

构造了概率模型以后,由于各种概率模型都可以看作是由各种各样的概率分布构成的,因此产生已知概率分布的随机变量(或随机向量),就成为实现蒙特卡罗方法模拟实验的基本手段,这也是蒙特卡罗方法被称为随机抽样的原因。为实现模拟,必须进行随机变量的抽样,如射击问题中想要得到射击成绩的估计值 $\hat{Y}$,关键在于得到弹着点 r 的样本 $r_1, r_2, \cdots, r_N$,从而得到 $g(r_1), g(r_2), \cdots, g(r_N)$。随机变量抽样的详细内容可参考第 2 章。

(3) 建立各种统计量的估计

构造了概率模型并能够从中抽样后,即实现了模拟实验后,就要确定一个或多个随机变量,作为所求问题的解。建立各种估计量,就相当于对模拟实验的结果进行整体观测和分析总结,并从中获得问题的解。作为问题的解,它可能是概率或数学期望。对于前者则用频率代替,对于后者用样本均值代替,如射击成绩问题,就是通过求样本平均值来求解其数学期望值,而硬币正反面概率问题、产品合格率问题、求圆周率问题则是通过统计频率来求得其近似值。

3.1.3　蒙特卡罗方法数学表征及特性

3.1.3.1　蒙特卡罗方法的数学基础

概率论的大数定理和中心极限定理作为蒙特卡罗方法的数学基础,表征了蒙特卡罗方法的数学性质,在理论上保证蒙特卡罗方法的正确性。

根据大数定律,$x_1, x_2, \cdots, x_n$ 是 N 个独立随机变量,它们有相同的分布,且有相同的有限期望 $E(x_i)$ 和方差 $D(x_i)$,$i=1,2,\cdots,N$。则对于任意 $\varepsilon > 0$,有

$$\lim_{N \to \infty} P \left\{ \left| \frac{1}{N} \sum_{i=1}^{N} x_i - E(x_i) \right| \geqslant \varepsilon \right\} = 0 \tag{3-10}$$

根据伯努利定理,若随机事件 A 的概率为 $P(\mathrm{A})$,在 N 次独立试验中,事件 A 发生的频数为 n,频率为 n/N,则对于任意的 $\varepsilon > 0$,有

$$\lim_{N \to \infty} P \left\{ \left| \frac{n}{N} - P(\mathrm{A}) \right| < \varepsilon \right\} = 1 \tag{3-11}$$

蒙特卡罗方法从总体 ξ 抽取简单子样做抽样试验,根据简单子样的定义,$x_1, x_2, \cdots, x_n$ 为具有同分布的独立随机变量。由式(3-10)和式(3-11)可知,当 N 足够大时,$\sum_{i=1}^{N} x_i / N$ 以概率 1 收敛于 $E(x)$,而频率 n/N 以概率 1 收敛于 $P(\mathrm{A})$,这就保证了使用蒙特卡罗方法的稳定性和概率收敛性。

由于蒙特卡罗方法的理论基础(大数定律)是概率论中的基本定律,因此,此方法的应用范围,从原则上说几乎没有什么限制。

3.1.3.2 蒙特卡罗方法的概率表征

通过蒙特卡罗方法的基本原理讨论,可以看到蒙特卡罗模拟分析过程,就是通过随机数的抽样值 $x_i(i=1,2,\cdots,N)$(独立同分布),来构造未知待求量的估计值。对此,用抽象的概率语言,把蒙特卡罗方法模拟过程归纳如下。

构造一个概率空间 $(\Omega,\mathcal{F},P)$,其中 Ω 是全体事件的集合,$\mathcal{F}$ 是 Ω 的子集构成的集合,事件 ω 属于集合 Ω,$\omega\in\Omega$,P 是在 $\mathcal{F}$ 是发生事件 ω 的概率测度。在这个概率空间上,定义随机事件 ω 的概率分布为 $f(\omega)$,选取 ω 的一个统计量函数 $h(\omega)$,使其数学期望 Θ 正好是所求的解。

$$\Theta=\int_{\Omega}h(\omega)P(\mathrm{d}\omega) \tag{3-12}$$

1. 事件发生概率的求解

按照原始概率模型,根据蒙特卡罗方法的基本思想进行直接模拟,当所求解的问题是某个事件 A 发生的概率 $P(\mathrm{A})=p$(未知)时,蒙特卡罗方法的具体算法如下:

① 进行 N 次重复独立抽样试验,计算事件 A 发生次数 n_{A}。为方便计算,设随机变量 x_i 为第 i 次试验中事件 A 发生次数,并且令

$$x_i=\begin{cases}1, & \text{第 } i \text{ 次试验中事件 A 发生} \\ 0, & \text{第 } i \text{ 次试验中事件 A 不发生}\end{cases} \tag{3-13}$$

则 $n_{\mathrm{A}}=\sum\limits_{i=1}^{N}x_i$。

② 计算事件 A 在 N 次重复独立抽样试验中的发生频率 f_N 为

$$f_N=\frac{n_{\mathrm{A}}}{N}=\frac{1}{N}\sum_{i=1}^{N}x_i \tag{3-14}$$

③ 当 N 充分大时,以频率 f_N 作为概率 $P(\mathrm{A})=p$ 的估计值 $\dot{p}$,且要求 $\dot{p}$ 为 p 的无偏估计值。

由于随机变量 x_i 彼此之间独立同分布,每次试验中 $P(x_i=1)=p$ 和 $P(x_i=0)=1-p$,对于给定试验次数 N,有

$$E(\hat{p})=E\left(\frac{1}{N}\sum_{i=1}^{N}x_i\right)=\frac{1}{N}\sum_{i=1}^{N}E(x_i)=E(x_i)$$
$$=1\cdot p+0\cdot(1-p)=p \tag{3-15}$$

即估计值 $p=\dfrac{n_{\mathrm{A}}}{N}=\dfrac{1}{N}\sum\limits_{i=1}^{N}x_i$ 就是概率 $P(\mathrm{A})=p$ 的无偏估计值。

2. 随机变量期望值的求解

按照原始概率模型,根据蒙特卡罗方法的基本思想进行直接模拟,当所求解的问题是某个随机变量 X 的期望值 $E(X)=\mu$(未知)时,蒙特卡罗方法的具体算法如下:

① 进行 N 次重复独立抽样试验,得到随机变量 X 的 N 个样本值 $x_i(1\leqslant i\leqslant N)$。

② 计算样本均值 $\overline{X}$

$$\overline{X}=\frac{1}{N}\sum_{i=1}^{N}x_i \tag{3-16}$$

③ 当 N 充分大时,以样本均值 $\overline{X}$ 作为 μ 的估计值 $\hat{\mu}$,为 $\hat{\mu}=\overline{X}$,且要求 $\hat{\mu}$ 为 μ 的无偏估

计值。

由于随机变量 x_i 彼此之间独立同分布,已知 $E(x_i)=\mu$,对于给定试验次数 N,有

$$E(\overline{X}) = E\left(\frac{1}{N}\sum_{i=1}^{N}x_i\right) = \frac{1}{N}\sum_{i=1}^{N}E(x_i) = E(x_i) = \mu \tag{3-17}$$

即估计值 $\overline{X} = \frac{1}{N}\sum_{i=1}^{N}x_i$ 就是 μ 的无偏估计值。

3.1.3.3　蒙特卡罗方法的误差

1. 蒙特卡罗方法的误差表征

大数定律保证了蒙特卡罗方法的收敛性,而其误差则是由中心极限定理来分析的。蒙特卡罗方法中对已知分布的随机变量抽样都属于简单随机样本,即从总体 ξ 中抽取的子样 x_1, $x_x,\cdots,x_N$ 为独立同分布的随机变量。由概率论的中心极限定理可知,相互独立且同分布的随机变量 $x_i(i=1,2,\cdots,N)$,若期望为 $E(x_i)=\mu$,μ 的无偏估计量为 $\hat{\mu}_N = \frac{1}{N}\sum_{i=1}^{N}x_i$,方差为 $D(x_i)=\sigma^2$(方差有界),则随机变量 $(\hat{\mu}_N-\mu)/(\sigma/\sqrt{N})$ 渐近服从标准正态分布 $N(0,1)$,即

$$\lim_{N\to\infty}\Pr((\hat{\mu}_N-\mu)/(\sigma/\sqrt{N})) \leqslant x_a = \frac{1}{\sqrt{2\pi}}\int_{-\infty}^{x_a}e^{-\frac{t^2}{2}}dt \tag{3-18}$$

式(3-18)右端为 $N(0,1)$ 的分布函数,置信度为 $1-\alpha$,X_α 为对应 α 的正态分位数,σ 为标准差,考虑双侧积分限,当足够大时,则有

$$\lim_{N\to\infty}\Pr\left(|\hat{\mu}_N-\mu| \leqslant \frac{X_a\sigma}{\sqrt{N}}\right) = \frac{1}{\sqrt{2\pi}}\int_{-x_a}^{x_a}e^{-\frac{t^2}{2}}dt = \phi(X_a) = 1-\alpha \tag{3-19}$$

根据实际要求,当给定置信度 $1-\alpha$ 后,可按式(3-19)后两个等式,查标准正态分布表定出 X_a 值。常用的几组对应值见表 3-4。

表 3-4　置信度及其相应标准正态分位数

$1-\alpha$	X_a	$1-\alpha$	X_a
0.50	0.674 9	0.999 937	4
0.95	1.960 0	0.997 3	3
0.98	2.326 3	0.954 5	3
0.99	2.675 8	0.682 7	1

统计量估计值 $\hat{\mu}_N$ 与真值 μ 之间的误差,即蒙特卡罗方法的绝对误差 ε_a 为

$$\varepsilon_a = |\hat{\mu}_N-\mu| \leqslant x_a \cdot \frac{\sigma}{\sqrt{N}} \tag{3-20}$$

统计量估计值 $\hat{\mu}_N$ 与真值 μ 之间的相对误差 ε_r 为

$$\varepsilon_r = |(\hat{\mu}_N-\mu)/\hat{\mu}_N| \leqslant x_a \cdot \frac{\sigma}{\hat{\mu}_N\sqrt{N}} \tag{3-21}$$

给定置信度 $1-\alpha$,X_a 就确定,因此蒙特卡罗方法的误差就是在某一置信水平下的概率误差。如果置信度 $1-\alpha=95\%$ 时,$x_a=1.96$,则蒙特卡罗方法的绝对误差和相对误差为

$$\varepsilon_a = 1.96\sigma/\sqrt{N}$$

$$\varepsilon_r = 1.96\sigma/(\hat{\mu}_N \cdot \sqrt{N}) \tag{3-22}$$

从式(3-20)和式(3-21)不难看出,蒙特卡罗方法的结果精度和收敛过程具有如下特点:

① 蒙特卡罗方法的误差 ε 是由 σ 和 $\sqrt{N}$ 决定的,收敛过程服从概率规律性,所有问题的解随着试验次数 N 的增加,按照式(3-20)逐步收敛;

② 试验结果的误差(精度) $\sigma/\sqrt{N}$ 可以在试验过程中进行估计;

③ 蒙特卡罗方法的误差与统计量的标准差 σ 成正比,与模拟次数的平方根 $\sqrt{N}$ 成反比,误差的阶为 $O(N^{-1/2})$,即在固定 σ 的情况下,要想提高结果精度一位数字,就要增加 100 倍的试验工作量;

④ 蒙特卡罗方法误差与问题的维数无关。

从另一方面看,在固定误差 ε 和抽样产生一个样本的平均费用 S 不变的情况下,如果 σ 减小为原来的 1/10 倍,则可减少为原来的 1/100 的试验量。若费用 S 不是固定的,由于 $N = (x_a\sigma/\varepsilon)^2$,$NS = (x_a/\varepsilon)^2\sigma^2 S$,因此蒙特卡罗方法的效率是与 $\sigma^2 S$ 成正比的。作为提高蒙特卡罗方法效率的重要方向,既不是增加抽样数 N,也不是简单地减小标准差 σ,应该是在减小标准差的同时兼顾考虑费用大小,使方差 σ^2 与费用 S 的乘积尽量小。

以下根据蒙特卡罗方法的两种不同求解思想,进一步分析其误差表征。

2. 事件发生概率的模拟误差

当所求解的问题是某个事件 A 发生的概率 $P(A) = p$(未知)时,直接进行 N 次重复独立抽样试验。设随机变量 x_i 为第 i 次试验中事件 A 发生次数,未知概率 p 的无偏估计值为 $\hat{p} = \frac{1}{N}\sum_{i=1}^{N}x_i$,每次试验中 $P(x_i=1)=p$ 和 $P(x_i=0)=1-p$,则 x_i 的均值和方差分别为

$$E(x_i) = 1 \cdot p + 0 \cdot (1-p) = p$$

$$D(x_i) = (1-p)^2 \cdot p + (0-p)^2 \cdot (1-p) = p(1-p) \tag{3-22}$$

事件 A 发生概率的绝对误差 ε_a 和相对误差 ε_r 分别为

$$\varepsilon_a \leqslant x_a\sqrt{\frac{p(1-p)}{N}}, \quad \varepsilon_r \leqslant x_a\sqrt{\frac{1-p}{Np}} \tag{3-23}$$

实际分析时,由于概率 p 未知,可用其方差的无偏估计值来替代。由概率论可得[2],方差 $D(x_i)$ 的无偏估计值为

$$\hat{D}(x_i) = \frac{N}{N-1}\hat{p}(1-\hat{p}) \tag{3-24}$$

因此估计值 $\hat{p}$ 的绝对误差和相对误差分别为

$$\varepsilon_a \leqslant x_a\sqrt{\frac{\hat{p}(1-\hat{p})}{N-1}}, \quad \varepsilon_r \leqslant x_a\sqrt{\frac{1-\hat{p}}{(N-1)\hat{p}}} \tag{3-25}$$

3. 随机变量均值的模拟误差

当所求解的问题是某个随机变量 X 的期望值 $E(X) = \mu$(未知)时,直接进行 N 次重复独立抽样试验,得到 X 的 N 个样本值 $x_i (1 \leqslant i \leqslant N)$。未知均值 μ 的无偏估计值为 $\hat{\mu} = \overline{X} =$

$\dfrac{1}{N}\sum\limits_{i=1}^{N}x_i$，随机变量 x_i 彼此之间独立同分布，且 $E(x_i)=\mu$ 和 $D(x_i)=\sigma^2$，随机变量均值的绝对误差 ε_a 和相对误差 ε_r 分别为

$$\varepsilon_a \leqslant x_a \frac{\sigma}{\sqrt{N}}, \quad \varepsilon_r \leqslant x_a \frac{1}{\mu}\frac{\sigma}{\sqrt{N}} \tag{3-26}$$

实际分析时，由于均值 μ 未知，可用其方差的无偏估计值来替代。由概率论可得[2]，方差 $D(x_i)$ 的无偏估计值为

$$\hat{\sigma}^2 = \frac{1}{N-1}\sum_{i=1}^{N}(x_i-\overline{X})^2 \tag{3-27}$$

因此估计值 $\hat{\mu}$ 的绝对误差和相对误差分别为

$$\varepsilon_a \leqslant x_a\sqrt{\frac{\sum\limits_{i=1}^{N}(x_i-\overline{X})^2}{N(N-1)}}, \quad \varepsilon_r \leqslant x_a\frac{1}{\overline{X}}\sqrt{\frac{\sum\limits_{i=1}^{N}(x_i-\overline{X})^2}{N(N-1)}} \tag{3-28}$$

3.1.3.4　蒙特卡罗方法的模拟次数

由式（3-20）和式（3-21）可知，估计量 $\hat{\mu}$ 的绝对误差和相对误差，给定概率 $1-\alpha$ 满足

$$N_a \leqslant \left(x_a\frac{\sigma}{\varepsilon_a}\right)^2, \quad N_r \leqslant \left(x_a\frac{\sigma}{\mu}\frac{1}{\varepsilon_r}\right)^2 \tag{3-29}$$

1. 事件发生概率的模拟次数

当所求解的问题是某个事件 A 发生的概率 $P(A)=p$（未知）时，直接进行 N 次重复独立抽样试验，设随机变量 x_i 为第 i 次试验中事件 A 发生次数，未知概率 p 的无偏估计值为 $\hat{p}=\dfrac{1}{N}\sum\limits_{i=1}^{N}x_i$，$x_i$ 的均值和方差为 $E(x_i)=p$ 和 $D(x_i)=p(1-p)$，则在规定了 $\hat{p}$ 的绝对误差 ε_a 和相对误差 ε_r 条件下，执行的模拟试验次数 N，以给定概率 $1-\alpha$ 满足

$$N_a \leqslant x_a^2\frac{\hat{p}(1-\hat{p})}{\varepsilon_a^2}, \quad N_r \leqslant x_a^2\frac{1}{\varepsilon_r^2}\frac{1-\hat{p}}{\hat{p}} \tag{3-30}$$

可知，模拟次数与误差的倒数平方成正比，p 值越接近 1，需要的模拟次数越少。

2. 随机变量均值的模拟次数

当所求解的问题是某个随机变量 X 的期望值 $E(X)=\mu$（未知）时，直接进行 N 次重复独立抽样试验，得到 X 的 N 个样本值 $x_i (1\leqslant i\leqslant N)$。未知均值 μ 的估计值为 $\hat{\mu}=\overline{X}=\dfrac{1}{N}\sum\limits_{i=1}^{N}x_i$，并且 $E(x_i)=\mu$ 和 $D(x_i)=\sigma^2$，则在规定了 $\hat{\mu}$ 的绝对误差 ε_a 和相对误差 ε_r 条件下，执行的模拟试验次数 N，以给定概率 $1-\alpha$ 满足

$$N_a \leqslant x_a^2\frac{\sigma^2}{\varepsilon_a^2}, \quad N_r \leqslant x_a^2\frac{1}{\varepsilon_r^2}\left(\frac{\sigma}{\hat{\mu}}\right)^2 \tag{3-31}$$

可知，模拟次数与误差的倒数平方成正比，变异系数 σ/μ 越小，需要的模拟次数越少。

3.2 蒙特卡罗的直接模拟及应用

未采用任何降低方差和提高效率的办法,按照求解问题的原始概率模型,利用蒙特卡罗基本思想,直接进行模拟和统计的方法,就称为蒙特卡罗的直接模拟法。直接模拟法虽然效率不高、精度较低,但由于该方法较直观,一次模拟中的计算量相对较小,因此在一些实际应用中仍被广泛使用。

3.2.1 用频率法求解

基于频率代替概率来求解问题的蒙特卡罗直接模拟,称为频率法,又称随机投点法。

3.2.1.1 圆周率的求解

蒲丰投针实验(图 3 - 1)中,取针中点到最近一条直线的距离 y 和针与水平方向的夹角 θ 为考察变量。试验中的任意投针,意味着随机变量 y 与 θ 在其规定值域都是任意取值的,因此 y 和 θ 各自的分布密度函数为

$$f_1(y) = \begin{cases} 1/a, & 0 \leqslant y \leqslant a \\ 0, & \text{其他} \end{cases}$$

$$f_2(\theta) = \begin{cases} 1/\pi, & 0 \leqslant \theta \leqslant \pi \\ 0, & \text{其他} \end{cases} \tag{3-32}$$

y 和 θ 相互独立,则它们的联合分布密度函数为 $f(y,\theta) = f_1(y)f_2(\theta) f(y,\theta) = f_1(y)f_2(\theta)$,因此针与线相交的概率为

$$p = \iint f(y,\theta)\mathrm{d}y\mathrm{d}\theta = \int_0^\pi \frac{1}{\pi} \int_0^{l\sin\theta} \frac{1}{a}\mathrm{d}y\mathrm{d}\theta = \frac{2l}{a\pi} \tag{3-33}$$

根据概率统计理论,可获得总体 Y(其分布密度函数为 $f_1(y)$)的 N 个简单子样 Y_f

$$Y_f = (y_1, y_2, \cdots, y_i, \cdots, y_N) \tag{3-34}$$

同样也可以获得总体 Θ(其分布密度函数为 $f_2(\theta)$)的 N 个简单子样 Θ_f

$$\Theta_f = (\theta_1, \theta_2, \cdots, \theta_i, \cdots, \theta_N) \tag{3-35}$$

为了求出相交次数,定义一个函数,且用 $S(y_i, \theta_i)$ 表示

$$S(y_i, \theta) = \begin{cases} 1, & y_i \leqslant l\sin\theta_i \\ 0, & \text{其他} \end{cases} \tag{3-36}$$

设 N 是投针次数,n 是相交次数,如投针实验次数 N 足够大,即有相交概率的估值 P_N 为

$$P_N = \frac{n}{N} = \frac{1}{N}\sum_{i=1}^N S(y_i, \theta_i) \tag{3-37}$$

因此求得圆周率 π 的估计值为

$$\hat{\pi} = 2l/P_N a = 2Nl/na \tag{3-38}$$

针对蒲丰投针进行计算机直接模拟,求得圆周率的估计值见表 3 - 5。可看出,当模拟次数达到 10^8 时,圆周率估计值才能准确到 4 位数,可见直接模拟方法的精度确实较低。

表 3-5　圆周率的直接模拟结果[5]

模拟次数	$l=36,a=90$	$l=2.5,a=6.0$	精确位数
10^2	4.705 88	4.761 90	0
10^4	3.108 00	3.117 59	2 位
10^6	3.142 70	3.142 86	3 位
10^8	3.141 71	3.141 78	4 位

3.2.1.2　定积分问题求解

设被积函数 $g(x)$ 是 $[a,b]$ 上的连续函数,且 $0 \leqslant g(x) \leqslant c$,求解 $I = \int_a^b g(x)\mathrm{d}x$ 的数值。如图 3-2 所示,在矩形 $A(a \leqslant x \leqslant b; 0 \leqslant y \leqslant c)$ 内做均匀投点,则在 $[a,b]$ 范围内,曲线 $g(x)$ 以下所围面积 R 就等于积分值。若 $S(x,y)$ 表示投点位置,则点 S 落入 R 中的概率 P 为

$$P = \frac{\text{面积} R}{\text{面积} A} = \frac{\int_a^b g(x)\mathrm{d}x}{c(b-a)} = \frac{I}{c(b-a)} \tag{3-39}$$

定义二维随机变量 $B(x,y)$ 来统计落入点数

$$B(x,y) = \begin{cases} 1, & \text{点 } S \text{ 落入 } R \text{ 中} \\ 0, & \text{点 } S \text{ 没有落入 } R \text{ 中} \end{cases} \tag{3-40}$$

按照图 3-2 所示,如 S 点落入 R 中,它应满足 $g(x) \geqslant y$。取 N 对随机数序列 $\{\eta_1, \eta_2\}_j$,$(j=1,2,\cdots,N)$ 表示均匀投点,其中 ξ_1 是 $[a,b]$ 上均匀分布随机变量的抽样值,ξ_2 为 $[0,c]$ 上均匀分布随机变量的抽样值,则由式(3-41)表示

$$B(\xi_1, \xi_2) = \begin{cases} 1, & g_j(\xi_1) \geqslant \xi_{2j} \\ 0, & \text{其他} \end{cases} \tag{3-41}$$

式中,$\xi_{1j} = (b-a)\eta_{1j} + a$；$\xi_{2j} = c\eta_{2j}$。

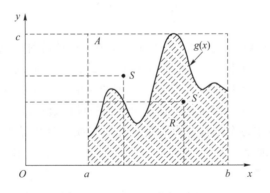

图 3-2　求定积分的示意图

进行 N 次投点试验,其中 N_H 次落入 R 中。当 N 足够大时,可用频率代替概率,即

$$p = \frac{N_H}{N} = \frac{1}{N}\sum_{j=1}^N B(\xi_1, \xi_2)_j \tag{3-42}$$

由此求出积分估计值

$$\hat{I} = c(b-a) \cdot \frac{N_H}{N} \tag{3-43}$$

上述求解过程的算法步骤如下：

① 产生随机数序列 $\{\eta_1, \eta_2\}_j, (j=1,2,\cdots,N)$；

② 计算 $\xi_{1j} = (b-a)\eta_{1j} + a; \xi_{2j} = c\eta_{2j}$；

③ 当满足不等式 $g(\xi_{1j}) > \xi_{2j} (j=1,2,\cdots,N)$ 时，统计 $N_H = \sum_{j=1}^{N} B(\xi_1, \xi_2)_j$；

④ 求定积分估计值 $\hat{I} = c(b-a) \cdot \frac{N_H}{N}$。

示例 3.1：求积分值 $I = \int_0^1 e^{x-1} dx$。

容易得到积分式的准确值 $I = 1 - e^{-1} = 0.632\,120\,56$。由积分式可知 $g(x) = e^{x-1}$，选择第 2 章附录 2-1 随机数表中的前 200 个随机数，分别顺序构成 (x, y)，完成 $N = 100$ 次投点试验，当 $y < e^{x-1}$ 时，统计得到 $N_H = 63$，因此 $\hat{I} = N_H/N = 0.63$。

3.2.2　用均值法求解

利用样本平均值代替随机变量数学期望来求解问题的直接模拟，称为平均值法。

3.2.2.1　运动员射击问题求解

运动员射击比赛成绩问题，同样可利用蒙特卡罗方法直接模拟，计算样本平均值来求解。

设某运动员射击弹着点的分布密度函数为 $f(r)$，其中 r 为射击弹着点至靶心的距离，射中 r 处的相应得分为 Y，且有 $Y = g(r)$。若该运动员共实弹射击 N 次，弹着点为 $r_1, r_2, \cdots, r_n$，对应得分为 $y_1, y_2, \cdots, y_n$，则 N 次射击成绩的平均环数 $\hat{Y}$ 为

$$\hat{Y} = \frac{1}{N}\sum_{i=1}^{N} y_i = \frac{1}{N}\sum_{i=1}^{N} g(r_i) \tag{3-44}$$

当该运动员的射击次数 N 足够多时，$\hat{Y}$ 即可作为该运动员射击成绩的期望值。

显然，该运动员 N 次射击，实为从分布 $f(r)$ 的总体中获取的 N 个简单样本，即有 $(r_1, r_2, \cdots, r_N)$，将它们代入 $g(r)$ 中得到 N 个射击成绩的简单样本 $[g(r_1), g(r_2), \cdots, g(r_N)]$，当有足够多样本量 N 时，式(3-43)即可作为运动员射击成绩的近似解。

示例 3.2：射击比赛中每个圆环与靶心距离及对应成绩分数见表 3-3。假设运动员的射击水平用射击精度的标准差 σ 表示，弹着点的位置用随机变量 X 和 Y 表示，它们服从二维标准正态分布，概率密度函数为

$$f(x,y) = (1/2\pi\sigma^2)\exp(-x^2/2\sigma^2 - y^2/2\sigma^2) \tag{3-45}$$

由表 2-4 的算法，抽样产生样本值 X_i 和 Y_i 分别为

$$X_i = \sigma\sqrt{-2\ln\eta_1}\cos(2\pi\eta_2)$$
$$Y_i = \sigma\sqrt{-2\ln\eta_1}\sin(2\pi\eta_2) \tag{3-46}$$

弹着点与靶心的距离 R_i 为

$$R_i = \sqrt{X_i^2 + Y_i^2} \tag{3-47}$$

按照表 3-3 的射击得分规则,判断弹着点位置并确定射击成绩。如果落入外环以外则脱靶,如落入外环以内则命中靶,再判断落入哪个圆环并记录得到的成绩。

现模拟三名运动员射击比赛,假设他们的精度标准差 σ 分别为 1.5 cm、3.0 cm 和 4.5 cm。在计算机上直接模拟 10 000 次,模拟结果见表 3-6。

表 3-6　三名运动员射击成绩的直接模拟结果[5]

模拟次数	运动员 1 成绩/环数	运动员 2 成绩/环数	运动员 3 成绩/环数
10	9.60	9.10	8.90
100	9.83	9.20	8.75
1 000	9.85	9.17	8.60
10 000	9.86	9.24	8.60

3.2.2.2　定积分问题求解

设被积函数 $g(x)$ 是 $[a,b]$ 上的连续函数,且 $0 \leqslant g(x) \leqslant c$,求解 $I = \int_a^b g(x)\mathrm{d}x$ 的数值。

利用样本平均值代替随机变量数学期望的方式,将积分表达式改写为

$$I = \int_a^b \frac{g(x)}{f(x)} f(x)\mathrm{d}x \tag{3-48}$$

假设 $f(x)$ 为任意随机变量 X 的分布密度函数,且当 $g(x) \neq 0$ 时,$f(x) > 0$。则

$$I = E\left[\frac{g(x)}{f(x)}\right] \tag{3-49}$$

为了简单起见,设 $f(x)$ 为 $[a,b]$ 上的均匀分布,有

$$f(x) = \frac{1}{b-a} \quad a < x < b \tag{3-50}$$

即有 $I = (b-a)E[g(x)]$,用样本平均值代替数学期望,则积分估计值

$$\hat{I} = (b-a) \cdot \frac{1}{N} \sum_{i=1}^N g(x_i) \tag{3-51}$$

上述求解过程的算法步骤如下:
① 产生随机数序列 $(\eta)_i, (i=1,2,\cdots,N)$;
② 计算 $x_i = a + (b-a)\eta_i \, i=1,2,\cdots,N$;
③ 计算 $g(x_i) \, i=1,2,\cdots,N$;
④ 求积分估计值 $\hat{I} = (b-a) \cdot \frac{1}{N} \sum_{i=1}^N g(x_i)$。

示例 3.3:求积分值 $I = \int_0^1 \mathrm{e}^{x-1}\mathrm{d}x$。

积分式准确值 $I = 0.632\,120\,56$,取 $N = 100$,同样选择第 2 章附录 2-1 随机数表中的前 100 个随机数,依据上述算法计算 $g(x_i)$,得到 $\hat{I} = \frac{1}{N} \sum_{i=1}^N g(x_i) = 0.639\,7$。

3.2.3　直接模拟法的误差

蒙特卡罗直接模拟法是按照问题的原始概率模型直接进行模拟和统计的,它没有采用任

何降低方差和提高效率的办法，因此方法的方差较大、精度较低。现在以蒙特卡罗方法求解定积分的上述两种方法为例，依次说明不同概率模型的方差。

1. 频率法求定积分的估计方差

在用频率法估计积分值时，从 N 次随机投点试验中统计有 N_H 次落入曲线 $g(x)$ 以下，它等价于从概率为 p 的二项分布中进行抽样。设 θ_1 表示用频率法求得定积分的估值，则由式（3-42）和式（3-43）得知定积分估值的方差为

$$D(\theta_1) = [c(b-a)]^2 \cdot D\left(\frac{N_H}{N}\right) = [c(b-a)]^2 \frac{1}{N^2} D(N_H)$$

$$= [c(b-a)]^2 \frac{1}{N} p(1-p) = \frac{1}{N} \cdot [c(b-a)p] \cdot [c(b-a) - c(b-a)p]$$

$$= \frac{I}{N}[c(b-a) - I] \tag{3-52}$$

2. 均值法求定积分的估计方差

设 θ_2 表示用均值法求得定积分的估值，则由式（3-51）可知其方差为

$$D(\theta_2) = D\left[\frac{1}{N}(b-a)\sum_{i=1}^{N} g(x_i)\right] = \frac{(b-a)^2}{N} \cdot D[g(x_i)] \tag{3-53}$$

任意随机变量 X 的方差 $D(X) = E(X^2) - E(X)^2$，因此式（3-53）变为

$$D(\theta_2) = \frac{(b-a)^2}{N} \{E[g^2(x_i)] - E^2[g(x_i)]\}$$

$$= \frac{(b-a)^2}{N}\left[\int_a^b \frac{g^2(x)}{b-a}dx - \frac{I^2}{(b-a)^2}\right]$$

$$= \frac{1}{N}\left[(b-a)\int_a^b g^2(x)dx - I^2\right] \tag{3-54}$$

3. 两种方法求定积分的方差比较

$$D(\theta_1) - D(\theta_2) = \frac{1}{N}(b-a)\left[cI - \int_a^b g^2(x)dx\right] \tag{3-55}$$

注意到 $0 \leqslant g(x) \leqslant c$，则有 $\int_a^b g^2(x)dx \leqslant \int_a^b c \cdot g(x)dx = cI$，因此

$$D(\theta_1) \geqslant D(\theta_2) \tag{3-56}$$

可见用均值法估计定积分的方差比用频率法求定积分的方差要小。

示例 3.4：计算用频率法和均值法求积分值 $I = \int_0^1 e^{x-1}dx$ 的误差大小。

利用示例 3.1 的结果 $\hat{p} = 0.63$，由式（3-52）知频率法求积分的方差估计值为

$$\hat{D}_{频率}(\hat{p}) = \frac{\hat{p}}{N}[c(b-a) - \hat{p}] = \frac{0.63}{100} \times (1 - 0.63) = 0.002\ 331$$

利用示例 3.3 的结果 $\hat{p} = 0.639\ 7$，由式（3-54）知均值法求积分的方差估计值为

$$\hat{D}_{均值}(\hat{p}) = \frac{1}{N}\left[\frac{1}{N}\sum_{i=1}^{N} g^2(x) - \hat{p}^2\right] = \frac{1}{100}\left[\frac{1}{100}\sum_{i=1}^{N} g^2(x) - 0.639\ 7^2\right] = 0.000\ 313$$

3.3　蒙特卡罗应用中降低方差的方法

利用蒙特卡罗方法进行模拟和统计量估计,统计量估计值的方差大小取决于随机变量和随机过程的概率分布、选取统计量和统计特性。因此降低方差的原理就是通过改变和选择概率分布、统计量和统计特性,来实现降低方差的目的。降低方差及提高抽样效率的基本方法有重要抽样、分层抽样、限制抽样、控制变量、相关抽样、系统抽样、分裂和轮盘赌等。以下介绍重要抽样、分层抽样、限制抽样三种方法,其他方法参考文献[1]、[2]、[5]、[15]、[17]、[38]、[39]。

3.3.1　重要抽样

在使用蒙特卡罗方法直接模拟的抽样过程中,经常会出现有些抽样过多发生而使模拟结果的误差增大的现象(即过抽样),以及与之相反的因抽样次数不足而导致的模拟结果误差大的现象(即欠抽样)。

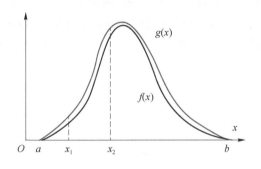

图 3 - 3　求定积分的示意图

用平均值法计算定积分式(图 3 - 3)时在 $[a,b]$ 区间上是均匀地进行抽样。显然,不同的抽样值 x_i 对积分值 I 的重要性不同,其贡献量为 $g(x_i)$,如在图 3 - 3 中 x_1 的贡献就比 x_2 小。因此若采用均匀抽样,则会使贡献不同的 x_i 出现机会相同,导致抽样效率不高。如果将抽样用的概率分布修改为 $f(x)$,并使之与 $g(x)$ 的形状近似,就可保证对积分值 I 贡献较大的抽样值的出现机会大于贡献较小的那些抽样值,从而显著提高了抽样效率,这就是重要抽样的概念。

重要抽样的思想起源于数学上的变量代换方法,重要抽样法的特点在于它不是从给定概率分布中抽样,而是从修改后的概率分布中抽样,使对模拟结果有重要作用的事件更多地出现,从而提高抽样效率,减少对模拟结果在无关紧要的事件上的花费时间。以图 3 - 3 求解定积分的过程为例,把定积分表达式改写为

$$I = \int_a^b g(x)\mathrm{d}x = \int_a^b \frac{g(x)}{f(x)}f(x)\mathrm{d}x = E\left[\frac{g(x)}{f(x)}\right] \tag{3-57}$$

式中,x 是分布密度函数为 $f(x)$ 的随机变量;$f(x)$ 称为重要抽样分布。

因此,可将积分值 I 看作是下列随机变量 ξ 的数学期望

$$\xi = \frac{g(x)}{f(x)} \tag{3-58}$$

取 ξ 的样本均值作为重要抽样的统计量,用 θ_3 表示,则由式(3 - 57)可知

$$\theta_3 = \frac{1}{N}\sum_{i=1}^N \frac{g(x_i)}{f(x_i)} = \frac{1}{N}\sum_{i=1}^N g(x_i)W(x_i) \tag{3-59}$$

式中,x_i 是密度函数为 $f(x)$ 的随机变量抽样值;$W(x_i)=1/f(x_i)$,是重要抽样的权因子。

将式(3-59)与均值法的估值公式(3-51)相比较可知,当不用均分布抽样产生 x_i,而从重要抽样分布 $f(x)$ 抽样产生 x_i 时,其积分估值必须用权因子 $W(x_i)$ 修正。

因此重要抽样获得定积分估值的算法步骤如下:

① 从 $f(x)$ 中抽取样本 $x_1,x_x,\cdots,x_N$;

② 将 $x_1,x_x,\cdots,x_N$ 代入式(3-59),得到积分估值 $\hat{I}=\dfrac{1}{N}\sum\limits_{i=1}^{N}\dfrac{g(x_i)}{f(x_i)}$。

随机变量 ξ 是定积分 I 的无偏估计,其方差

$$D(\xi)=\int_a^b\left[\frac{g(x)}{f(x)}-I\right]^2 f(x)\mathrm{d}x=\int_a^b\frac{g^2(x)}{f(x)}\mathrm{d}x-I^2 \qquad (3-60)$$

其方差无偏估值

$$\hat{D}(\theta_3)=\frac{1}{N-1}\left[\frac{1}{N}\sum_{i=1}^{N}\frac{g^2(x_i)}{f^2(x_i)}-\theta_3^2\right] \qquad (3-61)$$

由式(3-60)可见,若 c 为常量,取 $f(x)=c\cdot g(x)$,则可得到一个方差为 0 的定积分值,可由于积分值 I 未知,该方法在实际中无法使用。但它反映一个事实,即对于任一密度函数 $f(x)$,从 $f(x)$ 中进行随机抽样,用 $g(x)/f(x)$ 代替 $g(x)$ 进行改变抽样分布的补偿,能得到积分值的无偏估计。同时应选取和 $g(x)$ 尽可能相似的 $f(x)$,使 $g(x)/f(x)$ 接近一个常量,达到降低方差的目的。

示例 3.5:用重要抽样法求积分值 $I=\displaystyle\int_0^1 \mathrm{e}^{x-1}\mathrm{d}x$ 及其误差大小。

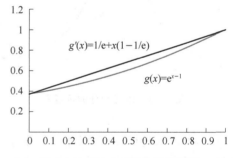

观测图 3-4 中[0,1]区间上的被积函数 $g(x)=\mathrm{e}^{x-1}$ 曲线,它与通过其两端点的直线方程 $g'(x)=1/\mathrm{e}+(1-1/\mathrm{e})x$ 形状近似,$g'(x)>0$,选取重要分布 $f(x)=kg'(x)$,其中 k 是待定常数,依据 $\displaystyle\int_0^1 f(x)\mathrm{d}x=1$,即

图 3-4　求 $g(x)$ 积分的示意图

$$\int_0^1 f(x)\mathrm{d}x=\frac{k}{\mathrm{e}}\int_0^1[1+(1-\mathrm{e})x]\mathrm{d}x=1$$

可得 $k=2\mathrm{e}/(1+\mathrm{e})$,即重要分布密度函数

$$f(x)=\frac{2}{1+\mathrm{e}}[1+(\mathrm{e}-1)x]$$

分布函数为

$$F(x)=\int_0^x f(x)\mathrm{d}x=\int_0^x\frac{2}{1+\mathrm{e}}[1+(\mathrm{e}-1)x]=\frac{2x}{1+\mathrm{e}}+\frac{(\mathrm{e}-1)x^2}{1+\mathrm{e}}$$

令 $F(x_i)=\eta_i$,可得抽样公式

$$x_i=\sqrt{\frac{\mathrm{e}+1}{\mathrm{e}-1}\cdot\eta_i+\frac{1}{(\mathrm{e}-1)^2}}-\frac{1}{\mathrm{e}-1}\approx\sqrt{2.164\eta_i+0.338\,7}-0.582$$

设 $N=100$,同样选择第 2 章附录 2-1 随机数表中的前 100 个随机数,依据式(3-59)和式(3-61),计算得到 $\hat{I}=\dfrac{1}{N}\sum\limits_{i=1}^{N}g(x_i)/f(x_i)=0.633\,3$,方差无偏估计 $\hat{D}_{重要}(x_i)=4.89\times10^{-6}$。

3.3.2　分层抽样

分层抽样的想法和重要抽样的想法是类似的,即把积分域分成若干个小区域,在每个小的积分域上按其重要性,选取不等的抽样点数,进行局部的均匀抽样,以代替在整个积分域上的均匀抽样。这种抽样法可以在计算量增加有限的情况下,达到降低方差的目的。以下通过求某随机变量 ξ 的数学期望和方差的过程,来说明此方法的主要思想。

3.3.2.1　比例分层抽样

设随机变量 ξ 的分布函数为 $F(x)$,密度函数为 $f(x)$。把 $F(x)$ 的 $[0,1]$ 区间划分为 m 个

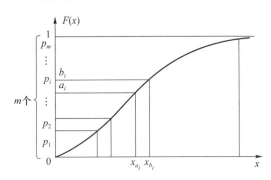

图 3-5　分层抽样的示意图

互不相交但首尾相接的小区间,如图 3-5 所示。对第 i 个小区间,其区间纵轴上坐标为 $[a_i, b_i]$,区间长度 $p_i = b_i - a_i$。按各区间重要性的大小,分别在每个区间 $[a_i, b_i]$ 上进行 N_i 次均匀随机抽样。

在比例分层抽样中,取 $p_i/N_i = C$,即在第 i 分层区间上,随机抽取次数 N_i 与随机变量 ξ 取值概率 p_i 保持固定比例关系。若各子区间的抽样次数之和为 N,则 $C = 1/N$。

设每次抽样对应的随机数为 η_i,随机变量 ξ 的数学期望 $E(\xi)$ 用 θ 表示,则有

$$\theta = \int_0^{+\infty} x f(x) \mathrm{d}x = \sum_{i=1}^{m} \left[p_i \int_{x_{a_i}}^{x_{b_i}} x f_i(x) \mathrm{d}x \right] = \sum_{i=1}^{m} p_i E(\xi_i) \tag{3-62}$$

式中,x_{a_i} 和 x_{b_i}——纵坐标 $[a_i, b_i]$ 的 x 轴上对应值,由直接抽样得 $x_{a_i} = F^{-1}(a_i)$,$x_{b_i} = F^{-1}(b_i)$;

p_i——随机变量 ξ 在 $[x_{a_i}, x_{b_i}]$ 中取值的概率,且有

$$\int_{x_{a_i}}^{x_{bi}} f(x) \mathrm{d}x = F(x_{b_i}) - F(x_{a_i}) = b_i - a_i = p_i \tag{3-63}$$

设 ξ_i 是 ξ 在 $[x_{a_i}, x_{b_i}]$ 中取值时对应的随机变量,$f_i(x)$ 和 $F_i(x)$ 为随机变量 ξ_i 在区间 $[x_{a_i}, x_{b_i}]$(对应于第 i 分层)的密度函数与分布函数,由式(3-63)可知

$$\frac{1}{p_i} \int_{x_{a_i}}^{x_{b_i}} f(x) \mathrm{d}x = \int_{x_{a_i}}^{x_{b_i}} \frac{f(x)}{p_i} \mathrm{d}x = 1 \tag{3-64}$$

因此

$$f_i(x) = \begin{cases} f(x)/p_i, & x_{a_i} \leqslant x \leqslant x_{b_i} \\ 0, & 其他 \end{cases} \tag{3-65}$$

$E(\xi_i)$ 是随机变量 ξ_i 的数学期望,则在区间 $[x_{a_i}, x_{b_i}]$ 内 $E(\xi_i)$ 的估计值(记为 $\hat{\theta}_i$)为

$$\hat{\theta}_i = \frac{1}{N_i} \sum_{j=1}^{N_i} x_j \tag{3-66}$$

式中,x_j——ξ_i 的抽样值,$x_j = F^{-1}[(b_i - a_i)\eta_j + a_i]$;

j——区间 $[x_{a_i}, x_{b_i}]$ 内的第 j 次抽样。

（1）比例分层抽样的数学期望

由式(3-62)和式(3-66)可知,随机变量ξ的数学期望的估计值$\hat{\theta}$为

$$\hat{\theta} = \sum_{i=1}^{m}\left[p_i\left(\frac{1}{N_i}\sum_{j=1}^{N_i}x_j\right)\right] \tag{3-67}$$

x_j为$[x_{a_i},x_{b_i}]$内随机样本,有$E(x_j)=E(\xi_i)$,则$\hat{\theta}$的数学期望为

$$E(\hat{\theta}) = \sum_{i=1}^{m}\left[\frac{p_i}{N_i}\sum_{j=1}^{N_i}E(x_j)\right] = \sum_{i=1}^{m}\left[\frac{p_i}{N_i}N_iE(\xi_i)\right] = \sum_{i=1}^{m}[p_iE(\xi_i)] \tag{3-68}$$

由式(3-62)可知$E(\hat{\theta})=\theta$,即估计值$\hat{\theta}$的数学期望是变量ξ数学期望的无偏估计。

（2）比例分层抽样的方差

对区间$[x_{a_i},x_{b_i}]$内的随机变量ξ_i,由式(3-66)可知$\hat{\theta}_i$的方差有以下关系

$$D(\hat{\theta}_i) = \frac{1}{N_i^2}\sum_{i=1}^{N_i}D(x_j) = \frac{N_iD(\xi_i)}{N_i^2} = \frac{D(\xi_i)}{N_i} \tag{3-69}$$

由式(3-67),得到随机变量ξ估计值$\hat{\theta}$的方差为

$$D_{比例分层}(\hat{\theta}) = D\left\{\sum_{i=1}^{m}\left[p_i\left(\frac{1}{N_i}\sum_{j=1}^{N_i}x_j\right)\right]\right\} = D\left(\sum_{i=1}^{m}p_i\hat{\theta}_i\right) \tag{3-70}$$

由于$\hat{\theta}_1,\hat{\theta}_2,\cdots,\hat{\theta}_m$是$m$个不相交子区间内的简单随机样本,因此式(3-70)可写成

$$D_{比例分层}(\hat{\theta}) = \sum_{i=1}^{m}[D(p_i\hat{\theta}_i)] = \sum_{i=1}^{m}[p_i^2\cdot D(\hat{\theta}_i)] = \sum_{i=1}^{m}\left[p_i^2\cdot\frac{D(\xi_i)}{N_i}\right] \tag{3-71}$$

将$p_i/N_i=C=1/N$代入式(3-71),得

$$D_{比例分层}(\hat{\theta}) = \frac{1}{N}\sum_{i=1}^{m}p_iD(\xi_i) \tag{3-72}$$

式中,N为在$[0,1]$内进行随机抽样的总数。

可以证明(参考文献[1]第2章附录3),式(3-72)进一步变换后有

$$D(\hat{\theta})_{比例分层} = \frac{1}{N}\left\{D(\xi) - \sum_{i=1}^{m}p_i[E(\xi)-E(\xi_i)]^2\right\} \tag{3-73}$$

式中,第一项$\frac{1}{N}D(\xi)$为随机变量ξ的直接抽样方差。

因此,比例分层抽样的方差小于用直接抽样的方差,即有

$$D_{比例分层}(\hat{\theta}) < D_{直接抽样}(\hat{\theta}) = \frac{1}{N}D(\xi) \tag{3-74}$$

示例3.6: 试用比例分层抽样求积分值$I=\int_0^1 e^{x-1}dx$及其误差大小。

设样本总次数$N=100$,同样选择第2章附录2-1随机数表中的前100个随机数。为简化计算,依据分层抽样思想,将x轴上$[0,1]$区间等分成5个子区间,每个区间长度为0.2,如图3-6所示。

对每个子区间进行均匀抽样,则由$[a,b]$上随机变量x的均匀分布特性可知,每个子区间概率$p_i=0.2$。依据式(3-51)和式(3-54),可求得各子区间积分估计值及其方差,各项计算数据见表3-7。

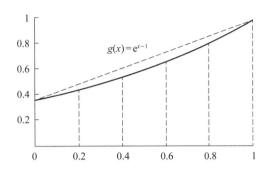

图 3-6 求 $g(x)$ 积分的分层示意图

表 3-7 用比例分层抽样求 $g(x)$ 积分值数据表

子区间	$[0.0,0.2]$	$[0.2,0.4]$	$[0.4,0.6]$	$[0.6,0.8]$	$[0.8,1.0]$	合计
抽样公式	$0.2\eta_i$	$0.2\eta_i+0.2$	$0.2\eta_i+0.4$	$0.2\eta_i+0.6$	$0.2\eta_i+0.8$	—
试验样本次数 N_i	20	20	20	20	20	100
子区间积分估计值 $\hat{\theta}_i$	0.407 5	0.505 0	0.600 5	0.755 3	0.898 3	0.633 3
估计值方差 $D(\hat{\theta}_i)$	3.75e−05	4.26e−05	4.97e−05	4.85e−05	1.29e−04	—

依据式(3-68)和式(3-71),得积分估计值 $(\hat{\theta})=0.633\ 3$,方差 $D(\hat{\theta})=1.229\text{e}-05$。

3.3.2.2 最优分层抽样

在比例分层抽样中,估计值方差如式(3-71),其取值并没有达到最小,仍然能够进一步优化。可以证明(见参考文献[1]),当式(3-75)成立时,分层抽样的方差 $D(\hat{\theta})$ 取极小值。

$$\frac{p_i\ \sqrt{D(\xi_i)}}{N_i}=C \tag{3-75}$$

此时分层抽样达到最优,有方差

$$D_{\text{最优分层}}(\hat{\theta})=\frac{1}{N}\left[\sum_{i=1}^{m}p_i\ \sqrt{D(\xi_i)}\right]^2 \tag{3-76}$$

最优分层相应的各分层的抽样次数为

$$N_i=\frac{p_i\ \sqrt{D(\xi_i)}}{\sum\limits_{i=1}^{m}p_i\ \sqrt{D(\xi_i)}}\cdot N \tag{3-77}$$

利用表 3-7 的子区间方差结果,对于示例 3.6,再用最优分层抽样进行积分值及误差求解,得到各数据见表 3-8。

表 3-8 用最优分层抽样求 $g(x)$ 积分值数据表

子区间	$[0.0,0.2]$	$[0.2,0.4]$	$[0.4,0.6]$	$[0.6,0.8]$	$[0.8,1.0]$	合计
抽样公式	$0.2\eta_i$	$0.2\eta_i+0.2$	$0.2\eta_i+0.4$	$0.2\eta_i+0.6$	$0.2\eta_i+0.8$	—
试验样本次数 N_i	16	17	19	18	30	100
子区间积分估计值 $\hat{\theta}_i$	0.411 0	0.493 9	0.611 7	0.749 5	0.904 0	0.633 1
估计值方差 $D(\hat{\theta}_i)$	4.80e−05	5.19e−05	6.67e−05	6.34e−05	7.68e−05	1.227e−05

依据式(3-68)和式(3-71),得积分估计值 $E(\hat{\theta})=0.633\,1$,方差 $D(\hat{\theta})=1.227e-05$。

3.3.3 限制抽样

限制抽样是通过限制和减少随机模拟试验区域或范围的方式,实现减小方差的目的。

3.3.3.1 限制抽样原理

以下通过随机变量的舍选抽样过程,说明限制抽样的基本思想。

如图 3-7 所示,设随机变量 ξ 在有限区间 $[a,b]$ 上取值,它的分布密度函数 $f(x)$ 定义在区间 $[a,b]$ 上,而且是有界的。则通过在指定区域内的均匀随机投点,可产生随机变量 ξ 的样本值。

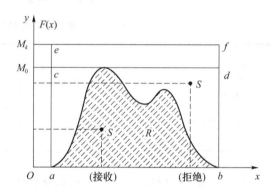

图 3-7 限制抽样的示意图

依据舍选算法,产生两个随机数 η_1 和 η_2,在以 $\overline{ab}$ 为底,高为 M_k 的矩形中进行随机投点,抽样值在满足 $M_k\eta_2 < f[(b-a)\eta_1+a]$ 时,得到抽样值 $X_{F(\xi)}=(b-a)\eta_1+a$。此时抽样效率 B_k 是面积之比,$B_k=1/(b-a)M_k$。

若 N_H 为 N 次随机投点落入面积 R 中的次数,则抽样效率的估值 $\hat{B}_k$ 为

$$\hat{B}_k=\frac{N_H}{N} \tag{3-78}$$

依据图 3-7 可知,M_k 取值愈大,抽样效率就愈低。限制 M_k 取值,当 $M_k=M_0$ 时,抽样效率达到最大,这就是限制抽样的思想。

3.3.3.2 限制抽样效率的误差

下面讨论抽样效率 B_k 的误差,即估计值 $\hat{B}_k$ 与理论值 $1/(b-a)M_k$ 的偏差。

首先定义随机变量 G,描述每次投点是否落在 R 中,其简单随机样本为 $g_1,g_2,\cdots,g_N$。

$$G=\begin{cases} 1, & M_k\eta_2 < f[(b-a)\eta_1+a] \\ 0, & \text{其他} \end{cases} \tag{3-79}$$

G 应服从伯努利分布,则有 $P(G=1)=p$,$P(G=0)=1-p$,由概率论知,随机变量 G 的数学期望和方差为

$$E(G)=p=B_k$$
$$D(G)=p(1-p) \tag{3-80}$$

然后,根据中心极限定理,得抽样效率 B_k 的误差为

$$\varepsilon_k=|B_k-\hat{B}_k| < x_a \cdot \sigma/\sqrt{N} \tag{3-81}$$

由式(3-80)可知 $\sigma=\sqrt{D(G)}=\sqrt{p(1-p)}$，代入式(3-81)，得到

$$\varepsilon_k=|B_k-\hat{B}_k|<x_\alpha\sqrt{p(1-p)/N} \tag{3-82}$$

当 N 和 α 确定时，由式(3-82)可知，$D(G)$ 最大时 ε_k 最大，并且由 $\mathrm{d}[D(G)]/\mathrm{d}p=0$ 可得到 $D(G)$ 最大时 $p=0.5$。另一方面，由于 $M_k=M_0$ 时，抽样效率最大，因此 B_k 取值区间为

$$0.5<p=B_k\leqslant\frac{1}{(b-a)M_0} \tag{3-83}$$

因此，对抽样区域加以限制，当取 $M_k=M_0=f_{\max}(x)$ 时，抽样效率最大，误差 ε_k 最小，也代表收敛速度最快。

3.3.3.3　限制抽样的变量误差

图 3-7 抽样中，当 $M_k=M_0$ 时，进行 N 次随机投点，有 N_H 次落入面积 R 内，则

$$N_H=B_kN=\frac{N}{(b-a)M_0} \tag{3-84}$$

由中心极限定理知，随机变量 ξ 的误差为

$$\varepsilon_\xi=\left|\frac{1}{N_H}\sum_{i=1}^{N_H}x_i-E(\xi)\right|=\left|\frac{(b-a)f_0}{N}\sum_{i=1}^{N_H}x_i-E(\xi)\right|<\frac{x_\alpha\cdot\sigma}{\sqrt{N_H}} \tag{3-85}$$

注意到式(3-85)中 $\sigma=\sqrt{D(\xi)}$，则式(3-85)可直接改写为

$$\varepsilon_\xi=x_\alpha\frac{1}{\sqrt{N}}\sqrt{(b-a)M_0D(\xi)} \tag{3-86}$$

当 x_α 确定后，ε_ξ 与 $\sqrt{N}$ 成反比，与 $\sqrt{(b-a)M_0D(\xi)}$ 成正比。一般称 $\sqrt{(b-a)M_0D(\xi)}^{-1}$ 为广义的抽样效率。广义抽样效率愈高，误差也愈小，收敛速度愈快。

习　　题

1. 简述蒙特卡罗方法的基本思想。

2. 简述蒙特卡罗方法进行直接模拟(数字仿真)的基本过程。

3. 简述蒙特卡罗方法的误差及影响的关键因素。

4. 用频率法和平均值法求下列定积分值，仿真试验 100 次并与精确解作比较。

(1) $\int_0^1\frac{\ln x}{1-x}\mathrm{d}x$；　　　(2) $\int_0^1\sin^2x\mathrm{d}x$

5. 若 x 服从[0,1]上的指数分布，请采用平均值法求 $\int_0^1\mathrm{e}^{x-1}\mathrm{d}x$ 的积分值和方差，随机数选自第 2 章附录 2-1 的随机数表第 1 列和第 2 列。

6. 采用随机投点法和平均值法，计算 $\int_0^1\frac{\mathrm{e}^x-1}{\mathrm{e}-1}\mathrm{d}x$ 的定积分值的方差，并计算所需试验

次数。

7. 用直接抽样法和分层抽样法求随机变量 ξ 的 10 个抽样值（从第 2 章附录 2-1 的第 10 行连续抽取 10 个随机数），并估计其均值和方差。

（1）ξ 服从指数分布（$\lambda=1$）；

（2）分层抽样中取 $m=3$。

8. 在计算机上编程，实现投点法、平均值法、重要抽样法随机模拟过程，完成对 $\int_0^1 e^x dx$ 定积分值及其误差的仿真分析。

9. 在计算机上编程，实现简单分层抽样、最优分层抽样的过程，完成对 $\int_0^1 e^x dx$ 定积分值及误差的计算分析。

第4章　离散事件系统仿真方法

本书的研究对象是与装备可靠性、维修性和保障性的相关系统，是属于动态、随机的离散事件系统。系统仿真则是用模型代替实际系统进行试验和分析的过程。本章详细介绍离散事件系统仿真概念、排队系统、仿真策略等基础知识，以排队系统的一个实例——情报处理机系统为例，讲述离散事件系统仿真的一般方法，使读者对离散事件系统仿真的原理有基本了解，为后续章节深入掌握系统可靠性数字仿真奠定基础。有关离散事件系统仿真知识的进一步学习，可参见本章所列的参考文献。

4.1　离散事件系统仿真基础

4.1.1　离散事件系统与仿真内涵

随机离散事件是一系列按时序、随机发生的具体事实，它们只在离散的可数时刻上发生，这些事实一旦出现，将使系统中一个或若干个状态变量发生瞬时跃变。由于这些事件的发生具有离散性和随机性，因此称为随机离散事件。

离散事件系统是系统的状态仅在离散的时间点上发生变化的一类系统。这类系统的状态仅与离散的时间点有关，而且这些离散时间点一般是不确定的。这类系统中引起状态变化的原因是事件，通常状态变化与事件的发生是一一对应的，当离散的时间点上有事件发生时，系统状态才发生变化，同时事件的发生没有持续性，在一个时间点瞬间完成。由于事件发生的时间点是离散的，因此这类系统称为离散事件系统。

离散事件系统的一个简单例子是行驶的公共汽车，若把乘客数作为系统状态，仅当汽车停靠车站，有上、下乘客事件发生时，系统状态才发生变化，这些事件（上、下乘客）是在离散时间点（停靠时间）上发生的。在日常社会、经济、军事、生物与工程各个领域中存在大量这样的系统，如交通管理、市场贸易、库存管理、加工系统、设备维修、计算机网络、通信系统和社会经济系统等，均可看作离散事件系统。

离散事件系统内部的状态变化是随机的，同一内部状态可以向多种状态转变，并具有复杂的变化关系,很难用常规的微分方程、差分方程等数学表达式来描述系统内部状态的变化,一般只能用表示数量关系和逻辑关系的流程图或网络图来描述。如果应用理论分析方法难于得到解析解(甚至无解),那么应用仿真方法就成为解决这类问题的唯一有效手段。

离散事件系统仿真就是通过对离散事件按发生时刻的先后进行排序,并根据不同事件发生时对系统状态变化的影响来模拟实际系统运行特性的一种模拟活动。仿真实验的目的,则是利用大量抽样统计结果来逼近总体分布的统计特征值,因而需要进行多次仿真和较长时间的仿真。

在离散事件系统仿真中,系统变量是反映系统各部分相互作用的一些事件,系统模型则是反映这些事件的关系,仿真结果是产生处理这些事件的时间历程。其中的事件、活动、过程和时间的表示方法是离散事件系统建模与仿真的基本要素,下面将介绍这些概念。

4.1.2 基本概念

下面通过一个典型的离散事件系统来简要地分析离散事件系统模型的一些基本概念。

图4-1是一个商店的收银服务流程,该商店仅有一个收银员为顾客服务,顾客购物后到收银台的时间是随机和独立的,收银员为每个顾客结账的时间也是随机的。则描述该系统运转的主要概念如下。

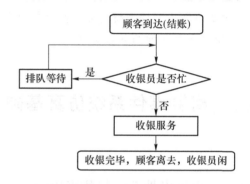

图4-1 单服务排队系统流程图

1. 实体

构成系统的各种成分称为实体。按照存在时间的不同分为临时实体与永久实体两类。在系统中只存在一段时间的为临时实体,这类实体由系统外部到达系统,通过系统,最后离开系统。永久驻留在系统中的实体叫永久实体。图4-1中顾客是临时实体,收银员是永久实体。临时实体是按一定规律不断地到达系统,并在永实体作用下通过系统,最后离开系统,整个系统呈现动态过程。

2. 属性

属性是用来反映实体的某些性质,实体由它的属性来描述。如上述的收银服务系统中,顾客是一个实体,身高、购物量、到达时间、服务时间等都是它的属性。对一个客观实体而言,其属性应有很多,在仿真建模中只需要用到与研究目的有关的一部分,并且只需对这一部分进行描述。如顾客的购物量会影响收银时间,则描述顾客这一实体时,就需要说明购物量这一属性。而顾客身高与收银无关联,在收银服务系统中就无须作为顾客的一个属性。

3. 状态

状态是指在某一确定时刻系统中所有实体的属性的集合。由于组成系统的实体之间相互作用而引起实体属性的变化,使得在不同的时刻,系统中的实体和实体属性都可能会有所不同。用于表示系统状态的变量称为状态变量。

4. 事件

事件是引起系统状态发生变化的行为,它是在某一时间点上的瞬间行为。离散事件系统可以看作是由事件驱动的。在上述收银服务系统中,可以定义为一类事件——顾客到达收银台。因为由于顾客到达,使系统中收银员的状态可能由闲变为忙,或者队列状态(排队的顾客人数增加 1 位)发生变化。一个顾客接受服务完毕后离开系统的行为,也可以定义为一类事件——顾客离开,此事件可能使收银员的状态由忙变为闲。

5. 活动

实体在两个事件之间保持某一状态的持续过程称为活动。活动的开始与结束都是由事件引起的。在上述收银服务系统中,从顾客开始接受服务到该顾客接受服务完毕后离去的整个过程,可视为一个活动,在此活动过程中,收银员处于忙状态,顾客处于被服务状态。

6. 进程

进程由与某个实体相关的事件及若干活动组成。一个进程描述了它所包括的事件及活动间的相互逻辑关系和时序关系。在上述收银服务系统中,一个顾客到达收银台→顾客排队→收银员为其服务→顾客服务完毕后离去,可称为一个进程。事件、活动、进程三者之间的关系如图 4 - 2 所示。

图 4 - 2　事件、活动与进程的关系图

7. 规则

规则是描述实体之间、实体与仿真时钟之间相互影响的约束关系。如在上述收银服务系统中,顾客实体与收银员实体之间的规则是:如果收银员的状态为闲,顾客到达收银台则改变收银员的当前状态,使其状态由闲转为忙;如果收银员为忙,则对收银员不起作用,而作用到自身,即使该顾客进入排队状态。

8. 仿真时钟

仿真时钟用于表示仿真时间的变化。作为仿真过程的时序控制,它是系统运行时间在仿真过程中的表征,而不是指计算机执行仿真过程的时间长度。在离散事件动态系统中,引起状态变化的事件的发生时间是随机的,因此仿真时钟的推进步长也是随机的,一般有两种方式:固定步长时间推进和下次事件时间推进。

4.1.3　排队系统分析基础

排队系统是日常生活中经常遇到的现象[7,19,23,26]。如病人到医院看病、储户到银行取款、乘客到售票处购票等,都会有排队等待的现象。一般来说,当某个时候要求服务的数量超过服务机构的容量,就会出现排队现象。在各种排队系统中,由于顾客到达时刻与接受服务的时间都是不确定的,系统状态也是随机的,因此排队现象几乎不可避免。排队系统分析的是一个权衡等待时间和服务台空闲时间的问题,即如何确定一个排队系统,使等待服务的对象与服务者之间都有利,排队论又称随机服务理论。

4.1.3.1 排队论的基本概念

排队系统包含以下基本要素:到达模式、服务模式、系统容量、排队规则。

1. 到达模式

到达模式是指实体按什么样的规律到达,描写实体到达的统计特性。实体到达的方式可以是逐个到达或成批到达,实体之间可以是独立的或是相关的。

到达模式一般可用实体相继到达时间间隔来描述,分为确定型到达和随机型到达。随机型到达可采用概率分布来描述,最常采用的是平稳泊松到达过程,即在$(t,t+s)$时刻系统中到达k个实体的概率为

$$P\{N(t+s)-N(t)=k\}=\frac{e^{-\lambda s}(\lambda s)^k}{k!} \tag{4-1}$$

式中,λ为单位时间内平均到达实体数;$N(t)$表示在$(0,t)$内到达实体的个数;$k=0,1,2\cdots$。

若实体到达规律满足平稳泊松过程,两实体到达的间隔时间t服从指数分布,有

$$f(t)=\lambda e^{-\lambda t}=\frac{1}{\beta}e^{-t/\beta} \tag{4-2}$$

式中,$\beta=1/\lambda$——到达时间间隔的均值。

2. 服务模式

服务模式是指同一时刻能有多少个服务可以接纳实体及服务时间的统计特性。

按照同时能实施的服务数量,服务模式可分为仅一个服务台或有多个服务台的情况。在有多个服务台的情况下,可以是并列服务、前后串列服务或混合服务;按服务方式可分为对单个实体或对成批实体服务;按服务时间可以是确定型时间或随机型时间,随机型时间通常用随机变量描述,其分布可为指数分布、威布尔分布或离散型分布等。

3. 系统容量

系统容量是指在系统中排队等待服务的或系统中可容纳的实体数量。

大多数排队系统的容量是有限的,也有系统的容量是无限的。系统的最大容量具有一种对系统工作能力的判断作用。因此在建模与仿真分析中,必须考虑系统容量。

4. 排队规则

排队规则是指完成当前服务后从队列中选择下一实体的原则。一般排队规则有:先到先服务(FIFO)、后到先服务(LIFO)、随机服务(SIRO)、按优先级别服务(PR)等。

除上述基本要素外,排队系统还需要一些指标来完成系统性能的评价,常用的评价指标有实体在系统内的平均等待时间、平均的排队长度、系统服务利用率等。以下结合单服务台排队系统(M/M/1/∞/FIFO),进一步进行说明。

4.1.3.2 单服务台 M/M/1/∞/FIFO 系统分析

1953年肯德尔(Kendall)提出一种方法[1],将不同特征的排队系统描述为 A/B/C/D/E 的形式,其中字母 A～E 分别表示到达时间间隔分布、服务时间分布、并行服务数量、系统容量、

排队规则。据此 M/M/1/∞/FIFO 代表了一个先到先服务、容量无限的单服务系统,并且其顾客到达时间间隔、服务时间均服从指数分布(M 表示指数分布)。

针对这样的 M/M/1/∞/FIFO 单服务系统,其系统评价参数如下[11]。

① 利用率 ρ:指系统在一段时间内的对顾客的服务效率。

$$\rho = \lambda/\mu \tag{4-3}$$

式中,λ 为顾客的平均服务时间;μ 为顾客到达的平均时间间隔。

由式(4-3)可知,服务员空闲的概率应为 $1-\rho$。

② 系统中平均顾客数 L:系统内顾客的平均数(包含接受服务的顾客)。

$$L = \frac{\rho}{1-\rho} = \frac{\lambda}{\mu-\lambda} \tag{4-4}$$

③ 系统内排队等待的顾客数 L_Q:顾客等待平均队伍长度(不包含正在服务中的顾客)。

$$L_Q = \frac{\rho^2}{1-\rho} = \frac{\rho\lambda}{\mu-\lambda} \tag{4-5}$$

④ 系统内顾客的停留时间 W:指顾客在系统内平均停留的总时间。

在 W 时间内到达的顾客平均数应为 λW,即系统平均顾客数 $L=\lambda W$,有

$$W = L/\lambda = 1/(\mu-\lambda) \tag{4-6}$$

⑤ 顾客平均等待时间 W_Q:指顾客进入系统后在排队中等待服务的时间。

$$W_Q = \frac{L_Q}{\lambda} = \frac{\rho}{\mu-\lambda} = \frac{\lambda}{\mu(\mu-\lambda)} \tag{4-7}$$

⑥ 系统中出现大于 n 个顾客的概率 P_n。

由于所有小于等于 n 个顾客的概率和为 $\sum_{k=0}^{n}\rho^k(1-\rho)$,因此大于 n 个顾客的概率为

$$P_n = 1 - \sum_{k=0}^{n}\rho^k(1-\rho) = \rho^{n+1} \tag{4-8}$$

针对这样的 M/M/1/∞/FIFO 单服务系统,其仿真过程如下[7]。

该系统运行后,按照到达顾客先后顺序依次进入服务,在任意时间 t,系统工作状态可用排队等候的顾客数目和服务员工作状态来描述。假设排队等候的顾客数量(队伍长度)用 L 表示;服务员状态用 S 表示,当服务员工作时 $S=1$,服务员空闲时 $S=0$;i 表示两位顾客先后到达系统的时间间隔,s 表示每位顾客的服务时间,i 和 s 的概率分布已确定。令 i_k 表示第 k 位顾客与前一位顾客到达时间间隔,s_k 表示第 k 位顾客服务时间,a_k 为第 k 位顾客到达时刻,d_k 为第 k 位顾客离开时间,则根据已知的 i_k 与 s_k,可得

$$a_k = a_{k-1} + i_k, \quad d_k = \max(a_k, d_{k-1}) + s_k \quad (k=1,2\cdots) \tag{4-9}$$

引起系统状态 L 和 S 发生改变的基本事件有两个:顾客到达和顾客离开。假设当前时钟为 t,ARRIVETIME 为 t 时刻后下一个顾客到达事件的时刻,DEPARTTIME 为 t 时刻后下一个顾客离开事件的时刻。在仿真运行中,先根据 i 和 s 的概率分布生成样本 i_k 与 s_k,再根据式(4-9)计算到达时刻 a_k 和离开时间 d_k,然后让时钟 t 按照 a_k 和 d_k 从小到大的顺序推进,系统服务中止时刻为 T。系统的仿真流程如图 4-3 所示。

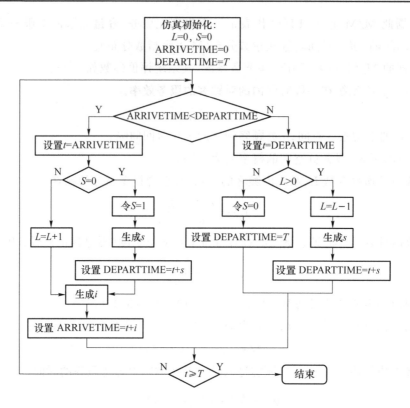

图 4 - 3 M/M/1/∞/FIFO 排队服务系统仿真流程

4.1.4 离散事件仿真研究的步骤

离散事件系统仿真研究的一般步骤,主要包括五个方面:系统建模(及模型改进)、确定仿真算法、建立仿真模型、设计仿真程序(含仿真模型验证)、仿真分析和结果输出。

1. 系统建模

离散事件系统的模型一般可以用流程图来描述。流程图反映了临时实体在系统内部经历的过程、永久实体对临时实体的作用,以及它们相互之间的逻辑关系,其中确认和获得系统模型中的随机变量分布及其特征参数十分重要。

2. 确定仿真算法

明确离散事件系统的仿真算法,包括两方面的内容,一是如何产生所要求的随机变量;二是如何建立系统模型的仿真策略。通常离散事件系统的仿真策略的构建有三种方法、事件调度法、活动扫描法、进程交互法。采用不同的仿真建模策略,建模的原则显著不同。

3. 建立仿真模型

通过字母、数字或数学符号对实际系统进行科学抽象和描述,并构建系统的状态空间模型,是进行仿真分析的基础。在离散事件系统中,状态的变化是由事件引起的,因此要在定义系统状态的基础上定义系统事件及其有关属性。以事件调度法为例,事件类型、发生时间、对事件的处理规则等都是其必要的属性,仿真时钟是仿真模型中必不可少的部件,它的推进方法决定于仿真算法。

4. 设计仿真程序

仿真程序是仿真模型的某种算法语言的描述实现。可以采用通用的语言编写程序,也可以采用专用的高级语言编写,目前已有多种离散事件系统的仿真语言可以使用。

5. 仿真结果分析

一方面,要对仿真中所产生的数据进行分析,预计系统性能或比较多个不同系统设计的性能差异,并根据分析结果,确定是否需要进一步运行分析或进行改进。另一方面,由于离散事件系统的随机性,决定了每次仿真结果仅是随机变量的一次取样,如何确认仿真结果的可信度、提高仿真置信度,也是分析人员必须要考虑的问题。

4.2　离散事件系统仿真的实例分析

本节将以排队系统的一个实例——情报处理计算机系统为例,详细介绍离散事件系统仿真的一般方法,为后续专门研究系统可靠性仿真建立基础。

4.2.1　实例背景说明

某单位研制了一套专用情报处理计算机系统[1],其工作使用流程如图 4-4 所示。该系统建成后经试用发现其性能不完全满足使用要求。存在的主要问题是情报来不及处理而丢失的数量较大。用户要求研制方改进系统设计以满足实际要求,即在情报等待百分比不大于 70% 的条件下,将情报损失比率降为 0。

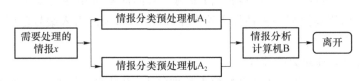

图 4-4　情报处理计算机系统流程图

有关设计人员对系统进行了全面调查研究,得到了如下分析资料。

① 该系统处理情报的到达时间具有随机性,对系统运转两年的数据进行分析后,获得了系统情报到达时间间隔(以 Δt_x 表示)的统计资料,见表 4-1。

表 4-1　系统情报到达时间间隔的统计表

情报到达的时间间隔 Δt_x/min	概率密度函数	累计分布函数
0	0.12	0.12
5	0.09	0.21
10	0.13	0.34
15	0.16	0.50
20	0.19	0.69
30	0.06	0.94
40	0.06	1.00

② 由于各情报种类及规模不同，每一件情报在情报分析计算机 B 上的处理时间也有随机性，对计算机处理能力分析后，得到情报处理时间(以 Δt_B 表示)的统计资料，见表 4 - 2。

表 4 - 2   计算机系统的情报处理时间的统计表

计算机情报处理时间 Δt_B/min	概率密度函数	累计分布函数
13	0.05	0.05
15	0.50	0.55
17	0.20	0.75
20	0.20	0.95
21	0.05	1.00

③ 情报在情报分类预处理机 A_1 和 A_2 中的处理时间比在分析计算机 B 中的处理时间 Δt_B 小两个数量级。因此初步分析时对 A_1 和 A_2 中的情报预处理时间忽略不计。

④ 在情报分析计算机 B 无空闲时，情报可存储在 A_1 和 A_2 中，且每个情报分类预处理机仅能同时存储 1 个情报。

⑤ 在情报分类预处理机 A_1 和 A_2 均无空闲时，情报无法存储，即自行流失。据实际资料统计，情报损失比率达 2%～10%。

4.2.2　仿真模型构建

由于情报处理计算机系统存在着离散型分布随机变量，难以用解析方法分析，故借助排队系统理论，采用仿真方法分析这一问题[1]。

1. 情报到达规律的建模

系统的输入变量为随机到达的情报，情报到达时间间隔可用随机变量 Δt_x 表示。为了实现系统的仿真运行，用离散型随机抽样方法产生简单子样，为此引入编号范围 η_x 代表随机数，将表 4 - 1 改写为表 4 - 3。

2. 计算机情报处理能力的建模

系统的另一个输入变量为计算机的情报处理能力，也具有随机性，情报处理时间可用随机变量 Δt_B 表示。同样用离散型随机抽样方法产生该变量的简单子样，为此引入编号范围 η_B 代表随机数，将表 4 - 2 改写为表 4 - 4。

表 4 - 3   系统情报到达时间间隔的抽样编号范围

情报到达时间间隔 Δt_x/min	概率密度函数	累计分布函数	对应的抽样编号范围 η_x
0	0.12	0.12	00～11
5	0.09	0.21	12～20
10	0.13	0.34	21～33
15	0.16	0.50	34～49
20	0.19	0.69	50～65
30	O.06	0.94	89～93
40	0.06	1.00	94～99

表 4-4　计算机系统的情报处理时间的抽样编号范围

情报处理时间 Δt_B/min	概率密度函数	累计分布函数	对应的抽样编号范围 η_B
13	0.05	0.05	00～04
15	0.50	0.55	05～54
17	0.20	0.75	55～74
20	0.20	0.95	75～94
21	0.05	1.00	95～99

3. 系统输出统计量

系统的统计输出变量有：到达情报总数 ΔN、情报损失总数 ΔF，等待处理情报总数 ΔW、处理情报总数 ΔM、情报计算机待机时间 ΔT、情报计算机有效工作时间 $T_{有效}$、每项情报平均处理时间 Δt_C，系统平均效率 ξ，情报损失比率 $H_{\Delta F}$、情报等待百分比 $L_{\Delta w}$ 等。具体定义[1]如下。

① 情报损失总数 ΔF

$$\Delta F = \sum_{t \subseteq T工作} \Delta \overline{F}_i \qquad (4-10)$$

式中，$\Delta \overline{F}_i = \begin{cases} 1, & \text{当有情报流失时} \\ 0, & \text{当无情报流失时} \end{cases}$

② 等待处理情报总数 ΔW

$$\Delta W = \sum_{t \subseteq T工作} \Delta \overline{W}_i \qquad (4-11)$$

式中，$\Delta \overline{W}_i = \begin{cases} 1, & \text{当有情报等待时} \\ 0, & \text{当无情报等待时} \end{cases}$

若到达仿真结束时间，分类预处理机中还有等待处理的情报，应将其减去。

③ 处理情报总数 ΔM 为

$$\Delta M = \Delta N - \Delta F \quad t \leqslant T_{规定} \qquad (4-12)$$

④ 情报损失比率 $H_{\Delta F}$ 为

$$H_{\Delta F} = \Delta F / \Delta N \qquad (4-13)$$

⑤ 情报等待百分比 $L_{\Delta w}$ 为

$$L_{\Delta W} = \Delta W / \Delta M \qquad (4-14)$$

⑥ 情报计算机待机时间 ΔT 为

$$\Delta T = \sum_{t \subseteq T工作} \Delta \overline{T}_i \qquad (4-15)$$

式中，$\Delta \overline{T}_i$——情报计算机工作中出现的第 i 次待机（即处于空闲）的时间长度。

⑦ 情报计算机有效工作时间 $T_{有效}$ 为

$$T_{有效} = T_{\Sigma} - \Delta T \qquad (4-16)$$

式中，T_{Σ}——情报计算机总工作时间。

⑧ 每项情报平均处理时间 Δt_C 为

$$\Delta t_C = T_{有效} / \Delta M \qquad\qquad (4-17)$$

⑨ 系统平均效率 ξ 为

$$\xi = \Delta M / T_{\sum} \qquad\qquad (4-18)$$

4. 系统决策参数

选取合适数量的情报分类预处理机和具有适当处理能力 Δt_B 的情报分析计算机,以满足用户要求。

5. 建立系统仿真逻辑图

情报处理计算机系统的工作处理流程包括:情报到达、进入预处理、排队等待处理、接受分析处理、处理完毕等主要环节。整个系统的仿真流程,如图 4-5 所示。

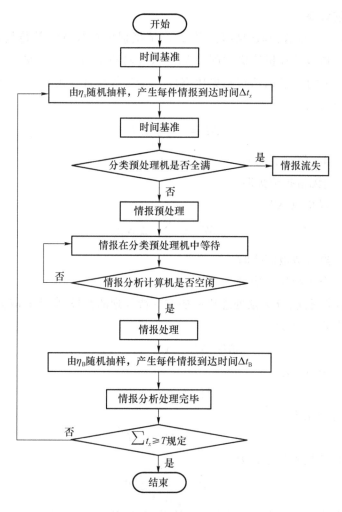

图 4-5　系统仿真逻辑图

图 4-5 中每个情报到达的间隔时间 Δt_x 由表 4-3 所规定,每件情报的处理时间 Δt_B 由表 4-4 所规定。$T_{规定}$ 是用户规定的系统仿真结束时间。这样,在给定了情报处理计算机系统的起始时间后,就可以利用上述仿真模型,按照图 4-5 的仿真逻辑进行系统仿真运行。

4.2.3　人工仿真运行

在情报处理计算机系统仿真模型建立后,即可对系统进行一系列有组织的运行(如每一件情报的到达和每一件情报的处理),其过程实际上是从已知分布的概率模型中进行随机抽样,这也正是利用仿真模型做实验的本质。

为使读者更清楚地看到系统仿真运行的过程,可以先用人工方法进行系统仿真运行,然后再利用计算机进行运行,来求解仿真的最后结果。

4.2.3.1　运行方法

1. 利用随机数序列从已知概率分布中抽样

在表 4-3 中,已引入编号范围 η_x 代表随机数,用于描述情报到达时间间隔的概率分布。编号代表的随机数,可从随机数表中选取,进而利用表 4-3 的 Δt_x 分布产生抽样样本。

从本书第 2 章附录 2-1 中随机数表的第 7 栏,任取一行(如从第 22 行)开始从上向下取随机数的前 2 位(这样做是为了表示抽样的随机性)作为编号,将所取的编号序列,置于表 4-5 的第 1 栏中,然后依据所抽取的编号值,查询表 4-3 的第 4 栏,将得到的对应表 4-3 中第 1 栏的数值,置于表 4-5 的第 2 栏,从而获得每个情报到达时间间隔 Δt_x 的值[1]。

如情报处理计算机系统在早晨 6:00 开始工作,则根据表 4-5 的第二栏的数据可知,第一个情报是系统工作 5 min 后到达的,到达时间为 6:05,第二个情报到达时间则为 6:25,以此类推,可以利用随机数列对应的编号序列,模仿得到后续每一个情报的到达时间,如表 4-5 中第 3 栏和第 4 栏的数值。

表 4-5　情报到达时间间隔的抽样结果示例

抽样编号 η_x	情报到达时间间隔 Δt_x/min	到达时间	情报序号
12	5	6:05	1#
54	20	6:25	2#
21	10	6:35	3#
89	30	7:05	4#
98	40	7:45	5#
62	20	8:05	6#
...	...	...	...

同理,依据表 4-4 给出的情报处理时间 Δt_B 的概率分布,可从随机数表中抽取编号代表的随机数,产生情报的处理时间抽样样本。从本书第 2 章附录 2-1 中随机数表的第 10 栏,任取一行(如从第 26 行)开始从上向下取随机数的前 2 位作为抽样编号,将所取的编号序列,置于表 4-6 的第 5 栏中,然后依据所抽取的编号值,查询表 4-4 的第 4 栏,将得到的对应表 4-4 中第 1 栏的数值,置于表 4-6 的第 6 栏,从而获得每个情报的计算机处理时间 Δt_B 的值。

表 4-6 情报处理系统中的情报到达与情报处理时间的次序表

情报序号	情报到达			情报处理	
	抽样编号 η_x	到达时间间隔 Δt_x/min	到达的绝对时间	抽样编号 η_B	情报处理时间 Δt_B/min
1#	12	5	6:05	32	15
2#	54	20	6:25	29	15
3#	21	10	6:35	94	20
4#	89	30	7:05	87	20
5#	98	40	7:45	62	17
6#	62	20	8:05	98	21
7#	58	20	8:25	94	20
8#	09	0	8:25	13	15
9#	02	0	8:25	92	20
10#	22	10	8:35	41	15
11#	68	20	8:55	48	15
12#	71	30	9:25	38	15
13#	09	0	9:25	07	15
14#	32	10	9:35	68	17
15#	54	20	9:55	74	17
16#	26	10	10:05	97	21
17#	51	20	10:25	30	15
18#	45	15	10:40	11	15
19#	46	15	10:55	05	15
20#	84	30	11:25	97	21

2. 系统的排队规则

情报按序号到达,情报分析计算机 B 空闲时,情报直接进入情报分析计算机 B 进行分类和处理;情报分析计算机 B 无空闲时,情报在分类预处理机 A_1 或 A_2 内分类并存储,一旦情报分析计算机 B 有空闲时,情报按到达的次序号,由分类预处理机中立即转入情报分析计算机 B 中进行处理。情报分类预处理机 A_1 和 A_2 无空闲,意味着它们和情报分析计算机 B 均无空闲,此时到达的情报将因得不到存储而流失。

3. 设备状态的判定及运行

(1) 设备"有空闲"或"无空闲"

设某序号情报进入情报分析计算机 B 的时刻为 t_S,情报被处理完的时刻为 t_K,则有

$$t_K = t_S + \Delta t_B \tag{4-19}$$

则在时间区间 $t_S \sim t_K$ 之内,情报分析计算机 B 的状态称为"无空闲";相应的情报分析计算机 B 有空的时间,称为待机时间,其状态称为"有空闲",如式(4-15)用 ΔT_i 表示。

（2）系统运行中设备状态判定

系统运行中的情报分类预处理机 A_1、A_2 及情报分析计算机 B 的状态表示见表 4 - 7。

4.2.3.2　系统运行

依据上面描述的系统运行方法，依据下面顺序，对系统进行有组织的运行：

① 确定系统运行的开始和结束时间：系统 6:00 开始工作。

② 利用随机数表，获取一组代表随机数的编号序列，依据表 4 - 3，获取每个情报到达时间间隔 Δt_x 及其到达的绝对时间。

③ 利用随机数表，获取另一组代表随机数的编号序列，依据表 4 - 4，获取每个情报的处理时间 Δt_B。

④ 依据系统的仿真逻辑图（图 4 - 5），进行逻辑推演，将推演过程中得到的数据和结果记录下来，见表 4 - 7。

表 4 - 7　情报处理计算机系统运行的设备状态记录[1]

时间	主计算机 B		预处理机 A_1	预处理机 A_2	主机待机时间/min	损失情报
	处理完毕	到达进入				
6:00		0	0	0		
△6:05		进 1#（15）	0	0	5	
6:20	完 1#	0	0	0		
△6:25		进 2#（15）	0	0	5	
△6:35			3#	0		
6:40	完 2#	进 3#（20）	0	0		
7:00	完 3#	0	0	0		
△7:05		进 4#（20）	0	0	5	
7:25	完 4#	0	0	0		
△7:45		进 5#（17）	0	0	20	
8:02	完 5#	0	0	0		
△8:05		进 6#（21）	0	0	3	
△8:25			7#	0		
△8:25			7#	8#		
△8:25			7#	8#		9#
8:26	完 6#	进 7#（20）	0	8#		
△8:35			10#	8#		
8:46	完 7#	进 8#（15）	10#	0		
△8:55			10#	11#		
9:01	完 8#	进 10#（15）	0	11#		
9:16	完 10#	进 11#（15）	0	0		
△9:25			12#	0		
△9:25			12#	13#		
9:31	完 11#	进 12#（15）	0	13#		

时间	主计算机 B		预处理机 A₁	预处理机 A₂	主机待机时间/min	损失情报
	处理完毕	到达进入				
△9:35			14#	13#		
9:46	完12#	进13#(15)	14#	0		
△9:55			14#	15#		
10:01	完13#	进14#(17)	0	15#		
△10:05			16#	15#		
10:08	完14#	进15#(17)	16#	0		
△10:25			16#	17#		
10:35	完15#	进16#(21)	0	17#		
△10:40			18#	17#		
△10:55			18#	17#		19#
10:56	完16#	进17#(15)	18#	0		
11:11	完17#	进18#(15)	0	0		
△11:25			20#	0		
11:26	完18#	进20#(21)	0	0		
11:47	完20#		0	0		

注:时间栏中的"△"表示有一个情报到达。

主计算机:完3#——表示3号情报处理完;进4#(20)——表示4号情报进入分析计算机(需处理20 min)。

预处理机:7#——表示7号情报在预处理机中存储;0——表示预处理机处于空闲状态。

情报损失:9#——表示9号情报流失。

4.2.3.3 人工仿真运行结果及分析

1. 运行结果

情报处理计算机系统的工作起始时间 $T_0 = 6:00$,工作终止时间 $T_K = 11:47$,在 $[T_0, T_K]$ 工作区间内,统计表 4 - 7 中相关数据,得到仿真结果如下。

① 到达情报总数 $\Delta N = 20$;

② 情报损失总数 $\Delta F = 2$;

③ 情报损失比率 $H_{\Delta F} = 2/20 = 10\%$;

④ 处理情报总数 $\Delta M = 20 - 2 = 18$;

⑤ 情报等待百分比 $L_{\Delta W} = 13/18 = 72.2\%$;

⑥ 情报计算机待机时间 $\Delta T = 5 + 5 + 5 + 20 + 3 = 38$ min;

⑦ 情报计算机总工作时间 $T_\Sigma = 11:47 - 6:00 = 347$ min;

⑧ 情报计算机有效工作时间 $T_{有效} = 347 - 38 = 309$ min;

⑨ 每项情报平均处理时间 $\Delta t_C = 309/18 = 17.2$ min/件;

⑩ 整个系统平均效率 $\xi = 18/347 = 0.051\,9$ 件/min $= 3.11$ 件/h。

2. 仿真结果的分析

① 有限运行时间内,人工仿真结果表明,情报损失比率为 10%,情报等待百分比为

72.2%,这两项指标均超过用户要求。

　　② 上述仿真结果是在非常有限的运行时间内得到的。随着系统仿真总时间的加大,仿真结果将趋于精确,这就需要在计算机上运行。

4.2.4　计算机仿真运行

　　用随机数表进行人工仿真运行,能够对研究人员所建立的系统仿真模型及仿真逻辑关系的正确性进行验证,并且可得到仿真结果的粗略估计,它有助于使人们对系统的内涵有更深的理解,这一点往往是非常重要的。但是必须指出,由于系统的复杂性和随机性,一个较大规模的系统仿真,必须在计算机上编程进行,才能得到精度较好的分析结果。

　　上述情报处理计算机系统,利用 4.3 节中介绍的离散系统的事件调度法仿真策略,以及仿真程序设计方法,采用 Matlab 语言编写程序(有关源程序和程序说明见本章附录 4-1),并在计算机上仿真运行,其结果见表 4-8。

表 4-8　不同情报总数时的情报处理机系统仿真结果(两个预处理机)

输出项目	情报总数/件			
	600	800	1 000	1 200
平均等待时间/min	10.93	10.73	10.70	10.37
平均处理时间/(min/件)	16.56	16.57	16.63	16.60
情报等待百分比	68.57%	68.77%	67.5%	66.10%
情报损失比率	6.67%	6.75%	8%	6.58%
情报处理机空闲率	13.77%	13.71%	13.51%	14.28%
系统平均效率/(件/h)	3.12	3.13	3.12	3.10

　　通过对系统运行过程及结果分析,可以看出,为满足用户要求,情报处理计算机系统有两种可能的改进方案。一个方案是增加情报分类预处理机的个数,另一个方案是有效提高情报分析计算机的工作能力。

　　该系统要改进需要用仿真模型进一步实验,才能定量地确定决策参数。

4.2.5　系统仿真试验

　　当情报处理计算机系统的仿真模型建立之后,就可以借此模型继续做仿真试验,以解决当前系统设计中存在的问题,从而使新建系统达到用户要求。

4.2.5.1　决策参数的确定

　　对情报处理计算机系统而言,情报来源不由设计者掌握,也是不可能被控制的,因此情报的到达规律是客观存在的。在这种情况下,情报处理计算机系统的设计改进,通常有两种选择,其一是重新构造系统(如增加情报分类预处理机的数量),其二是提高情报处理系统的分析能力。因此,按照这两种改进思路,分别进行进一步的研究分析。

1. 重新构造系统

在系统中增加两个情报分类预处理机。系统结构由图4-4变为图4-6。

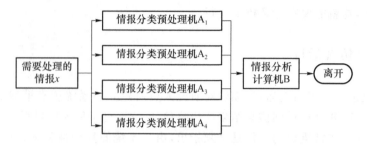

图4-6 增加两个预处理机后的情报处理系统结构流程

2. 提高分析计算机的处理能力

通过设计人员的努力,将情报分析计算机的处理能力,平均提高了50%,即计算机系统的情报处理时间由表4-2变为表4-9,表4-9中Δt_B的分布形状未改变,但各项处理时间均减少了50%,数值相应变化变更。这种改进方案简称能力提高50%。

表4-9 提升能力后计算机系统的情报处理时间的统计表

情报处理时间 Δt_B/min	概率密度函数	累计分布函数	对应的抽样编号范围 η_B
6.5	0.05	0.05	00~04
7.6	0.50	0.55	05~54
8.5	0.20	0.75	55~74
10	0.20	0.95	75~94
10.5	0.05	1.00	95~99

4.2.5.2 进行仿真试验

按照上述情报处理计算机系统的两种改进思路,针对三种情况①四个预处理机,②两个预处理机+能力提高50%,③四个预处理机+能力提高50%,分别进行人工仿真和计算机仿真试验,并获得了相应的仿真结果。

1. 人工仿真结果

采用4.2.3节同样的人工仿真方法,在有限仿真时间内,针对两种情况①四个预处理机情况;②四个预处理机+能力提高50%,分别进行了人工仿真,共统计了20个情报的处理过程,具体运行过程不予繁述,仅将仿真结果分列如下。

(1) 四个预处理机的结果

① 到达情报总数 $\Delta N = 20$;

② 情报损失总数 $\Delta F = 1$;

③ 情报损失比率 $H_{\Delta F} = 1/20 = 5\%$;

④ 情报等待个数 $\Delta W = 14$;

⑤ 处理情报总数 $\Delta M = 20 - 1 = 19$;

⑥ 情报等待百分比 $L_{\Delta W} = 14/19 = 73.7\%$;

⑦ 情报计算机待机时间 $\Delta T = 53$ min;

⑧ 情报计算机总工作时间 $T_\Sigma = 375$ min;

⑨ 情报计算机有效工作时间 $T_{有效}=322$ min；

⑩ 每项情报平均处理时间 $\Delta t_C=322/19=15.95$ min/件；

⑪ 整个系统平均效率 $\xi=19/375=0.050\ 7$ 件/min$=3.04$ 件/h。

（2）四个预处理机＋能力提高 50％的结果

① 到达情报总数 $\Delta N=20$；

② 情报损失总数 $\Delta F=0$；

③ 情报损失比率 $H_{\Delta F}=0\%$；

④ 情报等待个数 $\Delta W=6$；

⑤ 处理情报总数 $\Delta M=20$；

⑥ 情报等待百分比 $L_{\Delta W}=6/20=30\%$；

⑦ 情报计算机待机时间 $\Delta T=146$ min；

⑧ 情报计算机总工作时间 $T_\Sigma=308.5$ min；

⑨ 情报计算机有效工作时间 $T_{有效}=162.5$ min；

⑩ 每项情报平均处理时间 $\Delta t_C=162.5/20=8.13$ min/件；

⑪ 整个系统平均效率 $\xi=20/308.5=0.064\ 8$ 件/min$=3.89$ 件/h。

2. 计算机仿真结果

针对三种情况①四个预处理机，②两个预处理机＋能力提高 50％，③四个预处理机＋能力提高 50％，分别进行计算机仿真试验，仿真结果如下（表 4-10、表 4-11、表 4-12）。

（1）四个预处理机

表 4-10　不同情报总数时的情报处理机系统仿真结果（四个预处理机）

输出项目	情报总数/件			
	600	800	1 000	1 200
平均等待时间/min	20.18	20.53	21.49	20.89
平均处理时间/min	16.49	16.57	16.55	16.70
情报等待百分比	78.57%	77.66%	79.43%	78.45%
情报损失比率	2%	2.63%	2.3%	2.92%
情报处理机空闲率	9.26%	9.88%	9.05%	9.45%
系统平均效率/(件/h)	3.31	3.26	3.30	3.25

（2）两个预处理机＋能力提高 50％

4-11　不同情报总数时的情报处理机系统仿真结果（能力提高 50％）

输出项目	情报总数/件			
	600	800	1 000	1 200
平均等待时间/min	1.83	1.77	1.84	1.80
平均处理时间/min	8.30	8.39	8.28	8.30
情报等待百分比	25.76%	25.44%	25.35%	25.25%
情报损失比率	1%	1.25%	1%	1.33%
情报处理机空闲率	52.60%	53.94%	54.41%	54.08%
系统平均效率/(件/h)	3.43	3.29	3.31	3.32

（3）四个预处理机＋能力提高 50％

表 4 - 12　不同情报总数时的情报处理机仿真结果（四个预处理机＋能力提高 50％）

输出项目	情报总数/件			
	600	800	1 000	1 200
平均等待时间/min	2.03	2.39	2.13	2.04
平均处理时间/min	8.36	8.16	8.32	8.29
情报等待百分比	27.83％	28.38％	27.66％	27.25％
情报损失比率	0	0	0	0
情报处理机空闲率	53.85％	54.84％	53.12％	54.39％
系统平均效率/(件/h)	3.31	3.32	3.39	3.26

由表 4 - 10～表 4 - 12 的数据可见，当仿真试验的情报到达总数在 600 件以上时，系统运行已到稳定阶段，各计算项目的数值相差都较小，其结果可用来进行系统分析。

3. 仿真试验结果的分析

（1）人工仿真 20 个情报时

三种系统状态的对比见表 4 - 13。

表 4 - 13　不同预处理机数下的人工仿真结果比较

项目	系统状态		
	两个预处理机	四个预处理机	四个预处理机能力提高50％
情报等待百分比	72.2％	73.7％	30％
情报损失比率	10％	5％	0
平均处理时间/min	17.2	15.95	8.13
系统平均效率/(件/h)	3.11	3.04	3.89

由表 4 - 13 中数据可见，再增加两个分类预处理机，可降低情报损失比率（10％降为5％），但随之带来的问题却是情报等待百分比增加（由 72.2％上升到 73.7％），显然与用户要求不完全相符。在四个分类预处理机的基础上，当将情报分析计算机的能力提高 50％后，情报损失比率降为 0，而情报等待百分比下降到用户要求的上限值 70％以下。

（2）计算机仿真 1 200 个情报时

各种系统状态的对比见表 4 - 14。

表 4 - 14　不同情报处理系统方案的计算机仿真结果比较

项目	系统状态			
	原主机		能力提高50％	
	两个预处理机	四个预处理机	两个预处理机	四个预处理机
情报等待百分比	66.10％	78.45％	25.25％	27.25％
情报损失比率	6.58％	2.92％	1.33％	0
平均处理时间/min	16.60	16.70	8.30	8.29
系统平均效率/(件/h)	3.10	3.25	3.32	3.26
平均等待时间/min	10.37	20.89	1.80	2.04

由人工仿真及计算机仿真结果的比较可见,仿真运行次数对仿真结果有一定的影响。一般来说,仿真运行次数增加,可使仿真结果愈趋向稳定值,而且用蒙特卡罗方法随机抽样、运行和统计时,要求有足够多的仿真次数,以使系统输出量的统计值误差减少到允许的数值。在本例中人工仿真与计算机仿真的结果相差不大。

4.3　离散事件仿真策略与实现方法

离散事件系统中诸多实体之间是相互联系、相互影响的,并且其活动的发生统一在同一时间基准上,离散系统的状态变化与离散事件系统中的事件、活动、进程密切相关,采用何种方法推进仿真时钟,建立起各类实体之间的逻辑联系(仿真算法或仿真策略),是离散事件系统仿真建模的重要内容。本节将介绍如何将离散系统模型转化为仿真模型,介绍离散事件仿真相关概念、对应三个概念的几种仿真策略,并围绕其中最为重要的事件调度法,详细说明其原理和程序设计方法。

4.3.1　离散事件仿真基本概念

离散事件系统的结构模型着重于描述构成系统的实体及实体间的交互,侧重于面向用户的视角。而建立系统的仿真模型需要将结构模型映射到计算机上,并需要考虑仿真的需要,如事件定义、数据统计等,这通常与计算机的特征相关。系统结构模型中各实体的活动是并行的,因此,基于串行计算机建立离散事件系统仿真模型的主要任务,是将并行的结构模型串行化计算,这个过程主要用到事件表、仿真时钟和统计计数器这三个基本概念。

1. 事件表

由于离散事件系统中有多类事件且每个事件的发生均与某实体相联系,某个事件的发生还可能引起另一个事件的发生或成为其发生的条件。为了实现对系统中事件的管理及按时间顺序处理文件,必须在仿真模型中建立事件表。事件表是一个有序的记录表,它记录了系统中每一个将要发生的事件类型、发生时间及与该事件相关的参数。

将系统的仿真过程看成一个事件点序列,根据事件出现的时序,用事件表来调度事件执行的顺序。对于那些当前需要处理的事件,列入事件表中,从中取出最接近的事件进行处理,处理完毕后自动退出事件表。在处理当前事件的过程中,可能会产生一个新事件,此时要预测出这个新事件的出现时刻,并将其列入事件表中。对仿真中发生在同一时刻的几个事件的情况,模型设计者需提前确定好条件,以使状态取值变成唯一,即规定一种规则来管理这些同时事件,如优先服务规则、先到先服务规则等。

2. 仿真时钟及其推进

离散系统仿真过程中需要不断地记录各类离散事件发生的时刻,并进行时间统计。仿真时间是仿真模型中的时间指示,它表示仿真运行的系统时间,它随仿真的进程而不断地更新时间。通常在仿真开始时将仿真时钟置 0,随后仿真时钟按一定的推进方式,不断给出仿真时间的当前值。如在排队购物系统中,时间单位可能是分钟,而对经济系统模型来说,时钟单位则可能以月或季度来表示。仿真时钟通常有固定步长时间、下次事件时间两种不同时间推进方式,图 4-7 给出了仿真中实际事件与两种时间推进方式的关系。

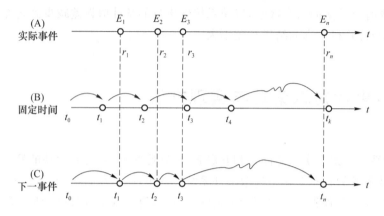

图 4-7 实际事件与两种时间推进方式的关系

(1) 固定步长时间推进

首先确定一个足够小的固定步长时间,仿真时钟按这个固定步长时间等距推进,使每个时间间隔中基本上不会出现两个或两个以上的离散事件。每次仿真时钟推进都需要扫描所有活动的完成时刻,以检查在此时间间隔中有无事件发生,若有事件发生则记录此时间区间,并更新由此事件引起的状态变量的变化,这个过程一直进行到仿真时钟结束为止。如在某个时间间隔中有几个事件发生,用户必须规定处理各类事件的优先顺序。设 T 为仿真时钟,Δt 为步长,则固定步长时间推进机制的原理可用图 4-8(a)表示。

(2) 下次事件时间推进

以下一个事件发生的时间为步长,仿真时钟按事件顺序发生的时刻推进。即仿真时钟按照下一事件将要发生的时刻,以不同的时间间隔跳跃性地推进到下一事件发生的时刻。每当某一事件发生时,系统开始处理相应的活动,并计算出由该事件触发产生的未来事件的发生时刻,经过一定活动处理,仿真时钟将推进到下一事件发生的时刻上。这个过程不断地重复,直到仿真运行满足规定的终止条件时为止。设 T 为仿真时钟,每次计算得到的下一次事件发生时间为 $\min t$,则下次事件时间推进机制的原理可用图 4-8(b)表示。

对比上述两种不同的仿真时钟推进方式,固定步长时间推进中的仿真时钟以等步长前进,而下次事件时间推进中的仿真时钟步长取决于事件之间的距离。下次事件时间推进的仿真时钟总是按事件发生的时间顺序跳跃地向前推进,具有较高的效率,但其程序设计和实现比较复杂。固定步长时间的推进为了克服这个缺点,其仿真时钟需要将时间单位取得足够小,以使时间间隔较小的事件表现为非同步发生,并且需要逐项扫描正在执行的所有活动,因此效率较低。固定步长时间推进中,所选的步长的大小将影响仿真的精度,下次事件时间推进的步长大小则对仿真的精度影响较小。

3. 统计计数器

系统中含有的随机因素,使离散事件系统的状态变化具有随机性。一次仿真运行获得的状态变化过程,只是随机过程的一次采样,如果进行另一次独立的仿真运行,则所得到的变化过程完全是另外一种情况,因此系统的性能计算只有在统计意义下才有参考价值。例如,在情

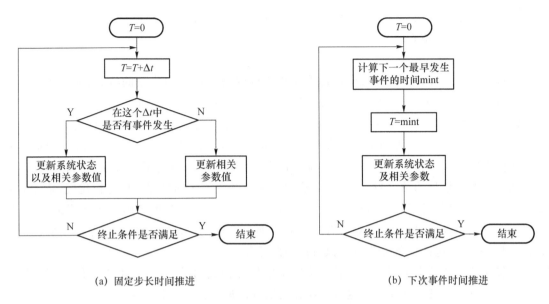

(a) 固定步长时间推进　　　　　　　　　　(b) 下次事件时间推进

图 4 - 8　固定步长时间和下次事件时间推进原理图

报处理计算机系统中,由于情报到达的时间间隔具有随机性,情报计算机分析每一个情报的时间长度也是随机的,因此在某一时刻,各次仿真运行时情报排队的队长或情报计算机的忙闲状态完全是不确定的。从系统分析的角度看,感兴趣的可能是系统情报等待百分比、情报平均等待时间或系统利用率等。为了获得这样的统计信息,在仿真模型中,需要有一个统计计数器,以便统计系统中的有关变量。

4.3.2　离散事件仿真策略

离散事件系统模型的特点决定了实体活动、进程都是以事件为基础构成的,因此从事件、活动、进程三个角度来形成仿真中的事件管理,构成了处理离散事件模型的三种典型方法:事件调度法、活动扫描法、进程交互法,相应地,也就形成了三种不同的仿真策略[19]。

4.3.2.1　仿真策略概述

1. 事件调度法

事件调度法(event scheduling)有一个时间控制程序,从事件表中选择具有最早发生时间的事件,并将仿真时钟时间修改到该事件发生的时刻,再调用与该事件相应的程序模块对事件进行处理,该事件处理完毕后,返回时间控制程序。依据上述过程,事件的选择与处理不断地交替进行,直到仿真终止程序事件出现为止。在这种方法中,任何条件的测试,均在相应的事件处理模块中进行,这是一种面向事件的仿真方法。

2. 活动扫描法

在活动扫描法(activity scanning)中,系统由实体组成,实体又包含活动,该活动是否发生,取决于规定的条件是否满足,因此有一个专门的模块来确定激活条件。若条件满足,则激活相应实体的活动模块。时间控制程序较之其他的条件具有更高的优先级,即在判断激活条件时首先判断该活动发生的时间是否满足,然后再判断其他的条件。若所有的条件都满足,则执行该实体的活动模块,然后再对其他部件进行扫描。对所有部件扫描一遍后,又按同样顺序进行循环扫描,直到仿真终止。

3. 进程交互法

进程交互法(process interaction)综合了事件调度法和活动扫描法的特点,采用两张事件表,即当前事件表(CEL)和将来事件表(FEL)。它首先按一定的分布产生实体并置于FEL中,实体进入排队等待;然后对CEL进行活动扫描,判断各种条件是否满足;将满足条件的活动进行处理,仿真时钟推进到服务结束并将相应的实体从系统中清除;最后将FEL中最早发生的当前事件的实体移到CEL中,继续推进仿真时钟,对CEL进行活动扫描,直到仿真结束。

从构建仿真模型的角度看,事件调度法中用户要对所定义的全部事件进行建模,条件的测试只能在事件处理子例程中进行。活动扫描法则专门设置了一个程序用于条件测试,并且还设置一个活动扫描模块,该模块对所有定义的活动进行建模。进程交互法则是将一个进程分成若干步,每一步包括了条件测试和执行活动两部分。

一般在仿真建模中采用上述三种建模策略中的一种或两种。其中,由于事件调度法易于理解、机理简单,开发者往往采用这种策略作为实施离散事件系统仿真的基础。

4.3.2.2 事件调度法

事件调度法[7]最早出现在1963年兰德公司的SIMSCPRIPT语言中。事件调度法的基本思想是以事件为分析系统的基本单元,通过定义事件及每个事件发生后对系统状态的影响,按时间顺序执行每个事件发生时有关的逻辑关系,并策划新的事件来驱动模型的运行。事件调度法的模型主要由若干事件子模块构成,所有事件均放在事件表中,模型中设有一个时间控制主程序。

事件调度法的仿真过程如下:

1. 执行仿真初始化
   ① 设置仿真开始时间、仿真结束时间;
   ② 初始化事件表,设置初始事件;
   ③ 各实体状态的初始化;
   ④ 统计计数器的初始化。

2. 设置仿真时钟
   设置仿真时钟为仿真初始时间

3. 程序循环
   While(仿真时钟≤结束时间)执行循环:
   (1)操作事件表
      从事件表中取出发生时间最早的事件 E;
      查询该事件类型 i;
      将仿真时钟推进到该事件的发生时刻。
   (2)依据事件类型处理相应事件
      Case 事件类型 i
         $i=1$:执行第1类事件的处理序
         ...

$$i=n:执行第 n 类事件的处理程序$$

EndCase

EndWhile

　　4. 仿真结束

根据上述仿真算法,事件调度法的主控程序须完成以下三项工作:

　　① 时间扫描:扫描事件表,确定下一事件发生时间,将仿真时钟推进到该时刻;

　　② 事件辨识:正确地辨识当前要发生的事件;

　　③ 事件执行:依据事件类型,调用相应的事件处理程序,处理过程中新产生的事件要移入事件表中,处理完毕后将当前被处理事件从事件表中移出。

可以把事件表视为一个记录将来事件的笔记,在仿真运行中,事件的记录不断地被移入或移出事件表,这两个动作被反复进行,直到仿真结束。

4.3.3　仿真程序结构与设计

对一个较复杂的仿真模型,在计算机上实现仿真运行必须编制仿真程序。由于事件调度法一直是实施离散事件系统仿真的基础,因此本节以 4.3.2.2 节中的事件调度法仿真流程为例,介绍相应的仿真程序设计实现思想。

1. 仿真程序组成

采用事件调度法的离散事件系统仿真程序,从其功能结构看,通常包含以下部分:

　　① 时钟变量:用于记录当前时刻的仿真时间值,提供仿真时间的当前值。

　　② 事件表:按时间顺序记录仿真过程中将要发生的事件,即当前时刻以后的事件。事件表通常是一张二维表,表中列出了将要发生的各类事件名称及下次发生该事件的时间。

　　③ 系统状态变量:用于记录系统在不同时刻的状态。

　　④ 初始化子程序:在仿真运行开始前对系统进行初始化的子程序。如对仿真时钟、各状态变量、统计计数器等赋初值。

　　⑤ 事件子程序:每一类事件对应有一个事件子程序,相应的事件发生时,就转入该事件子程序进行处理,更新系统的状态,产生新的事件。

　　⑥ 调度子程序:将未来事件插入事件表中的子程序。

　　⑦ 时间推进子程序:根据事件表决定下次(最早发生的)事件,然后将仿真时钟推进到该事件发生时间的子程序。

　　⑧ 统计计数器:用来存放与系统性能分析有关的统计数据的各个变量值。

　　⑨ 报告子程序:根据统计计数器的值计算并输出系统性能的估计值,并将它们按一定格式打印成输出报告。

　　⑩ 主程序:调用上述各子程序并完成仿真任务全过程。

2. 程序结构和调用关系

图 4-9 是事件调度法的仿真程序结构及各子程序之间的调用关系图。

仿真开始时,主程序调用初始化子程序,此时仿真时钟设置成 0 时刻,系统状态变量、事件表和统计计数器也进行初始化。控制返回到主程序后,主程序调用时间推进子程序,以确定哪一个事件最先发生。如果下一事件是第 i 个事件,则仿真时钟推进到第 i 事件将要发生的时

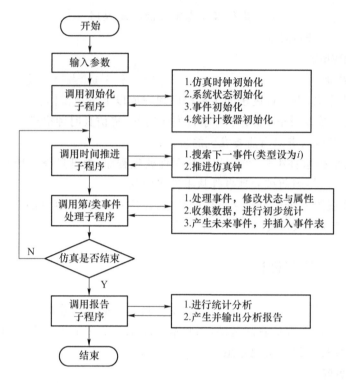

图 4 – 9 事件调度法的仿真程序结构与调用关系

间。控制返回到主程序后,主程序调用第 i 个事件子程序进行处理,在这个过程中完成以下三项工作:①依据第 i 个事件功能逻辑,修改系统状态变量值;②收集过程数据,统计和修改统计计数器信息;③生成未来事件发生的时间,并将未来事件加入事件表中。

在上述过程完成以后,进行检查以便确定是否应该终止仿真。如果到达了仿真终止时间或满足了终止条件,主程序调用报告子程序,计算各种系统要求的数据并打印报告。如果不满足仿真条件,则控制返回主程序,继续执行"主程序—时间推进子程序—主程序—某事件子程序—终止检查"的不断循环,直到最后满足停止仿真中止条件。

习　　题

1. 离散事件系统的定义是什么?离散事件模型的特点是什么?
2. 描述离散事件模型的基本要素。
3. 指出下列系统中的实体活动事件和状态变量。
① 一个有若干个理发员和一个收款员的理发店;② 一个小型餐厅;③ 医院注射室。
4. 离散事件仿真的基本步骤有哪些?
5. 排队系统仿真的基本思想及方法是什么?
6. 叙述下一事件增量法和时间增量法的主要区别。
7. 某单位录入人员负责录入信息表,已知录入 1 张信息表平均用 10 min±1 min(在[9,11]

内服从均匀分布)。需录入的信息表不断增多,据统计,送来录入的信息表的到达时间间隔服从指数分布($1/\lambda = 8$ min)。若规定该录入员最多只能积压三张表,若超过就送给其他录入员。现要求对此录入员的业务情况进行调研,模拟一天的录入活动,考察其每天录入信息表的数量,统计不能及时录入而转送他人的表格数量,计算平均日录入率(每天工作 8 h 计)。试构造该系统仿真模型,并画出逻辑框图。

8. 将上述仿真模型用一种计算机语言编写程序,在计算机上完成仿真运行。

① 将前 120 min 的仿真过程用表格形式输出;

② 将所统计的信息表数及平均日录入率输出。

9. 对上述系统作以下仿真实验:

① 若将录入员平均录入时间增加为 15 min±2 min(在[13,17]范围内服从均匀分布),信息表到达时间间隔与题 7 所述相同,完成计算机仿真运行并输出结果;

② 若只允许在录入员处积压两张信息表,完成仿真运行并输出结果。

附录 4-1　情报处理计算机系统的仿真程序

```
% 全局初始化:设定系统参数
clc; clear; close all;
global missNum directNum waitNum finishNum DataArriTime DataDist ComputerDealTime ComputerDist
workTime waitTime
    simuAllNum = 1200;                              % 仿真要求的到达情报数量
    rng(1,'twister');                              % 随机数发生器初始化(种子为1)
    DataArriTime = [0;5;10;15;20;30;40];           % 情报到达时间间隔
    DataDist = [0.12;0.21;0.34;0.50;0.69;0.94;1.00]; % 情报到达间隔概率
    ComputerDealTime = [13;15;17;20;21];           % 情报处理时间
    % ComputerDealTime = [6.5;7.5;8.5;10;10.5];     % 提高50%后的情报处理时间
    ComputerDist = [0.05;0.55;0.75;0.95;1.00];     % 情报处理时间概率
    curTime = 0;                                   % 仿真时钟
    arriNum = 0;                                   % 情报到达数量
    finishNum = 0;                                 % 情报完成处理数量
    missNum = 0;                                   % 情报丢失的数量
    directNum = 0;                                 % 情报直接处理数量
    waitNum = 0;                                   % 情报等待的数量
    workTime = 0;                                  % 情计算机的累计工作时间
    waitTime = 0;                                  % 情报等待的累计时间
    bufferNum = 4;                                 % 预处理机数量
    for i = 1:bufferNum                            % 创建预处理机
        buffer(i) = struct('state',0,'ID',0,'startTime',0); % state:闲=0/忙=1;ID:存情报名
    end
    computerNum = 1;                               % 计算机数量
    for i = 1:computerNum                          % 创建计算机
        computer(i) = struct('state',0,'ID',0,'dealTime',0); % state:闲=0/忙=1;ID:存情报名
    end

    % 建立所有到达情报事件表(说明:curTime——事件时间;type——事件类型;ID——事件名称)
    while(arriNum < simuAllNum)
        arriNum = arriNum + 1;
        curTime = curTime + timeSample(DataArriTime,DataDist);
        eventList(arriNum) = struct('curTime',curTime,'type','arrival','ID',arriNum,'dealTime',0);
    end

    % 仿真主控程序:事件处理
    while(isempty(eventList) == false)
```

```
        curEvent = eventList(1);              % 获取当前事件
        curTime = curEvent.curTime;           % 推进仿真时钟的时间到当前事件发生时间
        eventList(1) = [];                    % 从事件链表中删除首事件
        switch curEvent.type
            case 'arrival'
                [eventList,buffer,computer] = arriEventPro(curEvent,eventList,buffer,computer);
            case 'finish'
                [eventList,buffer,computer] = finiEventPro(curEvent,eventList,buffer,computer);
            otherwise
                warning('不正确的事件类型出现！')
        end
end


% 所有仿真统计量计算和输出
fprintf("情报平均等待时间：%.2f 分钟。\n", waitTime/finishNum);
fprintf("每项情报平均处理时间：%.2f 分钟。\n",workTime/finishNum);
fprintf("情报等待百分比：%.2f%。\n", 100 * waitNum/finishNum);
fprintf("情报损失比率：%.2f%。\n", 100 * missNum/arriNum);
fprintf("情报计算机空闲率：%.2f%。\n", 100 * (curTime * computerNum - workTime)/curTime);
fprintf("整个系统平均效率：%.4f(件/小时)。\n",60 * finishNum/curTime);


% 事件到达处理
function [myEventList,buffer,computer] = arriEventPro(arriEvent,myEventList,buffer,computer)
    global missNum directNum waitNum ComputerDealTime ComputerDist workTime
    % 搜索所有情报计算机的空闲状态并设置
    for i = 1:length(computer)
        if computer(i).state == 0
            % 设置情报计算机状态并统计数据
            computer(i).state = 1;
            computer(i).ID = arriEvent.ID;
            computer(i).dealTime = timeSample(ComputerDealTime,ComputerDist);
            workTime = workTime + computer(i).dealTime;
            directNum = directNum + 1;
            % 发出一个完成事件
            newEvent.dealTime = computer(i).dealTime;
            newEvent.curTime = arriEvent.curTime + newEvent.dealTime;
            newEvent.type = 'finish';
            newEvent.ID = arriEvent.ID;
            myEventList = addEvent(myEventList,newEvent);
            return;
        end
    end
    % 搜索所有情报预处理机的空闲状态并设置
```

```
        for i = 1:length(buffer)
            if buffer(i).state == 0
                % 设置情报预处理机状态并统计数据
                buffer(i).state = 1;
                buffer(i).ID = arriEvent.ID;
                buffer(i).startTime = arriEvent.curTime;
                waitNum = waitNum + 1;
                return;
            end
        end
        % 如果前面没有退出,执行到这里,则情报出现丢失
        missNum = missNum + 1;
end


% 事件完成处理
function [myEventList,buffer,computer] = finiEventPro(finiEvent,myEventList,buffer,computer)
    global finishNum ComputerDealTime ComputerDist workTime waitTime
    % 设置情报计算机的空闲状态并统计数据
    for comID = 1:length(computer)
        if computer(comID).ID == finiEvent.ID
            computer(comID).state = 0;
            computer(comID).ID = 0;
            computer(comID).dealTime = 0;
            finishNum = finishNum + 1;
            break;
        end
    end
    % 设置情报预处理机的空闲状态并设置
    [TT,NN] = sort([buffer.startTime]);              % 情报存储时间排序
    if TT(length(buffer))>0                          % 如存在大于 0,则说明有预处理机处于忙
        shortSite = NN(find(TT>0,1));                % 找到 startTime 最小的那个预处理机
        computer(comID).state = 1;                   % comID 计算机设为忙
        computer(comID).ID = buffer(shortSite).ID;   % comID 计算机中放入预处理机里的情报
        computer(comID).dealTime = timeSample(ComputerDealTime,ComputerDist);
        workTime = workTime + computer(comID).dealTime;
        % shortSite 预处理机信息记录,并重新设置状态
        waitTime = waitTime + (finiEvent.curTime - buffer(shortSite).startTime);
        buffer(shortSite).state = 0;
        buffer(shortSite).ID = 0;
        buffer(shortSite).startTime = 0;
        % 发出一个完成事件
        newEvent.dealTime = computer(comID).dealTime;
        newEvent.curTime = finiEvent.curTime + newEvent.dealTime;
```

```matlab
        newEvent.type = 'finish';
        newEvent.ID = computer(comID).ID;
        myEventList = addEvent(myEventList,newEvent);
    end
end


% 在链表中加入一个事件
function myEventList = addEvent(myEventList,addEvent)
    % 按照时间找到对应的节点前面的位置
    cSite = findEvent(myEventList,addEvent.curTime);
    len = length(myEventList);
    if cSite == len                          % 如果是链表的表尾
        myEventList(cSite + 1) = addEvent;
    else
        if isempty(cSite) cSite = 0; end
        for i = (len + 1): - 1:(cSite + 2)        % 整体往后移
            myEventList(i) = myEventList(i - 1);
        end
        myEventList(cSite + 1) = addEvent;        % 插入新事件
    end
end


% 按照时间顺序,搜索链表中的对应位置(后)
function [eventSite] = findEvent(myEventList,findTime)
    tt = [myEventList(:).curTime];
    [~,idx] = find(tt < findTime);
    eventSite = max(idx);
end


% 离散随机变量的抽样
function [t] = timeSample(value,p)
    x = rand;
    for i = 1:1:length(value)
        if x < = p(i) t = value(i); break; end
    end
end
```

第二部分

第5章 可靠性框图与网络图仿真

随着现代科学技术的不断发展,对大型复杂系统可靠性、维修性及可用性的分析与评定已成为系统研制过程中不可缺少的重要组成部分。对于某些系统而言,常规的解析方法已不能完全解决系统可靠性分析的有关问题。例如,大型复杂系统失效分析、有转换判定的冗余系统、具有相关失效的系统,同时存在非指数分布部件,这时用一般解析方法已很难奏效。采用数字仿真方法解决这类复杂系统的可靠性问题,已成为一个重要技术手段。

从本章开始,后续将陆续介绍当前的系统可靠性主要建模方法及其仿真分析方法,本章将详细介绍系统可靠性框图与网络图模型的仿真分析方法。

5.1 可靠性仿真内涵及模型统计量

5.1.1 系统可靠性仿真技术内涵

5.1.1.1 系统可靠性分析

系统可靠性分析是利用一套形式化的方法找出系统工作与失效的不确定边界,进而量化系统失效概率的分析方法。它始于 20 世纪 50 年代,形成于 20 世纪 60 年代到 20 世纪 70 年代,在 20 世纪 80 年代和 20 世纪 90 年代开始得到了广泛应用。传统可靠性分析技术建立在对系统可靠性特征简化基础之上,采用静态模型近似动态行为、用独立性假设近似相关性行为、用两状态描述多状态、用简单逻辑结构(如串、并联结构)近似复杂逻辑结构。尽管目前系统可靠性分析已经是成熟的方法,但它依然需要直面很多由于系统复杂度的增加而不断带来的技术挑战。

随着工程系统变得越来越复杂,通过采用近似或简化方法来解决系统可靠性问题的策略,已经难以满足实际工程系统研制的需要。为了精确描述和计算这些具有多任务、多阶段、多功能、多状态特点,且表现出相关失效、共因失效、负载分担、非单调性、容错、重构等典型行为的系统,系统可靠性分析需要一个综合的技术方法,它不仅能够在一个总体框架和数学模型中描述硬件、软件、组织管理要素,以及解释这些要素在系统复杂任务中的动态依赖关系,而且还能对具有这样高复杂度的系统进行定量的计算分析,这就需要利用蒙特卡罗方法,对系统使用故障行为的演化过程来进行模拟，再现系统在失效与成功状态之间的转换过程，并通过已构建的系统可靠性模型来分析计算和研究复杂系统故障的规律性。

5.1.1.2 系统可靠性仿真特点

利用蒙特卡罗方法进行系统可靠性分析的过程，实际上就是进行可靠性虚拟试验的过程。即在给定的时间内运行大量、相同的随机系统并记录其失效，由于系统行为的随机特性不同，每一个系统的表现也会不一样。对系统单元而言，在合理的花费与试验时间内，试验可以真正地在实验室进行。但对于由大量单元组成的系统，考虑到时间和成本的巨额损耗，开展真实系统的可靠性试验通常是不可行的。为此，采用计算机内的可靠性仿真虚拟试验，来代替复杂系统的真实可靠性测试试验，是一种非常经济有效的手段。

在实际工程应用中，工程技术人员对系统的物理背景十分清楚，这对于直观地建立复杂系统可靠性仿真模型提供了极好的条件。此外，仿真逻辑关系的建立较为直观且简洁，因此易为工程技术人员所掌握，而且系统可靠性仿真的计算机程序开发也不算困难，因此数字仿真技术在系统可靠性分析中发挥着日益重要的作用。可靠性数字仿真的优点还在于，它不但可以求解系统可靠性的点估计值，还可以得到统计值的分布函数（通常以直方图形式表示），这对深入地了解系统具有很大帮助。此外，借助于仿真的运行过程，还可以观察系统内各部分的可靠性所产生的作用，并获得系统内部更多的可靠性信息，这对于改进系统或重新设计系统均有很大的启发性和指导性。

同时也应该指出，使用系统可靠性数字仿真，其计算工作量较大，计算时长有可能较长，这是其主要缺点。随着技术的不断发展，若能采用较好的抽样技术，显著减少计算量，并不断提升仿真计算效率，系统可靠性仿真技术的应用依然具有很大的发展空间。

5.1.1.3 系统可靠性模型

现代科学与工程技术的发展，导致系统的复杂性不断增加，系统可靠性的描述和分析越来越困难。系统可靠性建模与分析计算问题的复杂性来自两个方面，即系统自身结构和失效机理的复杂性及待解决的系统可靠性问题的复杂性。前者是指由于使用和结构复杂性带来的系统可靠性量度和模型描述的问题，后者是指复杂系统可靠性行为复杂性带来的可靠性模型的构建和计算难题。很多复杂系统具有多任务、多阶段、多功能、多状态的特点，在系统可靠性建模方面，表现出了相关失效、共因失效、负载分担、竞争失效、非单调性、容错性、重构重组等典型可靠性行为，经典的可靠性模型难以对这些行为进行有效描述和处理。这些问题包括[31]以下方面。

1. 多功能多任务系统的可靠性量度问题

由于这类系统评价要求复杂多变，系统可靠性的量度和描述会存在边界不明确、难以量化的问题，通常需要根据系统功能和任务要求，建立相应具体功能和任务的可靠性模型，才能较全面地量度系统的可靠性。

2. 多阶段任务系统的动态性和相关性问题

航空航天及其他很多应用领域中，常包含需顺序完成的几种不同的任务或任务阶段的系统（又称阶段任务系统）。例如，飞机的任务通常会包括起飞、爬升、巡航、降落和着陆等几个阶段。在每个任务阶段，系统需要完成一个特定的任务，可能经受不同的应力并满足不同的要求。在不同阶段，系统配置、成功准则、部件失效及其维修等行为都可能发生变化。为分析这种动态行为,就需要为每个任务阶段定义不同的可靠性模型,同时还要考虑系统部件在不同阶段失效及其影响的时序相关性。

3. 多状态系统的可靠性建模问题

传统可靠性分析中,系统及部件一般只考虑工作正常和完全失效这两种状态。然而现实世界的很多系统都是由多状态部件构成的,即部件不止有两种状态,它们可能具有不同的性能等级或多种故障模式。例如,计算机处理器可分为完全工作、部分工作、部分故障和完全故障等几种性能等级,电路元件、集成电路等除了有开路和短路两种失效模式外,还包括由参数漂移等其他失效模式。这种多状态部件对系统可靠性的影响比分析两状态系统要复杂得多,其可靠性模型的复杂度也大大增加。

4. 系统存在非指数寿命分布单元的可靠性计算问题

传统可靠性分析中,对系统部件寿命的指数分布假设,给求解系统可靠性带来了极大的便利和简化。然而实际系统单元的寿命真正服从指数分布的只占一部分,对于机械部件和多数机电部件而言,其失效规律并不服从指数分布,而是更多服从正态分布、威布尔分布。随着系统复杂度的提升,以及大量引入新的部件可靠性模型,甚至包括随机过程模型,直接采用解析法来定量计算系统可靠性已经不可能,只能采用蒙特卡罗方法进行统计计算。

5. 系统相关失效分析问题

传统可靠性分析中,系统中各部件失效相互独立是一个假设条件,在多数情况下它只是为了便于计算而进行的近似。独立性假设对于电子装置有时是正确的,但对机械部件几乎总是错误的,因为机械系统中的各零件所承受的载荷一般都是与彼此相关的。系统中各部件之间失效相关的根源有三类:一是公用零件或零件间的失效具有传递性;二是各部件共享同一外部支撑条件;三是被称为共因失效的统计相关性。负载分担和共因失效是相关失效的两种最典型的形式。

6. 非单调关联系统可靠性分析问题

某些带反馈的自动控制系统中,系统故障部件的维修存在着次序性问题,出现了系统中一些部件可靠性的改善有时会引起系统可靠性降低的问题,这样的系统结构就是非单调关联的,如常见的液位调节系统[31]。现有单调关联系统的理论方法一般很难适用于非单调系统的可靠性分析。

7. 故障容错系统可靠性建模问题

系统建立故障容错能力的根本目标就是为系统提供冗余资源以便克服故障的影响,故障容错可以通过硬件冗余或软件实现,例如,卫星地面站系统、导航系统、分布式通信系统等都采用了大量冗余措施。在故障容错系统中,通常会提供不同级别的服务,以应对系统退化或部件故障可能导致的服务能力的下降。当系统出现退化或部件故障时,系统会进行结构重组或重构,保证能降级运行,例如,卫星姿态控制系统中飞轮运行模式的重新配置,以保证系统总体可靠性能维持在高水平上。因此,故障容错系统一般都具有多功能、多任务、多状态、可重构的特点,其可靠性建模分析较为困难。

8. 小子样系统可靠性评定问题

很多高技术装备(如战略导弹、军用卫星等)由于系统结构复杂、可靠性要求高,以及成本和研制周期的限制,决定了这些复杂系统甚至其关键部件都很难采集到足够的故障样本,由于试验不充分及系统自身失效机理复杂,导致这些复杂系统甚至其部件的可靠性模型可信度较低,系统可靠性评估结果的不确定性较大。因此,建立能够处理数据、模型等各类不确定性的可靠性建模与分析方法,会对这些装备的设计、运行和维护具有重要意义。

基于上述复杂系统可靠性分析需求,选择合理的方法建立系统可靠性模型,精准描述影响系统可靠性的各种因素,并在此基础上采用解析或仿真方法对模型进行求解,是唯一可行的解决办法。

早在 20 世纪 50 年代,随着可靠性问题被提出和重视,就已经出现了最早的可靠性建模框图法。对于结构和使用条件非常复杂的动态系统,常见的可靠性建模和分析方法有可靠性框图法、故障树法、网络图法、Markov 法、蒙特卡罗方法、贝叶斯法、Petri 网法等。不同的可靠性建模方法,决定了可靠性模型的复杂度,其解算难度也不同。

(1) 可靠性框图法

可靠性框图是一种最早被设计出来的可靠性模型,以图形化的方式描述系统各组成部分的故障逻辑关系,直观地反映了系统的功能构成。可靠性框图可以从系统功能框图中转化而来,具有很强的逻辑直观性,依靠方框和连线的布置,绘制出系统的各个部分发生故障时对系统功能特性的影响,反映各个部件之间的连接关系而与部件之间的顺序无关。定量分析时,是依据可靠性框图中的各部件逻辑连接关系,用普通概率关系式(包含全概率公式)来确定可靠性数学模型。可靠性框图构建的模型逻辑简单,但对于复杂逻辑(如相关性问题、复杂网络、多阶段任务)和非指数分布情况,建模和解析计算困难。

(2) 可靠性网络图法

可靠性网络图法是一种利用图形化方式描述系统各组成部分之间路径连通逻辑的建模分析方法,可直观反映系统功能信息的流转关系,特别适用于大型复杂网络的描述,在工程中有一定应用。该方法目前还难以表达一些复杂的功能逻辑关系(如表决、备份、时序等),分析计算基本上需要借助程序软件完成。

(3) 故障树法

故障树法是一种立足于事件的可靠性建模方法,它以系统某一不希望发生的事件(顶事件)作为分析目标,向下逐层追查导致顶事件的所有原因,一直追寻到引发中间事件的全部基本部件状态(底事件),从而确定系统故障原因的各种可能组合方式及其发生概率,从而确定系统故障率。在故障树分析中,将顶事件、中间事件、底事件及逻辑门连接成树形逻辑图,描述系统中各种事件之间的因果关系。为提升故障树在描述系统动态性上的局限性,研究者提出了动态故障树,通过引入顺序相关门、优先与门、触发门、各类备件门等,实现了对具有顺序相关、资源共享、冷热备份等系统的可靠性分析,然而由于动态故障树本身不具有严密的数学基础,在进行可靠性计算时,还要借助 Markov 或蒙特卡罗方法来实施。

(4) 贝叶斯法

贝叶斯网络从推理机制和故障状态描述上看与故障树有很大的相似性,还具备描述事件多态性、非确定性逻辑、有限部件相关失效的能力。故障树可转化为贝叶斯网络,为便于建模可沿用故障树事件、逻辑门与贝叶斯网络节点的映射关系。贝叶斯网络的可靠性分析用最小路(割)集求解,利用贝叶斯网络的推理算法求解底事件的重要度。

(5) Markov 法

Markov 法是一种通过系统状态(如工作、不工作)及状态转换(如由于故障从工作状态转入不工作状态)方式来描述系统内各部件之间的复杂相互作用的可靠性建模分析方法。

Markov 模型仅有结点和连接结点的方向线,建模容易表达方便,常用于可维修产品的可靠性分析中,它还能分析系统相关性和多态性问题,并用来处理共享维修、多种动态冗余、覆盖,但它在建模和计算中受到了状态空间组合爆炸问题的困扰,同时,Markov 模型不能提供直观表达,在处理部件非指数分布情况时也比较困难。

(6) Petri 网法

Petri 网是一种网状结构信息流模型,利用了状态节点、转移节点、输入/输出弧、标记等进行元素,对系统的组织结构和动态行为进行充分描述。对具有并发、异步、分布及并行特征的系统有很好的适用性,可以较好地描述系统的时间性、不确定性和系统的随机特性,作为一种图形处理工具在建立模型中既直观又形象,便于表达和建模。在 Petri 网基础上发展起来的CPN、TPN、SPN、GSPN 等高级 Petri 网已大量应用于系统可靠性建模和分析。目前 Petri 网在可靠性领域中的应用仍处于发展阶段,利用 Petri 网求解系统可靠性还要借助 Markov 或半Markov 理论,它也面临着指数爆炸及适用范围较窄的问题。

可以看到,上述的传统可靠性建模方法都有自己的特点,其优势和劣势都非常明显。可靠性框图和故障树模型主要适用于静态系统建模,Markov、动态故障树、SPN 等则更适用于动态系统建模,而且每种模型在对复杂系统特性的描述上都有自己的选择性。因此,对于受模型描述能力限制而无法描述的系统,采用蒙特卡罗方法可以更自由地对系统行为和可靠性进行描述,因此 20 世纪 80 年代起,蒙特卡罗方法在系统可靠性建模和计算中开始被研究和使用。蒙特卡罗方法通过随机抽样获得系统随机状态,采用统计的方法来估算概率,它为可靠性计算提供了一种仿真方法,有效解决了解析法中对模型要求高、解算困难等突出问题。

5.1.2 可靠性仿真模型的统计量

利用蒙特卡罗方法完成系统可靠性仿真后,需要对描述系统可靠性的特征量进行统计评估,这就要求给出系统可靠性的仿真统计量及其估计值,一般分为以下两类。

① 概率指标:反映给定时间 t 的瞬态可靠性,包括可靠度、不可靠度、故障密度、故障率和重要度等。

② 寿命指标:反映整个统计区间内的可靠性平均特性。包括平均寿命、给定可靠度的寿命和平均剩余寿命等。

下面将逐项讨论构造这些仿真统计量估计值的方法。

5.1.2.1 可靠度和不可靠度

给定时间 t,则可靠度就是指产品在 $[0,t]$ 内完成规定功能(或正常工作)的概率。若产品寿命 ξ 是随机变量,则可靠度 $R(t)$ 为

$$R(t)=P(\xi>t)$$

显然,不可靠度 $F(t)$ 为

$$F(t)=P(\xi\leqslant t)$$

若在给定时间 $[0,t]$ 内,进行 N 次蒙特卡罗仿真试验,设随机变量 $x_i(t)$ 为

$$x_i(t)=\begin{cases}1, & \text{表示第 } i \text{ 次试验中事件 } \xi>t \text{ 发生}\\0, & \text{表示第 } i \text{ 次试验中事件 } \xi\leqslant t \text{ 发生}\end{cases} \tag{5-1}$$

若发生的故障次数为 $n_F(t)$（即寿命抽样值 $\xi \leqslant t$ 发生次数），未发生故障的次数为 $n_w(t)$（即寿命抽样值 $\xi > t$ 发生次数），显然有 $n_w(t) = \sum\limits_{i=1}^{N} x_i(t)$，并且 $n_w(t) + n_F(t) = N$，则可靠度和不可靠度的估计值为

$$\hat{R}(t) = \frac{n_w(t)}{N} = \frac{1}{N}\sum_{i=1}^{N} x_i(t) \tag{5-2}$$

$$\hat{F}(t) = \frac{n_F(t)}{N} = 1 - \frac{1}{N}\sum_{i=1}^{N} x_i(t) \tag{5-3}$$

随机变量 $x_i(t)$ 的数学期望和方差分别为

$$E[x_i(t)] = 1 \times R(t) + 0 \times [1 - R(t)] = R(t) \tag{5-4}$$

$$D[x_i(t)] = [1 - R(t)]^2 \times R(t) + [0 - R(t)]^2 \times [1 - R(t)] = R(t)F(t) \tag{5-5}$$

若给定置信度 $1-\alpha$，X_α 为对应 α 的正态分位数，且 $D[x_i(t)]$ 用方差无偏估计值来替代，则依据式(3-20)和式(3-21)，得到可靠度估计值的绝对误差和相对误差为

$$\delta_{\hat{R}(t)} \leqslant \frac{X_\alpha}{\sqrt{N-1}}\sqrt{\hat{R}(t)\hat{F}(t)} \tag{5-6}$$

$$\varepsilon_{\hat{R}(t)} \leqslant \frac{X_\alpha}{\sqrt{N-1}}\sqrt{\hat{F}(t)/\hat{R}(t)} \tag{5-7}$$

5.1.2.2　故障概率密度

故障概率密度 $f(t)$ 是不可靠度的导数，即 $f(t) = \mathrm{d}F(t)/\mathrm{d}t$。若产品寿命 ξ 是随机变量，在时间 $[0, t]$ 内，进行 N 次蒙特卡罗试验，设随机变量 $z_i(t)$ 为

$$z_i(t) = \begin{cases} 1, & \text{表示第 } i \text{ 次试验中事件 } t < \xi \leqslant t + \Delta t \text{ 发生} \\ 0, & \text{表示第 } i \text{ 次试验中事件 } t < \xi \leqslant t + \Delta t \text{ 不发生} \end{cases} \tag{5-8}$$

若发生的故障次数为 $n_F(t)$（即寿命抽样值 $\xi \leqslant t$ 发生次数），经过 $t + \Delta t$ 时间故障次数为 $n_F(t + \Delta t)$（即寿命抽样值 $\xi \leqslant t + \Delta t$ 发生次数），则有 $\Delta n_F(t) = \sum\limits_{i=1}^{N} z_i(t)$，因此，故障概率密度估计值为

$$\hat{f}(t) = \frac{\Delta F(t)}{\Delta t} = \frac{n_F(t + \Delta t) - n_F(t)}{N\Delta t} = \frac{\Delta n_F(t)}{N\Delta t} = \frac{1}{N}\sum_{i=1}^{N} z_i(t)/\Delta t \tag{5-9}$$

随机变量 $z_i(t)/\Delta t$ 的数学期望和方差分别为

$$E[z_i(t)/\Delta t] = 1/\Delta t \times \Delta F(t) + 0/\Delta t \times [1 - \Delta F(t)] = \Delta F(t)/\Delta t \tag{5-10}$$

$$\begin{aligned} D[z_i(t)/\Delta t] &= [1/\Delta t - \Delta F(t)/\Delta t]^2 \times \Delta F(t) + [0 - \Delta F(t)/\Delta t]^2 \times [1 - \Delta F(t)] \\ &= [1 - \Delta F(t)]\Delta F(t)/(\Delta t)^2 \end{aligned} \tag{5-11}$$

若给定置信度 $1-\alpha$，X_α 为对应 α 的正态分位数，$\Delta\hat{F}(t) = \Delta n_F(t)/N$，且 $D[z_i(t)/\Delta t]$ 用方差无偏估计值来替代，则依据式(3-20)和式(3-21)，$f(t)$ 估计值的绝对误差和相对误差为

$$\delta_{\hat{f}(t)} \leqslant \frac{X_\alpha}{\sqrt{N-1} \cdot \Delta t}\sqrt{[1 - \Delta\hat{F}(t)]\Delta\hat{F}(t)} \tag{5-12}$$

$$\varepsilon_{\hat{f}(t)} \leqslant \frac{X_\alpha}{\sqrt{N-1}}\sqrt{[1 - \Delta\hat{F}(t)]/\Delta\hat{F}(t)} \tag{5-13}$$

5.1.2.3 故障率

故障率是指任意时刻 t 尚未发生故障产品,在下一个单位时间内发生故障的概率。依据该定义,在已知 $f(t)$ 和 $R(t)$ 的估计值时,故障率估计值为

$$\hat{\lambda}(t) = \frac{\hat{f}(t)}{\hat{R}(t)} \tag{5-14}$$

也可利用 $f(t)$ 和 $R(t)$ 计算的过程数据直接估计。假设产品在时间 $[0,t]$ 内,进行 N 次蒙特卡罗仿真试验,发生的故障次数为 $n_F(t)$(即寿命抽样值 $\xi \leqslant t$ 发生次数),经过 $t + \Delta t$ 时间故障次数为 $n_F(t+\Delta t)$(寿命抽样值 $\xi \leqslant t + \Delta t$ 发生次数),则故障率估计值为

$$\hat{\lambda}(t) = \frac{n_F(t+\Delta t) - n_F(t)}{[N - n_F(t)]\Delta t} = \frac{\Delta n_F(t)}{[N - n_F(t)]\Delta t} \tag{5-15}$$

依据式(5-14),可得故障率估计值绝对误差和相对误差的近似计算公式为

$$\delta_{\hat{\lambda}(t)} = [1/\hat{R}(t)]\delta_{\hat{f}(t)} - [\hat{f}(t)/\hat{R}(t)^2]\delta_{\hat{R}(t)} \tag{5-16}$$

$$\varepsilon_{\hat{\lambda}(t)} = \varepsilon_{\hat{f}(t)} - \varepsilon_{\hat{R}(t)} \tag{5-17}$$

5.1.2.4 平均寿命

平均寿命是寿命的平均值,对于不可修复的产品,其平均寿命是指产品故障前工作时间的平均值,通常记为 MTTF (mean time to failure)。

设蒙特卡罗仿真次数为 N,如果测得系统的寿命数据为 $t_1, t_2, \cdots, t_N$,则其平均故障前工作时间的估计值为

$$\hat{T}_{\mathrm{MTTF}} = \frac{1}{N}\sum_{i=1}^{N} t_i \tag{5-18}$$

若每次试验中寿命均值 $E(t_i) = \hat{\mu}$,方差 $D(t_i) = \hat{\sigma}^2$,则依据式(3-20)和式(3-21),当给定置信度 $1 - \alpha$,X_a 为对应 α 的正态分位数时,平均寿命估计值的绝对误差和相对误差为

$$\delta_{\mathrm{MTTF}} \leqslant \frac{x_a}{\sqrt{N}} \cdot \hat{\sigma} \tag{5-19}$$

$$\varepsilon_{\mathrm{MTTF}} \leqslant \frac{x_a}{\sqrt{N}} \cdot \frac{\hat{\sigma}}{\hat{\mu}_N} \tag{5-20}$$

5.1.2.5 给定可靠度的寿命

给定可靠度 R 条件下,对应的产品寿命(即可靠寿命)为 T_R,满足 $P(T > T_R) = R$,即 T_R 是给定概率为 $1 - R$ 的寿命分布的下侧分位数。

$$\int_0^{T_R} f(t)\mathrm{d}t = 1 - R \tag{5-21}$$

假设蒙特卡罗仿真次数为 N,测得系统的寿命数据为 $t_1, t_2, \cdots, t_N$,它们由小到大排列可得 $t_1' \leqslant t_2' \leqslant \cdots \leqslant t_N'$,对于第 $[N(1-R)] + 1$ 个次序统计量 $t'_{[N(1-R)]+1}$,当 $N \rightarrow \infty$ 时,其渐近服从如下正态分布

$$t'_{[N(1-R)]+1} \sim N\left[T_R, \frac{1}{f^2(T_R)} \cdot \frac{(1-R)R}{N}\right] \tag{5-22}$$

式中,T_R 为给定可靠度 R 的寿命;f 为寿命的密度函数;[]表示取整运算。因此,当 $N \rightarrow \infty$

时,给定可靠度的寿命 T_R 的无偏估计值为

$$\hat{T}_R = t'_{\lceil N(1-R) \rceil + 1}$$ (5-23)

若给定置信度 $1-\alpha$,X_α 为对应 α 的正态分位数,可靠寿命估计值的仿真绝对误差和相对误差分别为

$$\delta_{\hat{T}_R} \leqslant \frac{x_\alpha}{\sqrt{N}} \sqrt{(1-R)R}/f(\hat{T}_R)$$ (5-24)

$$\varepsilon_{\hat{T}_R} \leqslant \frac{x_\alpha}{\sqrt{N}} \frac{1}{\hat{T}_R} \sqrt{(1-R)R}/f(\hat{T}_R)$$ (5-25)

5.1.2.6　平均剩余寿命

若产品寿命 ξ 是随机变量,产品已经正常工作 t 时间后,再继续正常工作 x 时间的概率为 $R(x \mid t)$,则有

$$R(x|t) = P(\xi > x+t | \xi > t) = \frac{P(\xi > x+t)}{P(\xi > t)} = \frac{R(x+t)}{R(t)}$$ (5-26)

平均剩余寿命(mean residual life,MRL)是产品已工作了 t 时间后,再继续工作 x 时间的平均值,记为 MRL(t),即

$$\begin{aligned} \text{MRL}(x) &= \int_0^{+\infty} R(x \mid t) \mathrm{d}x = \frac{1}{R(t)} \int_t^{+\infty} R(x) \mathrm{d}x \\ &= \frac{1}{R(t)} \left[xR(x) \Big|_t^{+\infty} - \int_t^{+\infty} x \frac{\mathrm{d}R(x)}{\mathrm{d}x} \mathrm{d}x \right] \\ &= \frac{1}{R(t)} \int_t^{+\infty} xf(x) \mathrm{d}x - t \end{aligned}$$ (5-27)

设蒙特卡罗仿真次数为 N,测得系统寿命数据为 $t_1, t_2, \cdots, t_N$,若 $n_w(t)$ 为 $t_i > t$ 发生次数(即寿命抽样值 $\xi > t$ 发生次数),式(5-27)中 $R(t)$ 由 $\hat{R}(t) = n_w(t)/N$ 替代,则系统已经正常工作了 t 时间后,平均剩余寿命的估计值为

$$\hat{T}_{\text{MRL}} = \frac{1}{n_W(t)} \sum_{t_i > t} t_i - t \quad (n_W(t) > 1)$$ (5-28)

平均剩余寿命方差的计算公式[2]为

$$\hat{\sigma}^2 = \frac{1}{n_W(t)-1} \sum_{t_i > t} (t_i - t)^2 - \frac{n_W(t)}{n_W(t)-1} \left[\frac{1}{n_W(t)} \sum_{t_i > t} (t_i - t) \right]^2$$ (5-29)

给定置信度 $1-\alpha$,X_α 为对应 α 的正态分位数,平均剩余寿命估计值的仿真绝对误差和相对误差为

$$\delta_{\hat{T}_{\text{MRL}}} \leqslant x_\alpha \frac{\sqrt{N}}{n_W(t)} \hat{\sigma}$$ (5-30)

$$\varepsilon_{\hat{T}_{\text{MRL}}} \leqslant x_\alpha \frac{\sqrt{N}}{n_W(i)} \frac{\hat{\sigma}}{\hat{T}_{\text{MRL}}}$$ (5-31)

5.1.2.7　重要度

系统由 n 个单元组成,每个单元的累积概率密度函数为 $F_i(t)(1 \leqslant i \leqslant n)$,系统的累积概率

密度函数为 $F_S(t)$，则有 $F_S(t)=f[F_1(t),F_2(t),\cdots,F_n(t)]$。每个单元故障对系统故障的影响程度，可采用四个重要度指标描述，即概率重要度、关键重要度、基本重要度和模式重要度。

第 i 个单元 $(1 \leqslant i \leqslant n)$ 的概率重要度定义为

$$I_i^P(t)=\frac{\partial F_S(t)}{\partial F_i(t)} \quad (1 \leqslant i \leqslant n) \tag{5-32}$$

第 i 个单元 $(1 \leqslant i \leqslant n)$ 的关键重要度定义为

$$I_i^C(t)=\frac{\partial F_S(t)}{\partial F_i(t)} \cdot \frac{F_i(t)}{F_S(t)} \quad (1 \leqslant i \leqslant n) \tag{5-33}$$

显然，关键重要度要比概率重要度能更好反映单元故障对系统故障的影响程度。

设蒙特卡罗仿真次数为 N，在 $[0,t]$ 内系统发生故障次数为 $n_F(t)$（即系统寿命抽样值 $\xi \leqslant t$ 发生次数），第 i 个单元发生故障次数为 $n_{Fi}(t)$（即第 i 个单元的寿命抽样值 $\xi_i \leqslant t$ 发生次数）。在 $[0,t+\Delta t]$ 内第 i 个单元发生故障次数为 $n_{Fi}(t+\Delta t)$，在 $(t,t+\Delta t]$ 内第 i 个单元故障导致系统故障的次数为 $\Delta n_F(i)$，则第 i 个单元的概率重要度和关键重要度的估计值为

$$\hat{I}_i^P(t)=\frac{\Delta n_F(i)}{n_{Fi}(t+\Delta t)-n_{Fi}(t)} \quad (1 \leqslant i \leqslant n) \tag{5-34}$$

$$\hat{I}_i^C(t)=\frac{\Delta n_F(i)}{n_{Fi}(t+\Delta t)-n_{Fi}(t)} \cdot \frac{n_{Fi}(t)}{n_F(t)} \quad (1 \leqslant i \leqslant n) \tag{5-35}$$

注意，在第 $j(1 \leqslant j \leqslant N)$ 次仿真中，若第 i 个单元寿命为 $\xi_i^{(j)}(1 \leqslant j \leqslant n)$，则根据可靠性模型计算系统寿命 $\xi_S^{(j)}$，如果系统寿命恰好为 $\xi_S^{(j)}=\xi_i^{(j)}$，则单元 i 就是导致系统发生故障的单元，并且有 $\Delta n_F(i)=\Delta n_F(i)+1$。

当仅关注统计周期 $T_{\max}$ 内各单元的重要度时，则一般考虑用基本重要度和模式重要度。在上述的蒙特卡罗仿真假设条件下，若 $[0,T_{\max}]$ 内第 i 个单元故障导致系统故障的次数为 $n_F(i)$，则第 i 个单元的基本重要度 $I_i^B(t)$ 和模式重要度 $I_i^N(t)$ 的估计值为

$$\hat{I}_i^B(T_{\max})=\frac{n_F(i)}{n_{Fi}(T_{\max})} \quad (1 \leqslant i \leqslant n) \tag{5-36}$$

$$\hat{I}_i^N(T_{\max})=\frac{n_F(i)}{\sum\limits_{i=1}^{n} n_F(i)} \approx \frac{n_F(i)}{N} \quad (1 \leqslant i \leqslant n) \tag{5-37}$$

如果规定的 $T_{\max}$ 足够大，则式 (5-37) 中的系统总失效数应等于仿真次数为 N。

5.2 可靠性框图模型的仿真

5.2.1 典型可靠性框图模型

可靠性框图（reliability block diagram, RBD）模型是系统可靠性分析中应用最为广泛的模型。可靠性框图模型就是用方框表示的系统各组成部分的故障或它们的组合如何导致产品故

障的逻辑图模型,通过图形化的方式,依靠方块和连线的布置,以系统的功能构成为基础来描述系统中各个组成部分的故障逻辑关系。典型可靠性框图模型的类型划分如图 5-1 所示。

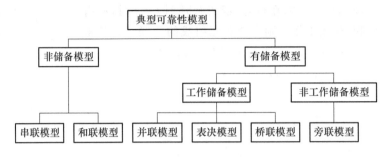

图 5-1　可靠性框图模型的分类

5.2.1.1　串联模型

系统的所有组成单元中任一单元的故障都会导致整个系统故障的情况,可用串联模型表示,其可靠性框图如图 5-2 所示。设第 i 个单元寿命为 X_i,可靠度为 $R_i(t)=P\{X_i>t\}$,$i=1,2,\cdots,n$。假定 $X_1,X_2,\cdots,X_n$ 相互独立,若初始时刻 $t=0$ 时,所有单元都是正常的且同时开始工作。则由 n 个单元组成的串联系统的寿命 $X=\min\{X_1,X_2,\cdots,X_n\}$,系统的可靠性模型为

$$R_S(t)=P\{\min\{X_1,X_2,\cdots,X_n\}>t\}=\prod_{i=1}^{n}P\{X_i>t\}=\prod_{i=1}^{n}R_i(t)=\prod_{i=1}^{n}e^{-\int_0^t\lambda_i(t)\,dt}$$

$$(5-38)$$

式中,$R_S(t)$——系统的可靠度;

　　　$R_i(t)$——单元的可靠度;

　　　$\lambda_i(t)$——单元的故障率。

图 5-2　串联模型

系统的失效率为

$$\lambda(t)=\frac{-R'(t)}{R(t)}=\sum_{i=1}^{n}\lambda_i(t)$$

$$(5-39)$$

因此,串联系统的失效率是所有失效独立单元的失效率之和。

当 $R_i(t)=\exp\{-\lambda_i t\}$,$i=1,2,\cdots,n$,即当第 i 个部件的寿命服从参数 λ_i 的指数分布时,系统的可靠度和平均寿命为

$$\begin{cases} R(t)=\exp\left\{-\sum_{i=1}^{n}\lambda_i t\right\} \\ \text{MTTF}=1/\sum_{i=1}^{n}\lambda_i \end{cases}$$

$$(5-40)$$

5.2.1.2　并联模型

组成系统的所有单元都发生故障时,系统才发生故障的系统表示为并联模型。并联模型

是最简单的工作储备模型,其可靠性框图如图 5-3 所示。

设第 i 个单元寿命为 X_i,可靠度为 $R_i(t) = P\{X_i > t\}$,$i = 1$,$2,\cdots,n$。假定 $X_1, X_2,\cdots,X_n$ 相互独立,若初始时刻 $t = 0$ 时,所有单元都正常的且同时开始工作。则 n 个单元组成的并联系统的寿命 $X = \max\{X_1, X_2,\cdots,X_n\}$,系统的可靠性模型为

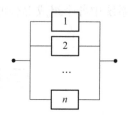

图 5-3　并联模型

$$
\begin{aligned}
R_S(t) &= P\{\max(X_1, X_2,\cdots,X_n) > t\} \\
&= 1 - P\{\max(X_1, X_2,\cdots,X_n) \leqslant t\} \\
&= 1 - \prod_{i=1}^{n} P\{X_i \leqslant t\} \\
&= 1 - \prod_{i=1}^{n} [1 - R_i(t)]
\end{aligned}
\tag{5-41}
$$

式中,$R_S(t)$——系统的可靠度;

$R_i(t)$——单元的可靠度。

当 $R_i(t) = e^{-\lambda_i t}$,$i = 1, 2,\cdots,n$,即单元寿命服从参数为 λ_i 的指数分布时,系统可靠度为

$$
R_S(t) = \sum_{i=1}^{n} e^{-\lambda_i t} - \sum_{1 \leqslant i < j \leqslant n} e^{-(\lambda_i + \lambda_j)t} + \sum_{1 \leqslant i < j < k \leqslant n} e^{-(\lambda_i + \lambda_j + \lambda_k)t} + \cdots + (-1)^{n-1} e^{-(\sum_{i=1}^{n} \lambda_i)t}
\tag{5-42}
$$

系统的平均寿命为

$$
\mathrm{MTTF} = \int_0^{+\infty} R(t)\mathrm{d}t = \sum_{i=1}^{n} \frac{1}{\lambda_i} - \sum_{1 \leqslant i < j \leqslant n} \frac{1}{\lambda_i + \lambda_j} + \cdots + (-1)^{n-1} \Big/ \sum_{i=1}^{n} \lambda_i
\tag{5-43}
$$

对于 n 个相同单元的并联系统,当单元寿命分布服从指数分布时,有

$$
\begin{cases}
R_S(t) = 1 - (1 - e^{-\lambda t})^n \\
\mathrm{MTTF} = \int_0^{+\infty} [1 - (1 - e^{-\lambda t})^n]\mathrm{d}t = \sum_{i=1}^{n} 1/i\lambda
\end{cases}
\tag{5-44}
$$

5.2.1.3　表决模型

由 n 个单元及一个表决器组成的表决系统,当表决器正常时,正常单元数不小于 $k(1 \leqslant k \leqslant n)$,系统就不会故障,这样的系统称为 $k/n(G)$ 表决模型,其中 G 表示系统完好。它是工作储备模型的一种形式,其可靠性框图如图 5-4 所示。

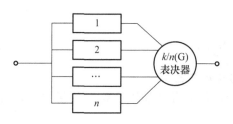

图 5-4　$k/n(G)$ 表决模型

设第 i 个单元寿命为 X_i,$X_1, X_2,\cdots,X_n$ 相互独立,且每个单元的可靠度均为 $R(t)$,若 $t = 0$ 时刻所有单元都正常且同时开始工作。则 n 个单元组成的表决系统的可靠性模型为

$$
R_S(t) = R_m \sum_{i=r}^{n} C_n^i R(t)^i (1 - R(t))^{n-i}
\tag{5-45}
$$

式中,$R_S(t)$——系统的可靠度;

$R(t)$——单元的可靠度;

$R_m(t)$——表决器的可靠度。

当单元寿命服从指数分布 $R(t) = e^{-\lambda t}$,表决器可靠度 $R_m(t) = 1$,系统可靠度为

$$R_{\mathrm{S}}(t) = \sum_{i=k}^{n} C_n^i \mathrm{e}^{-i\lambda t} \ (1 - \mathrm{e}^{-\lambda t})^{n-i} \tag{5-46}$$

系统平均寿命

$$\mathrm{MTTF} = \int_0^{\infty} \sum_{i=k}^{n} C_n^i \mathrm{e}^{-i\lambda t} (1 - \mathrm{e}^{-\lambda t})^{n-i} \mathrm{d}t = \frac{1}{\lambda} \sum_{i=k}^{n} \frac{1}{i} \tag{5-47}$$

5.2.1.4　冷储备旁联模型

设系统由 n 个单元组成,在起始时刻只有一个单元开始工作,其他工作单元处于冷储备状

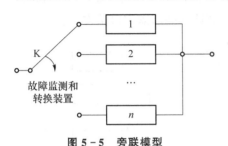

图 5-5　旁联模型

态。当工作单元故障时,通过故障监测转换装置,一个储备单元接替故障单元继续工作,直到所有储备单元都故障时系统才故障,这样的系统称为冷储备旁联模型,其可靠性框图如图 5-5 所示。

根据系统中检测转换装置 K 的工作状态,冷储备旁联系统可分为以下两种情况。

1. 检测转换装置完全可靠的情况

假设这 n 个单元的寿命分别为 $X_1, X_2, \cdots, X_n$,且相互独立。显然,冷储备旁联模型的寿命是 $X_1 + X_2 + \cdots + X_n$,因此系统可靠度是

$$R(t) = 1 - P\{X_1 + \cdots + X_n \leqslant t\} = 1 - F_1(t) * F_2(t) * \cdots * F_n(t) \tag{5-48}$$

式中,$F_i(t)$——第 i 个单元的寿命分布;

$*$——卷积运算,即 $x(t) * y(t) = \int_0^t y(t-u)\mathrm{d}x(u)$。

系统的平均寿命是

$$\mathrm{MTTF} = E(X_1 + X_2 + \cdots + X_n) = \sum_{i=1}^{n} E(X_i) = \sum_{i=1}^{n} \mathrm{MTTF}_i \tag{5-49}$$

式中,MTTF_i——第 i 个部件的平均寿命。

当单元的寿命服从参数为 λ_i 的指数分布,即 $F_i(t) = 1 - \mathrm{e}^{-\lambda t}, i = 1, 2, \cdots, n$,且 $\lambda_1, \lambda_2, \cdots, \lambda_n$ 两两互不相等时,冷储备旁联系统的可靠度和平均寿命为

$$\begin{cases} R_{\mathrm{S}}(t) = \sum_{i=1}^{n} \left[\prod_{k=1, k \neq i}^{n} \dfrac{\lambda_k}{\lambda_k - \lambda_i} \right] \mathrm{e}^{-\lambda_i t} \\ \mathrm{MTTF} = \sum_{i=1}^{n} 1/\lambda_i \end{cases} \tag{5-50}$$

当系统的各单元故障率相同,即 $\lambda_i = \lambda, i = 1, 2, \cdots, n$ 时,系统可靠度和平均寿命为

$$\begin{cases} R_{\mathrm{S}}(t) = \sum_{i=0}^{n-1} \dfrac{(\lambda t)^i}{i!} \mathrm{e}^{-\lambda t} \\ \mathrm{MTTF} = n/\lambda \end{cases} \tag{5-51}$$

2. 检测转换装置不完全可靠(寿命服从伯努利分布)的情况

检测转换装置 K 不完全可靠时,系统存在以下两种失效形式:

(1)当正在工作的单元发生失效使用 K 时,若 K 失效则系统失效;

(2)所有 $n-1$ 次使用 K 时,K 都正常,在这种情况下,n 个单元均失效时系统失效。

假设系统 n 个单元的寿命分别为 $X_1, X_2, \cdots, X_n$,单元寿命均服从参数为 λ 的指数分布,

即 $R_i(t) = e^{-\lambda t}$，$i=1,2,\cdots,n$，检测转换装置 K 寿命服从正常概率为 R_K 的伯努利分布，它们之间相互独立。则系统可靠度和平均寿命为[3]

$$\begin{cases} R_S(t) = \sum_{i=0}^{n-1} \dfrac{(\lambda R_K t)^i}{i!} e^{-\lambda t} \\ \mathrm{MTTF} = (1-p^n)/[\lambda(1-p)] \end{cases} \qquad (5-52)$$

5.2.1.5　和联模型

在系统的任务过程中，可能出现多支路并行，并以一定概率取到其中某一条支路，这种系统可用和联模型表示，其可靠性框图如图 5-6 所示。和联模型的数学模型为

$$R_S(t_S) = P_1 \cdot R_1(t_1) + P_2 \cdot R_2(t_2) + \cdots + P_n \cdot R_n(t_n) \qquad (5-53)$$

式中，$R_S(t_S)$——系统的可靠度；

　　　$R_i(t_i)$——单元 i 的可靠度；

　　　t_S——系统工作时间；

　　　t_i——i 个单元工作时间；

　　　P_i——i 个单元被选中概率。

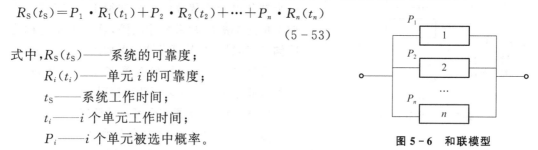

图 5-6　和联模型

若各单元寿命均服从指数分布，由和联模型特征可知：$t_i/t_S = P_i$ 则有

$$R_S(t_S) = P_1 e^{-\lambda_1 t_1} + P_2 e^{-\lambda_2 t_2} + \cdots + P_n e^{-\lambda_n t_n} = \sum_{i=1}^{n} P_i e^{-P_i \lambda_i t_S} \qquad (5-54)$$

5.2.2　可靠性框图模型的仿真基本原理和算法

蒙特卡罗方法用于求解系统可靠性问题时，其主要思想也是借助随机抽样技术对系统各个单元的故障进行模拟，进而通过系统可靠性框图模型判定系统的故障状态，最终通过大量仿真试验，统计得到表征系统可靠性的相关指标（即统计量）的最终结果。

依据蒙特卡罗方法求解系统问题的三个基本步骤（3.1.2.2 节），得到利用蒙特卡罗方法分析系统可靠性框图模型并计算系统可靠度的过程如图 5-7 所示。

1. 构造或描述系统可靠性的概率模型

步骤 1：假设系统由 n 个基本单元 X_i 组成，第 i 个单元寿命分布函数 $F_i(t)$（$1 \leqslant i \leqslant n$），收集 n 个基本单元数据，确认所有单元的寿命分布均为已知；通过分析系统内各单元之间的功能逻辑关系，利用 5.2.1 节的典型可靠性模型，已经构建完成了整个系统的可靠性框图。

2. 单元失效分布抽样和系统失效时间判定

设蒙特卡罗仿真次数为 N，在第 j（$1 \leqslant j \leqslant N$）次仿真中，执行以下步骤。

步骤 2：对各单元寿命分布进行抽样，取得每一个基本单元失效时间的样本。即针对系统的第 i（$1 \leqslant i \leqslant n$）个基本单元 X_i，选取 $(0,1)$ 区间内随机数 ξ_i^*，根据 i 基本单元寿命的分布函数 $F_i(t)$（$1 \leqslant i \leqslant n$）进行随机抽样，得第 i 个基本单元寿命的抽样值 $t_{ij} = F_i^{-1}(\xi_i^*)$（$1 \leqslant i \leqslant n$）。此时，对应第 i 个基本单元在 t 时刻的状态变量为

$$x_{ij}(t) = \begin{cases} 0(\text{失效状态}), & t \geqslant t_{ij} \\ 1(\text{正常状态}), & t < t_{ij} \end{cases} \qquad (5-55)$$

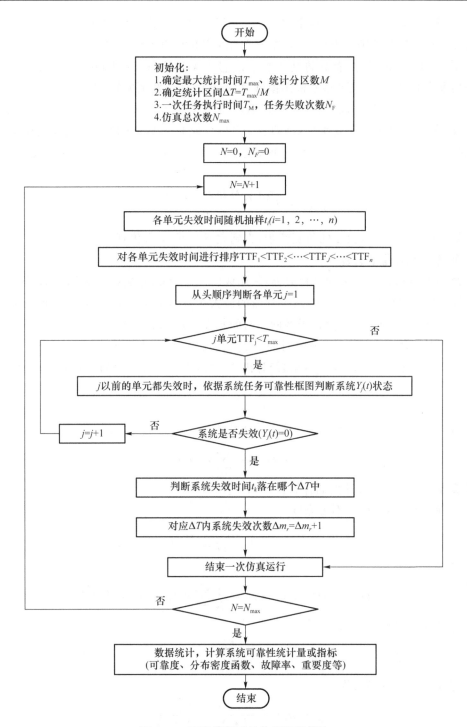

图 5-7　可靠性框图的仿真逻辑算法

重复 $F_i(t)$ ($1 \leqslant i \leqslant n$)抽样过程,得到所有 n 个基本单元的失效时间为 $t_{1j}, t_{2j}, \cdots, t_{ij}, \cdots, t_{nj}$。

步骤 3:排序。将这 n 个基本单元失效时间按从小到大排序,假设由小到大的顺序排序为 $\mathrm{TTF}_1 < \mathrm{TTF}_2 < \cdots < \mathrm{TTF}_k < \cdots < \mathrm{TTF}_n$,与之对应的单元 X_i 的顺序为 $Z'_1, Z'_2, \cdots, Z'_k, \cdots, Z'_n$。

步骤 4:系统状态判定,确定系统失效时间。按照单元失效时间顺序,将对应的失效单元

$Z'_1, Z'_2, \cdots, Z'_k, \cdots, Z'_n$ 的状态 x_{ij},逐个代入到系统可靠性框图模型中,判断系统的对应状态。当系统出现由正常转为故障状态时,对应的某单元失效时间 TTF_k 就是系统失效时间。

① 按前面排好的顺序,首先将基本单元 Z'_1 置于失效状态($t = \mathrm{TTF}_1$),其余的基本单元在此时刻均未失效,借助系统可靠性框图模型,检查系统是否发生失效。

② 如果系统未发生失效,则将基本单元 Z'_2 置于失效状态($t = \mathrm{TTF}_2$),再次检查系统是否发生失效,直到 Z'_k 基本单元发生失效(即 $t = \mathrm{TTF}_k$),此时 Z'_k 以前的基本单元均处于失效状态。如果此时系统发生失效,则系统失效时间就是 $t_{kj} = \mathrm{TTF}_k$,则对应系统在 t 时刻发生失效的状态变量为

$$Y_j(t) = \begin{cases} 0 \ (\text{失效状态}), & t \geqslant t_{kj} \\ 1 \ (\text{正常状态}), & t < t_{kj} \end{cases} \tag{5-56}$$

重复上述步骤 2~步骤 4 的仿真流程,直到完成全部 N 次仿真试验。

3. 可靠性统计量的计算

步骤 5:通过仿真中记录的过程数据,采用区间法进行系统相关可靠性指标计算。

假设蒙特卡罗仿真次数为 N,系统寿命的最大统计区间为 $(0, T_{\max})$,统计区间分为 M 个子区间($1 \leqslant r \leqslant M$),则每一个统计子区间的时间长度 $\Delta T = T_{\max}/M$。

在第 j 次仿真中,假设系统失效时间为 t_{kj},则统计落入相应 (t_{r-1}, t_r) 时间段内失效次数 $\Delta n_r(t_r)$ 为 1 次。利用状态变量 $Y_j(t_{kj})$ 统计出 N 次仿真中系统失效的时间分布,则有

$$\Delta n_r(t_r) = \sum_{j=1}^{N} \left[Y_j(t_r) - Y_j(t_{r-1}) \right] \tag{5-57}$$

在 N 次仿真中,$(0, t_r]$ 区间内系统失效次数为

$$n_r(t_r) = \sum_{j=1}^{N} Y_j(t_r) \tag{5-58}$$

系统可靠性相关的统计量的计算公式如下。

① 系统累计失效概率(不可靠度)为

$$F_{\mathrm{S}}(t_r) = P(t \leqslant t_r) \approx \frac{1}{N} \sum_{j=1}^{N} Y_j(t_r) = \frac{n_r(t_r)}{N} \tag{5-59}$$

② 系统可靠度为

$$R_{\mathrm{S}}(t_r) = P(t > t_r) \approx 1 - \frac{1}{N} \sum_{j=1}^{N} Y_j(t_r) = 1 - \frac{n(t_r)}{N} \tag{5-60}$$

③ 系统失效概率分布为

$$p_{\mathrm{S}}(t_r) = P(t_{r-1} - t_r) \approx \frac{1}{N} \sum_{j=1}^{N} \left[Y_j(t_r) - Y_j(t_{r-1}) \right] = \frac{\Delta n_r}{N} \tag{5-61}$$

④ 系统失效密度函数为

$$f_{\mathrm{S}}(t_r) \approx \frac{p_{\mathrm{S}}(t_r)}{N \cdot \Delta t} \approx \frac{\Delta n(t_r)}{N \cdot \Delta t} \tag{5-62}$$

⑤ 系统失效率函数为

$$\hat{\lambda}(t_r) = \frac{\hat{f}(t_r)}{\hat{R}(t_r)} \approx \frac{\Delta n(t_r)}{[N - n(t_r)] \cdot \Delta t} \tag{5-63}$$

⑥ 系统平均寿命为

$$\text{MTTF} \approx \sum_{t_r=\Delta t}^{T_{\max}} \left[\left(t_r - \frac{1}{2}\Delta t\right) \cdot p_s(t_r) \right] \tag{5-64}$$

⑦ 系统可靠寿命为

设 N 次仿真中得到的系统寿命为 $t_1, t_2, \cdots, t_N$，它们由小到大排列可得 $t'_1 \leqslant t'_2 \leqslant \cdots \leqslant t'_N$，对于第 $[N(1-R)]+1$ 个次序统计量 $t'_{[N(1-R)]+1}$ 即是对应可靠度 R 的系统寿命。

⑧ 系统平均剩余寿命为

$$\text{MRL} \approx \frac{1}{n_W(t)} \sum_{t_i > t} t_i - t \tag{5-65}$$

式中，t——给定的系统已正常工作时间；

$t_1, t_2, \cdots, t_N$——N 次仿真得到的系统寿命；

$n_W(t)$——$t_i > t$ 发生次数；

$\sum\limits_{t_i > t} t_i$——相应 $n_W(t)$ 次的系统失效累计值。

⑨ 单元概率重要度 $\hat{I}_i^P(t)$、关键重要度 $\hat{I}_i^C(t)$、基本重要度 $I_i^B(t)$ 和模式重要度 $I_i^N(t)$

$$\hat{I}_i^P(t) = \frac{\Delta n_F(i)}{n_{Fi}(t+\Delta t) - n_{Fi}(t)} \tag{5-66}$$

$$\hat{I}_i^C(t) = \frac{\Delta n_F(i)}{n_{Fi}(t+\Delta t) - n_{Fi}(t)} \cdot \frac{n_{Fi}(t)}{n_F(t)} \tag{5-67}$$

$$\hat{I}_i^B(T_{\max}) = \frac{n_F(i)}{n_{Fi}(T_{\max})} \tag{5-68}$$

$$\hat{I}_i^N(T_{\max}) = \frac{n_F(i)}{N} \tag{5-69}$$

式中，$n_F(t)$——$[0,t]$ 内系统发生失效数；

$n_{Fi}(t)$——第 i 个单元发生失效数；

$n_{Fi}(t+\Delta t)$——$[0,t+\Delta t]$ 内第 i 个单元发生失效数；

$\Delta n_F(i)$——$(t,t+\Delta t]$ 内第 i 个单元失效导致系统失效数；

$n_F(i)$——在 $[0,T_{\max}]$ 内第 i 个单元失效导致系统失效数。

5.2.3　可靠性框图分析示例

某系统由六个基本单元和一个转换开关 K 组成，系统的可靠性模型如图 5-8 所示。已知六个单元的寿命均服从指数分布，其中单元 A 和 C 的失效率为 $0.001\,\text{h}^{-1}$，单元 B 和 D 的失效率为 $0.002\,\text{h}^{-1}$，单元 E 和 F 的失效率为 $0.005\,\text{h}^{-1}$，开关 K 的切换成功率为 0.98。以下利用蒙特卡罗方法分析该系统可靠性并计算相关指标。

1. 仿真模型

图 5-8 的可靠性框图作为仿真逻辑关系。图中单元 E 和 F 是并联关系，单元 A 和 B 是串联关系，单元 C 和 D 是串联关系，而它们构成的组合则是一个由开关 K 控制的旁联系统，当单元 A 和 B 支路失效时，K 控制系统切换到单元 C 和 D 的支路继续工作。整个系统则是由单元 E 和 F 支路与该旁联系统的串联关系。

在第 j 次仿真运行中，对 A~F 这六个单元的指数寿命分布进行抽样，取得每一个单元失

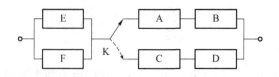

图 5-8　示例的可靠性框图

效时间的样本,即取$(0,1)$区间内随机数 $\xi_j^A, \xi_j^B, \xi_j^C, \xi_j^D, \xi_j^E, \xi_j^F$,得某个基本单元寿命的抽样值 $t_j^i = -\ln(1-\xi_j^i)/\lambda^i (i=A,B,C,D,E,F)$,此时对应的某个单元在 t 时刻的状态变量为

$$x_j^i(t) = \begin{cases} 0\,(\text{失效状态}), & t \geqslant t_j^i \\ 1\,(\text{正常状态}), & t < t_j^i \end{cases} \quad (i=A,B,C,D,E,F) \qquad (5-70)$$

同时取$(0,1)$区间内随机数 ξ_j^K,依据伯努利分布抽样,得到开关 K 转换的抽样值为

$$x_j^K = \begin{cases} 0\,(\text{转换失败状态}), & \xi_j^K > 0.98 \\ 1\,(\text{转换正常状态}), & \xi_j^K \leqslant 0.98 \end{cases} \qquad (5-71)$$

则依据 5.2.1 节的可靠性框图的串联、并联、旁联模型的逻辑关系,对系统状态 S_j 进行逻辑关系判定,即

$$S_j(t) = \begin{cases} [1-(1-x_j^E(t))(1-x_j^F(t))] \cdot x_j^A(t)x_j^B(t), & \text{A—B 支路正常} \\ [1-(1-x_j^E(t))(1-x_j^F(t))] \cdot x_j^K \cdot x_j^C(t)x_j^D(t), & \text{A—B 支路失效} \end{cases} \qquad (5-72)$$

根据式(5-72)判定结果,可获得系统寿命 t_j^S,即如果单元 $i(i=A,B,C,D,E,F)$ 在 t_j^i 时刻失效时,$S_j(t_j^i)=0$,则系统寿命恰好为 $t_j^S = t_j^i$。重复上述抽样和系统状态判定过程,进行 N 次仿真,可统计得到系统可靠性结果。

2. 计算机仿真

根据上述可靠性仿真模型和图 5-7 的算法框图,用 Matlab 语言编写了仿真程序,程序清单和说明在附录 5-1 中介绍,这里只把仿真结果和有关分析给出。

① 系统可靠度 $R_S(t_r)$:图 5-9 表示了 $R_S(t_r)$ 的分布,由图可见由仿真 1 000 次再增加到 10 000 次仿真运行其结果很接近,说明已达到了稳定状态。

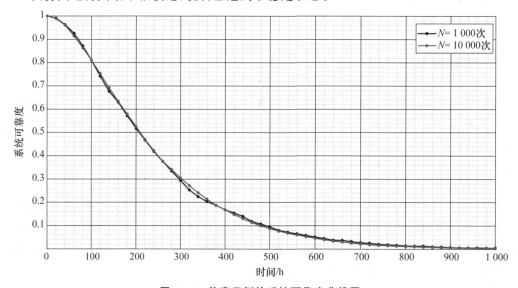

图 5-9　仿真示例的系统可靠度曲线图

② 系统失效概率分布 $p_S(t_r)$ 和失效率 $\lambda(t_r)$：如图 5-10 和图 5-11 所示。

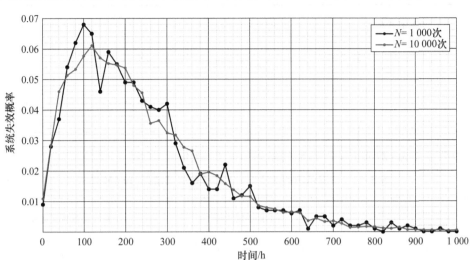

图 5-10　仿真示例的系统失效概率分布图

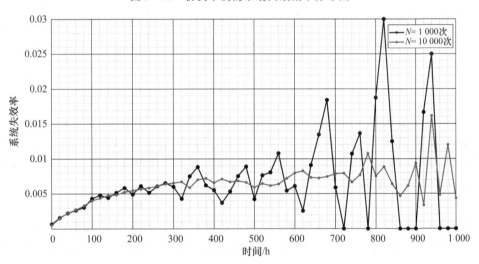

图 5-11　仿真示例的系统失效率曲线图

③ 系统平均寿命 MTTF、可靠寿命 T_R、工作 t 时间后的平均剩余寿命 MRL：相关仿真统计结果列在表 5-1 中，由表结果可见 10 000 次仿真的结果已达到了稳定状态。

表 5-1　示例平均寿命、可靠寿命、平均剩余寿命的仿真计算结果

可靠性指标		仿真次数		
		1 000	10 000	100 000
平均寿命 MTTF/h		243.28	247.89	247.70
可靠寿命 T_R/h	$R=60\%$	172.37	170.27	172.07
	$R=70\%$	130.21	135.43	138.11
	$R=80\%$	110.32	104.49	103.34
	$R=90\%$	66.77	66.48	67.50

可靠性指标		仿真次数		
		1 000	10 000	100 000
工作 T 时间后的平均剩余寿命 MRL/h	$T=50\text{ h}$	206.94	208.79	211.65
	$T=100\text{ h}$	190.15	191.12	191.89
	$T=250\text{ h}$	162.45	163.64	163.65
	$T=500\text{ h}$	123.13	142.53	142.90

④ 重要度指标:四项重要度指标的结果(10 000 次仿真)见表 5-2。

表 5-2 仿真示例的四项重要度指标的仿真结果(10 000 次)

重要度	基本重要度	模式重要度	概率重要度曲线	关键重要度曲线
单元 A	0.013 12	0.002 9		
单元 B	0.017 66	0.006 9		
单元 C	1.000 00	0.075 6		
单元 D	1.000 00	0.149 3		
单元 E	0.452 59	0.387 1		
单元 F	0.442 91	0.378 2		

分析可得以下结论。

a. 单元 C 和 D 的基本重要度、概率重要度的结果都是 1,它与理论上分析一致,即单元 A 和 B 支路失效后,开关 K 切换至单元 C 和 D 支路,只要单元 C 或 D 中任一个失效,就引起系统失效;另一方面,单元 C 与 D 的模式重要度、关键重要度的比例大致为 1:2,也与单元 C 与 D 失效率的比例保持一致。

b. 单元 A 和 B 的基本重要度、概率重要度结果维持在 2% 附近,不为 0,也表明单元 A 或 B 中任意一个出现失效,开关 K 未能成功切换至单元 C 和 D 支路上,从而引起系统失效,与理论上分析一致;另外,单元 A 和 B 的模式重要度、关键重要度的比例关系也大致与其自身失效率的比例保持一致。

c. 单元 E 和 F 是并联关系,因此它们的四项重要度指标基本相同。单元 E 和 F 的模式重要度或关键重要度合计值超过 75%,说明单元 E 和 F 虽然采用了余度措施,但是它们对系统的失效贡献仍然超过了 3/4,因此它们是系统可靠性的主要薄弱环节。由此可见,仿真结果能反映出各单元在系统中的重要程度,对进行系统可靠性分析具有指导意义。

3. 系统仿真试验

在进行系统仿真运行时,一些参数的选择可能影响到仿真的精度,因此有必要进行参数选取的探讨,现在通过仿真试验结果来分析。

(1) 仿真次数选取的影响

蒙特卡罗方法要求仿真次数要足够多,以满足一定的仿真精度。通常可用试算的方法,逐步增加仿真次数并观察其输出结果的变化,要求其数值波动的总趋势是稳定收敛。当给出精度要求时(如用相对的比值来衡量),可以通过估计值来比较。以工作 100 h 的可靠度仿真估计值为例（表 5 - 3），显然，随着仿真次数的增大，可靠度估计值精度不断提高。

表 5 - 3　工作 100 h 的系统可靠度仿真估计值精度的对照

仿真次数	1 000	10 000	100 000	1 000 000	理论精确解
$R(100)$	0.823 0	0.816 2	0.812 22	0.810 462	0.810 207 22
绝对误差百分比	1.578 95%	0.739 66%	0.248 43%	0.031 45%	—

　　本例中没有进行定量分析，但从 1 000 次、10 000 次和 100 000 次的仿真结果可以做出定性分析。如果仅针对可靠度、失效概率分布、平均寿命等指标的结果而言，进行 10 000 次仿真运行即可。

　　（2）仿真统计区间 $[0, T_{max}]$ 数值的影响

　　通常在仿真时要根据系统可能发生失效时间的估计，人为事先选定一个最大仿真时间 T_{max} 进行试运行。若仿真中统计出落在此值以后的失效次数较多，则应加大此数值，直到仿真过程中系统失效时间绝大部分在此值以下时为止。由于 T_{max} 值取太大会造成过多的仿真运行，而太小又影响统计的精度，因此要取得恰当。

5.3　可靠性网络模型的仿真

　　实际系统除了具有串联、并联、表决系统、旁联系统等典型结构外，还有很多是典型结构无法表示的复杂系统，如电路网络系统、交通网络系统、计算机网络系统等。这些具有任意结构系统的可靠性则需要使用网络模型来描述与进行分析。

5.3.1　可靠性网络模型概念及描述

　　可靠性网络模型是由一些节点及连接某些节点对之间的弧组成的一个图形。为此，首先给出图的定义。

5.3.1.1　图的定义

　　规定图 G 是一个三元组 $G = \{V, E, \varphi\}$，并假设：

　　① V 是图 G 的节点集合，是任意有限集合，$V = \{v_1, v_2, \cdots, v_n\}$，并满足 $V \neq \phi$；

　　② E 是图 G 的弧集合，是任意有限集合，$E = \{e_1, e_2, \cdots, e_n\}$，其中 $e_i \in E$，它是 V 的一个无序（或有序）元素对 $\{v_s, v_t\}$，并且 $v_s \neq v_t$，弧 e_i 可以看成是从起点 v_s 出发，经过弧 e_i 到达终点 v_t 的弧，依据弧 e_i 的方向性，又分成有向弧和无向弧两种；

　　③ φ 是图 G 的关联函数，$\varphi: E \rightarrow V \times V$，它包含了图 G 中所有节点与边的连接关系。

　　图 5 - 12 所示就是一种典型桥形网络，其节点集为 $V = \{1, 2, 3, 4\}$，弧的集合 $E = \{a, b, c, d, e\}$ 弧的方向性由箭头在图中标出。

5.3.1.2　网络最小路集

　　定义：在网络图 G 中，从指定的节点 v_1，经过一串弧序列（或一部分弧）可以到达节点 v_2，

则称这个弧序列为从 v_1 到 v_2 的一条路集。若从 v_1 到 v_2 的一条路集的弧序列中,除去任意一条弧后它就不是从 v_1 到 v_2 的路集,则称这种弧序列为从节点 v_1 到 v_2 的一条最小路集。

图 5-13[32] 中,$\{E,F,I,B,C,J,G,H\}$ 是一条路集,其去掉 $\{I,B,C,J\}$ 后仍是路集,因此它不是最小路集,而 $\{A,B,C,D\}$,$\{A,I,J,D\}$,$\{A,I,G,H\}$ 等才是最小路集。最小路集中包含的弧数,称为最小路集的长度。例如,$\{A,B,C,D\}$ 就是一条节点 1 与节点 8 之间的最小路集,长度为 4。

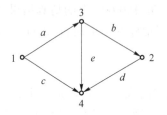

图 5-12　桥型网络示意图

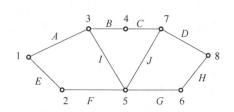

图 5-13　网络模型图

最小路集是从网络能够正常工作角度来考虑问题的,只有保持网络的一条最小路集中的弧序列均正常时,网络才能保持从输入节点到输出节点的连通。

设网络 G 的某最小路集 A_i 中含有 n 个弧,且 $p_j(1 \leqslant j \leqslant n)$ 是第 j 个弧正常工作的概率,则该最小路集的正常概率为

$$P(A_i) = \prod_{j=1}^{n} p_j \tag{5-73}$$

假设网络 G 中从起点 v_1 到终点 v_2 共有 m 条最小路集,记为 $A_1,\cdots,A_m$,则网络正常联通的概率应为 $P\left\{\bigcup_{i=1}^{m} A_i\right\}$。

5.3.1.3　网络最小割集

从连通的角度考虑,网络中的一些弧发生故障时,使输入节点与输出节点无法沟通,这样弧序列构成的集合,就是网络的割集。

定义:在网络图 G 中,假设 $K \subset E$ 是一些弧组成的集合,若 K 中所有弧都失效,使得从指定节点 v_1 不能到达节点 v_2,则称 K 是 v_1,v_2 间(或网络 G)的一个割集。若 K 满足最小性,即 K 中任意除去一个弧后即不是一个割集,则称 K 是一个最小割集。

图 5-13 中集合 $\{A,E\}$,$\{D,H\}$,$\{A,F\}$,$\{C,J,G\}$ 等都是最小割集,而集合 $\{A,E,I,J\}$ 是割集但不是最小割集,因为去掉 I 和 J 弧,$\{A,E\}$ 仍是割集。最小割集是从网络故障的角度来考虑问题的,最小割集中的全部弧发生失效,才会导致网络不能连通,出现失效。

设网络 G 的某最小割集 K_i 中含有 n 个弧,且 $q_j(1 \leqslant j \leqslant n)$ 是第 j 个弧发生失效的概率,则该最小割集的失效概率为

$$P(K_i) = \prod_{j=1}^{n} q_j \tag{5-74}$$

假设网络 G 中从起点 v_1 到终点 v_2 共有 l 条最小割集,记为 $K_1,K_2,\cdots,K_l$,则网络正常连通的概率应为 $1 - P\left\{\bigcup_{j=1}^{l} K_j\right\}$。

5.3.1.4　最小路集和最小割集的转换

设网络 G 中共有 m 条最小路集 $A_1,\cdots,A_m$，记 $A_i=x_{i1}x_{i2}\cdots x_{ik}(i=1,2,\cdots,m)$，表示当弧 $x_{i1},\cdots,x_{ik}$ 都正常时，第 i 条最小路集 A_i 就连通。系统正常事件 S 可表示为

$$S=\bigcup_{i=1}^{m}A_i \tag{5-75}$$

利用摩根定律

$$\overline{A\cup B}=\overline{A}\,\overline{B}, \quad \overline{AB}=\overline{A}\cup\overline{B} \tag{5-76}$$

系统失效事件 $\overline{S}$ 可表示为

$$\overline{S}=\bigcap_{i=1}^{m}\overline{A_i}=\bigcap_{i=1}^{m}\bigcup_{j=1}^{k_i}\overline{x}_{ij} \tag{5-77}$$

由集合运算公式 $AB\cup A=A$ 对式(5-77)进一步简化，得到网络 G 的所有最小割集 K_j

$$\overline{S}=\bigcup_{j=1}^{l}K_j \tag{5-78}$$

式中，$K_j=\overline{x}_{j1}\overline{x}_{j2}\cdots\overline{x}_{jt}$，且所有的 $K_1,\cdots,K_l$ 互相不包含。

5.3.1.5　系统网络可靠度

上述网络 G 是由多条弧组成的，每条弧都有其寿命，因而某些弧的失效会使网络失效。如果给定网络 G，以及每条弧在 T 时刻正常工作的可靠度，则求解系统网络可靠度，就是求 T 时刻由输入节点 v_1 能够到达输出节点 v_2 的概率，即求在 T 时刻的网络系统的可靠度。

具有任意结构的复杂系统都可以用网络模型表示，在计算网络模型的可靠度时，为了简化问题，本书做以下几点假设：

① 系统或弧只有两种可能的状态：正常或故障状态；

② 不考虑节点的故障，即节点可靠度为 1；

③ 无向弧两个方向的可靠度相同；

④ 每条弧之间的故障是相互独立的。

由于最小路集和最小割集可相互转化，以下仅以最小路集来描述网络可靠度的表达。

假设网络 G 共有 m 条最小路集 $A_1,\cdots,A_m$，由式(5-75)和概率论可知系统可靠度为

$$R=P\Big\{\bigcup_{i=1}^{m}A_i\Big\}=\sum_{i=1}^{m}(-1)^{i-1}P\{S_i\} \tag{5-79}$$

式中，$P\{S_i\}=\sum\limits_{1\leqslant j_1<\cdots<j_i\leqslant m}P\{A_{j_1}\cdots A_{j_i}\}$，$i=1,\cdots,m$，它由 C_m^i 项概率的和求得，但当 m 大时 $P\{S_i\}$ 的计算量非常大，因此寻求把系统正常这一事件表达不交(即互斥)事件之和

$$S=\bigcup_{i=1}^{m}A_i=\sum_{j=1}^{t}B_j \tag{5-80}$$

则系统可靠度为

$$R=\sum_{j=1}^{t}P\{B_j\} \tag{5-81}$$

5.3.2　网络最小路集的求解方法

以下介绍求解网络系统最小路集的联络矩阵法和节点遍历法。

5.3.2.1 联络矩阵法

联络矩阵法通过联络矩阵来描述各节点和边的邻接关系,因此包括了网络全面的拓扑关系,联络矩阵法的计算步骤如下。

步骤1:生成系统网络的联络矩阵

给定一个任意类型网络系统,它有 n 个节点,节点编号为 $1,2,\cdots,n$。定义 $n \times n$ 的联络矩阵为 $\boldsymbol{C} = [c_{ij}]_{n \times n}$,其中 c_{ij} 为矩阵元素,定义如下

$$c_{ij} = \begin{cases} x, & \text{节点 } i \text{ 到节点 } j \text{ 之间有弧 } x \text{ 直接相连} \\ 0, & \text{节点 } i \text{ 到节点 } j \text{ 之间无弧 } x \text{ 直接相连} \end{cases} \quad (5-82)$$

显然,对于无向弧 $c_{ij} = c_{ji}$,对于有向弧 $c_{ij} \begin{cases} \neq 0, & \text{弧的方向由节点 } i \text{ 到节点 } j \\ = 0, & \text{弧的方向由节点 } j \text{ 到节点 } i \end{cases}$

生成的联络矩阵有以下特点[32]:

① 对角线上的各个元素 $c_{ij} = 0(i=j)$,因为相同节点没有弧相连;

② 对于输入节点 i,第 i 列的所有元素为 0,因为与输入节点相连的都是输出弧;

③ 对于输出节点 l,第 l 行的所有元素为 0,因为与输出节点相连的都是输入弧;

④ $c_{ij} \neq 0$ 表示节点 i 到节点 j 之间有路长为 1 的弧相连;

⑤ 对无向弧 $c_{ij} = c_{ji}$,对称于主对角线。

步骤2:利用联络矩阵 C 的 r 乘方得到所有最小路集

对联络矩阵 C,定义其乘法运算 $\boldsymbol{C}^2 = [c_{ij}^{(2)}], i,j = 1,2,\cdots,n$。其中

$$c_{ij}^{(2)} = \begin{cases} \bigcup_{k=1}^{n} (c_{ik} \cap c_{kj}), & i \neq j \\ 0, & i=j \end{cases} \quad (5-83)$$

$c_{ij}^{(2)}$ 表示从节点 i 到所有可能的节点 k,再从节点 k 到节点 j 的全体最小路集,反映了节点 i 与 j 之间长度为 2 的链路。因此,不必考虑从节点 i 出发,一步到达节点 k,又从节点 k 一步返回节点 i 的情形,所以规定 $c_{ii}^{(2)} = 0$;或者若 $c_{ij}^{(2)}$ 中某一项中的弧出现了不止一次,则该项也应取值为 0。

定义联络矩阵 C 的 r 次方 $\boldsymbol{C}^r = \boldsymbol{C}\boldsymbol{C}^{r-1} = [c_{ij}^{(r)}], r = 2,3,\cdots,n-1$,其中约定 $c_{ij}^{(1)} = c_{ij}$.

$$c_{ij}^{(r)} = \begin{cases} \bigcup_{k=1}^{n} (c_{ik} \cap c_{kj}^{(r-1)}), & i \neq j \\ 0, & i=j \end{cases} \quad (5-84)$$

同样,$c_{ij}^{(r)}$ 表示从节点 i 到 j 的长度为 r 的全体最小路集。在 $c_{ij}^{(r)}$ 的表达式中,若某一项中有弧出现了不止一次,则该项应取值为 0,因为它不是长度为 r 的最小路集;或者若 $c_{ij}^{(r)}$ 中的某一项已被包含在 $c_{ij}^{(1)},\cdots,c_{ij}^{(r-1)}$ 中的某项中,则也应取值为 0。

研究网络系统节点 I 与节点 L 之间的可靠度时,只需求出输入节点 I 到输出节点 L 之间的所有最小路集,从式(5-84)可知,此时只要求出 $\boldsymbol{C}^2,\boldsymbol{C}^3,\cdots,\boldsymbol{C}^{n-1}$ 中的第 L 列,即 $\boldsymbol{C}_L^2,\boldsymbol{C}_L^3,\cdots,\boldsymbol{C}_L^{n-1}$,而对于 $\boldsymbol{C}_L^{n-1}$ 只要求出第 I 行元素即可。

示例5.1:图5-12桥式网络对应的联络矩阵是

$$\boldsymbol{C} = \begin{bmatrix} 0 & 0 & a & c \\ 0 & 0 & 0 & 0 \\ 0 & b & 0 & e \\ 0 & d & e & 0 \end{bmatrix}, \quad (\boldsymbol{C}^2)_2 = \begin{bmatrix} ab+cd \\ 0 \\ ed \\ eb \end{bmatrix}, \quad (\boldsymbol{C}^3)_2 = \begin{bmatrix} aed+ceb \\ * \\ * \\ * \end{bmatrix}$$

这里 C 为联络矩阵,$(C^2)_2$,$(C^3)_2$ 为 C^2,C^3 中第 2 列元素,而 * 不必计算,因此节点 1 到节点 2 的所有最小路集为 ab,cd,aed,ceb。

5.3.2.2 节点遍历法

当网络中节点数 n 很大时,联络矩阵一般是稀疏矩阵,用联络矩阵法求最小路集时需大量运算。因此对大型网络系统而言,一般采用节点遍历法求解系统全部最小路集。节点遍历法是从网络系统的起点 v_0 开始,先找到起点 v_0 的某一个邻接节点 v_1,并标记 v_0 作为其父节点,然后再找 v_1 的某一个未被搜索过的邻接节点 v_2,并标记 v_1 作为其父节点,以此类推。当从某一个节点 v_i 无法再向下搜索时,退回到其父节点 v_{i-1},然后再找到 v_{i-1} 的另一个未被搜索过的邻接节点,如此往复,直到找到网络系统的终点,即找到网络系统从起点到终点的一条最小路。节点遍历算法的基本思路是:

① 输入节点 I 作为起始节点;

② 由起始节点出发,依次选下一步可达的节点 i;

③ 判断节点 i 是否已走过,若是则退回起始节点,转到步骤②;

④ 判断是否已达输出节点 L,若否则把 i 作为起始节点,转到步骤②;

⑤ 判断是否已找到所有最小路集,若否则后退一步,把上个节点作为起始节点,转到步骤②;

⑥ 结束。

算法的功能流程如图 5-14 所示。由算法的基本思路可见,算法的关键是需要进行三个判断:一要判断节点是否与前面走过的节点重复;二要判断是否已找到了一条最小路集;三要判断是否找到了所有最小路集。

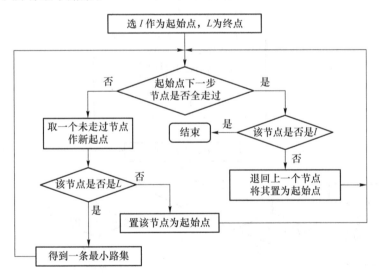

图 5-14 算法功能流程

算法的各项输入数据及定义如下。

n:网络中节点数;I:输入节点标号;L:输出节点标号。

$E=(E_1,\cdots,E_i,\cdots,E_n)$ 表示离开节点 $1,\cdots,n$ 的弧数,其中 E_i 表示节点 i 下一步可以到达的节点个数,E 矩阵完全由网络所确定。

R:路线矩阵,$R=(r(i,k)),i=1,\cdots,n,k=1,\cdots,E_i$,$R$ 矩阵完全由网络所确定。R 矩阵的

第 i 行数据记录了节点 i 可以一步到达的节点标号。$\boldsymbol{R}$ 不一定是长方阵,即对不同的行,列数未必相同。为了表示节点 i 的下一步的节点已经完全走遍,同时区分出输入节点 I,则在 $\boldsymbol{R}$ 的每行再增加一个元素

$$r(i, E_i+1) = \begin{cases} -1, & i=I \\ 0, & i\neq I \end{cases} \tag{5-85}$$

$\boldsymbol{F}$:检验向量,它是定义在节点 $\{1,2,\cdots,n\}$ 上的函数,初值为

$$\boldsymbol{F}(j) = \begin{cases} 1, & j\neq L \\ -1, & j=L \\ 0 \end{cases} \tag{5-86}$$

$\boldsymbol{F}$ 是用来判断某节点 j 是否与已走过的节点有重复,即为当某个节点 j 已走过时,$F(j)$ 的值就为 1;当节点 j 已达到输出节点 L 时,$F(j)=-1$,同时表明找到了一条最小路集。

$\boldsymbol{C}$:位置向量,$\boldsymbol{C}=(C_1,\cdots,C_i,\cdots,C_n)$,其中 $\boldsymbol{C}_j$ 记录节点 j 在 $\boldsymbol{R}$ 中的列号,$r(j,C_j)$ 记录了节点 j 下一步到达的节点标号。

$\boldsymbol{P}$:输出矩阵,它是由所有最小路集组成的矩阵,其中每一列为由输入节点 I 到输出节点 L 的一条最小路集。$\boldsymbol{P}$ 的元素 $\boldsymbol{P}(v,w)$ 记录了第 w 条最小路集中第 v 个节点的标号。

U_w:第 w 条最小路中的节点数,它在事先未知。

最小路集的节点遍历算法的流程如图 5-15 所示。

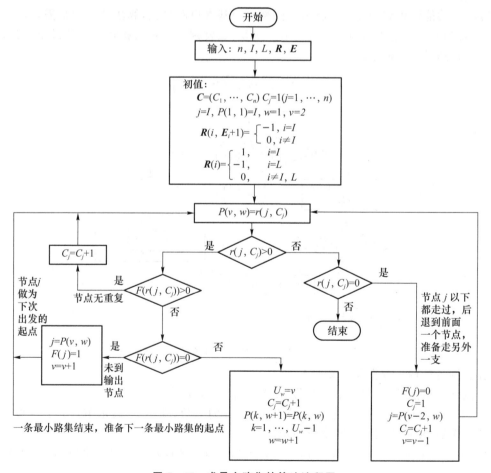

图 5-15 求最小路集的算法流程图

数据初始化阶段,要给出网络节点数 n、输入节点标号 I、输出节点标号 L、矩阵 E 和路线矩阵 R,并设变量初值:$C_j=1(j=1,2,\cdots,n)$,$w=1$,$v=2$,$j=I$,$P(1,1)=I$。

节点探索阶段,若某一步走到节点 j,$r(j,C_j)$ 是其后要走的节点标号。若 $r(j,C_j)=0$,则表明节点 j 以后的所有分支都已走遍。此时应由 j 退回到上一个节点,即由 j 前面的一个节点再下探索。若 $r(j,C_j)>0$,$F(r(j,C_j))=0$,表明节点无重复且未到达输出节点 L;若 $r(j,C_j)>0$,$F(r(j,C_j))=-1$,表明一条最小路集已经找到。一旦 $r(I,C_I)<0$,表明由输入节点 I 出发,所有 I 下一步能到达的节点都已走遍,即已求得所有最小路,此时算法终止。

示例 5.2:求解图 5-16 所示网络的全部最小路集。

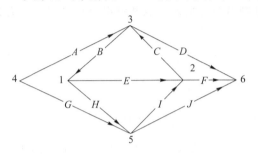

图 5-16　有向网络模型图

利用上述算法搜索最小路集的步骤如下:

① 令 4 为起始点,6 为终点,任取 4 未标记的输出弧 A,标记 A,找到 A 的下一节点 3;

② 节点 3 不是终点,则令 3 为起始点,将其所有输出弧 B、D 置为未标记;

③ 任取节点 3 未标记输出弧 D,标记 D,找到 D 下一节点 6,正是终点,即找到一条最小路集 AD;

④ 此时,起始点 3 的输出弧 B 还未被标记,则走另外一支,标记 B,找到 B 的下一节点 1,继续重复上述搜索步骤②～步骤④,直到找到其余所有最小路集。

针对图 5-16 的有向网络,算法的输入信息为

$$n=6,\quad I=4,\quad L=6,\quad R=\begin{bmatrix}5 & 2\\6 & 3\\6 & 1\\5 & 3\\6 & 2\\0\end{bmatrix},\quad E=(2,2,2,2,2,1)$$

初始值为

$$C=(1,1,1,1,1,1),\quad w=1,\quad v=2,j=4,\quad p(1,1)=4$$

$$R=\begin{bmatrix}5 & 2 & 0\\6 & 3 & 0\\6 & 1 & 0\\5 & 3 & -1\\6 & 2 & 0\\2 & 0 & 0\end{bmatrix},\quad F=(0,0,0,1,0,-1)$$

利用上述算法求出从节点 4 到节点 6 的所有最小路集,共 7 条,按列排出为

$$P=\begin{bmatrix}4 & 4 & 4 & 4 & 4 & 4 & 4\\5 & 5 & 5 & 3 & 3 & 3 & 3\\6 & 2 & 2 & 6 & 1 & 1 & 1\\ & 6 & 3 & & 5 & 5 & 2\\ & & 6 & & & 6 & 2 & 6\\ & & & & & & 6\end{bmatrix}=\begin{bmatrix}G & G & G & A & A & A & A\\J & I & I & D & B & B & B\\F & C & C & & H & H & E\\ & & D & & & H & I & F\\ & & & & & J & I & F\\ & & & & & & F\end{bmatrix}$$

5.3.3 网络不交最小路集的求解方法

找到网络的所有最小路集后,用式(5-80)所述相容事件的概率公式来计算系统可靠度时,随着最小路集数目的增加,计算项数急剧增加(达到 2^n-1 项),会产生组合爆炸问题。因此首先要采用有效算法进行不交化处理,然后再进行系统可靠度计算。

5.3.3.1 基本原理

设网络 G 由 n 个节点,l 条弧组成,已经找到网络系统输入节点和输出节点之间的所有最小路集 $A_i(i=1,2,\cdots,m)$,存在第 i 条最小路集的表达式为

$$A_i = \prod_{1\leqslant t\leqslant n-1} x_{it} \quad (i=1,2,\cdots,m) \tag{5-87}$$

式中,n 是网络系统中节点的总数;m 是网络系统最小路集总数。

若网络正常事件用 S 表示,则 $S=\bigcup\limits_{i=1}^{m}A_i$,对其进行不交和的运算依据下述定理[3]。

定理:设网络 G 由 n 个节点,l 条弧组成,$A_1,\cdots,A_m$ 为无向网络 G 的所有最小路集,A_m 的长度为 $n-1$,不妨记 $A_m=x_1\cdots x_{n-1}$,则有

$$S=\bigcup_{i=1}^{m}A_i=\bigcup_{i=1}^{m-1}A_i+x_1\cdots x_{n-1}\overline{x}_n\cdots\overline{x}_l \tag{5-88}$$

式(5-88)右端两项是不交的。

由上述定理可知,对于一条长度为 $n-1$ 的最小路集,只要在其中添上 $l-n+1$ 条未出现弧的逆,这样的事件与其他 $m-1$ 条最小路集相通的事件是不交的。因此,对无向网络只要对长度小于 $n-1$ 的最小路集进行不交化运算即可。

对任意 m 个集合的并集 $\bigcup\limits_{i=1}^{m}A_i$ 进行不交和转换的算法原理并不复杂,只要每做一步从和(并)集中分出一块,即将其分解为

$$\bigcup_{i=1}^{m}A_i=A_1+\overline{A}_1\bigcup_{i=2}^{m}A_i \tag{5-89}$$

把式(5-89)的第二项,按如下的集合运算规则(设 A,B 是任意集合)进行整理和简化

$$AB\subset A,\overline{A}\overline{A}=\varnothing(空集)$$
$$A\bigcup AB=A,\overline{A\bigcup B}=\overline{A}\overline{B},\overline{AB}=\overline{A}\bigcup\overline{B} \tag{5-90}$$

经过整理简化,$\overline{A}_1\bigcup\limits_{i=2}^{m}A_i$ 仍可写成式(5-89)中等号左侧的形式。继续重复上述分解和整理简化运算,逐次下去,最终通过有限步骤把 $\bigcup\limits_{i=1}^{m}A_i$ 转化为不交和的形式

$$S=A_1+\overline{A}_1A_2+\cdots+\left(\prod_{i=1}^{m-1}\overline{A}_i\right)A_m=A_1+\sum_{j=2}^{m}\left[\left(\prod_{i=1}^{n-2}\overline{A}_i\right)A_j\right] \tag{5-91}$$

结合上述不交和转换原理,下面介绍两种易于计算机实现的算法。

5.3.3.2 算法1

设无向网络 G 有 n 个节点,l 条弧,m 条最小路集,x_i 表示弧 i 导通事件,$\overline{x}_i$ 表示弧 i 不通

事件。$A = \prod\limits_{t=1}^{k} x_{i_t}$，表示 $x_{i_1} \cdots x_{i_k}$ 弧同时导通事件的集合，$B = \prod\limits_{i=1}^{l} x_i$，表示 $x_1, \cdots, x_l$ 中任意的一些事件同时发生的集合。则当 $A \cup B$ 不交化时，显然存在以下关系[3]：

① 若 A 中有某一个事件，而 B 中有其逆，则 $A \cap B = \varnothing$（空集），即 A、B 是不相交的；

② 若 $A \cap B \neq \varnothing$，记 $C = x_a x_b \cdots x_c$ 为出现在 A 中但不在 B 中出现的弧同时导通事件的集合；

a. 若 $C = \varnothing$，则 $B \subset A$，故 $A \cup B = A$；

b. 若 $C \neq \varnothing$，则 $A \cup B = A + \bar{x}_a B + x_a \bar{x}_b B + \cdots + x_a x_b \cdots \bar{x}_c B$，且右端所有项都不交。

基于上述关系，实现不交化算法的流程如图 5-17 所示。第一步取 A_1，其后每一步使 A_j 与 $A_1, \cdots, A_{j-1}$ 不交，$j = 2, \cdots, m$。图中 Σ 记录所有不交项，Λ 中存放与 $A_1, \cdots, A_{k-1}$ 进行比较的项。

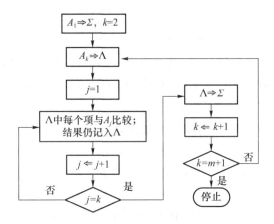

图 5-17　不交和求解算法流程图

示例 5.3：已知无向网络图（图 5-18）的输入节点 1 和输出节点 2 之间的所有最小路集为 $fg, abc, adg, fec, abeg, adec, fdbc$。最小路集的后三项长度为 4，根据前述定理，只要对最小路集的前面 4 项 $fg + abc + adg + fec$ 进行不交化。

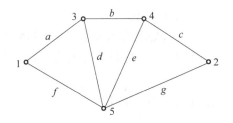

图 5-18　示例 5.3 的无向网络图

依照上述算法，不交和运算过程见表 5-4。表中第 5 列中弧的正常用 1 表示，弧的失效用 0 表示，不出现的用 * 表示。以第三步运行为例，A_4 与 A_1 不交化，结果为其中第一行，放在 Λ 中。然后 Λ 中的项与 A_2 作比较，结果仍放入 Λ 中。但由于都已与 A_3 不交，因此表中注明保留，并最终存放 Σ 中保留。最终的不交和为 Σ 中各项之和。

表 5 - 4 不交和运算过程及结果[3]

步骤	取出的项 B	与之比较的项 A	C	$abcdefg$(弧的值)	Σ 中结果
初始	$A_1 = fg$	—		$*\ *\ *\ *\ *\ 1\ 1$	保存
第1步	$A_2 = abc$	$A_1 = fg$	f,g	$1\ 1\ 1\ *\ *\ 0\ *$ $1\ 1\ 1\ *\ *\ 1\ 0$	保存 保存
第2步	$A_3 = adg$	$A_1 = fg$ $A_2 = abc$	f b,c	$\Lambda:\ 1\ *\ *\ 1\ *\ 0\ 1$ $1\ 0\ *\ 1\ *\ 0\ 1$ $1\ 1\ 0\ 1\ *\ 0\ 1$	 保存 保存
第3步	$A_4 = fec$	$A_1 = fg$ $A_2 = abc$ $A_3 = adg$	g a,b ϕ	$\Lambda:\ *\ *\ 1\ *\ 1\ 1\ 0$ $0\ *\ 1\ *\ 1\ 1\ 0$ $1\ 0\ 1\ *\ 1\ 1\ 0$ 上两项保留	 保存 保存

通过上面三步的不交和运算,再加上长度为 4 的后三项最小路集,得到不交最小路集结果:$fg + abc(\overline{f} + f\overline{g}) + ad\overline{f}g(\overline{b} + \overline{bc}) + cef\overline{g}(\overline{a} + a\overline{b}) + ab\overline{c}\ \overline{de}fg + a\overline{b}cde\overline{f}\ \overline{g} + \overline{abcd}\ \overline{ef}\ \overline{g}$。

5.3.3.3 算法 2

该算法又称"删除保留法"[33],算法的基本步骤如下。

第 1 步:对每个最小路集定义一个 n 维向量 $E_i(x_1, x_2, \cdots, x_n)$,$E_i$ 的每个分量 $x_j (j=1, 2, \cdots, n)$ 可取值 0 或 1,当 x_j 取 1 时表示最小路集中含有弧 x_j,当 x_j 取 0 时表示最小路集中不含弧 x_j。

第 2 步:计算 $T_i(y_1, y_2, \cdots, y_n)$,其中 T_i 的每个分量 y_j 取值按式(5 - 92)计算

$$T_i(y_j) = \begin{cases} 1, & \sum_{t=1}^{i} E_t(y_j) \geqslant 1 \\ & \qquad\qquad\qquad (j = 1, 2, \cdots, n) \\ 0, & \sum_{t=1}^{i} E_t(y_j) = 0 \end{cases} \qquad (5 - 92)$$

第 3 步:设 E_1 为第一个不交化最小路集。

第 4 步:令 $i = i + 1$,比较 E_i 和 T_i,处理得到最小路集,具体如下。

① 找到 T_i 中所有元素为 1 而 E_i 中对应位置元素为 0 的位置,按这些元素的位置顺序,从大到小编号得 $k_1, k_2, \cdots, k_r$。

② 将 E_i 对 k_1 进行分解,分解成 $E_i(k_1)$ 和 $E_i(\overline{k_1})$。$E_i(k_1)$ 和 $E_i(\overline{k_1})$ 是以 1 和 -1 代替 E_i 中 k_1 位置上的 0 得到的。

③ 比较 $E_i(k_1)$ 与 $E_j(j < i)$,如果所有 $E_j(j < i)$ 中有 1 的位置至少有一个与 $E_i(k_1)$ 中同位置的 -1 相对应,则 $E_i(k_1)$ 与 $E_j(j < i)$ 不相容,将 $E_i(k_1)$ 留下,成为不交化最小路集;对 $E_i(\overline{k_1})$ 也做相似处理。

④ 将没有留下的 $E_i(k_1)$ 和 T_{i-1} 比较,如果对应 $E_i(k_1)$ 中有 1(或 -1)的位置包含着 T_{i-1} 中所有含 1 的位置,则 $E_i(k_1)$ 被 $E_1, E_2, \cdots, E_{i-1}$ 所吸收,$E_i(k_1)$ 应删去;对 $E_i(\overline{k_1})$ 也做相似处理。

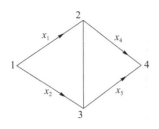

图 5-19　示例 5.4 图

⑤ 如果 $E_i(k_1)$ 既不能留也不能删去,则继续分解为 $E_i(k_1)(k_2)$ 和 $E_i(k_1)(\overline{k_2})$,$E_i(k_1)(k_2)$ 和 $E_i(k_1)(\overline{k_2})$ 是以 1 和 -1 代替 $E_i(k_1)$ 中 k_2 位置上的 0 而得。依此步骤继续下去,直至全部分解成留下或删去为止。

第 5 步:汇总上述过程中留下的所有最小路集,得到系统全部不交化最小路集。

示例 5.4:已知无向网络图(图 5-19)的输入节点 1 和输出节点 4 之间的所有最小路集为 $S=x_1x_4+x_2x_3+x_1x_3x_3+x_2x_3x_4$。依照上述算法,得到 E_i 和 T_i 及其比较过程见表 5-5。

表 5-5　不交和运算过程及结果

序号	内容	结果										
		x_1	x_2	x_3	x_4	x_5		x_1	x_2	x_3	x_4	x_5
1	初始化并计算 E_i 和 T_i	$E_1=(1$	0	0	1	$0)$		$T_1=(1$	0	0	1	$0)$
		$E_2=(0$	1	0	0	$1)$		$T_2=(1$	1	0	1	$1)$
		$E_3=(1$	0	1	0	$1)$		$T_3=(1$	1	1	1	$1)$
		$E_4=(0$	1	1	0	$0)$		$T_4=(1$	1	1	1	$1)$
2	设 E_1 为不交最小路集	$E_1=(1\ \ 0\ \ 0\ \ 1\ \ 0)$ 留下										
3	比较 T_2,E_2 得 $K_1=4,K_2=1$	$E_2(4)=(0\ \ 1\ \ 0\ \ 1\ \ 1)$ 继续　　　$E_2(4)(1)=(1\ \ 1\ \ 0\ \ 1\ \ 1)$ 删去										
		$E_2(\overline{4})=(0\ \ 1\ \ 0\ \ -1\ \ 1)$ 留下　　　$E_2(4)(\overline{1})=(-1\ \ 1\ \ 0\ \ 1\ \ 1)$ 留下										
4	比较 T_3,E_3 得 $K_1=4,K_2=2$	$E_3(4)=(1\ \ 0\ \ 1\ \ 1\ \ 1)$ 删去　　　$E_3(\overline{4})(2)=(1\ \ 1\ \ 1\ \ -1\ \ 1)$ 制去										
		$E_3(\overline{4})=(1\ \ 0\ \ 1\ \ -1\ \ 1)$ 继续　　　$E_3(\overline{4})(\overline{2})=(1\ \ -1\ \ 1\ \ -1\ \ 1)$ 留下										
5	比较 T_4,E_4 得 $K_1=5,K_2=1$	$E_4(5)=(0\ \ 1\ \ 1\ \ 1\ \ 1)$ 继续　　　$E_4(\overline{5})(\overline{1})=(-1\ \ 1\ \ 1\ \ 1\ \ -1)$ 留下										
		$E_4(\overline{5})=(0\ \ 1\ \ 1\ \ 1\ \ -1)$ 继续　　　$E_4(5)(\overline{1})=(-1\ \ 1\ \ 1\ \ 1\ \ 1)$ 删去										
		$E_4(5)(1)=(1\ \ 1\ \ 1\ \ 1\ \ 1)$ 删去　　　$E_4(\overline{5})(1)=(1\ \ 1\ \ 1\ \ 1\ \ -1)$ 删去										

通过上面的不交和运算,得到不交最小路集结果:$x_1x_4+x_2\overline{x_4}x_5+\overline{x_1}x_2x_4x_5+x_1\overline{x_2}x_3\overline{x_4}x_5+\overline{x_1}x_2x_3x_4\overline{x_5}$。

5.3.4　基于最小路集的网络可靠性仿真及示例

5.3.4.1　基本原理

利用蒙特卡罗方法分析网络系统可靠性的原理,主要是利用已获得的网络系统最小路集或最小割集进行求解,基本思路与用蒙特卡罗分析系统可靠性框图的过程十分相似,以下内容仅以基于最小路集的仿真方法为例进行说明。

基于最小路集的网络系统蒙特卡罗分析和系统可靠性计算流程如图 5-20 所示。

1. 构造系统可靠性的概率模型

假设系统由 n 个基本 X_i 单元组成,第 i 个单元寿命分布函数 $F_i(t)(1\leqslant i\leqslant n)$,收集 n 个基本单元数据,并且通过计算已经求得系统有 m 个最小路集,第 p 个最小路集为 $S_p(1\leqslant p\leqslant m)$。

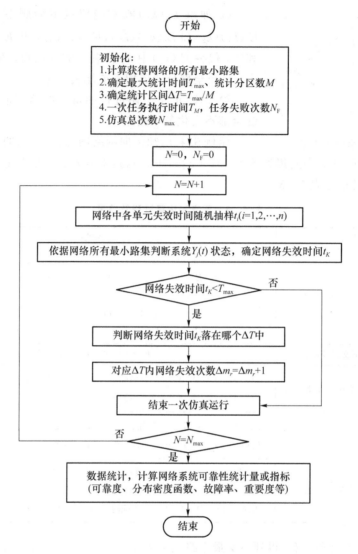

图 5－20　网络可靠性的仿真逻辑算法图

2. 单元失效分布抽样和系统失效时间判定

设蒙特卡罗仿真次数为 N，在第 $j(1 \leqslant j \leqslant N)$ 次仿真中，完成以下运算：

① 对网络的第 $i(1 \leqslant i \leqslant n)$ 个基本单元 X_i，选取 $(0,1)$ 区间内随机数 ξ_i^*，根据 i 基本单元寿命的分布函数 $F_i(t)$ 进行随机抽样，得第 i 个基本单元 X_i 寿命的抽样值 $t_{ij} = F_i^{-1}(\xi_i^*)(1 \leqslant i \leqslant n)$。重复上述抽样过程，得到所有 n 个基本单元的失效时间为 $t_{1j}, t_{2j}, \cdots, t_{ij}, \cdots, t_{nj}$。

② 依据系统最小路集导通与否的原则，确定系统失效时间。若第 p 个最小路集失效时间为 $T_{s_p}^j(1 \leqslant p \leqslant m)$，则它应是该最小路集包含的所有单元失效时间的最小值，有 $T_{s_p}^j = \min\limits_{x_i \in S_p} | t_{ij} |$；而网络失效时间 T_{kj} 是系统网络所有最小路集失效时间的最大值，则有 $T_{kj} = \max\limits_{1 \leqslant p \leqslant m} | T_{s_p}^j |$。

重复上述步骤，直到完成全部 N 次仿真试验。

3. 可靠性统计量的计算

通过仿真中记录的过程数据，采用区间法进行系统相关可靠性指标计算。假设网络寿命

的最大统计区间为 $(0,T_{\max})$,统计区间分为 M 个子区间 $(1 \leqslant r \leqslant M)$,则每一个统计子区间的时间长度 $\Delta T = T_{\max}/M$。在第 j 次仿真中,设系统失效时间为 t_{kj},则统计落入相应 (t_{r-1}, t_r) 时间段内失效次数 $\Delta n_r(t_r)$ 为 1 次,利用状态变量 $Y_j(t_{kj})$ 统计出对应不同时间区域的网络失效次数,因此在 N 次仿真中,$(0, t_r]$ 区间内系统失效次数为 $n_r(t_r) = \sum_{j=1}^{N} Y_j(t_r)$。

　　利用上述仿真过程的统计数据,在不计维修因素时,可进行网络累计失效概率、网络联通可靠度、网络失效概率分布、失效密度函数、网络平均寿命及可靠寿命的计算,具体模型可参考 5.1.2 节及 5.2.2 节中第 3 部分"可靠性统计量的计算"相关内容。

5.3.4.2　仿真分析示例

　　某传输管网系统由 11 个单元构成,它完成从节点 1~8 节点之间能源传输任务,其传输通路的网络拓扑如图 5-21 所示。假设系统各单元的寿命分布已知(表 5-6),以下利用蒙特卡罗方法分析该网络系统的可靠性并计算相关指标。

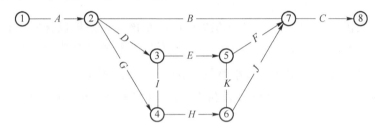

图 5-21　某传输管网系统网络拓扑图

表 5-6　网络各单元寿命分布数据

单元	寿命分布	分布参数
A	指数	$\lambda = 0.001\ \mathrm{h}^{-1}$
B	指数	$\lambda = 0.005\ \mathrm{h}^{-1}$
C	指数	$\lambda = 0.001\ \mathrm{h}^{-1}$
D	指数	$\lambda = 0.002\ \mathrm{h}^{-1}$
E	指数	$\lambda = 0.005\ \mathrm{h}^{-1}$
F	指数	$\lambda = 0.002\ \mathrm{h}^{-1}$
G	正态	$\mu = 1\,000,\ \sigma^2 = 150$
H	正态	$\mu = 800,\ \sigma^2 = 120$
I	正态	$\mu = 1\,000,\ \sigma^2 = 150$
J	威布尔	$\gamma = 0,\ \nu = 1\,500,\ m = 2.5$
K	威布尔	$\gamma = 0,\ \nu = 1\,500,\ m = 2.5$

1. 确定传输网络系统仿真模型

采用节点遍历算法进行搜索,找出传输管网系统的所有最小路集。

① 将节点 1 作为起始点,任取未被标记的输出弧 A,标记 A,找到 A 的目标节点 2;

② 节点 2 不是汇点,令节点 2 为新的起始点,将节点 2 所有输出弧 B、G、D 置为未标记;

③ 任取节点 2 的一段输出弧 D,标记 D,找到 D 的目标节点 3;

④ 节点 3 不是汇点,令节点 3 为新的起始点,将所有输出弧 E、J 置为未标记;

⑤ 节点 3 输出弧均为未标记,任取一段输出弧 E,标记 E,找到 E 的目标节点 5;

⑥ 节点 5 不是汇点,令节点 5 为新的起始点,将其输出弧 F 和 K 置为未标记;

⑦ 节点 5 输出弧均为未标记,任取一输出弧 F,标记 F,找到 F 的目标节点 7;

⑧ 重复上述步骤⑥和⑦,直到找到节点 8,即找到一条最小路 $ADEFC$。

⑨ 此时初始节点 7 的所有输出弧都已经被标记,则回溯到节点 5,发现其有未标记的弧 K,采用步骤②~⑧的方法向后寻找到节点 8,得到路 $ADEKIC$,以此类推找到该网络系统的所有最小路集共有 9 个,分别为 $\{A,B,C\}$、$\{A,D,E,F,C\}$、$\{A,D,E,K,I,C\}$、$\{A,D,J,H,I,C\}$、$\{A,D,J,H,K,F,C\}$、$\{A,G,H,I,C\}$、$\{A,G,H,K,F,C\}$、$\{A,G,J,E,F,C\}$、$\{A,G,J,E,K,I,C\}$。

在第 j 次仿真运行中,首先对 A~K 这 11 个单元的寿命分布进行抽样,取得每一个单元失效时间的样本,即取 $(0,1)$ 区间内随机数,得到某单元 X_i 的寿命抽样值 $t_{ij}=F_i^{-1}(\xi_i^*)$($i=A$,B,C,D,E,F,G,H,I,J,K)。此时对应的某单元 X_i 在 t 时刻的状态变量为

$$x_j^i(t)=\begin{cases}0(失效状态),& t\geq t_j^i\\1(正常状态),& t<t_j^i\end{cases}\quad (i=A,B,C,D,E,F,G,H,I,J,K)\quad(5-93)$$

此时在第 j 次仿真中,第 p 个最小路集失效时间是该最小路集包含的所有单元失效时间的最小值,即 $T_{s_p}^j=\min\limits_{x_i\in s_p}|t_{ij}|$($p=1,\cdots,9,i=A,\cdots,K$),依据网络系统最小路集导通即可靠的原则,系统失效时间 T_{kj} 是网络所有最小路集失效时间的最大值,则有 $T_{kj}=\max\limits_{1\leq p\leq m}|T_{s_p}^j|$。重复上述抽样和系统状态判定过程,进行 N 次仿真,可统计得到系统可靠性结果。

2. 计算机仿真

根据上述的基于最小路集的网络可靠性仿真模型和图 5-20 的算法框图,用 Matlab 语言编写了仿真程序,程序清单和说明在附录 5-2 中介绍,这里给出部分仿真结果:

① 系统可靠度 $R_s(t_r)$ 和系统失效概率分布 $p_s(t_r)$:如图 5-22 和图 5-23 所示;

② 系统平均寿命 MTTF、可靠寿命 T_R、工作 t 时间后的平均剩余寿命 MRL:10^3 次、10^4 次、10^5 次仿真的对照结果见表 5-7;

③ 各单元基本重要度和模式重要度:10^5 次仿真的统计结果见表 5-8。

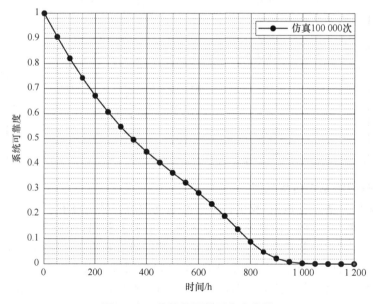

图 5-22　传输管网的可靠度曲线

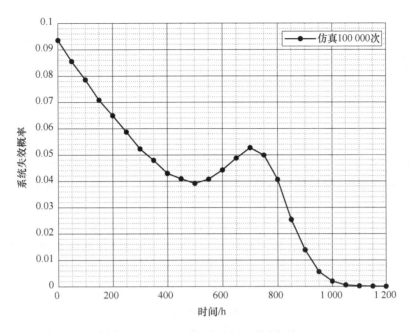

图 5 - 23 传输管网的失效概率分布曲线

表 5 - 7 传输管网的平均寿命、可靠寿命、平均剩余寿命的仿真结果

可靠性指标		仿真次数		
		1 000	10 000	100 000
平均寿命 MTTF/h		382.31	394.47	394.86
可靠寿命 T_R/h	$R=60\%$	249.86	257.17	258.81
	$R=70\%$	207.01	179.26	178.51
	$R=80\%$	102.06	108.01	111.13
	$R=90\%$	50.41	54.89	52.81
工作 T 时间后的 平均剩余寿命 MRL/h	$T=100$ h	359.15	369.34	370.85
	$T=200$ h	333.54	344.87	340.09
	$T=400$ h	258.58	265.13	263.87
	$T=800$ h	68.31	70.07	71.87

表 5 - 8 传输管网的基本重要度和模式重要度结果(10 000 次)

重要度	单元										
	A	B	C	D	E	F	G	H	I	J	K
基本重要度	1.000 0	0.005 1	1.000 0	0.001 9	0.002 5	0.001 7	0.777 8	0.951 6	0.794 4	0.008 2	0.005 1
模式重要度	0.393 8	0.003 6	0.391 5	0.000 9	0.001 8	0.000 9	0.022 3	0.163 1	0.021 3	0.000 5	0.000 3

从基本重要度结果看，A、C、G、H、I 这五个单元中，任一单元出现失效，则至少有 75% 概率导致系统失效，因此它们是可靠性关键部件；从模式重要度结果看，单元 A、C 和 H 对系统的失效贡献最高，三者合计接近 95%，因此这三个单元是系统的主要薄弱环节。

习　　题

1. 已知正态分布单元 $N(150\ h,30\ h^2)$，它构成并联系统，编制仿真程序，分别分析 2 个单元、3 个单元、5 个单元、10 个单元并联时的系统可靠度曲线特性。

2. 已知平均寿命为 150 h 的指数分布单元（参数为 $\alpha=150$、$\beta=1$ 的两参数威布尔分布），分别构成如下两个系统，编写仿真程序，分析两个系统的可靠度曲线和系统故障概率密度函数，并计算系统平均寿命。

①　一个 5 中取 2 系统；②　一个 5 单元的旁联系统，表决器可靠度为 0.98。

3. 某飞机燃油系统的可靠性框图如图 5－24 所示，假设表决器完全可靠，各单元寿命均服从指数分布（故障率见表 5－9）。试编写仿真程序，计算系统平均寿命、各单元重要度，并分析系统可靠度曲线、故障概率密度函数。

表 5－9　故障率表

单元名称	故障率×10^{-6}/fh^{-1}	单元名称	故障率×10^{-6}/fh^{-1}
燃油泵（A）	870	油箱（H）	1
切断开关（B）	30	油量指示器（I）	50
发动机低压燃油泵（C）	800	耗油传感器（J）	45
冲压口（D）	20	油尽信号器（K）	30
安全阀（E）	30	主油路压力信号器（L）	35
喷射泵（F）	700	低压油面信号器（M）	20
连通单向阀（G）	40		

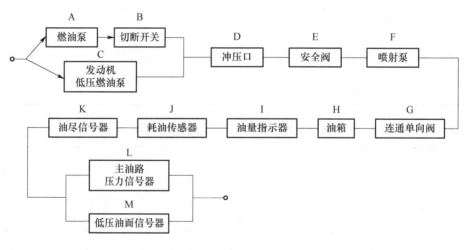

图 5－24　某飞机燃油系统的可靠性框图

4. 某复杂系统的任务可靠性框图如图 5－25(a)所示，划分单元后得到的简化可靠性框图

模型如图 5-25(b)所示,已知组成系统的 11 个单元的寿命均服从故障率为 0.002 h⁻¹的指数
分布,连接单元 9 和 10 的开关的可靠度为 0.95,编制仿真程序,试分析该系统的系统可靠度
曲线、系统失效概率密度函数、各单元重要度,并计算系统平均寿命。

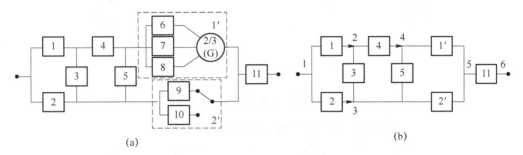

图 5-25　某复杂系统的可靠性框图

5. 某网络系统的可靠性模型如图 5-26 所示,编制算法程序,试分别采用联络矩阵法、节
点遍历法求该网络的最小路集。

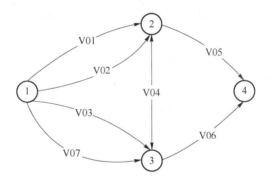

图 5-26　某网络系统的可靠性模型图

6. 某有向网络系统的可靠性模型如图 5-27 所示,试采用删除保留法求解该网络系统的
不交化最小路集合,并编制相应的算法程序。

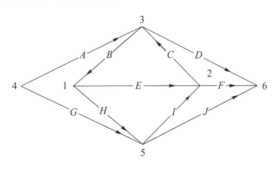

图 5-27　某有向网络系统的可靠性模型图

7. 某水力系统由 8 个单元构成,它完成从节点 1 到节点 7 之间能源传输任务,其传输通
路的拓扑如图 5-28 所示。系统各单元的寿命分布已知(见表 5-10),试编制仿真程序,计算
该系统的可靠度、平均寿命、80%可靠寿命、200 h 的剩余寿命,并分析各单元的重要度。

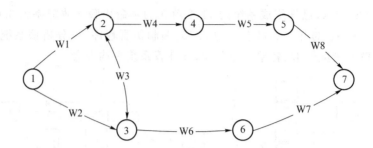

图 5 - 28　某水力系统的可靠性模型图

表 5 - 10　某水力系统各单元的寿命分布数据

单元	寿命分布	分布参数
W1	指数分布	$\lambda = 0.005\ h^{-1}$
W2	指数分布	$\lambda = 0.005\ h^{-1}$
W3	指数分布	$\lambda = 0.001\ h^{-1}$
W4	威布尔分布	$\gamma = 0,\ \nu = 2000,\ m = 2$
W5	指数分布	$\gamma = 0,\ \nu = 2000,\ m = 2$
W6	威布尔分布	$\gamma = 0,\ \nu = 1500,\ m = 3.5$
W7	正态分布	$\mu = 1000,\ \sigma^2 = 150$
W8	正态分布	$\mu = 1000,\ \sigma^2 = 150$

附录 5-1　可靠性框图模型的仿真程序

1. 可靠性框图模型的仿真程序

```matlab
%% 初始化
clc; clear; close all;
%% 不同仿真次数对比
for SimulationNum = [1000,10000]
    %% 设定仿真参数
    TimeMax = 2000;                                      % 最大工作时间
    NumInter = 100;                                      % 间隔区间个数
    TimeInter = TimeMax/NumInter;                        % 区间的间隔时间
    TimeInterFlag = TimeInter * ((1:1:NumInter) - 0.5);  % 各区间分割时间中点
    NumUnit = 6;                                         % 系统部件数
    deltaSysNum = zeros(1,NumInter);                     % 系统每个区间失效次数
    sumSysNum = zeros(1,NumInter);                       % 系统各区间累计失效次数
    NumCurUnit = zeros(1,NumUnit);                       % 导致失效的当前单元次数
    NumAllUnit = zeros(1,NumUnit);                       % 导致失效的各单元次数
    sysFailTime = zeros(1,SimulationNum);                % 系统失效时间
    Relia = 0.9;                                         % 90 % 可靠度
    curLife = 100;                                       % 工作 curLife 后计算剩余寿命
    deltaUnitNum = zeros(NumUnit,NumInter);              % 单元每个区间失效次数
    sumUnitNum = zeros(NumUnit,NumInter);                % 单元各区间累计失效次数
    sFailUnitNum = zeros(NumUnit,NumInter);              % 单元导致系统失效的各区间失效数
    %% 每次循环
    for num = 1:1:SimulationNum
        UnitFailTime = FailTime(NumUnit);               % 抽样单元失效时间
        unitK = 1 - floor(rand/0.98);                   % 开关 K 的状态抽样
        [TTF,ID] = sort(UnitFailTime);                  % 每个单元失效时间从小到大排序
        for i = 1:1:NumUnit
            % 记录当前失效单元的信息
            if TTF(i)< = TimeMax                        % 单元失效时间统计
                curSiteUnit = floor(TTF(i)/TimeInter + eps(10000)) + 1;
                deltaUnitNum(ID(i),curSiteUnit) = deltaUnitNum(ID(i),curSiteUnit) + 1;
            end
            % 可靠性框图逻辑判断
            if IfSysFail(ID(1:i),NumUnit,unitK) == 0
                sysFailTime(num) = TTF(i);              % 本次系统失效时间
                unitSite = ID(i);                       % 当前单元位置
                NumCurUnit(ID(i)) = NumCurUnit(ID(i)) + 1; % 导致失效的当前单元数 +1
```

```
                    NumAllUnit(ID(1:i)) = NumAllUnit(ID(1:i)) + 1;   % 导致失效的各单元数 + 1
                    break
                end
            end
        curSite = floor(sysFailTime(num)/TimeInter + eps(1000000)) + 1;   % 系统失效区间位置
        if curSite > NumInter curSite = NumInter; end
        deltaSysNum(curSite) = deltaSysNum(curSite) + 1;   % 系统失效次数
        sFailUnitNum(unitSite,curSite) = sFailUnitNum(unitSite,curSite) + 1;
                                              % 引起失效单元的区间统计
    end
    %% 相关参数统计
    for i = 1:length(deltaSysNum)
        sumSysNum(i) = sum(deltaSysNum(1:i));
    end
    for i = 1:length(deltaUnitNum)
        sumUnitNum(:,i) = sum(deltaUnitNum(:,1:i),2);
    end
    % 可靠性指标
    Fs_t = sumSysNum/SimulationNum;                  % 系统不可靠度
    Rs_t = 1 - Fs_t;                                 % 系统可靠度
    ps_t = deltaSysNum/SimulationNum;                % 系统失效概率分布
    fs_t = deltaSysNum/(TimeInter * SimulationNum);  % 系统失效密度函数
    lamda_t = fs_t./Rs_t;                            % 系统故障率
    MTTF = sum(TimeInterFlag. * ps_t);               % 系统平均寿命
    % 可靠寿命计算
    LifeOfRelia = sort(sysFailTime);                 % 系统寿命从小到大排序
    SiteLife = floor(SimulationNum * (1.0 - Relia) + eps(10000)) + 1;
                                              % 对应 Relia 的位置 + 精度控制
    LifeOfcurRelia = LifeOfRelia(SiteLife);
    % 剩余寿命计算
    for i = 1:length(LifeOfRelia)
        if LifeOfRelia(i) > curLife
            sumSystemFailTime = sum(LifeOfRelia(i:SimulationNum));
            sumSystemFailNum = SimulationNum - i + 1;
            break
        end
    end
    MRL = sumSystemFailTime/sumSystemFailNum - curLife;
    % 重要度指标
    W = [1:NumUnit;NumCurUnit./NumAllUnit];          % 部件重要度
    W_N = [1:NumUnit;NumCurUnit./SimulationNum];     % 模式重要度
    W_P = sFailUnitNum./deltaUnitNum;                % 概率重要度
    W_C = W_P.*(sumUnitNum./sumSysNum);              % 关键重要度
```

```matlab
%% 绘图
x = 0:TimeInter:TimeMax;
figure(1); hold on;
plot(x,[1,Rs_t],'.-',"MarkerSize",15)
figure(2); hold on;
plot(x,[ps_t,0],'.-',"MarkerSize",15)
figure(3); hold on;
plot(x,[lamda_t,0],'.-',"MarkerSize",15)
% figure(4); hold on; grid on; grid minor;
% plot(x,[W_P,zeros(6,1)],'.-',"MarkerSize",15)
% title("系统概率重要度曲线");xlabel("时间/小时");ylabel("系统概率重要度曲线")
% legend("单元A","单元B","单元C","单元D","单元E","单元F");
% figure(5); hold on; grid on; grid minor;
% plot(x,[W_C,zeros(6,1)],'.-',"MarkerSize",15)
% title("系统关键重要度曲线");xlabel("时间/小时");ylabel("系统关键重要度曲线")
% legend("单元A","单元B","单元C","单元D","单元E","单元F");
%% 显示指标结果
fprintf('系统平均寿命为%d小时\n',MTTF);
fprintf('可靠度为%d时,系统可靠寿命为%d小时\n',Relia,LifeOfcurRelia);
fprintf('工作%d小时后,系统平均剩余寿命为%d小时\n',curLife,MRL);
fprintf('部件%d:基本部件重要度为%d\n',W);
fprintf('部件%d:模式重要度为%d\n',W_N);
end
figure(1); grid on; grid minor;
title("系统可靠度曲线");xlabel("时间/小时");ylabel("系统可靠度")
legend("N = 1000 次","N = 10000 次");
figure(2); grid on; grid minor;
title("系统失效概率分布曲线");xlabel("时间/小时");ylabel("系统失效概率")
legend("N = 1000 次","N = 10000 次");
figure(3); grid on; grid minor;
title("系统失效率曲线");xlabel("时间/小时");ylabel("系统失效率")
legend("N = 1000 次","N = 10000 次");
%% 判定系统是否失效
function [systemState] = IfSysFail(UnitID,unitNumber,unitKstate)
    UnitState = ones(1,unitNumber);
    UnitState(UnitID) = 0;
    UnitEF = 1-(1-UnitState(5))*(1-UnitState(6));
    UnitAB = UnitState(1)*UnitState(2);
    UnitCD = UnitState(3)*UnitState(4);
    systemState = UnitEF & UnitAB;
    if UnitAB == 0
        systemState = UnitEF & UnitCD & unitKstate;
    end
```

```
end
%% 获得各单元的失效时间和开关状态
function [unitFailTime] = FailTime(IdUnit)
    rr = rand([1,IdUnit]);
    ta = ExpoDisRnd(rr(1),0.001);
    tb = ExpoDisRnd(rr(2),0.002);
    tmin = min([ta,tb]);
    tc = ExpoDisRnd(rr(3),0.001);
    td = ExpoDisRnd(rr(4),0.002);
    te = ExpoDisRnd(rr(5),0.005);
    tf = ExpoDisRnd(rr(6),0.005);
    unitFailTime = [ta,tb,tc + tmin,td + tmin,te,tf];
end
%% 指数分布抽样
function [tn1] = ExpoDisRnd(n1,lamda)
    tn1 = -1/lamda * log(1 - n1);
end
```

附录 5 - 2　系统网络可靠性模型的仿真程序

```
%% 初始化
clc; clear; close all;
%% 设定仿真参数
SimulationNum = 100000;                              % 仿真次数
TimeMax = 1200;                                      % 最大工作时间
NumInter = 24;                                       % 间隔区间个数
TimeInter = TimeMax/NumInter;                        % 区间的间隔时间
NumUnit = 11;                                        % 系统部件数
deltaSysNum = zeros(1,NumInter);                     % 系统每个区间失效次数
sumSysNum = zeros(1,NumInter);                       % 系统各区间累计失效次数
NumCurUnit = zeros(1,NumUnit);                       % 导致失效的当前单元次数
NumAllUnit = zeros(1,NumUnit);                       % 导致失效的各单元次数
sysFailTime = zeros(1,SimulationNum);                % 系统失效时间
Relia = 0.7;                                         % 70%可靠度
curLife = 100;                                       % 工作 curLife 后计算剩余寿命
%% 每次循环
for num = 1:1:SimulationNum
    UnitFailTime = FailTime();                       % 抽样单元失效时间
    sysFailTime(num) = getSysFailTime(UnitFailTime); % 获得系统失效时间
    if sysFailTime(num)>TimeMax continue; end
    curSite = floor(sysFailTime(num)/TimeInter + eps(10000)) + 1;  % 系统失效区间位置
    deltaSysNum(curSite) = deltaSysNum(curSite) + 1;    % 系统失效次数
    % 失效单元信息统计
    [TTF,ID] = sort(UnitFailTime);                   % 各单元失效时间从小到大排序
    for i = 1:1:NumUnit
        if TTF(i)<= TimeMax
            if TTF(i) == sysFailTime(num)
                NumCurUnit(ID(i)) = NumCurUnit(ID(i)) + 1;    % 导致失效的当前单元数 + 1
                NumAllUnit(ID(1:i)) = NumAllUnit(ID(1:i)) + 1;% 导致失效的各单元数 + 1
                break
            end
        end
    end
end
%% 相关参数统计
for i = 1:length(deltaSysNum)
    sumSysNum(i) = sum(deltaSysNum(1:i));
```

```
end
    % 可靠性指标
Fs_t = sumSysNum/SimulationNum;                          % 系统不可靠度
Rs_t = 1 - Fs_t;                                          % 系统可靠度
ps_t = deltaSysNum/SimulationNum;                        % 系统失效概率分布
fs_t = deltaSysNum/(TimeInter * SimulationNum);          % 系统失效密度函数
lamda_t = fs_t./Rs_t;                                    % 系统故障率
MTTF = sum(sysFailTime(1:SimulationNum))/SimulationNum;  % 系统平均寿命
    % 可靠寿命计算
LifeOfRelia = sort(sysFailTime);                         % 系统寿命从小到大排序
SiteLife = floor(SimulationNum * (1.0 - Relia) + eps(10000)) + 1;  % 对应 Relia 的位置 + 精度控制
LifeOfcurRelia = LifeOfRelia(SiteLife);
    % 剩余寿命计算
for i = 1:length(LifeOfRelia)
    if LifeOfRelia(i)>curLife
        sumSystemFailTime = sum(LifeOfRelia(i:SimulationNum));
        sumSystemFailNum = SimulationNum - i + 1;
        break
    end
end
MRL = sumSystemFailTime/sumSystemFailNum - curLife;
    % 重要度指标
W = [1:NumUnit;NumCurUnit./NumAllUnit];                  % 部件重要度
W_N = [1:NumUnit;NumCurUnit./SimulationNum];             % 模式重要度
    %% 画图
x = 0:TimeInter:TimeMax;
figure(1); hold on; grid on; grid minor;
plot(x,[1,Rs_t],'.-',"MarkerSize",15)
title("系统可靠度曲线");xlabel("时间/小时");ylabel("系统可靠度")
legend("仿真 100000 次");
figure(2); hold on; grid on; grid minor;
plot(x,[ps_t,0],'.-',"MarkerSize",15)
title("系统失效概率分布曲线");xlabel("时间/小时");ylabel("系统失效概率")
legend("仿真 100000 次");
    %% 显示指标结果
fprintf('系统平均寿命为 %d 小时\n',MTTF);
fprintf('可靠度为 %d 时,系统可靠寿命为 %d 小时\n',Relia,LifeOfcurRelia);
fprintf('工作 %d 小时后,系统平均剩余寿命为 %d 小时\n',curLife,MRL);
fprintf('部件 %d:基本部件重要度为 %d\n',W);
fprintf('部件 %d:模式重要度为 %d\n',W_N);
    %% 获得系统失效时间
function [sysFTime] = getSysFailTime(UFT)
    p1 = min([UFT(1),UFT(2),UFT(3)]);
```

```matlab
    p2  = min([UFT(1),UFT(3),UFT(4),UFT(5),UFT(6)]);
    p3  = min([UFT(1),UFT(3),UFT(4),UFT(5),UFT(9),UFT(11)]);
    p4  = min([UFT(1),UFT(3),UFT(4),UFT(8),UFT(9),UFT(10)]);
    p5  = min([UFT(1),UFT(3),UFT(4),UFT(6),UFT(8),UFT(10),UFT(11)]);
    p6  = min([UFT(1),UFT(3),UFT(7),UFT(8),UFT(9)]);
    p7  = min([UFT(1),UFT(3),UFT(6),UFT(7),UFT(8),UFT(11)]);
    p8  = min([UFT(1),UFT(3),UFT(5),UFT(6),UFT(7),UFT(10)]);
    p9  = min([UFT(1),UFT(3),UFT(5),UFT(7),UFT(9),UFT(10),UFT(11)]);
    sysFTime = max([p1,p2,p3,p4,p5,p6,p7,p8,p9]);
end
%% 获得各单元的失效时间和开关状态
function [unitFailTime] = FailTime()
    ta = exprnd(1/0.001);    % 调用 Matlab 的指数分布抽样函数
    tb = exprnd(1/0.005);
    tc = exprnd(1/0.001);
    td = exprnd(1/0.002);
    te = exprnd(1/0.005);
    tf = exprnd(1/0.002);
    tg = normrnd(1000,150);  % 调用 Matlab 的正态分布抽样函数
    th = normrnd(800,120);
    ti = normrnd(1000,150);
    tj = wblrnd(1500,2.5);   % 调用 Matlab 的威布尔分布抽样函数
    tk = wblrnd (1500,2.5);
    unitFailTime = [ta,tb,tc,td,te,tf,tg,th,ti,tj,tk];
end
```

第6章 静态与动态故障树仿真方法

故障树分析(fault tree analysis，FTA)方法是通过对可能造成产品故障的硬件、软件、环境、人为因素等进行分析，按规则绘制故障树图形，并根据数学模型进行解算，从而确定产品故障原因的各种可能组合方式和(或)其发生概率的一种分析方法，是可靠性和安全性分析中的一项重要技术。

故障树分析以一个不希望的产品故障事件(或灾难性的产品危险)即顶事件作为分析的目标，通过自上而下按层次的故障因果逻辑分析，采用演绎推理的方法，逐层找出故障事件必要而充分的直接原因，最终找出导致顶事件发生的所有原因和原因组合，并计算它们的发生概率。故障树分析可分析多种故障因素的组合对产品的影响。根据故障树描述能力的不同，故障树模型可分为传统故障树(即静态故障树)和动态故障树两大类。

本章分别介绍静态故障树仿真方法和动态故障树仿真方法，使读者对故障树仿真方法有全面的了解。

6.1 静态故障树仿真

6.1.1 静态故障树模型

故障树是用来表明产品组成部分的故障或外界事件，以及它们的组合将导致产品发生一种给定故障的逻辑图。故障树是一种特殊的倒立树状因果关系逻辑图，构图元素是事件和逻辑门。其中，逻辑门的输入事件是输出事件的"因"，逻辑门的输出事件是输入事件的"果"，事件用来描述系统和元部件故障的状态，逻辑门把事件联系起来，表示事件之间的逻辑关系。静态故障树模型是指由事件和静态逻辑门构成的树状逻辑图。

6.1.1.1 静态故障树中常用事件及符号

故障树模型中包含底事件、结果事件、特殊事件三类不同的事件。底事件是故障树中仅导致其他事件的原因事件，它位于故障树底端，总是某个逻辑门的输入事件。结果事件是故障树中由其他事件或事件组合所导致的事件，它下面与逻辑门连接，表明该结果事件是此逻辑门的一个输出。特殊事件指在故障树中需用特殊符号表明其特殊性或引起注意的事件。此外，在故障树中还经常出现条件相同或相似的故障事件,为了减少重复工作量并简化树,一般用转移符号进行表达,表示从某处转入或转到某处,也可用于树的移页。

故障树中常用的事件符号[4]见表 6 - 1。

表 6 - 1　故障树中常用事件符号

符　号		名　称	说　明
底事件	○ ◌	基本事件	它是元部件在设计的运行条件下所发生的随机故障事件,一般来说它的故障分布是已知的,只能作为逻辑门的输入而不能作为输出;实线圆表示产品本身故障,虚线圆表示由人为错误引起的故障
	◇	未展开事件	表示省略事件,一般用以表示那些可能发生,但概率值较小,或者对此系统而言不需要再进一步分析的故障事件。它们在定性、定量分析中一般都可以忽略不计
结果事件	▭	顶事件	故障树分析中所关心的最后结果事件,不希望发生的对系统技术性能、经济性、可靠性和安全性有显著影响的故障事件,顶事件可由 FMECA 分析确定;是逻辑门的输出事件而不是输入事件
	▭	中间事件	包括故障树中除底事件和顶事件之外的所有事件;它既是某个逻辑门的输出事件,同时又是其他逻辑门的输入事件
特殊事件	⌂	开关事件	已经发生或将要发生的特殊事件;在正常工作条件下必然发生或必然不发生的特殊事件
	⬭	条件事件	逻辑门起作用的具体限制的特殊事件
转移符号	△A	入三角形	位于故障树的底部,表示树的 A 部分分支在其他地方
	△A	出三角形	位于故障树的顶部,表示树 A 是在另外部分绘制的一棵故障树的子树
	▽A 事件标号 X~X	相似转移出三角形	位于故障树的底部,表示树的 A 部分分支与另外分支结构完全相同,但事件的标号不同
	▽A	相似转移入三角形	位于故障树的顶部,表示存在另外部分的子树,该子树的结构与树 A 完全相同,但事件标号不同

6.1.1.2　静态故障树中常用逻辑门及符号

逻辑门是故障树中连接事件的桥梁,它表示事件之间的逻辑关系。静态故障树中的逻辑门只能描述事件之间的静态逻辑关系。静态故障树中常用的逻辑门符号[4]见表 6 - 2。

表 6 - 2　静态故障树中常用逻辑门符号

符　　号	名　称	说　　明
A B₁...Bₙ（与门图形）	与门	设 $B_i(i=1,2,\cdots,n)$ 为门的输入事件，A 为门的输出事件。B_i 同时发生时，A 必然发生，这种逻辑关系称为事件交，用逻辑与门描述，相应的逻辑代数表达式为 $$A=B_1 \cap B_2 \cap B_3 \cap \cdots \cap B_n$$
A B₁...Bₙ（或门图形）	或门	当输入事件 B_i 中至少有一个发生时，则输出事件 A 发生，这种关系称为事件并，用逻辑或门描述，相应的逻辑代数表达式为 $$A=B_1 \cup B_2 \cup B_3 \cup \cdots \cup B_n$$
A B₁　B₂（异或门图形）	异或门	输入事件 B_1、B_2 中任何一个发生都可引起输出事件 A 发生，但 B_1、B_2 不能同时发生，相应的逻辑代数表达式为 $$A=(B_1 \cap \overline{B}_2) \cup (\overline{B}_1 \cap B_2)$$
A——条件 B（禁门图形）	禁门	当给定条件满足时，则输入事件直接引起输出事件的发生，否则输出事件不发生。图中长椭圆形是修正符号，其内注明限制条件
A r/n B₁...Bₙ（表决门图形）	表决门	n 个输入中至少有 r 个发生，则输出事件发生；否则输出事件不发生

6.1.1.3　静态故障树模型的解析计算

故障树分析包括定性分析和定量分析。定性分析的目的在于寻找顶事件的原因事件及原因事件的组合，即识别导致顶事件发生的所有故障模式集合，从而帮助分析人员识别潜在的故障，发现设计薄弱环节。定量分析主要用于计算或近似估计顶事件发生的概率，以此来评价系统的安全性或可靠性。

由于故障树可以认为是系统故障和导致故障的诸多元素之间的布尔关系的图形化表示，因此，故障树模型的数学描述采用结构函数，它是表示系统状态的一种布尔函数。为了使问题简化，通常假设所研究的元部件和系统只有正常和故障两种状态，且各元部件的故障是相互独立的。

现假设一个由 n 个部件组成的系统，部件 i 的状态，即底事件的状态变量用 x_i 表示，则部件 i 的状态可以定义为

$$x_i=\begin{cases}1, & 底事件\ x_i\ 发生（元部件故障）\\0, & 底事件\ x_i\ 不发生（元部件正常）\end{cases} \tag{6-1}$$

系统的状态，即顶事件的状态变量用 $\Phi(\boldsymbol{X})$ 表示，它是部件状态的函数，即 $\Phi(\boldsymbol{X})=\Phi(x_1,x_2,\cdots,x_n)$，则

$$\Phi(\boldsymbol{X})=\begin{cases}1, & 顶事件发生（系统故障）\\0, & 顶事件不发生（系统正常）\end{cases} \tag{6-2}$$

式中，$\Phi(\boldsymbol{X})$——故障树的结构函数，其自变量为该系统组成单元的状态。

若故障树顶事件代表系统故障，底事件代表部件故障，则顶事件发生概率就是系统的不可靠度 F_s，即

$$P(T) = F_s = E[\Phi(\boldsymbol{X})] = g[F_1, F_2, \cdots, F_n] \tag{6-3}$$

式中，F_i 为第 i 个元部件的不可靠度。

静态故障树中典型逻辑门输出事件的概率计算见表 6-3。

表 6-3　静态故障树中典型逻辑门输出事件的概率计算

逻辑门	概率计算
与门	$F_s = E[\Phi(\boldsymbol{X})] = E\left[\prod_{i=1}^{n} x_i\right] = F_1 \cdot F_2 \cdots F_n$
或门	$F_s = E[\Phi(\boldsymbol{X})] = E\left[1 - \prod_{i=1}^{n}(1-x_i)\right] = 1 - [1-F_1] \cdot [1-F_2] \cdots [1-F_n]$
异或门	$F_s = E[\Phi(\boldsymbol{X})] = \{1 - [1 - E(x_1)E(1-x_2)]\} \cdot \{1 - [1 - E(x_2)E(1-x_1)]\}$ $= \{1 - [1 - (F_1)1 - F_2]\} \cdot \{1 - [1 - (F_2)1 - F_1]\}$
表决门 (n 中取 r)	$F_s = E[\Phi(\boldsymbol{X})] = \sum_{m=r}^{n}\left[E\left(\prod_{i=1}^{m} x_i\right)\right] = \sum_{m=r}^{n}\left[\prod_{i=1}^{m} E(x_i)\right] = \sum_{m=r}^{n}\left[\prod_{i=1}^{m} F_i\right]$

对于复杂系统，可以依据故障树图形，根据典型逻辑门的结构函数，给出系统故障树的结构函数。由于系统故障树结构函数通常较为复杂，一般采用最小割集法计算顶事件的发生概率。割集是指故障树中一些底事件的集合，当这些底事件同时发生时，顶事件必然发生。若将割集中所含的底事件任意去掉一个就不再成为割集了，这样的割集就是最小割集。因此，顶事件的结构函数可以表示为

$$\Phi(\boldsymbol{X}) = \bigcup_{j=1}^{N_K} K_j = \bigcup_{j=1}^{N_K} \bigcap_{i \in K_j} x_i \tag{6-4}$$

式中，K_j——第 j 个最小割集；

　　　x_i——第 j 个最小割集中的底事件；

　　　N_K——系统最小割集数。

利用最小割集计算故障树顶事件发生的概率，有

$$P(T) = F_s = E[\Phi(\boldsymbol{X})] = P(K_1 \bigcup K_2 \bigcup \cdots \bigcup K_{N_K}) \tag{6-5}$$

当最小割集之间不相交时，即各最小割集之间没有重复出现的底事件，则顶事件发生概率是

$$P(T) = F_s = \sum_{j=1}^{N_K} P(K_j) = \sum_{j=1}^{N_K}\left(\prod_{i \in K_j} F_i\right) \tag{6-6}$$

式中，$P(K_j)$——第 i 个最小割集的发生概率。

当最小割集之间相交时，即底事件在几个最小割集中重复出现，则必须用相容事件的概率公式来精确计算顶事件发生概率。当故障树中最小割集数量较多时，精确计算顶事件发生概率会发生组合爆炸问题，计算量相当大。因此，工程上经常采用近似法求解顶事件发生概率。

方法一是一阶近似法，即取相容事件概率公式的一阶项作为顶事件发生概率

$$P(T) \approx S_1 = \sum_{j=1}^{N_K} P(K_j) \tag{6-7}$$

每一个最小割集中的底事件发生概率相乘，得到每一个最小割集的发生概率，再把所有最

小割集的发生概率相加,得到故障树顶事件的发生概率。这是顶事件发生概率的上限。

方法二是二阶近似法,即取相容事件概率公式的前两阶项作为顶事件发生概率

$$P(T) \approx S_1 - S_2 = \sum_{j=1}^{N_K} P(K_j) - \sum_{j<i=2}^{N_K} P(K_j K_i) \tag{6-8}$$

所有最小割集发生概率的和减去最小割集两两乘积的和,作为顶事件的发生概率,这是顶事件发生概率的下限。

示例 6.1:某电网故障的故障树如图 6-1 所示,其中,E_1 为顶事件,$E_2 \sim E_{10}$ 为中间事件,X_1、X_2、X_3、X_4、X_5 为底事件,分别代表线路 1、线路 2、线路 3、线路 4、线路 5 故障断电,其发生概率分别为 $P_1 = P_2 = P_3 = P_4 = P_5 = 0.01$,求顶事件的发生概率。

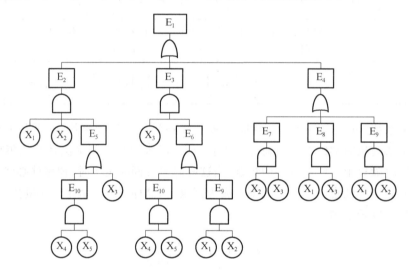

图 6-1 某电网故障的故障树

首先求得该故障树的最小割集为:$K_1 = \{x_3, x_4, x_5\}$,$K_2 = \{x_2, x_3\}$,$K_3 = \{x_1, x_3\}$,$K_4 = \{x_1, x_2\}$,由于最小割集之间不相交,因此采用近似法计算顶事件发生概率。

一阶近似法求解顶事件发生概率为

$$P(T) \approx \sum_{j=1}^{N_K} P(K_j)$$
$$= P(x_3) \cdot P(x_4) \cdot P(x_5) + P(x_2) \cdot P(x_3) + P(x_1) \cdot P(x_3) + P(x_1) \cdot P(x_2)$$
$$= 0.01^3 + 3 \times 0.01^2 = 0.000\ 301$$

二阶近似法求解顶事件发生概率为

$$P(T) \approx \sum_{j=1}^{N_K} P(K_j) - \sum_{j<i=2}^{N_K} P(K_j K_i)$$
$$= P(K_1) + P(K_2) + P(K_3) + P(K_4) - P(K_1 K_2) - P(K_1 K_3) -$$
$$P(K_1 K_4) - P(K_2 K_3) - P(K_2 K_4) - P(K_3 K_4)$$
$$= P(x_3) \cdot P(x_4) \cdot P(x_5) + P(x_2) \cdot P(x_3) + P(x_1) \cdot P(x_3) + P(x_1) \cdot P(x_2) -$$
$$P(x_2) \cdot P(x_3) \cdot P(x_4) \cdot P(x_5) - P(x_1) \cdot P(x_3) \cdot P(x_4) \cdot P(x_5) -$$
$$P(x_1) \cdot P(x_2) \cdot P(x_3) \cdot P(x_4) \cdot P(x_5) - P(x_1) \cdot P(x_2) \cdot P(x_3) -$$

$$P(x_1) \cdot P(x_2) \cdot P(x_3) - P(x_1) \cdot P(x_2) \cdot P(x_3)$$
$$= 0.01^3 + 3 \times 0.01^2 - 2 \times 0.01^4 - 0.01^5 - 3 \times 0.01^3 = 0.000\ 297\ 979\ 9$$

上述两种方法的计算结果相差不超过 0.01%，因此在可接受范围内。

6.1.2　基于二元决策图的故障树求解

二元决策图（binary decision diagram，BDD）源于香农定理，是一种二叉树的图形表示。许多研究表明，在大多数情况下，相较于传统的基于最小割集（或路集）等方法，BDD 使故障树求解变得更加方便直观，有效地解决了原故障树分析中面临的困难，大大减少了计算量，提高了计算效率和计算精度。

6.1.2.1　二元决策图原理

1. 香农定理（Shannon theorem）

设 $f(x_1, x_2, \cdots, x_n)$ 是一个布尔函数，$x_i(i=1, 2, \cdots, n)$ 是 f 的任一自变量，令

$$f_{x_i} = f(x_1, x_2, \cdots, x_{i-1}, 1, x_{i+1}, \cdots, x_n)$$
$$f_{\overline{x_i}} = f(x_1, x_2, \cdots, x_{i-1}, 0, x_{i+1}, \cdots, x_n)$$

则布尔函数 f 可分解为

$$f(x_1, x_2, \cdots, x_n) = x_i f_{x_i} + \overline{x_i} f_{\overline{x_i}} \tag{6-9}$$

由于 f_{x_i} 和 $f_{\overline{x_i}}$ 仍然是布尔函数，因此可选取别的变量，继续利用香农定理对其进行分解，将这种过程一直进行到不能再进行为止，即实现了对原函数的不交化工作。若固定了香农分解中变量的顺序再进行分解，并且把最终分解结果用图形表示出来，即可得到一棵唯一的二元树，如图 6-2 所示，称为香农分解树，它有 2^{n-1} 个节点，叶节点都为 0 或 1。

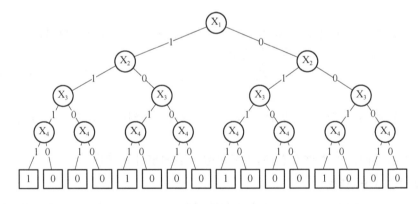

图 6-2　香农分解树

2. BDD 的含义及特点

BDD 就是香农分解树的一种简化形式，也是一种二叉树的图形表示，如图 6-3 所示。BDD 图是一个特殊的有根树，其包含两类节点：一类是叶节点，具有确定的节点值 value$(v) \in \{0,1\}$；另一类是非叶节点，如图 6-3 中的 X_2，节点值不确定，但有且仅有两个子节点，其节点值为 0 的分支，表示该节点事件未发生（工作状态），节点值为 1 的分支表示该节点事件发生（故障）。将除根节点以外的非叶节点都称为中间节点。这样，从根节点出发，经过中间节点，到达叶

节点的过程即为给出变量输入值(非叶节点值)获得函数输出值(叶节点值)的一个过程。

若 BDD 中的每一个中间节点表示系统的底事件,则从根节点到叶节点的每一路径即代表底事件失效或不失效的不交化组合。若一条路径经过某一节点并转向它的 0 分支,则在这条路径上该节点代表的底事件不失效;若一条路径经过某一节点并转向它的 1 分支,则在这条路径上该节点代表的底事件失效;若一条路径的叶节点为 0,则该路径导致系统不失效;若一条路径的叶节点为 1,则该路径导致系统失效。

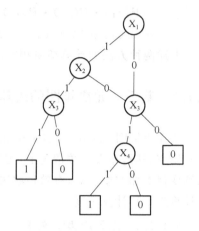

图 6 - 3　二元决策图

6.1.2.2　故障树与 BDD 的转化方法

BDD 是布尔函数不交化的图形表示,不仅简洁直观,而且能直接由布尔变量的输入值获得布尔函数值。因此若能将故障树转化为仅包含底事件的 BDD 图,则不仅可以观察故障树的故障模式、失效途径,还可直接通过底事件的输入值获得系统的输出值。下面介绍将故障树转化为 BDD 的方法。

1. 确定底事件的优先转化次序

在故障树向 BDD 转化过程中,故障树底事件的转化次序直接影响转化的效率,也影响生成的 BDD 图的规模,因此,首先需要确定底事件的优先转化次序,以期转化为最简洁的 BDD 图。本节综合底事件结构重要度等因素对顶事件的作用大小,给出一种普遍采用的经验方法确定底事件转化次序,具体原则如下:

① 若故障树中不存在重复事件(即传统排序法),可按照升序由上向下、由左向右依次排序。

② 若故障树中存在重复事件,但是同一重复事件不在同一门级,则在较高门级输入事件中,先排重复事件,在较低门级上该事件省略。

③ 重复事件在同一门级,在该门级排序时,重复事件应在其输入事件中先排序才能获得最小割集。

④ 出现次数相同的多个重复事件,可以由左向右按门级排序,在左边排过的事件,在右边省略。

⑤ 出现次数不同的多个重复事件,重复次数最多的事件先排序。

2. 故障树向 BDD 转化

将故障树转化为 BDD 常用的方法有递归法、模板法、减枝法等,这些方法均可以用来处理大型复杂系统的故障树,运用这些方法可以迅速完成从故障树到 BDD 的转化。本节重点介绍递归转化法。

一个复杂系统的故障树,通常存在多层逻辑门。递归法转化的基本思想就是,从最低一层门开始逐层向上对故障树中的每一个逻辑门按照 BDD 编码进行置换,即置换时按照 ite(if-then-else)结构对置换结果进行编码,如此类推,将所有门事件用底事件置换编码后,即可得到顶事件的 BDD 图。

BDD 编码中,ite (A, B, C) 指:如果 A 成立,则 B 成立;否则 C 成立。

假设故障树底事件对应的布尔变量为 x 和 y，底事件转化的优先次序表示为 $\text{index}(x)$ 和 $\text{index}(y)$，令 $G=\text{ite}(x,G_1,G_0)$，$H=\text{ite}(y,H_1,H_0)$，则逻辑门置换的具体规则如下

$$G<op>H=\text{ite}(x,G_1,G_0)<op>\text{ite}(y,H_1,H_0)$$

$$=\begin{cases}\text{ite}(x,G_1<op>H_1,G_0<op>H_0)，若\ \text{index}(x)=\text{index}(y)\\\text{ite}(x,G_1<op>H,G_0<op>H)，若\ \text{index}(x)<\text{index}(y)(6-10)\\\text{ite}(y,G<op>H_1,G<op>H_0)，若\ \text{index}(x)>\text{index}(y)\end{cases}$$

式中，$<op>$ 表示故障树中对应逻辑门的布尔运算算子，对于与门，$<op>$ 为乘法符"·"，对于或门，$<op>$ 为加法符"+"；G 和 H 表示两个对应于遍历子树的布尔表达式；G_i 和 H_i（$i=0,1$）分别是 G 和 H 的子表达式。

置换过程中，若底事件 x 与底事件 y 优先级相同，则直接对它们的子节点进行运算；若底事件 x 优先于底事件 y，则用底事件 x 对应的子节点 G_1 和 G_0 与 H 进行运算；反之亦然。

示例 6.2：将如图 6-4 所示的故障树转化为 BDD。

首先，根据前面给出的确定底事件转化次序的经验方法，确定该故障树中底事件转化的优先次序为：$\text{index}(x_3)<\text{index}(x_4)<\text{index}(x_2)<\text{index}(x_1)$。然后，根据递归转化法，首先对逻辑门 G_1 进行置换，可以得到

$$G_1=x_2\cdot x_1=\text{ite}(x_2,1,0)\cdot\text{ite}(x_1,1,0)=\text{ite}(x_2,\text{ite}(x_1,1,0),0)$$

然后，依次置换逻辑门 G_2 和 T，可得

$$G_2=x_4+G_1=\text{ite}(x_4,1,0)+\text{ite}(x_2,\text{ite}(x_1,1,0),0)$$
$$=\text{ite}(x_4,1,\text{ite}(x_2,\text{ite}(x_1,1,0),0))$$
$$T=x_3\cdot G_2=\text{ite}(x_3,1,0)\cdot\text{ite}(x_4,1,\text{ite}(x_2,\text{ite}(x_1,1,0),0))$$
$$=\text{ite}(x_3,\text{ite}(x_4,1,\text{ite}(x_2,\text{ite}(x_1,1,0),0)),0)$$

将 T 用图形表示，即可得到转化后的 BDD，如图 6-5 所示。

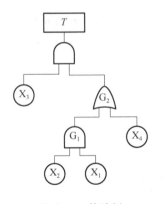 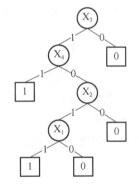

图 6-4　故障树　　　　　　　图 6-5　故障树转化后的 BDD

3. BDD 的约简

对直接转化得到的 BDD 可以进一步进行约简，以得到精简的 BDD。约简规则如下。

（1）规则 1：合并同构子 BDD

将对同一个布尔表达式进行编码的同构子 BDD 合并为一个子 BDD，如图 6-6 所示。

（2）规则 2：删除无用节点

如果节点 x 编码函数时得到形如 $(x\land G)\lor(\bar{x}\land G)$ 的函数表达式，则 x 是无用的，可以直

接删除,如图 6 - 7 所示。

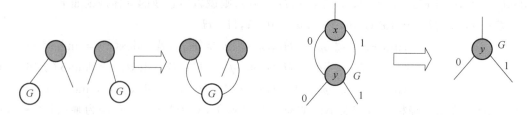

图 6 - 6　合并同构子 BDD　　　　　　　　图 6 - 7　删除无用节点

6.1.2.3　基于 BDD 的故障树分析

当故障树转化为 BDD 图后,实际上已获得了系统的所有故障模式和传播途径,BDD 图中的每一个中间节点表示系统的底事件,从根节点到叶节点的每一路径则代表底事件失效或不失效的不交化组合。下面以示例 6.2 中故障树和 BDD 为例,介绍基于 BDD 的故障树分析。

1. 基于 BDD 的故障树定性分析

首先,获得故障树的割集。从根节点出发,经过中间节点,到达叶节点为 1 的路径组成的集合就是系统的割集。

然后,对割集进行最小化,即去掉重复节点,即可得到故障树的最小割集。

示例 6.3:故障树如图 6 - 4 所示,BDD 如图 6 - 5 所示,完成该故障树的定性分析。

根据图 6 - 5 可知,该图中有 2 个节点值为 1 的叶节点,分别寻找这 2 条路径上的节点集合,则可确定该故障树的割集为:$\{x_3,x_4\}$ 和 $\{x_3,x_4,x_2,x_1\}$。进一步对节点集合进行约简,可知该故障树的最小割集为:$\{x_3x_4\}$。

2. 基于 BDD 的故障树定量分析

回溯 BDD 中所有叶节点为 1 的路径,用 $p_i(i=1,2,\cdots,m)$(m 为路径数)来表示

$$p_i = \prod_{j=1}^{n_i} x_{i_j}^*, \quad x_{i_j}^* \in \{x_{i_j}, \overline{x}_{i_j}\}, \quad x_{i_j} \in (x_1,x_2,\cdots,x_n) \tag{6-11}$$

式中,n_i——路径 i 所含的结点数;

$\quad x_{i_j}$——该节点取 1 分支,即该事件故障;

$\quad \overline{x}_{i_j}$——该节点取 0 分支,即该事件正常。

则,可以直接得到故障树函数的不交化表达式为

$$T = \sum_{i=1}^{m} p_i = \sum_{i=1}^{m} \prod_{j=1}^{n_i} x_{i_j}^* \tag{6-12}$$

应用互斥事件和的概率公式,直接可计算顶事件的失效概率

$$P(T) = \sum_{i=1}^{m} P(p_i) = \sum_{i=1}^{m} \prod_{j=1}^{n_i} P(x_{i_j}^*) \tag{6-13}$$

式中,$P(\overline{x}_{i_j})=1-P(x_{i_j})$,$P(x_{i_j})$ 表示底事件 x_{i_j} 的失效概率。

示例 6.4:故障树如图 6 - 4 所示,BDD 如图 6 - 5 所示,计算该故障树顶事件发生概率。

根据图 6 - 5,回溯所有叶节点为 1 的路径,取所有路径之和,可以直接写出相应的布尔函数不交化表达式为

$$T = x_3 x_4 + x_3 \overline{x}_4 x_2 x_1$$

故障树的顶事件发生概率为

$$P(T) = P(x_3 x_4 + x_3 \overline{x}_4 x_2 x_1) = P(x_3) \cdot P(x_4) + P(x_3) \cdot [1 - P(x_4)] \cdot P(x_2) \cdot P(x_1)$$

6.1.3　直接抽样法求系统可靠性指标

用解析法进行故障树定量分析,需要满足底事件服从指数分布的假设,当组成系统的基本部件的寿命为非指数分布或任意分布时,或当系统的故障树规模很大时,解析方法求解过于繁琐,此时可采用仿真方法求解系统的可靠性。故障树仿真方法的核心思想是借助随机抽样技术对系统各个组成单元的故障进行模拟,利用故障树模型判定系统的故障状态,并基于蒙特卡罗方法通过大量仿真试验,统计系统可靠性的相关指标。

6.1.3.1　建立故障树仿真模型

1. 构造系统变量的概率模型

假设系统由 n 个基本部件 Z_i 组成,用 S 表示系统,则有

$$S = \{Z_1, Z_2, \cdots, Z_i, \cdots, Z_n\} \tag{6-14}$$

假设已知每一个基本部件的寿命分布,令每一个基本部件的失效分布函数表示为 $F_i(t)$,$(i=1,2,\cdots,n)$。

2. 建立可靠性仿真逻辑关系

故障树就是系统中各事件之间的逻辑关系图,因此可以用系统的故障树表示仿真逻辑关系。故障树的顶事件即为系统 S 的失效事件,其底事件即为基本部件 Z_i 的失效事件,故系统中共有 n 个底事件。

在引入时间参变量的情况下,故障树的结构函数用 $\Phi[\boldsymbol{X}(t)]$ 表示。其中,$\boldsymbol{X}(t)$ 为 $x_i(t)$ $(i=1,2,\cdots,n)$ 构成的向量,即有

$$\boldsymbol{X}(t) = [x_1(t), x_2(t), \cdots, x_i(t), \cdots, x_n(t)] \tag{6-15}$$

式中,$x_i(t)$ 表示第 i 个底事件的状态变量。取

$$x_i(t) = \begin{cases} 1, & \text{在 } t \text{ 时刻第 } i \text{ 个底事件发生} \\ 0, & \text{在 } t \text{ 时刻第 } i \text{ 个底事件未发生} \end{cases} \tag{6-16}$$

用 $\Phi(t)$ 表示顶事件在 t 时刻的状态变量,则有

$$\Phi(t) = \begin{cases} 1, & \text{在 } t \text{ 时刻顶事件发生} \\ 0, & \text{在 } t \text{ 时刻顶事件未发生} \end{cases} \tag{6-17}$$

$\Phi(t)$ 的取值为

$$\Phi(t) = \Phi[\boldsymbol{X}(t)] \tag{6-18}$$

6.1.3.2　故障树仿真算法

1. 抽样获得故障树中基本事件的失效时间

用蒙特卡罗方法,对 n 个基本部件寿命进行随机抽样,以取得每一个基本部件故障时间的简单样本。

对第 i 个基本部件失效时间抽样值为

$$t_i = F_i^{-1}(\eta) \tag{6-19}$$

共进行 N 次仿真抽样,在第 j 次仿真运行中,可以得到 n 个基本部件失效时间的抽样值,式中,第 i 个基本部件失效时间抽样值表示为 t_{ij},则

$$t_{ij} = F_i^{-1}(\eta_{ij}) \tag{6-20}$$

式中,η_{ij}——第 i 个基本部件第 j 次仿真中随机抽样的随机数。

对于第 i 个基本部件第 j 次仿真中在 t 时刻状态变量可表示为

$$x_{ij}(t) = \begin{cases} 1, & t \geqslant t_{ij} \\ 0, & t < t_{ij} \end{cases} \tag{6-21}$$

2. 通扫故障树找出系统失效时间 t_{Kj}

将式(6-21)代入式(6-15),可得到第 j 次抽样的 $\boldsymbol{X}_j(t)$,即有

$$\boldsymbol{X}_j(t) = [x_{1j}(t), x_{2j}(t), \cdots, x_{ij}(t), \cdots, x_{nj}(t)] \tag{6-22}$$

若进行 N 次仿真运行,则 $j = 1, 2, \cdots, N$。

将式(6-22)代入式(6-18)中,即可得到第 j 次抽样时顶事件的状态变量

$$\Phi_j(t) = \Phi[\boldsymbol{X}_j(t)] \tag{6-23}$$

若将第 j 次抽样时系统发生失效的时刻记为 t_{Kj},则第 j 次抽样时顶事件的状态变量为

$$\Phi_j(t) = \begin{cases} 1, & \text{当 } t \geqslant t_{Kj} \\ 0, & \text{当 } t < t_{Kj} \end{cases} \tag{6-24}$$

为确定第 j 次仿真中系统失效时间 t_{Kj} 的取值,采用通扫故障树法,即通过对故障树中各基本部件按其抽样的失效时间进行排序,再按故障树的逻辑关系找出顶事件发生的时间,即系统失效时间。

首先,将 n 个基本部件在第 j 次仿真中抽样得到的失效时间 $t_{1j}, t_{2j}, \cdots, t_{ij}, \cdots, t_{nj}$,按其取值大小进行排序,设由小到大的顺序排列为 $t_{f_1}, t_{f_2}, \cdots, t_{f_K}, \cdots, t_{f_n}$,与之相对应的基本部件顺序表示为 $Z_1', Z_2', \cdots, Z_K', \cdots, Z_n'$。

按上面的顺序,首先将基本部件 Z_1' 置于失效状态($t = t_{f_1}$),其余的基本部件此刻为正常状态,检查系统 s 是否发生失效,即判定 $\Phi_j(t_{f_1})$ 是否取 1。如系统未发生失效,则将基本部件 Z_2' 置于失效状态($t = t_{f_2}$),再检查系统 S 是否失效……,直到基本部件 Z_K' 发生失效,即 $t = t_{f_K}$,此时 Z_K' 以前的基本部件均已处于失效状态,如果此时顶事件发生,即系统处于失效状态,则第 j 次抽样时系统寿命的抽样值 t_K 取值为

$$t_{Kj} = t_{f_K} \tag{6-25}$$

至此第 j 次仿真运行结束。也就是说,在这次仿真运行中,不必进行 $t > t_{f_K}$ 的仿真了。因此式(6-24)可写成

$$\Phi_j(t) = \begin{cases} 1, & t = t_{Kj} = t_{f_K} \\ 0, & t < t_{Kj} = t_{f_K} \end{cases} \tag{6-26}$$

用同样方法进行 N 次仿真,可记录系统失效时间 $t_{Kj}(j = 1, 2, \cdots, N)$。

3. 统计系统可靠性及相关指标

由于系统发生失效时间数值是随机抽样产生的,在 N 次仿真后要对它们进行统计,可采用区间统计方法统计系统失效数分布。首先设系统最大工作时间为 $T_{\max}$,将它等分为 m 个区

间,则每个区间的时间间隔 ΔT 为

$$\Delta T = \frac{T_{\max}}{m} \qquad (6-27)$$

如图 6 - 8 所示,第 j 次系统仿真的失效时间为 t_{Kj},则统计落入某个 ΔT 时间区段内一次失效,如图 6 - 8 中表示在 ΔT_3 内有一次失效。利用状态变量 $\Phi_j(t_{K_j})$ 就可以统计出 N 次仿真中,系统失效时间的分布。若统计在 (t_{r-1}, t_r) 区间内系统失效数,用 Δm_r 表示,则有

$$\Delta m(t_r) = \Delta m_r = \sum_{j=1}^{N} (\Phi_j(t_r) - \Phi_j(t_{r-1})) \qquad (6-28)$$

在此基础上,就可以统计计算出系统可靠性及相关指标,包括系统可靠度、系统累积失效概率、系统失效概率分布、系统平均寿命 MTTF、基本部件重要度、基本部件模式重要度等。

(1) 系统累积失效概率(不可靠度)为

$$F_s(t_r) = P(t \leqslant t_r) \approx \frac{1}{N} \sum_{j=1}^{N} \Phi_j(t_r) = \frac{m(t_r)}{N} \qquad (6-29)$$

(2) 系统可靠度为

$$R_s(t_r) = P(t > t_r) = 1 - F_s(t_r) \qquad (6-30)$$

(3) 系统失效概率分布为

$$p_s(t_r) = P(t_{r-1} < t \leqslant r_r) \approx \frac{1}{N} \sum_{j=1}^{N} \left[\Phi_j(t_r) - \Phi_j(t_{r-1}) \right] = \frac{\Delta m_r}{N} \qquad (6-31)$$

(4) 系统失效密度函数为

$$f_s(t_r) \approx \frac{p_s(t_r)}{N \cdot \Delta t} \approx \frac{\Delta m(t_r)}{N \cdot \Delta t} \qquad (6-32)$$

(5) 系统平均寿命 MTTF 为

$$\text{MTTF} \approx \frac{1}{N} \sum_{r=1}^{m} \left[t_r \cdot \Delta t \right] \qquad (6-33)$$

(6) 部件重要度为

$$\hat{I}_i^B = \frac{\text{第 } i \text{ 个部件失效引起系统失效的次数}}{\text{第 } i \text{ 个部件失效总次数}} \qquad (6-34)$$

(7) 部件模式重要度为

$$\hat{I}_i^N = \frac{\text{第 } i \text{ 个部件失效引起系统失效的次数}}{\text{系统的失效总次数}} \qquad (6-35)$$

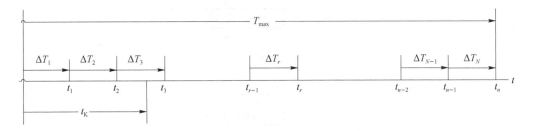

图 6 - 8　统计时间分段

6.1.3.3　故障树仿真计算机算法框图

根据故障树表示的系统可靠性模型,利用结构函数,在已知各基本部件失效分布函数的情

况下,运用蒙特卡罗方法进行系统仿真运行,最后对可靠性各种估计值进行统计。故障树仿真的计算机算法框图如图 6-9 所示。

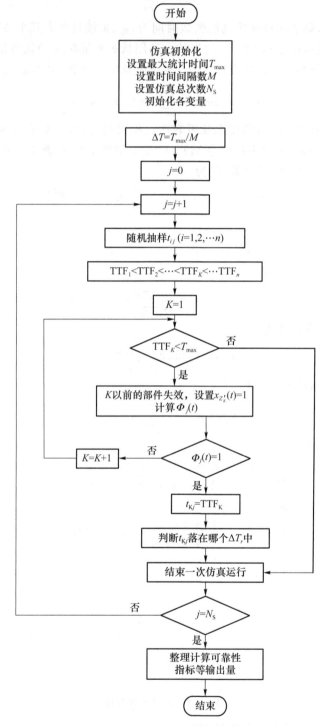

图 6-9　故障树仿真算法框图

现简要说明如下。

① 仿真初始化。设该系统规定的最大工作时间为 T_{max},将它等分为 M 个时间间隔,规定仿真运行总次数为 N_S,仿真运行的序号为 j,故 $j=1,2,\cdots,N_S$。

② 计算每个时间间隔 ΔT,有

$$\Delta T_l = \frac{T_{max}}{M}$$

式中,l——序列号,$l=1,2,\cdots,M$。

如图 6-8 所示,其中 t_r 为第 r 个区间终点的时间,即有

$$t_r = \sum_{l=1}^{r} \Delta T_l \tag{6-36}$$

③ 在第 j 次仿真运行中,根据第 i 个基本部件的失效分布函数 $F_i(t)$,用随机抽样方法,利用式(6-20)产生第 i 个基本部件 Z_i 的失效时间 t_{ij}。因此 n 个基本部件的失效时间抽样值为

$$t_{1j},t_{2j},\cdots,t_{ij},\cdots,t_{nj}$$

④ 运用排序算法将每一次仿真中的 $t_{ij}(i=1,2,\cdots,n;j=1,2,\cdots,N_S)$ 按抽样时间由小到大进行排序,用 TTF_K 表示,即有

$$\mathrm{TTF}_1 < \mathrm{TTF}_2 < \cdots < \mathrm{TTF}_K < \cdots < \mathrm{TTF}_n$$

⑤ 采用通扫故障树的方法,按故障树逻辑关系,利用结构函数来判断系统顶事件发生的时间 t_{Kj}。具体过程是按 TTF_K 由小到大的顺序,将与之相对应的基本部件 Z'_K 置于失效状态,即 $x_{Z'_K}(t)=1$,通过结构函数来判断系统是否失效,如果 $\Phi(t)\neq 1$,即系统未失效,则仿真继续进行,$K=K+1$,直到 Z'_K 失效引起系统失效,则这一次仿真结束,此时 $t=t_{Kj}=\mathrm{TTF}_K$。

发生失效的时间	TTF_1	TTF_2	$\cdots$	TTF_K	$\cdots$	TTF_n
对应的基本部件	Z'_1	Z'_2	$\cdots$	Z'_K		Z'_n

⑥ 当一次仿真运行结束,并求出系统失效时间 t_{Kj} 后,即判断失效时间 t_{Kj} 落在哪个时间区间内。

⑦ 重复上述③~⑥项内容,直至仿真运行 N_S 次。

⑧ 统计落入各个 ΔT_r 中的失效数 Δm_r,如:ΔT_1 中有 Δm_1 个失效,ΔT_2 中有 Δm_2 个失效,以此类推,计算系统可靠性指标。

6.1.3.4　静态故障树仿真分析示例

示例 6.5[1]:系统 S 为某电动助力器,它由八个基本部件组成,电动助力器故障树如图 6-10所示。已知每个基本部件的失效分布函数 $F_i(t)$,其分布类型和特征参数见表 6-4。表中 λ_i 为失效率,μ_i 为正态分布的数学期望;σ_i 为正态分布的标准差。

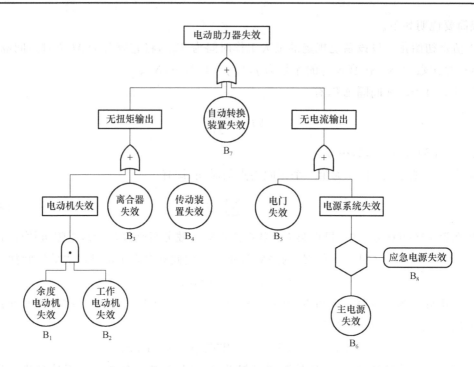

图 6 - 10　电动助力器故障树

表 6 - 4　各基本部件失效分布类型及参数

基本部件	基本部件名称	失效密度函数 $f_i(t)$	$f_i(t)$ 的特征参数
Z_1	余度电动机	正态分布 $f_1(t)$	$f_1(t)$、$f_2(t)$ 相同
Z_2	工作电动机	正态分布 $f_2(t)$	$\mu_1 = 1\,000$ h $\sigma_1 = 130$ h
Z_3	离合器	正态分布 $f_3(t)$	$\mu_3 = 1\,550$ h $\sigma_3 = 150$ h
Z_4	传动装置	指数分布	$1/\lambda_4 = 1\,800$ h
Z_5	电门(电器开关)	指数分布	$1/\lambda_5 = 1\,200$ h
Z_6	主电源	指数分布	$1/\lambda_6 = 2\,500$ h
Z_7	自动转换装置	指数分布	$1/\lambda_7 = 1\,200$ h
Z_8	应急电源	指数分布	$1/\lambda_8 = 2\,000$ h

1. 仿真模型

用故障树作为其仿真逻辑关系,如图 6 - 10 所示。图中 B_i 表示第 i 个底事件,它是第 i 个基本部件 Z_i 的失效事件。图中所示应急电源为主电源的冷后备,因此主电源失效(事件 B_6)之后应急电源才开始工作,设 B_8 表示应急电源失效事件,则它在故障树中不是底事件,而是禁门中的"条件输入事件"。若 t 时刻 B_6 发生(即 Z_6 失效),Z_8 开始工作,若 Δt 时间后 B_8 发生,(即 Z_8 失效),则"电源系统失效"这一中间事件在 $t + \Delta t$ 时刻发生。因此,在本例中,禁门输出事件的状态变量 $\Phi_{禁}(t)$ 可表示为

$$\Phi_{禁}(t) = \begin{cases} 1, & t \geqslant t_{6j} + t_{8j} \\ 0, & t < t_{6j} + t_{8j} \end{cases} \tag{6-37}$$

式中,t_{6j}、t_{8j} 表示第 j 次仿真运行中基本部件 Z_6 和 Z_8 的失效时间,可表示为

$$t_{6j} = F_6^{-1}(\eta_j), \quad t_{8j} = F_8^{-1}(\eta_j)$$

通过各逻辑门的结构函数,由底事件状态变量经过逐门的逻辑关系得出顶事件的状态变量 $\Phi_s(t)$,即电动助力器失效状态。

2. 计算机仿真

根据前述可靠性仿真模型和算法框图编制仿真程序,用 Matlab 语言编写程序,仿真结果如下。

(1) 系统可靠度 $R_S(t_r)$

图 6-11 表示系统可靠度 $R_S(t_r)$ 曲线,由图可见系统可靠度随时间的增加呈降低趋势,符合可靠性规律,同时由 1 000 次增加到 10 000 次仿真运行,其结果很接近,说明已达到了稳定状态。

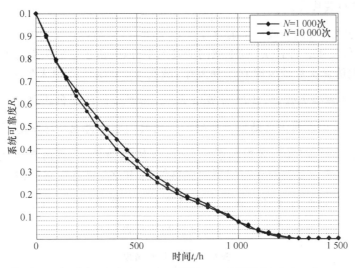

图 6-11　系统可靠度 $R_S(t_r)$ 曲线

(2) 系统失效概率分布 $P_S(t_r)$

图 6-12 表示出在 1 000 次和 10 000 次的仿真结果。和 $R_S(t_r)$ 曲线类似,仿真 1 000 次和 10 000 次其结果很相近。

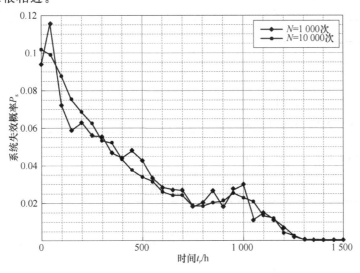

图 6-12　系统失效概率分布 $P_S(t_r)$ 曲线

（3）系统平均寿命 MTTF

系统平均寿命的仿真结果见表 6-5。由表结果可见 1 000 次仿真结果与 10 000 次仿真结果相差不大，表明已达到稳定状态。

表 6-5　系统 MTTF 仿真结果

仿真次数	1 000	10 000
MTTF/h	425.35	423.20

（4）重要度

① 基本部件重要度 $\hat{I}_i^B$。

由表 6-6 的结果可见在或门下的重要度 $\hat{I}_i^B$ 都是 1，它与理论上分析一致，即底事件一旦发生就引起顶事件发生。部件 Z_3 也是或门的输入事件，但由于它的失效分布为正态分布类型且均值较大，因此仿真次数较少时它不易发生，故在 1 000 次仿真中未见有失效，而当仿真次数为 10 000 次时才发生失效，因此 $\hat{I}_i^B$ 计算值为 1。再看禁门的条件事件 Z_8，它发生就引起系统失效，因此 $\hat{I}_i^B$ 为 1 也说明仿真结果是正确的。而禁门底事件 Z_6，它发生不一定引起系统失效，只有当条件事件也发生时，才引起系统失效，故其 $\hat{I}_i^B$ 值较小，且仿真次数由 1 000 次增到 10 000 次，其数量级未改变。对于与门下两底事件 Z_1 和 Z_2，只有在它们都发生时才会引起系统失效，因此它们引起系统失效次数要小于自身失效的次数，即 $\hat{I}_i^B$ 值小于 1。由仿真结果可见，两个基本部件的 $\hat{I}_i^B$ 值很接近，而且随仿真次数增加而更接近。

表 6-6　$\hat{I}_i^B$ 仿真结果

部件序号	$\hat{I}_{i1\,000}^B$	$\hat{I}_{i10\,000}^B$
1	0.370 7	0.389 0
2	0.463 6	0.447 3
6	0.146 0	0.148 1
8	1.000 0	1.000 0
3	—	1.000 0
4	1.000 0	1.000 0
7	1.000 0	1.000 0
5	1.000 0	1.000 0
注：表中 $\hat{I}_i^B$ 的下标数字表示仿真运行的次数。		

② 基本部件模式重要度 $\hat{I}_i^N$ 见表 6-7。

表 6-7　$\hat{I}_i^B$ 仿真结果

序号	$\hat{I}_{i1\,000}^N$	$\hat{I}_{i10\,000}^N$
1	0.043 0	0.040 3
2	0.051 0	0.046 3

序号	$\hat{I}^N_{1\ 000}$	$\hat{I}^N_{10\ 000}$
6	0.020 0	0.021 4
8	0.020 0	0.021 4
3	0.000 0	0.000 3
4	0.222 0	0.220 9
7	0.322 0	0.338 0
5	0.342 0	0.332 8

注：表中 $\hat{I}^N$ 的下标数字表示仿真运行次数。

由表 6 - 7 可见与门下基本部件的模式重要度相等，它与理论分析一致。对于禁门的两个基本部件也是应该与 $\hat{I}^N$ 值相同，仿真结果验证了理论。对于或门下同属指数分布的三个基本部件 Z_4、Z_7 和 Z_5，先看 Z_7 和 Z_5 两个基本部件，由于其失效率相同，因此在足够多仿真次数运行下，其失效次数应相同。由仿真结果可见，它们的确有相近的模式重要度 $\hat{I}^N_i$，而且增加仿真次数后其数值更接近。再看基本部件 Z_4，其失效率比 Z_7 和 Z_5 要小些，即同样仿真过程中，它出现的失效数应稍低些，由仿真的 $\hat{I}^N_i$ 值可见确是如此。最后，基本部件 Z_3，在仿真 1 000 次时 $\hat{I}^N_i = 0$，而在 10 000 次时 $\hat{I}^N_i = 0.000\ 3$，这是因为此部件失效分布为正态分布类型，其均值又较大（1 550 h），由系统仿真所得 MTBF 在 420 h 附近，因此当仿真次数少时就无失效发生，而仿真次数增到 10 000 次时才有 $\hat{I}^N_i$ 计算值，说明其模式重要度很小。

由此可见，仿真的结果能反映出系统各部件在系统中的重要程度和它是否为薄弱环节，对进行系统可靠性分析具有直接的指导意义。

6.1.4　匕首抽样方法估计系统不可靠度

当已知故障树的各底事件发生概率（基本部件的不可靠度），要求解系统的不可靠度（即顶事件发生概率）时，对于中、小规模的故障树来说，用解析法求解是适用而方便的，但对于有数量众多底事件的大型故障树而言，采用数字仿真方法比用解析法更有效。若系统中具有某些可靠度较高的部件，由于它的失效概率很小，为了使计算结果有足够的精度，使用前面介绍的直接抽样蒙特卡罗方法来抽样，必然要求总的抽样次数急剧增大，会导致仿真效率降低。因此，本节介绍匕首抽样方法，以提高抽样效率。

6.1.4.1　匕首抽样方法基本思想[1]

装备系统尤其是航天装备经常有一些可靠度较高的部件，在利用故障树法分析系统的可靠性时，若底事件出现的概率很小，利用直接抽样蒙特卡罗方法对每个底事件进行抽样，会因其出现概率很小而要求总抽样次数 N 较大。如果共有 K 个底事件，则需进行 $K \cdot N$ 次随机抽样。可以设想，为提高抽样效率，如果利用一次抽样能够产生多个（如 100 个）样本，则抽样效率必能提高。匕首抽样方法即是利用这种思想来提高抽样效率。

现用故障树中的一个底事件为例，说明匕首抽样的基本思想。设该底事件对应的基本部

件的失效服从$(0,1)$分布,失效概率为q,且底事件的结构函数为x,它是一个二值函数,即有

$$x=\begin{cases}1, & \text{当底事件发生(部件失效)}\\0, & \text{其他(部件未失效)}\end{cases} \quad (6-38)$$

如果其失效概率$q=0.01$,用匕首抽样一次抽样产生m个样本的方法为

$$m=\frac{1}{q} \quad (6-39)$$

现$q=0.01$,则$m=100$。故用100条线表示100个样本,如图6-13所示。应当注意,η的有效数字应比q的有效数字多一位。

将每一条线长度取为1,并将每条线分为m个区间,由式(6-39)得

$$m=\frac{1}{q}=\frac{1}{0.01}=100$$

设m个区间的每个区间长度为L,则

$$L=\frac{1}{m}=q \quad (6-40)$$

当用随机数η向每条线上随机投点时,落入每个区间(长度为L)的概率为

$$\frac{\text{区间长度}}{\text{每条线长度}}=\frac{L}{1}=q$$

现做如下规定,第一条线(第一个样本)上只有随机投点落入$[0.00,0.01)$时,视底事件发生;第二条线(第二个样本)上只有随机投点落入$[0.01,0.02)$时,视底事件发生;以此类推,第j条线(第i个样本)上只有随机投点落入$[(j-1)\cdot q,j\cdot q)$时,才视底事件发生,即

$$(j-1)\cdot q\leqslant\eta<j\cdot q \quad (6-41)$$

$$x_i=\begin{cases}1, & i=j\\0, & i\neq j\end{cases} \quad (6-42)$$

例如,当$\eta=0.381$,只有$j=39$时,才满足式(6-41),即

$$(39-1)\times0.01\leqslant0.381<39\times0.01$$

根据式(6-42),有

$$x_i=\begin{cases}1, & i=39\\0, & i\neq39\end{cases}$$

即一次抽样随机数$\eta=0.381$,产生了100个样本,其中第$j=39$的样本为失效状态,其他99个样本均为良好状态,这本身就体现了该事件的失效概率为0.01,如图6-13所示。

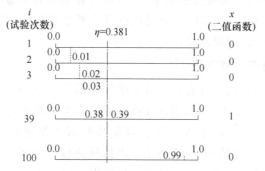

图6-13 匕首抽样法产生1底事件100个样本

在每次试验中底事件发生的概率为 0.01,一个随机数穿入 100 个区段,并确定底事件 100 次试验,因此称为匕首抽样。

利用随机数,在线长为 l 的整个线段上均匀随机投点 N 次,每一次投点即可产生 m 个样本(本例 $m=100$),N 次随机抽样,即可产生样本总数 $\overline{N}$

$$\overline{N}=m \cdot N=\frac{1}{q} \cdot N \tag{6-43}$$

由式(6-43)可见,底事件出现概率 q 愈小,则 N 次抽样所产生的样本数 $\overline{N}$ 愈多;抽样效率有所提高,其值与 q 成反比。

同样,使用另一随机数,可产生另一底事件的样本。对于各个底事件的状态向量 $\boldsymbol{X}$,均可以通过每次抽样产生 100 个样本的方式来实现。

本例中如图 6-14 所示,直接抽样法对事件用 100 个随机数产生 100 个样本,若有 K 个底事件,则要有 $K\times 100$ 个随机数来得到 100 次试验的样本。而用匕首抽样法,K 个底事件只需要 K 个随机数,可见用匕首抽样只需直接抽样蒙特卡罗方法的 1% 的随机数。

在故障树仿真中,设底事件 l 有概率 p_l,令 $[1/p_l]$ 为不大于 $1/p_l$ 的最大整数。采用匕首抽样时,对底事件 l 产生 $[1/p_l]$ 个样本,只要一个随机数,如图 6-15 所示。即生成 $[1/p_l]$ 个子区间,每个子区间长度为 p_l,如随机数小于 $[1/p_l] \cdot p_l$,则在 $[1/p_l]$ 个样本中有一个底事件 l 发生,否则在 $[1/p_l]$ 个样本中不发生底事件 l。

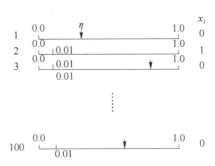

图 6-14　用直接抽样法
产生 1 底事件 100 个样本

如图 6-15 所示,底事件 1 和底事件 2 的概率 p_1 和 p_2 分别为 0.3 和 0.4,因此,它们总的样本(即试验次数)为 $[1/p_1]\times[1/p_2]=3\times 2=6$。在底事件 1 的六次试验中前三次为一组、后三次为另一组;而对底事件 2 的六次试验中分为三组。在底事件 1 试验的第一组内第一次试验(即第一个样本)底事件发生,在第二组内一次底事件也未发生。在底事件 2 的试验中第一次和第六次试验时底事件 2 发生,共用了 5 个随机数。

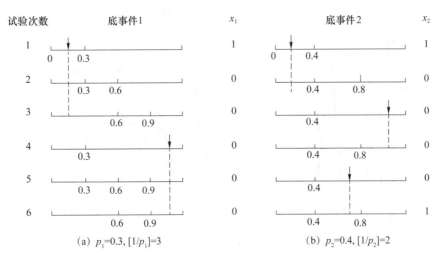

(a) $p_1=0.3$,$[1/p_1]=3$　　　　(b) $p_2=0.4$,$[1/p_2]=2$

图 6-15　一般情况的匕首抽样

6.1.4.2 匕首抽样法应用示例

示例 6.6：一个系统的故障树如图 6-16 所示，其中每个底事件发生概率均为 0.01，采用匕首抽样法仿真求解系统的不可靠度。

系统不可靠度的计算公式为

$$Q_s = P\{\Phi(x) = 1\} = \sum \Phi(x) \cdot P\{x\} \tag{6-44}$$

根据式（6-44）求出系统不可靠度精确解为：$Q_s = 3.72 \times 10^{-3}$。

图 6-17 给出用匕首抽样和直接抽样的结果。在图 6-17 中，水平轴表示直接抽样次数，本例中用匕首抽样做 100 次试验的计算时间相当于直接抽样一次试验的时间。因此在图 6-17 中显示出 N 次直接抽样与 $100 \times N$ 次匕首抽样的仿真结果，用匕首抽样可得到更为相对满意的结果。

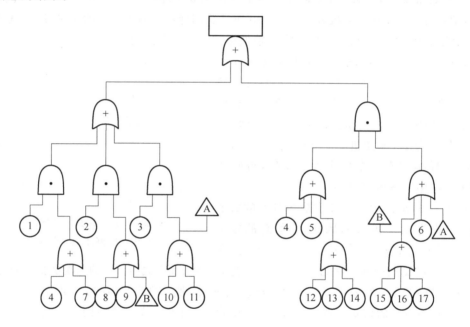

图 6-16 故障树示例

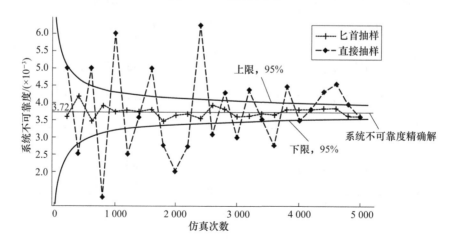

图 6-17 直接抽样与匕首抽样仿真结果对比

6.2　动态故障树仿真

随着科学技术特别是计算机技术的发展,各种控制和容错技术广泛应用,许多系统的可靠性表现出动态性、依赖性、非单调性、多态性和随机性等动态特征,传统的静态故障树模型难以描述系统的动态特征。为了应对这些动态系统对可靠性分析所带来的挑战,通过引入动态逻辑门将传统的静态故障树扩展为动态故障树(dynamic fault tree,DFT),从而使其具有对动态系统进行建模分析的能力。

20 世纪 90 年代初,美国杜克大学(Duke University)最先提出了动态故障树模型。该模型在故障树的基础上引入了功能相关门、优先与门、顺序门和冷储备门四种动态逻辑结构,来描述系统中常见的复杂序列相关性、功能相关性等问题。这种包含至少一个动态逻辑门的故障树模型被称为动态故障树。其将传统故障树分析方法的适用范围扩大到动态系统,能够对具有顺序相关、资源共享、可修复,以及冷、热备份等特性的系统进行可靠性建模。

动态逻辑门的引入使故障树不仅具有传统故障树直观、简洁的特点,也使系统具备了描述动态故障逻辑的能力,更符合实际工况,目前 DFT 已广泛应用于计算机、卫星、煤矿工程等领域的可靠性分析。本节将重点介绍动态故障树模型及动态故障树的仿真方法。

6.2.1　动态故障树模型

动态故障树模型是包含了动态逻辑门的故障树模型,能够更好地处理与动态系统相关的各种逻辑关系。目前应用较广泛的动态逻辑门主要包括优先与门、顺序门、冷储备门、功能相关门,以及不完全故障覆盖模型等。下面分别介绍各类动态门的特征行为和建模方法。

1. 优先与门

优先与门(priority-and,PAND)是在传统故障树与门的基础上拓展而形成的,它规定了输入事件必须按照特定的顺序发生,输出事件才发生。例如,对于具有一个输出事件和两个输入事件(A 和 B)的优先与门,当且仅当下列两个条件同时满足时,输出事件发生。

① 事件 A 和 B 都发生;

② 事件 A 先于事件 B 发生。

优先与门的图形符号如图 6-18 所示。如果 A 或 B 没有发生或者 B 在 A 之前发生,则输出事件不会发生。优先与门还可以级联使用,例如,当表示 A 在 B 之前失效,且 B 在 C 之前失效的情况时,如图 6-19 所示。

图 6-18　优先与门

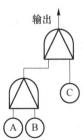

图 6-19　优先与门的级联使用

2. 顺序门

顺序门(sequence,SEQ),又称顺序强制门,其图形符号如图 6-20 所示。顺序门具有多个输入事件,其规定了输入事件必须按照从左至右的特定顺序依次发生。对于图 6-20 所示的顺序门,强制 A,B,C 按照从左至右的顺序发生失效。

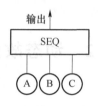

图 6-20 顺序门

与优先与门相比较,顺序门强制输入事件只能以指定的顺序发生,而优先与门的输入事件可能按照任意顺序发生。顺序门与优先与门都可以表示系统事件的时序性,一个顺序门表示的时序关系可以由几个优先与门的组合来表示。

3. 冷储备门

冷储备门(cold-spare,CSP)又称冷备件门,其图形符号如图 6-21 所示。冷储备门主要针对具有冷备件(在激活工作之前不会失效的备件)的冷储备系统的故障逻辑关系进行描述。

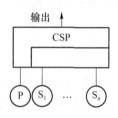

图 6-21 冷储备门

冷储备门有一个主输入和一个以上的储备输入,所有的输入事件都是基本事件。主输入一开始就进入工作状态,而储备输入则是指那些一开始不工作只是作为主输入的替代备件,在主输入运行期间不通电、不运行。主输入故障后,第 1 个储备输入通电运行,代替主输入;第 1 个储备输入故障后,才启动第 2 个储备输入;以此类推,当所有的输入都故障后,门的输出事件才发生。以图 6-21 所示冷储备门为例,主输入 P 故障后,储备单元 S_1 开始启动工作,S_1 故障后,S_2 开始工作,直到储备单元 S_n 故障发生,输出事件发生。

当某个冷备件被多个活动部件共享时,该冷备件可以连接到多个冷储备门。其中,共享的冷备件只能被其中一个冷储备门使用,至于被哪个冷储备门使用,依赖于最先失效的初始输入。

4. 功能相关门

在某些情况下,系统中某个事件的触发将会导致一些相关部件变得不可达或者无法使用。换句话说,当触发事件发生后,相关部件的失效也不会影响系统本身的状态,从而在系统的后续分析中,不再考虑这些相关部件。

功能相关(functional-dependency gate,FDEP)门由以下三种事件构成。

① 触发输入事件。它可以是一个基本事件,也可以是故障树中其他门的输出;

② 非相关输出事件。它主要反映触发事件的状态;

③ 若干相关基本事件。相关基本事件在功能上依赖于触发事件,当触发事件发生时,相关基本事件强制发生。

功能相关门的图形符号如图 6-22 所示。功能相关门的特征为:当触发事件发生时,直接产生输出,而所有相关事件随即成为不可达或无法使用,任何相关基本事件的单个发生并不影响触发事件。功能相关门的非相关输出事件并不对动态故障树中的其他结构产生影响,功能相关门主要通过约束相关基本事件的行为达到控制系统工作过程的目的。

以图 6-22 为例。其中,功能相关门中包含一个触发事件 C。若 C 发生,则相关事件 A 和 B 会被强制发生,即输出事件发生。任何输入事件的单个发生与触发事件无关。

功能相关门的一个典型应用是网络通信系统。当多个计算机连接到网络交换机时,网络交换机的失效将会导致整个网络瘫痪。此时,网络交换机的失效可以视作触发事件,而与网络交换机相连接的计算机将视作相关基本事件。

5. 不完全故障覆盖模型[52]

不完全故障覆盖模型(imperfect coverage model，IPCM)主要用于描述容错系统故障及其恢复情况。在航空航天、核电站、通信领域中很多任务关键应用系统都采用容错系统，即使在出现硬件或软件错误时，也能继续正确地实现功能。容错系统中的冗余容错技术未能完全发挥作用，导致系统不能对其内部的故障进行充分正确的检测、定位、隔离和恢复，而这些未被覆盖的故障会在系统内传播并导致整个系统失效，这种现象被称为不完全故障覆盖(IPC)，是可靠性领域的一个重要问题。IPCM 即是针对容错系统的这种现象进行建模描述。

故障覆盖又称覆盖因子，是指在部件故障发生的条件下系统能成功恢复功能的条件概率。一般来说，故障覆盖衡量了一个系统执行故障检测、定位、隔离和(或)恢复功能的能力。

不完全故障覆盖的图形符号描述如图 6-23 所示，其有一个单一入口，代表部件 k 故障的发生，有 3 个不相交的出口，代表部件 k 故障事件触发的恢复过程的所有可能结果。

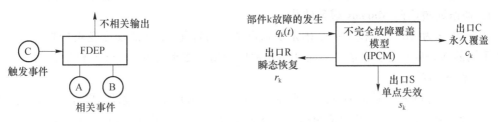

图 6-22 功能相关门   图 6-23 IPCM 结构

出口 R：从部件 k 的瞬态故障中成功恢复。系统在不去除故障部件 k 的情况下恢复到工作状态。该事件发生的概率用 r_k 表示。

出口 C：确定故障为永久性的，且成功隔离和移除故障部件 k。系统能否正常工作取决于剩下的冗余度。该事件发生的概率用 c_k 表示。

出口 S：发生单点失效，即未被覆盖或未被检测的单一部件 k 故障导致整个系统的失效。该事件发生的概率用 s_k 表示。

部件 k 的 IPCM 的 3 个输出事件的概率满足 $r_k+c_k+s_k=1$。这 3 种覆盖因子的数值通常可由故障注入等技术来估算。令 NF_k、CF_k 和 UF_k 分别代表部件 k 工作、故障被覆盖、故障未被覆盖的事件，令 $q_k(t)$ 代表部件 k 的故障概率，式(6-45)给出了各事件发生的概率

$$P\{NF_k\}=1-q_k(t)+q_k(t)\cdot r_k$$
$$P\{CF_k\}=q_k(t)\cdot c_k$$
$$P\{UF_k\}=q_k(t)\cdot s_k \qquad (6-45)$$

6.2.2 动态故障树的求解方法

在实际工程应用中，当系统的规模比较大时，建立的故障树往往会较为复杂、庞大，由此引发状态空间爆炸的问题，难以一次性实现全部动态故障树的解算分析。通常情况下，系统的故障树均是由动态逻辑门和静态逻辑门组合而成的，而整个动态故障树中只有很少一部分本质上是动态的，因此为了改善计算时间以及计算复杂性等问题，可采用模块化方法对故障树进行

预处理,即将整个动态故障树分解为多个独立模块(故障子树),分别求解,最后再对结果进行综合处理,计算顶事件发生概率。仅含有静态逻辑门的故障子树称为静态模块,可采用常规故障树处理方法或 BDD 方法进行求解;含有 1 个或多个动态逻辑门的故障子树称为动态模块,可采用 Markov、数值分析、贝叶斯网络等模型进行求解。模块化方法将一个复杂故障树分解为若干小规模故障树进行求解,将计算复杂度从指数级降低为多项式级,可有效解决状态空间爆炸的问题。

6.2.2.1 基于 Markov 模型的 DFT 求解方法

Markov 过程由俄国数学家 A. A. Markov 于 1907 年提出,它是一种随机过程。当某一过程的未来情况与过去情况无关,只与当前状态有关时,称这一过程具有无后效性,也称 Markov 性,而具有 Markov 性的随机过程就称 Markov 过程。Markov 模型即基于 Markov 过程建立的模型,它是一种可靠性分析中使用较广泛的方法,将 DFT 转化为 Markov 模型,借助对 Markov 模型的解算,即可实现 DFT 的求解。对 Markov 模型的详细介绍参见第 11 章。

1. 动态逻辑门向 Markov 模型转化

DFT 转化为 Markov 模型的基础是动态逻辑门的转化,不同的动态逻辑门根据其含义转化为不同的 Markov 模型表达。下面介绍几种典型动态逻辑门的 Markov 模型转化简图。

(1) 优先与门

优先与门可以表示系统事件的时序性,其在与门上附加了一个条件:事件必须按指定顺序发生。因此,其 Markov 模型为依照指定顺序发生状态转移。图 6-24(a)所示的优先与门的 Markov 模型如图 6-24(b)所示。

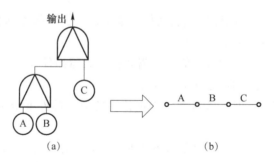

图 6-24 优先与门及其 Markov 模型

(2) 顺序门

顺序门和优先与门相似,它们都可以表示系统事件的时序性。一个顺序门表示的时序关系,可以由几个优先与门的组合来表示,因此这 2 个门在 Markov 状态转换时是相同的。图 6-25(a)所示的顺序门的 Markov 模型如图 6-25(b)所示。

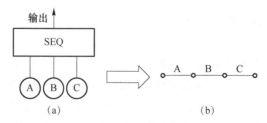

图 6-25 顺序门及其 Markov 模型

（3）冷储备门

图 6-26(a)所示的冷储备门的 Markov 模型如图 6-26(b)所示。其为有 n 个冷储备单元时的状态转移过程，这个过程同优先与门和顺序门的状态转移过程十分相似，但是由于冷储备门储备单元不工作期间故障率为 0，在 Markov 状态转移链的每个节点上的自身转移概率是不同的。

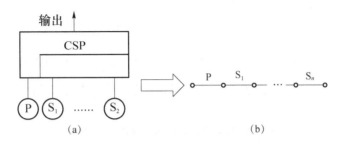

图 6-26　冷储备门及其 Markov 模型

（4）功能相关门

功能相关门中，触发事件发生，强迫相关事件发生，从而导致输出。当没有触发事件时，相当于是一个与门，因此其 Markov 模型为 AB、BA；当触发事件发生，相关事件被迫发生，即一定有输出，因此 Markov 模型输入输出状态之间加入一个转移 C。此外，在 A、B 发生之后触发事件发生，则也存在输出。图 6-27(a)所示的功能相关门的 Markov 模型如图 6-27(b)所示。

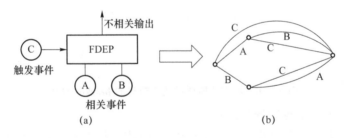

图 6-27　功能相关门及其 Markov 模型

示例 6.7：以图 6-28 中的动态故障树模块为例，该动态故障树模块包括两个冷储备门和一个优先与门，将其转化为 Markov 模型。

针对 4 个输入(1、2、3、4)，输入 2 是输入 1 的冷储备输入，输入 4 是输入 3 的冷储备输入，即当输入 1 故障后，启动输入 2；当输入 3 故障后，启动输入 4。根据优先与门的逻辑，当输入 2 与输入 4 均故障且输入 2 先于输入 4 故障时，系统故障。否则，当输入 2 与输入 4 均故障且输入 2 后于输入 4 故障时，系统发生不故障。

基于此可以将该动态故障树模块转化为 Markov 链，如图 6-29 所示。

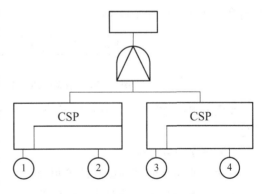

图 6-28　动态故障树模块化

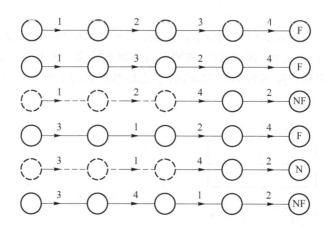

图 6 - 29   动态故障树模块化转化的 Markov 链

将相同状态进行合并,最终可获得转化的 Markov 模型如图 6 - 30 所示。

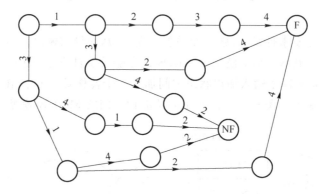

图 6 - 30   动态故障树模块化转化的 Markov 模型

2. DFT 向 Markov 的自动转化方法

对于一个具有多个逻辑门及输入事件的动态故障树,手动转化较为复杂,还需实现自动转换。动态故障树向 Markov 模型的自动转换流程如图 6 - 31 所示,包括建立约束规则、生成解答树和简化解答树并生成 Markov 链三个步骤。

图 6 - 31   动态故障树向 Markov 模型的自动转换流程

示例 6.8:以图 6 - 32 所示的动态故障树为例,实现动态故障树向 Markov 模型的自动转化。

(1) 建立约束规则

约束规则包括时序规则和故障规则。

示例 6.8 中故障树的时序规则包括:

① 冷备份门:1>2;

② 功能相关门:5=3,5=4。

故障规则包括:

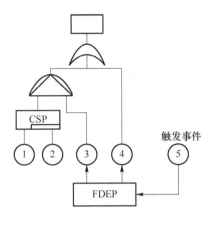

图 6-32 动态故障树

① 优先与门:2>3;

② 或门:(2>3)∪4。

(2) 搜索构造解答树

在时序规则及故障规则约束下,按照预定顺序搜索底事件,依次判断系统状态。将这些底事件从上到下排列起来,直到系统进入故障状态,之后向上回溯一级,找到其他的排列顺序,从左至右扩展分支,直到遍历全部底事件发生顺序,产生全部可能的路径,完成构造该故障树的解答树。编程实现上述过程,自动生成解答树的流程如图 6-33 所示。

针对图 6-32 中的动态故障树,依据上述规则可以生成其解答树如图 6-34 所示。

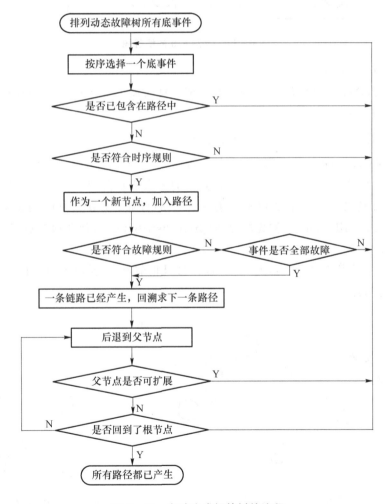

图 6-33 自动生成解答树的流程

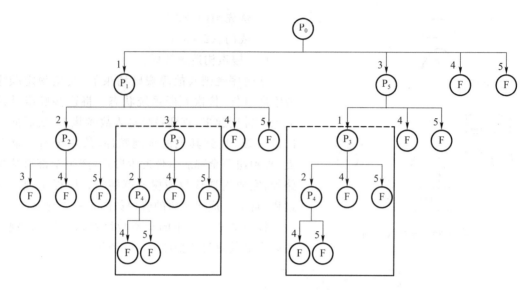

图 6-34   示例 6.8 的解答树

（3）生成 Markov 链

简化解答树,合并相同状态,生成 Markov 链。针对图 6-32 中的动态故障树,可以生成 Markov 链如图 6-35 所示。

6.2.2.2   基于贝叶斯网络的 DFT 求解方法

贝叶斯网络(bayesian networks,BN)是一种受到广泛关注的可靠性模型,又称信任网络(belief networks)。BN 是一个有向无环图,其中的节点表示随机变量,节点之间的有向边表示变量之间的依赖关系。每个节点都附有一个概率分布,根节点所附的是它的边缘分布 $\Pr\{X\}$(marginal distribution)或称先验分布(prior distribution),而非根节点 X 所附的是条件概率分布 $\Pr\{X|pa(X)\}$。

图 6-36 是一个简单的 BN 示例,其中 B 和 E 是根节点,A 是叶节点 J 和 M 的父节点,B、E 都是 J 的祖先节点。

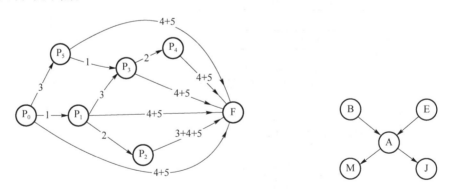

图 6-35   Markov 链   图 6-36   BN 的有向图表示

与 DFT 对照,BN 中的根节点可以表示 DFT 中的基本事件,中间节点表示 DFT 中的各种动态门,以及与根节点具有依赖关系的基本事件,而叶节点表示 DFT 的顶事件。

作为随机变量依赖关系的图形化表示,BN 是用于刻画动态系统中各种复杂依赖关系的理想描述模型。采用 BN 来描述动态故障树,在此基础上做相应修正就可以建立动态系统概率安全评估的 BN 模型。同时,利用 BN 所特有的推理优势,能够在模型的定量求解方面带来显著的计算效率。大量研究结果表明,BN 模型能够高效地处理某些状态空间模型(如 Markov 模型)难以应对的情况,相对于传统方法具有巨大的优势。

基于 BN 的 DFT 求解方法如下[51]。

1. 优先与门

首先,介绍 AND 门向 BN 的转换过程。例如,如果输入为 A 和 B 的 AND 门生成 BN,则 BN 中节点 AND 的条件概率表(conditional probability table,CPT)应当按照式(6-46)填入数值

$$\Pr\{\text{AND}=h\,|\,A=i,B=j\}=\begin{cases}1, & h=\max(i,j)\\ 0, & \text{其他}\end{cases} \tag{6-46}$$

式中,$1\leqslant i;j\leqslant m+1$。

其转换后得到的 BN 如图 6-37 所示。

PAND 门是 AND 门的特例,只有当输入事件按照指定的顺序发生时,才会产生输出。由 PAND 门生成的 BN 与 AND 门生成的 BN 相同而事件的顺序发生关系反映在叶节点的 CPT 中。

例如,对于由 AB 组成的 PAND 门,如果要求 A 在 B 之前失效时 PAND 门才会产生输出,则 DTBN 中节点 PAND 的 CPT 由式(6-47)构建

$$\Pr\{\text{PAND}=h\,|\,A=i,B=j\}=\begin{cases}1, & h=j,i<j\\ 0, & \text{其他}\end{cases} \tag{6-47}$$

2. k/n 门

设 k/n 门的 n 个输入为 $\{A_1,A_2,\cdots,A_n\}$,k/n 门产生输出的条件是:n 个输入中有至少 k 个输入发生失效。如图 6-38 所示,在将 k/n 门转换为 BN 的过程中,n 个输入转换为 n 个根节点,用有向边连接所有根节点和表示 k/n 门的新节点 k/n。

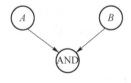

图 6-37　AND 门的贝叶斯网络　　　　　　　**图 6-38　k/n 门的贝叶斯网络**

节点 k/n 的 CPT 是一个 $n+1$ 维表,其中的数值根据式(6-48)填入

$$\Pr\{(k/n)=h\,|\,A_1=i_1,A_2=i_2,\cdots,A_n=i_n\}$$
$$=\begin{cases}1, & h=i_{ak},i_{a1}\leqslant i_{a2}\cdots\leqslant i_{an},i_{aj}\in\{i_j\,|\,1\leqslant j\leqslant n\}\\ 0, & \text{其他}\end{cases} \tag{6-48}$$

3. 储备门

温储备(warm-spare,WSP)门与冷储备门类似,WSP 门中的储备部件在工作部件失效之前以低失效率状态通电或工作,因此仍旧可能失效。在进入工作状态之前,考虑指数分布情形,储备部件的失效率为正常状态的 α 倍,α 为睡眠因子,$0<\alpha<1$。在 WSP 门中,储备部件的

工作过程仍旧依赖于工作部件,而 WSP 门的输出同时依赖于所有输入。

设 B 为 A 的温储备部件,则由 A、B 构成的 WSP 门转换成的 BN 如图 6-39 所示。设 BN 将任务时间 T 划分为 m 个时间区间,B 在正常工作时的失效分布函数为 $F(t)$,在温储备状态下的失效分布函数为 $F_a(t)$。

在给出节点 B 的 MPT 之前,这里做出以下假设:

① 温备件在从温储备状态向工作状态转换后,忽略以前的工作过程。也就是说,进入工作状态后,该部件在时刻 t 的失效概率为 $F(t-t_0)$,其中 t_0 为储备部件开始正常工作的时间;

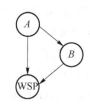

图 6-39　WSP 门的贝叶斯网络

② 假设储备部件开始工作的时刻 t_0,恰好为 Δ 的整数倍。由于部件的失效分布可以满足任意形式,因此无法以解析形式给出储备部件重新工作后,在某一时间区间失效的条件概率。该假设的目的在于简化储备部件 MPT 的构建过程。

根据上述假设,可以确定在 A 于第 i 个时间区间失效的前提下,B 在第 $h\,(i<h\leqslant m)$ 个时间区间失效的条件概率,即

$$\Pr\{B=h\,|\,A=i\}=F((h-i)\Delta)-F((h-i-1)\Delta) \tag{6-49}$$

综上所述,节点 B 的 CPT 依照式(6-50)构建

$$\Pr\{B=h\,|\,A=i\}=\begin{cases} F_a(h\Delta)-F_a((h-1)\Delta), & 0<h\leqslant i \\ F((h-i)\Delta)-F((h-i-1)\Delta), & i<h\leqslant m \\ 1-\displaystyle\sum_{p=1}^{m}\Pr\{B=p\,|\,A=i\}, & h=m+1 \end{cases} \tag{6-50}$$

由于只有当所有输入全部失效时,WSP 门才会产生输出,因此节点 WSP 的 MPT 可以根据 A 与 B 的逻辑 AND 关系构建。

冷储备门是 WSP 门的特例,只需将 WSP 门中的睡眠因子 α 设为 0,其 BN 的生成方法与 WSP 门相同。

4. 功能相关门

功能相关门主要强调触发事件发生,强迫相关事件发生,进而导致输出事件发生,因此 BN 主要描述触发事件与相关事件之间的关系。FDEP 门转换成的 BN 如图 6-40 所示。

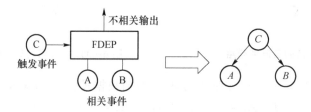

图 6-40　FDEP 门的贝叶斯网络

节点 A 和节点 B 具有相同的 CPT。节点 A 的 CPT 依照式(6-51)构建

$$\Pr\{A=h\,|\,C=i\}=\begin{cases} F(h\Delta)-F((h-1)\Delta), & 0<h<i \\ 1-F((i-1)\Delta), & i<h\leqslant m \\ 0, & \text{其他} \end{cases} \tag{6-51}$$

可以看出,如果 A 在 C 之前失效,则条件概率 $\Pr\{A=h\,|\,C=i\}$ 等于 A 在时间区间 $[h\Delta,(h-1)\Delta]$ 内的失效概率。当 C 在第 i 个时间区间内失效时,A 不可能在第 i 个时间区间之后失效,因此 $\Pr\{A=h\,|\,C=i\}$ 可以直接由 $1-F((i-1)\Delta)$ 获得。

6.2.2.3　基于数值分析法的 DFT 求解方法

直接数值分析(direct numerical analysis,DNA)方法,是指在正确识别动态故障树中独立模块的基础上,对各动态独立模块使用数学解析方法求解,并继而综合求解获得动态故障树失效概率的方法。适用于 DNA 方法求解的动态独立模块应符合下列情况之一。

① 模块的顶事件是一个动态逻辑门,其所有子树相互独立;

② 模块的顶事件不是动态逻辑门,但其所有子树并不独立,并且至少有一个子树含有动态逻辑门。

第一种情况称为相互独立情形,第二种情况称为相互依赖情形。DNA 方法采用直接数值计算方法求解,其基本思想为:如已知一组随机变量的分布,则可通过数值方法获得依赖于该组随机变量的某个随机变量的分布。利用该思想,动态模块顶事件的失效概率通过其子树的失效分布计算得出。若动态模块的各输入事件相互独立,该思想直接易懂;若动态模块的各输入事件相互依赖,则通过条件分布可使各输入随机变量相互独立,从而使该思想继续适用。

基于 DNA 方法进行 DFT 的求解如下[38]。

1. 优先与门

对于两输入 PAND 门,当输入按照特定顺序发生时(一般由左至右)才能触发事件输出。分别令 T_1 和 T_2 为输入(子树集)的随机变量,则输出表达式为

$$G(t)=\Pr\{T_1\leqslant T_2<t\}=\int_{x_1=0}^{t}\mathrm{d}G_1(x_1)\left[\int_{x_2=x_1}^{t}\mathrm{d}G_2(x_2)\right]$$

$$=\int_{x_1=0}^{t}\mathrm{d}G_1(x_1)\left[G_2(t)-G_2(x_2)\right] \qquad (6-52)$$

当已知 $G_1(t)$ 和 $G_2(t)$ 时,通过数值积分法可以很容易求得式(6-52)中 $G(t)$ 的计算结果。这里将利用梯形积分法进行求解,可以得到

$$G(t)=\sum_{i=1}^{m}\left[G_1(i\cdot h)-G_1(i-1)\cdot h\right]\cdot\left[G_2(t)\cdot G_2(i\cdot h)\right] \qquad (6-53)$$

式中,m——时间步数或间隔数;

$h=t/m$——步长大小/间隔大小。

式(6-53)中,步数 m 的值大致与求解相应 Markov 链微分方程所要求的步数相等。那么,求得计算结果的运算量阶数为 n^{3n},可以发现,通过上述方法进行求解所需运算时间远小于通过 Markov 链求解的耗费。

2. 顺序门

SEQ 门强制事件按特定的顺序发生。SEQ 门的第一个输入事件可以为基本事件也可以为门事件,而其他所有输入事件必须为基本事件。

考虑输入 i 发生时间分布为 G_i,那么 SEQ 门的发生概率可以通过式(6-54)确定

$$G(t)=\Pr\{T_1+T_2+\cdots+T_m<t\}=G_1\cdot G_2\cdot\cdots G_m(t) \qquad (6-54)$$

3. 储备门

常用的储备门主要包括冷、热及温储备门三种。系统运行过程中,当工作组件少于最低要

求数目时,储备门的输出为真。储备门的输入必须为基本事件:

① 若分布全为指数分布,那么 $G(t)$ 的求解方式为闭环;

② 若备件故障率为常量(不具时间依赖性),则 $G(t)$ 可通过非齐次 Markov 链求解;

③ 此外,还需利用条件概率或仿真方法求解部分故障树问题。

因此,通过上述方法,可以计算动态逻辑门的发生概率而避免了 Markov 模型的转换。

6.2.2.4　基于蒙特卡罗仿真的 DFT 求解方法

蒙特卡罗仿真方法以概率和数理统计为理论基础,以随机抽样为主要手段,通过对模型中随机变量的大量抽样仿真试验,来得到问题的近似解,它能够解决其他解析法或数值法不能解决的问题,对于工程系统问题的解决十分有益,在很多领域内得到广泛应用。

基于蒙特卡罗仿真的可靠性分析,是通过计算机模型模拟现实系统的实际过程以及随机活动,并以此刻画实际系统的工作过程。其求解问题的方法是将系统工作过程分解为一系列虚拟时钟上的真实实验,仿真模拟事件的发生及其对系统造成的后果,并统计给出概率的估计结果。采用蒙特卡罗仿真方法求解 DFT,即是在抽样获得 DFT 输入事件发生时刻的基础上,根据动态逻辑门的含义获得输出事件发生的时机,并进一步完成可靠性参数的统计分析。对故障逻辑的判断可采用状态时间图来描述,即给出随时间变化下不同单元状态导致的系统状态。

下面以四个基本动态门为例,介绍基于蒙特卡罗仿真的 DFT 求解方法,给出其状态时间图[38]。

1. 优先与门

假定一个 PAND 门有两个输入事件,单元 A 故障和单元 B 故障,输出事件为系统 S 故障。假设单元和系统只存在正常和故障两种状态,在已知单元故障分布的条件下,故障间隔时间可以通过随机变量抽样方法得到。单元故障后可进行维修,维修时间可通过对其维修时间分布抽样获得。系统的状态由单元状态根据 PAND 逻辑确定,这里给出 PAND 的状态时间图,如图 6-41 所示。

对于 PAND 门,其状态时间图的生成需要比较两单元的状态时间剖面。当 PAND 门的输入按照设定顺序发生故障时(通常由左至右),系统输出故障。如图 6-41 中情况 1 和情况 2 所示,当单元 A 在单元 B 故障之前发生故障时,则系统故障,仿真对此过程进行记录。对图 6-41 所示的情况 3,单元 B 先发生故障,此时则认为系统不发生故障。

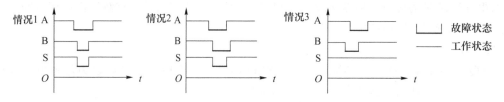

图 6-41　PAND 门状态时间图

2. 储备门

储备门中包含一个工作单元 A 和储备单元 B 及其他储备单元。工作单元故障后可维修,修好后继续作为主工作单元工作。储备门的状态时间图是按工作单元到储备单元由左至右的顺序生成的。具体步骤如下。

① 工作单元 A。在任务时间内,根据其故障间隔时间以及维修间隔时间分布抽样生成工作或故障状态。

② 储备单元 B。在系统不需要它工作时,它将处于待命或故障状态(储存故障)。当系统要求其工作,但其处于故障或维修时,系统将处于故障状态。如果系统中有多个储备单元,还需对储备单元能否满足任务需求进行判断,即通过抽样获取工作单元两次故障的间隔时间(也就是工作单元的停机时间),并与任务时间进行比较判断。在此过程中,如果工作单元状态尚未恢复,第一个储备单元出现故障,则调用下一个可用储备单元,并依次类推。

以一个工作单元 A 和一个储备单元 B 组成的系统 S 为例,图 6 - 42 给出了储备门的状态时间图。其中,情况 1 描述了当工作单元 A 故障时,系统调用了储备单元 B,但其在工作单元 A 故障修好前也出现了故障,因此系统发生故障。在情况 2 中,储备 B 单元满足了系统使用需求,但在整个任务周期内,它在非工作模式下出现了两次故障,但并不影响系统功能的运行。在情况 3 中,储备单元 B 在系统发出调用需求时已经出现了故障,因此系统故障,直到其修好后系统恢复工作状态。虽然系统也呈现故障状态,但它减少了系统总体停机时间。

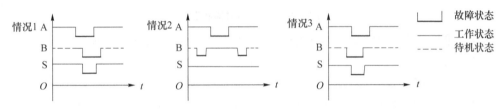

图 6 - 42　储备门状态时间图

3. 功能相关门

由于系统故障概率的计算中,FDEP 门的输出并不牵涉其中,因此,该输出结果为一"虚拟"结果。当触发事件 T 发生时,将会导致门相关事件 A 和 B 的发生。图 6 - 43 给出了 FDEP 门的状态时间图。根据触发事件的失效概率分布,可以抽样生成其故障和维修时间。在情况 1 中,在触发事件停机阶段,相关事件几乎处于失效状态,系统为故障状态。在情况 2 和情况 3 中,相关事件的发生并不影响触发事件,但会根据其发生时机影响系统的状态。

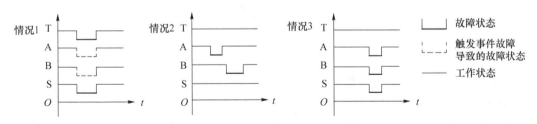

图 6 - 43　FDEP 门状态时间图

4. 顺序门

与 PAND 门相似,但其强制事件必须按照特定的形式发生。第一个单元的故障强制其他单元必须在其后发生故障,其他任何单元不能先于第一个单元故障。以一个包含可修单元的三输入 SEQ 门为例,单元 A、单元 B、单元 C 依次开始工作,下面给出利用蒙特卡罗仿真求解问题的步骤：

（1）对于单元 A，根据故障和维修分布生成单元状态时间剖面。

（2）当单元 A 故障时，单元 B 开始工作。以单元 A 故障时刻作为单元 B $t=0$ 时刻，并生成单元 B 下次故障发生时间和维修所需时间。

（3）当单元 B 故障时，单元 C 开始工作。以单元 B 故障时刻作为单元 C $t=0$ 时刻，并生成单元 C 下次故障发生时间和维修所需时间。

（4）在一个任务周期内，所有单元故障的时间为 SEQ 门输出事件发生的时间。

（5）对于单元 A 的所有故障状态，上述过程将不断重复。

SEQ 门时间状态图如图 6-44 所示。

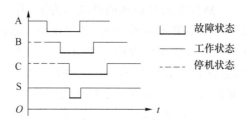

图 6-44　SEQ 门时间状态图

根据上述基本动态门的蒙特卡罗表达，下面给出求解 DFT 可靠性指标的过程。

① 设置系统仿真运行时间 T_{max} 及仿真次数 N。

② 对于第 j 次仿真，首先对所有底事件的状态数组进行抽样，记第 i 个组件为状态数组 x_i，然后根据逻辑门的操作规则得到中间事件的状态数组及顶事件的状态数组，将顶事件的状态记为 S_j。

③ 重复上述步骤，直到仿真运行 N 次，得到每次仿真时系统对应的状态数组 $S_j(j=1,\cdots,N)$。

蒙特卡罗仿真方法是关于时间的仿真，为了便于描述，这里给出的是平均无故障间隔时间（mean time betweern failure，MTBF）与平均修复时间（mean time to repair，MTTR）指标的计算方法。为了计算系统的 MTTR 与 MTBF 的点估计值，记 $k=\mathrm{length}(S_j)$ 为第 j 次仿真中系统状态数组 S_j 元素的个数，则第 j 次仿真中系统处于正常工作时间与维修时间的区间数目分别记为 $K_{j,w}$ 与 $K_{j,F}$，有

$$K_{j,w}=\mathrm{fix}\left(\frac{k}{2}\right) \tag{6-55}$$

$$K_{j,F}=\mathrm{ceil}\left(\frac{k}{2}\right)-1 \tag{6-56}$$

式中，fix——向 0 方向的取整函数；

　　ceil——向 $+\infty$ 方向的取整函数。

考虑到若 $\mathrm{mod}(k,2)=1$（mod 为除法取余函数），则表明仿真过程中最后一个区间为系统的不完整的故障区间，此次仿真时最后一个故障区间不计算在内，可令

$$K_{j,F}=K_{j,F}-1 \tag{6-57}$$

反之，若 $\mathrm{mod}(k,2)=0$，则表明仿真过程中最后一个区间为系统的不完整的正常工作区间，同理，此次仿真时最后一个正常工作区间不计算在内，可令

$$K_{j,w}=K_{j,w}-1 \tag{6-58}$$

则系统的 MTTR 的点估计值为

$$\mathrm{MTTR} = \frac{1}{\sum\limits_{j=1}^{N} K_{j,F}} \sum_{j=1}^{N} \sum_{i=1}^{K_{j,F}} (S_{j,2i+1} - S_{j,2i}) \tag{6-59}$$

式中，$S_{j,2i}$ 与 $S_{j,2i+1}$ 分别为第 j 次仿真中系统第 i 次维修的起始与截止时间。

系统的 MTBF 的点估计值为

$$\mathrm{MTBF} = \frac{1}{\sum\limits_{j=1}^{N} K_{j,w}} \sum_{j=1}^{N} \sum_{i=1}^{K_{j,w}} (S_{j,2i} - S_{j,2i-1}) \tag{6-60}$$

式中，$S_{j,2i-1}$ 与 $S_{j,2i}$ 分别为第 j 次仿真中关于系统第 i 个正常工作阶段的起始与截止时间。

6.2.3　动态故障树仿真示例

6.2.3.1　DFT 建模示例

示例 6.9：假定示例计算机系统（hypothetical example computer system，HECS）是为了描述一些动态门的使用而创造的简单示例系统，如图 6-45 所示。它由三个处理器组成，其中，P_1、P_2 为双重冗余处理器，P_3 为冷储备单元，一旦 P_1 或 P_2 发生故障，P_3 开始启动工作，假定在开始工作之前 P_3 不会发生故障。此外，HECS 还有 5 个存储器单元，$M_1 \sim M_5$；要求至少有 3 个工作系统才能维持正常工作。这些存储器单元通过两个存储器接口单元连接到总线上，如果存储器接口单元发生故障，则连接到该接口单元上的存储器无法正常工作，其中 M_3 作为冗余单元，同时连接到了两个接口单元上，因此只要任意一个接口单元正常，M_3 则可用。系统中还有一个软件操作台，作为人机接口，操作员可以通过操作台对软件进行操作。HECS 正常运行，至少需要一个处理器、三个存储器、一根总线正常工作，同时，操作员需要正确操作软件。

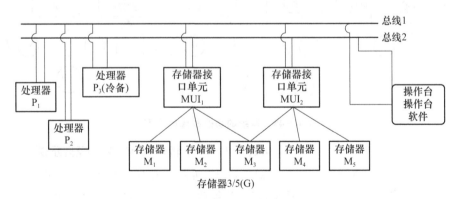

图 6-45　某计算机系统

将 HECS 系统模块化，分别对处理器模块和存储器模块进行建模。其中，处理器的动态故障树模型如图 6-46 所示，包含两个冷备份门。存储器的动态故障树模型如图 6-47 所示，包含三个功能触发门。

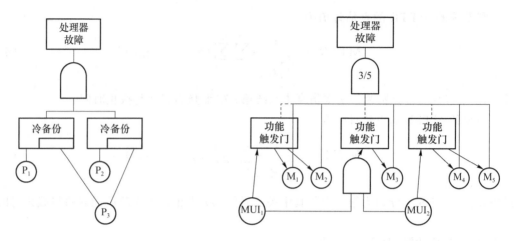

图 6 - 46　处理器的动态故障树模型　　　　　图 6 - 47　存储器的动态故障树模型

最终获得 HECS 系统的动态故障树模型如图 6 - 48 所示。

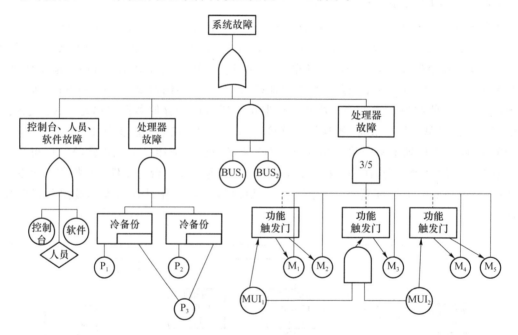

图 6 - 48　系统的动态故障树模型

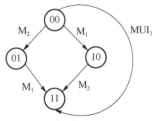

图 6 - 49　功能触发门①转化
得到的 Markov 链

6.2.3.2　DFT 转化为 Markov 模型示例

以图 6 - 47 所示的存储器模块的 DFT 为例。存储器模块的 DFT 包括三个功能触发门,分别为:

① MUI_1 失效导致 M_1 和 M_2 失效;

② MUI_1 和 MUI_2 同时失效导致 M_3 失效;

③ MUI_2 失效导致 M_4 和 M_5 失效。

以功能触发门①为例,其转化得到的 Markov 模型如图 6 - 49 所示。

同时，M_1、M_2、M_3、M_4、M_5 中至少 3 个失效，导致存储器失效。

最终将存储器模块的 DFT 转化得到的 Markov 链如图 6-50 所示。

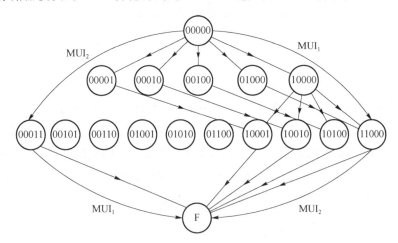

图 6-50　存储器的 Markov 模型

6.2.3.3　基于数值分析法的 DFT 求解示例

示例 6.10：假设 PAND 门的两个输入事件分别是 AND 门和 OR 门（图 6-51），AND 门和 OR 门各有五个基本事件输入，基本事件的失效率参数见表 6-8，则在任务持续时间为 1 000 时，利用式（6-52）计算，可得到该动态模块顶事件的失效概率为 0.362。

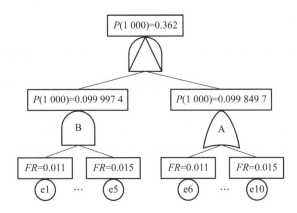

图 6-51　示例 6.10 的故障树示例

表 6-8　基本事件失效率参数

逻辑门	基本事件失效率				
AND	0.011	0.012	0.013	0.014	0.015
OR	0.011	0.012	0.013	0.014	0.015

4. DFT 转化为 DTBN 示例

示例 6.11[51]：某航空电子系统（aviation electric system，AES）的系统结构为分布式结

构,如图 6-52 所示。

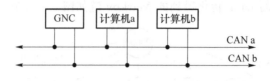

图 6-52 AES 的结构

AES 的搭载设备包括姿态导航与控制分系统(GNC,标识为 G)和冗余的计算机。所有设备通过一对冗余的 CAN 总线(分别标识为 N_a 和 N_b)连接。AES 的 DFT 如图 6-53 所示。N_a 和 N_b 构成并联总线分系统,计算机 a(O_a)和计算机 b(O_b)构成温储备计算机分系统;只有计算机分系统或 CAN 分系统或 GNC 分系统失效,AES 在该阶段才会失效。AES 的 DFT 如图 6-53 所示。利用 DFT 生成的 BN 如图 6-54 所示。

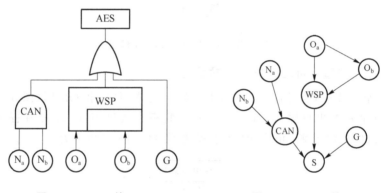

图 6-53 AES 的 DFT   图 6-54 AES 的 BN

利用前文的分析方法为 BN 中的每个变量指派 MPT 或 CPT,该过程需要考虑以下情况:

① 当 O_b 作为温储备单元工作时,其失效率为正常失效率的 α 倍(称 α 为睡眠因子)。

② 在构建实际的 BN 时,以级联节点的方式将每个节点的父节点个数保持为 2,以便简化 BN 的推理过程。

习　题

1. 简述故障树分析方法的目的、作用和适用场景?

2. 选择你熟悉的产品,绘制其故障树,至少包含 3 层、6 个逻辑门。

3. 针对第 5 章习题 3 的示例,不考虑表决器,绘制其可靠性框图的等价故障树,并用解析方法计算 $t=200$ h 时的故障树顶事件发生概率。

4. 如图 6-55 所示的故障树,其基本事件的故障率见表 6-9,请分析给出该故障树的最小割集,并用解析法计算 $t=800$ h 时顶事件 T 的发生概率。

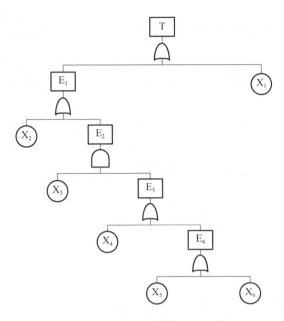

图 6-55　故障树

表 6-9　各基本底事件参数表

基本事件	故障率 λ/h^{-1}
X_1	1e−8
X_2	1e−5
X_3	1e−5
X_4	1e−5
X_5	1e−5
X_6	1e−5

5. 已知助力作动筒故障树(图 6-56)及各组成部件的失效分布(表 6-10),试用故障树仿真方法对助力作动筒进行系统仿真,计算系统可靠度、平均寿命和部件重要度。具体要求如下:

① 编制仿真程序;

② 运行系统仿真,取 $\Delta t=200$ h,仿真运行 1 000 次,输出仿真结果;

③ 改变 Δt 取值,进行仿真试验,将结果与②相比较并分析讨论;

④ 改变运行仿真次数,进行仿真试验,将结果与②相比较并分析讨论。

表 6-10　助力作动筒基本部件失效分布

序号	基本部件名称	失效分布	特征参数
1	作动筒	威布尔分布	a=0,b=1 500 h,c=1.3
2	管路	指数分布	$1/\lambda=3\,000$ h
3	卸荷活门	正态分布	$\mu=1\,500$ h,$\sigma=130$ h

续表 6 - 10

序号	基本部件名称	失效分布	特征参数
4	油滤	指数分布	$1/\lambda = 1\,600$ h
5	工作油泵	正态分布	$\mu = 1\,000$ h,$\sigma = 80$ h
6	冗余油泵	正态分布	$\mu = 1\,000$ h,$\sigma = 80$ h
7	油液	均匀分布	$a = 100$,$b = 1\,000$ h
8	柱塞	指数分布	$1/\lambda = 2\,000$ h
9	付分配柱塞	指数分布	$1/\lambda = 800$ h

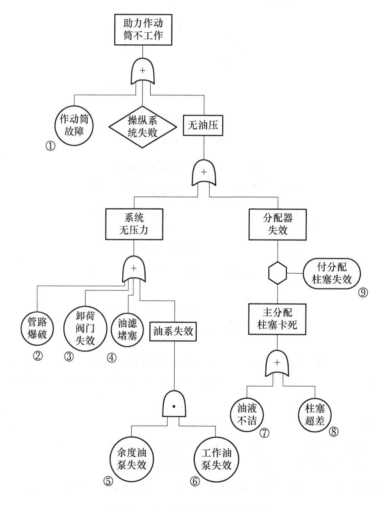

图 6 - 56　助力作动筒故障树

6. 容错并行处理系统(fault-tolerant parallel processor,FTPP)包含 16 个处理单元部件 (processing element,PE),其中每 4 个 PE 连接至 1 个网络单元部件(network element,NE), 即共有 4 个 NE。4 个 NE 之间采用全连接的方式互连。16 个 PE 分成 4 组模块,每组模块包 含 3 个 PE 并且每组模块含有 1 个冷储备的 PE,所有储备 PE 连接到同一个 NE。试给出其动 态故障树结构。

7. 设某信息系统中的总线系统由两路相互冗余的 CAN 总线构成,分别标识为 N_a 和 N_b。只有当 N_a 和 N_b 同时失效,总线系统(标识为 CAN)才发生失效。假设总线系统的任务时间为 T。令 $m=2$,即将 T 划分为 2 个区间,分别是 $(0,T/2]$ 和 $(T/2,T]$,则节点 N_a(或 N_b)具有三个状态,前两个状态表示节点在对应的时间区间内发生失效,最后一个状态表示节点在任务时间内未发生失效。试给出相应的离散时间贝叶斯网络,包括根节点 N_a、N_b 的 MPT 及叶节点 CAN 的 CPT。

附录 6 - 1 故障树仿真程序

```matlab
% % Initial
clc; clear; close all;
for N = [1000,10000]
    % 设定仿真参数
    T_max = 1500;                    % 最大工作时间
    M = 30;                          % 时间间隔个数
    dt = T_max/M;                    % 时间间隔
    t_r = dt * (1:1:M);
    I = 8;                           % 系统部件数
    dm = zeros(1,M);
    mr = zeros(1,M);
    cc = zeros(1,I);
    cd = zeros(1,I);
    % % 每次循环
    for n = 1:1:N
        t = ValidTime(I);            % 抽样 + 生成失效时间
        [TTF,idx] = sort(t);         % 从小到大排序
        % 扫描故障树
        for i = 1:1:I
            if System(idx(1:i)) == 1
                tx = TTF(i);
                if idx(i) == 8
                    cc(6) = cc(6) + 1;
                end
                cc(idx(i)) = cc(idx(i)) + 1;
                cd(idx(1:i)) = cd(idx(1:i)) + 1;
                break
            end
        end
        location = floor(tx/dt) + 1;
        dm(location) = dm(location) + 1;
    end
    % % 相关参数
```

```matlab
for i = 1:length(dm)
    mr(i) = sum(dm(1:i));
end
% 系统可靠性指标
Fs_t = mr/N;                    % 系统不可靠度
Rs_t = 1 - Fs_t;                % 系统可靠度
ps_t = dm/N;                    % 系统失效概率分布
fs_t = dm/(dt * N);             % 系统失效密度函数
MTTF = sum(t_r. * ps_t);        % 系统平均寿命
Ds = sum((t_r - MTTF).^2. * ps_t);   % 系统寿命方差
W = cc./cd;                     % 基本部件重要度
W_N = cc./N;                    % 模式重要度
%% 画图
figure(1); hold on;
x = 0:dt:T_max;
plot(x,[1,Rs_t],'. -',"MarkerSize",15)
figure(2); hold on;
plot(x,[ps_t,0],'. -',"MarkerSize",15)
end
figure(1); grid on; grid minor;
title("系统可靠度 Rs(tr)曲线");xlabel("时间 tr/小时");ylabel("系统可靠度 Rs")
legend("N = 1000 次","N = 10000 次");
figure(2); grid on; grid minor;
title("系统失效概率分布 ps(tr)曲线");xlabel("时间 tr/小时)");ylabel("系统失效概率 ps")
legend("N = 1000 次","N = 10000 次");
function [tn1,tn2] = NormInv(n1,n2,mu,sigma)
tn1 = sqrt(-2 * log(n1)) * cos(2 * pi * n2) * sigma + mu;
tn2 = sqrt(-2 * log(n1)) * sin(2 * pi * n2) * sigma + mu;
end
function [output] = System(Invalid_idx)
    Z = zeros(1,8);
    Z(Invalid_idx) = 1;
    B12 = Z(1)&Z(2);
    B1234 = B12|Z(3)|Z(4);
    B68 = Z(6)&Z(8);
    B568 = Z(5)|B68;
    output = B1234|Z(7)|B568;
end
```

```
function [t] = ValidTime(I)
    rr = rand([1,I+3]);
    [t1,~] = NormInv(rr(1),rr(1+I),1000,130);
    [t2,~] = NormInv(rr(2),rr(2+I),1000,130);
    [t3,~] = NormInv(rr(3),rr(3+I),1550,150);
    t4 = -(1800)*log(rr(4));
    t5 = -(1200)*log(rr(5));
    t6 = -(2500)*log(rr(6));
    t7 = -(1200)*log(rr(7));
    t8 = -(2000)*log(rr(8));
    t = [t1,t2,t3,t4,t5,t6,t7,t6+t8];
end
```

第7章 复杂关联系统可靠性仿真方法

复杂系统是指具有复杂性属性的系统,其拥有大量交互成分,内部关系复杂且不确定,行为具有非线性,不能由全部局部属性来重构总体属性。在工程中,复杂系统通常是指由多个简单子系统按一定结构组成的综合性系统。随着现代社会的迅速发展,各种技术取得了突破性进展,各种系统向着综合化、电子化、集成化、普遍化等方向发展,导致系统规模越来越庞大、结构越来越复杂,并且具有不同的特征。

本章详细介绍冷储备旁联系统可靠性仿真、热储备旁联系统可靠性仿真、相关失效系统可靠性仿真,以及性能可靠性数字仿真等多种仿真方法。

7.1 储备系统可靠性仿真

提高系统的可靠性及有效性有多种可选择的途径,其中一种重要的方法是采用冗余技术。冗余是指系统或设备具有一套以上能完成规定功能的单元,只有当规定的几套单元都发生故障时系统或设备才会丧失功能,从而使系统或设备的任务可靠性得到提高。当前航空、航天、汽车、家电等众多领域的产品均采用了冗余技术。本节介绍了储备系统的分类,重点讲述了冷储备旁联系统和热储备旁联系统的可靠性仿真方法。

7.1.1 储备系统种类

7.1.1.1 按余度结构形式分类

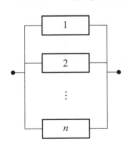

图 7-1 并联系统

根据余度结构形式,即系统判定和转换的方式,可将储备系统分为无判定冗余系统、无转换判定冗余系统和有转换判定冗余系统。

1. 无判定冗余系统

这种系统无判定环节,当系统中任一单元故障时,不需要其他部件来完成故障的检测、判断和转换功能。人们熟知的无判定冗余系统即系统并联或部件并联构成的系统,如图 7-1 所示。图 7-2 和图 7-3 也是典型的无判定冗余系统设计。

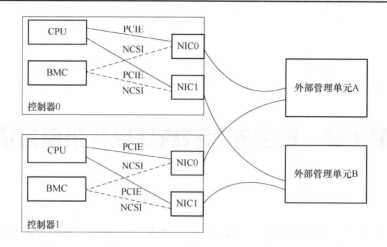

图 7 - 2　存储系统中控制器监控管理冗余设计

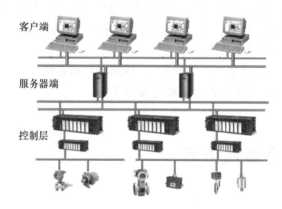

图 7 - 3　监控软件冗余设计

2. 无转换判定冗余系统

这种系统中没有转换但有判定环节,当系统中有一个通道故障时,需要其他部件检测和作出判断,即进行表决,但不需要切换通道。常用的无转换判定冗余系统如多数表决系统,如图 7 - 4 所示。图 7 - 5 是典型的无转换判定冗余系统设计。

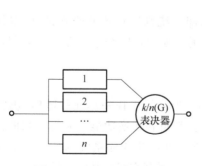

图 7 - 4　$k/n(G)$ 表决系统

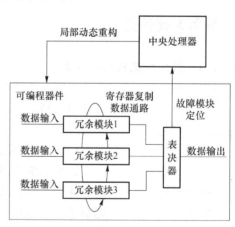

图 7 - 5　可编程器件冗余设计

3. 有转换判定冗余系统

这种系统中既有判定又有转换环节,当检测出系统中有单元故障后,需要转换到另一个工作通道继续工作。常见的有转换判定冗余系统即旁联系统,如图 7-6 所示。图 7-7 也是典型的有转换判定冗余系统设计。

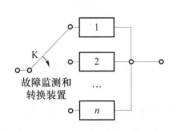

图 7-6　旁联系统

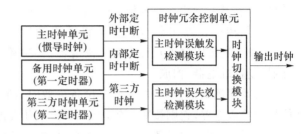

图 7-7　星载时钟冗余系统

为使冗余体现其有效性,在系统中就必须有某种转换。例如,助力器系统中液压助力器失效,可以由监测/转换装置自动转换至电动助力器工作。在这个例子中,监测、转换装置所起的作用是,对正在工作的某分系统进行检测、判定其工作状态,当判定此分系统失效时,转换至储备分系统并令其工作,同时将其工作状态作为系统的输出。在不少情况下,这种有判定转换可以由人和某些监测仪表来完成,但就其本质而言,仍然视其为有转换判定系统。

7.1.1.2　按余度运行方式分类

按余度运行方式,即冗余单元的工作状态,可将储备系统分为工作储备系统和非工作储备系统,非工作储备系统又可以进一步分为冷储备系统、热储备系统和温储备系统。

1. 工作储备系统

在系统的冗余设计中,没有工作部分与冗余部分之分,均接入系统并处于工作状态,当有单元发生故障时,不需要其他装置来完成故障检测和通道转换。

2. 非工作储备系统

系统中的冗余单元在系统初始工作时处于非工作状态,当工作单元发生故障后,冗余单元才接替开始工作。按照参与工作前冗余单元所处的状态,又可以进一步分为如下三类。

(1) 冷储备系统

冗余单元在储备或等待过程中完全不工作,仅当工作单元产生故障时,才启动接入工作。

(2) 热储备系统

冗余单元在储备或等待过程中处于工作状态但不接入系统,一旦工作单元发生故障,则立即接入系统接替工作。

(3) 温储备系统

处于冷储备和热储备之间,在等待过程中一直处于加电状态,以便保证一旦工作单元故障能立即进入工作,如电子管。

7.1.2　冷储备旁联系统可靠性仿真

7.1.2.1　建立冷储备旁联系统可靠性仿真模型[1]

在系统中,一个冗余部件闲置(冷储备),只有在前一个部件失效时,经过判定转换,此后备冗余部件才开始工作。这种系统称为冷储备旁联系统，或称有转换判定的冷储备系统。

冷储备旁联系统组成示意图如图7-8所示。

1. 系统组成描述

冷储备旁联系统由 A，B，…，Z 共 Z 个设备及监测/转换装置 S 共同组成。监测/转换装置 S 由失效探测器 d 及转换装置 T 组成。转换装置 T 通常由步进器（如步进继电器等）、转换器和离合器（如磁粉离合器、接触继电器）构成。

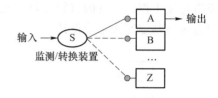

图7-8 冷储备旁联系统组成示意图

当失效探测器 d 发现并判定 A 设备失效时，即将信号传给步进器，它则按顺序依次向下转动，并发出信息传输给转换器使其工作。转换器有两项功能，第一项是向设备（如 A 或 B）提供能源（如供电），使设备启动工作；第二项是产生转换动作，使离合器脱离设备 A 而与下一个设备 B 相连接。离合器将设备 B 的工作状态输出。转换顺序为 A→B→…→Z，一旦转换到下一个设备，即不能再转回到上一个设备。

监测/转换装置 S 具有下列三种失效模式。

(1) S_1：不转换

其原因可能为：失效探测器失效，步进器失效，转换器失效。它的失效将导致：①设备（A 或 B 或……）能源被切断，从而设备停止工作；②转换器不产生转换动作，即不能使离合器与 A 脱离并与 B 相连接。只要上述情况之一发生，S_1 即发生。

转换器失效的原因有：①是因为转换器机体本体失效；②转换器本体未失效，但它与步进器接触不良，致使步进器输出的信号未真正地输入转换器。当转换器本体可靠性很高，而其主要失效模式为接触不良时，为保证转换器正常工作，也可给转换器输入人工信号（另设一信号通道），通过人工干预，使其正常工作，从而保证转换器正常向设备（如 A 或 B）提供能源并进行转换，使离合器脱离设备 A 而与下一个设备 B 相连接。

(2) S_2：错误转换

其原因可能为：失效探测器发出假信号；步进器在未接到信号时产生向下的误动作；转换器未接到信号时产生误动作，致使离合器脱离 A 而与 B 相连接。只要上述情况之一发生，S_2 即发生。

(3) S_3：设备能源未接通，不输出设备的工作状态

其原因可能是：①虽然转换器向设备（如 B）提供了能源，但因设备的能源接收装置与转换器接触不良，致使设备能源未接通。如果需要的话，可以输入人工信号，使能源从备份通路进入设备，以保证设备运行；②离合器中的离合部件不结合。导致此情况的原因有二，一是离合器本体（离合部件）失效；二是离合器本体虽未失效，但它与转换器输出的信号接触不良，使信号未真正输入离合器，致使离合器部件未结合，从而不能将设备（如 B）的工作状态输出。当离合器本体可靠性高，而其主要失效模式为接触不良时，为保证离合器正常工作，也可给其输入一个人工信号（另设一信号输入通道），通过人工干预，使离合器结合（吸合），从而使设备（如 B）的工作状态得以输出。

2. 构建系统变量的概率模型

下面以由设备 A、设备 B 及监测/转换装置 S 所构成的冷储备旁联系统为例开展分析，分析所得结果可以推广到 K 个设备的系统中去。

已知系统中设备 A、设备 B、监测/转换装置 S 及其三种失效模式 S_1、S_2 和 S_3 的分布函数和分布密度函数,见表 7-1。

表 7-1　冷储备旁联系统示例的分布参数

项　目	分布密度函数	累积分布函数
设备 A	$f_A(t)$	$F_A(t)$
设备 B	$f_B(t)$	$F_B(t)$
监测/转换装置 S	$f_S(t)$	$F_S(t)$
S_1	$f_{S_1}(t)$	$F_{S_1}(t)$
S_2	$f_{S_2}(t)$	$F_{S_2}(t)$
S_3	$f_{S_3}(t)$	$F_{S_3}(t)$

(1) 监测/转换装置概率模型

监测/转换装置 S 的分布密度函数分量 $f_{S_i}(t)$ 定义为

$$f_{S_i}(t) = \frac{1}{N} \cdot \frac{dN_{S_i}}{dt} \approx \frac{1}{N} \cdot \frac{\Delta N_{S_i}}{\Delta t} \tag{7-1}$$

它表示 t 时刻之后的 Δt 时间内,状态 S_i 发生失效数 ΔN_{S_i} 与试验总次数 N 之比。则式(7-2)成立

$$f_S(t) = f_{S_1}(t) + f_{S_2}(t) + f_{S_3}(t) \tag{7-2}$$

经实际统计,$f_{S_i}(t)$ 与 $f_S(t)$ 有下列关系

$$\begin{cases} f_{S_1}(t) = q_1 f_S(t) \\ f_{S_2}(t) = q_2 f_S(t) \\ f_{S_3}(t) = q_3 f_S(t) \end{cases} \tag{7-3}$$

且有
$$q_1 + q_2 + q_3 = 1$$

式中,q_1——S 失效,不转换而仍停留在原设备(如 A)上的概率;

$\quad\quad q_2$——S 失效,错误转换到下一冗余设备(如 B)上的概率;

$\quad\quad q_3$——S 失效,信道短路或断路的概率;

$\quad\quad q_1$、q_2、q_3——已知确定值。

根据失效概率分布函数的定义,S_i 模式的失效概率分布函数 $F_{S_i}(t)$ 可表示为

$$\begin{cases} F_{S_1}(t) = \int_0^1 f_{S_1}(t)\,dt = q_1 \int_0^1 f_S(t)\,dt = q_1 F_S(t) \\ F_{S_2}(t) = \int_0^1 f_{S_2}(t)\,dt = q_2 \int_0^1 f_S(t)\,dt = q_2 F_S(t) \\ F_{S_3}(t) = \int_0^1 f_{S_3}(t)\,dt = q_3 \int_0^1 f_S(t)\,dt = q_3 F_S(t) \end{cases} \tag{7-4}$$

根据 $F_S(t)$ 的定义,有

$$F_S(t) = \frac{N_S(t)}{N} \tag{7-5}$$

它是在时间 t 内,S 发生失效总数 $N_S(t)$ 与总试验次数 N 之比,即 S 的状态累积概率

分布。

由式(7-4)可得

$$F_{S_1}(t) + F_{S_2}(t) + F_{S_3}(t) = F_S(t) \tag{7-6}$$

至此,系统的构成及其所含的随机变量的定量表述已确知。

(2) 系统随机变量抽样模型

使用随机抽样公式得出设备 A、设备 B 在第 j 次抽样时的失效时间为

$$\begin{cases} t_{Aj} = F_A^{-1}(\eta_j) \\ t_{Bj} = F_B^{-1}(\eta_j) \end{cases} \tag{7-7}$$

监测/转换装置 S 的失效时间抽样值为

$$t_{Sj} = F_S^{-1}(\eta_j) \tag{7-8}$$

根据式(7-4)和式(7-5),有

$$\frac{F_{S_1}(t)}{F_S(t)} = \frac{\dfrac{N_{S_1}(t)}{N}}{\dfrac{N_S(t)}{N}} = \frac{N_{S_1}(t)}{N_S(t)} = q_1 \tag{7-9}$$

同理有

$$\frac{N_{S_2}(t)}{N_S(t)} = q_2 \tag{7-10}$$

$$\frac{N_{S_3}(t)}{N_S(t)} = q_3 \tag{7-11}$$

在第 j 次仿真抽样时,S_1 失效在 t_{Sj} 时刻,即在 $t < t_{Sj}$ 区间内无其他失效发生,则 $N_{S_1}(t_{Sj})$ 就是 S_1 在 t_{Sj} 时刻的失效数,将 $N_{S_1}(t_{Sj})$ 简记为 N_{1j}。同理 $N_S(t_{Sj})$ 是在 t_{Sj} 时刻 S 的失效数,简记为 N_{Sj}。此时式(7-9)可写为

$$N_{1j} = q_1 N_{Sj} \tag{7-12}$$

同样式(7-10)和式(7-11)可写为

$$N_{2j} = q_2 N_{Sj} \tag{7-13}$$

$$N_{3j} = q_3 N_{Sj} \tag{7-14}$$

如果在后续仿真运行时,采用加权抽样方法,则对 S 进行一次抽样,产生 100 个 S 的失效状态($N_{Sj} = 100$),而其失效时间均为 t_{Sj},由式(7-8)求得。在第 j 次运行中 $N_{Sj} = 100$,则由式(7-12)、式(7-13)和式(7-14)可得

$$\begin{cases} N_{1j} = q_1 \times 100 \\ N_{2j} = q_2 \times 100 \\ N_{3j} = q_3 \times 100 \end{cases} \tag{7-15}$$

式中,N_{1j},N_{2j},N_{3j} 分别是 S_1、S_2、S_3 状态在时间 $t = t_{Sj}$ 时产生的失效数。

同样在第 j 次加权抽样时,将产生设备 A 及设备 B 各 100 个失效数,设备 A 的 100 个失效对应发生时间为 $t_{Aj} = F_A^{-1}(\eta_j)$;设备 B 的 100 个失效对应的发生时间 $t_{Bj} = F_B^{-j}(\eta_j)$。

3. 建立可靠性仿真逻辑关系

冷储备旁联系统具有可能的工作状态如图 7-9 所示,在每种状态中,设备 A、设备 B 均有

失效与不失效两种状态。按图 7-9 所示,分别建立仿真逻辑关系。

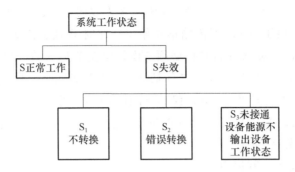

图 7-9　冷储备旁联系统工作状态图

(1) S 失效状态下的仿真逻辑

S 失效状态是指,S 比 A 先失效,或是 S 与 A 同时失效。此状态发生的判据为

$$t_{Aj} \geqslant t_{Sj} \tag{7-16}$$

仿真逻辑关系见表 7-2。

表 7-2　冷储备系统仿真逻辑关系(S 对 A 失效状态)

S 失效模式	系统 y 工作方式 $t_{Aj} \geqslant t_{Sj}$		系统 y 失效时间 t_K	系统 y 失效数
S_1 (不转换)	时间轴 t_{Aj} t_{Sj}	A × S_1 ×	$t_K = t_{Aj}$	由式(7-15) $N_{1j} = 100q_1$
S_2 (错误转换)	时间轴 t_{Aj} t_{Sj} t_{Bj}	A × S × B ×	$t_K = t_{Sj} + t_{Bj}$	由式(7-15) $N_{2j} = 100q_2$
S_3 (设备能源未接通, 不输出设备工作状态)	时间轴 t_{Aj} t_{Sj}	A *× S_3 ×	$t_{Kj} = t_{Sj}$	由式(7-15) $N_{3j} = 100q_3$

注:"×"标记表示设备(或装置)在第 j 次抽样中可能工作的时间,即设备工作到此时刻发生失效。

"*"标记表示虽然 A 尚未失效,但因 S_3 在 t_{Sj} 产生失效,不输出设备工作状态,或在无能源的情况下,A 也停止其工作。

"——→"标记表示 S 的不转换、错误转换、设备工作状态不传输或设备能源未接通,其意义视其所处工作状态而定。如 S_2 中,它表示错误转换。

表 7-2 中各失效时间的表达式为

$$t_{Aj} = F_A^{-1}(\eta_j) \tag{7-17}$$
$$t_{Bj} = F_B^{-1}(\eta_j) \tag{7-18}$$
$$t_{Sj} = F_S^{-1}(\eta_j) \tag{7-19}$$

（2）S 工作正常状态下的仿真逻辑

S 工作正常状态是指，S 比 A 后失效，即 S 对 A 失效的监测、判定及转换至 B 均正常。一旦设备 B 启动工作后，由于 S_3（即不传输信息给 B），此时 B 也会因无动力能源而停止工作。因此，在 S 工作正常状态（对 A 而言）时，必须考虑转换至 B 后 S_3 对 B 的影响。而此时 S_2、S_1 对 B 的工作均不产生影响，因为本系统中 B 是唯一的冷后备冗余部件，错误转换无处可转，不转换即仍让 B 工作，因此对转换至 B 后，仅 S_3 对 B 的工作发生影响。

应当指出，如果系统 Y 中再有 C 部件作为冷后备冗余，则 S_2 及 S_1 将对系统产生影响，这一点读者可自行推导求解。

S 工作正常状态发生的判据为

$$t_{Aj} < t_{S_j} \tag{7-20}$$

其仿真逻辑关系见表 7 - 3。

表 7 - 3　冷储备系统仿真逻辑关系（S 对 A 正常工作状态）

系统工作方式 (S 对 A 工作正常) $t_{Aj} < t_{S_j}$	S 对 B 的失效模式	系统 y 失效时间 t_K	系统 y 失效次数
状态判据：$t_{Bj} \geq t_{S_j} - t_{Aj}$ 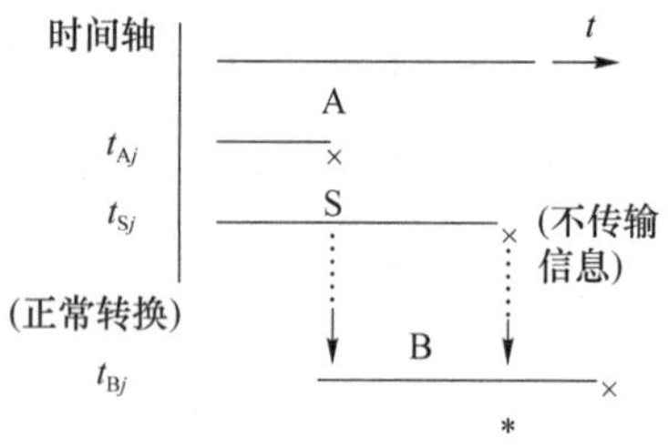	S_1	$t_K = t_{Aj} + t_{Bj}$	$N'_{4j} = 100 \cdot (q_1 + q_2)$
	S_2		
	S_3	$t_K = t_{S_j}$	$N''_{4j} = 100 \cdot q_3$
状态判据：$t_{Bj} < t_{S_j} - t_{Aj}$	S 对 B 工作正常	$t_K = t_{Aj} + t_{Bj}$	$N_{4j} = 100$

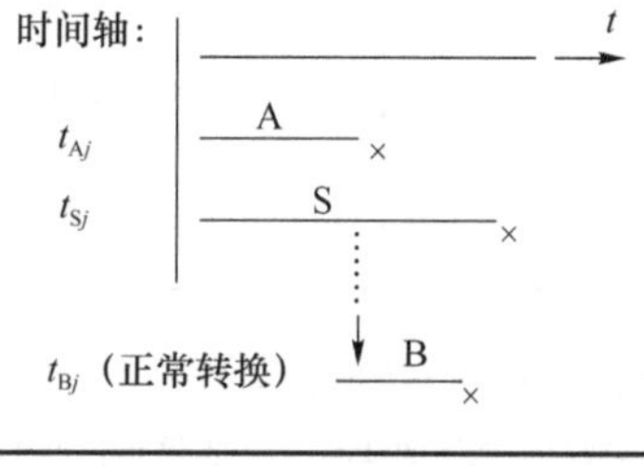

7.1.2.2　冷储备旁联系统可靠性仿真算法

在已知设备及监测/转换装置的失效分布函数 $F_A(t)$，$F_B(t)$，$F_S(t)$ 及 q_1，q_2，q_3 时，使用仿真逻辑（表 7 - 2 和表 7 - 3）即可进行仿真运行，可靠性仿真算法框图如图 7 - 10 所示。

按图 7 - 10 进行 N 次仿真运行。在第 j 次运行中，将根据图 7 - 10 得到一组或几组失效数，且每组失效数均有其所对应的失效时间 t_K。使用在 6.1.3.2 节中所述的区间统计的方法，即可得到 N 次仿真运行中落入每一个 ΔT_r 中的失效数 Δm_r。

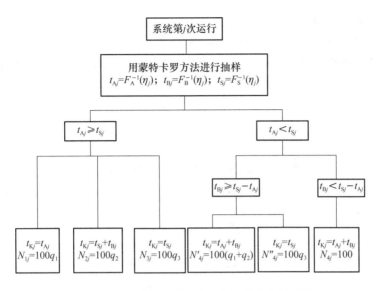

图 7 - 10　冷储备旁联系统可靠性仿真运行框图

7.1.2.3　冷储备旁联系统可靠性仿真统计量

用蒙特卡罗方法进行统计,可得到系统可靠性的估计值。求解可靠性各参数仍可应用 5.1.2 节及 5.2.2 节第 3 部分中的有关公式。使用这些公式时应当注意的是,用加权抽样方法,一次抽样得到多个样本值(本例为 100 个),因此 N 次仿真运行共产生样本总数。

$$\overline{N}=100N \tag{7-21}$$

1. 系统可靠性参数统计量

平均寿命

$$\mathrm{MTTF}=\frac{1}{N}\sum_{r=1}^{MN}t_r\Delta m_r \tag{7-22}$$

可靠度

$$R_y(t_r)=1-\frac{m_r}{N} \tag{7-23}$$

概率分布

$$P_y(t_r)=\frac{\Delta m_r}{N} \tag{7-24}$$

此外,仍可用之前的公式求系统 y 的失效密度函数 $f_y(t_r)$ 及方差 $D_y(\xi)$。需要再次提醒的是,在这些公式的运用过程中,其中的仿真运行次数 N 均应换为加权抽样的样本总数 $\overline{N}$。

2. 设备(装置)累积模式重要度统计量

$$\hat{I}_G^w=\frac{\text{设备 G 对系统失效贡献的次数}}{\text{系统的总失效次数}} \tag{7-25}$$

为更好地反映储备系统等具有时序、关联等相关关系系统的模式重要度情况,这里给出累积模式重要度的概念,如式(7-25)所示,它反映了在系统失效过程中所有发生失效的部件对系统失效的累积贡献。式(7-25)中,分子为 N 次仿真中,设备 G 对系统失效贡献的次数,即在任一次仿真中,设备 G 只要在系统失效前发生失效,则分子的次数加 1。累积模式重要度也是反映系统的可靠性薄弱环节。

本节研究的冷储备旁联系统中具有设备 A、设备 B 和监测/转换装置 S。如果为了更细致地了解 S 所含的失效模式 S_1、S_2、S_3 对系统可靠性的贡献,也可将它们视为设备,并求其累积模式重要度。

根据累积模式重要度的定义及表 7-2 和表 7-3 可写出各设备及装置的累积模式重要度:

$$\hat{I}_A^W = (\Sigma_N N_{4j} + \Sigma_N N_{1j} + \Sigma_N N''_{4j} + \Sigma_N N'_{4j})/\overline{N} \tag{7-26}$$

$$\hat{I}_B^W = (\Sigma_N N_{4j} + \Sigma_N N_{2j} + \Sigma_N N'_{4j})/\overline{N} \tag{7-27}$$

$$\hat{I}_{S_1}^W = (\Sigma_N N_{1j})/\overline{N} \tag{7-28}$$

$$\hat{I}_{S_2}^W = (\Sigma_N N_{2j})/\overline{N} \tag{7-29}$$

$$\hat{I}_{S_3}^W = (\Sigma_N N_{3j} + \Sigma_N N''_{4j})/\overline{N} \tag{7-30}$$

$$\hat{I}_S^W = \hat{I}_{S_1}^W + \hat{I}_{S_2}^W + \hat{I}_{S_3}^W \tag{7-31}$$

式中,$\Sigma_N N_{4j}$ 表示把 N 次运行中所得到的 N_{4j} 相加,应当注意,并非每次运行中 N_{4j} 均有取值,这从图 7-10 中看是显而易见的。在计算机程序中实现 $\Sigma_N N_{4j}$ 是很容易的。其他累加式的含义与 $\Sigma_N N_{4j}$ 相同,故不重述。

7.1.2.4 冷储备旁联系统可靠性仿真示例

示例 7.1:某飞机操纵系统由助力器(液压助力器(A)及其冷后备电动助力器(B)),监测/转换装置(S)和液压电门、回油活门、电磁开关等组成。由实际统计知,转换装置由于系统油液不洁或附件构造等原因,使液压电门或回油活门不能感受系统油压变化而造成不转换(S_1),或由于油压脉动而造成错误转换(S_2),或由于能源中断而使系统工作状态无法输出(S_3)。经对使用情况调查,得出有关装置及各失效模式的统计数据和失效分布见表 7-4。

表 7-4 A,B 和 S 的失效分布

设备(装置)	失效分布函数	分布类型	分布特征参数
A(液压助力器)	$F_A(t)$	正态	$\mu=800\ h,\sigma=72\ h$
B(电动助力器)	$F_B(t)$	正态	$\mu=920\ h,\sigma=80\ h$
S(监测/转换装置)	$F_S(t)$	指数	$\frac{1}{\lambda}=2\,000\ h$

其中 $f_S(t)$ 和 $f_{S_1}(t)$,$f_{S_2}(t)$,$f_{S_3}(t)$ 有以下关系

$$\frac{f_{S_1}(t)}{f_S(t)}=q_1=0.56$$

$$\frac{f_{S_2}(t)}{f_S(t)}=q_2=0.39$$

$$\frac{f_{S_3}(t)}{f_S(t)}=q_3=0.05$$

求该助力器系统的可靠性估计值。

1. 仿真模型

本系统仿真逻辑见表 7－2 和表 7－3。

2. 人工仿真

为使读者掌握仿真运行的实际过程,在表 7－5 中给出了 A、B 和 S 的随机抽样值 10 个,并按其仿真逻辑关系进行统计估算。

表 7－5　A、B 和 S 失效时间抽样值

A				B				S	
η_1	η_2	$t_{N(0,1)}$	$t_F(\xi)/h$	η_1	η_2	$t_{N(0,1)}$	$t_F(\xi)/h$	η	$t_F(\xi)/h$
0.784	0.833	0.342 0	825	0.905	0.887	0.202 5	936	0.726	640
		−0.603 7	757			−0.174 0	906	0.639	896
0.787	0.476	−0.684 1	751	0.034	0.295	−0.725 5	862	0.888	238
		0.164 0	808			2.497 2	1 120	0.580	1 089
0.064	0.873	1.637 0	918	0.728	0.324	−0.357 3	891	0.380	19 315
		−1.678 7	679			0.712 2	977	0.059	5 660
0.047	0.144	1.527 9	910	0.394	0.942	1.275 9	1 022	0.491	1 423
		1.944 4	940			−0.486 5	881	0.698	719
0.972	0.067	0.221 5	816	0.877	0.601	−0.412 8	887	0.063	5 529
		0.099 2	807			−0.303 7	896	0.170	3 544
$t_{N(0,1)}=\begin{cases}\sqrt{-2L_n\eta_1}\cos 2\pi\eta_2\\\sqrt{-2L_n\eta_1}\sin 2\pi\eta_2\end{cases}$, $t_F(\xi)=t_{N(0,1)}\sigma+\mu$								$t_F(\xi)=\dfrac{-1}{\lambda}L_n\eta$	

由表 7－4、表 7－5 随机抽样值可进行人工仿真 10 次。当第一次运行时,由于 $t_{A1}>t_{S_1}$,故可得以下系统的失效次数为

$$N_{11}=100q_1=56（次）$$
$$N_{21}=100q_2=39（次）$$
$$N_{31}=100q_3=5（次）$$

其相应的失效时间 t_{K1} 分别进行时间区间时统计落入,如图 7－11 所示。

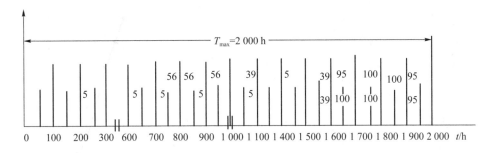

图 7－11　区间统计故障数

现取 $T_{max}=2\,000$ h,分为 40 个等区间,每个区间为 50 h。由图 7－11 所得统计数据,可计算系统可靠性指标。如估计在 500 h 和 1 000 h 时的系统可靠度为

$$R(500)=1-\frac{m_r}{N}=1-\frac{5}{1\,000}=0.995$$

$$R(1\,000)=1-\frac{m_r}{N}=1-\frac{188}{1\,000}=0.812$$

估计系统平均寿命为

$$\text{MTTF}=\frac{1}{N}\sum_{r=1}^{40}t_r\cdot\Delta m_r=\frac{1}{1\,000}\big[(250+650+750+900+1\,100+1\,450)\times5+$$

$$(800+850+950)\times56+(1\,100+2\times1\,600)\times39+$$

$$(1\,700+2\times1\,950)\times95+(1\,700+2\times1\,750+1\,850)\times100)\big]$$

$$=1\,575.8\,\text{h}$$

A、B 和 S 的累积模式重要度为

$$\hat{I}_A^w=\frac{400+56\times3+15+95\times3}{1\,000}=0.868$$

$$\hat{I}_B^w=\frac{400+39\times3+95\times3}{1\,000}=0.802$$

$$\hat{I}_{S_1}^w=\frac{56\times3}{1\,000}=0.168$$

$$\hat{I}_{S_2}^w=\frac{39\times3}{1\,000}=0.117$$

$$\hat{I}_{S_3}^w=\frac{5\times3+5\times3}{1\,000}=0.03$$

3. 计算机仿真

用 Matlab 程序设计语言编写仿真程序,并运行 1 000 次;($\overline{N}=100\times1\,000$),结果如下。

① 系统可靠度 $R_y(t_r)$,$R_y(t_r)=1-m_r/N$,其图形如图 7-12 所示。

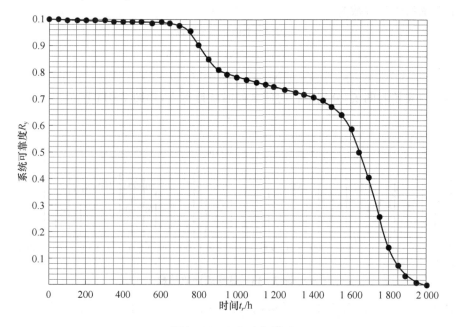

图 7-12 $R_y(t_r)$ 曲线

② 系统失效概率分布 $p_y(t_r)$：$p_y(t_r)=\Delta m_r/\overline{N}$，其图形如图 7-13 所示。

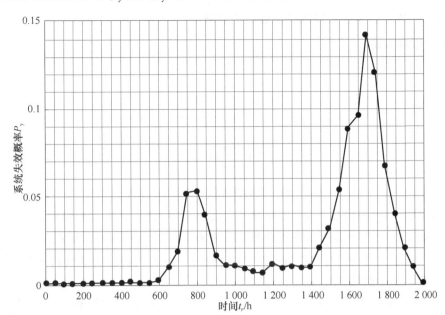

图 7-13　$p_y(t_r)$ 曲线图

③ 系统平均寿命 MTTF

$$\mathrm{MTTF}=\frac{1}{N}\sum_{r=1}^{40}t_r\Delta m_r=1\,495.03\ \mathrm{h}$$

④ 部件、装置的累积模式重要度 $\hat{I}_{x_i}^W$

$$\hat{I}_A^W=0.852\,5\qquad \hat{I}_B^W=0.786\,3\qquad \hat{I}_S^W=0.344\,7$$

$$\hat{I}_{S_1}^W=0.184\,5\qquad \hat{I}_{S_2}^W=0.131\,1\qquad \hat{I}_{S_3}^W=0.029\,2$$

由图 7-13 可见失效概率分布呈典型双峰式类型，分析其主要原因是转换装置 S 失效中 S_1 和 S_3 所造成。又由平均寿命 MTTF 可见，它比液压助力器的 MTTF 大得多，这显示出冷后备的优点。由累积模式重要度可见，液压助力器最大，而其冷后备电动助力器次之。这说明在本系统中助力器是重要设备，必须首先考虑提高它们的可靠性，然后才是监测转换装置。从转换装置各失效模式的累积模式重要度数据可见，其结果与统计的各 q_i 值是一致的，由仿真结果可以充分体现系统中各设备、装置的重要性程度。

7.1.3　热储备旁联系统可靠性仿真

7.1.2 节所介绍的冷储备旁联系统，通常要求其中包括的设备具有极良好的启动可靠性，即设备 A 失效后由监测/转换装置转换到设备 B，首先 B 应良好地启动，而后保持其正常工作状态。当某些设备启动可靠性不甚高时，会因此降低储备系统的实际可靠性。因此当系统工作连续性要求较高且具有一定的可靠性时，往往选择热储备旁联系统或称有转换判定热储备系统。

7.1.3.1　建立热储备旁联系统可靠性仿真模型[1]

1. 系统组成描述

热储备旁联系统组成示意图如图 7 - 14 所示。

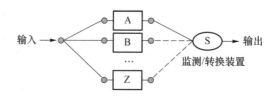

图 7 - 14　热储备旁联系统组成示意图

热储备旁联系统 y 由 A、B，…，Z 共 Z 个设备及监测/转换装置 S 共同组成。与冷储备旁联系统不同的是这 Z 个设备自始至终均处于工作状态，但仅有一个设备接入系统，输出系统的工作状态。假设设备的工作及切换顺序为 A→B→…→Z。监测/转换装置 S 的组成和功能与冷储备旁联系统中的装置相同。

监测/转换装置 S 有三种失效模式，分别为 S_1 不转换、S_2 错误转换和 S_3 不输出（离合器不能将设备工作状态输出）。

2. 构建系统变量的概率模型

同前所述，先研究系统 y 由设备 A、设备 B 及监测/转换装置 S 所构成的系统，其研究结果不难推广到由多个设备组成的系统中去。

（1）监测/转换装置概率模型

已知设备 A、设备 B 和监测/转换装置 S 的可靠性参数见表 7 - 6。

表 7 - 6　热储备旁联系统示例的分布参数

设备或装置	失效分布函数	失效密度函数
设备 A	$F_A(t)$	$f_A(t)$
设备 B	$F_B(t)$	$f_B(t)$
监测/转换装置 S	$F_S(t)$	$f_S(t)$

并已知 S 的三种失效模式（S_1、S_2、S_3）的概率密度函数，见表 7 - 7。

表 7 - 7　S 的三种失效模式（S_1、S_2、S_3）的概率密度函数

失效模式	S_i 的概率密度函数 $f_{S_i}(t)$	$f_{S_i}(t)$ 的取值
S_1	$f_{S_1}(t)$	$f_{S_1}(t) = q_1 f_S(t)$
S_2	$f_{S_2}(t)$	$f_{S_2}(t) = q_2 f_S(t)$
S_3	$f_{S_3}(t)$	$f_{S_3}(t) = q_3 f_S(t)$

其中，q_1、q_2、q_3 是通过实际统计分析得到的已知数。q_1：S_1 失效，不转换而仍停留在原设备（如 A）上的概率。q_2：S_2 失效，错误转换到下一冗余设备（如 B）上的概率。q_3：S_3 失效，系由于离合器失效（不接合），而致使无输出的概率。

（2）系统随机变量抽样模型

在第 j 次仿真运行时，设备 A、设备 B 失效时间抽样值为

$$t_{Aj} = F_A^{-1}(\eta_j) \tag{7-32}$$

$$t_{Bj} = F_B^{-1}(\eta_j) \tag{7-33}$$

监测/转换装置 S 的失效时间抽样值为

$$t_{Sj} = F_S^{-1}(\eta_j) \tag{7-34}$$

用 7.1.2.1 节同样的方法可以推证出，在时间 $t = t_{Sj}$ 时，S_1、S_2、S_3 发生失效次数与 S 发生失效次数的关系

$$\begin{cases} N_{S_1}(t_{Sj}) = N_{1j} = q_1 N_{Sj} \\ N_{S_2}(t_{Sj}) = N_{2j} = q_2 N_{Sj} \\ N_{S_3}(t_{Sj}) = N_{3j} = q_3 N_{Sj} \end{cases} \tag{7-35}$$

用加权抽样法，一次抽样产生 S 发生失效的 100 个子样，即 $N_{Sj} = 100$。

则由式（7-35）可得，一次加权抽样产生的 S_1、S_2、S_3 失效数为

$$\begin{cases} N_{S_1}(t_{Sj}) = 100 \times q_1 \\ N_{S_2}(t_{Sj}) = 100 \times q_2 \\ N_{S_3}(t_{Sj}) = 100 \times q_3 \end{cases} \tag{7-36}$$

同理，在一次加权抽样中，将产生设备 A 失效的 100 个子样，$N_{Aj} = 100$，其失效时间为 $t_{Aj} = F_A^{-1}(\eta_j)$，同样将产生设备 B 失效的子样，$N_{Bj} = 100$，其失效时间为 $t_{Bj} = F_B^{-1}(\eta_j)$。

3. 建立可靠性仿真逻辑关系

下面仍按照 7.1.2.1 节的方法建立热储备旁联系统的可靠性仿真逻辑。

（1）S 失效状态下的仿真逻辑

此状态发生的判据为

$$t_{Aj} \geqslant t_{Sj} \tag{7-37}$$

仿真逻辑关系见表 7-8。

表 7-8 热储备旁联系统仿真逻辑关系（S 对 A 失效状态）

S 失效模式	系统 y 工作方式 $t_{Aj} \geqslant t_{Sj}$	系统 y 失效时间 t_k	系统 y 失效次数
S_1 （不转换）	时间轴 ————→ t t_{Aj} ——A——× t_{Sj} ——S_1——×	$t_K = t_{Aj}$	$N_{1j} = 100 q_1$
S_2 （错误转换）	当 $t_{Bj} \geqslant t_{Sj}$ 时间轴 ————→ t t_{Aj} ——A——× t_{Sj} ——S_2——× t_{Bj} ——B↓——×	$t_K = t_{Bj}$	$N_{2j} = 100 q_2$

S 失效模式	系统 y 工作方式 $t_{Aj} \geq t_{Sj}$	系统 y 失效时间 t_k	系统 y 失效次数
S_2（错误转换）	当 $t_{Bj} < t_{Sj}$	$t_K = t_{Sj}$	$N'_{2j} = 100q_2$
S_3（不输出）		$t_K = t_{Sj}$	$N_{3j} = 100q_3$

（2）S 工作正常状态下的仿真逻辑

工作正常是指 S 对 A 转换正常而言。一旦转至设备 B 后，则其 S_3 状态仍会对 B 的输出产生影响，这一点必须在仿真逻辑中予以反映。

S 工作正常状态的判据为

$$t_{Aj} < t_{Sj} \tag{7-38}$$

其仿真逻辑关系见表 7-9 和表 7-10。

表 7-9 热储备旁联系统仿真逻辑关系 1（S 对 A 正常工作）

系统工作方式 $t_{Aj} < t_{Sj}$	状态判据		
	Ⅰ	Ⅱ	Ⅲ
	$t_{Bj} < t_{Aj} < t_{Sj}$	$t_{Sj} > t_{Bj} \geq t_{Aj}$	$t_{Bj} \geq t_{Sj} > t_{Aj}$

表 7-10 热储备旁联系统仿真逻辑关系 2（S 对 A 正常工作）

状态判据	S 对 B 失效模式	系统 y 失效时间 t_K	系统 y 失效次数
Ⅰ	S 对 B 正常	$t_K = t_{Aj}$	$N_{4j} = 100$
Ⅱ	S 对 B 正常	$t_K = t_{Bj}$	$N'_{4j} = 100$
Ⅲ	S_1 对 B 不转换	$t_K = t_{Bj}$	$N''_{4j} = 100q_1 + 100q_2$
	S_2 对 B 错误转换	$t_K = t_{Dj}$	
	S_3 不输出 B 工作状态	$t_K = t_{Sj}$	$N'''_{4j} = 100q_3$

7.1.3.2　热储备旁联系统可靠性仿真算法

在已知设备、监测/装换装置的失效分布函数 $F_A(t)$、$F_B(t)$、$F_S(t)$ 及 q_1、q_2、q_3 时,使用仿真逻辑关系表 7-8、表 7-9 和表 7-10 即可进行仿真运行,仿真算法框图如图 7-15 所示。

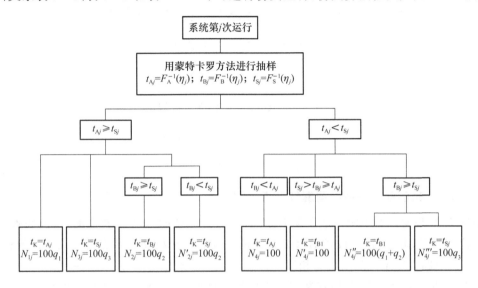

图 7-15　热储备旁联系统可靠性仿真运行图

按图 7-15 进行 N 次仿真运行。在第 j 次运行中,将根据图 7-15 得到一组或几组失效数,而每组失效数均有其对应的失效时间 t_K。使用 6.1.3.2 节所述区间统计的方法,进行统计落点,即可得到每一个 ΔT_r 中落入的失效数 Δm_r。

7.1.3.3　热储备旁联系统可靠性仿真统计量

热储备旁联系统的可靠性仿真中同样采用了加权抽样方法,用蒙特卡罗方法进行统计,可得到系统可靠性的估计值。

若仿真运行总次数为 N,则有 $\overline{N}=100N$。

1. 系统可靠性参数统计量

$$\mathrm{MTTF} = \frac{1}{N}\sum_{r=1}^{MN} t_r \Delta m_r \tag{7-39}$$

$$R_y(t_r) = 1 - \frac{m_r}{\overline{N}} \tag{7-40}$$

$$p_y(t_r) = \frac{\Delta m_r}{\overline{N}} \tag{7-41}$$

需要注意的是,求 MTTF 的公式中,求和上限取值 MN 是可以变更的,其数值是将时间区间 $[0, T_{max}]$ 等分后的总份数,即

$$MN = \frac{T_{max}}{\Delta T_r}$$

式中,T_{max}——根据实际情况选定;

　　ΔT_r——根据仿真精度及其计算量而选定。

因此求和上限取值 MN 可根据需要而自行选定。

2. 设备(装置)累积模式重要度统计量

根据累积模式重要度的定义,可得到热储备旁联系统的累积模式重要度计算公式

$$\hat{I}_A^W = (\Sigma_N N_{1j} + \Sigma_N N_{4j} + \Sigma_N N'_{4j} + \Sigma_N N''_{4j} + \Sigma_N N'''_{4j})/\overline{N} \tag{7-42}$$

$$\hat{I}_B^W = (\Sigma_N N'_{2j} + \Sigma_N N_{2j} + \Sigma_N N''_{4j} + \Sigma_N N_{4j} + \Sigma_N N'_{4j})/\overline{N} \tag{7-43}$$

$$\hat{I}_{S_1}^W = (\Sigma_N N_{1j})/\overline{N} \tag{7-44}$$

$$\hat{I}_{S_2}^W = (\Sigma_N N_{2j} + \Sigma_N N'''_{2j})/\overline{N} \tag{7-45}$$

$$\hat{I}_{S_3}^W = (\Sigma_N N_{3j} + \Sigma_N N'''_{4j})/\overline{N} \tag{7-46}$$

$$\hat{I}_S^W = \hat{I}_{S_1}^W + \hat{I}_{S_2}^W + \hat{I}_{S_3}^W \tag{7-47}$$

7.1.3.4 热储备旁联系统可靠性仿真示例

示例 7.2:某助力器系统由液压助力器 A、热后备电动助力器 B 及监测/转换装置 S 所组成。为比较起见,取设备 A、设备 B 及装置 S 的失效分布函数及其参数及 q_1,q_2,q_3 的值,均与 7.1.2.4 节中助力器系统的对应者相同。7.1.2.4 节实例 B 为 A 的冷储备,而本例中 B 为 A 的热储备。两个示例中监测/转换装置的作用虽不尽相同,但为比较计算结果起见,也将 S 的有关参数 $F_S(t),q_1,q_2,q_3$ 取为相同。

系统设备可靠性参数为已知。仿真逻辑关系见表 7-8、表 7-9 及表 7-10。根据上述可靠性仿真模型及图 7-15,用 Matlab 语言编写仿真程序,运行 1 000 次($\overline{N}$=100 000 次),结果如下。

① 系统平均寿命

$$\text{MTTF} = \frac{1}{\overline{N}} \sum_{r=1}^{40} t_r \Delta m_r = 913.79 \text{ h}$$

② 系统可靠度 $R_y(t_r)$:仿真结果如图 7-16 所示。

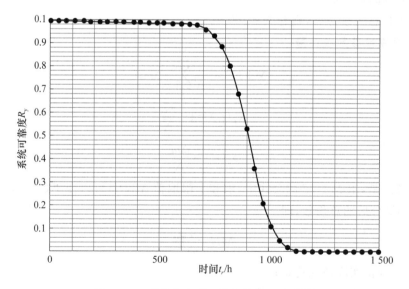

图 7-16 热储备旁联系统仿真 $R_y(t_r)$ 曲线

③ 系统失效概率分布 $p_y(t_r)$：仿真结果如图 7 - 17 所示。

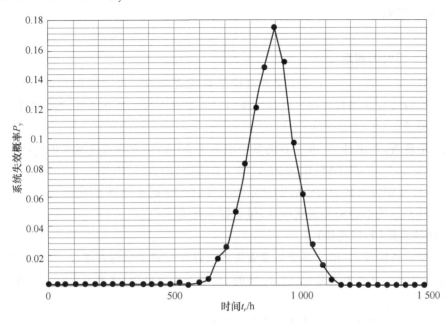

图 7 - 17　热储备旁联系统仿真 $P_y(t_r)$ 曲线图

④ 部件、装置的累积模式重要度

$$\hat{I}_A^W = 0.848\,7 \qquad \hat{I}_B^W = 0.790\,9 \qquad \hat{I}_S^W = 0.343\,0$$

$$\hat{I}_{S_1}^W = 0.189\,7 \qquad \hat{I}_{S_2}^W = 0.133\,9 \qquad \hat{I}_{S_3}^W = 0.019\,5$$

由仿真结果可见采用热储备旁联系统后，失效概率分布呈单峰形式，它与冷储备旁联系统有明显的差异，且系统的平均寿命 MTTF 的数值略高于液压助力器的均值，比起冷储备旁联系统要低得多。因此，选取什么样的旁联系统必须视实际需要而定。

7.2　相关失效系统可靠性仿真

在冗余系统中，人们往往假设一个冗余单元失效对其他冗余单元的固有可靠性无影响，然而，有时此种假设并不符合实际情况。如果每个单元的失效率与负载应力（广义）有关，则当一个单元失效，将增加其他单元的负载应力水平，从而导致它们的失效率有所增大，其失效分布函数也必然随之而变化，可靠性水平相应有所降低。例如，某些并联的电器装备即有此情况发生；具有两台发动机的飞机，如果一台发动机发生故障，为使飞机仍能保持定高航线飞行，则尚未发生故障的发动机则必然增加负载，从而具有更高的失效率（比其在半负载状况时）。这就是说，系统中各单元之间从可靠性的角度看，具有相关的性质。研究此类系统的可靠性问题有很广泛的实用价值。本节介绍相关失效的一些基本概念，并重点对具有相关失效特性的系统可靠性仿真方法进行阐述。

7.2.1　相关失效

7.2.1.1　相关失效定义

相关失效(dependent failure)是复杂系统子系统之间或元件之间因为位置空间、环境条件、结构设计,以及人为因素等使得复杂系统的失效事件不再是独立事件,而存在着相互作用、相互依存的关系。

从概率角度看,若事件 A、事件 B 的发生概率为 $P(A)$ 和 $P(B)$,且两者相交概率为

$$P(A \bigcap B) = P(A|B) \cdot P(B) \neq P(A) \cdot P(B) \qquad (7-48)$$

则称 A 与 B 相关。其中,$P(A|B)$ 表示当事件 B 发生时事件 A 的概率。

对于组件及系统中的相关失效事件,包含如下几类:

1. 事件的共因(外部事件)

能够引发设备瞬变,并增加系统内多重失效事件发生概率的潜在事件,例如火灾、水灾、地震、装置外断电等。这些事件需要进行完整的、专业的风险分析,这里不作详细叙述。

2. 系统间相关

① 功能相关:只有系统 1 失效时,系统 2 才运行。

② 共享设备相关:具有共同的组件、子系统或辅助部件的多个系统之间的相互关系。例如,不同系统中的组件由相同的电气总线供给。

③ 物理相关:某个系统失效产生的极端环境压力会增加多重系统失效的概率。例如,一个系统的制冷失效引起的过热将导致一组传感器的失效。

④ 人员相关:由人的行为带来的相关性,包括疏忽及授权的失误。例如,操作员在未能准确诊断设备的情况下关闭系统。

3. 组件之间相关

某个事件或失效导致多个组件或子系统失效概率之间具有相关性。上面系统间的四种相关情况在组件之间同样存在。

7.2.1.2　相关失效分类

相关失效主要可以分为:共因失效(common cause failures,CCF)、级联失效(cascading failure,CF)及负相关失效三类。

1. 共因失效

共因失效是指系统中的多个部件由于某种共同原因造成了系统中多个部件或元件同时失效。由于致使单元失效的事件间存在耦合关系,导致不同单元之间失去独立性假设,单元处于不同状态的概率彼此统计相关,这使以独立性假设为基本前提的可靠性方法在进行系统分析时遇到了极大的困难。

共因失效主要包含如下几个方面,如图 7-18 所示。从导致失效的原因来看,可分为两大类:外部冲击和内部单元失效的传播。对于外部冲击导致的共因失效,从研究模型角度分为两类:一类是从统计角度出发的非冲击模型,模型不考虑导致共因失效的物理过程,而是通过使用和这些失效事件相关的统计数据直接建模,进而计算系统发生共因失效的概率;另一类是冲

击模型,在该类模型中,不再将共因失效当作一种特殊的事件,而是作为一类服从特定分布的冲击导致的相关性失效。从失效模式角度,包含概率性共因失效(即同一共因失效组中发生共因失效的失效率不一样的情况)和确定性共因失效。对于来自系统内部的共因失效,根据部件失效传播的范围又可以分为全局失效传播与选择性失效传播。

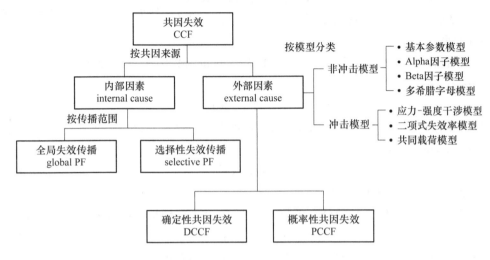

图 7 - 18　共因失效研究框架

2. 负相关失效

负相关失效是指系统中一个部件的失效会降低系统内其他部件失效的概率。典型的负相关失效为互斥事件失效。

3. 级联失效

级联失效指在一个系统中,某个元件的失效引起整个系统的操作条件、使用环境或负荷分配等要素发生改变,从而引起其他元件相继发生失效,又称传播失效或因果失效。电力传输系统是典型的容易发生级联失效的复杂系统。2003 年 8 月 14 日,美国及加拿大落基山脉以东大停电就是典型的级联失效,美国东北地区停电影响了超过 50 万人,据估计,仅仅对美国就造成了 4 亿~10 亿美元的经济损失。

大型级联故障通常会出现在一些网络系统中,如通信网络、社会网络和经济网络等。例如,在互联网上,当出现故障需要重选路由器时,会导致不具备额外通信功能的路由器因超载而崩溃。例如,在 1986 年 10 月再分配导致网络拥堵性能大降,尽管劳伦斯伯克利国家实验室和加州大学伯克利分校之间相隔仅 200 m,但两地的连接速度却只有原来的 1%。

7.2.2　相关失效系统的可靠性仿真

失效的相关性通常体现在负载水平变化导致故障率的变化,在大多数情况下,负载水平提高将会导致更高的单元故障率。机械系统和计算机系统的很多研究已经证实,负载应力水平强烈影响着单元故障率。本节重点介绍对存在负载水平变化的相关失效系统开展可靠性仿真的方法。

现以图 7 - 19 为例,由 A 和 B 组成的一个并联系统,研究具有相关失效的系统可靠性仿真问题,所得到的方法略加扩展即可用于冗余系统。

7.2.2.1　确定系统中各部件的失效分布

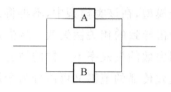

图 7-19　相关失效系统组成示例

当设备 A、设备 B 均为正常状态时,假设其各自均在半负载状况下工作。当其中有一个失效,另一个尚未失效而继续工作时,则后者即在全负载状态下工作。令设备 A 的寿命为随机变量。

在半负载状况下,各次运行中寿命 ξ_1 的失效分布函数为 $F_A(t)$,其寿命随机抽样值为 $t_{A1}, t_{A2}, \cdots, t_{Aj}, \cdots$

$$t_{Aj} = F_A^{-1}(\eta_j) \tag{7-49}$$

在全负载工作状况下,各次运行中寿命 ξ_1 的分布函数为 $G_A(t)$。其寿命随机抽样值为 $t'_{A1}, t'_{A2}, \cdots, t'_{Aj}, \cdots$

$$t'_{Aj} = G_A^{-1}(\eta'_j) \tag{7-50}$$

令设备 B 寿命也为随机变量。

在半负载状况下,寿命 ξ_2 的分布函数为 $F_B(t)$。其寿命随机抽样值为 $t_{B1}, t_{B2}, \cdots, t_{Bj}, \cdots$

$$t_{Bj} = F_B^{-1}(\beta_j) \tag{7-51}$$

在全负载状况下,寿命 ξ_2 的分布函数 $G_B(t)$。其寿命随机抽样值为 $t'_{B1}, t'_{B2}, \cdots, t'_{Bj}, \cdots$

$$t'_{Bj} = G_B^{-1}(\beta'_j) \tag{7-52}$$

7.2.2.2　建立仿真逻辑

① 系统第一次运行,当 $t_{A1} = t_{B1}$ 时,系统失效,其失效统计函数 $\Phi = 1$,系统失效时间 $t_K = t_{A1}$。

② 系统第一次运行,当 $t_{A1} < t_{B1}$ 时,A 设备在 $t = t_{A1}$ 时失效,t_{A1} 值由式(7-53)确定

$$t_{A1} = F_A^{-1}(\eta_1) \tag{7-53}$$

即有

$$F_A(t_{A1}) = \eta_1 \tag{7-54}$$

由于设备 B 在 t_{A1} 后尚未失效,它仍继续工作下去。B 在 $t \leqslant T_{A1}$ 区间内,为半负载状态,可求出其在 t_{A1} 时的不可靠度为 $F_B(t_{A1})$。从 t_{A1} 时刻起,B 将在全部负载状况下工作,显然在 t_{A1} 时刻设备 B 的不可靠度为 $F_B(t_{A1})$ 是客观存在的,在它继续工作时,其失效率、分布函数均有改变(全负载状况所致),但它在继续工作的起点处瞬间,不可靠度绝不因其后继工作中失效分布函数的改变而有所变化。

因此,在确定 B 失效发生时间时,必须满足下述两个条件:

① 从 A 失效的 t_{A1} 时刻起,B 寿命分布函数为 $G_B(t)$;

② 从已知分布 $G_B(t)$ 中抽样,其抽样起点 t'_{B11}(图 7-20)处设备 B 的不可靠度为

$$G_B(t'_{B11}) = F_B(t_{A1}) \tag{7-55}$$

又设 $F_A(t_{A1}) = F_B(t_{A1})$,则有

$$G_B(t'_{B11}) = \eta_1 \tag{7-56}$$

于是

$$t'_{B11} = G_B^{-1}(\eta_1) \tag{7-57}$$

即为了保证式(7-55)成立,在对 $G_B(t)$ 失效分布进行抽样时,应将 t'_{B11} 作为抽样起点。

为了求得 B 的失效时间,现作以下抽样公式推导。

首先在 t'_{B11} 处建立新坐标系 $\overline{G}_B(T)-O'-T$,在新坐标系中自变量为 T,如图 7-20 所示新老坐标的自变量之间有以下关系

$$T = t - t'_{B11} \tag{7-58}$$

由于 t'_{B11} 对以后失效而言都是确定值,故对 T 微分有

$$dT = dt \tag{7-59}$$

设备 B 在新坐标系中失效分布函数为 $\overline{G}_B(T)$,密度函数为 $\overline{g}_B(T)$,则有

$$\overline{G}_B(T) = \int_0^T \overline{g}_B(T)dT \tag{7-60}$$

根据 $\overline{g}_B(T)$ 定义,有以下表达式

$$\overline{g}_B(T) = \frac{1}{N(T=0)} \cdot \frac{dN(T)}{dT} = \frac{1}{N(t'_{B11})} \cdot \frac{dN(T)}{dT} \tag{7-61}$$

式中,$N(T=0) = N(t'_{B11})$,表示设备 B 在 t'_{B11} 时刻尚未失效的产品数,对于设备 B 失效的时间(如 t'_{B21})而言为确定值。

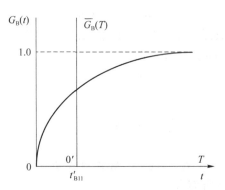

图 7-20　设备 B 在 A 故障后的抽样

由新老坐标系关系可知

$$N(T) = N(t) - N(t'_{B11}) \tag{7-62}$$

即在新坐标系中,设备 B 从 0 到 T 时刻的累计失效数,与旧坐标系中设备 B 从 t'_{B11} 到 t 时刻的累计失效数是相等的。

因此,可得

$$dN(T) = dN(t) \tag{7-63}$$

于是式(7-61)可写成

$$\overline{g}_B(T) = \frac{1}{N(t'_{B11})} \cdot \frac{dN(t)}{dt} = \frac{g_B(t)}{R_B(t'_{B11})} = \frac{g_B(t)}{1 - G_B(t'_{B11})} \tag{7-64}$$

则有

$$\overline{G}_B(T) = \int_0^T \frac{g_B(t)}{1 - G_B(t'_{B11})}dT \tag{7-65}$$

用换元法求定积分,式(7-65)可变换为

$$G_B(T) = \int_{t'_{B11}}^{t} \frac{g_B(t)}{1 - G_B(t'_{B11})} dt$$

$$= \frac{1}{1 - G_B(t'_{B11})} \int_{t'_{B11}}^{t} g_B(t) dt = \frac{G_B(t) - G_B(t'_{B11})}{1 - G_B(t'_{B11})} \tag{7-66}$$

令 $\overline{G}_B(T) = Z$，Z 为 $[0,1]$ 范围均匀分布随机数。

当 $t = t'_{B21}$ 时有 $Z = z_1$，则式（7-66）可写成

$$z_1 = \frac{G(t'_{B21}) - G(t'_{B11})}{1 - G(t'_{B11})} \tag{7-67}$$

将式（7-56）代入式（7-67），经整理后得

$$G_B(t'_{B21}) = z_1(1 - \eta_1) + \eta_1 \tag{7-68}$$

令

$$y_1 = z_1(1 - \eta_1) + \eta_1 \tag{7-69}$$

则可将式（7-68）表示为

$$G_B(t'_{B21}) = y_1 \tag{7-70}$$

由直接抽样法可得 t'_{B21} 的抽样表达式为

$$t'_{B21} = G_B^{-1}(y_1) \tag{7-71}$$

至此，得到了第一次仿真运行中设备 B 在 t'_{B11} 以后产生失效的时间抽样公式。由此可以得到设备 B 在全载荷下工作的时间 Δt_B，即

$$\Delta t_B = t'_{B21} - t'_{B11} \tag{7-72}$$

设备 B 在此次仿真运行中，总计工作时间为

$$t_{BK} = t_{A1} + \Delta t_B = F_A^{-1}(\eta_1) + G_B^{-1}(y_1) - G_B^{-1}(\eta_1) \tag{7-73}$$

故有

$$t_K = t_{BK} \qquad 统计函数 \; \Phi = 1 \tag{7-74}$$

因此，对于第 j 次仿真运行而言：

当 $t_{Aj} = t_{Bj}$ 时，系统失效时间为

$$t_{Kj} = t_{Aj} \qquad 统计函数 \; \Phi = 1 \tag{7-75}$$

当 $t_{Aj} < t_{Bj}$ 时

$$t_{Kj} = t_{BKj} \qquad 统计函数 \; \Phi = 1 \tag{7-76}$$

$$t_{BKj} = F_A^{-1}(\eta_j) + G_B^{-1}(y_j) - G_B^{-1}(\eta_j) \tag{7-77}$$

其中

$$y_j = z_j(1 - \eta_j) + \eta_j \tag{7-78}$$

③ 用同上推导方法，可以得到系统第 j 次运行中当 $t_{Aj} > t_{Bj}$ 时，

$$t_{Kj} = t_{AKj} \qquad 统计函数 \; \Phi = 1 \tag{7-79}$$

$$t_{AKj} = F_B^{-1}(\beta_j) + G_A^{-1}(y_j) - G_A^{-1}(\beta_j) \tag{7-80}$$

$$y_j = \alpha_j(1 - \beta_j) + \beta_j \tag{7-81}$$

上述各式中，$\eta_j, \beta_j, z_j, \alpha_j$ 均系随机数，$j = 1, 2, 3, \cdots$。

7.2.2.3 仿真运行及可靠性参数统计

利用上述仿真模型，对系统进行 N 次仿真运行，每一次均将其失效时间 t_K 加以判断，看

其落入哪个统计子区间,用与 6.1.3 节相同的统计方法,即可求出系统的可靠性各参数:$R_S(t_r)$,$F_S(t_r)$,$p_S(t_r)$,$f_S(t_r)$ 及 MTTF 等。

7.2.3 相关失效系统的可靠性仿真示例

示例 7.3[1]:两台发动机组成的并联工作冗余系统,两者寿命分布函数如下:半负载状况为 $F_A(t) = F_B(t)$,全负载状况为 $G_A(t) = G_B(t)$,且均为正态分布,有关参数见表 7-11。

表 7-11 并联冗余系统相关特征参数

参数序号		Ⅰ	Ⅱ	Ⅲ	Ⅳ
半负载特征参数	μ	600	600	600	450
	σ	50	50	50	38
全负载特征参数	μ	350	450	450	350
	σ	32	30	38	32

根据 7.2.2 节的仿真模型,用 Matlab 编写仿真程序,进行 500 次仿真运行后结果如下。

① 系统可靠度 $R_S(t_r)$:对应的四套参数的 $R_S(t_r)$ 见表 7-12,由于基本图形相似,现仅就参数序号Ⅰ和Ⅳ的结果绘制直方图,如图 7-21 所示。

表 7-12 四套参数的 $R_S(t_r)$

序 号	t_r/h	Ⅰ	Ⅱ	Ⅲ	Ⅳ
1	250	1.000	1.000	1.000	1.000
2	300	1.000	1.000	1.000	0.996
3	350	1.000	1.000	1.000	0.720
4	400	1.000	1.000	1.000	0.530
5	450	1.000	1.000	1.000	0.360
6	500	0.980	0.990	0.990	0.250
7	550	0.750	0 720	0.720	0.090
8	600	0.290	0.250	0.250	0.050
9	650	0.029	0.030	0.030	0.030
10	700	0.015	0.010	0.010	0.010
11	750	0.010	0.010	0.010	0.010
12	800	0.010	0.010	0.010	0.010

② 系统失效概率分布 $p_S(t_r)$:参数序号为Ⅰ和Ⅳ的失效概率分布仿真结果如图 7-22。

③ 系统平均寿命 MTTF:各套参数的 MTTF 仿真结果见表 7-13。

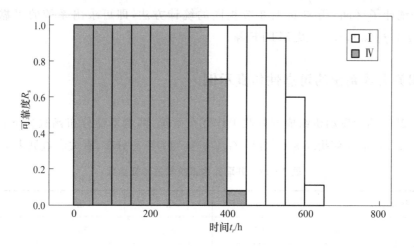

图 7 - 21 $R_S(t_r)$ 直方图

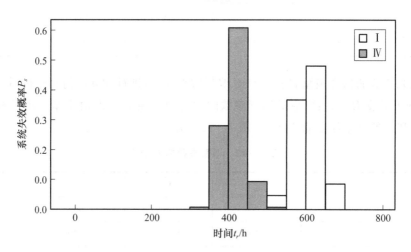

图 7 - 22 $p_S(t_r)$ 直方图

表 7 - 13   四套参数的系统 MTTF 仿真结果

参数序号	I	II	III	IV
MTTF	605.674	607.078	612.518	464.334

　　由计算数据可见,在全负载状态下,改变发动机寿命分布参数(均值 μ 或标准差 σ),对系统的可靠度和寿命影响不是很明显,但在半负载状态时,改变寿命分布系数的均值对系统的平均寿命有较大影响。这说明,即使是双发动机工作的系统,也应采用可靠性高的部件,一旦由单发动机工作时,原发动机寿命分布参数的影响并不很大。

7.3 系统性能可靠性数字仿真

研究系统可靠性问题是围绕系统故障开展的,即系统是否能够满足其规定的功能要求。系统故障可以分为"硬故障"和"软故障"两类,前者是指系统失效,无法完成相应功能,后者是指系统性能超出预先规定的范围,此时系统虽然仍能继续工作,但已不能满足性能指标要求,因此也属于失效状态。由此可见,研究系统性能的可靠性,即研究系统维持预定性能的成功概率,在实践中具有重要意义。系统性能可靠度本质上是系统可靠度的一个组成部分,只不过当人们想专门研究其性能保持在规定公差范围内的概率时,才定义了系统性能可靠度。

系统性能可靠度的定义是:"系统性能保持在规定公差范围内的概率",或"系统性能保持在规定极限内的概率"。研究系统性能可靠性时,通常可以用常规的解析方法加以处理,但当一个复杂系统中各部件的性能参数为随机变量时,用解析方法求解系统的性能可靠性就变得十分困难,此时用数字仿真方法将能十分简便地得出所需结果。本节重点介绍性能可靠性的数字仿真方法。

7.3.1 建立系统性能可靠性仿真模型

1. 系统的构成

系统 y 由 n 个部件(或元器件) $y_1, y_2, \cdots, y_i, \cdots, y_n$ 所组成,每个部件的性能参数用 X_1, $X_2, \cdots, X_i, \cdots, X_n$ 表示。系统的性能参数用 X 表示。则有

$$X = S(X_1, X_2, \cdots, X_i, \cdots, X_n) \tag{7-82}$$

通常由于生产制造等多方面原因,每个部件的性能参数不会为定值,而是存在一定的偏差范围。假设第 y_i 个部件的性能参数名义值(标准值)为 X_{i0},公差为 $\pm \Delta X_i$,则 X_i 的可能取值范围为

$$X_{i0} - \Delta X_i \leqslant X_i \leqslant X_{i0} + \Delta X_i \tag{7-83}$$

将部件的性能参数视为随机变量,假设第 y_i 个部件的性能参数为随机变量 ξ_i,服从正态分布,分布密度函数为 $f_i(x)$

$$f_i(x) = \frac{1}{\sqrt{2\pi}\sigma_i} \exp\left[-\frac{(X_i - \mu_i)^2}{2\sigma_i^2}\right] \tag{7-84}$$

其中

$$\mu_i = X_{i0}, \qquad \sigma_i = -\frac{\Delta X_i}{3} \tag{7-85}$$

分布函数为 $F_i(x)$

$$F_i(x) = \int_0^{X_i} f_i(x)\,\mathrm{d}x \tag{7-86}$$

当部件 y_i 的性能参数 ξ_i 服从其他类型的分布时,应按相应分布类型处理,这里以正态分

布为例,给出通用的处理方法。

在把系统各部件性能参数 ξ_i 视为随机变量的情况下,系统 y 的性能 ξ_x 必然也是一个随机变量,此时式(7-82)可写为

$$\xi_x = S(\xi_1, \xi_2, \cdots, \xi_i, \cdots, \xi_n) \tag{7-87}$$

2. 建立仿真逻辑

对每个部件性能参数进行随机抽样,在第 j 次抽样时

$$x_{ij} = F_i^{-1}(\eta_j) \tag{7-88}$$

式中,η_j——随机数 η 序列中的第 j 个值。

第 j 次系统运行中,系统 y 的性能 ξ_x 的抽样值由式(7-87)求出,将式(7-88)代入式(7-87),得到系统性能 ξ_x 的第 j 次运行抽样值 x_j

$$x_j = S(x_{1j}, x_{2j}, \cdots, x_{ij}, \cdots, x_{nj}) \tag{7-89}$$

即在第 j 次系统运行中,系统性能参数的抽样值为 x_j,统计函数为

$$\Phi_j = 1 \tag{7-90}$$

7.3.2 系统性能可靠性的仿真运行及其结果的统计

1. 系统进行 N 次运行

系统仿真运行 N 次后,可以获得系统的 n 个性能值 x_j。如果系统性能最大可能取值为 $x_{\max}$,采用区间统计法,将区间 $[0, x_{\max}]$ 分为 z 个统计子区间,其中 x_r 为第 r 个子区间上限值,x_{r-1} 为该子区间下限值,每个子区间的宽度为 $\dfrac{x_{\max}}{z}$,见图 7-23。

图 7-23 统计区间分段

系统执行 N 次仿真,如第 j 次运行得到 $x = x_j$,则判断其落在哪个统计子区间内,并累计进入该区间总落入次数中,令 $\Delta m(x_r) = \Delta m_r$ 为第 r 个统计子区间内总落入次数,则有

$$\Delta m(x_r) = \Delta m_r = \sum_{j=1}^{N} \Phi_j \quad (x_{r-1} \leqslant x \leqslant x_r) \tag{7-91}$$

系统性能参数值通常有规定的取值范围

$$x_A \leqslant x \leqslant x_B \tag{7-92}$$

式中,x_A——x 取值范围的下界;

x_B——x 取值范围的上界。

则在 N 次仿真运行中,系统性能值 x 落入区间 $[x_A, x_B]$ 中的次数为 Δm_{AB}

$$\Delta m_{AB} = \sum_{j=1}^{N} \Phi_j \quad (x_A \leqslant x \leqslant x_B) \tag{7-93}$$

2. 统计计算

① 系统性能可靠度 R_y,即 x 落入 $[x_A, x_B]$ 的概率,有

$$R_y = \frac{1}{N}\Delta m_{AB} = \frac{1}{N}\sum_{j=1}^{N}\Phi_j \quad (x_A \leqslant x \leqslant x_B) \tag{7-94}$$

② 系统性能不可靠度 F_y 为

$$F_y = 1 - R_y \tag{7-95}$$

③ 系统性能概率分布 $p_y(x_r)$ 为

$$p_y(x_r) = \frac{\Delta m_r}{N} \tag{7-96}$$

④ 系统性能分布密度函数 $f_y(x_{r-1})$ 为

$$f_y(x_{r-1}) = \frac{\Delta m_r}{N \cdot (x_r - x_{r-1})} \tag{7-97}$$

⑤ 系统性能在 $[x_A, x_B]$ 区间的均值 $\overline{x}_{AB}$ 为

$$\overline{x}_{AB} = \sum_{x_r=x_A}^{x_B}\left[p_y(x_r)\cdot x_r\right] \tag{7-98}$$

⑥ 系统性能可靠度仿真误差 ε 为

$$\varepsilon < x_a\sqrt{\frac{F_y \cdot R_y}{N}} \tag{7-99}$$

3. 系统性能退化分析

上述仿真模型和计算公式还可以用来研究系统的参数"漂移"问题。所谓漂移是指,由于系统中元、部件随使用时间的推移,其性能参数发生的变化,包括均值变化和方差变化。当系统中单个元、部件性能参数发生漂移后,系统的性能参数相应地也会产生漂移,在参数分布中系统性能参数值偏到规定极限外的部分代表系统漂移的故障。

设系统中第 i 个部件性能 ξ_i 的分布函数 $F_i(x)$ 的特征参数随时间推移而变化(如图 7-24 所示)。第 i 个部件性能分布函数的特征参数如表 7-14 所示(假设是正态分布类型)。

由于各部件性能分布函数特征参数随时间增大而产生漂移,故系统性能可靠度 R_y 也随时间增大产生变化。分别在 $t=0$, $t=t_1$, $t=t_2$ 处,求出系统的性能可靠度 R_y,系统性能可靠度变化曲线如图 7-25。

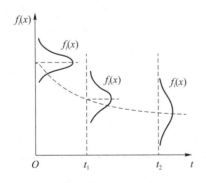

图 7-24　参数随时间推移的变化

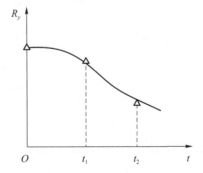

图 7-25　性能可靠度变化曲线

表 7-14　部件 i 性能分布函数特征参数

时间 t	均值 μ_i	均方差 σ_i
$t=0$	$\mu_i(0)$	$\sigma_i(0)$
$t=t_1$	$\mu_i(1)$	$\sigma_i(1)$
$t=t_2$	$\mu_i(2)$	$\sigma_i(2)$

7.3.3　系统性能可靠性仿真示例

示例 7.4: 某一简单串联调谐电子线路,其中包括一个电感器($L=50\times(1\pm10\%)\mu H$),一个电容器($C=30\times(1\pm5\%)pF$),规定最大容许频移为 ±200 kHz,求解系统性能可靠度及系统性能概率分布。

1. 系统性能可靠性仿真模型

系统输出量为频率 f,其计算公式为

$$f=\frac{1}{2\pi\sqrt{L\cdot C}} \tag{7-100}$$

当频率用 kHz、电感用 μH、电容用 pF 时,式(7-101)就成为

$$f=\frac{10^6}{2\pi\sqrt{L\cdot C}} \tag{7-101}$$

调谐电子线路中各随机变量服从正态分布,分布函数如表 7-15 所示。其中,均值 μ 为器件的标称值,方差 σ 代表器件在采购、使用和制造中产生的公差。同时,随着使用时间的增长,器件的参数分布也会发生退化和漂移。

表 7-15　调谐电子线路中各随机变量的分布函数

计算状态序号	元件	性能	分布函数	分布函数特征参数 μ	分布函数特征参数 σ	使用时间 t
1	电感器	ξ_1	$F_L(L)$	$\mu_L=50$	$\sigma_L=5/3$	$t=0$
	电容器	ξ_2	$F_C(C)$	$\mu_C=3$	$\sigma_C=0.5$	
2	电感器	ξ_1	$F_L(L)$	$\mu_L=47.5$	$\sigma_L=4$	$t=t_1=2\,000$ h
	电容器	ξ_2	$F_C(L)$	$\mu_C=27$	$\sigma_C=2.25$	
3	电感器	ξ_1	$F_L(L)$	$\mu_L=40$	$\sigma_L=6.6$	$t=t_2=6\,000$ h
	电容器	ξ_2	$F_C(C)$	$\mu_C=40$	$\sigma_C=4$	

用式(7-101)可计算出不同时刻的频率名义值 f_0,如表 7-16 第 1 列所示。在不同的时间 t,频率的允许取值范围不同,表示为 $[f_A,f_B]$,具体数值见表 7-16。

表 7 - 16　调谐电子线路不同时间频率的取值范围

时间	频率		
	f_0/kHz	f_A/kHz	f_B/kHz
$t=0$	4 109.36	4 009.36	4 209.36
$t=t_1$	4 444.20	4 344.20	4 544.20
$t=t_2$	5 136.70	5 036.70	5 236.70

根据式(7-86),在系统第 j 次运行时有

$$L_j = F_L^{-1}(\eta_j) \qquad (7-102)$$

$$C_j = F_C^{-1}(\eta_j) \qquad (7-103)$$

将式(7-102)和式(7-103)代入式(7-101),得到频率在第 j 次运行中的抽样值 f_j

$$f_j = \frac{10^6}{2\pi \sqrt{L_j \cdot C_j}} \qquad (7-104)$$

2. 仿真运行及系统性能可靠性参数的统计

系统进行 N 次运行,用 6.1.3 节的区间统计法,判断第 j 次运行时,在 $f=f_j$ 时

$$\Phi_j = 1 \qquad (7-105)$$

即统计 f_j 落在哪一个区间里,同时记入该子区间的累计落入总数中。利用式(7-94)~式(7-98)可以分别计算出对应于各个频率 f 容许范围的下述数值:$R_y(f_r)$,$F_y(f_r)$,$p_y(f_r)$,$f_y(f_{r-1})$ 及 $\overline{f}_{AB}$ 等。

3. 计算机仿真

根据上述仿真模型和运行方法,使用 Matlab 编制程序,进行 1 000 次仿真,结果如下。

(1) 性能可靠度 R_y 和性能不可靠度 F_y

分别计算不同时刻,系统的性能可靠性结果见表 7-17。

其中的序号 1 计算状态为 $t=0$ 时刻,序号 2 计算状态为 $t=t_1$ 时刻,序号 3 计算状态为 $t=t_2$ 时刻。

表 7 - 17　调谐电子线路性能可靠度仿真结果

状态序号	使用时间 t	性能可靠度 R_y	性能不可靠度 F_y
1	0	0.802 0	0.198 0
2	t_1	0.311 0	0.689 0
3	t_2	0.135 0	0.865 0

(2) 系统性能(频率)概率分布 $p_y(f_r)$

分别计算不同时刻系统性能概率分布,结果如图 7-26~图 7-28 所示。

(3) 结果分析

由表 7-17 可见此系统频率有漂移故障,且随使用时间的增长漂移愈严重,随时间增长,方差增大,$\Delta L/L_0$ 和 $\Delta C/C_0$ 的值也增大,故 $\Delta f/f$ 也增大。

由仿真结果可估计 $t=0$ 时有

$$\frac{\Delta f}{f} = \left| \frac{f_0 - f_{\max}}{f_\mu} \right| = \left| \frac{4\ 109.36 - 4\ 409}{4\ 109.36} \right| = 7.2\%$$

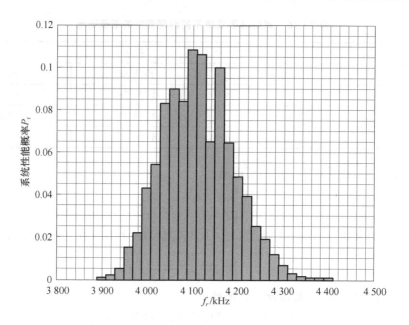

图 7-26 $t=0$ 时, $p_y(f_r)$ 直方图

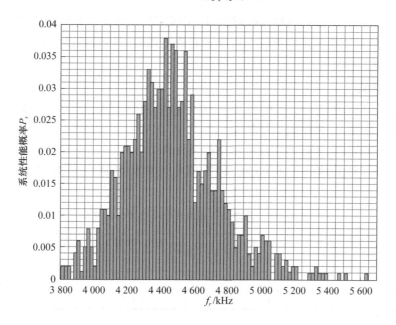

图 7-27 $t=t_1$ 时, $p_y(f_r)$ 直方图

它与用最坏情况分析法所计算出的 $\Delta f/f=7.5\%$ 结果相近。表明仿真结果是正确的。

4. 参数影响的仿真试验和结果分析

（1）方差的影响

对于状态 1,将电感器 L 和电容器 C 的标准差分别增大 1.5 倍,其他参数保持不变,重新运行仿真。其仿真结果如表 7-18:

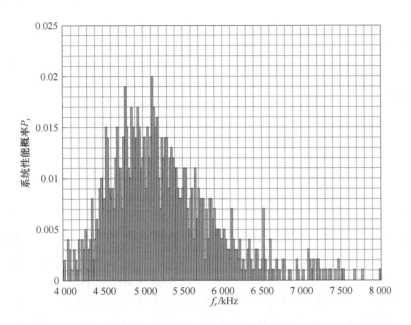

图 7 - 28　$t = t_2$ 时，$p_y(f_r)$ 直方图

表 7 - 18　状态 1 不同方差仿真方案的性能可靠度

仿真方案	元件	分布函数特征参数		性能可靠度 R_y
		μ	σ	
原始方案	电感器 电容器	$\mu_L = 50$ $\mu_C = 3$	$\sigma_L = 5/3$ $\sigma_C = 0.5$	0.802 0
调整方案 1	电感器 电容器	$\mu_L = 50$ $\mu_C = 3$	$\sigma_L = 2.5$ $\sigma_C = 0.5$	0.671 0
调整方案 2	电感器 电容器	$\mu_L = 50$ $\mu_C = 3$	$\sigma_L = 5/3$ $\sigma_C = 0.75$	0.759 0

　　由仿真结果可见，两种方案比原方案中系统的 $R_y = 0.802\,0$ 都有所降低，说明加大组成元器件的方差，系统性能变差，且 L 的影响比 C 的影响更大。与用最坏情况分析法的计算结果比较，当取 $\sigma_L = 2.5$ 时，$(\Delta f/f)_L = 9.24\%$，而取 $\sigma_C = 0.75$ 时，$(\Delta f/f)_C = 7.29\%$，其结论与仿真结果一致。

　　(2) 均值的影响

　　对状态 2，将电感器 L 和电容器 C 的均值分别减少 10%，其他参数保持不变，运行仿真结果见表 7 - 19。

表 7-19　状态 2 不同均值仿真方案的性能可靠度

仿真方案	元件	分布函数特征参数		性能可靠度 R_y
		μ	σ	
原始方案	电感器 电容器	$\mu_L=47.5$ $\mu_C=27$	$\sigma_L=4$ $\sigma_C=2.25$	0.311
调整方案 1	电感器 电容器	$\mu_L=42.75$ $\mu_C=27$	$\sigma_L=4$ $\sigma_C=2.25$	0.276
调整方案 2	电感器 电容器	$\mu_L=47.5$ $\mu_C=24.3$	$\sigma_L=4$ $\sigma_C=2.25$	0.274

由仿真结果可见,两种方案与原方案中系统性能可靠度 $R_y=0.311$ 相比都有所下降,而且其下降幅度一致。由于 L 和 C 的减少,致使 f 加大,而 $\Delta f_{max}=200\ kHz$ 在量值上没改变,故 $\Delta f/f$ 减小,即当对系统参数 f 要求加严时,系统性能可靠度变小。

综上所述,要提高系统性能可靠性,应减小元器件性能参数随机变量的方差或增大其均值,由于元器件的标称值一般为固定的,故通常采用减小方差的办法。工程实际中,可以通过对系统各随机变量方差的有效控制和调整,实现系统预期性能可靠性的目的。例如,当人们想实现系统性能可靠度 $R_y(t=0)=1$ 的愿望时,使用近似分析方法和重复逼近的仿真试验,可以寻求出参数 L 和参数 C 的方差的恰当取值,在它们分别为 1.012 和 0.291 的时候,用此组参数方差进行仿真试验,统计结果为 $R_y=0.973$。在满足最大允许频移($\pm200\ kHz$)的前提下,当将 L 和 C 的方差再协调控制到 $\sigma_L=1.01$ 和 $\sigma_C=0.0001$ 时,仿真结果表明,系统性能可靠性取值 $R_y=0.99$。但必须指出的是,实际上 L 和 C 的方差不能随机选定,应该从已有的几个精度不同的品种规格中挑选,在此只作为例子以说明其可调性。

通过以上仿真试验说明,可以通过仿真预测组成单元参数的变化对系统性能可靠度的影响,一旦编写好仿真程序,可以方便地根据实际可能性,通过不断调整参数来研究系统性能可靠度的变化。

习　　题

1. 选取你熟悉的系统或产品,设计一种冗余结构使之成为储备系统,描述该系统的运行方式,阐述其优点,并建立该系统的可靠性框图模型。

2. 7.1.2 节中以由 2 个设备 A、B 和监测/转换装置 S 组成的冷储备旁联系统 y 为例,对冷储备旁联系统可靠性仿真问题进行了研讨,建立了相应的仿真逻辑关系,试将该方法推广到如图 7-29 所示的具有三个设备 A、B、C 和一个监测/转换装置 S 构成的冷储备旁联系统,试分析 S_1 和 S_2 对系统可靠性产生何种影响,并建立系统可靠性仿真逻辑关系,画出可靠性仿真运行框图,进行仿真计算,求出系统的 MTTF,$R_y(t_r)$,$p_y(t_r)$ 及每个部件的累积模式重要度。设备及监测/转换装置的失效分布数据见表 7-20,$q_1=0.65$,$q_2=0.31$,$q_3=0.04$。

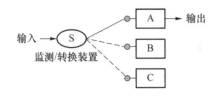

图 7 - 29　冷储备旁联系统组成示意

表 7 - 20　冷储备旁联系统单元的失效分布信息

设备	失效分布	分布类型	分布特征参数
A	$F_A(t)$	正态	$\mu = 1\ 000\ h, \sigma = 80\ h$
B	$F_B(t)$	正态	$\mu = 850\ h, \sigma = 70\ h$
C	$F_c(t)$	正态	$\mu = 700\ h, \sigma = 60\ h$
S	$F_S(t)$	指数	$1/\lambda = 1\ 800\ h$

3. 将习题 1 冷储备旁联系统中的储备单元 B 和 C 更改为热储备状态,变成热储备旁联系统,试分析 S_1 和 S_2 对系统可靠性产生何种影响,并建立系统可靠性仿真逻辑关系,画出可靠性仿真运行框图,进行仿真,求出系统的 MTTF,$R_y(t_r)$,$p_y(t_r)$ 及每个部件的累积模式重要度。

4. 将习题 2、习题 3 的对象扩展为由 n 个设备 A、B、……、N 和监测/转换装置 S 组成的冷储备旁联系统或热储备旁联系统,试推导出该冷储备旁联系统或热储备旁联系统的可靠性仿真逻辑关系,画出可靠性仿真运行框图。

5. 有 A、B 两台设备并联工作,其失效分布函数为指数分布,当它们共同工作时(即半负载)$1/\lambda_\text{半} = 1\ 000\ h$。若有一设备发生故障,则由另一设备以全负载工作,此时 $1/\lambda_\text{全} = 600\ h$。试用 7.2 节方法建立系统可靠性仿真模型,编制程序和运行仿真($N = 500$ 次,取 $\Delta f_r = 50\ h$),并输出以下参数结果:①$R_s(t_r)$;②$p_s(t_r)$;③系统 MTTF。

6. 用系统性能可靠性仿真建模方法,求自耦变压器系统 (图 7 - 30)中电压 V_y 的抽样值。已知:$V_y = \dfrac{V_1 \cdot r_3}{r_2 + r_3}$,其中 V_1,r_2,r_3 均服从正态分布,分布参数为:$\mu_1 = 12\ V, \sigma_1 = 2.4\ V$;$\mu_2 = 100\ \Omega, \sigma_2 = 15\ \Omega$;$\mu_3 = 200\ \Omega, \sigma_3 = 30\ \Omega$。

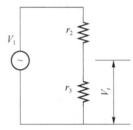

图 7 - 30　自耦变压器系统

附录 7-1 冷储备旁联系统仿真程序

```
%% Initial
clc; clear; close all;
% 设定仿真参数
T_max = 2200;                    % 最大工作时间
M = 40;                          % 时间间隔个数
nj = 100;
N = 1000;
dt = T_max/M;                    % 时间间隔
t_r = dt * (1:1:M);
I = 3;                           % 系统部件数
q = [0.56,0.39,0.05];
dm = zeros(1,M);
mr = zeros(1,M);
Num = zeros(1,6);
%% 每次循环；
for n = 1:1:N
    t = ValidTime(I);            % 抽样 + 生成失效时间
    [Out] = System(t,nj,q);
    % 按时间统计失效数
    for m = 1:1:length(Out.time)
        if Out.value(m) ~ = 0
            location = floor(Out.time(m)/dt) + 1;
            dm(location) = dm(location) + Out.value(m);
        end
    end
    % 计算设备重要度
    switch Out.case
        case 1
            Num(1:3) = Num(1:3) + Out.value(1:3);
        case 2
            Num(4:5) = Num(4:5) + Out.value(1:2);
        case 3
            Num(6) = Num(6) + Out.value(1);
    end
end
for i = 1:length(dm)
    mr(i) = sum(dm(1:i));
```

```
end
% 系统可靠性指标
Fs_t = mr/(N * nj);                  % 系统不可靠度
Rs_t = 1 - Fs_t;                     % 系统可靠度
MTTF = sum(t_r. * dm)/(N * nj);      % 系统寿命方差
ps_t = dm/(N * nj);                  % 系统失效概率分布
fs_t = dm/(dt * N);                  % 系统失效密度函数
% 基本部件累积模式重要度
IW_A = (Num(1) + sum(Num(4:6)))/(N * nj);
IW_B = (Num(2) + Num(4) + Num(6))/(N * nj);
IW_S1 = Num(1)/(N * nj);
IW_S2 = Num(2)/(N * nj);
IW_S3 = (Num(3) + Num(5))/(N * nj);
IW_S = IW_S1 + IW_S2 + IW_S3;
%% 画图
figure(1); hold on;
x = 0:dt:T_max;
plot(x,[1,Rs_t],'. -',"MarkerSize",15)
figure(2); hold on;
plot(x,[ps_t,0],'. -',"MarkerSize",15)
figure(1); grid on; grid minor;
title("系统可靠度 Rs(tr)曲线");xlabel("时间 tr/小时");ylabel("系统可靠度 Rs")
figure(2); grid on; grid minor;
title("系统失效概率分布 ps(tr)曲线");xlabel("时间 tr/小时)");ylabel("系统失效概率 ps")


function [tn1,tn2] = NormInv(n1,n2,mu,sigma)
tn1 = sqrt(-2 * log(n1)) * cos(2 * pi * n2) * sigma + mu;
tn2 = sqrt(-2 * log(n1)) * sin(2 * pi * n2) * sigma + mu;
end
function [Out] = System(t,nj,q)
    tA = t(1); tB = t(2); tS = t(3);
    Out.value = zeros(1,3);
    if tA >= tS
        Out.case = 1;
        Out.time = [tA,tS + tB,tS];
    else
        if tB >= (tS - tA)
            Out.case = 2;
            Out.time = [tA + tB,tS];
        else
            Out.case = 3;
            Out.time = tA + tB;
        end
```

```
        cnd
    for i = 1:1:nj
        rr = rand(1);
        if Out.case == 1
            if rr <= q(1)
                Out.value(1) = Out.value(1) + 1;
            elseif rr <= (q(1) + q(2))
                Out.value(2) = Out.value(2) + 1;
            else
                Out.value(3) = Out.value(3) + 1;
            end
        elseif Out.case == 2
            if rr <= (q(1) + q(2))
                Out.value(1) = Out.value(1) + 1;
            else
                Out.value(2) = Out.value(2) + 1;
            end
        elseif Out.case == 3
            Out.value = 100;
        end
    end
end
function [t] = ValidTime(I)
    rr = rand([1,I + 2]);
    [tA,~] = NormInv(rr(1),rr(1 + I),800,72);
    [tB,~] = NormInv(rr(2),rr(2 + I),920,80);
    tS = -(2000) * log(rr(3));
    t = [tA,tB,tS];
end
```

第8章　人机系统可靠性仿真

从最简单的机械装置到复杂的控制系统,在其研究发展、生产制造、维护使用的各阶段中,人无时无刻不在发生作用。随着对产品可靠性、安全性重视程度的不断提高,人对装备或系统的可靠性、安全性有重要作用已成为人们的共识。人作为系统的重要组成部分,其绩效水平已经成为影响系统可靠性的重要因素。从最初关注硬件设备的可靠性,到基于人因工程优化人—机界面,再到系统地考虑人因可靠性提升人因绩效,人机系统的可靠性获得了越来越高的重视。

本章主要介绍人机系统的一些基本概念及人因可靠性的发展,并重点讲述人机系统可靠性的仿真方法以及系统风险数字仿真方法。

8.1　人机系统

8.1.1　人机系统基本概念

人机系统是由人和人所使用的机器构成的一个有机整体,即一个由人的功能与机器的功能相互沟通、相互交错、相互补充构成的运转合理的系统。人机系统最突出的特点是,人作为系统的一个主要环节加入系统的运转过程,而不是作为系统运转过程的监督、管理者,是要将人的卓越智能与机器的独特功能配合起来,产生最大的效益。由于人的工作能力随环境变化而变化,一切人机系统在一定的工作时间又必定处于某一特定的环境之中,因此,通常又把人机系统与环境的关系称为人机环系统。

1. 人机系统的组成

为叙述方便,本节中将人机环系统也统一纳入人机系统的含义中,人机系统组成如图 8-1 所示。在人机系统中,人被看作是系统的一个要素,起主导作用。人通过感觉器官(视、听、触、嗅、味)接受来自设备的信息,对信息进行处理(包括筛选、计算、分析、判断、综合、推理、创造等),然后控制设备运转,设备随即产生新的信息又反馈给人。

由于设备分系统已为人们所熟知,这里着重讲述一下人员分系统的构成。人员分系统包括人的感知系统和人对信息的处理过程。人的感知系统包括人的感觉、知觉、视觉等基本特

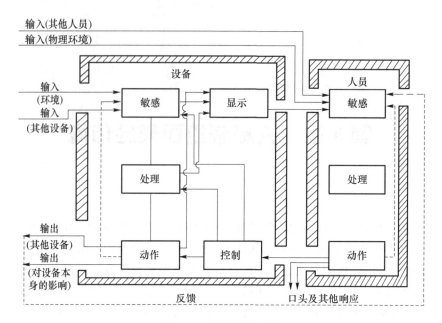

图 8-1 人机系统组成

征,是刺激的输入。人对信息的处理包括信息处理系统及人的信息输入、处理、输出的机制和能力,可体现为内部反应和输出反应。

人的信息加工过程主要由感觉、知觉、记忆、决策和运动输出等环节组成的系统接收感觉器官传进来的外界刺激信号,经过中枢神经系统的处理,最后产生一系列的命令,发送给运动器官,从而通过相应的运动过程对外界刺激产生反应。整个过程如图 8-2 所示。

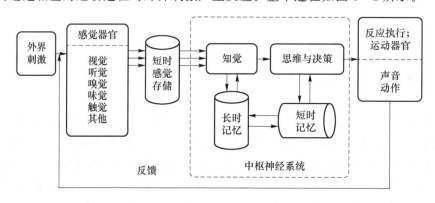

图 8-2 人对信息的处理过程

(1) 刺激输入(S)

人员感觉来自刺激输入,它来源于:设备显示装置,与装置输出联动的其他设备的输出,设备自身动作(工作)后产生的各种状态(显示装置不能显示的其他部分),其他人员对系统内工作人员的命令、提示、干扰等,以及人员所处的特定自然环境的影响。

概括地说,刺激输入包括任何一种刺激,如作为操作者感觉输入的音响信号、目视信号、故障显示、异常情况等,以及环境内的物理、化学变化的影响。人对刺激感觉特性见表 8-1。

表 8-1　各感觉器官适宜刺激

感觉	感觉器官	适宜刺激	刺激源
视觉	眼睛	一定范围内内的电磁波	外部
听觉	耳	一定频率范围内的声波	外部
触觉	皮肤	皮肤表明的变化弯曲	接触
振动觉	无特定器官	机械压力的振幅及频率变化	接触
压力觉	皮肤及皮下组织	皮肤及皮下组织变形	接触
温度觉	皮肤及皮下组织	环境媒介的温度变化或人体接触物的温度变化,机械运动,某些化学物质	外部或接触
位觉和运动觉	肌肉、腱神经未梢	肌肉拉伸、收缩	内部

（2）人的内部反应（O）

操作者觉察与理解刺激输入,并根据刺激作出决定的活动,称为人的内部反应,即图 8-1 中人员分系统内"处理"包括的内容。

人接受刺激输入后（如人从显示装置接受信息）,即对感觉信息进行处理,经实践统计,一个中等素质的人,对这些信息的反应时间见表 8-2。

表 8-2　各种感觉通道的简单反应时间

感觉通道	反应时间/ms	感觉通道	反应时间/ms
触觉	117～182	温觉	180～240
听觉	120～182	嗅觉	210～390
视觉	150～225	痛觉	400～1 000
冷觉	150～230	味觉	308～1 082

感觉信息传入大脑中枢后,在大脑中储存一段时间,大脑提取感觉输入中的有效信息,抽取信息特征并进行模式识别。

信息在大脑中储存的形式分瞬时记忆、短时记忆及长时记忆三种。

① 瞬时记忆。瞬时记忆又称感觉记忆或感觉登记,是指外界刺激以极短的时间一次呈现后,信息在感觉通道内迅速被登记并保留一瞬间的记忆。通常与视觉系统或听觉系统有关。

② 短时记忆。短时记忆是指外界刺激以极短的时间一次呈现后,为当前信息加工所需要而短时储存的信息,又称工作记忆。工作记忆保持时间在 1 min 以内,又称操作记忆。短时记忆所能储存的数量也有一定限度。例如,显示一连串词语,人一般只能记住最后的 5 个左右。因此,为了保证记忆作业效能,一方面需要短时记忆信息数量不能超过人所能储存的容量;另一方面作业者必须十分熟悉自己的工作内容、信号编码。显然,短时记忆是人机系统设计必须考虑的重要因素之一。

③ 长时记忆。长时记忆是为以后信息加工的需要而储存的信息。长时记忆中储存着大量有用的知识。长时记忆能将记忆内容保持时间在 1 min 以上、数月、数年,甚至终生,是一种长久性的存储。长时记忆的遗忘因自然衰退或因干扰造成。遗忘的发展进程还受识记材料的性质、数量、学习程度及识记时的主观状态等因素的制约。如图 8-3 所示的著名的艾宾浩斯

记忆保持和遗忘曲线表明了遗忘发展的进程是不均衡的,在识记后的短时间内,遗忘速度很快,以后逐渐减缓,一定时间后处于稳定状态而几乎不再忘记。长时记忆是人脑学习功能的基础,飞行员对设备的操作、维护人员的大量训练活动等,必须有良好的长期记忆功能来保证。

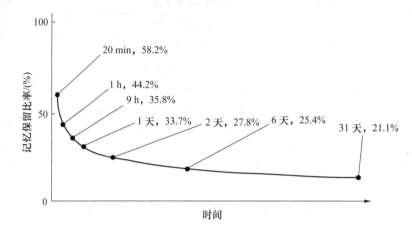

图 8-3 艾宾浩斯记忆的保持和遗忘曲线

(3) 输出反应(R)

操作者通过内部反应对刺激输入作出反应,即反应执行,如说、写、扳开关等。

人在系统中实际工作时,感觉、运动和脑中枢活动是同时进行的。不少文献曾提出,建立人在系统中的行为综合模型,即对操作者的信息输入和输出的关系建立一个数学模型,其中最简单的一种(跟踪状态),可用下列传递函数模型表示[1]

$$W(s) = K_p \frac{T_L s + 1}{(T_i s + 1)(T_n s + 1)} e^{-\tau \cdot s} \tag{8-1}$$

式中,s——拉普拉斯算子;

$\quad K_p$——零频增益,其范围为 $0.1 \sim 100$;

$\quad T_L$——提前时间常数,其范围为 $0 \sim 5\ s$;

$\quad T_i$——滞后时间常数,其范围为 $6 \sim 20\ s$;

$\quad T_n$——精神肌肉延迟,其范围为 $0.08 \sim 0.16\ s$;

$\quad \tau$——有效时间延迟,其范围为 $0.2 \sim 0.5\ s$。

对有人驾驶飞机而言,式(8-1)表示为[1]

$$W(s) = \frac{M}{\Delta} = \frac{K_1 \delta_B}{\Delta} = K_1 \left[K_p \frac{T_L s + 1}{(T_i s + 1)(T_n s + 1)} \right] e^{-\tau \cdot s} \tag{8-2}$$

式中,M——驾驶员加在操纵杆上的力矩;

$\quad \Delta$——驾驶员的目视输入量(跟踪偏差);

$\quad K_1$——自动驾驶仪系统(含飞机)的系数;

$\quad \delta_B$——飞机舵面偏角;

$\quad K_p$——人的静态放大系数;

$\quad T_L$——人的提前(超前)时间常数;

$\quad T_i$——人的滞后时间常数;

$\quad T_n$——人的精神肌肉延迟;

　　τ——人的反应时间(有效时间)延迟。

　　式(8-2)为苏联麦得悦捷夫研究得出,并经国内外有关人员研究结果所证实。应当指出,T_n 及 τ 是人的生理特性的固有值,虽因人而异,但其平均值变化不大。K_p,T_L,T_i 并非固定值,它们的数值与飞行员的训练程度、飞行员的体力及外界条件有关,如照明、压力、飞机飞行过载、战斗情况的激烈程度等。

　　有关人的特性参数,人类工程学系统理论研究已得到较多的结果。这些成果是研究人机系统所必须具有的基础。

2. 人机系统中人机界面

　　人机界面是人与机器进行交互的操作方式,即用户与机器互相传递信息的媒介,包括信息的输入和输出。简单来说,在人机系统中,存在一个人与机器相互作用的"面",所有的人机信息交流都发生在这个"面"上,通常称这个面为人机界面。在图 8-1 中,在设备分系统中的显示装置和控制装置即人机系统中的人机界面。

　　人机界面是人机系统中人和机器进行信息传递和交换的媒介及平台,人与机器之间的信息交流和控制活动都发生在人机界面上。机器的各种显示"作用"于人,实现机—人信息传递;人通过视觉和听觉等感官接收来自机器的信息,经过人脑的加工、决策,然后做出反应、操作机器,实现人—机的信息传递。人机界面主要包含显示器和控制器两大部分,它们是连接人与机器的关键。人机界面的好坏直接影响信息传递及交换的有效性和准确性,进而影响到整个人机系统的安全性。大量实例研究表明,许多重大事故的产生都是由于人机界面设计不合理,作业者出现判读失误及其他种类的操作误差,最终导致事故的发生。因此,综合考虑人机系统的可靠性和作业者的舒适性、设计良好的人机界面,能有效防止操作事故的发生,真正意义上实现人机系统的协同作业。

　　远在 1952 年,美国海军就编制了仪表综合发展规划。在其编制过程中,由于只考虑了所需信息量的要求,而很少考虑飞行员的心理特点和合理的操作负荷,结果进展不大。后来在陆军的参与下,形成了新的仪表发展规划,投入大量人力、物力研究人机界面的有关问题,取得了显著的成果[1]。20 世纪 60 年代出现了一大批布局较为合理的仪表面板,其中信号系统和警告系统的最优安排、照明系统从外部照明到内部照明的过渡等,都是这方面研究的结果。后期还开展了电子—光学显示系统的研究,平视仪就是电子—光学显示技术的最初形式。

　　随着计算机技术和信息控制理论的快速发展,系统变得更加复杂和智能化。特别是交通枢纽监控、核电控制、环境监测、航空驾驶操纵等重大系统领域以计算机技术为依托,完全以数字化、智能化的人机界面进行运作、监管和决策,其承载的是海量信息,更具复杂性。智能化、信息化时代,带来了信息的全面感知、可靠传送和智能处理需求,这与传统的人机交互有显著差别。数字化、智能化的人机界面相较于一般人机界面而言,信息的来源更广泛,数量呈几何级数递增,时效性更强。同时,人工智能技术的迅猛发展推动人类社会从信息化时代向智能化时代转变。人机界面设计的焦点和难点也逐渐延伸到人机融合的感知决策过程——开发"以人为中心"的智能信息系统。因此,未来人机界面设计将重点探讨在智能交互环境中人的关键因素,为促进人工智能、脑神经科学、心理学、设计学等多学科的交叉融合,推动人机关系从"人机交互"走向"人机融合"。

8.1.2　人机系统可靠性

在人机系统中,将设备分系统及人员分系统的可靠性均考虑在内,分析求解出整个系统的可靠性,即人机系统的可靠性。

对人与机器系统适当地匹配,将有助于提高整个系统的可靠性,例如,宇航绕月飞行中,全自动飞行的成功率为22%,宇航人员参与后,人机系统绕月飞行的成功概率达到93.5%;某种无人驾驶飞机最初800次飞行的失事数达155次(成功概率为80.6%),而同类型有人驾驶飞机800次飞行的失事数仅为3次(成功概率为99.6%),从经济上计算,前者比后者多损失600万美元以上。

然而,当人员分系统可靠性欠佳或它与设备分系统匹配不当时,整个系统可靠性会随之降低,出现人们不愿意接受的状况。表8-3给出了1975年美国、英国空军对飞行事故分析的结果。

表 8-3　美国、英国空军对飞行事故原因的分类统计

飞行事故原因分类	各种故障所占的百分比	
	美国	英国
飞行操纵错误	30%	58%
指挥不当	21%	9%
维护不良	9%	4%
器材缺陷	39%	16%
其他	—	3%
原因不明	1%	10%

不同年代有关严重飞行事故原因分类统计结果,见表8-4。

表 8-4　不同年代严重飞行事故原因分类统计

年　代	原因分类						
	飞行操纵错误	组织指挥不当	机械责任	原因不明	其他勤务(气象场务)	偶然意外(如鸟撞、战损)	总计
20世纪50年代	67.52%	6.93%	18.4%	5.41%	1.3%	0.43%	100%
20世纪60年代	61.66%	6.74%	27.46%	1.55%	—	2.59%	100%
20世纪70年代	52.21%	15.88%	27.53%	3.12%	1.3%	6.26%	100%
20世纪80年代	60.77%	10.10%	23.46%	3.85%	1.06%	0.77%	100%

从表8-3及表8-4中可以明显看出,"飞行操纵错误"主要是飞行人员失误所致;"指挥不当"是人机系统(包括地面指挥人员的大系统)中地面指挥人员失误所致。两者百分比之和为51%～71%,这一数字足以说明空-地人机大系统中,人的失误造成飞行事故的概率大于50%。从广义的角度看,人的维修不善和失误也是"维护不良"的主要因素之一。因此,人员分系统的可靠性对人机系统的可靠性具有十分显著的影响,如果一味追求设备的可靠性,而忽视

人员分系统的可靠性,则会给人机系统的可靠性、安全性、有效性等带来严重后果。

从上述统计结果可以看出,研究人机系统可靠性的界线,可以划定为只研究设备和它的操纵者构成的系统,当然也可以划定为研究设备、空中操纵者、地面指挥系统、地面维护系统(后两者中同时又包含人和设备)所构成的大系统。从这种意义上看,人机大系统的构成边界还可以扩大,直至系统的研制全过程。当然,系统的边界越宽,分析就越复杂越困难,因此往往在特定的条件下,给系统划定一个适当的边界并对其进行分析,从而得到这一边界内的人机系统可靠性。

8.1.3　人因可靠性的发展

人因工程是以心理学、生理学、解剖学、人体测量学等学科为基础,研究如何使人—机—环境系统的设计符合人的身体结构和生理心理特点,以实现人、机、环境之间的最佳匹配,使处于不同条件下的操纵人员能高效地、安全地、健康和舒适地进行工作和生活的科学。

人因可靠性是以人因工程、系统分析、认知科学、概率统计、行为科学等诸多学科为理论基础,以对人的可靠性进行定性与定量分析和评价为中心内容,以分析、预测、减少与预防人的失误为研究目标的一门学科。人因可靠性研究的目的就是要分析、预测、提高人对系统可靠性的贡献,减少与预防人因失误(human error),保证系统运行安全可靠。

人因可靠性研究学科的正式确立是在 1964 年 8 月于美国新墨西哥大学召开的人因可靠性研究第一次国际学术会议上,美国人因工程学会会刊 *Human Factors* 出版了会议论文专辑。经过 60 多年的发展,人因可靠性研究已经从最初简单的人因失误率估算、人因可靠性分析方法建立向人因可靠性本质研究、基础理论创建和更广泛的应用发展,研究的广度和深度有了巨大的扩展,其研究范畴目前大致可划分为人因失误机理、认知行为模型、人因可靠性分析方法、人因失误数据、人因可靠性改进等领域/方面[41-42]。

1. 人因失误机理

人因失误机理是人因可靠性研究的理论基础之一,人因可靠性分析方法和人因失误减少均需要基于人因失误机理及认知模型。在人因失误机理研究领域,迄今为止最为经典的著作是 James Reason 于 1990 年出版的 *Human Error*。人因失误分类、行为形成因子(PSF)、人因失误机制是人因失误机理研究的重要内容,其热度经久不衰。近年来,随着人机系统的发展和变化,人因失误机理研究也从上述传统研究方向延伸扩展到情景意识、团队协调与沟通、班组失误、失误过程仿真等领域。

2. 认知行为模型

对人的认知行为模型的认识和理解是研究人因可靠性的又一重要基础,也是人因可靠性研究的一个长期重要方面。刺激—调制—响应(stimulus-organism-response,S-O-R)模型是早期经典的人的认知行为模型。它将人的认知响应过程分为三大部分:通过感知系统接收外界输入的刺激信号(stimulation)、解释和决策(organization)和向外界输出动作或其他响应行为(response)。S-O-R 模型将人的行为解释为是外部刺激后的结果,并根据不同的调制状态刺激能够引发不同的响应效果。影响最大,应用最广泛的认知行为模型是 Rasmussen 的 SRK 三级行为模型。该模型根据认知心理学的信息处理理论将人的认知活动表征为基于技能的行为(skill-based)、基于规则的行为(rule-based)、基于知识的行为(knowledge-based)三种类型。

此后，Reason 建立的 GEMS 模型又在 SRK 行为模型的基础上，将人的信息处理模型理论与人的问题解决模型相结合，用于描述人的动态认知可靠性。近年来，Hollnagel 在 CREAM 方法中建立的情景控制模型（contextual control model，COCOM）也是影响较大的认知行为模型之一。

3. 人因可靠性分析方法

人因可靠性分析（human reliability analysis，HRA）方法起源于 20 世纪 60 年代，至今已经出现了数十种 HRA 方法。这些方法可以根据不同的维度进行分类，例如，根据方法的动态性可以分为静态和动态 HRA 方法；根据方法的基本特征可以分为任务相关、时间相关和情景相关三种；根据方法建立的时间可以分为第一代、第二代和第三代 HRA 方法。

第一代 HRA 方法主要是专家判断与统计分析相结合。具有代表性的方法包括 THERP、SLIM、HCR、OAT、HEART、ASEP-HRA 等。其中最典型、使用最广泛的当属 Swain 建立的人因失误率预测技术（THERP）和 Hannaman 建立的人的认知可靠性（HCR）模型。

第二代 HRA 方法进入了结合认知心理学、以人的认知可靠性模型为研究热点的阶段，着重研究人在应急情景下的动态认知过程，包括探查、诊断、决策等意向行为，核心思想是将人放在任务情境中去探究人的失误机理，认为任务所处的环境条件才是导致人因失误的决定因素。具有代表性的方法包括美国核管理委员会（USNRC）开发的人因失误分析技术（ATHEANA），Hollnagel 提出的认知可靠性和失误分析方法（CREAM），Spurgin 建立的整体决策树方法（holistic decision tree method，HDT）及 USNRC 研发的标准化电厂风险分析 HRA 方法（SPAR-H）等。

第三代 HRA 方法是基于仿真技术的动态 HRA 方法。它将人员行动和决策的模拟仿真作为人员行为和绩效的评价依据，在任何指定的时间点上都可以动态分析行为形成因子对人员行为和绩效的影响，并获得对应的人为失误概率（HEP），同时也对复杂人机系统中人与系统的动态交互特性进行了表征。这其中比较具有代表性的成果有：ADS-IDAC 系统、MIDAS（man-machine integration design and analysis system）及 COSIMO（cognitive simulation model）等。

4. 人因失误数据

人因失误数据，又称人因可靠性数据，包含定性数据和定量数据两个方面。定性数据用于理解人因失误机理、支持 HRA 建模、确定 PSF，定量数据则支持人因事件的定量评价。由于人因事件过程的动态性，使人因可靠性数据的采集极度困难，人因可靠性研究长期缺乏较充分的可用数据。人因可靠性数据的来源主要为运行经验、事件/事故分析报告、实验室实验、仿真实验、模拟机实验及培训、专家判断等，而且来源于实际的原始数据并不多。不仅数据匮乏，人因可靠性数据分析方法和工具也极为缺乏，制约了人因可靠性数据的使用。近年来，新技术的发展也给人因数据的采集带来了不少新途径，如眼动仪、脑电仪、多道生理仪、行为捕捉系统、全过程行为监控系统等，使人因数据采样率增大，数据量剧增，数据关联关系复杂，因此也对数据处理分析提出了更高的要求。

5. 人因可靠性改进

人因可靠性研究的最终目的是预防和减少系统中的人因失误，改进和提升人因可靠性，进而改进和提升人机系统的性能和绩效。

8.1.4　人的可靠性

人的可靠性在人机系统的可靠性中占主要作用,现代科学技术的发展使机器的可靠性越来越高,相比而言,人的可靠性就显得越来越重要。人的可靠性一般定义为在规定的时间内及规定的工作条件下,人无差错地完成所规定任务的能力。人的可靠性的定量指标为人的可靠度,通常称为人的动作可靠度,具体定义为:"人在规定的时间内,在规定的工作条件下,无差错地执行任务的概率。"

1. 对于"在规定的工作条件下"的理解

工作条件首先必须针对人的生理因素而论,如氧的浓度、高压、低压、高温、低温、湿度、震动、冲击、超重、过载、失重、热辐射、放射性辐射、噪声和累计工作的时间及其强度等。在研究人的动作可靠性时,首先应当指明这些因素是何等量级,它们是固定值还是按一定规律变化的。

其次,人的"工作条件"与设备"工作条件"的根本性区别在于人的心理因素是设备所没有的,例如,因为过分乐观而麻痹,由于某种环境突现而产生的恐惧感,由于即将完成任务胜利在望而产生的冲刺感等。实际统计表明,各种因素造成的心理因素往往多数表现为"紧张"。因此,在"规定的工作条件"的含义中,应该包括那些引起人"紧张"的诸因素的客观数值,如人执行任务的困难程度、任务具有的危险程度、任务的重要性、一旦出现应急事件有无备份人员支援,有无应急安全措施等。在设计人机系统时,要对上述因素进行论证,在对人员进行动作可靠度实验测定时,应在相同的条件下进行。

此外,"工作条件"还应包括人工作地点的空间、照明度、工作环境的舒适程度等因素。

总之,对"规定的工作条件"来说人与设备有相同点,也有不同点,要充分注意其差异点,以便正确地对人的动作可靠度进行测定。

2. 对于"无差错地执行任务"的理解

从人员分系统的构成来看,其含义是:刺激输入(S)→人的内部反应(O)→输出反应(R)得到正确的运行。只要其中有一个环节失误,人执行任务必然发生差错。

对"任务"应有明确的规定,例如,任务规定:"一旦火警信号灯亮,人员必须在 3 s 内切断油路,即'打开应急切断油路开关'"。如果人在一次试验中,S—O—R 过程有一个环节失误,则上述任务得不到完成,人将产生一次差错。也就是说,S—O—R 最后反应是看人的动作是否正确,故用人的动作可靠度来衡量人员分系统的可靠性。

3. 人的水准的确定

在可靠性设计中,人的水平应是中等的。经过不同程度训练的人、具有不同思想觉悟的人及身体素质不同的人,在同样的条件下,完成同样的任务,其无差错地执行任务的概率差异可能很大。因此,在人机系统可靠性设计时,在人员动作可靠度的测定中,均应以中等水平的人为对象。这样做对人机系统的大量实际使用才具有现实意义。当然对于某些特殊任务,如宇航飞行任务,要求人员基本素质要高一些,但在高一些水准的人员中,仍然要以他们中具有中等水平的人作为人机系统可靠性设计和试验的依据。

4. 人的动作可靠度及人的差错分布函数

与设备可靠度表述一样,人的动作可靠度 $R(t)$ 公式为

$$R(t) = \frac{N_s(t)}{N_0} \tag{8-3}$$

式中，$N_s(t)$——到时刻 t，人无差错完成任务的总次数；

　　N_0——进行动作可靠性试验总次数。

人的差错分布函数 $F(t)$（人的动作不可靠度）

$$F(t) = \frac{N(t)}{N_0} \tag{8-4}$$

式中，$N(t)$——时刻 t 时人完成任务时出现差错次数的累积数。

用一般可靠性理论可以建立下述公式

$$F(t) = 1 - R(t) \tag{8-5}$$

$$F(t) = \int_0^t f(t)\,\mathrm{d}t \tag{8-6}$$

$$f(t) = \frac{1}{N_0} \cdot \frac{\mathrm{d}N(t)}{\mathrm{d}t} \tag{8-7}$$

式中，$f(t)$——人的差错密度函数。

$$\lambda(t) = \frac{1}{N} \cdot \frac{\mathrm{d}N(t)}{\mathrm{d}t} = -\frac{1}{R(t)} \cdot \frac{\mathrm{d}R(t)}{\mathrm{d}t} \tag{8-8}$$

式中，$\lambda(t)$——人的差错率。

$$\lambda(t) = \frac{f(t)}{R(t)} \tag{8-9}$$

$$R(t) = \mathrm{e}^{-\int_0^t \lambda(t)\,\mathrm{d}t} \tag{8-10}$$

$$\mathrm{MTTF} = \int_0^{+\infty} R(t)\,\mathrm{d}t \tag{8-11}$$

式中，MTTF——人的平均无差错工作时间。

同理，当人的无差错时间 ξ 为离散型随机变量时，可靠性理论的有关公式均可适用，具体如下。

人的无差错时间 ξ 的概率分布（差错概率分布）为

$$P(\xi = t_i) \quad (i = 1, 2, \cdots, n) \tag{8-12}$$

人的无差错时间 ξ 的分布函数（差错分布函数）为

$$F(t) = P(\xi \leqslant t) = \sum_{t_i \leqslant t} p(t_i) \quad (i = 1, 2, \cdots, n) \tag{8-13}$$

当人的差错概率分布为 $(0,1)$ 分布时

$$P(\xi = 1) = R \tag{8-14}$$

$$P(\xi = 0) = 1 - R = Q \tag{8-15}$$

式中，R——人的动作可靠度（即人未发生差错的概率）；

　　Q——人的动作不可靠度（即人发生差错的概率）。

对于其他不同类型的离散分布，在此不再重述。

8.2　冷储备旁联人机系统可靠性仿真

由于人机系统的复杂性，应用数字仿真方法进行其可靠性分析是适宜的。为使读者便于掌握，本节将通过旁联系统仿真实例，讲述人机系统可靠性仿真的一般方法。

8.2.1　冷储备旁联人机系统组成描述

7.1 节给出了旁联系统可靠性仿真模型的建立方法,为了对比分析人的因素对系统可靠性产生的影响,这里仍以 7.1 节的系统为对象进行研究,在其基础上增加人员分系统,形成人机系统。

人机系统的组成如图 8-1 所示,下面进一步说明设备分系统及人员分系统的组成及功能[1]。

1. 设备分系统

已知设备分系统组成如图 8-4 所示,各设备 A、B、…,监测/转换装置 S,显示装置 I,控制装置 J 的失效分布函数及失效密度函数见表 8-5,已知人员操纵控制装置后,对设备分系统均产生作用。

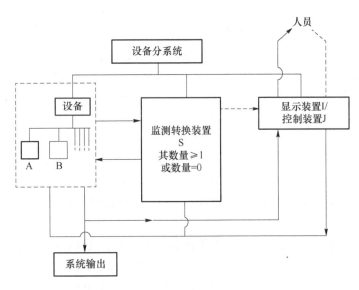

图 8-4　设备分系统的组成及各单元关系

表 8-5　设备分系统组成单元的失效分布数据

项　目	失效分布函数	失效密度函数
设备 A	$F_A(t)$	$f_A(t)$
设备 B	$F_B(t)$	$f_B(t)$
⋮	⋮	⋮
监测/转换装置 S	$F_s(t)$	$f_s(t)$
显示装置 I	$F_I(t)$	$f_I(t)$
控制装置 J	$F_J(t)$	$f_J(t)$

2. 人员分系统

确定操纵人员数目,且对每一个人员在规定的时间内,在规定的工作条件下,应执行的任务均有明确的规定。在此条件下,确定每一个操纵人员动作可靠性的各参数。

连续型随机变量：

① 人员动作可靠度 $R_M(t)$；

② 人员动作不可靠度 $F_M(t)$；

③ 人员差错密度函数 $f_M(t)$；

④ 人员的差错率 $\lambda_M(t)$；

⑤ 人员的无差错工作时间 MTTF_M。

离散型随机变量：

① 人员的差错概率分布 $P_M(\xi=t_i), i=0,1,2,\cdots,n-1$；

② 人员的差错分布函数 $P[\xi \leqslant t] = \sum_{t_i < t} P(t_i), i=0,1,2,\cdots,n-1$；

③ 人员差错概率分布为 $(0,1)$ 分布时，人员未发生差错的概率 R；

④ 人员差错概率分布为 $(0,1)$ 分布时，人员的差错概率 Q。

3. 人机系统

通过对示例 7.1 冷储备旁联系统的可靠性分析结果表明，该系统可靠性指标尚未完全满足设计指标的要求。如果进行某些人工干预（如操作与控制），整个系统的可靠性有进一步提高的可能。为此决定在示例 7.1 的基础上加入人的操作控制因素，形成一个新的人机系统。

（1）加入人员控制，建立人控制通道

在系统的监测/转换装置 S 发生下列失效状态时，进行人工控制。

S_1（不转换状态）：为解决转换器与步进器之间接触不良问题（它导致步进器的信号未真正地输入转换器，从而产生不转换失效状态），从人机界面中的控制装置 J 增设一条信号通道 L_1，让其直接通往转换器。当人打开"控制转换开关"时，控制信号直接进入转换器使其产生转换动作，达到由设备 A 转换至设备 B 的目的。由于增设的控制信道 L_1 可靠性很高，可以视其可靠度 $R_{L1}(t) \approx 1$。

S_3（设备能源未接通，不输出设备的工作状态）：采取下述两种控制措施。

① 为解决设备（如 B）的能源接收装置与转换器接触不良问题（它将使设备能源未接通），从控制装置 J 增设一条信号通道 L_2，此控制信道直通设备（如 B）的"能源接收装置"。当人打开"控制转换开关"时，控制信号将使能源从备份通路进入设备，以保证其运行。

② 为解决离合器与转换器的信号接触不良的问题（它将导致转换器的信号未真正输入离合器，致使离合部件未结合，从而不能将设备工作状态输出），从控制装置 J 增设一条控制信道 L_3，它直通离合器。当人打开"控制转换开关"时，控制信号直接进入离合器，使离合器结合（吸合），从而使设备的工作状态得以输出。

由于增设的 L_2、L_3 控制信道可靠性很高，视它们的可靠度 $R_{L_2} \approx 1, R_{L_3} \approx 1$。

此外，由于转换器本体可靠性很高，离合器本体可靠性也很高，它们的可靠度均接近于 1，因此由它们引起的失效，比起失效模式 S_1、S_3 而言，可以忽略不计。

综上，S_1、S_3 均是各种接触不良的失效模式。在人员打开"控制转换开关"后，三条控制信道（L_1、L_2、L_3）同时接通，即在扳动开关时可消除 S_1，使"不转换"状态结束，从而进行即刻瞬时转换；同时，在扳动开关时可消除 S_3 而使"能源未接通"状态及"不输出"状态结束，即刻瞬时接通能源及使离合器结合（吸合），使系统起动运行并将设备工作状态输出。简而言之，人员打开"控制转换开关"时，转换装置 T 就转换。

对于 S_2(错误转换)而言,因为任何控制信号都不能使转换逆方向进行,则人为控制对错误转换不发生作用。

(2) 人机界面的功能

① 显示装置 I 的功能:

将图 8-4 中"人员"至"控制装置 J"之间虚线改画为实线后,即成为人机系统。显示装置 I 与"系统"输出端相连,显示面板上有两个绿色信号灯 h_A 及 h_B,显示装置 I 的功能见表 8-6。

表 8-6　显示装置 I 的功能

S 与设备(A 或 B)的连接状态	系统有输出	系统无输出
A+S	信号灯 h_A 亮	信号灯 h_A 灭
B+S	信号灯 h_B 亮	信号灯 h_B 灭

在表 8-6 中,当监测/转换装置 S 与设备 A 相连接时,标记为 A+S(系统有无输出,取决于 A 及 S 的工作状态);当监测/转换装置 S 与设备 B 相连接时,标记为 B+S(系统有无输出,取决于 B 及 S 的工作状态)。

② 控制装置 J 的功能:

当人打开"控制转换开关"时,控制信道 L_1、L_2、L_3 全部接通(需按下开关 1~3 s)。

当人关闭"控制转换开关"时,开关恢复原位,即恢复到未接通状态。

(3) 操纵人员的任务要求

规定工作时间:每一名操纵人员最多连续工作 5 h,而后由其他操纵人员接替换班。

规定的任务:观察信号灯 h_A 及 h_B,当 h_A 由亮到灭瞬刻($t=t_i$)后,信号灯 h_B 不亮,则自时间 $t=t_i$ 起算,在此后 5 s 内,即在 $t \leqslant t_i+5$ 时刻前,必须打开"控制转换开关"(需按下开关 1~3 s)。这么要求的原因是,系统技术指标规定允许系统出现 5 s 间隔内的暂时失效,如果系统暂时失效时间大于 5 s,则系统将发生故障。

(4) 操纵人员动作可靠度

对操纵人员进行动作可靠性测定,分两类情况进行统计,人员差错概率为(0,1)分布。

① 按规定任务要求,应该按控制转换开关而没有按下的情况(简称未转换),测定人员未转换的概率 $Q_{M_1}=5\%$。

② 按任务操作规程,不该人工转换而进行了转换的情况(简称错误转换),测定人员错误转换概率 $Q_{M_2}=0$。

综上试验结果,操纵人员动作差错概率为 $Q_M=5\%$,因此有

人动作不可靠度为

$$F_M=Q_M=5\% \tag{8-16}$$

人动作可靠度为

$$R_M=1-Q_M=95\% \tag{8-17}$$

(5) 操纵人员对设备分系统工作状态的判定

这是确定人工控制作用及其后果的重要环节,也是确定操作人员操作规程的重要依据。操作人员对装备分系统 A+S,B+S 工作状态的判定见表 8-7,由于人的干预只在 S 失效状态时起作用,故我们只需讨论 $t_{Aj}>t_{Sj}$ 的情况。

表 8 - 7　操纵人员对装备分系统工作状态的判定

S 的失效模式	S 与设备(A 或 B)的联结状态	初始工作状态 $t=0$	(A+S)失效 $t=t_i$	操纵人员	
				能否判定	应完成的动作
S_1 不转换	A+S	系统有输出 h_A 亮	系统无输出 h_A 灭	可判定 S+B 设备未工作	按下开关,进行人工控制转换
	B+S	系统无输出 h_B 灭	系统无输出 h_B 灭		
S_2 错误转换	A+S	系统有输出 h_A 亮	系统无输出 h_A 灭	不能判定是否错误转换	不进行任何操纵动作
	B+S	系统无输出 h_B 灭	系统无输出 h_B 亮		
S_3 设备工作状态不能输出或无能源输入设备	A+S	系统有输出 h_A 亮	系统无输出 h_A 灭	可判定 S+B 未工作	按下开关,进行人工控制转换
	B+S	系统无输出 h_B 灭	系统无输出 h_B 灭		

由于本系统中未设置逆转换装置,操纵人员不必判断是否有错误转换发生,故现行的显示装置,并不区别 S 正常转换和错误转换 S_2。这两种情况下,人员都不进行操纵控制。

8.2.2　建立冷储备旁联人机系统可靠性仿真模型

示例 8.1:在示例 7.1 的基础上增加人员考虑,形成人机系统,具体情况如前所述。针对该系统建立可靠性仿真模型。

1. 构建系统变量的概率模型

考虑到显示装置 I 和控制装置 J 的失效概率较之其他设备或装置要小三个量级,故在计算中视它们可靠度为 1,即 ,$R_I \approx 1$,$R_J \approx 1$。

设备分系统中的部件或装置寿命分布及其参数与示例 7.1 中数据相同,见表 8 - 8。

表 8 - 8　设备分系统可靠性参数(部件、装置)

设备(装置)	失效分布函效	分布类型及其特征参数
液压助力器 A	$F_A(t)$	正态分布 $\mu_A = 800$ h,$\sigma_A = 72$ h
电动助力器 B	$F_B(t)$	正态分布 $\mu_B = 920$ h,$\sigma_B = 80$ h
监测、转换装置 S	$F_S(t)$	指数分布 $\lambda_S = 1/2\,000$ h$^{(-1)}$

其中,$f_S(t)$ 和 $f_{(S_1)}(t)$,$f_{(S_2)}(t)$,$f_{(S_3)}(t)$ 有以下关系:

$$\frac{f_{(S_1)}(t)}{f_S(t)} = q_1 = 0.56$$

$$\frac{f_{(S_2)}(t)}{f_S(t)} = q_2 = 0.39$$

$$\frac{f_{(S_3)}(t)}{f_S(t)} = q_3 = 0.05$$

人员分系统的动作不可靠度 $Q = 5\%$。

2. 建立人机系统可靠性仿真逻辑

在已经明确了人机系统的组成、人机结合面和人控制通道功能,已知人员分系统动作可靠度及设备分系统部件和装置的可靠性参数情况下,采用 7.1.2 节所述的同类方法,即可建立人机系统的可靠性仿真逻辑。

(1) S 失效状态下的仿真逻辑

此状态发生的判据为 $t_{Aj} \geqslant t_{Sj}$,对应的系统仿真逻辑见表 8-9。

表 8-9　冷储备旁联人机系统仿真逻辑关系(S 失效状态)

S 失效模式	人机系统工作方式 $t_{Aj} \geqslant t_{Sj}$	系统 y_M 失效时间 t_K	系统 y_M 失效次数
S_1 (不转换)		$t_K = t_{Aj}$ $t_K = t_{Aj} + t_{Bj}$	$n_{1j} = 100 q_1 Q$ $n'_{1j} = 100 q_1 (1-Q)$
S_2 (错误转换)		$t_K = t_{Sj} + t_{Bj}$	$n_{2j} = 100 q_2$
S_3 (能源未接通不输出工作状态)		$t_K = t_{Sj}$ $t_K = t_{Sj} + t_{Bj}$	$n_{3j} = 100 q_3 Q$ $n'_{3j} = 100 q_3 (1-Q)$

注:"×"表示设备(或装置)在第 j 次抽样中可能工作的时间,如果设备工作到此时刻,则发生失效。

"＊"表示虽然 A 尚未失效,但因 S_3 在 t_{Sj} 发生故障,不输出设备工作状态;或设备能源未接通,A 亦停止其工作。

"…→"表示 S 的转换、错误转换、设备工作状态不传输或设备能源未接通。其意义视其所处工作状态而定。

"M"表示操纵人员按下"控制转换开关 a",从而使转换装置由 A 转至 B。值得注意的是,在操纵人员每一次这样的操作中,成功概率(人动作可靠度)只有 $(1-Q)$,发生差错的概率(人动作不可靠度)为 Q,当后者发生时,人工操作转换失效。

在表 8-9 中,q_1,q_2 和 q_3 分别为 S_1、S_2 和 S_3 三种失效模式发生的概率,并有

$$t_{Aj} = F'_A(\eta_j) \tag{8-18}$$

$$t_{Bj} = F'_B(\eta_j) \tag{8-19}$$

$$t_{Sj} = F'_S(\eta_j) \tag{8-20}$$

(2) S 工作正常状态下的仿真逻辑

人工控制转换即是对 S 失效状态的一种纠正方式,既然监测/转换装置 S 工作正常,人工控制转换自然无此必要。因此在 S 工作正常状态下,操纵人员不必进行干预,此状态下的仿真

逻辑显然与 7.1.2 节表 7-3 的仿真逻辑相同,在此不再重述。

8.2.3 冷储备旁联人机系统可靠性仿真示例

1. 仿真算法

针对示例 8.1 所述系统,用加权抽样的方法,即可进行人机系统可靠性仿真运行,可靠性仿真算法框图如图 8-5 所示。

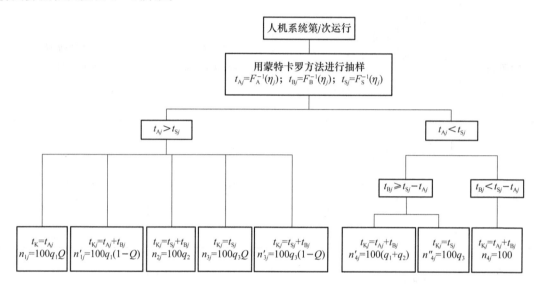

图 8-5 冷储备旁联人机系统可靠性仿真算法

2. 可靠性仿真统计量

对人机系统进行 N 次仿真运行,用区间统计法即可得到可靠性仿真结果。

N 次运行产生总样本数 $\overline{N}$

$$\overline{N} = 100N \tag{8-21}$$

① 人机系统平均寿命

$$\mathrm{MTTF}_\mathrm{M} = \frac{1}{N} \sum_{r=1}^{MN} t_r \Delta m_r \tag{8-22}$$

求和上限值 MN 可按具体情况自行选定。

② 人机系统可靠度

$$R_{y_\mathrm{M}}(t_r) = 1 - \frac{m_r}{\overline{N}} \tag{8-23}$$

③ 人机系统失效概率分布

$$p_{y_\mathrm{M}}(t_r) = \frac{\Delta m_r}{\overline{N}} \tag{8-24}$$

④ 人机系统部件、装置及人的累积模式重要度

$$\hat{I}_\mathrm{A}^W = (\Sigma_N n'_{4j} + \Sigma_N n''_{4j} + \Sigma_N n_{4j} + \Sigma_N n_{1j} + \Sigma_N n'_{1j}) / \overline{N} \tag{8-25}$$

$$\hat{I}_{\mathrm{B}}^{W}=(\Sigma_{N}n_{4j}'+\Sigma_{N}n_{4j}+\Sigma_{N}n_{1j}'+\Sigma_{N}n_{2j}+\Sigma_{N}n_{3j}')/\overline{N} \qquad (8-26)$$

$$\hat{I}_{\mathrm{S}_{1}}^{W}=(\Sigma_{N}n_{1j}+\Sigma_{N}n_{1j}')/\overline{N} \qquad (8-27)$$

$$\hat{I}_{\mathrm{S}_{2}}^{W}=\Sigma_{N}n_{2j}/\overline{N} \qquad (8-28)$$

$$\hat{I}_{\mathrm{S}_{3}}^{W}=(\Sigma_{N}n_{4j}''+\Sigma_{N}n_{3j}+\Sigma_{N}n_{3j}')/\overline{N} \qquad (8-29)$$

$$\hat{I}_{\mathrm{Q}}^{W}=(\Sigma_{N}n_{1j}+\Sigma_{N}n_{3j})/\overline{N} \qquad (8-30)$$

3. 计算机仿真结果

对示例 8.1 所述冷储备旁联人机系统进行计算机仿真,编写计算机仿真程序,运行得到仿真结果如下。

① 人机系统 y_{M} 可靠度:结果曲线如图 8-6 所示,其中 NH＝0 为 7.1.2.4 节的计算结果。

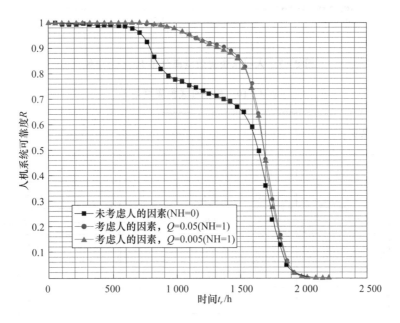

图 8-6　人机系统可靠度 $R_{y_{\mathrm{M}}}(t_r)$ 曲线

② 人机系统 y_{M} 平均寿命:$\mathrm{MTTF}_{\mathrm{M}}=\dfrac{1}{N}\sum\limits_{r=1}^{40}t_r\Delta m_r$。

当 Q＝0.05 时,计算得到 MTTF＝1 665.11 h;

当 Q＝0.005 时,计算得到 MTTF＝1 674.48 h。

③ 人机系统 y_{M} 失效概率分布:结果如图 8-7 所示,其中 NH＝0 为 7.1.2.4 节的计算结果。

④ 人机系统部件、装置及人的累积模式重要度,计算结果见表 8-10。

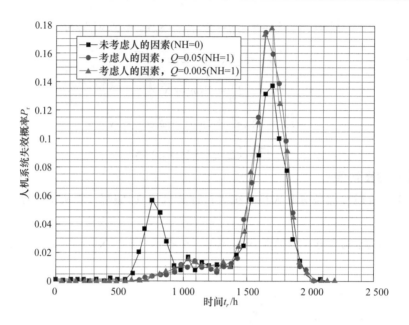

图 8 - 7　人机系统失效概率分布 $P_{y_M}(t_r)$ 曲线

表 8 - 10　累积模式重要度结果

累积模式重要度	人的不可靠度	
	0.05	0.005
$\hat{I}_A^W$	0.851 55	0.856 08
$\hat{I}_B^W$	0.977 46	0.986 50
$\hat{I}_{S_1}^W$	0.189 55	0.183 08
$\hat{I}_{S_2}^W$	0.131 44	0.128 02
$\hat{I}_{S_3}^W$	0.028 95	0.028 44
$\hat{I}_S^W$	0.349 94	0.339 54
$\hat{I}_Q^W$	0.010 60	0.000 96

4. 对仿真结果的分析

① 图 8 - 7 表明，"冷储备旁联人机系统"失效概率分布与无人员操纵干预时(仅为该装备本体)的失效概率分布在形式上有显著区别。后者的失效概率分布呈典型双峰式类型，主要原因是由于 S 失效(S_1、S_3)所导致。当系统加入人的操纵干预后，人机系统失效分布基本呈单峰式类型，且其峰值基本位于时间 $t = (\mu_A + \mu_B)$ 处。这一变化显然是人工操纵干预的结果(对 S_1、S_3 引起的后果加以干预纠正)。概率分布对于峰值左右的非对称性(以左侧 t 值较小的区域为显著)，是由操纵人员动作差错未能或不能(对 S_2 而言)全部消除 S 失效状态所致。图 8 - 6 表明，人机系统失效概率分布峰值右移，较无人操纵状态时好。

② 由图 8 - 6 可以看出，人机系统可靠度在较大的工作时间范围内高于设备系统(无人操纵干预时)的可靠度。这说明人的操纵干预工作确实提高了系统的可靠性。但从图 8 - 6 中也

可以看到,人员分系统对整个系统可靠性的贡献仅在一定时间范围内较为显著($650 \leqslant t \leqslant 1\,600$)。因此,人机系统可靠性只是在一定的工作时间内明显地优于单纯装备系统的可靠性,在此时间范围外,前者虽优于后者,但其数值较为接近。当 $t>1\,600$ 以后,随着工作时间的增大,两者可靠度值愈趋接近。

如果该系统的可靠性指标为可靠度大于或等于 0.9,则单纯装备系统(无人干预)的可靠寿命仅为 800 h;而人机系统的可靠寿命可达 1\,400 h。

③ 图 8-6 还表明,操纵人员动作差错概率由 0.05 减至 0.005 时,人机系统可靠度增长极为有限,这说明对人员动作差错概率的要求具有适当的数值即可。此数值可以通过仿真实验(给一系列 Q 值)求得,并以此对人员操作熟练程度进行定量化,无须过高地加大操纵人员训练工作的难度。这再一次说明了仿真作用和其良好的效果。

④ 从累积模式重要度计算结果可以看出,操纵人员累积模式重要度 $\hat{I}_Q^W$ 与其他设备及装置相比,其值均小两个数量级,这说明人的副作用(由于人动作差错而引起系统失效)极小,而前面的分析表明,其产生的良好效果在一定工作时间范围内较大。这说明加入人工干预的必要性,同时也说明进一步改进监测/转换装置 S 的重要性。因为人干预的目标即为消除 S 失效的不良后果,而提高装置 S 的可靠性,意味着在人机系统可靠度不变的情况下,可以减少操纵人员的负担。因此在综合权衡的基础上,适当提高装置 S 的可靠性,具有重要的意义。当然,累积模式重要度计算结果表明,如果条件允许,提高设备 B 及设备 A 的可靠度将更为重要。

8.3　热储备旁联人机系统可靠性仿真

从 8.2 节人机系统可靠性仿真实例中看出,在一定工作时间范围内,人的控制干预作用对提高冷储备旁联系统的可靠度具有明显作用。但因设备分系统可靠性不同,人的干预作用所显示的效果将随之不同。本节再以热储备旁联系统为例,说明人机系统可靠性仿真的方法。

为此,将 7.1.3 节中热储备旁联系统加入人工控制,使之成为热储备旁联人机系统。

8.3.1　建立热储备旁联人机系统可靠性仿真模型

由于仿真方法与 8.2 节仿真实例类同,故仅简要将其仿真方法的重点阐述如下[1]。

1. 人机系统的构成

① 人机系统的构成如图 8-1 所示。系统由设备部分、人员部分及人机结合面三部分组成。其中设备 A 为液压助力器,设备 B 为电动助力器(两者为热储备)。监测/转换装置 S 的构成已由 7.1.3 节述明。使用一名操纵人员。人机界面已在图 8-4 中示明。

② 建立人工控制通道。根据 8.2 节的分析,为提高整个系统的可靠性,进行人控制干预,并已明确了人工控制的输入部位及其控制作用。据此建立下述两条人工控制通道:

a. 人工控制通道 L_1:L_1 由控制装置 J 直接通往转换器。人的控制信号直接输入转换器后,实现转换器人工控制转换,以消除 S_1(不转换)。

b. 人工控制通道 L_2:L_2 由控制装置 J 直通离合器。人的控制信号直接输入离合器后,实现离合(吸合),以消除 S_3(不输出设备的工作状态),使设备工作状态得以输出。

③ 人机界面的功能。

a. 显示装置 I 的功能见表 8-6。

b. 控制装置 J 的功能:当人打开(按下)"控制转换开关"时,控制通道 L_1、L_2 全部接通。当人松开开关后,开关 a 自动复位(按下 1~3 s 即可)。

④ 操纵人员的任务要求:同 8.2.1 节的内容。

⑤ 操纵人员动作可靠度:同 8.2.1 节,假定人员差错概率为(0,1)分布,操纵人员动作差错概率 $Q_M = 5\%$,则有

人动作不可靠度

$$F_M = Q_M = 5\% \tag{8-31}$$

人动作可靠度

$$R_M = 1 - Q_M = 95\% \tag{8-32}$$

⑥ 各设备可靠性参数:同 8.2.1 节的表 8-8,装置失效模式的假设同 8.2.1 节。

2. 人机系统可靠性仿真逻辑的建立

利用 8.2.1 节同样的原理,建立仿真逻辑关系,结果如下。

(1) S 失效状态下的仿真逻辑

此状态发生的判据为 $t_{Aj} \geqslant t_{Sj}$,仿真逻辑关系见表 8-11。

表 8-11　热储备旁联人机系统仿真逻辑关系(S 失效状态)

S 失效模式	人机系统 y_M 工作方式		系统 y_M 失效时间 t_K	系统 y_M 失效次数
S_1 (不转换)	时间轴 t_{Aj} t_{Bj} $t_{Bj} \geqslant t_{Aj}$ $t_{Bj} < t_{Aj}$	A　　　× S_1　×　M B　　　× B　　×↓	$t_K = t_{Aj}$ $t_K = t_{Bj}$ $t_K = t_{Aj}$	$n_{1j} = 100q_1 Q$ $n_{1j} = 100q_1(1-Q)$ $n_{1j} = 100q_1(1-Q)$
S_2 (错误转换)	时间轴 t_{Aj} t_{Bj} $t_{Bj} < t_{Sj}$ $t_{Bj} \geqslant t_{Sj}$	A　　　× S_2　　× B　× B　　　×	$t_K = t_{Sj}$ $t_K = t_{Bj}$	$n'_{2j} = 100q_2$ $n_{2j} = 100q_2$
S_3 (不输出设备 工作状态)	时间轴 t_{Aj} t_{Bj} $t_{Bj} \leqslant t_{Sj}$ $t_{Bj} > t_{Sj}$	A　　*× S_3　× B　×　M B　　×	$t_K = t_{Sj}$ $t_K = t_{Sj}$ $t_K = t_{Bj}$	$n_{3j} = 100q_3 Q$ $n'_{3j} = 100q_3(1-Q)$ $n''_{3j} = 100q_3(1-Q)$

表 8-11 中的各种标记含义与 8.2.1 节中表 8-9 相同,并有

$$t_{Aj} = F'_A(\eta_j) \tag{8-33}$$

$$t_{Bj} = F'_B(\eta_j) \tag{8-34}$$

$$t_{Sj} = F'_S(\eta_j) \tag{8-35}$$

（2）S 工作正常状态下的仿真逻辑

此状态下，人不必参与控制干预，故仿真逻辑与 7.1.3.1 节中表 7-9、表 7-10 显示的仿真逻辑关系相同，在此不再重述。

3. 操纵人员对装备分系统工作状态的判定

操纵人员对装备分系统 A+S、B+S 工作状态的判定（S 失效状态），与表 8-7 相同。唯有在 S_2 状态（错误转换）下，当 $t_{Bj} < t_{Sj}$ 并于 $t = t_{Sj}$ 错误转换时，因设备 B 早已失效，因此转换至 B 后，此时 B+S 亦无输出，在显示装置 I 上，信号灯 h_B 会呈现"灭"的状态。按操作规程，操作员此刻按下转换开关，但 B 已处于失效状态，因此人工控制通道 L_1、L_2 所送来的控制信号无法排除 B 设备的失效。这时操作人员此种操作不会产生任何积极的作用，但为简化操作规程这样做是完全必要的，况且人员无法区分 S_1、S_2、S_3 状态，因此这种操作也是必然的。除此项特殊情况外，人对装置分系统工作状态的判定及其应进行的操纵动作均见表 8-7。

8.3.2 热储备旁联人机系统可靠性仿真示例

1. 可靠性仿真算法

可使用 8.3.1 节提供的仿真逻辑，对示例 8.2 所述热储备旁联人机系统进行 N 次仿真。现列出其中第 j 次加权抽样运行仿真算法（图 8-8）。

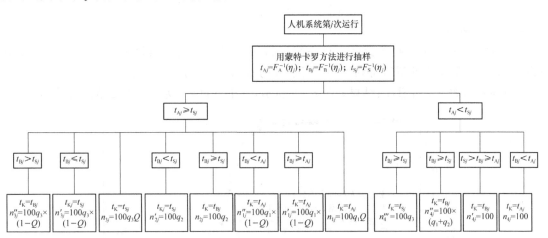

图 8-8 热储备旁联人机系统可靠性仿真算法

2. 可靠性仿真统计量

按图 8-8 对热储备旁联人机系统 y_M 进行 N 次仿真运行，使用区间统计法，即可得到人机系统 y_M 的仿真结果。

N 次运行产生总样本 $\overline{N}$（加权抽样所致）

$$\overline{N} = 100N \tag{8-36}$$

（1）系统 y_M 的平均寿命

$$\mathrm{MTTF}_M = \frac{1}{N} \sum_{r=1}^{MN} t_r \Delta m_r \tag{8-37}$$

式中，MN 为区间统计法中所选用的子区间总数。

（2）系统 y_M 的可靠度

$$R_{y_M}(t_r) = 1 - \frac{m_r}{\overline{N}} \qquad (8-38)$$

（3）系统 y_M 失效概率分布

$$p_{y_M}(t_r) = \frac{\Delta m_r}{\overline{N}} \qquad (8-39)$$

（4）人机系统有关部件、装置及人的累积模式重要度

$$\hat{I}_A^W = (\Sigma_N n_{4j} + \Sigma_N n_{1j} + \Sigma_N n_{1j}'' + \Sigma_N n_{4j}' + \Sigma_N n_{4j}'' + \Sigma_N n_{4j}''' + \Sigma_N n_{1j}')/\overline{N} \qquad (8-40)$$

$$\hat{I}_B^W = (\Sigma_N n_{4j}' + \Sigma_N n_{1j}' + \Sigma_N n_{2j} + \Sigma_N n_{3j}'' + \Sigma_N n_{4j} + \Sigma_N n_{4j}'' + \Sigma_N n_{3j}' + \Sigma_N n_{1j}' + \Sigma_N n_{2j}')/\overline{N} \qquad (8-41)$$

$$\hat{I}_{S_1}^W = (\Sigma_N n_{1j} + \Sigma_N n_{1j}'' + \Sigma_N n_{1j}^{\tilde{}})/\overline{N} \qquad (8-42)$$

$$\hat{I}_{S_2}^W = (\Sigma_N n_{2j} + \Sigma_N n_{2j}')/\overline{N} \qquad (8-43)$$

$$\hat{I}_{S_3}^W = (\Sigma_N n_{3j} + \Sigma_N n_{3j}' + \Sigma_N n_{3j}'' + \Sigma_N n_{4j}^{\tilde{}})/\overline{N} \qquad (8-44)$$

$$\hat{I}_S^W = \hat{I}_{S_1}^W + \hat{I}_{S_2}^W + \hat{I}_{S_3}^W \qquad (8-45)$$

$$\hat{I}_Q^W = (\Sigma_N n_{1j} + \Sigma_N n_{3j})/\overline{N} \qquad (8-46)$$

3. 计算机仿真结果

对示例 8.2 所述热储备旁联人机系统进行仿真，根据仿真逻辑（表 8-11）及仿真算法（图 8-8），编制程序并运行得到系统的可靠性仿真结果（运行 1 000 次）。

① 人机系统 y_M 可靠度：结果如图 8-9 所示，其中 NH=0 为 7.1.3.4 节的计算结果。

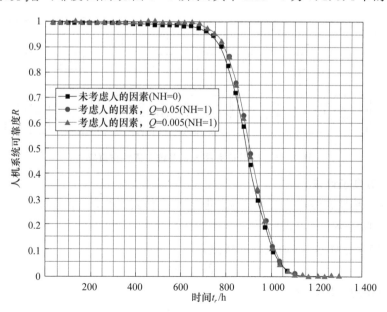

图 8-9　人机系统可靠度 $R_{y_M}(t_r)$ 曲线

② 人机系统 y_M 平均寿命：$MTTF_M = \dfrac{1}{N}\displaystyle\sum_{r=1}^{40} t_r \Delta m_r$。

当 $Q=0.05$ 时，计算得到 $MTTF_M = 920.71\ h$。

当 $Q=0.005$ 时，计算得到 $MTTF_M = 921.59\ h$。

③ 人机系统 y_M 失效概率分布：结果如图 8-10 所示，其中，NH=0 为 7.1.3.4 节的计算结果。

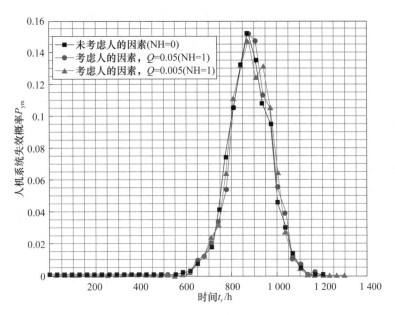

图 8-10　人机系统失效概率分布 $P_{y_M}(t_r)$ 曲线

④ 人机系统 y_M 中部件、装置及人的累积模式重要度，结果见表 8-12。

表 8-12　累积模式重要度结果

累积模式重要度类型	累积模式重要度数值	
	$Q=0.05$	$Q=0.005$
$\hat{I}_A^W$	0.868 6	0.850 5
$\hat{I}_B^W$	0.988 8	0.997 0
$\hat{I}_{S_1}^W$	0.165 6	0.190 5
$\hat{I}_{S_2}^W$	0.116 7	0.131 8
$\hat{I}_{S_3}^W$	0.016 6	0.019 7
$\hat{I}_S^W$	0.299 0	0.342 1
$\hat{I}_Q^W$	0.009 2	0.000 9

4. 仿真结果分析

① 图 8-9 表明，热储备旁联人机系统寿命分布及设备系统（无操纵人员控制干预）的寿命概率分布均为单峰类型，这是由于设备 B 对设备 A 为热储备。

② 由图 8-9 可以得到各系统的可靠寿命。为便于比较,在表 8-13 中给出四个系统的可靠寿命,在表中考虑人的因素时取 $Q=0.05$。从中可以看出,热储备旁联人机系统与设备系统(不加入人工操纵干预)相比,在同样可靠性指标要求下,前者可靠寿命大于后者,但其数值相差不多。这说明在热储备旁联系统的情况下,人员操纵干预虽有效果但不十分显著。

从表 8-13 中还可以看出,冷储备旁联人机系统与热储备旁联人机系统相比,前者可靠寿命为后者可靠寿命的 1.8 倍以上。相较之下,在热储备旁联人机系统中,人的干预作用产生的效果不十分显著,在无特殊需要的情况下,可以考虑将人的干预撤除。

表 8-13 不同系统可靠性仿真结果

系统类型		可靠寿命 t_R		
		$t_{0.9}$	$t_{0.8}$	$t_{0.7}$
热储备旁联系统	不考虑人的因素	770	820	850
	考虑人的因素	780	830	860
冷储备旁联系统	不考虑人的因素	800	900	1 400
	考虑人的因素	1 400	1 550	1 600

③ 由表 8-13 可以看到,人动作差错概率由 0.05 降至 0.005 时,人机系统可靠度曲线变化甚微,这也说明对操纵人员操作熟练程度有适度的要求即可。

④ 值得注意的是,虽然热储备旁联系统可靠性比与其对应的冷储备旁联系统要差,但在某些特殊情况下,如设备 A、B 启动性能较差时,为保证系统工作的连续性,还是采用热储备的方式进行工作。

⑤ 上述计算和分析结果是在本例的具体实际状况下得到的。如果外加监测装置单独检测设备 A、B 的工作状态,并将其在显示装置上加以显示,将转换装置改为可以人工操纵的反向转动,则操纵人员就可能对错误转换 S_2 状态加以判断,在必要时可以人工干预加以消除。这会进一步提高人机系统的可靠性,但同时应当指出,这样做不但要增设新的装置和控制通道,而且会增加操纵人员的判断及操作工作量。用可靠性仿真方法,上述问题均可得到相应的仿真结果。

8.4 系统风险数字仿真

系统风险评价即是描述系统事件树各顶事件发生可能导致的各种风险。从广义的角度看,系统的事件树顶端可以描述系统的各种特征参数,它可以表现为费用、进度周期、重量、尺寸、性能、人员伤亡及故障后果等,即某一顶事件以某一概率发生时,将导致费用、研制周期、设备重量及容积尺寸、系统性能或故障后果产生相应的变化,利用系统风险评价的原理和方法,同样可以研究系统效能的综合评价,此时只需将顶事件产生的后果视为效能指标即可。本节将用数字仿真的方法,进行系统风险评价,使系统风险小于规定值,以达到对系统进行综合权衡的目的。

8.4.1　风险基本概念

在系统可靠性设计过程中,应把系统可靠性设计与系统风险及效能评价有机结合起来。这一工作的实质就是对系统进行综合权衡,如果在此工作中进一步使用优化技术,则可以实现系统多目标综合优化。

首先,对事件的风险作以下定义。

事件 Z 造成的风险即事件 Z 可能造成的损失,含义是:一旦事件 Z 出现,则产生后果(损失)$C(Z)$,如果事件 Z 出现概率为 $P(Z)$,则事件 Z 的风险 $H(Z)$ 定义为

$$H(Z)=P(Z) \cdot C(Z) \tag{8-47}$$

即事件 Z 的风险等于其出现概率 $P(Z)$ 与由它产生的后果 $C(Z)$ 的乘积。式(8-47)既是事件 Z 的风险的严格定义,也是 $H(Z)$ 的计算公式。

示例 8.2:假设事件 Z 为"无人驾驶飞机被击落",每发生一次事件 Z,损失 100 万元,即后果 $C(Z)=100$ 万元,经实际统计,"无人驾驶飞机被击落"可能造成的损失为

$$H(Z)=P(Z) \cdot C(Z)=5 \text{ 万元}$$

其中,$P(Z)=\dfrac{n(N \text{ 次任务飞行中被击落的次数})}{N(\text{任务飞行次数})}$,因此损失为

$$H(Z)=P(Z) \cdot C(Z)=\frac{nC(Z)}{N} \tag{8-48}$$

式(8-48)表明,$H(Z)=5$ 万元意味着,每一次飞行都有损失 5 万元的可能。这正是事件 Z 造成风险的实质。通常将 $H(Z)$ 简称为事件 Z 的风险。

8.4.2　建立系统风险评价仿真模型

现以某工厂受到损失的风险评价为例,说明系统风险数字仿真的方法。

利用失效树和事件树结合的因果图,对某工厂由于电机过热引起着火,而可能造成的各种损失进行风险评价。风险评价的期限 T_m 为半年(按 4 380 h 计)。

1. 系统的组成

电机过热引起着火的因果图如图 8-11 所示。规定电机的大修期为 4 380 h。

工厂现有消防灭火系统包括:

① 车间手动灭火器,规定手动灭火器更换期为 730 h;

② 厂房消防系统,规定厂房消防系统大修期为 4 380 h;

③ 火灾警报系统,规定火灾警报系统大修期为 2 190 h。

手动灭火器有备件,且在到达更换期进行更换时,所用的更换时间很短,本系统中略去不计。

火灾警报系统也有备件,在更换期进行的工作时间很短,故在本系统中也略去不计。

各分系统在某大修(或更换期)后,进行大修或更换,其可靠度恢复至全新状态。

本系统中考虑人的因素表现为:系统中对运行人员是否能完成灭火操作。在本实例中定义事件 B 为运行人员未能灭火,其事件发生概率为 $P(B)$,且运行人员失误的概率为 $P(B_1)$,

它服从(0,1)分布。

系统中各个事件的定义及其对应部件的失效分布函数(或失效概率分布)见表8-14。

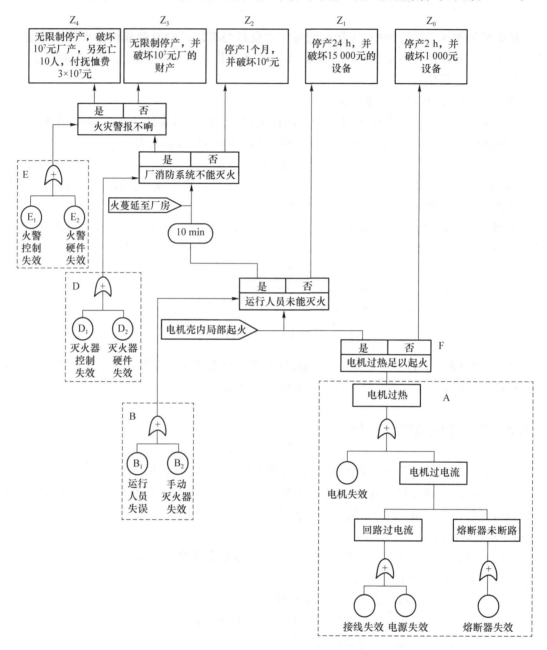

图8-11　电机过热的因果图

2. 仿真逻辑关系的建立

(1) 画出事件树

根据图8-11画出了反映系统中各事件之间关系的事件树,如图8-12所示。事件A、B、D、E、F之间相互独立,且它们各自的发生概率在表8-14中为已知。

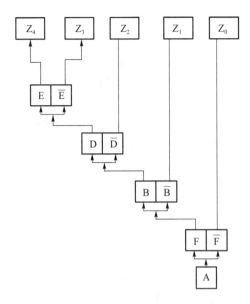

图 8 - 12　事件树

表 8 - 14　事件发生的失效分布信息

事件代号	事件的定义	事件发生概率(失效分布函数)	分布类型	分布函数参数特征
A	电机过热	$P(A)$		
x_1	电机故障引起过热	$F_{x_1}(t)$	指数分布	$\lambda_{x_1}=6.979\times10^{-4}\ h^{-1}$
x_2	电机过流引起过热	$F_{x_2}(t)$	指数分布	$\lambda_{x_2}=1.4\times10^{-3}\ h^{-1}$
F	电机过热引起着火	$P(F)=0.02$	$(0,1)$分布	
$\overline{F}$	F 的对立事件(电机过热未引起着火)	$P(\overline{F})=1-P(F)=0.98$		
B	运行人员未能灭火	$P(B)$		
B_1	运行人员失误	$P(B_1=0.05)$	$(0,1)$分布	
$\overline{B_1}$	运行人员未失误	$P(\overline{B_1})=0.95$	$(0,1)$分布	
B_2	手动灭火器失效	$P(B_2)=1-P(\overline{B_2})$		
$\overline{B_2}$	B_2 的对立事件(手动灭火器未失效)	$P(\overline{B_2})$	指数分布	$\lambda_{B_2}=10^{-4}\ h^{-1}$
D	厂房消防系统未能灭火	$P(D)$		
D_1	灭火器控制失效	$P(D_1)=1-P(\overline{D_1})$		
$\overline{D_1}$	D_1 的对立事件(灭火器控制未失效)	$P(\overline{D_1})$	指数分布	$\lambda_{D_1}=10^{-5}\ h^{-1}$
D_2	灭火器硬件失效	$P(D_2)=1-P(\overline{D_2})$		
$\overline{D_2}$	D_2 的对立事件(灭火器硬件未失效)	$P(\overline{D_2})$	指数分布	$\lambda_{D_2}=10^{-5}\ h^{-1}$
E	火灾警报器未响	$P(E)$		
E_1	火警控制器失效	$P(E_1)=1-P(\overline{E_1})$		
$\overline{E_1}$	E_1 的对立事件(火警控制器未失效)	$P(\overline{E_1})$	指数分布	$\lambda_{E_1}=5\times10^{-5}\ h^{-1}$
E_2	火警硬件失效	$P(E_2)=1-P(\overline{E_2})$		
$\overline{E_2}$	E_2 的对立事件(火警硬件未失效)	$P(\overline{E_2})$	指数分布	$\lambda_{E_2}=5\times10^{-5}\ h^{-1}$
Z_0	工厂受到轻度损失	$P(Z_0)$		
Z_1	工厂受到中度损失	$P(Z_1)$		
Z_2	工厂受到严重损失	$P(Z_2)$		
Z_3	工厂受到破坏	$P(Z_3)$		
Z_4	工厂破坏人员伤亡	$P(Z_4)$		

（2）电机过热（A）时间随机抽样

由图 8 - 11 可知，在第 j 次抽样时，有

$$t_{x_1 j} = F_{x_1}^{-1}(\eta_j) \tag{8 - 49}$$

$$t_{x_2 j} = F_{x_2}^{-1}(\eta_j) \tag{8 - 50}$$

式中，$t_{x_1 j}$——第 j 次抽样时，电机失效引起过热（x_1）发生时间的抽样值；

$t_{x_2 j}$——第 j 次抽样时，电机过流引起过热（x_2）发生时间的抽样值。

则在第 j 次抽样中，电机过热（A）发生时间的抽样值 t'_{Aj} 为

$$t'_{Aj} = \begin{cases} \min[t_{x_1 j}, t_{x_2 j}], & t_{x_1} \neq t_{x_2} \\ t_{x_1 j}, & t_{x_1} = t_{x_2} \end{cases} \tag{8 - 51}$$

式中，$\min[t_{x_1 j}, t_{x_2 j}]$ 表示当 $t_{x_1 j} \neq t_{x_2 j}$ 时，选取两者之中小者。

考虑到电机大修期为 4 380 h，如果 $t'_{Aj} > 4 380$，则此次电机过热（A）事件尚未发生前，电机已在 $t = 4 380$ 时进行大修，又因为风险评价期限为 4 380 h，故可认为此次运行中，A 事件未发生（注意：此次运行应计入系统运行总次数之内）。因此，当 $t'_{Aj} > 4 380$ 时，本次仿真进行结束。

当 $t'_{Aj} \leqslant 4 380$ 时，A 事件发生的时间抽样值 t_{Aj} 为

$$t_{Aj} = t'_{Aj} \tag{8 - 52}$$

令 Φ_j 为 A 事件发生次数的统计函数，则有

$$\Phi_j = 1 \quad (t = t_{Aj}) \tag{8 - 53}$$

（3）求 $P(Z_i)(i = 0, 1, 2, 3, 4)$

由概率论可得

$$P(Z_0) = P(\overline{F} \cap A) = P(\overline{F})P(A) \tag{8 - 54}$$

$$P(\overline{F}) = 0.98$$

$$P(Z_1) = P(\overline{B} \cap F \cap A) = P(\overline{B})P(F)P(A) \tag{8 - 55}$$

$$P(F) = 0.02$$

$$P(\overline{B}) = P(\overline{B}_1)P(\overline{B}_2) \tag{8 - 56}$$

$$P(\overline{B}_1) = 1 - P(B_1) = 0.95$$

$$P(\overline{B}_2) = e^{-\lambda_{B_2} t_1} \tag{8 - 57}$$

式（8 - 57）中

$$t_1 = \begin{cases} t_{Aj}, & t_{Aj} \leqslant 730 \\ t_{B_2 j}, & 730 < t_{Aj} \leqslant 4 380 \end{cases} \tag{8 - 58}$$

其中

$$t_{B_2 j} = \left(\frac{t_{Aj}}{730}\right) \quad (\text{取余数}) \tag{8 - 59}$$

$t_{B_2 j}$ 是在第 j 次运行中，手动灭火器经若干次定期更换后，最后一次更换所安装上的那个手动灭火器，自开始使用至 A 事件发生的时间。

$$P(Z_2) = P(\overline{D} \cap B \cap F \cap A) = P(\overline{D})P(B)P(F)P(A) \tag{8 - 60}$$

其中 $P(B) = 1 - P(\overline{B})$。

$$P(\overline{D}) = P(\overline{D}_1)P(\overline{D}_2) \tag{8 - 61}$$

$$P(\overline{D}_1) = e^{-\lambda_{D_1} t_{Aj}} \tag{8 - 62}$$

$$P(\overline{D_2}) = e^{-\lambda_{D_2} t_{Aj}} \qquad (8-63)$$

由于消防系统和电机大修期相同,故式(8-63)中,时间取 t_{Aj}。

$$P(Z_3) = P(\overline{E} \cap D \cap B \cap F \cap A) = P(\overline{E})P(D)P(B)P(F)P(A) \qquad (8-64)$$

其中,$P(D) = 1 - P(\overline{D})$

$$P(\overline{E}) = P(\overline{E_1}) \cdot P(\overline{E_2}) \qquad (8-65)$$

式(8-65)中

$$P(\overline{E_1}) = e^{-\lambda_{E_1} t_2} \qquad (8-66)$$

考虑到火灾警报器大修期为 2 190 h,用与手动灭火器类同的做法,可得到 t_2 及 t_3

$$t_2 = \begin{cases} t_{Aj}, & t_{Aj} \leqslant 2\ 190 \\ t_{E_1}, & 2\ 190 < t_{Aj} \leqslant 4\ 380 \end{cases} \qquad (8-67)$$

其中

$$t_{E_1} = \left(\frac{t_{Aj}}{2\ 190}\right) \quad (取余数) \qquad (8-68)$$

式(8-68)中

$$P(\overline{E_2}) = e^{-\lambda_{E_2} t_3} \qquad (8-69)$$

其中

$$t_3 = \begin{cases} t_{Aj}, & t_{Aj} \leqslant 2\ 190 \\ t_{E_2}, & 2\ 190 < t_{Aj} \leqslant 4\ 380 \end{cases} \qquad (8-70)$$

且

$$t_{E_2} = \left(\frac{t_{Aj}}{2\ 190}\right)(取余数) = t_{E_1} \qquad (8-71)$$

$$P(Z_4) = P(E \cap D \cap B \cap F \cap A) = P(E)P(D)P(B)P(F)P(A) \qquad (8-72)$$

其中 $P(E) = 1 - P(\overline{E})$

现将有关公式整理如下。

令 $K_0 = P(\overline{F})$,则式(8-54)改写为

$$P(Z_0) = K_0 P(A) \qquad (8-73)$$

令 $K_1 = P(\overline{B})P(F)$,则式(8-55)改写为

$$P(Z_1) = K_1 P(A) \qquad (8-74)$$

令 $K_2 = P(\overline{D})P(B)P(F)$,则式(8-60)式改写为

$$P(Z_2) = K_2 P(A) \qquad (8-75)$$

令 $K_3 = P(\overline{E})P(D)P(B)P(F)$,则式(8-64)改写为

$$P(Z_3) = K_3 P(A) \qquad (8-76)$$

令 $K_4 = P(E)P(D)P(B)P(F)$,则式(8-72)改写为

$$P(Z_4) = K_4 P(A) \qquad (8-77)$$

(4) 解析法与加权抽样法混合使用的随机抽样

当利用式(8-51)和式(8-52)求出 t_{Aj} 后,K_0, K_1, K_2, K_3, K_4 值可根据有关公式用解析法求得。然后,采用加权抽样方法,确定在 $t = t_{Aj}$ 时,事件 Z_0, Z_1, Z_2, Z_3, Z_4 发生的次数。具体抽样方法如图 8-13 所示。

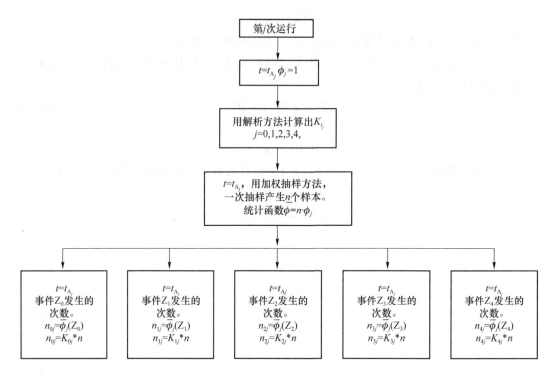

图 8 - 13 仿真运行框图

8.4.3 仿真运行及 $P(Z_i)$ 的统计

1. 仿真运行

系统进行 N 次运行,其中第 j 次运行的事件 $Z_i(i=0,1,2,3,4)$ 在 $t=t_{Aj}$ 的发生次数已求得。先判断 $t=t_{Aj}$ 落于哪个统计子区间,并将 n_{0j} 计入该区间 Z_0 事件。

发生的总次数中,即

$$\phi_j(Z_0) = n_{0j} \quad (t=t_{Aj}) \tag{8-78}$$

设 t_m 为系统风险的评价期限,用区间法可求得 $t \leqslant t_m$ 的 $P(Z_0)$ 值,简记为 $P_m(Z_0)$

$$P_m(Z_0) = \frac{1}{N}\sum_{j=1}^{N}\phi_j(Z_0) \quad (t \leqslant t_m) \tag{8-79}$$

同理可求得

$$P_m(Z_1) = \frac{1}{N}\sum_{j=1}^{N}\phi_j(Z_1) \quad (t \leqslant t_m) \tag{8-80}$$

$$\phi_j(Z_1) = n_{1j} \tag{8-81}$$

$$P_m(Z_2) = \frac{1}{N}\sum_{j=1}^{N}\phi_j(Z_2) \quad (t \leqslant t_m) \tag{8-82}$$

$$\phi_j(Z_2) = n_{2j} \tag{8-83}$$

$$P_m(Z_3) = \frac{1}{N}\sum_{j=1}^{N}\phi_j(Z_3) \quad (t \leqslant t_m) \tag{8-84}$$

$$\phi_j(Z_3) = n_{3j} \tag{8-85}$$

$$P_m(Z_4) = \frac{1}{\overline{N}} \sum_{j=1}^{N} \phi_j(Z_4) \quad (t \leqslant t_m) \tag{8-86}$$

$$\phi_j(Z_4) = n_{4j} \tag{8-87}$$

式中, $\overline{N} = n \cdot N$。

8.4.4　系统风险评价

假定事件 $Z_i(i=0,1,2,3,4)$ 所造成的后果 $C(Z_i)$ 见表 8-15。

表 8-15　事件造成后果

事件 Z_i	Z_i 造成的后果 $C(Z_i)$	$C(Z_i)$ 经济总损失/元
Z_0	停产 2 h 并破坏 1 000 元的设备	3 000
Z_1	停产 24 h 并破坏 15 000 元的设备	39 000
Z_2	停产 1 个月并破坏 10^6 元的厂产	1.744×10^6
Z_3	无限期停产并破坏 10^7 元的厂产	2×10^7
Z_4	$C(Z_3)$＋10 名职工工伤抚恤费＋办公楼及宿舍被烧毁	5×10^7

风险值的计算
$$H(Z_i) = P_m(Z_i)C(Z_i) \quad (i=0,1,2,3,4)$$
工厂受到损失的总风险 $H_\Sigma(Z)$

$$H_{\sum}(Z) = H(Z_0) + H(Z_1) + H(Z_2) + H(Z_3) + H(Z_4) = \sum_{i=0}^{4} H(Z_i) \tag{8-88}$$

8.4.5　数字仿真及其结果

编写仿真程序进行仿真,运行 1 000 次,其结果见表 8-16 和表 8-17,其中取不同的 λ_{x_1} 和 λ_{x_2} 值,并估计半年和一个季度工厂所受的风险。

① $\lambda_{x_1}=6.979\times10^{-4}$ h^{-1} 和 $\lambda_{x_2}=1.4\times10^{-3}$ h^{-1}。

② $\lambda_{x_1}=6.979\times10^{-6}$ h^{-1} 和 $\lambda_{x_2}=1.4\times10^{-5}$ h^{-1}。

表 8-16　当 $p_{B_1}=0.05$ 时的仿真结果（Ⅰ）

t_m	2 190 h		4 380 h	
Ⅰ	$P_m(Z_i)$	$H(Z_i)$/元	$P_m(Z_i)$	$H(Z_i)$/元
0	0.971 180 0	2 913.5	0.980 000 0	2 940.0
1	0.018 338 1	715.2	0.018 480 3	720.7
2	0.001 468 0	2 560.2	0.001 503 8	2 622.6
3	0.000 013 3	265.4	0.000 015 2	303.6
4	0.000 000 6	30.6	0.000 000 7	36.9
$\sum H(Z_i)$		6 484.9		6 623.8

表 8 - 17　当 $p_{B_1} = 0.05$ 时的仿真结果(Ⅱ)

t_m	2 190 h		4 380 h	
Ⅱ	$P_m(Z_i)$	$H(Z_i)$/元	$P_m(Z_i)$	$H(Z_i)$/元
0	0.052 920 0	158.8	0.085 260 0	255.8
1	0.000 988 2	38.5	0.001 594 2	62.2
2	0.000 089 6	156.3	0.000 139 8	243.8
3	0.000 002 0	39.7	0.000 005 6	111.6
4	0.000 000 2	8.4	0.000 000 4	20.0
$\sum H(Z_i)$		401.7		693.4

由上述计算数据分析,可得以下结论。

① 风险评价的期限 t_m 愈长,估计出的风险也愈大,所得结论符合客观实际。

② 当电机的可靠性提高时(表现在 λ_{x_1} 和 λ_{x_2} 的减少),风险值相应下降。

③ 由表 8 - 16 和表 8 - 17 可见,其中 Z_0(轻度损失)的风险值所占比例最大,Z_2(工厂受到严重损失)的风险值所占比例次之,这两项的总值占总风险的 70%～80%。因此,为了降低工厂受损失的风险,应着重提高厂房电机产品的可靠性和运行人员灭火的能力。

④ 为比较仿真中人员因素的影响,现将人员操作的失误概率减少一半,即取 $p_{B_1} = 0.01$ 进行仿真运行,其结果分别见表 8 - 18 和表 8 - 19。此时风险值有所下降,但其下降值并非与人员操作概率下降成比例,只要能设法测定出运行人员的失误概率,就可以通过仿真试验研究并确定人员因素对大系统风险的影响,从而对人员操作可靠性提出恰当的要求。

表 8 - 18　当 $p_{B_1} = 0.01$ 时的仿真结果(Ⅰ)

t_m	2 190 h		4 380 h	
Ⅰ	$P_m(Z_i)$	$H(Z_i)$/元	$P_m(Z_i)$	$H(Z_i)$/元
0	0.967 260 0	2901.8	0.980 000 0	2 940.0
1	0.019 020 3	741.8	0.019 277 6	751.8
2	0.000 711 7	1241.1	0.000 714 0	1 245.2
3	0.000 007 7	153.1	0.000 008 0	160.5
4	0.000 000 4	19.1	0.000 000 4	20.4
$\sum H(Z_i)$		5 056.9		5 117.9
注:其中 $\lambda_{x_1} = 6.979 \times 10^{-4}$ h^{-1},$\lambda_{x_2} = 1.4 \times 10^{-3}$ h^{-1}。				

表 8-19 当 $p_{B_1}=0.01$ 时的仿真结果（Ⅱ）

t_m	2 190 h		4 380 h	
Ⅱ	$P_m(Z_i)$	$H(Z_i)$/元	$P_m(Z_i)$	$H(Z_i)$/元
0	0.043 120 00	129.4	0.082 320 0	247.0
1	0.000 843 28	32.9	0.001 604 2	62.6
2	0.000 035 91	62.6	0.000 072 6	126.6
3	0.000 000 75	15.0	0.000 002 9	57.8
4	0.000 000 06	3.2	0.000 000 2	11.2
$\sum H(Z_i)$		243.1		505.2
注：其中，$\lambda_{x_1}=6.979\times10^{-6}$ h^{-1}，$\lambda_{x_2}=1.4\times10^{-5}$ h^{-1}。				

习 题

1. 什么是人因可靠性？简述人因可靠性的最新发展现状？

2. 8.2 节中以由两个设备 A、B 和监测/转换装置 S 组成的冷储备旁联系统 Y 为例，对冷储备旁联人机系统可靠性仿真问题进行了研讨，建立了相应的仿真逻辑关系，试将该方法推广到如图 8-14 所示的具有三个设备 A、B、C 和一个监测/转换装置 S 构成的冷储备旁联系统，要求增加人机控制装置（$Q=0.05$），最大限度地消除故障影响。设备及监测/转换装置的失效分布数据见表 8-20，$q_1=0.65$，$q_2=0.31$，$q_3=0.04$。完成以下作业。

① 画出可靠性仿真运行表，说明人员分系统的功能；

② 对上述逻辑进行仿真并作系统分析。

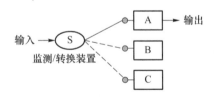

图 8-14 冷储备旁联系统组成示意

表 8-20 冷储备旁联系统组成的失效分布信息

设备	失效分布函数	分布类型	分布特征参数
A	$F_A(t)$	正态	$\mu=1\,000$ h，$\sigma=80$ h
B	$F_B(t)$	正态	$\mu=850$ h，$\sigma=70$ h
C	$F_c(t)$	正态	$\mu=700$ h，$\sigma=60$ h
S	$F_S(t)$	指数	$1/\lambda=1\,800$ h

3. 在习题 1 的基础上，将冷储备单元更换成热储备单元，建立系统可靠性仿真的逻辑关

系,画出可靠性仿真运行框图,进行仿真计算和分析。

4. 将习题 2、习题 3 的对象扩展为由 n 个设备 A、B、……、N 和监测/转换装置 S 组成的冷储备旁联系统或热储备旁联系统,在增加人机控制的情况下,试推导出该冷储备旁联系统或热储备旁联系统的可靠性仿真逻辑关系,画出可靠性仿真运行框图。

5. 简述风险的概念,以电动自行车充电引发火灾为例,阐述导致系统风险的各事件,并给出系统风险仿真的流程图。

6. 用 8.4 节中的模型编写仿真程序并在计算机上作仿真运行。要求计算并打印 $H(Z_i)$ 随时间的变化情况(取 $\Delta t_r = 100 \text{ h}$,$T_{max} = 100\ 008\ 720 \text{ h}$)。并进行下列仿真试验:估计系统中运行人员失误概率 p_{B_1} 由 0.1 上升为 0.2 时系统的风险,并与原系统进行比较。

附录 8-1　电机过热的风险评估仿真程序

```
%% Initial
clc; clear; close all;
% 设定仿真参数
T_max = [2190,4380];                    % 最大维修期
T_fire = 730;                           % 灭火器更换器
T_alarm = 2190;                         % 火灾警报维修期
N = 1000; n = 1000;
Ramda_A = [6.979e-4,1.4e-3; 6.979e-6,1.4e-5];
Ramda_B = 1e-4;
Ramda_D = [1e-5,1e-5];
Ramda_E = [6e-6,1e-5];
P_f = 0.02; P_b = [0.05,0.01];
C_Z = [3000,39000,1.744e6,2e7,5e7];     % 风险后果
Save = [];
for m = 1:1:2
    for k = 1:1:2
        for i = 1:1:2
            N_Z = zeros(1,5);           % 事件发生次数
            for j = 1:1:N
                tA = ValidTime(Ramda_A(k,1),Ramda_A(k,2));    % 抽样+生成失效时间
                if tA > T_max(i)
                    phi_A = 0; K = zeros(1,5);
                else
                    phi_A = 1;
                    K = K_Analyze(tA,T_fire,T_alarm,Ramda_B,Ramda_D,Ramda_E,P_f,P_b(m));
                end
                N_Z = N_Z+K*n;
            end
            P_Z = N_Z./(N*n);           % 事件风险发生概率
            H_Z = P_Z.*C_Z;             % 风险值
            Save = [Save;T_max(i),P_Z,"";P_b(m),H_Z,sum(H_Z)];
        end
    end
end
function [K] = _Analyze(tA,T_fire,T_alarm,Ramda_B,Ramda_D,Ramda_E,P_F,P_b1)
    % Calculate the time according to each event
    if tA <= T_fire    t1 = tA;
```

```
        else t1 = mod(tA,T_fire);
        end
        if tA <= T_alarm
            t2 = tA; t3 = tA;
        else
            t2 = mod(tA,T_alarm);  t3 = mod(tA,T_alarm);
        end
        % Calculate the probability
        P_invF = 1 - P_F;
        K0 = P_invF;
        P_invb1 = 1 - P_b1;
        P_invb2 = exp( - Ramda_B * t1);
        P_invB = P_invb1 * P_invb2;
        K1 = P_invB * P_F;    P_B = 1 - P_invB;
        P_invd1 = exp( - Ramda_D(1) * tA);
        P_invd2 = exp( - Ramda_D(2) * tA);
        P_invD = P_invd1 * P_invd2;
        K2 = P_invD * P_B * P_F;
        P_D = 1 - P_invD;
        P_inve1 = exp( - Ramda_E(1) * t2);
        P_inve2 = exp( - Ramda_E(2) * t3);
        P_invE = P_inve1 * P_inve2;
        P_E = 1 - P_invE;
        K3 = P_invE * P_D * P_B * P_F;
        K4 = P_E * P_D * P_B * P_F;
        K = [K0,K1,K2,K3,K4];
end


function [tn1,tn2] = NormInv(n1,n2,mu,sigma)
tn1 = sqrt( - 2 * log(n1)) * cos(2 * pi * n2) * sigma + mu;
tn2 = sqrt( - 2 * log(n1)) * sin(2 * pi * n2) * sigma + mu;
end
function [Out] = SystemNH(t,nj,j)
    tA = t(1); tB = t(2); tS = t(3);
    Out.value = zeros(1,5);
    if tA >= tS
        Out.case = 1;  Out.time = [tA,tA + tB,tS + tB,tS,tS + tB];
    else
        if tB >= (tS - tA)
            Out.case = 2; Out.time = [tA + tB,tS];
        else
            Out.case = 3;   Out.time = tA + tB;
        end
```

```matlab
    end
    for i = 1:1:nj
        rr = rand(1);
        mm = rand(1); % 代表人力
        if Out.case == 1
            if rr <= q(1)
                if mm <= Q   Out.value(1) = Out.value(1) + 1;
                else   Out.value(2) = Out.value(2) + 1;
                end
            elseif rr <= (q(1) + q(2))
                Out.value(3) = Out.value(3) + 1;
            else
                if mm <= Q   Out.value(4) = Out.value(4) + 1;
                else   Out.value(5) = Out.value(5) + 1;
                end
            end
        elseif Out.case == 2
            if rr <= (q(1) + q(2))   Out.value(1) = Out.value(1) + 1;
            else   Out.value(2) = Out.value(2) + 1;
            end
        elseif Out.case == 3
            Out.value = 100;
        end
    end
end
function [t] = ValidTime(Rx1,Rx2)
    rr = rand([1,2]);
    t1 = -(1/Rx1) * log(rr(1));
    t2 = -(1/Rx2) * log(rr(2));
    t = min(t1,t2);
end
```

第9章 可靠性评估仿真及应用

可靠性评估是利用产品研制、试验、生产、使用等过程中收集到的数据和信息,进行可靠性参数的估计,从而定量地评估产品可靠性的方法。评估过程都是通过有限次数的试验,即有限样本试验对待考察的产品可靠性参数进行估计,并利用给定置信度的形式,对所下结论的可信程度进行描述。在评估过程中如何充分利用已得到的产品可靠性信息、选择哪种方法进行数据处理与评估最符合客观情况,是我们最关心的问题。本章将详细介绍利用蒙特卡罗方法进行单元及系统可靠性评估的方法,以及若干分析应用的实例。

9.1 单元可靠性数据建模与仿真评估方法

利用可靠性试验或有限的现场数据,对各组成单元的可靠性数据进行模拟和评估,是进行系统可靠性评估的基础。

9.1.1 单元可靠性现场数据的模拟

大量产品的数据现状表明,一般在现场得到的可靠性信息,不仅与产品本身质量有关,而且与产品具体使用过程和数据收集时机有关。在某个数据统计时刻,多数产品处于正常工作状态,而某些产品可能会由于出现中途更换、串件使用及管理不善而导致数据丢失的情况。以上各种原因必然会造成收集到的产品可靠性信息出现不规则截尾的情况,如果在可靠性评估中不考虑上述情况,必然会对产品及系统可靠性评估结果产生显著影响,因此要对得到的产品现场信息进行修正。直接对相关数据进行修正,合理性必然存疑,而采用蒙特卡罗方法进行产品现场使用过程的数据模拟,并据此展开后续仿真分析,则是解决此类问题十分有效的手段[1]。

产品现场使用过程的数据模拟一般包括以下两个部分。

1. 产品失效时间的模拟

如果已知或假设了产品寿命的失效分布,则可以利用寿命分布函数直接获得产品的失效时间。国内外几十年大量可靠性工程的实践经验表明,大多数产品(即单元)的寿命,都可假设为两参数威布尔分布来模拟,即

$$F(t) = 1 - e^{(-t/\eta)^m} \quad (t \geqslant 0) \tag{9-1}$$

式中，$F(t)$——失效分布函数；

　　m——形状参数，$m > 0$；

　　η——真尺度参数，$\eta > 0$。

因此，在 N 次随机抽样中，产品失效时间 $t_i(i = 1,2,\cdots,N)$ 为

$$t_i = F^{-1}(\xi_{1i}) = \eta\left[-\ln(1-\xi_{1i})\right]^{\frac{1}{m}} \tag{9-2}$$

式中，ξ_{1i}——随机数序列，$i = 1,2,\cdots,N$。

2. 产品现场使用信息删除（丢失）情况的模拟

一般情况下，产品现场使用信息的删除（丢失）情况的发生应该是随机的，即在 N 个样本使用信息中，有 G 条信息随机丢失，而此 G 条信息中的任何一个中途丢失又具有均匀随机性，因此，在仿真模拟时可做下述处理[1]。

（1）产品删除样本序号的模拟

假设试验样本的总数量为 N，样本删除比为 D_N（即删除样本数与样本总数之比），则试验期间或使用现场出现的删除样本数 N_D 为

$$N_D = [D_N \cdot N]_{\text{取整}} \tag{9-3}$$

删除样本序号 K_{Dj} 可能为参加试验或现场中的任一样本，并且假设每一个样本的删除机会均等，因此可在 $[1,N]$ 范围内通过均匀分布随机抽样来产生其序号

$$K_{Dj} = [\xi_{2j} \cdot N + 1]_{\text{取整}} \quad (j = 1,2,\cdots,N_D) \tag{9-4}$$

式中，ξ_{2j}——随机数序列，$j = 1,2,\cdots,N_D$。

（2）样本删除时间的模拟

任何一个试验样本或现场使用样本的删除时间都在其寿命期 T_{K_D} 内发生，T_{K_D} 由式（9-2）获得。对第 K_D 个样品的删除时间而言，可能发生在 $[0,T_{K_D}]$ 内任一时刻，假设在 $[0,T_{K_D}]$ 内删除机会均等，可在 $[0,T_{K_D}]$ 范围内通过均匀分布随机抽样得到第 K_D 个样本的删除时间

$$T_{Dj} = T_{K_{Dj}} \cdot \xi_{3j} \quad (j = 1,2,\cdots,N_D) \tag{9-5}$$

式中，ξ_{3j}——随机数序列，$j = 1,2,\cdots,N_D$。

9.1.2　二项分布单元的可靠性评估

二项分布单元又称成败型单元，因为单元的试验数据都是通过成败类试验获得的。对于二项分布单元的可靠性评估，通常是评估计算其可靠度的置信下限。

由概率理论[14]可知，不完全 Beta 分布函数是二项分布单元的共轭型先验分布，假设单元可靠度 R 共轭型先验密度函数为

$$f_0(R) = \beta(R \mid s_0, f_0) \tag{9-6}$$

式中，s_0 为验前成功次数，f_0 为验前失败次数。

如果没有验前信息时，式（9-6）中 β 分布函数一般有三种取法：$\beta(0,0)$、$\beta(0.5,0.5)$、$\beta(1,1)$。

如果单元经过成败型试验，成功次数为 s，失败次数为 f，试验总次数 $n = s + f$，由贝叶斯定理可知，单元可靠度 R 的后验密度函数为

$$f(R \mid s, f) = \beta(R \mid s_0 + s, f_0 + f) \tag{9-7}$$

因此，对于给定的置信度 γ，有可靠度置信下限 R_L 满足

$$F(R_{\mathrm{L}}) = \frac{1}{\beta(s_0 + s, f_0 + f)} \int_0^{R_{\mathrm{L}}} t^{s_0 + s - 1} (1 - t)^{f_0 + f - 1} \mathrm{d}t = 1 - \gamma \qquad (9 - 8)$$

即通过求 β 分布函数对应(0,1)区间随机数 η_i 的分位数,得到单元可靠度 R_{L} 的一个抽样值 R_i,并进一步得到对应 γ 的可靠度置信下限 R_{L}。

基于贝叶斯的可靠度下限的仿真评估算法[10]:

① 从仿真循环次数 $i = 1$ 开始,抽取(0,1)区间随机数 η_i;

② 代入式(9-8),求 β 分布函数对应于随机数 η_i 的分位数 R_i,得到可靠度的一个抽样值;

③ 重复上述仿真过程 $i = i + 1(1 \leqslant i \leqslant N)$,$N$ 为仿真次数;

④ 对 N 次仿真中得到的抽样值,由小到大进行排序得 $R_1 \leqslant R_2 \leqslant \cdots \leqslant R_N$,得到可靠度的分布密度函数;

⑤ 给定置信度 γ,在上述可靠度的分布密度函数中,求 $(1 - \gamma)N$ 的整数部分对应的 R_i,就是给定置信度 γ 的可靠度下限值 R_{L}。

示例 9.1： 某二项分布产品进行可靠性试验,试验总数为 10 次,其中成功 7 次,给定置信度 90%,试求该产品的可靠度下限。

利用上述基于贝叶斯的算法和蒙特卡罗仿真进行可靠度评估,仿真 10^6 次,结果见表 9-1,得到的可靠度分布的密度函数如图 9-1 所示。

表 9-1 二项分布单元可靠度置信下限结果

无先验信息的设置	置信度 90% 的可靠度下限
β(0,0)	0.434 249 6
β(0.5,0.5)	0.433 743 3
β(1,1)	0.433 353 8

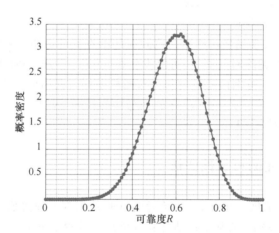

图 9-1 二项分布单元可靠度密度曲线

9.1.3　指数分布单元的可靠性评估

指数分布单元的可靠性评估,工程上主要评估故障率上限、平均寿命下限、可靠度下限和给定可靠度的寿命下限。依据单元参加可靠性试验的试验截尾方式不同,分为定数截尾与定时截尾两种。定数截尾是指预先指定一个故障数 $r(0 < r \leqslant n)$,当 n 个产品试验到出现 r 个产品故障时结束试验。定时截尾则是事先指定一个试验时间,当试验到指定时刻就停止试验。依据试验中对故障产品的不同替换方式,又分为无替换和有替换两种,即在试验中不用正常产品替换已故障产品的情况和试验中立即用正常产品接替故障产品继续试验的情况。以下依据

不同试验截尾分别进行说明。

1. 定数截尾试验

假设指数分布单元故障率为 λ,概率密度函数为 $f(t) = \lambda e^{-\lambda t}$,试验样本数为 n,前 r 个故障观测值为 $t_1 \leqslant t_2 \leqslant t_3 \leqslant \cdots \leqslant t_r (r \leqslant n)$。对有替换定数截尾,试验总时间为 $\tau = n t_r$,对无替换定数截尾,总试验时间为 $\tau = \sum\limits_{i=1}^{r} t_i + (n-r) t_r$。

(1) 故障率上限的仿真评估

由概率理论[14]可知,τ 的条件概率密度为

$$f(\tau \mid \lambda) = \mathrm{Gamma}(\tau \mid r, \lambda) = \frac{\lambda^r}{\Gamma(r)} \tau^{r-1} e^{-\lambda \tau} \tag{9-9}$$

设 λ 的共轭型先验分布密度为

$$f_0(\lambda) = \mathrm{Gamma}(\lambda \mid r_0, \tau_0) \tag{9-10}$$

式中,r_0 为验前故障次数,τ_0 为验前试验时间。

如果指数分布单元经过定数截尾试验,出现故障产品数为 r,总试验时间为 τ,由贝叶斯定理可知,单元 λ 的后验分布密度为 Gamma 分布函数

$$f(\lambda \mid z, \tau) = \frac{f_0(\lambda) f(\tau \mid \lambda)}{\displaystyle\int_0^{+\infty} f_0(\lambda) f(\tau \mid \lambda) \mathrm{d}\lambda} = \mathrm{Gamma}(\lambda \mid r_0 + r, \tau_0 + \tau) \tag{9-11}$$

即对于给定的置信度 γ,贝叶斯法的故障率上限 λ_U 满足

$$I_{\lambda_U(\tau_0 + \tau)}(r_0 + r) = \int_0^{\lambda_U} \frac{(\tau + \tau_0)^{r_0 + r}}{\Gamma(r_0 + r)} \lambda^{r_0 + r - 1} e^{-\lambda(\tau + \tau_0)} \mathrm{d}\lambda = \gamma \tag{9-12}$$

式中,$I_{\lambda_U(\tau_0 + \tau)}(r_0 + r)$ 是参数为 $r_0 + r$ 的不完全 Gamma 分布函数。

当无验前分布时,定数截尾试验推荐用式(9-13)的后验密度,结果比较好[10]

$$f(\lambda) = \mathrm{Gamma}(\lambda \mid r, \tau) \quad (r_0 = 0 \text{ 和 } \tau_0 = 0) \tag{9-13}$$

基于贝叶斯法的指数分布单元故障率上限的评估步骤如下[10]:

① 从仿真循环次数 $i = 1$ 开始,抽取 $(0,1)$ 区间随机数 η_i;

② 代入式(9-12),求 Gamma 分布函数对应于 η_i 的分位数 λ_i,得到故障率的一个抽样值;

③ 重复上述仿真过程 $i = i + 1 (1 \leqslant i \leqslant N)$,$N$ 为仿真次数;

④ 对 N 次仿真中得到抽样值,由小到大进行排序得 $\lambda_1 \leqslant \lambda_2 \leqslant \cdots \leqslant \lambda_N$,得到故障率的分布密度函数;

⑤ 给定置信度 γ,在上述故障率分布密度函数中,求 γN 的整数部分对应的 λ_i,就是给定置信度 γ 的可靠度下限值 λ_U。

故障率上限值已知后,依据贝叶斯法的平均寿命下限 θ_L、给定时间 t_0 的可靠度下限值 $R_L(t_0)$、给定可靠度 R_0 的寿命下限值 $t_{R,L}$,可由式(9-14)求得,也可进一步通过蒙特卡罗仿真求得

$$\begin{cases} \theta_L = \dfrac{1}{\lambda_U} \\ R_L(t_0) = \exp(-t_0 \lambda_U) \\ t_{R,L} = \dfrac{1}{\lambda_U} \ln \dfrac{1}{R_0} \end{cases} \tag{9-14}$$

(2) 可靠度下限的仿真评估

根据 $R = \exp(-\lambda t_0)$,以及随机变量函数的求密度法则,可靠度 R 的后验分布密度为负对

数 Gamma 分布，为

$$f(R\mid r,\tau)=\frac{\left(m+\frac{\tau_0}{t_0}\right)^{r_0+r}}{\Gamma(r_0+r)}R^{\frac{\tau_0}{t_0}+m-1}(-\ln R)^{r_0+r-1}=\mathrm{LGamma}\left(R\mid r_0+r,m+\frac{\tau_0}{t_0}\right)$$

$$(9-15)$$

式中，$m=\tau/t_0$——等效任务数；

LGamma$(R\mid r_0+r,m+\tau_0/t_0)$——参数为$r_0+r$和$m+\tau_0/t_0$的负对数 Gamma 分布。

因此，对于给定的置信度γ，贝叶斯法的可靠度下限值R_L满足

$$F(R_L)=\int_0^{R_L}\mathrm{LGamma}\left(R\mid r_0+r,\frac{\tau_0}{t_0}+m\right)\mathrm{d}R=1-\gamma \qquad (9-16)$$

用蒙特卡罗法求解可靠度下限值的仿真步骤，同上述求解故障率的步骤相同。即在N次仿真中，首先任意抽取$(0,1)$区间上均匀分布的随机数η_i，代入式$(9-16)$计算负对数 Gamma 分布函数的分位数R_i，得到可靠度的一个抽样值；然后进行排序：$R_1\leqslant R_2\leqslant\cdots\leqslant R_N$，得到可靠度的分布函数；最后在给定置信度$\gamma$条件下，计算$(1-\gamma)N$的整数部分对应的分位数，它就是所求可靠度的下限值$R_L$。

（3）平均寿命下限的仿真评估

根据$\theta=1/\lambda$及随机变量函数的求密度法则，平均寿命θ的后验分布密度为逆 Gamma 分布，为

$$f(\theta\mid r,\tau)=\frac{(\tau_0+\tau)^{r_0+r}}{\Gamma(r_0+r)}\theta^{-(r_0+r+1)}\mathrm{e}^{-\frac{\tau_0+\tau}{\theta}}=\mathrm{IGamma}(\theta\mid r_0+r,\tau_0+\tau) \qquad (9-17)$$

式中，IGamma$(\theta\mid r_0+r,\tau_0+\tau)$——参数为$r_0+r$和$\tau_0+\tau$的逆 Gamma 分布。

因此，对于给定的置信度γ，贝叶斯法的平均寿命θ下限值满足

$$F(\theta_L)=\int_0^{\theta_L}\frac{(\tau_0+\tau)^{r_0+r}}{\Gamma(r_0+r)}\theta^{-(r_0+r+1)}\mathrm{e}^{-\frac{\tau_0+\tau}{\theta}}\mathrm{d}\theta \qquad (9-18)$$

用蒙特卡罗法求解平均寿命下限值的步骤，同上述求解故障率的步骤相同。即在N次仿真中，任意抽取$(0,1)$区间上均匀分布的随机数η_i，代入式$(9-18)$计算负对数逆 Gamma 分布函数的分位数θ_i，得到平均寿命的一个抽样值，然后进行排序：$\theta_1\leqslant\theta_2\leqslant\cdots\leqslant\theta_N$，得到平均寿命的分布函数，在给定置信度$\gamma$条件下，计算$(1-\gamma)N$的整数部分对应的分位数，它就是所求平均寿命的下限值θ_L。

2. 定时截尾试验

假设指数分布单元故障率为λ，概率密度函数为$f(t)=\lambda\mathrm{e}^{-\lambda t}$，试验样本数为$n$，定时截尾时间为$t'$，发生$r$个故障，观测值为$t_1\leqslant t_2\leqslant t_3\leqslant\cdots\leqslant t_r(r\leqslant n)$。对有替换定时截尾总试验时间为$\tau=nt'$。对无替换定时截尾，总试验时间为$\tau=\sum_{i=1}^r t_i+(n-r)t'$。

依据贝叶斯法的定时截尾试验，指数分布单元的故障率上限λ_U、平均寿命下限θ_L、给定时间t_0的可靠度下限值$R_L(t_0)$的仿真评估步骤与定数截尾试验的步骤完全相同，唯一不同的地方，在无先验分布的情况下，定时截尾试验评估故障率上限λ_U时，推荐用式$(9-19)$的后验密度，结果比较好[10]

$$f(\lambda)=\Gamma\left(\lambda\mid r+\frac{1}{2},\tau\right)\quad(r_0=\frac{1}{2}和\tau_0=0) \qquad (9-19)$$

3．评估示例

示例 9.2：某指数分布单元进行定数截尾试验，故障数 $r=1$，总试验时间 $\tau=100\,\text{h}$，工作时间为 $t_0=10\,\text{h}$，置信度 $\gamma=0.9$，单元先验信息为 $r_0=2$，$\tau_0=200\,\text{h}$。试用基于贝叶斯思想的蒙特卡罗仿真方法，求解：①单元故障率上限、平均寿命下限、可靠度下限；②给定可靠度为 $R=0.75$ 时的单元寿命下限。

解：基于贝叶斯法，利用式（9－12）和定数截尾试验求单元故障率上限值的算法，编写程序（参考附录 9－1）进行计算，得到单元故障率、平均寿命、可靠度、75％可靠寿命结果，见表 9－2。

表 9－2　指数单元定数截尾试验的评估结果（置信度 90%）

故障率上限 λ_U/h^{-1}	平均寿命下限 θ_L/h	10 h 的可靠度下限 R_L	0.75 可靠度的寿命下限 $t_{0.75,L}/\text{h}$
1.776 498 e－02	56.290 53	0.837 235 6	16.193 77

通过仿真得到上述 4 个参数的分布，如图 9－2 所示。

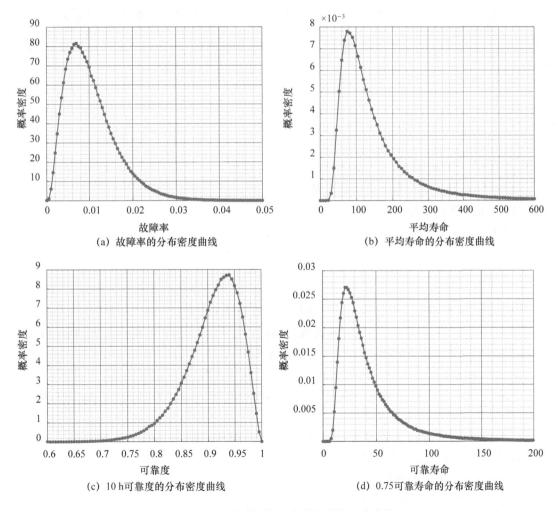

(a) 故障率的分布密度曲线　　(b) 平均寿命的分布密度曲线

(c) 10 h可靠度的分布密度曲线　　(d) 0.75可靠寿命的分布密度曲线

图 9－2　指数单元的可靠性参数的密度曲线

9.1.4　(对数)正态分布单元的可靠性评估

正态分布单元或对数正态分布单元的可靠性评估,一般是评估可靠寿命下限、给定工作时间的可靠度下限及单元平均寿命下限[10]。

9.1.4.1　完全样本可靠性评估

1. 正态分布单元

假设单元寿命 X 服从正态分布 $X \sim N(\mu, \sigma^2)$,密度函数为

$$f(x) = \frac{1}{\sigma\sqrt{2\pi}} \exp\left[-\frac{1}{2\sigma^2}(x-\mu)^2\right] \tag{9-20}$$

若取得样本量为 n 的完全样本 $X_1, X_2, \cdots, X_n$,则参数 μ 和 σ^2 的似然估计为 $\overline{X} = \frac{1}{n}\sum_{i=1}^{n} X_i$ 和 $S^2 = \frac{1}{n}\sum_{i=1}^{n}(X_i - \overline{X})^2$,依概率论[35]可知,随机变量 nS^2/σ^2 服从自由度为 $n-1$ 的 χ^2 分布,随机变量 $(\overline{X}-\mu)/(\sigma/\sqrt{n})$ 服从标准正态分布 $N(0,1)$,因此对 $(0,1)$ 区间内任意随机数 η_{i1} 和 η_{i2},有

$$\begin{cases} \sigma_i^2 \sim \dfrac{nS^2}{\chi^2_{n-1,\eta_{i1}}} \\ \mu_i \sim \overline{X} - \dfrac{\sigma_i}{\sqrt{n}} u_{\eta_{i2}} \end{cases} \tag{9-21}$$

式中,$\chi^2_{n-1,\eta_{i1}}$——自由度为 $n-1$ 的 χ^2 分布的 η_{i1} 的分位数;

$u_{\eta_{i2}}$——标准正态分布的 η_{i2} 的分位数。

(1) 可靠度置信下限的评估

对于给定时间 t_0,正态分布单元的可靠度满足

$$R_i(t_0) = \Phi\left(\frac{\mu_i - t_0}{\sigma_i}\right) \tag{9-22}$$

仿真求解步骤如下:

① 依据完全样本 $X_1, X_2, \cdots, X_n$,计算样本均值和样本方差;

② 从 $i=1$ 开始,抽取 $(0,1)$ 区间随机数 η_{i1} 和 η_{i2},由式(9-21)得 σ_i^2 和 μ_i 的一个抽样值;

③ 对于给定时间 t_0,由式(9-22)计算可靠度 $R_i(t_0)$;

④ 重复上述仿真过程 $i=i+1$ $(1 \leqslant i \leqslant N)$,$N$ 为仿真次数;

⑤ 对得到的 N 个抽样值由小到大进行排序,得到 $R_1(t_0) \leqslant R_2(t_0) \leqslant \cdots \leqslant R_N(t_0)$,获得可靠度的分布密度函数;

⑥ 给定置信度 γ,在上述可靠度的分布密度函数中,求 $(1-\gamma)N$ 的整数部分对应的 $R_i(t_0)$,就是给定置信度 γ 的可靠度下限值 R_L。

(2) 可靠寿命下限的评估

给定可靠度 R,正态分布单元的可靠寿命 t_R 满足

$$t_{R_i} = \mu_i - \sigma_i u_R \tag{9-23}$$

式中,u_R——标准正态分布的 R 对应的下侧分位数。

同上述的可靠度下限评估仿真算法的步骤相同,对t_{R_i}进行 N 次抽样后,由小到大进行排序得到$t_{R_1} \leqslant t_{R_2} \leqslant \cdots \leqslant t_{R_N}$,对于给定置信度 γ,求$(1-\gamma)N$ 的整数部分对应的t_{R_i},就是给定可靠度 R 的寿命下限t_{RL}。

(3) 平均寿命下限的评估

由(9-21)第二式可知,正态分布单元的平均寿命抽样值θ_i满足

$$\theta_i \sim \overline{X} - \frac{\sigma_i}{\sqrt{n}} u_{\eta_i} \tag{9-24}$$

式中,u_{η_i}是标准正态分布的对应$(0,1)$区间随机数η_i的分位数。

同上述的可靠度下限评估仿真算法的步骤相同,对θ_i进行 N 次抽样后,由小到大进行排序得到$\theta_1 \leqslant \theta_2 \leqslant \cdots \leqslant \theta_N$,对于给定置信度 γ,求$(1-\gamma)N$ 的整数部分对应的θ_i,就是单元平均寿命的下限θ_L。

2. 对数正态分布单元

假设单元寿命 X 服从对数正态分布,则随机变量$Y = \ln X$服从正态分布,有 $\ln X \sim N(\mu, \sigma^2)$,若已知样本量为 n 的完全样本$X_1, X_2, \cdots, X_n$,则取其对数 $\ln X_1, \ln X_2, \cdots, \ln X_n$就是服从正态分布总体的样本,因此可采用上述正态分布完全样本的可靠性评估方法,进行对数正态分布单元完全样本的可靠性评估。即对$(0,1)$区间内任意随机数η_{i1}和η_{i2},满足

$$\begin{cases} \sigma_i^2 \sim \dfrac{n S_{\ln X}^2}{\chi_{n-1,\eta_{i1}}^2} \\ \mu_i \sim \overline{\ln X} - \dfrac{\sigma_i}{\sqrt{n}} u_{\eta_{i2}} \end{cases} \tag{9-25}$$

① 给定时间t_0,相应可靠度满足

$$R_i(t_0) = \Phi\left(\frac{\mu_i - \ln t_0}{\sigma_i}\right) \tag{9-26}$$

② 给定可靠度 R,相应可靠寿命满足

$$\ln t_{R_i} = \mu_i - \sigma_i u_R \tag{9-27}$$

式中,u_R——标准正态分布的 R 对应的下侧分位数。

③ 由对数正态分布的数学期望,得到平均寿命满足

$$\theta_i = e^{\mu_i + \frac{\sigma_i^2}{2}} \tag{9-28}$$

上面的式(9-26)、式(9-27)、式(9-28)为对数正态分布单元的可靠度下限、可靠寿命下限、平均寿命下限的抽样公式,具体仿真步骤与前面的正态分布单元求解步骤相同。

9.1.4.2 截尾样本可靠性评估

对于无替换定数截尾、无替换定时截尾、随机截尾的样本,依据最小二乘法,利用蒙特卡罗法进行可靠性参数评估较为方便[10]。

1. 正态分布单元

假设单元寿命 t 服从正态分布 $t \sim N(\mu, \sigma^2)$,设有 n 个产品进行无替换定数或定时截尾试验,故障产品数为 r,故障观测值为$t_1 \leqslant t_2 \leqslant \cdots \leqslant t_r$,则单元正态分布函数为

$$F(t_i) = \Phi\left(\frac{t_i - u}{\sigma}\right) = \Phi(z_i) \tag{9-29}$$

式中,$t_i = u + \sigma z_i$;

z_i——$F(t_i)$对应的标准正态分布的下侧分位数。

由式(9-29)可知,$\{z_i, t_i\}$保持线性关系,因此可通过最小二乘法确定式(9-29)中系数 μ, σ。参数的估计公式为

$$\begin{cases} \hat{\sigma} = \dfrac{\sum\limits_{i=1}^{r}(z_i-\bar{z})(t_i-\bar{t})}{\sum\limits_{i=1}^{r}(z_i-\bar{z})^2} \\ \hat{\mu} = \bar{t} - \bar{z}\cdot\hat{\sigma} \end{cases} \tag{9-30}$$

式中,$\bar{z} = \dfrac{1}{r}\sum\limits_{i=1}^{r}z_i$;

$\bar{t} = \dfrac{1}{r}\sum\limits_{i=1}^{r}t_i$

变量 z, t 的线性相关程度,用相关系数表示为

$$r_C = \dfrac{\sum\limits_{i=1}^{r}(z_i-\bar{z})(t_i-\bar{t})}{\sqrt{\sum\limits_{i=1}^{r}(z_i-\bar{z})^2 \cdot \sum\limits_{i=1}^{r}(t_i-\bar{t})^2}} \tag{9-31}$$

可根据相关系数 $|r_C|$ 进行正态分布检验,值越接近 1 越可能服从正态分布。

在试验样本的数据处理时,根据样本量的不同,采用式(9-32)估计[34]

$$F(t_i) = \begin{cases} \dfrac{i-0.3}{n+0.4}, & n\leqslant 20 \\ i/n, & n>20 \end{cases} \tag{9-32}$$

(1) 可靠度置信下限的评估

对于给定时间 t_0,正态分布单元的可靠度满足

$$R_i(t_0) = \Phi\left(\dfrac{\hat{\mu}_i - t_0}{\hat{\sigma}_i}\right) \tag{9-33}$$

仿真求解步骤如下:

① 针对 $t_1, t_2, \cdots, t_r$,依据式(9-32)和标准正态分布分位数公式,计算 $\{z_i, t_i\}$($1\leqslant i\leqslant r$);

② 采用最小二乘法,由式(9-30)估计样本均值 $\hat{\mu}$ 和样本标准差 $\hat{\sigma}$;

③ 从 $i=1$ 开始,从正态分布 $N(\hat{\mu}, \hat{\sigma}^2)$ 中抽取 n 个样本,取前 r 个样本,从小到大排序得故障产品寿命的抽样观测值为 $t_{i1}\leqslant t_{i2}\leqslant\cdots\leqslant t_{ir}$;

④ 针对观测值 $t_{i1}\leqslant t_{i2}\leqslant\cdots\leqslant t_{ir}$,由式(9-30)估计抽样样本的均值 $\hat{\mu}_i$ 和样本标准差 $\hat{\sigma}_i$;

⑤ 对于给定时间 t_0,由式(9-33)计算可靠度 $R_i(t_0)$,得到一个可靠度抽样值;

⑥ 重复上述仿真过程 $i=i+1$($1\leqslant i\leqslant N$),N 为仿真次数;

⑦ 对得到的 N 个抽样值由小到大进行排序,得到 $R_1(t_0)\leqslant R_2(t_0)\leqslant\cdots\leqslant R_N(t_0)$,获得可靠度的分布密度函数;

⑧ 给定置信度 γ,在上述可靠度的分布密度函数中,求 $(1-\gamma)N$ 的整数部分对应的 $R_i(t_0)$,就是给定置信度 γ 的可靠度下限值 R_L。

(2) 可靠寿命下限的评估

给定可靠度 R,正态分布单元的可靠寿命 t_R 满足

$$t_{R_i} = \hat{\mu}_i - \hat{\sigma}_i u_R \tag{9-34}$$

式中，u_R——标准正态分布的 R 对应的下侧分位数。

同上述可靠度置信下限的评估算法，对 t_{R_i} 进行 N 次抽样后，由小到大排序得到 $t_{R_1} \leqslant t_{R_2} \leqslant \cdots \leqslant t_{R_N}$，对于给定置信度 γ，求 $(1-\gamma)N$ 的整数部分对应的 t_{R_i} 就是给定可靠度 R 的寿命下限 t_{RL}。

（3）平均寿命下限的评估

同上述可靠度置信下限的评估算法，由式（9-30）计算得到抽样样本平均寿命 $\hat{\mu}_i$ 后，进行 N 次仿真，由小到大进行排序得到 $\hat{\mu}_1 \leqslant \hat{\mu}_2 \leqslant \cdots \leqslant \hat{\mu}_N$，对于给定置信度 γ，求 $(1-\gamma)N$ 的整数部分对应的 $\hat{\mu}_i$，这就是单元的平均寿命的下限 $\theta_L = \hat{\mu}_{N(1-\gamma)}$。

2. 对数正态分布单元

假设单元寿命 t 服从对数正态分布，则随机变量 $Y = \ln t$ 服从正态分布，有 $\ln t \sim N(\mu, \sigma^2)$。若已获得有限截尾试验的样本 $t_1, t_2, \cdots, t_r$，则取其对数 $\ln t_1, \ln t_2, \cdots, \ln t_r$ 就是服从正态分布总体的样本，从而可用上述正态分布截尾样本的可靠性评估方法。

针对上述样本 $\ln t_1, \ln t_2, \cdots, \ln t_r$，依据式（9-32）和标准正态分布分位数公式，计算 $\{z_i, \ln t_i\}$（$1 \leqslant i \leqslant r$），采用最小二乘法，由式（9-30）估计样本对数均值 $\hat{\mu}$ 和样本对数标准差 $\hat{\sigma}$。

（1）可靠度置信下限的评估

对于给定时间 t_0，对数正态分布单元的可靠度满足

$$R_i(t_0) = \Phi\left(\frac{\hat{\mu}_i - \ln t_0}{\hat{\sigma}_i}\right) \tag{9-35}$$

仿真求解步骤如下：

① 从 $i=1$ 开始，从正态分布 $N(\hat{\mu}, \hat{\sigma}^2)$ 中抽取 n 个样本，取前 r 个样本，从小到大排序得抽样观测值为 $t_{i1} \leqslant t_{i2} \leqslant \cdots \leqslant t_{ir}$；

② 针对观测值 $t_{i1} \leqslant t_{i2} \leqslant \cdots \leqslant t_{ir}$，由式（9-30）估计抽样样本的均值 $\hat{\mu}_i$ 和样本标准差 $\hat{\sigma}_i$；

③ 对于给定时间 t_0，由式（9-35）计算可靠度 $R_i(t_0)$，得到一个可靠度抽样值；

④ 重复上述仿真过程 $i = i+1$（$1 \leqslant i \leqslant N$），$N$ 为仿真次数；

⑤ 对得到的 N 个抽样值由小到大进行排序，得到 $R_1(t_0) \leqslant R_2(t_0) \leqslant \cdots \leqslant R_N(t_0)$，获得可靠度的分布密度函数；

⑥ 给定置信度 γ，在上述可靠度的分布密度函数中，求 $(1-\gamma)N$ 的整数部分对应的 $R_i(t_0)$，就是给定置信度 γ 的可靠度下限值 R_L。

（2）可靠寿命下限的评估

给定可靠度 R，对数正态分布单元的可靠寿命 t_R 满足

$$\ln t_{R_i} = \hat{\mu}_i - \hat{\sigma}_i u_R \tag{9-36}$$

式中，u_R 是标准正态分布的 R 对应的下侧分位数。

对 t_{R_i} 进行 N 次抽样并排序，对于给定置信度 γ，可靠寿命下限 $t_{RL} = t_{R, N(1-\gamma)}$。

（3）平均寿命下限的评估

由对数正态分布的数学期望，得到平均寿命满足

$$\theta_i = e^{\hat{\mu}_i + \frac{\hat{\sigma}_i^2}{2}} \tag{9-37}$$

同样,对θ_i进行N次仿真并排序,对于给定置信度γ,平均寿命下限$\theta_L=\theta_{N(1-\gamma)}$。

显然,对数正态分布的截尾样本蒙特卡罗仿真评估过程与正态分布评估过程相似,只是仿真抽样公式不同。

9.1.4.3 评估示例

示例9.3:某产品寿命服从对数正态分布,进行可靠性试验,得到12个完全样本数据(h):11.55,12.79,15.74,18.22,19.01,19.57,20.44,22.93,23.69,29.87,31.05,36.10。给定置信度为90%,求:(1)产品工作10 h的可靠度下限;(2)产品平均寿命下限;(3)可靠度0.85时的寿命下限。

解:根据全样本对数正态单元可靠性参数评估的算法,编写蒙特卡罗仿真程序进行仿真,得到单元可靠度下限、平均寿命下限、85%可靠寿命下限的结果,见表9-3。

表9-3 对数正态单元全样本试验的评估结果(置信度90%)

样本对数均值$\hat{\mu}$	样本对数方差$\hat{\sigma}$	平均寿命下限θ_L/h	10 h的可靠度下限R_L	0.85可靠度的寿命下限$t_{0.85,L}$/h
3.025 6	0.345 19	19.307 21	0.916 497 9	11.673 14

通过仿真得到可靠度、平均寿命的分布,如图9-3所示。

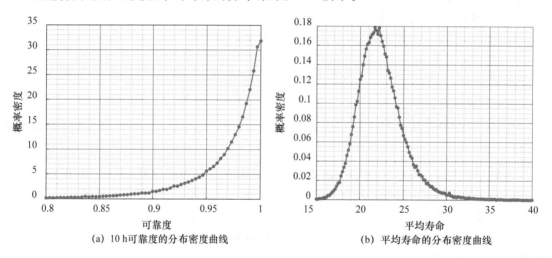

(a) 10 h可靠度的分布密度曲线 (b) 平均寿命的分布密度曲线

图9-3 对数正态单元可靠度、平均寿命的密度曲线

9.1.5 威布尔分布单元的可靠性评估

假设单元寿命t服从两参数威布尔分布,累积分布函数为
$$F(t)=1-\mathrm{e}^{-\left(\frac{t}{\eta}\right)^m} \quad (t\geqslant0) \tag{9-38}$$

设有n个产品进行无替换截尾试验,故障产品数r,故障观测值为$t_1\leqslant t_2\leqslant\cdots\leqslant t_r\leqslant t_S$,其中无替换定时截尾时$t_S$为截尾时间,无替换定数截尾时$t_S=t_r$。由式(9-38)可变换为
$$\ln\left[\ln\frac{1}{1-F(t_i)}\right]=m\ln t_i-m\ln\eta \tag{9-39}$$

令$x_i=\ln t_i$,$y_i=\ln\left[\ln(1-F(t_i))^{-1}\right]$,则$\{x_i,y_i\}$保持线性关系,由最小二乘法得到单元

威布尔分布参数 m,η 的估计公式为

$$\begin{cases} \hat{m} = \dfrac{\displaystyle\sum_{i=1}^{r}(x_i-\overline{x})(y_i-\overline{y})}{\displaystyle\sum_{i=1}^{r}(x_i-\overline{x})^2} \\[2em] \hat{\eta} = \mathrm{e}^{\overline{x}-\overline{y}/\hat{m}} \end{cases} \qquad (9-40)$$

式中,
$$\overline{x} = \frac{1}{r}\sum_{i=1}^{r}x_i$$

$$\overline{y} = \frac{1}{r}\sum_{i=1}^{r}y_i$$

可根据前面的式(9-31)关系,进行相关系数 $|r_\mathrm{C}|$ 计算和判断,判断其是否服从威布尔分布。$F(t_i)$ 的计算参考式(9-32),与正态分布单元最小二乘方法相同。

威布尔分布参数估计的最小二乘法适合完全样本、无替换定数截尾样本、无替换定时截尾样本和随机截尾样本,计算也较为容易,但是精度不如极大似然法高[10]。

基于最小二乘法的蒙特卡罗仿真过程如下:

① 根据试验样本值,采用最小二乘方法,由式(9-40)估计参数 $\hat{m},\hat{\eta}$;

② 从 $i=1$ 开始,从参数为 $\hat{m}$ 和 $\hat{\eta}$ 的威布尔分布中,由式(9-38)抽样 n 个样本,取前 r 个样本数值由小到大排序,得故障产品寿命的抽样观测值为 $t_{i1} \leqslant t_{i2} \leqslant \cdots \leqslant t_{ir}$;

③ 对抽样观测值 $t_{i1} \leqslant t_{i2} \leqslant \cdots \leqslant t_{ir}$,采用最小二乘法,由式(9-40)估计参数 $\hat{m}_i$ 和 $\hat{\eta}_i$;

④ 进行可靠度、可靠寿命、平均寿命抽样和计算。

a. 对给定时间 t_0,可靠度 $R_i(t_0)$ 抽样公式为

$$R_i(t_0) = \mathrm{e}^{-\left(\frac{t_0}{\hat{\eta}_i}\right)^{\hat{m}_i}} \qquad (9-41)$$

重复上述过程,$i=i+1(1\leqslant i \leqslant N$,$N$ 为仿真次数),得到 N 个可靠度抽样值,由小到大进行排序:$R_1(t_0) \leqslant R_2(t_0) \leqslant \cdots \leqslant R_N(t_0)$;给定置信度 γ,可靠度下限值 $R_\mathrm{L}=R_{N(1-\gamma)}(t_0)$。

b. 给定可靠度 R,可靠寿命 t_{R_i} 抽样公式为

$$t_{R_i} = \hat{\eta}_i(-\ln R)^{\frac{1}{\hat{m}_i}} \qquad (9-42)$$

重复上述过程,$i=i+1(1\leqslant i \leqslant N$,$N$ 为仿真次数),得到的 N 个可靠寿命的抽样值,由小到大进行排序:$t_{R_1} \leqslant t_{R_2} \leqslant \cdots \leqslant t_{R_N}$;给定置信度 γ,可靠寿命下限值 $t_{R,\mathrm{L}}=t_{R,N(1-\gamma)}$。

c. 平均寿命的抽样公式为

$$\theta_i = \hat{\eta}_i \Gamma\left(1+\frac{1}{\hat{m}_i}\right) \qquad (9-43)$$

重复上述过程,$i=i+1(1\leqslant i \leqslant N$,$N$ 为仿真次数),得到的 N 个平均寿命的抽样值,由小到大进行排序:$\theta_1 \leqslant \theta_2 \leqslant \cdots \leqslant \theta_N$;给定置信度 γ,可靠寿命下限值 $\theta_\mathrm{L}=\theta_{N(1-\gamma)}$。

示例 9.4:某产品寿命服从威布尔分布,取 15 件产品进行无替换定数截尾试验,出现 10 个故障产品,故障时间(h)为:17.36,18.76,19.28,19.72,20.75,20.81,21.49,22.03,22.55,22.80。给定置信度 90%,求①时间为 18 h 时的可靠度下限;②产品平均寿命下限;③可靠度 0.95 时的寿命下限。

解:基于最小二乘法的威布尔单元参数评估方法,编写蒙特卡罗仿真程序进行仿真,得到

单元可靠度下限、平均寿命下限、85％可靠寿命下限的结果见表 9-4,得到可靠度、平均寿命的分布曲线,如图 9-4 所示。

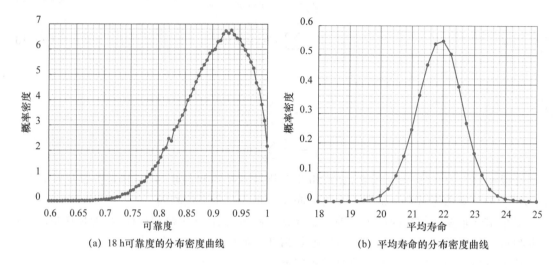

(a) 18 h可靠度的分布密度曲线 (b) 平均寿命的分布密度曲线

图 9-4 威布尔单元可靠度、平均寿命的密度曲线

表 9-4 威布尔单元截尾试验的评估结果(置信度 90％)

样本参数 m	样本参数 η	平均寿命下限$\theta_{\rm L}$/h	18 h 的可靠度下限$R_{\rm L}$	0.85 可靠度的寿命下限$t_{0.85,\rm L}$/h
10.861 1	22.679 2	20.834 67	0.820 886 7	17.493 51

9.2 系统可靠性评估的蒙特卡罗方法

结构复杂和条件多变的动态系统,由于需求及表现出的相关失效、非单调性等行为,带来了系统可靠性分析中不同形式的模型,如可靠性框图、故障树、网络图等。第 5 章讨论了可靠性框图、网络图模型的仿真分析方法,第 6 章讨论了静态和动态故障树的可靠性仿真分析方法,无论哪种形式的可靠性模型,就其本质上看,都是通过建立系统内各单元间的最小路集(或最小割集)关系来达到分析计算的目标。由于系统最小路集与最小割集可以相互转化,本章主要讨论基于最小路集的系统可靠性评估的蒙特卡罗方法。

基于最小路集的系统可靠性评估的蒙特卡罗方法,不仅能计算得到系统总体可靠性指标、重要度指标,获得可靠度参数分布,而且也能进一步获得系统的规定置信度下定时可靠度下限、平均寿命下限、可靠寿命下限的数值及分布密度。

9.2.1 系统可靠度评估的仿真方法

1. 基本原理

系统可靠度评估的蒙特卡罗方法的基本过程为:根据每个单元的可靠性试验数据,对每个单元可靠度进行抽样,得到所有单元的一组可靠度抽样值;代入系统可靠度表达式中,计算系统的一个可靠度抽样值;重复上述过程反复仿真,得到系统可靠度的分布密度函数;然后评估给定置信度的系统可靠度下限。

2. 单元可靠度抽样

不同寿命分布(包括二项分布、指数分布、正态分布、对数正态分布、威布尔分布)单元的可靠度抽样方法不同,还要考虑完全样本和截尾样本的差别、定数与定时截尾的差别,抽样方法见表 9-5,具体过程已在 9.1.2 节～9.1.5 节详细讨论。

表 9-5　不同寿命分布单元的可靠度抽样方法

单元分布类型	可靠度抽样方法
二项分布	通过求 β 分布函数对应(0,1)区间随机数 η_i 的分位数,得到单元可靠度的一个抽样值 R_i $$\int_0^{R_L} \beta(R \mid s_0 + s, f_0 + f)\mathrm{d}R = \eta_i$$ 式中,s 为试验成功次数;f 为失败次数;s_0 为验前成功次数;f_0 为验前失败次数
指数分布	通过求负对数 Gamma 分布函数对应(0,1)区间随机数 η_i 的分位数,得到单元可靠度的一个抽样值 R_i $$\int_0^{R_L} \mathrm{LGamma}\left(R \mid r_0 + r, \frac{\tau_0}{t_0} + m\right)\mathrm{d}R = \eta_i$$ 式中,t_0 为给定时间;r 为故障数;τ 为试验时间;r_0 为验前故障数;τ_0 为验前试验时间;m 为等效任务数
正态分布	(1) 完全样本试验 针对样本量为 n 的完全样本 $X_1, X_2, \cdots, X_n$,通过(0,1)区间内任意 2 个随机数 η_{i1}, η_{i2},得到正态分布参数 σ_i^2 和 μ_i 的一个抽样值,计算单元可靠度的一个抽样值 R_i $$\sigma_i^2 \sim \frac{nS^2}{\chi^2_{n-1, \eta_{i1}}}, \quad \mu_i \sim \overline{X} - \frac{\sigma_i}{\sqrt{n}}u_{\eta_{i2}}, \quad R_i(t_0) = \Phi\left(\frac{\mu_i - t_0}{\sigma_i}\right)$$ 式中,t_0 为给定时间;$\overline{X}$ 和 S^2 是样本均值和总体标准差;$\chi^2_{n-1, \eta_{i1}}$ 是自由度为 $n-1$ 的 χ^2 分布的 η_{i1} 分位数;$u_{\eta_{i2}}$ 是标准正态分布的 η_{i2} 分位数。 (2) 截尾样本试验 首先用最小二乘法获得样本均值 $\hat{\mu}$ 和标准差 $\hat{\sigma}$,然后从 $N(\hat{\mu}, \hat{\sigma}^2)$ 中抽取 n 个样本,再利用最小二乘法获得新样本 $\hat{\mu}_i$ 和 $\hat{\sigma}_i$,计算得到单元可靠度的一个抽样值 R_i,具体过程见 9.1.4.2 节
对数正态分布	(1) 完全样本试验 针对样本量为 n 的完全样本 $X_1, X_2, \cdots, X_n$,通过(0,1)区间内任意 2 个随机数 η_{i1}, η_{i2},得到对数正态分布参数 σ_i^2 和 μ_i 的一个抽样值,计算单元可靠度的一个抽样值 R_i $$\sigma_i^2 \sim \frac{nS_{\ln X}^2}{\chi^2_{n-1, \eta_{i1}}}, \quad \mu_i \sim \overline{\ln X} - \frac{\sigma_i}{\sqrt{n}}u_{\eta_{i2}}, \quad R_i(t_0) = \Phi\left(\frac{\mu_i - \ln t_0}{\sigma_i}\right)$$ 式中,t_0 为给定时间;$\overline{\ln X}$ 和 $S_{\ln X}^2$ 是对数样本均值和标准差;$\chi^2_{n-1, \eta_{i1}}$ 是自由度为 $n-1$ 的 χ^2 分布的 η_{i1} 分位数;$u_{\eta_{i2}}$ 是标准正态分布的 η_{i2} 分位数。 (2) 截尾样本试验 $\ln t_i$ 代替 t_i,抽样和计算步骤与正态分布相同,具体过程见 9.1.4.2 节

单元分布类型	可靠度抽样方法
威布尔分布	针对 n 个无替换截尾样本 $\{t_i, F(t_i)\}$，由最小二乘法估计单元的威布尔分布参数 $\hat{m}, \hat{\eta}$ $$\hat{m} = \sum_{i=1}^{r} (x_i - \overline{x})(y_i - \overline{y}) / \sum_{i=1}^{r} (x_i - \overline{x})^2, \quad \hat{\eta} = e^{\overline{x} - \overline{y}/\hat{m}}$$ 式中，$x_i = \ln t_i$；$y_i = \ln [\ln (1 - F(t_i))^{-1}]$；$\overline{x}, \overline{y}$ 是 x_i, y_i 的均值；r 是故障数。 从 $Weibull(\hat{m}, \hat{\eta})$ 中抽取 n 个样本，用上式获得新样本的参数 $\hat{\mu}_i$ 和 $\hat{\sigma}_i$，计算单元可靠度 $R_i(t_0)$，获得的一个抽样值 R_i $$R_i(t_0) = e^{-\left(\frac{t_0}{\hat{\eta}_i}\right)\hat{m}_i}$$

3. 系统可靠度计算

针对系统模型，可利用联络矩阵法、节点遍历法等求解获得系统的最小路集，具体可参考 5.2.3 节。假设系统 S 共得到 m 条最小路集 $A_1, \cdots, A_m$，则系统可靠度

$$R = P\left\{ \bigcup_{i=1}^{m} A_i \right\} = \sum_{i=1}^{m} (-1)^{i-1} P\{S_i\} \tag{9-44}$$

式中，$P\{S_i\} = \sum_{1 \leqslant j_1 < \cdots < j_i \leqslant m} P\{A_{j_1} \cdots A_{j_i}\}$，$i = 1, \cdots, m$，它由 C_m^i 项概率的和求得。

利用式（9 - 14）所述相容事件的概率公式来计算系统可靠度时，随着最小路集数目的增加，计算项数急剧增加（达到 $2^n - 1$ 项），会产生组合爆炸问题。因此首先进行不交化处理，寻求把系统正常这一事件表达不交（即互斥）事件之和，然后再进行系统可靠度计算。

利用 5.3.3 节给出的分解转换法、删除保留法等可求解获得系统的不交化最小路集，即利用不交和运算，最终通过有限步骤把 $\bigcup_{i=1}^{m} A_i$ 转化为不交和的形式

$$S = \bigcup_{i=1}^{m} A_i = A_1 + \overline{A}_1 A_2 + \cdots + \left(\prod_{i=1}^{m-1} \overline{A}_i \right) A_m = \sum_{j=1}^{t} B_j \tag{9-45}$$

式中，t——不交最小路集总数；

$B_j(j = 1, \cdots, t)$——求得的不交最小路集。

相应的系统可靠度

$$R = \sum_{j=1}^{t} P\{B_j\} \tag{9-46}$$

若系统由 l 个单元（对应网络模型的弧）$x_k (1 \leqslant k \leqslant l)$ 组成，第 j 条不交最小路集为

$$B_j = \prod_{1 \leqslant k \leqslant l} x_k (\text{或} \overline{x}_k) \quad (j = 1, 2, \cdots, t) \tag{9-47}$$

相应的不交最小路集概率

$$P(B_j) = \prod_{1 \leqslant k \leqslant l} P\{x_k (\text{或} \overline{x}_k)\} \quad (j = 1, 2, \cdots, t) \tag{9-48}$$

式中，$P(x_k)$——x_k 单元的可靠度；

$P(\overline{x}_k)$——x_k 单元的不可靠度。

4. 仿真算法

利用蒙特卡罗方法，进行基于最小路集不交化的可靠度评估步骤如下：

① 采用系统可靠性建模方法，求得系统最小路集和不交化最小路集，得到系统可靠度的

显示表达 $R = f(R_1, R_2, \cdots, R_n)$，其中 R_i 是第 i 个单元的可靠度，n 是系统中的单元数。

② 从 $j=1$ 开始，根据单元的可靠度抽样方法（参考表 9-5），对每个单元进行抽样，得到所有单元的一组可靠度抽样值 $(R_{1j}, R_{2j}, \cdots, R_{nj})$。

③ 将上面的抽样值 $(R_{1j}, R_{2j}, \cdots, R_{nj})$，代入系统可靠度表达式 $R = f(R_1, R_2, \cdots, R_n)$，得到系统可靠度的 1 个抽样值 $R_j = f(R_{1j}, R_{2j}, \cdots, R_{nj})$。

④ 重复上述过程，$j=j+1$（$1 \leqslant j \leqslant N$，$N$ 为仿真次数），得到 N 个系统可靠度抽样值，由小到大进行排序：$R_1 \leqslant R_2 \leqslant \cdots \leqslant R_N$；给定置信度 γ，$(1-\gamma)N$ 对应的可靠度抽样值 $R_{(1-\gamma)N}$，就是给定置信度 γ 的可靠度下限值 $R_L = R_{N(1-\gamma)}$。

9.2.2　系统平均寿命评估的仿真方法

1. 基本原理

平均寿命是重要的可靠性指标，有时比可靠性概率指标更直观，利用蒙特卡罗法，采用最小路集进行系统平均寿命评估的基本原理和过程如下：

① 对系统的每个单元分布参数进行抽样。根据每个单元的可靠性试验数据，得到系统中每个单元的分布参数抽样值；

② 对系统的每个单元寿命进行抽样。在给定每个单元参数抽样值的条件下，进行每个单元寿命的抽样；

③ 求系统寿命的抽样值。首先求解系统的每个最小路集的寿命，每个最小路集的寿命为该最小路集中每个单元寿命的最小值；然后求解所有最小路集寿命中的最大值，即为系统寿命的抽样值；

④ 重复上述过程进行 N 次仿真，将 N 个抽样值由小到大排序，得到平均寿命的分布；

⑤ 给定置信度 γ，$(1-\gamma)N$ 对应的平均寿命，就是给定置信度的平均寿命下限。

2. 单元寿命的抽样

用于可靠性评估的不同寿命分布（包括指数分布、正态分布、对数正态分布、威布尔分布）单元的寿命抽样方法见表 9-6，其中指数分布单元、对数正态分布单元、威布尔分布单元的寿命抽样，应用了表 2-14 中的公式。

表 9-6　不同寿命分布单元的寿命抽样公式

单元分布类型	寿命抽样方法
指数分布	(1) 通过求 Gamma 分布对应 $(0,1)$ 随机数 η_i 的分位数，得到单元故障率 λ_i 的一个抽样值 $$\int_0^{\lambda_i} \mathrm{Gamma}(\lambda \mid r_0 + r, \tau_0 + \tau)d\lambda = \eta_i$$ 式中，η_i 是随机数；r 为故障数；τ 为试验时间；r_0 为验前故障数；τ_0 为验前试验时间。 然后到 (2) 完成 N_2 次寿命抽样，再回到 (1) 完成重复仿真 N_1 次（$1 \leqslant i \leqslant N_1$）。 (2) 在给定故障率 λ_i 条件下，利用 $(0,1)$ 随机数 ξ_j 进行单元寿命抽样 $t_j = (-\ln \xi_j)/\lambda_i$，得到一个抽样值 t_j，仿真重复 N_2 次（$1 \leqslant j \leqslant N_2$）
正态分布	(1) 利用下式，由 n 个样本得到单元分布参数 μ_i 和 σ_i 的一对抽样值 $$\sigma_i^2 \sim \frac{nS^2}{\chi^2_{n-1,\eta_{i1}}}, \quad \mu_i \sim \overline{X} - \frac{\sigma_i}{\sqrt{n}} u_{\eta_{i2}}$$

单元分布类型	寿命抽样方法
正态分布	式中，η_{i1}，η_{i2} 是随机数；$u_{\eta_{i2}}$ 是标准正态分布的 η_{i2} 的分位数；$\overline{X}$ 和 S^2 是样本均值和样本标准差；$\chi^2_{n-1,\eta_{i1}}$ 是自由度为 $n-1$ 的 χ^2 分布的 η_{i1} 的分位数。 然后到(2)完成 N_2 次寿命抽样，再回到(1)完成重复仿真 N_1 次($1\leqslant i\leqslant N_1$)。 (2) 在给定参数 μ_i 和 σ_i 条件下，利用$(0,1)$随机数 ξ_j 在标准正态分布的分位数 u_{ξ_j}，进行单元寿命抽样 $t_j=\mu_i+u_{\xi_j}\sigma_i$，得到一个抽样值 t_j，仿真重复 N_2 次($1\leqslant j\leqslant N_2$)
对数正态分布	(1) 利用下式，由 n 个样本得到单元分布参数 μ_i 和 σ_i 的一对抽样值 $$\sigma_i^2\sim\frac{nS^2_{\ln X}}{\chi^2_{n-1,\eta_{i1}}},\quad \mu_i\sim\overline{\ln X}-\frac{\sigma_i}{\sqrt{n}}u_{\eta_{i2}}$$ 式中，η_{i1}，η_{i2} 是随机数；$u_{\eta_{i2}}$ 是标准正态分布的 η_{i2} 分位数；$\overline{\ln X}$ 和 $S^2_{\ln X}$ 是对数样本均值和标准差；$\chi^2_{n-1,\eta_{i1}}$ 是自由度为 $n-1$ 的 χ^2 分布的 η_{i1} 分位数。 然后到(2)完成 N_2 次寿命抽样，再回到(1)完成重复仿真 N_1 次($1\leqslant i\leqslant N_1$)。 (2) 在给定参数 μ_i 和 σ_i 条件下，利用$(0,1)$随机数 ξ_j 在标准正态分布的分位数 u_{ξ_j}，进行单元寿命抽样 $t_j=e^{\mu_i+u_{\xi_j}\sigma_i}$，得到一个抽样值 t_j，仿真重复 N_2 次($1\leqslant j\leqslant N_2$)
威布尔分布	(1) 由最小二乘法估计单元的威布尔分布参数 $\hat{m}$，$\hat{\eta}$，得到一对抽样值 $$\hat{m}=\sum_{i=1}^r(x_i-\overline{x})(y_i-\overline{y})\Big/\sum_{i=1}^r(x_i-\overline{x})^2,\quad \hat{\eta}=e^{\overline{x}-\overline{y}/\hat{m}}$$ 式中，$x_i=\ln t_i$；$y_i=\ln[\ln(1-F(t_i))^{-1}]$；$\overline{x}$，$\overline{y}$ 是 x_i，y_i 的均值；r 是故障数。 然后到(2)完成 N_2 次寿命抽样，再回到(1)完成重复仿真 N_1 次($1\leqslant i\leqslant N_1$)。 (2) 在给定参数 $\hat{m}$，$\hat{\eta}$ 条件下，利用$(0,1)$区间内的随机数 ξ_j，进行单元的工作寿命抽样，得到一个抽样值 $t_j=\hat{\eta}[-\ln(1-\xi_j)]^{1/\hat{m}}$，仿真重复 N_2 次($1\leqslant j\leqslant N_2$)

3. 基于最小路集的系统平均寿命估计

假设系统有 n 个单元，具有 m 条最小路集 $A_1,\cdots,A_m$，记 $A_i=x_{i1}x_{i2}\cdots x_{ik_i}$($i=1,2,\cdots,m$)，表示当单元 $x_{i1},\cdots,x_{ik_i}$ 都正常时，第 i 条最小路集 A_i 就正常。系统正常事件 S 可表示为

$$S=\bigcup_{i=1}^m A_i=A_1+A_2+\cdots+A_m=\sum_{i=1}^m\Big(\prod_{x_{ip}\in A_i}x_{ip}\Big) \tag{9-49}$$

若第 k 次仿真中，第 j 个单元寿命抽样值为 t_{jk}，n 个单元寿命抽样值为($t_{1k},t_{2k},\cdots,t_{nk}$)，每个最小路集中所有单元正常，该路集才正常，因此第 i 个最小路集失效时间为 T_{ik}($1\leqslant i\leqslant m$)，是该最小路集包含的所有单元寿命时间的最小值，则有 $T_{ik}=\min\limits_{x_j\in A_i}(t_{jk})$。

系统只要有一个最小路集正常，则系统就正常，因此第 k 次仿真中，系统寿命时间 T_k 是系统的所有最小路集寿命时间 T_{ik} 的最大值，则有 $T_k=\max\limits_{1\leqslant i\leqslant m}(T_{ik})$。

设寿命抽样仿真次数为 N_2($1\leqslant k\leqslant N_2$)，则得到系统平均寿命(MTTF)的 1 个抽样值为

$$\text{MTTF}=\frac{1}{N_2}\sum_{k=1}^{N_2}T_k \tag{9-50}$$

设分布参数抽样的次数为 N_1($1\leqslant q\leqslant N_1$)，则得到 MTTF 的多个抽样值，抽样值 MTTF_q($1\leqslant q\leqslant N_1$)由小到大排序，得到其分布密度，则给定置信度 γ，$\text{MTTF}_{(1-\gamma)N_1}$ 就是给定置信度

的平均寿命下限。

4. 仿真算法

系统平均寿命下限的仿真算法,主要包括内外两层循环:内层循环 N_2 次,完成一组单元特定分布参数值下的单元寿命的多次抽样,目的是获得系统平均寿命的一个抽样值;外层循环 N_1 次,完成各单元分布参数值的多次抽样,目的是获得系统平均寿命的分布及其特定置信度的平均寿命下限。算法流程如图 9-5 所示。

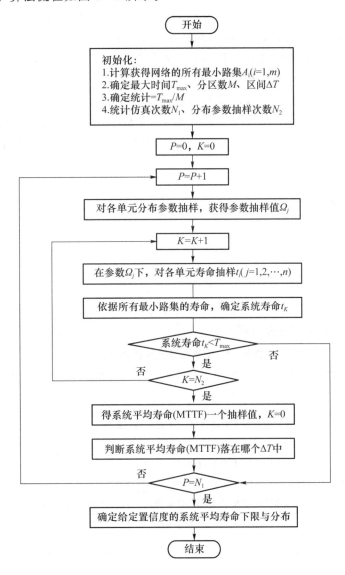

图 9-5　基于最小路集的系统平均寿命评估仿真算法

9.2.3　系统可靠寿命评估的仿真方法

1. 基本原理

假设系统可靠度函数为 $R = h(t)$,且在给定可靠度 R 条件下的系统寿命 $t = g(R)$,则给定

置信度 γ 时,给定可靠度 R_0 的寿命下限 t_0 满足

$$P(t\,|_{R=R_0}\leqslant t_0)=P[g(R_0)\leqslant t_0]=P[h(t_0)\leqslant R_0]=1-\gamma \qquad (9-51)$$

从式(9-51)看出,通过系统可靠度的仿真,能进行给定可靠度条件下寿命下限的评估。

2. 仿真算法

系统给定可靠度 R_0 的寿命下限 t_0 的评估,需要搜索求解,步骤如下。

(1)求解时刻 t_0 时的系统可靠度 $R=h(t_0)$ 的分布

选取时间步长 Δt,给定任务时间 $t_0=i\cdot\Delta t(1\leqslant i\leqslant N_1,N_1$ 为时间仿真次数),从 $i=1$ 开始,按照 9.2.1 节给出的逻辑算法,求系统可靠度的抽样值 $R_j(1\leqslant j\leqslant N_2,N_2$ 为给定时间的可靠度仿真次数),得到时刻 t_0 的系统可靠度 $R=h(t_0)$ 的分布。

(2)搜索求解给定可靠度 R_0 的寿命下限 t_0

在给定置信度 γ 和给定可靠度 R_0 条件下,不断增加时刻 t_0 进行仿真,即 $i=i+1$ 进行仿真,直到刚好满足 $P[h(t_0)\geqslant R_0]=\gamma$ 为止。即在给定 i 条件下,在抽样得到的 $R=h(t_0)$ 分布中,与 $N(1-\gamma)$ 对应的可靠度 $R_{N(1-\gamma)}=R_0$ 时,$t_0=i\cdot\Delta t$ 就是给定置信度 γ、给定可靠度 R_0 条件下的寿命的下限值。

9.2.4 评估示例

示例 9.5：某传输系统由 7 个单元组成,逻辑拓扑如图 9-6 所示。各单元的可靠性试验数据已知(表 9-7),设工作时间 $t_0=200$ h,置信度为 90%,试用蒙特卡罗方法评估系统平均寿命下限、可靠度下限、给定可靠度为 0.95 时的系统寿命下限。

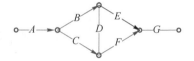

图 9-6 某传输系统拓扑图

表 9-7 网络各单元寿命分布数据

单元	寿命分布	试验数据
A	指数	10 个样本 10^3 h 定时截尾：故障数 $r=6$,总试验时间 $\tau=6\,638.1$ h,无先验信息
B 和 C	正态	12 个完全样本数据：743.3,870.3,886.8,963.8,975.3,984.7,995.5,1 046.9,1 047.9, 1 048.8,1 205.5,1 215.8
E 和 F	正态	15 个完全样本数据：654.3,666.4,669.3,696.4,707.6,772.9,799.2,803.9,809.3, 844.6,875.3,931.2,933.1,934.1,983.9
D	指数	10 个样本定数截尾试验：故障数 $r=4$,总试验时间 $\tau=1345.3$h,无先验信息
G	威布尔	10 个样本的定数截尾数据：463.8,707.8,865.8,1 021.5,1 074.3,1 087.4,1 094, 1 383.7,1 484.7,1 571.6

解：由图 9-6 所示的系统拓扑关系,很容易分析得到系统的最小路集为 4 个,分别是

$$\{A,B,E,G\},\{A,B,D,F,G\},\{A,C,F,G\},\{A,C,D,E,G\}$$

依据 5.3.3 节给出的删除保留法,求得到 8 个不交化最小路集为

$$S=ACDEG+ACD\overline{E}FG+AC\overline{D}FG+AB\overline{D}\overline{E}\,\overline{F}G+AB\overline{C}DEFG+AB\overline{C}D\,\overline{E}FG+$$
$$AB\overline{C}\,\overline{D}EFG+AB\overline{C}DE\,\overline{F}G$$

则系统可靠度为

$$R = \sum_{i=1}^{8} P(B_i) = R_A R_C R_D R_E R_G + R_A R_C R_D F_E R_F R_G + R_A R_C F_D R_F R_G + R_A R_B F_D R_E F_F R_G +$$

$$R_A R_B F_C R_D R_E F_F R_G + R_A R_B F_C R_D F_E R_F R_G + R_A R_B F_C F_D R_E R_F R_G + R_A R_B F_C R_D R_E F_F R_G$$

$$(9-52)$$

1. 系统可靠度下限值 R_L 的评估

在第 j 次仿真运行中，根据表 9-5 给出的可靠度抽样方法，对每个单元进行抽样得到 $A \sim G$ 单元的一组可靠度抽样值 $(R_{Aj}, R_{Bj}, \cdots, R_{Gj})$，代入系统可靠度计算式(9-52)，得到系统可靠度的 1 个抽样值 R_j；重复上述过程，$j = j + 1(1 \leqslant j \leqslant N, N$ 为仿真次数)，得到系统 N 个可靠度抽样值，由小到大排序：$R_1 \leqslant R_2 \leqslant \cdots \leqslant R_N$，则给定置信度 γ 的可靠度下限值 $R_L = R_{N(1-\gamma)}$。

2. 系统平均寿命下限值 $MTTF_L$ 的评估

在第 j 次仿真运行中，根据表 9-6 的方法，对每个单元进行分布参数抽样后，在进行单元寿命抽样，得到 $A \sim G$ 单元的一组寿命抽样值 $(t_{Aj}, t_{Bj}, \cdots, t_{Gj})$，依据系统最小路集，得到系统 1 个寿命抽样值 R_j，重复多次抽样后计算得到 1 个系统平均寿命 $MTTF_j$ 的抽样值；重复上述过程，$j = j + 1(1 \leqslant j \leqslant N, N$ 为仿真次数)，得到系统 N 个平均寿命抽样值，由小到大排序：$MTTF_1 \leqslant MTTF_2 \leqslant \cdots \leqslant MTTF_N$，则给定置信度 γ 的平均寿命下限值 $MTTF_L = MTTF_{N(1-\gamma)}$。

3. 系统可靠寿命下限值 $T_{R,L}$ 的评估

根据 9.2.3 节算法，利用搜索求解方法，连续求解不同 t_0 时刻的系统可靠度分布，然后不断判断是否达到并满足 $P[h(t_0) \geqslant R_0] = \gamma$ 并确认可靠度 R_0 的寿命下限 t_0。

根据上述的基于最小路集的可靠性评估算法，用 Matlab 语言编写了仿真程序，程序清单和说明见附录 9-2，以下是示例的仿真结果。

对应置信度 90% 时平均寿命为 446.84 h。

① 置信度 90% 的 200 h 系统可靠度下限 $R_L(200) = 0.7293$，分布如图 9-7(a)所示。

② 置信度 90% 的系统平均寿命下限 $MTTF_L = 446.84$ h，分布如图 9-7(b)所示。

③ 置信度 90% 的系统 0.95 可靠寿命下限值 $T_{0.95,L} = 60.78$ h。

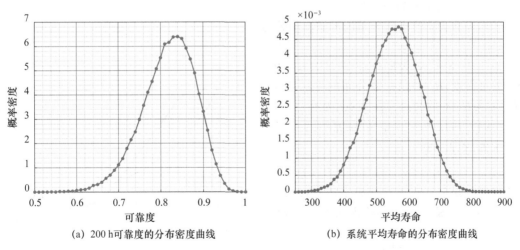

(a) 200 h 可靠度的分布密度曲线　　　　　(b) 系统平均寿命的分布密度曲线

图 9-7　传输系统置信度 90% 的可靠度、平均寿命的分布曲线

9.3 指数分布假设应用条件的仿真评估

9.3.1 问题描述

威布尔分布由于能近似拟合与描述常用分布,如指数分布、正态分布和对数正态分布,因此在工程中一般产品的寿命分布常采用威布尔分布描述。然而在工程实践中,分析和处理产品的可靠性试验数据、现场使用及故障数据时,可能遇到如下情况[1]:

① 在信息统计时,产品已进行了一定工作,故障数较少,分析判定这些故障基本不属于早期故障,从经验判断,认为产品处于偶然故障期或耗损故障期。

② 产品故障数据很少,不易获得产品寿命分布的类型及分布参数。

由于指数分布对产品故障数据要求低,且计算简单便于工程应用,在这种情况下为了评价产品的可靠性,工程技术人员可采用指数分布来近似评估产品可靠性。甚至是在没有故障信息的条件下,也可用于产品可靠性评估。

可以证明,当产品寿命服从威布尔分布,且形状参数为 $m>1$(耗损型)和平均寿命为 μ 时,用平均寿命为 $\theta=\mu$ 的指数分布来估计产品可靠度时,在时间 $t<\mu$ 的范围内,可靠度评估结果是偏保守的,即工程上是可接受的。

证明过程如下[1]:

假设产品的寿命分布服从两参数威布尔分布,则其可靠度函数和平均寿命为

$$\begin{cases} R(t)=\mathrm{e}^{-(t/\eta)^m} \\ \mu=\eta \cdot \Gamma(1+1/m) \end{cases} \tag{9-53}$$

式中,$\Gamma(\cdot)$——伽玛函数;m 为形状参数($m>1$);

η——真尺度参数($\eta>0$)。

平均寿命为 θ 的指数分布的可靠度函数为

$$R(t)=\mathrm{e}^{-t/\theta} \tag{9-54}$$

如图 9-8 所示,设 $R_1(t)$ 为两参数威布尔分布的可靠度,$R_2(t)$ 是指数分布的可靠度,t_s 是 $R_1(t)$ 与 $R_2(t)$ 的交点。在交点 t_s 处有

$$R_1(t_S)=\mathrm{e}^{-(t_S/\eta)^m}=\mathrm{e}^{-t_S/\theta}=R_2(t_S)$$

解得,交点 t_s 为

$$t_s=(\eta^m/\theta)^{\frac{1}{m-1}} \tag{9-55}$$

当指数分布与威布尔分布平均寿命相等时,即将 $\theta=\mu=\eta\Gamma(1+1/m)$ 代入式(9-55),有

$$t_s=\left(\frac{\eta^m}{\mu}\right)^{\frac{1}{m-1}}=\eta\left[\Gamma\left(1+\frac{1}{m}\right)\right]^{-\frac{1}{m-1}} \tag{9-56}$$

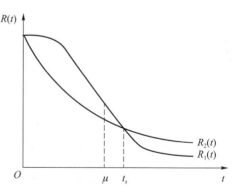

图 9-8 耗损型威布尔与指数分布可靠度

由于 $m>1$ 时，$\Gamma\left(1+\dfrac{1}{m}\right)<1$，则 $\left[\Gamma\left(1+\dfrac{1}{m}\right)\right]^{-\frac{1}{m+1}}>\Gamma\left(1+\dfrac{1}{m}\right)$，带入式(9-56)，有 $t_S>\mu$。

即在 $\mu=\theta$，且 $m>1$ 和 $t<\mu$ 条件下，必有 $R_1(t)>R_2(t)$，如图 9-8 所示。在该条件下，采用指数分布来描述耗损型的威布尔分布时，对于可靠度的估计是偏于保守的。

上述结论是在两种分布的平均寿命相同的条件下得出的，若在 $\mu\neq\theta$ 情况下，用指数分布来估计寿命服从耗损型分布的产品可靠度与平均寿命时，在什么情况下是偏于保守可接受的？并且样本容量 N、威布尔分布参数 m 和 η 及信息删除情况对评估结果的影响如何？这些也都需要进一步分析，用蒙特卡罗方法解决此类问题十分有效。

9.3.2　仿真模型

依据 9.1.1 节给出的产品现场数据的建模方法，进行如下假设：

产品寿命服从两参数威布尔分布($m>1$)，对任意(0,1)区间的随机数 $\xi_{1i}(i=1,2,\cdots,N)$，产品寿命的抽样值为

$$t_i=F^{-1}(\xi_{1i})=\eta\left[-\ln(1-\xi_{1i})\right]^{\frac{1}{m}} \tag{9-57}$$

式中，m——形状参数($m>1$)；

η——真尺度参数($\eta>0$)。

现场或试验中观察到的产品寿命样本数为 N，其中删除(或丢失)样本数为 N_D，样本删除比 D_N，试验期间或使用现场出现的删除样本数 N_D

$$N_D=[D_N\cdot N]_{取整} \tag{9-58}$$

删除样本序号 $K_{Dj}(j=1,2,\cdots,N_D)$ 为参加试验或现场中的任一样本，对任意(0,1)区间的随机数 $\xi_{2j}(j=1,2,\cdots,N_D)$，在 $[1,N]$ 范围内通过均匀分布抽样产生序号

$$K_{Dj}=[\xi_{2j}\cdot N+1]_{取整} \quad (j=1,2,\cdots,N_D) \tag{9-59}$$

样本 K_{Dj} 的删除时间只能发生在其寿命期 $[0,t_{K_{Dj}}]$ 内任一时刻，$t_{K_{Dj}}$ 由式(9-57)获得，假设样本在 $[0,t_{K_{Dj}}]$ 内删除机会均等，对任意(0,1)区间的随机数 $\xi_{3j}(j=1,2,\cdots,N_D)$，在 $[0,t_{K_{Dj}}]$ 范围内通过均匀分布抽样，得第 K_{Dj} 个样本的删除时间

$$\tau_{Dj}=t_{K_{Dj}}\cdot\xi_{3j} \quad (j=1,2,\cdots,N_D) \tag{9-60}$$

式中，$t_{K_{Dj}}$——第 j 个删除样品的失效时间。

若样本总数为 N，失效数为 r，在第 j 次仿真中($1\leqslant j\leqslant n$，n 为仿真次数)，用指数分布的定时截尾寿命试验公式，估计平均寿命下限值，有

$$\theta_{L,j}=\frac{2\left[\displaystyle\sum_{i=1}^{r}t_{i,j}+\sum_{i=1}^{N-r}\tau_{Di,j}\right]}{\chi^2_{2r+2,\alpha}} \tag{9-61}$$

式中，$t_{i,j}$——第 j 次仿真中，样本失效前工作时间；

$\tau_{Di,j}$——第 j 次仿真中，样品删除前工作时间；

α——显著性水平，$1-\alpha$ 为置信度；

$\chi^2_{2r+2,1-\alpha}$——自由度为 $2r+2$ 的 χ^2 分布函数在给定概率为 $1-\alpha$ 的下侧分位数。

在第 j 次仿真中，时间 t_S 的上限值为

$$t_{S,j}=(\eta^m/\theta_{L,j})^{\frac{1}{m-1}} \tag{9-62}$$

显然，利用蒙特卡罗方法评估的本质就是以给定置信度 $1-\alpha$ 的指数分布的平均寿命下限

θ_{Lj}来近似表示威布尔分布(满足 $m>1$ 和 $\eta>0$)产品的平均寿命。

9.3.3 仿真统计参数

1. 参数A_1

第 j 次仿真中,统计参数A_1定义[1]为

$$A_{1j}=\frac{\theta_{L,j}-t_{S,j}}{\theta_{L,j}}=1-\frac{t_{S,j}}{\theta_{L,j}}=1-\left(\frac{\eta}{\theta_{L,j}}\right)^{\frac{m}{m-1}} \tag{9-63}$$

由式(9-63)可知,当$A_{1,j}\leqslant 0$ 有$\theta_{L,j}\leqslant t_{S,j}$,若产品工作到平均寿命下限$\theta_{L,j}$时,用指数分布来代替耗损型威布尔分布,在可靠度上是偏保守的,能保证在 $t\leqslant\theta_{L,j}$全部范围内$R_1(t)\geqslant R_2(t)$。概率 $P(A_{1,j}\leqslant 0)$的大小反映了这种近似的可信程度,其估计值为

$$P(A_{1,j}\leqslant 0)=\frac{n_1}{n} \tag{9-64}$$

式中,n——仿真次数;

n_1——n 次仿真中$A_{1,j}\leqslant 0$ 的出现次数。

2. 参数A_2

第 j 次仿真中,统计参数A_2定义[1]为

$$A_{2,j}=\frac{\mu-\theta_{L,j}}{\theta_{L,j}}=\frac{\mu}{\theta_{L,j}}-1 \tag{9-65}$$

由式(9-65)可知,当$A_{2,j}\geqslant 0$ 时有 $\mu\geqslant\theta_{L,j}$时,用平均寿命下限为$\theta_{L,j}$的指数分布来代替平均寿命为 μ 的耗损型威布尔分布,其平均寿命估计是偏于保守的。概率 $P(A_{2,j}\geqslant 0)$的大小反映了这种近似的可信程度,其估计值为

$$P(A_{2,j}\geqslant 0)=\frac{n_2}{n} \tag{9-66}$$

式中,n——仿真次数;

n_2——n 次仿真中$A_{2,j}\geqslant 0$ 的出现次数。

3. 统计量A_1,A_2与参数 η 的无关性

参数A_1描述了可靠度近似估计的保守程度,参数A_2描述平均寿命近似估计的保守程度,以下分析它们与威布尔分布参数之间的关系。可以证明,威布尔参数 η 对A_1,A_2不产生任何影响。证明过程如下:

忽略仿真次数变量 j,将式(9-57)和式(9-60)代入式(9-61),得到

$$\theta_L=\frac{2\left[\sum_{i=1}^{r}\eta\left[-\ln(1-\xi_{i1})\right]^{\frac{1}{m}}+\sum_{i=1}^{N-r}\eta\left[-\ln(1-\xi_{i2})\right]^{\frac{1}{m}}\cdot\xi_{i3}\right]}{\chi^2_{2r+2,\alpha}} \tag{9-67}$$

将式(9-67)代入式(9-63),有

$$A_1=1-\left[\frac{\chi^2_{2r+2,\alpha}/2}{\sum_{i=1}^{r}\left[-\ln(1-\xi_{i1})\right]^{\frac{1}{m}}+\sum_{i=1}^{N-r}\left[-\ln(1-\xi_{i2})\right]^{\frac{1}{m}}\cdot\xi_{i3}}\right]^{\frac{m}{m-1}} \tag{9-68}$$

由式(9-68)可知,A_1的取值与参数 η 的大小无关。

同理,由式(9-53)和式(9-55)可得

$$A_2=\frac{\mu}{\theta_L}-1=\left(\frac{\eta}{\theta_L}\right)\Gamma\left(1+\frac{1}{m}\right)-1 \tag{9-69}$$

将式(9-69)代入式(9-65),有

$$A_2 = \frac{\chi_{2r+2,a}^2 \cdot \Gamma(1+1/m)}{2\left(\sum\limits_{i=1}^{r}[-\ln(1-\xi_{i1})]^{1/m} + \sum\limits_{i=1}^{N-r}[-\ln(1-\xi_{i2})]^{1/m} \cdot \xi_{i3}\right)} - 1 \qquad (9-70)$$

由式(9-70)可知,A_2 的取值也与参数 η 的大小无关。

基于上述结论,仿真试验中计算 $P(A_1 \leqslant 0)$ 和 $P(A_2 \geqslant 0)$ 时,对给定分布参数 m,η 可任意选择,又根据式(9-53),平均寿命 μ 对 $P(A_1 \leqslant 0)$ 和 $P(A_2 \geqslant 0)$ 也无影响,因此也可任意选择。

9.3.4　仿真结果和分析

仿真给定的威布尔分布参数 m 取值范围为 1.1,1.2,1.5,2,2.5,3,5,平均寿命 $\mu = 1\,000$ h,样本数 N 选取 2,3,5,10,20,50,删除比 D_N 取值为 0.2,0.4,0.5,0.6,0.8,1,显著度 α 取值 0.1,仿真输出为 $P(A_1 \leqslant 0)$ 和 $P(A_2 \geqslant 0)$ 的统计结果。表 9-8 为 $N=2$ 时,不同 m 取值及不同删除比 D_N 对应的部分结果,表 9-9 为 $N=5$ 时的部分结果,表 9-10 为 $N=10$ 时的部分结果。图 9-9 所示为不同样本数 N、m 值和删除比 D_N 下 $P(A_1 \leqslant 0)$ 和 $P(A_2 \geqslant 0)$ 的部分对比结果。

表 9-8　$N=2,\mu=1\,000,1-\alpha=0.9$ 仿真结果

参数 m	删除比									
	0.0		0.2		0.5		0.8		1.0	
	P_{A_1}	P_{A_2}	P_{A_1}	P_{A_2}	P_{A_1}	P_{A_2}	P_{A_1}	P_{A_2}	P_{A_1}	P_{A_2}
1.1	0.979	0.977	0.983	0.977	0.964	0.954	0.969	0.965	0.935	0.926
1.2	0.991	0.989	0.987	0.981	0.981	0.970	0.978	0.974	0.945	0.934
1.5	0.998	0.996	1.000	0.997	0.995	0.992	0.996	0.994	0.974	0.958
2.0	1.000	1.000	1.000	1.000	0.999	0.994	1.000	0.997	0.986	0.972
3.0	1.000	1.000	1.000	1.000	1.000	1.000	1.000	1.000	0.998	0.985

表 9-9　$N=5,\mu=1\,000,1-\alpha=0.9$ 仿真结果

参数 m	删除比									
	0.0		0.2		0.5		0.8		1.0	
	P_{A_1}	P_{A_2}	P_{A_1}	P_{A_2}	P_{A_1}	P_{A_2}	P_{A_1}	P_{A_2}	P_{A_1}	P_{A_2}
1.1	0.974	0.969	0.965	0.957	0.916	0.904	0.787	0.766	0.558	0.535
1.2	0.986	0.977	0.966	0.955	0.943	0.921	0.82	0.778	0.537	0.491
1.5	1.000	0.997	0.994	0.983	0.981	0.958	0.873	0.804	0.548	0.452
2.0	1.000	0.999	0.998	0.995	0.998	0.987	0.905	0.812	0.541	0.419
3.0	1.000	1.000	1.000	1.000	1.000	1.000	0.953	0.871	0.563	0.442

表 9-10　$N=10,\mu=1\,000,1-\alpha=0.9$ 仿真结果

参数 m	删除比									
	0.0		0.2		0.5		0.8		1.0	
	P_{A_1}	P_{A_2}	P_{A_1}	P_{A_2}	P_{A_1}	P_{A_2}	P_{A_1}	P_{A_2}	P_{A_1}	P_{A_2}
1.1	0.972	0.959	0.942	0.923	0.821	0.784	0.481	0.439	0.052	0.042
1.2	0.992	0.979	0.97	0.938	0.84	0.791	0.47	0.404	0.058	0.046

| 删除比 | 0.0 | | 0.2 | | 0.5 | | 0.8 | | 1.0 | |
参数 m	P_{A_1}	P_{A_2}	P_{A_1}	P_{A_2}	P_{A_1}	P_{A_2}	P_{A_1}	P_{A_2}	P_{A_1}	P_{A_2}
1.5	0.999	0.991	0.993	0.967	0.934	0.838	0.524	0.397	0.026	0.011
2.0	1.000	0.998	1.000	0.995	0.974	0.893	0.535	0.335	0.013	0.003
3.0	1.000	1.000	1.000	1.000	0.998	0.945	0.473	0.281	0.011	0.007

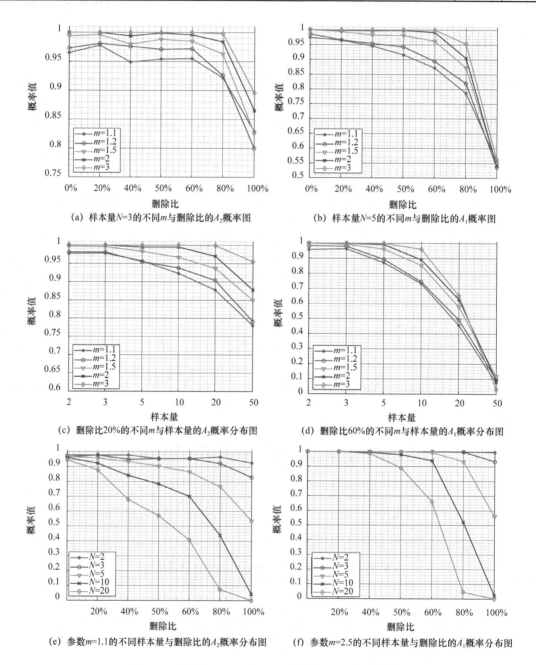

(a) 样本量 $N=3$ 的不同 m 与删除比的 A_2 概率图

(b) 样本量 $N=5$ 的不同 m 与删除比的 A_1 概率图

(c) 删除比 20% 的不同 m 与样本量的 A_2 概率分布图

(d) 删除比 60% 的不同 m 与样本量的 A_1 概率分布图

(e) 参数 $m=1.1$ 的不同样本量与删除比的 A_2 概率分布图

(f) 参数 $m=2.5$ 的不同样本量与删除比的 A_1 概率分布图

图 9 - 9　不同 N、m、D_N 的 $P(A_1 \leqslant 0)$ 和 $P(A_2 \geqslant 0)$ 的对比

根据仿真结果，可得出下面两点：

① 在相同的形状参数 m 和删除比 D_N 情况下，采用指数分布近似估计威布尔分布产品的可靠度和平均寿命时，样本数 N 越小越偏保守，尤其是 $N=2$ 和 $N=3$ 时，基本上保守。

② 当形状参数 m 增大时，即耗损性加强时，概率 $P(A_1 \leqslant 0)$ 和 $P(A_2 \geqslant 0)$ 均增大，也就是增加了保守程度；但当 $N \geqslant 5$ 时，随着删除比的增加，都出现了相反的情况，即形状参数 m 增加时，保守程度开始下降了。

分析得到的结论是：样本量较小时（$2 \leqslant N \leqslant 5$），不论删除比为多少，用指数分布来近似估计服从耗损型威布尔分布产品时，估计的平均寿命下限 θ_L 绝大部分是偏于保守的，可靠度在 $t < \theta_L$ 范围内也是偏于保守的。

因此，在满足以下条件时，可用指数分布近似估计威布尔分布产品的可靠度和平均寿命：

① 样本量较小 $2 \leqslant N \leqslant 5$；

② 失效数据较少（即大多数为删除样本）；

③ 数据少无法估算寿命分布，但能根据经验判断产品处于偶然失效或耗损失效阶段。

9.4　残存比率法与平均秩次法适用性的仿真

当产品已有较多外场使用信息时，技术人员不会未经研究就直接使用指数分布假设进行可靠性分析。在工程应用中，他们常用残存比率法、平均秩次法等对不规则截尾的产品现场信息进行处理，力图寻求产品的真实寿命分布，掌握产品可靠性量化规律[1]。

9.4.1　问题描述

在产品寿命试验的数据分析中，通常用到残存比率法和平均秩次法。这两种方法都适用于完全样本和不完全样本的寿命试验，并且对不规则截尾试验的数据也能处理。为了对这两种方法的适用性进行评价，将针对现场数据的实际情况，采用仿真方法进行研究分析。

1. 平均秩次法

若寿命试验样本数为 N，用平均秩次法求产品累计失效分布 $F(t_K)$

$$F(t_K) = \frac{A_K - 0.32}{N + 0.36} \tag{9-71}$$

式中，A_K——失效样品的平均秩次，计算公式为

$$A_K = A_{K-1} + \frac{N + 1 - A_{K-1}}{N - i + 2} \tag{9-72}$$

式中，K——失效样品顺序号；

i——全部样品按失效或删除时间从小到大排序的序号。

2. 残存比率法

若寿命试验样本数为 N，用残存比率法求产品累计失效分布 $F(t_i)$

$$F(t_i) = 1 - [1 - F(t_{i-1})] \cdot \frac{n_s(t_{i-1}) - \Delta r(t_i)}{n_s(t_{i-1})} \tag{9-73}$$

式中,$\Delta r(t_i)$——$[t_{i-1},t_i]$内的失效样本数;

$n_s(t_{i-1})$——t_{i-1}时未失效样本数,计算公式为

$$n_s(t_i) = N - \sum_{j=1}^{i} [\Delta r(t_j) + \Delta K(t_j)] \tag{9-74}$$

式中,$\Delta K(t_j)$——$[t_{i-1},t_i]$内的删除样本数;

i——全部样品按失效或删除时间从小到大排序的序号。

3. 最小二乘法的分布参数估计

大量产品可靠性分析结果表明,威布尔分布用来描述产品的寿命分布十分有效。设产品寿命 t 服从两参数威布尔分布,累积分布函数为 $F(t) = 1 - e^{-(t/\eta)^m}$,若存在 N 个寿命试验样本数据,令 $x_i = \ln t_i$,$y_i = \ln\{\ln[1-F(t_i)]^{-1}\}$,$\overline{x} = \dfrac{1}{N}\sum_{i=1}^{N} x_i$,$\overline{y} = \dfrac{1}{N}\sum_{i=1}^{N} y_i$,则 $\{x_i, y_i\}$ 保持线性关系,由最小二乘法得到 $F(t)$ 参数 m,η 的估计为

$$\begin{cases} \hat{m} = \sum_{i=1}^{r} [(x_i - \overline{x})(y_i - \overline{y})] \Big/ \sum_{i=1}^{r} (x_i - \overline{x})^2 \\ \hat{\eta} = e^{|\overline{y}/\hat{m} - \overline{x}|} \end{cases} \tag{9-75}$$

相关系数表示为

$$r = \frac{\sum_{i=1}^{N} (x_i - \overline{x})(y_i - \overline{y})}{\sqrt{\sum_{i=1}^{N} (x_i - \overline{x})^2 \cdot \sum_{i=1}^{r} (y_i - \overline{y})^2}} \tag{9-76}$$

则平均寿命

$$\hat{\mu} = \hat{\eta}\Gamma(1 + 1/\hat{m}) \tag{9-77}$$

问题在于:残存比率法和平均秩次法处于同一组不规则截尾信息时,哪一种方法更好,即由这些方法处理所得的产品累计失效分布(经验分布)哪种更接近其真实的寿命分布。

9.4.2 仿真模型

使用仿真方法研究上述问题的基本思想是:先设定产品的真实寿命分布,对此寿命分布进行模拟现场信息结构的随机抽样,产生足够多的现场使用信息组,然后分别用残存比率法和平均秩次法对每一组现场模拟信息进行处理,求出其累计失效分布和特征参数,最后用统计方法和统计量来评估两种方法的优劣。

假定产品寿命服从两参数威布尔分布($m>1$),对 $(0,1)$ 区间的随机数 $\xi_{1i}(i=1,2,\cdots,N)$,产品寿命的抽样值为

$$t_i = F^{-1}(\xi_{1i}) = \eta[-\ln(1-\xi_{1i})]^{\frac{1}{m}} \tag{9-78}$$

式中,m——形状参数($m>1$);

η——真尺度参数($\eta>0$)。

现场数据中观察到的产品寿命样本数目为 N,其中删除(或丢失)样本数为 N_D,样本删除比 D_N,使用现场出现的删除样本数 N_D

$$N_D = [D_N \cdot N]_{取整} \tag{9-79}$$

删除样本序号 $K_{Dj}(j=1,2,\cdots,N_D)$ 为使用现场中的任一样本,对任意 $(0,1)$ 区间的随机数 $\xi_{2j}(j=1,2,\cdots,N_D)$,在 $[1,N]$ 范围内通过均匀分布抽样产生序号

$$K_{Dj} = [\xi_{2j} \cdot N + 1]_{\text{取整}} \quad (j=1,2,\cdots,N_D) \tag{9-80}$$

样本 K_{Dj} 的删除时间发生在其寿命期 $[0,t_{K_{Dj}}]$ 内任一时刻,$t_{K_{Dj}}$ 由式 $(9-78)$ 得,对任意 $(0,1)$ 随机数 $\xi_{3j}(j=1,2,\cdots,N_D)$,在 $[0,t_{K_{Dj}}]$ 内经均匀分布抽样,得第 K_{Dj} 个样本删除时间

$$\tau_{Dj} = t_{K_{Dj}} \cdot \xi_{3j} \quad (j=1,2,\cdots,N_D) \tag{9-81}$$

式中,$t_{K_{Dj}}$——第 j 个删除样品的失效时间。

将现场 N 个样本数据按其失效和删除时间由小到大排序,用 9.4.1 节所述方法得到分布参数估计值,并求出平均寿命的估计值,将估计值进行区间统计后求出期望值。

9.4.3　仿真统计参数

对各种样本容量、不同删除比,在给定参数条件下,每次仿真都用两种数据处理方法来求出经验分布,并用最小二乘法计算式 $(9-76)$ 相关系数,当 $r \geqslant 0.9$ 时进行区间统计,用式 $(9-75)$ 和式 $(9-77)$ 求出 $\hat{m}$、$\hat{\eta}$ 和 $\hat{\mu}$,进而求出参数估值的相关统计量。

① 参数估值的样本均值 $\overline{\hat{\xi}}$ 为

$$\overline{\hat{\xi}} = \frac{1}{n}\sum_{i=1}^{n} \hat{\xi}_i \tag{9-82}$$

式中,ξ_i——n 次仿真所求得的第 i 次的参数估值。

② 参数估值的平均相对误差 $\mathrm{MRE}(\hat{\xi})$ 为

$$\mathrm{MRE}(\hat{\xi}) = \frac{1}{n}\sum_{i=1}^{n} |\hat{\xi}_i - \xi_0| / \xi_0 = \frac{|\overline{\hat{\xi}} - \xi_0|}{\xi_0} \tag{9-83}$$

式中,ξ_0——各分布参数设定值(即 m_0,η_0,μ_0);$\hat{\xi}$ 为相应参数的估计值。

③ 参数估值的均方误差 $\mathrm{MSE}(\hat{\xi})$ 为

$$\mathrm{MSE}(\hat{\xi}) = \frac{1}{n}\sum_{i=1}^{n} (\hat{\xi}_i - \xi_0)^2 \tag{9-84}$$

9.4.4　仿真结果和分析

依据产品现状,仿真给定的威布尔参数 m_0 选取 1、1.3、2.5,样本数 N 选取 5、8、10、20、30、50,删除比 D_N 选取 0、0.2、0.5。由式 $(9-77)$ 可知真尺度参数 η 的取值对参数 m 估计值无影响,因此假设 $\eta_0 = 1000$。按照不同样本容量和不同删除比,在给定相应参数条件下,仿真运行 1 000 次,每次系统评估都分别用两种数据处理方法来求出经验分布,并用最小二乘法估计分布参数,当回归相关系数 $r \geqslant 0.9$ 时进行统计,求出 $\hat{m}$、$\hat{\mu}$ 及其均值、平均相对误差、均方误差,以及 r 高于 90% 的占比。设定参数区间为 $\Delta m = 0.1$,$\Delta \mu = 100$,求概率为 0.6 和 0.8 时所对应的 $\hat{m}$,$\hat{\mu}$ 的参数值。利用上述统计量和参数结果来评判两种方法的优劣。

因篇幅有限,以下仅列出部分仿真结果(表中 A 代表平均秩次法,B 代表残存比率法),不

同 m，N 及 D_N 取值的结果见表 9－11～表 9－16，$\hat{m}$、$\hat{\mu}$ 估值与设定值间的关系对比见表 9－17。

表 9－11　平均寿命 $\hat{\mu}$ 的平均相对误差、均方误差的两种方法结果对比

m_0	N	$\hat{\mu}\sim$MRE$(\times 10^{-2})$						$\hat{\mu}\sim$MSE$(\times 10^5)$					
		$D_N=0.0$		$D_N=0.2$		$D_N=0.5$		$D_N=0.0$		$D_N=0.2$		$D_N=0.5$	
		A	B	A	B	A	B	A	B	A	B	A	B
1	5	38.84	41.75	63.29	12.79	108.54	69.41	12.370	2.692	23.302	7.939	58.340	63.308
	8	22.70	31.51	41.73	20.40	97.82	82.60	5.305	1.668	10.817	1.992	43.151	57.839
	10	18.58	24.03	37.09	13.39	97.87	61.69	2.635	1.191	5.508	1.518	40.093	25.769
	20	12.47	8.78	29.39	1.98	75.77	48.84	1.156	0.611	2.555	0.805	14.141	13.076
	30	8.41	4.64	23.09	6.96	61.69	42.75	0.701	0.437	1.458	0.673	6.589	4.535
	50	6.37	0.47	19.83	10.95	63.54	52.15	0.382	0.291	0.889	0.534	6.091	4.703
1.3	5	16.94	32.98	36.11	18.13	62.11	25.86	2.347	1.539	7.417	2.455	18.225	19.709
	8	12.33	23.92	17.14	21.09	60.11	35.94	1.147	0.914	1.592	0.995	15.163	12.921
	10	10.95	20.19	23.30	12.27	50.91	26.84	0.954	0.736	1.714	0.800	6.598	6.144
	20	6.29	8.52	15.85	2.18	44.50	21.91	0.390	0.310	0.769	0.356	3.181	2.025
	30	4.21	5.09	15.89	3.51	41.44	25.42	0.234	0.199	0.588	0.263	2.339	1.178
	50	3.87	1.33	13.00	6.44	39.63	31.10	0.135	0.112	0.356	0.220	1.851	1.327
2.5	5	3.89	17.62	7.83	15.62	13.15	6.52	0.311	0.531	0.446	0.527	0.736	0.806
	8	3.16	12.91	4.36	11.94	15.88	0.35	0.203	0.299	0.222	0.307	0.692	0.642
	10	1.30	11.97	6.56	8.39	14.60	1.01	0.143	0.243	0.223	0.213	0.480	0.324
	20	1.17	6.03	5.67	3.46	14.09	3.35	0.077	0.098	0.120	0.088	0.292	0.144
	30	1.51	3.32	4.44	1.24	13.23	5.42	0.050	0.053	0.079	0.060	0.235	0.106
	50	0.80	1.97	4.32	1.05	12.75	8.31	0.030	0.031	0.051	0.035	0.182	0.104

表 9－12　参数 $\hat{m}$ 的平均相对误差、均方误差的两种方法结果对比

m_0	N	$\hat{m}\sim$MRE$(\times 10^{-2})$						$\hat{m}\sim$MSE					
		$D_N=0.0$		$D_N=0.2$		$D_N=0.5$		$D_N=0.0$		$D_N=0.2$		$D_N=0.5$	
		A	B	A	B	A	B	A	B	A	B	A	B
1	5	9.45	60.38	14.24	63.45	38.44	84.95	0.597	1.718	0.605	1.657	2.522	4.904
	8	0.39	22.36	1.45	25.89	17.77	47.23	0.134	0.246	0.189	0.353	0.655	2.079
	10	1.85	13.15	2.40	23.07	8.93	26.13	0.102	0.151	0.138	0.265	0.272	0.673
	20	3.04	0.39	0.88	4.50	3.89	11.72	0.052	0.055	0.061	0.072	0.099	0.140
	30	4.08	3.36	1.56	0.14	4.96	8.35	0.034	0.035	0.038	0.041	0.060	0.078
	50	2.82	3.30	0.53	0.30	2.58	3.29	0.022	0.023	0.025	0.026	0.039	0.042
1.3	5	6.47	53.15	13.48	72.87	36.94	87.92	0.487	1.289	1.274	4.303	5.072	7.563
	8	0.61	22.67	0.51	26.94	17.51	51.75	0.257	0.464	0.270	0.593	1.092	3.341
	10	4.25	11.00	0.36	20.72	5.47	25.22	0.156	0.238	0.206	0.396	0.371	0.950
	20	2.50	0.54	0.47	4.82	4.35	14.02	0.080	0.086	0.099	0.122	0.172	0.253
	30	2.60	1.98	1.84	0.55	4.03	9.03	0.057	0.061	0.063	0.069	0.112	0.148
	50	2.79	3.32	0.46	0.15	3.64	5.09	0.035	0.037	0.040	0.041	0.064	0.074

m_0	N	$\hat{m}\sim$MRE $(\times 10^{-2})$						$\hat{m}\sim$MSE					
		$D_N=0.0$		$D_N=0.2$		$D_N=0.5$		$D_N=0.0$		$D_N=0.2$		$D_N=0.5$	
		A	B	A	B	A	B	A	B	A	B	A	B
2.5	5	7.26	57.12	9.53	68.88	33.81	101.24	2.692	7.671	3.148	10.083	17.083	29.418
	8	1.31	21.33	4.66	33.41	11.23	46.57	0.711	1.385	1.443	3.096	4.116	8.799
	10	0.87	13.76	2.03	23.67	4.41	38.14	0.620	0.938	0.867	1.685	1.688	5.317
	20	3.20	0.22	2.92	3.56	2.81	17.87	0.314	0.342	0.369	0.420	0.859	1.547
	30	3.84	3.00	1.59	1.04	2.51	9.89	0.209	0.216	0.217	0.241	0.366	0.512
	50	2.72	3.10	1.26	0.77	1.87	4.69	0.128	0.132	0.161	0.171	0.216	0.258

表 9 - 13　平均寿命 $\hat{\mu}$ 的样本均值、$r \geqslant 0.9$ 占比的两种方法部分结果对比

m_0	N	μ_0	样本均值 $\overline{\hat{\mu}}$						相关系数 $r \geqslant 0.9$ 占比(%)					
			$D_N=0.0$		$D_N=0.2$		$D_N=0.5$		$D_N=0.0$		$D_N=0.2$		$D_N=0.5$	
			A	B	A	B	A	B	A	B	A	B	A	B
1	5	1 000	1 388.35	582.46	1 632.93	872.11	2 085.37	1 694.15	88.7	59.4	90.5	61.8	91.6	65
	10	1 000	1 185.76	759.66	1 370.86	866.12	1 978.72	1 616.90	95.5	82.5	96.7	74.8	92.8	62.2
	20	1 000	1 124.69	912.19	1 293.92	1 019.76	1 757.69	1 488.42	99.4	96.1	99.1	93.5	96.6	80.7
	50	1 000	1 063.73	995.25	1 198.35	1 109.45	1 635.39	1 521.52	100	99.9	99.8	99.1	99.2	97.6
1.3	5	923.58	1 080.04	618.94	1 257.09	756.17	1 497.17	1 162.37	88.6	62.3	90.1	59.2	90.6	64.6
	10	923.58	1 024.69	737.06	1 138.81	810.23	1 393.76	1 171.42	96.9	81.7	94.7	73.2	94	61.5
	20	923.58	981.67	844.91	1 069.92	903.46	1 334.56	1 125.91	99.5	97.1	98.5	94.8	96.9	82.6
	50	923.58	959.36	911.32	1 043.62	983.08	1 289.64	1 210.84	99.9	99.9	99.6	98.9	99.2	97.7
2.5	5	887.26	921.74	730.91	956.77	748.67	1 003.90	829.41	89.7	58.9	90.3	59.8	91.2	64.8
	10	887.26	898.78	781.05	945.47	812.82	1 016.77	878.34	95.9	84.5	95.4	75.5	92.7	57.2
	20	887.26	897.67	833.78	937.53	856.59	1 012.28	917.00	98.6	96.9	98.7	91.9	97.9	81.5
	50	887.26	894.38	869.80	925.57	896.54	1 000.35	961.03	99.9	99.5	100	99.7	99.6	98

表 9 - 14　参数 $\hat{m}$ 的样本均值、$r \geqslant 0.9$ 占比的两种方法部分结果对比

m_0	N	样本均值 $\overline{\hat{m}}$						相关系数 $r \geqslant 0.9$ 占比(%)					
		$D_N=0.0$		$D_N=0.2$		$D_N=0.5$		$D_N=0.0$		$D_N=0.2$		$D_N=0.5$	
		A	B	A	B	A	B	A	B	A	B	A	B
1	5	1.094	1.604	1.142	1.634	1.384	1.849	88.7	59.4	90.5	61.8	91.6	65
	10	0.982	1.131	1.024	1.231	1.089	1.261	95.5	82.5	96.7	74.8	92.8	62.2
	20	0.970	1.004	0.991	1.045	1.039	1.117	99.4	96.1	99.1	93.5	96.6	80.7
	50	0.972	0.967	0.995	0.997	1.026	1.033	100	99.9	99.8	99.1	99.2	97.6

m_0	N	样本均值 $\hat{m}$						相关系数 $r \geqslant 0.9$ 占比(%)					
		$D_N=0.0$		$D_N=0.2$		$D_N=0.5$		$D_N=0.0$		$D_N=0.2$		$D_N=0.5$	
		A	B	A	B	A	B	A	B	A	B	A	B
1.3	5	1.384	1.991	1.475	2.247	1.780	2.443	88.6	62.3	90.1	59.2	90.6	64.6
	10	1.245	1.443	1.305	1.569	1.371	1.628	96.9	81.7	94.7	73.2	94	61.5
	20	1.267	1.307	1.294	1.363	1.356	1.482	99.5	97.1	98.5	94.8	96.9	82.6
	50	1.264	1.257	1.294	1.298	1.347	1.366	99.9	99.9	99.6	98.9	99.2	97.7
2.5	5	2.681	3.928	2.738	4.222	3.345	5.031	89.7	58.9	90.3	59.8	91.2	64.8
	10	2.478	2.844	2.551	3.092	2.610	3.454	95.9	84.5	95.4	75.5	92.7	57.2
	20	2.420	2.495	2.427	2.589	2.570	2.947	98.6	96.9	98.7	91.9	97.9	81.5
	50	2.432	2.422	2.469	2.481	2.547	2.617	99.9	99.5	100	99.7	99.6	98

表 9-15 概率 0.6 和 0.8 的平均寿命 $\hat{\mu}$ 值的两种方法结果对比

m_0	N	概率 0.6 对应的平均寿命 $\hat{\mu}$ 值						概率 0.8 对应的平均寿命 $\hat{\mu}$ 值					
		$D_N=0.0$		$D_N=0.2$		$D_N=0.5$		$D_N=0.0$		$D_N=0.2$		$D_N=0.5$	
		A	B	A	B	A	B	A	B	A	B	A	B
1	5	1 299.59	592.45	1 497.00	790.11	1 806.70	1 149.26	1 831.33	773.10	2 155.61	1 148.57	2 769.60	1 993.90
	10	1 212.21	805.77	1 378.61	876.06	1 764.02	1 321.65	1 491.08	945.87	1 732.82	1 078.17	2 426.87	2 039.59
	20	1 185.93	959.29	1 303.28	1 052.62	1 710.47	1 392.40	1 350.70	1 100.36	1 566.68	1 238.88	2 148.06	1 771.77
	50	1 083.26	1 016.67	1 220.04	1 131.88	1 645.14	1 514.14	1 193.55	1 118.18	1 363.42	1 261.54	1 893.42	1 762.73
1.3	5	1 114.85	637.21	1 229.38	751.76	1 425.33	949.65	1 365.33	820.07	1 603.02	1 001.32	1 862.10	1 365.61
	10	1 063.95	768.83	1 182.72	833.81	1 402.80	1 131.48	1 245.65	897.27	1 386.39	986.00	1 725.57	1 461.68
	20	1 015.66	882.59	1 094.08	929.71	1 349.08	1 135.12	1 132.95	975.25	1 241.82	1 037.37	1 562.42	1 295.81
	50	982.80	933.37	1 067.43	1 005.64	1 311.64	1 225.57	1 044.79	991.31	1 154.75	1 091.38	1 449.29	1 353.42
2.5	5	963.67	775.95	997.99	792.13	1 041.71	861.46	1 069.51	871.13	1 125.18	902.23	1 190.55	1 000.49
	10	926.33	808.03	973.42	845.42	1 056.69	911.65	1 000.14	876.59	1 057.47	921.54	1 148.07	1 022.61
	20	920.92	855.18	959.09	879.14	1 042.52	940.49	971.68	905.29	1 020.61	932.77	1 106.71	1 004.94
	50	908.05	883.11	940.84	911.46	1 015.88	975.56	939.34	913.65	975.28	945.03	1 059.37	1 018.85

表 9-16 概率 0.6 和 0.8 的参数 $\hat{m}$ 值的两种方法结果对比

m_0	N	概率 0.6 对应的 $\hat{m}$ 值						概率 0.8 对应的 $\hat{m}$ 值					
		$D_N=0.0$		$D_N=0.2$		$D_N=0.5$		$D_N=0.0$		$D_N=0.2$		$D_N=0.5$	
		A	B	A	B	A	B	A	B	A	B	A	B
1	5	1.047	1.529	1.091	1.571	1.090	1.475	1.371	1.935	1.495	2.223	1.719	2.735
	10	1.005	1.149	1.036	1.237	1.071	1.245	1.185	1.373	1.257	1.564	1.388	1.740
	20	1.001	1.036	1.021	1.077	1.076	1.155	1.146	1.184	1.176	1.241	1.251	1.380
	50	1.004	0.998	1.023	1.027	1.067	1.069	1.092	1.087	1.117	1.125	1.183	1.201

m_0	N	概率0.6对应的$\hat{m}$值						概率0.8对应的$\hat{m}$值					
		$D_N=0.0$		$D_N=0.2$		$D_N=0.5$		$D_N=0.0$		$D_N=0.2$		$D_N=0.5$	
		A	B	A	B	A	B	A	B	A	B	A	B
1.3	5	1.372	1.980	1.346	2.064	1.414	2.115	1.845	2.642	1.888	2.966	2.101	3.404
	10	1.281	1.478	1.346	1.596	1.361	1.634	1.513	1.726	1.621	2.001	1.726	2.187
	20	1.301	1.342	1.328	1.400	1.385	1.519	1.491	1.546	1.529	1.621	1.639	1.820
	50	1.300	1.294	1.336	1.345	1.403	1.419	1.419	1.461	1.460	1.466	1.551	1.588
2.5	5	2.567	3.822	2.560	4.019	2.689	4.440	3.398	4.917	3.559	5.491	4.013	7.129
	10	2.520	2.874	2.554	3.110	2.583	3.422	3.042	3.501	3.123	3.922	3.277	4.606
	20	2.491	2.576	2.520	2.696	2.630	3.012	2.806	2.898	2.864	3.051	3.090	3.597
	50	2.501	2.505	2.539	2.555	2.613	2.697	2.721	2.773	2.786	2.806	2.921	3.019

表 9－17　平均寿命 $\hat{\mu}$ 和参数 $\hat{m}$ 的设定值与估计值比较

m_0	N	样本均值 $\hat{\mu}$			样本均值 $\hat{m}$		
		$D_N=0.0$	$D_N=0.2$	$D_N=0.5$	$D_N=0.0$	$D_N=0.2$	$D_N=0.5$
1	5	$\hat{\mu}_{秩次}>\mu_0>\hat{\mu}_{残存}$	$\hat{\mu}_{秩次}>\mu_0>\hat{\mu}_{残存}$	$\hat{\mu}_{秩次}>\hat{\mu}_{残存}>\mu_0$	$\hat{m}_{残存}>\hat{m}_{秩次}>m_0$	$\hat{m}_{残存}>\hat{m}_{秩次}>m_0$	$\hat{m}_{残存}>\hat{m}_{秩次}>m_0$
	8						
	10				$\hat{m}_{残存}>m_0>\hat{m}_{秩次}$	$\hat{m}_{残存}>m_0>\hat{m}_{秩次}$	
	20						
	30		$\hat{\mu}_{秩次}>\hat{\mu}_{残存}>\mu_0$		$m_0>\hat{m}_{残存}>\hat{m}_{秩次}$		
	50				$m_0>\hat{m}_{秩次}>\hat{m}_{残存}$	$m_0>\hat{m}_{残存}>\hat{m}_{秩次}$	
1.3	5	$\hat{\mu}_{秩次}>\mu_0>\hat{\mu}_{残存}$	$\hat{\mu}_{秩次}>\mu_0>\hat{\mu}_{残存}$	$\hat{\mu}_{秩次}>\hat{\mu}_{残存}>\mu_0$	$\hat{m}_{残存}>\hat{m}_{秩次}>m_0$	$\hat{m}_{残存}>m_0>\hat{m}_{秩次}$	$\hat{m}_{残存}>\hat{m}_{秩次}>m_0$
	8				$\hat{m}_{残存}>m_0>\hat{m}_{秩次}$		
	10						
	20				$m_0>\hat{m}_{残存}>\hat{m}_{秩次}$		
	30		$\hat{\mu}_{秩次}>\hat{\mu}_{残存}>\mu_0$				
	50				$m_0>\hat{m}_{秩次}>\hat{m}_{残存}$	$m_0>\hat{m}_{残存}>\hat{m}_{秩次}$	
2.5	5	$\hat{\mu}_{秩次}>\mu_0>\hat{\mu}_{残存}$	$\hat{\mu}_{秩次}>\mu_0>\hat{\mu}_{残存}$	$\hat{\mu}_{秩次}>\mu_0>\hat{\mu}_{残存}$	$\hat{m}_{残存}>\hat{m}_{秩次}>m_0$	$\hat{m}_{残存}>m_0>\hat{m}_{秩次}$	$\hat{m}_{残存}>\hat{m}_{秩次}>m_0$
	8			$\hat{\mu}_{秩次}>\hat{\mu}_{残存}>\mu_0$			
	10			$\hat{\mu}_{秩次}>\mu_0>\hat{\mu}_{残存}$			
	20				$m_0>\hat{m}_{残存}>\hat{m}_{秩次}$		
	30			$\hat{\mu}_{秩次}>\hat{\mu}_{残存}>\mu_0$			
	50				$m_0>\hat{m}_{秩次}>\hat{m}_{残存}$	$m_0>\hat{m}_{残存}>\hat{m}_{秩次}$	

根据仿真结果，可得出以下几点结论。

① 从表 9－11 可知，不同样本量及删除比的平均寿命 $\hat{\mu}$ 估计，除无删除样本（除 $m_0=1$，$N\geqslant20$）和少量删除样本（仅 $D_N=0.2$，$m_0=2.5$，$N\leqslant10$）的情况下，平均秩次法的平均寿命平

均相对误差 MRE 均大于残存比率法；均方误差的结果相似，除无删除样本(仅 $m_0 = 2.5$)和有删除样本($N = 5 \sim 8$ 时)的个别情况，残存比率法的平均寿命均方误差 MSE 均小于平均秩次法。

② 从表 9-12 可知，不同样本量及删除比的参数 m 的估计，除无删除($m_0 = 1$，$N = 20 \sim 30$)和少量删除(仅 $D_N = 0.2$，$N \geqslant 30$)的情况下，平均秩次法的 $\hat{m}$ 平均相对误差均小于残存比率法；$\hat{m}$ 估值的均方误差 MSE 的结果则是，平均秩次法的误差结果在各类情况下均小于残存比率法，由此看来，平均秩次法的估计精度高于残存比率法。

③ 从表 9-13 可知，对各种样本量、不同删除比估计的平均寿命 $\hat{\mu}$，在绝大多数情况下，平均秩次法得到的 $\hat{\mu}_A$ 都大于 μ_0，且随着样本量的增大，$\hat{\mu}_A$ 不断接近 μ_0；残存比率法得到的 $\hat{\mu}_B$ 在无删除时均小于 μ_0，但随着删除比和样本量增大这种情况出现反转。

④ 从表 9-14 可知，统计相关系数 $r \geqslant 0.9$ 的占比，平均秩次法多于残存比率法；随着样本量的增加，它们的差距逐渐减小；当 $N = 20$ 时，两种方法的 $r \geqslant 0.9$ 占比都大于 80%；当 $N = 50$ 时，两种方法的 $r \geqslant 0.9$ 占比都大于 95%。

⑤ 从表 9-15 和表 9-16 结果看，当样本量 $N \leqslant 50$，删除比 $D_N \leqslant 50\%$，形状参数 $m = 1 \sim 2.5$ 时，给定概率 0.6 和 0.8 的 $\hat{m}$、$\hat{\mu}$ 估计值，平均秩次法的结果均大于残存比率法，因而残存比率法计算出的可靠度小于平均秩次法算出的可靠度，说明用残存比率法评估可靠度较保守。

综上分析，对形状参数 m 的估计，平均秩次法的均方误差 MSE 均小于残存比率法；对于平均寿命 μ 的估计，大多数情况下残存比率法的均方误差 MSE 和平均相对误差 MRE 小于平均秩次法。随着样本量增大和删除比减小，两种方法的均方误差越来越小、也越来越接近，说明它们的估计精度都在提高。当样本量为 $5 \sim 50$、删除样本少于一半时，对形状参数 m 和平均寿命 μ 的估计值，残存比率法都小于平均秩次法，因此从可靠度分析角度看，残存比率法的评估比平均秩次法的评估偏保守。

9.5 工程经验法的数字仿真

在装备研制及评价过程中，由于资金、设备、试验周期等客观条件的限制，依据长期以来的工程实践惯例，往往只能投入少量样品($n = 2 \sim 5$)来进行配套产品的厂内寿命试验。工程经验法就是适用于这种需求的一种常用寿命评估方法，该方法使用方便，但由于小子样对寿命评价结果的影响，其经验系数的合理确定就成为了一个影响使用的主要问题[1]，本节将介绍使用蒙特卡罗选择确定工程经验法经验系数的思路和方法。

9.5.1 问题描述

工程经验法[36]是在大量航空产品工程实践基础上总结得到的一种寿命评估方法，主要用于厂内试验产品定寿、延寿及评定产品的耐久性。在确定产品寿命(首翻期)的试验中，规定将产品耗损型和偶然型故障(不可修复产品)计为关联失效，具体估算方法如下。

① 如寿命试验到 T 时，全部产品没有出现关联失效，则产品寿命(首翻期)T_0 为

$$T_0 = T/K_0 \tag{9-85}$$

式中，T——每台产品试验截尾时间；

K_0——经验系数，其值一般为 1.5。

② 如寿命试验到 t_n 截止时，全部产品先后出现了关联失效，则产品寿命(首翻期)T_{0n}

$$T_{0n} = \sum_{i=1}^{n} t_i / n K_1 \tag{9-86}$$

式中，t_i——第 i 个产品失效时间；

n——产品数；

K_1——经验系数，其值一般大于 1.5。

③ 如寿命试验到 T 截止时，有 r 个产品出现了关联失效，则产品寿命(首翻期)T_{0r}

$$T_{0r} = \Big[\sum_{i=1}^{r} t_i + (n-r)T \Big] / n K_r \tag{9-87}$$

式中，t_i——第 i 个产品失效时间；

n——产品数；

K_r——经验系数，其值一般大于 1.5。

由于小子样对寿命评价结果的影响，依据上述产品寿命评估方法，在实践中就会遇到经验系数 K_r,K_0,K_1 怎么合理选择和确定的问题，它成为了一个影响使用的主要问题，直接利用理论和解析方法很难得到全部结果，利用蒙特卡罗方法则是一种解决该问题的有效手段。

9.5.2 理论分析与仿真模型

依据工程经验法的不同处理条件，以下分三种情况讨论。

9.5.2.1 出现 $n(r=0)$ 的情况

大量产品可靠性实践分析的结果表明，用二参数威布尔分布来描述产品寿命分布有较好的适应性，因此对试验中这种产品耗损型失效也使用二参数威布尔分布描述，即

$$F(t) = 1 - e^{(-t/\eta)^m} \quad (t \geqslant 0) \tag{9-88}$$

式中，m 为形状参数($m>0$)；η 为特征寿命($\eta>0$)。

为便于统一表达，用 $\bar{\eta}(t)$ 表示在 t 时刻的威布尔分布的百分位点，即

$$\bar{\eta}(t) = t/\eta \tag{9-89}$$

则产品寿命分布和可靠度可表示为下述形式

$$\begin{cases} F(t) = 1 - e^{-\bar{\eta}(t)^m} \\ R(t) = e^{-\bar{\eta}(t)^m} \end{cases} \tag{9-90}$$

若规定对应 T_0 的可靠度单边置信下限为 $R_{L(r=0)}(T_0)$，令 $A=(t/T_0)^m$，则由式(9-90)可得

$$R(t) = e^{-\bar{\eta}(t)^m} = e^{-(T_0/\eta)^m \cdot (t/T_0)^m} = \big[e^{-\bar{\eta}(T_0)^m} \big]^{(t/T_0)^m} = R_{L(r=0)}(T_0)^A \tag{9-91}$$

由概率论知，n 个产品在 $[0,t]$ 内失效 r 个的概率为

$$P(x=r) = C_n^r \big[1 - e^{-\bar{\eta}(t)^m} \big]^r \cdot \big[e^{-\bar{\eta}(t)^m} \big]^{n-r} \tag{9-92}$$

设 c 为合格判定数，则在确定 t,n,c 和显著性水平 α 的条件下，有以下关系存在

$$\sum_{r=0}^{c} C_n^r \big[1 - R_{L(r=0)}(T_0)^A \big]^r \cdot \big[R_{L(r=0)}(T_0)^A \big]^{n-r} = \alpha \tag{9-93}$$

若 n 个产品的试验截尾时间 $t=T$，试验后没有失效产品（即 $r=0$），合格判定数 $c=0$，则式(9 - 93)可简化为

$$R_{L(r=0)}(T_0)^{(T/T_0)^m} = \sqrt[n]{\alpha} \tag{9-94}$$

当规定了显著性水平 α 和置信下限 $R_{L(r=0)}(T_0)$ 后，依据式(9 - 94)和式(9 - 85)，得经验系数 K_0 为

$$K_0 = T/T_0 = \left[\frac{\ln \sqrt[n]{\alpha}}{\ln R_{L(r=0)}(T_0)}\right]^{1/m} \tag{9-95}$$

针对不同 n,m,α 和 R_L 组合，利用式(9 - 95)计算 K_0，并与蒙特卡罗仿真结果对比，表明两种方法的计算结果一致，参考文献[2]的示例也说明，在一定范围内蒙特卡罗的解误差约为 0.04%。

对于 $n(r=0)$ 情况，工程经验法式(9 - 95)的经验系数 K_0 的计算结果，列于表 9 - 19。

9.5.2.2 出现 $n(r=n)$ 的情况

寿命试验中出现 $n(r=n)$ 情况，等同于 n 个产品进行了全样本寿命试验，用蒙特卡罗仿真方法分析和计算对应的经验系数 K_1 比较方便。

产品寿命服从两参数威布尔分布($m>1$)，对任意(0,1)区间的随机数 $\xi_i(i=1,2,\cdots,n)$，n 个产品寿命的抽样值为

$$t_i = F^{-1}(\xi_i) = \eta\left[-\ln(1-\xi_i)\right]^{\frac{1}{m}} \tag{9-96}$$

式中，m——形状参数($m>1$)；

$\quad\eta$——真尺度参数($\eta>0$)。

若仿真次数为 N，在第 j 次仿真中，n 个寿命样本的平均时间为

$$T_j = \frac{1}{n}\sum_{i=1}^{n}t_{ij} = \frac{1}{n}\sum_{i=1}^{n}\eta\left[-ln(1-\xi_{ij})\right]^{\frac{1}{m}} \tag{9-97}$$

式中，$\xi_{ij}(i=1,2,\cdots,n;j=1,2,\cdots,N)$——(0,1)的随机数。

相应的，在第 j 次仿真中，将式(9 - 96)代入式(9 - 86)，产品寿命（首翻期）T_{0nj} 为

$$T_{0nj} = \sum_{i=1}^{n}\eta\left[-ln(1-\xi_{ij})\right]^{\frac{1}{m}}/nK_1 = T_j/K_1 \tag{9-98}$$

式中，n——寿命样本数；

$\quad K_1$——经验系数。

将 N 次仿真中得到的 $T_j(j=1,2,\cdots,N)$ 由小到大排序，可得 $T'_1 \leqslant T'_2 \leqslant \cdots \leqslant T'_N$，若规定显著性水平 α，置信度为 $1-\alpha$，则对应 $1-\alpha$ 的下分位点估计值应该为 $T'_{[(1-\alpha)N]}$，该分位点估计值满足 $P\{T_j \leqslant T'_{[(1-\alpha)N]}\} = 1-\alpha$，其中[]为取整运算。

若给定可靠度 R_0 对应的可靠寿命 $T_R = \eta(-\ln R_0)^{1/m}$，则依据式(9 - 98)，经验系数 K_1 为

$$K_1 = \frac{T'_{[(1-\alpha)N]}}{T_R} \tag{9-99}$$

根据式(9 - 97)，T_j 正比于 η，即 $T'_{[(1-\alpha)N]}$ 正比于 η，由于 T_R 也正比于 η，因此经验系数 K_1 与尺度参数 η 无关，仅与形状参数 m、显著性水平 α 和给定可靠度 R_0 有关。

依据上述式(9 - 97)、式(9 - 98)、式(9 - 99)，使用蒙特卡罗法就可求出一组不同 n,m,α 和 R_0 组合所对应的 K_1 值。对于 $n(r=n)$ 情况，工程经验法 K_1 的计算结果，见表 9 - 19。

9.5.2.3 出现 $n(n>r>0)$ 的情况

首先利用 $n(r=0)$ 情况进行试验方案设计，定出试验截尾时间 T，若在 $t \leqslant T$ 的时间范围

内出现了 $n(n>r>0)$ 的情况,则就此前提给出求解经验系数K_r的方法。

1. 产品寿命T_{0r}的表达

产品寿命服从两参数威布尔分布$(m>1)$,对任意$(0,1)$区间的随机数$\xi_i(i=1,2,\cdots,n)$,n个产品失效前工作时间的抽样值为

$$t_i = F^{-1}(\xi_i) = \eta\left[-\ln(1-\xi_i)\right]^{\frac{1}{m}} \tag{9-100}$$

式中,m——形状参数$(m>1)$;

η——真尺度参数$(\eta>0)$。

在 $n(n>r>0)$ 情况下,如果试验截尾时间为 T,则对应的可靠度单边置信下限是

$$R_{L(n>r>0)}(T) = e^{-(T/\eta_{L(n>r>0)})^m} \tag{9-101}$$

式中,$\eta_{L(n>r>0)}$——特征寿命 η 具有显著性水平 α 的单边置信下限。

为便于统一描述,使用标准威布尔分布进行表达,令$\overline{T}=T/\eta$表示 T 在威布尔分布上的相对百分位,依据式$(9-89)$,用$\overline{\eta}(t)$表示在 t 时刻的威布尔分布百分位点,则有

$$\overline{\eta}(t_i) = t_i/\eta = \left[-\ln(1-\xi_i)\right]^{1/m} \tag{9-102}$$

式中,$\xi_i(i=1,2,\cdots,n)$——任意$(0,1)$区间的随机数。

对应在截尾 T 时刻,有

$$\overline{\eta}(T) = T/\eta \tag{9-103}$$

以保守方式处理,用$\eta_{L(n>r>0)}$取代 η,将式$(9-102)$和式$(9-103)$代入式$(9-87)$,整理后使用标准威布尔分布进行表达,则有

$$\overline{T}_{0r} = \left[\sum_{i=1}^{r}\overline{\eta}(t_i) + (n-r)T/\eta_{L(n>r>0)}\right]/(nK_r) \tag{9-104}$$

式中,$\overline{T}_{0r}$——寿命T_{0r}在威布尔分布上的相对百分位。

2. 仿真区间

由 $n(r=0)$ 状态确定了试验截尾时间 T,给定显著性水平 α 时,对应 $n(r=0)$ 状态的产品可靠度单边置信下限为

$$R_{L(r=0)}(T) = e^{-(T/\eta_{L(r=0)})^m} \tag{9-105}$$

式中,$\eta_{L(r=0)}$——特征寿命 η 具有显著性水平 α 的单边置信下限。

在 $n(r=0)$ 状态下,对应置信水平 α,应存在

$$\sum_{r=0}^{c}C_n^r\left[1-e^{-(T/\eta_{L(r=0)})^m}\right]^r \cdot \left[e^{-(T/\eta_{L(r=0)})^m}\right]^{n-r} = \alpha \tag{9-106}$$

此时 $r=0,c=0$,可以得到

$$T/\eta_{L(r=0)} = \left[-\ln(\sqrt[n]{\alpha})\right]^{1/m} \tag{9-107}$$

在相同显著性水平 α,n 和 m 的情况下,存在

$$R_{L(r=0)}(T) > R_{L(n>r>0)}(T) \tag{9-108}$$

将式$(9-101)$和式$(9-105)$代入式$(9-108)$

$$T/\eta_{L(n>r>0)} > T/\eta_{L(r=0)} \tag{9-109}$$

由式$(9-109)$可知,$n(n>r>0)$情况的仿真,应该在 $T/\eta_{L(r=0)}$ 后面的区域进行。

对应于参数为 m 的标准威布尔分布(见图 $9-10$),仿真中各统计量都用分布的相对百分位来表达。若规定$\overline{T}_0$为标准威布尔分布中给定可靠度R_0对应的百分位,$\overline{T}=T/\eta_{L(r=0)}$ 为 T 在标准威布尔分布上对应的百分位,$\overline{T}_z(z=1,\cdots,s)$为大于$\overline{T}$的百分位点,则对于 $n(n>r>0)$情

况进行仿真时,就分别以$\overline{T}_1,\overline{T}_2,\cdots,\overline{T}_s$作为截尾时间。

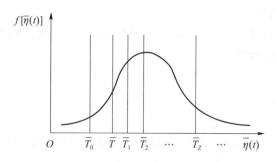

图9-10　标准威布尔分布上的不同分位点

3. 仿真模型

依据上述仿真区间分析结论,在第j次仿真运行中,式(9-107)可表达为

$$T_{0r_j}=\Big\{\sum_{i=1}^{r_j}\big[1-\ln(1-\xi_{ij})\big]^{1/m}+(n-r_j)\,\overline{T}_z\Big\}/nK_r \qquad (9-110)$$

式中,j——仿真次数$(j=1,2,\cdots,N)$;

r_j——第j次仿真中失效数;

K_r——经验系数;n为样本数。

定义统计量τ_j

$$\tau_j=\frac{1}{n}\Big[\sum_{i=1}^{r_j}(1-\ln(1-\xi_{ij}))^{1/m}+(n-r_j)\,\overline{T}_z\Big] \qquad (9-111)$$

将N次仿真中得到的$\tau_j(j=1,2,\cdots,N)$由小到大排序,可得$\tau'_1\leqslant\tau'_2\leqslant\cdots\leqslant\tau'_N$,若规定显著性水平$\alpha$,置信度为$1-\alpha$,则对应$1-\alpha$的下分位点估计值应该为$\tau'_{[(1-\alpha)N]}$,该分位点估计值满足$P\{\tau_j\leqslant\tau'_{[(1-\alpha)N]}\}=1-\alpha$,其中[]为取整运算。

给定可靠度R_0对应的$\overline{T}_0=(-\ln R_0)^{1/m}$,依据式(9-110),经验系数$K_r$为

$$K_r=\frac{\tau'_{[(1-\alpha)N]}}{\overline{T}_0} \qquad (9-112)$$

依据式(9-111)、式(9-112),针对截尾百分位$\overline{T}_z$,使用蒙特卡罗方法就可求出一组不同n,m,α和R_0组合所对应的K_r值。

依据式(9-92)可知,针对截尾百分位$\overline{T}_z$,$n(n>r>0)$情况出现的概率[1]应为

$$P[n(n>r>0)]=1-\{[R(\overline{T}_z)]^n+[1-R(\overline{T}_z)]^n\} \qquad (9-113)$$

显然,n为确定值时,截尾百分位$\overline{T}_z$不同时,$n(n>r>0)$情况出现的概率不同。大量蒙特卡罗仿真结果还表明,在仿真区域$\overline{T}_z>\overline{T}$内,随着$\overline{T}_z$的增长,$K_r$值单调增大,在相同参数组合下,$K_r$取值上限为$K_1$。可得到表9-18的结果[1]。

表9-18　不同截尾百分位$\overline{T}_z$对应的K_r和概率

$\overline{T}$	$\overline{T}_1$	$\overline{T}_2$	$\overline{T}_3$	$\cdots$	$\overline{T}_z$	$\cdots$	$\overline{T}_s$
K_r	K_{r1}	K_{r2}	K_{r3}	$\cdots$	K_{rz}	$\cdots$	$K_{rs}=K_1$
$P(\overline{T})$	$P(\overline{T}_1)$	$P(\overline{T}_2)$	$P(\overline{T}_3)$	$\cdots$	$P(\overline{T}_z)$	$\cdots$	$P(\overline{T}_s)$
注:$\overline{T}_s$为对应于$K_r=K_1$时的截尾百分位。							

K_r 在 $(\overline{T},\overline{T_s})$ 内的不同取值 K_{rz} 对应不同 $P(\overline{T_z})$，为便于工程应用，取 K_{rz} 的概率平均值[1]

$$K_r = \sum_{z=1}^{s-1}(K_{rz})P(\overline{T_z}) \Big/ \sum_{z=1}^{s-1} P(\overline{T_z}) \quad (z=1,\cdots s) \tag{9-114}$$

第 j 次仿真运行中，利用式（9-111）和式（9-112）分别获得 $s-1$ 组 K_{rz}，利用式（9-101）和式（9-113）分别获得 $s-1$ 组 $P(\overline{T_z})$，再依据式（9-114）求出不同 n,m,α 和 R_0 组合所对应的 K_r 值。

对于 $n(n>r>0)$ 情况，工程经验法 K_r 的计算结果，见表 9-19。

9.5.3　仿真结果和分析

在样品数 $n=2,3,5$，威布尔分布参数 $m=2,2.5,3,4$，可靠度 $R=0.6,0.7,0.8,0.9$ 和显著性水平 $\alpha=0.1,0.2,0.3,0.4$ 的各种组合情况下，设定截尾百分位 $\overline{T_z}$ 的步进区间为 100，使用蒙特卡罗法，执行 10 000 次仿真，对工程经验法经验系数 K_r,K_0,K_1 的取值进行计算，仿真结果见表 9-19。

表 9-19　工程经验法经验系数 K_r,K_0,K_1 取值的计算结果

n	R	系数	$m=2$ 0.1	0.2	0.3	0.4	$m=2.5$ 0.1	0.2	0.3	0.4	$m=3$ 0.1	0.2	0.3	0.4	$m=4$ 0.1	0.2	0.3	0.4
2	0.9	K_0	3.31	2.76	2.39	2.09	2.60	2.26	2.01	1.80	2.22	1.97	1.79	1.63	1.82	1.66	1.55	1.44
		K_r	3.67	3.16	2.83	2.57	2.84	2.51	2.29	2.11	2.36	2.14	1.98	1.84	1.90	1.77	1.67	1.58
		K_1	4.07	3.55	3.19	2.91	3.07	2.75	2.52	2.33	2.51	2.30	2.14	2.00	1.99	1.86	1.76	1.68
	0.8	K_0	2.27	1.90	1.64	1.43	1.93	1.67	1.49	1.33	1.73	1.53	1.39	1.27	1.51	1.38	1.28	1.20
		K_r	2.53	2.19	1.96	1.77	2.10	1.86	1.70	1.57	1.84	1.67	1.54	1.44	1.57	1.46	1.38	1.31
		K_1	2.81	2.46	2.22	2.01	2.27	2.04	1.88	1.73	1.96	1.79	1.67	1.56	1.65	1.54	1.46	1.39
	0.7	K_0	1.80	1.50	1.30	1.13	1.60	1.38	1.23	1.11	1.48	1.31	1.19	1.09	1.34	1.23	1.14	1.06
		K_r	1.98	1.73	1.55	1.40	1.73	1.54	1.41	1.29	1.57	1.42	1.32	1.23	1.41	1.30	1.23	1.16
		K_1	2.21	1.93	1.75	1.59	1.88	1.69	1.55	1.43	1.67	1.53	1.42	1.34	1.47	1.37	1.30	1.24
	0.6	K_0	1.50	1.26	1.09	0.95	1.38	1.20	1.07	0.96	1.31	1.16	1.06	0.96	1.23	1.12	1.04	0.97
		K_r	1.66	1.44	1.29	1.17	1.50	1.34	1.22	1.12	1.40	1.26	1.17	1.10	1.28	1.19	1.12	1.06
		K_1	1.84	1.61	1.45	1.32	1.63	1.47	1.34	1.24	1.49	1.36	1.26	1.19	1.34	1.25	1.19	1.13
3	0.9	K_0	2.70	2.26	1.95	1.70	2.21	1.92	1.71	1.53	1.94	1.72	1.56	1.43	1.64	1.50	1.40	1.30
		K_r	3.26	2.88	2.63	2.43	2.55	2.31	2.14	2.00	2.18	2.00	1.87	1.77	1.78	1.67	1.59	1.52
		K_1	3.81	3.40	3.11	2.89	2.88	2.63	2.46	2.31	2.41	2.23	2.10	1.99	1.92	1.81	1.73	1.66
	0.8	K_0	1.85	1.55	1.34	1.17	1.64	1.42	1.26	1.13	1.51	1.34	1.22	1.11	1.36	1.25	1.16	1.08
		K_r	2.24	1.98	1.81	1.67	1.89	1.71	1.59	1.48	1.70	1.56	1.46	1.38	1.48	1.39	1.32	1.26
		K_1	2.63	2.34	2.15	1.99	2.14	1.95	1.81	1.70	1.87	1.74	1.63	1.54	1.59	1.50	1.44	1.38
	0.7	K_0	1.47	1.23	1.06	0.93	1.36	1.18	1.05	0.94	1.29	1.15	1.04	0.95	1.21	1.11	1.03	0.96
		K_r	1.78	1.57	1.43	1.33	1.57	1.42	1.31	1.23	1.45	1.33	1.25	1.18	1.31	1.23	1.17	1.12
		K_1	2.11	1.87	1.71	1.58	1.78	1.62	1.51	1.42	1.60	1.48	1.40	1.32	1.41	1.33	1.28	1.22

m			m=2				m=2.5				m=3				m=4			
	α		0.1	0.2	0.3	0.4	0.1	0.2	0.3	0.4	0.1	0.2	0.3	0.4	0.1	0.2	0.3	0.4
n	R	系数																
3	0.6	K_0	1.23	1.02	0.89	0.77	1.18	1.02	0.91	0.81	1.15	1.02	0.92	0.84	1.11	1.01	0.94	0.88
		K_r	1.49	1.31	1.20	1.11	1.37	1.23	1.14	1.07	1.28	1.17	1.10	1.04	1.20	1.13	1.07	1.03
		K_1	1.75	1.56	1.42	1.32	1.54	1.41	1.31	1.23	1.41	1.31	1.23	1.17	1.29	1.22	1.16	1.12
5	0.9	K_0	2.09	1.75	1.51	1.32	1.80	1.56	1.39	1.25	1.64	1.45	1.32	1.20	1.45	1.32	1.23	1.15
		K_r	2.93	2.66	2.48	2.33	2.32	2.14	2.01	1.91	2.01	1.87	1.78	1.70	1.67	1.58	1.52	1.47
		K_1	3.58	3.28	3.06	2.87	2.73	2.52	2.39	2.28	2.28	2.15	2.06	1.96	1.85	1.76	1.70	1.65
	0.8	K_0	1.44	1.20	1.04	0.91	1.34	1.16	1.03	0.92	1.27	1.13	1.03	0.94	1.20	1.10	1.02	0.95
		K_r	2.00	1.82	1.69	1.59	1.72	1.58	1.49	1.42	1.56	1.45	1.38	1.32	1.39	1.31	1.26	1.21
		K_1	2.45	2.24	2.10	1.97	2.01	1.87	1.77	1.69	1.78	1.67	1.59	1.53	1.53	1.46	1.41	1.36
	0.7	K_0	1.14	0.95	0.82	0.72	1.11	0.96	0.85	0.77	1.09	0.97	0.88	0.80	1.07	0.97	0.91	0.85
		K_r	1.58	1.44	1.34	1.26	1.43	1.32	1.24	1.18	1.34	1.25	1.18	1.13	1.24	1.17	1.12	1.08
		K_1	1.94	1.77	1.65	1.56	1.68	1.55	1.47	1.40	1.53	1.44	1.37	1.32	1.36	1.30	1.25	1.21
	0.6	K_0	0.95	0.79	0.69	0.60	0.96	0.83	0.74	0.66	0.97	0.86	0.78	0.71	0.97	0.89	0.83	0.77
		K_r	1.33	1.21	1.12	1.06	1.24	1.14	1.07	1.02	1.18	1.10	1.05	1.00	1.13	1.07	1.03	0.99
		K_1	1.62	1.49	1.39	1.31	1.45	1.35	1.28	1.21	1.35	1.27	1.21	1.16	1.24	1.19	1.14	1.11

表 9 - 19 所示的结果可用于寿命试验方案设计或已有定时截尾寿命试验的结果评估,即在试验前约定寿命目标 T_0 及 R 和 α 值。在分析确定 m 值条件下,选择恰当受试产品数 $n(n \geqslant 2)$,按 $n(r=0)$ 的情况设计寿命试验的截尾时间,查表 9 - 18 确定 K_0 值,则试验截尾时间 $T=K_0 T_0$。如果实际试验产品未失效,则寿命指标 T_0 在满足约定条件下被验证通过。反之如果在此寿命试验中出现了 $n>r>0$ 或 $r=n$ 的情况,则查询表 9 - 18,确定 K_r 或 K_1 值,使用工程经验法公式(9 - 86)或式(9 - 87)估算寿命。

仿真结果表明,在满足约定的一组 R 和 α 值条件下,随着 n 的增大,各 K 值均减小,因此 n 值的确定应在样品成本、试验费用及试验周期要求之间进行权衡,上述仿真结果可为此提供依据。另一方面,在 n 及 m 一定的情况下,随着 R 增大和 α 值减小,各经验系数 K 取值加大,在 $n=2\sim3$ 的特定情况下,当 $R>0.8$ 或 $\alpha<0.2$ 之后将引起 K 值的急剧增加,即过高的可靠度和置信水平将导致人、财、物及试验周期的耗费急剧上升,因此在考虑试验时间、费用限制及保证安全的前提下,合理选择 R 和 α 值将是十分重要的。

习　　题

1. 某二项分布产品进行可靠性试验,试验总数为 $n=20$,其中试验成功数 $s=19$,给定置信度 $\gamma=0.9$,试用基于贝叶斯的蒙特卡罗方法,求该产品的可靠度下限。

2. 某产品寿命服从正态分布,15 件产品作定数截尾试验,当 10 件产品故障时停止试验,故障样本(单位为 h)为:17.63,18.64,18.74,19,87,20.02,20.42,20.74,20.87,21.54,22.07。给定置信度为 90%,求:①任务时间为 10 h 的产品可靠度下限;②产品平均寿命下限;③给定可靠度为 0.95 时的产品寿命下限。

3. 某产品寿命服从威布尔分布,15 件产品进行定数截尾试验,出现 10 个故障产品,故障时间(h)为:17.36,18.76,19.28,19.72,20.75,20.81,21.49,22.03,22.55,22.80。给定置信度 90%,求:①18 h 时的可靠度下限;②产品平均寿命下限;③可靠度 0.95 时的产品寿命下限。

4. 如果产品使用信息的删除分布不服从均匀分布,而是服从二参数威布尔分布,试建立失效样品和删除样品的仿真模型。

5. 当产品寿命服从威布尔分布,且有一定数量的现场使用不规则截尾信息时,试用蒙特卡罗数字仿真方法分析残存比率法、平均秩次法的适用性。请写出理论分析的总思路,建立失效样品和删除样品的仿真模型,编写仿真程序进行仿真分析,给出相关仿真结果。

6. 某系统有 5 个单元组成,逻辑拓扑如图 9 - 11 所示。各单元的可靠性试验数据已知(见表 9 - 20),设工作时间为 $t_0 = 100$ h,置信度为 80%,试用蒙特卡罗方法评估系统平均寿命下限、可靠度下限、给定可靠度为 0.9 时的系统寿命下限。

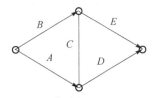

图 9 - 11　某系统逻辑拓扑图

表 9 - 20　网络各单元的寿命试验数据

单元	寿命分布	试验数据
A	指数	10 个样本 10 h 定时截尾:故障数 $r=6$,总试验时间 $\tau = 6\,638.1$ h,无先验信息
B	正态	12 个完全样本数据(h):743.3,870.3,886.8,963.8,975.3,984.7,995.5,1 046.9,1 047.9,1 048.8,1 205.5,1 215.8
C	对数正态	12 个完全样本数据(h):105.5,147.9,177.9,192.5,198.1,202.7,209.4,229.3,246.4,298.7,320.1,376.6
D	指数	10 个样本定数截尾试验:故障数 $r=4$,总试验时间 $\tau = 1\,345.3$ h,无先验信息
E	威布尔	10 个样本的定数截尾数据(h):463.8,707.8,865.8,1 021.5,1 074.3,1 087.4,1 094,1 383.7,1 484.7,1 571.6

附录 9-1 指数分布单元可靠性参数评估仿真程序

```
clc; clear; close all;
SimulationNum = 1000000;                 % 仿真次数
confidence = 0.9;                        % 置信度
NumInter = 200;                          % 间隔区间数
LmdaMax = 0.05;                          % 故障率最大值
LmdaInter = LmdaMax/NumInter;            % 故障率区间的间隔
lmdaNum = zeros(1,NumInter);             % 故障率分布的统计区间
p = rand([1,SimulationNum]);
x = gaminv(p,2 + 1,1/(200 + 100));
Lmda = sort(x);                          % 故障率分位值排序结果
MeanlifeMax = 1500;                      % 平均寿命最大值
MeanlifeInter = MeanlifeMax/NumInter;    % 平均寿命区间的间隔
MeanlifeNum = zeros(1,NumInter);         % 平均寿命分布的统计区间
Meanlife = 1./Lmda;                      % 平均寿命分位值结果
Relia10Max = 1;                          % 可靠度最大值
Relia10Inter = Relia10Max/NumInter;      % 可靠度区间的间隔
Relia10Num = zeros(1,NumInter);          % 可靠度分布的统计区间
Relia10 = exp( - 10 * Lmda);             % 可靠度分位值结果
Time75Max = 300;                         % 可靠寿命最大值
Time75Inter = Time75Max/NumInter;        % 可靠寿命区间的间隔
Time75Num = zeros(1,NumInter);           % 可靠寿命分布的统计区间
Time75 = Meanlife * log(1/0.75);         % 0.75可靠寿命分位值结果
for i = 1:1:SimulationNum
    curSite = floor(Lmda(i)/LmdaInter) + 1;
    if curSite > NumInter continue; end
    lmdaNum(1,curSite) = lmdaNum(1,curSite) + 1;
    curSite = floor(Meanlife(i)/MeanlifeInter) + 1;
    if curSite > NumInter continue; end
    MeanlifeNum(1,curSite) = MeanlifeNum(1,curSite) + 1;
    curSite = floor(Relia10(i)/Relia10Inter) + 1;
    if curSite > NumInter continue; end
    Relia10Num(1,curSite) = Relia10Num(1,curSite) + 1;
    curSite = floor(Time75(i)/Time75Inter) + 1;
    if curSite > NumInter continue; end
    Time75Num(1,curSite) = Time75Num(1,curSite) + 1;
end
    % 可靠性指标输出
```

```
Rsite = floor(SimulationNum * (confidence) + eps(100000));
fs_lmda_t = lmdaNum/SimulationNum/LmdaInter;
fs_Meanlife_t = MeanlifeNum/SimulationNum/MeanlifeInter;
fs_Relia10_t = Relia10Num/SimulationNum/Relia10Inter;
fs_Time75_t = Time75Num/SimulationNum/Time75Inter;
%% 显示指标结果
fprintf('对应置信度%d 时的故障率为 %d\n',confidence,Lmda(Rsite));
fprintf('对应置信度%d 时的平均寿命为 %d\n',confidence,Meanlife(Rsite));
fprintf('对应置信度%d 时的 10 小时可靠度为 %d\n',confidence,Relia10(Rsite));
fprintf('对应置信度%d 时的 0.75 可靠寿命为 %d\n',confidence,Time75(Rsite));
%% 画图
x = 0:LmdaInter:LmdaMax;
figure(1); hold on; grid on; grid minor;
plot(x,[0,fs_lmda_t],'. -',"MarkerSize",15)
xlim([0,0.04])
title("故障率的分布密度曲线");xlabel("故障率");ylabel("概率密度");
x = 0:MeanlifeInter:MeanlifeMax;
figure(2); hold on; grid on; grid minor;
plot(x,[0,fs_Meanlife_t],'. -',"MarkerSize",15)
xlim([0,600])
title("平均寿命的分布密度曲线");xlabel("平均寿命");ylabel("概率密度");
x = 0:Relia10Inter:Relia10Max;
figure(3); hold on; grid on; grid minor;
plot(x,[0,fs_Relia10_t],'. -',"MarkerSize",15)
xlim([0.6,1])
title("10 小时可靠度的分布密度曲线");xlabel("可靠度");ylabel("概率密度");
x = 0:Time75Inter:Time75Max;
figure(4); hold on; grid on; grid minor;
plot(x,[0,fs_Time75_t],'. -',"MarkerSize",15)
xlim([0,200])
title("0.75 可靠寿命的分布密度曲线");xlabel("可靠寿命");ylabel("概率密度")
```

附录 9 - 2　系统可靠性评估程序

```
%% 初始化
clc; clear; close all;
SimulationNum = 10000;                        % 仿真次数
confidence = 0.9;                             % 置信度
NumInter = 100;                               % 间隔区间数
t0 = 200;                                     % t0 的初值
LmdaA = gaminv(rand([1,SimulationNum]),0.5 + 6,1/6638.1);
ReA = exp( - 1 * t0 * LmdaA);                              % A 单元可靠度抽样值
LmdaD = gaminv(rand([1,SimulationNum]),4,1/1345.3);
ReD = exp( - 1 * t0 * LmdaD);                              % D 单元可靠度抽样值
dataBC = [743.3,870.3,886.8,963.8,975.3,984.7,995.5,1046.9,1047.9,1048.8,1205.5,1215.8];
sigmaB = sqrt((12 - 1) * var(dataBC)./chi2inv(rand([1,SimulationNum]),12 - 1));
                                                           % B 单元正态方差
muB = mean(dataBC) - sigmaB. * norminv(rand([1,SimulationNum]))/sqrt(12);
                                                           % B 单元正态均值
ReB = 1 - normcdf(t0,muB,sigmaB);             % B 单元可靠度抽样值
sigmaC = sqrt((12 - 1) * var(dataBC)./chi2inv(rand([1,SimulationNum]),12 - 1));
                                                           % C 单元正态方差
muC = mean(dataBC) - sigmaC. * norminv(rand([1,SimulationNum]))/sqrt(12);
                                                           % C 单元正态均值
ReC = 1 - normcdf(t0,muC,sigmaC);             % C 单元可靠度抽样值
dataEF = [654.3,666.4,669.3,696.4,707.6,772.9,799.2,803.9,809.3,844.6,875.3,931.2,933.1,
934.1,983.9];
sigmaE = sqrt((15 - 1) * var(dataEF)./chi2inv(rand([1,SimulationNum]),15 - 1));
                                                           % E 单元正态方差
muE = mean(dataEF) - sigmaE. * norminv(rand([1,SimulationNum]))/sqrt(15);
                                                           % E 单元正态均值
ReE = 1 - normcdf(t0,muE,sigmaE);             % E 单元可靠度抽样值
sigmaF = sqrt((15 - 1) * var(dataEF)./chi2inv(rand([1,SimulationNum]),15 - 1));
                                                           % F 单元正态方差
muF = mean(dataEF) - sigmaF. * norminv(rand([1,SimulationNum]))/sqrt(15);
                                                           % F 单元正态均值
ReF = 1 - normcdf(t0,muF,sigmaF);             % F 单元可靠度抽样值
dataG = [463.8,707.8,865.8,1021.5,1074.3,1087.4,1094.0,1383.7,1484.7,1571.6];
ReG = zeros(1,SimulationNum);
testNumG = 15;
[m,eta] = LeastSquare(dataG,testNumG);
```

```matlab
for i = 1:1:SimulationNum
    newtall = sort(wblrnd(eta,m,[1,testNumG]));        % 从新威布尔分布抽样
    newti = newtall(1,1:length(dataG));                % 获取排序后的前 r 个
    [mi,etai] = LeastSquare(newti,testNumG);           % 最小二乘再估计参数
    ReG(i) = exp(-1 * ((t0/etai)^mi));                 % G 单元可靠度抽样值
end
%% 系统可靠度计算
ReliaMax = 1;                                           % 可靠度最大值
ReliaInter = ReliaMax/NumInter;                        % 可靠度区间的间隔
ReliaNum = zeros(1,NumInter);                          % 可靠度分布的统计区间
sysRe = zeros(1,SimulationNum);
for i = 1:1:SimulationNum
    sysRe(i) = getSysRelia([ReA(i),ReB(i),ReC(i),ReD(i),ReE(i),ReF(i),ReG(i)]);
    curSite = floor(sysRe(i)/ReliaInter) + 1;
    if curSite > NumInter continue; end;
    ReliaNum(1,curSite) = ReliaNum(1,curSite) + 1;
end
sysRe = sort(sysRe);
%% t0 可靠度输出和画图
Rsite = floor(SimulationNum * (1 - confidence) + eps(100000));
fs_Relia_t = ReliaNum/SimulationNum/ReliaInter;
fprintf('对应置信度 %d 时的 %d 可靠度为 %d\n',confidence,t0,sysRe(Rsite));
x = 0:ReliaInter:ReliaMax;
figure(1); hold on; grid on; grid minor;
plot(x,[0,fs_Relia_t],'. -',"MarkerSize",15)  xlim([0.5,1])
title("200 小时可靠度的分布密度曲线");xlabel("可靠度");ylabel("概率密度");
%% 各单元平均寿命抽样计算
paraNum = 100;                                         % 内循环的参数仿真次数
MTTFMax = 1000;                                        % 系统平均寿命最大值
MTTFInter = MTTFMax/NumInter;                          % 系统平均寿命区间间隔
MTTFNum = zeros(1,NumInter);                           % 系统平均寿命统计数
sysMTTF = zeros(1,SimulationNum);                      % 系统平均寿命
for i = 1:1:SimulationNum
    % 各单元平均寿命抽样计算
    tA = exprnd(1/LmdaA(i),[1,paraNum]);               % A 单元寿命抽样值
    tD = exprnd(1/LmdaD(i),[1,paraNum]);               % D 单元寿命抽样值
    tB = normrnd(muB(i),sigmaB(i),[1,paraNum]);        % B 单元寿命抽样值
    tC = normrnd(muC(i),sigmaC(i),[1,paraNum]);        % C 单元寿命抽样值
    tE = normrnd(muE(i),sigmaE(i),[1,paraNum]);        % E 单元寿命抽样值
    tF = normrnd(muF(i),sigmaF(i),[1,paraNum]);        % F 单元寿命抽样值
    newtall = sort(wblrnd(eta,m,[1,testNumG]));        % 威布尔分布抽样
    newti = newtall(1,1:length(dataG));                % 获取排序后的前 r 个
    [mi,etai] = LeastSquare(newti,testNumG);           % 最小二乘估计参数
```

```
    tG = wblrnd(etai,mi,[1,paraNum]);                    % G 单元寿命抽样值
        % 系统平均寿命
    sysMTTF(i) = mean(getSysFailTime([tA;tB;tC;tD;tE;tF;tG]));
    curSite = floor(sysMTTF(i)/MTTFInter) + 1;
    if curSite > NumInter continue; end;
    MTTFNum(1,curSite) = MTTFNum(1,curSite) + 1;
end
sysMTTF = sort(sysMTTF);
%% 平均寿命输出和画图
fs_MTTF_t = MTTFNum/SimulationNum/MTTFInter;
fprintf('对应置信度 %d 时平均寿命为 %d\n',confidence,sysMTTF(Rsite));
x = 0:MTTFInter:MTTFMax;
figure(2); hold on; grid on; grid minor;
plot(x,[0,fs_MTTF_t],'.-',"MarkerSize",15)
xlim([250,900])
title("系统平均寿命的分布密度曲线");xlabel("平均寿命");ylabel("概率密度");
%% 获得系统失效时间
function [sysFTime] = getSysFailTime(UFT)
    p1 = min([UFT(1,:);UFT(2,:);UFT(5,:);UFT(7,:)]);
    p2 = min([UFT(1,:);UFT(2,:);UFT(4,:);UFT(6,:);UFT(7,:)]);
    p3 = min([UFT(1,:);UFT(3,:);UFT(6,:);UFT(7,:)]);
    p4 = min([UFT(1,:);UFT(3,:);UFT(4,:);UFT(5,:);UFT(7,:)]);
    sysFTime = max([p1;p2;p3;p4]);
end
%% 获得系统可靠度
function [sysRelia] = getSysRelia(UR)
    p1 = UR(1) * UR(3) * UR(4) * UR(5) * UR(7);
    p2 = UR(1) * UR(3) * UR(4) * (1 - UR(5)) * UR(6) * UR(7);
    p3 = UR(1) * UR(3) * (1 - UR(4)) * UR(6) * UR(7);
    p4 = UR(1) * UR(2) * (1 - UR(4)) * UR(5) * (1 - UR(6)) * UR(7);
    p5 = UR(1) * UR(2) * (1 - UR(3)) * UR(4) * UR(5) * UR(6) * UR(7);
    p6 = UR(1) * UR(2) * (1 - UR(3)) * UR(4) * (1 - UR(5)) * UR(6) * UR(7);
    p7 = UR(1) * UR(2) * (1 - UR(3)) * (1 - UR(4)) * UR(5) * UR(6) * UR(7);
    p8 = UR(1) * UR(2) * (1 - UR(3)) * UR(4) * UR(5) * (1 - UR(6)) * UR(7);
    sysRelia = sum([p1,p2,p3,p4,p5,p6,p7,p8]);
end
%% 最小二乘法估计参数
function [p_m,p_eta] = LeastSquare(ti,num)
if num <= 20
    Fti = ([1:1:length(ti)] - 0.3)./(num + 0.4);
else
    Fti = [1:1:length(ti)]./num;
end
```

```
xi = log(ti);
yi = log(log(1./(1 - Fti)));
x_mean = mean(xi);
y_mean = mean(yi);
p_m = sum((xi - x_mean). * (yi - y_mean))/sum((xi - x_mean).^2);
p_eta = exp(x_mean - y_mean/p_m);
end
```

第 10 章　可维修系统的可用性仿真

从系统使用效能角度看,保证系统具有较高的可用度是十分重要的。大型复杂系统的维修性及可用性分析与使用过程决策已成为系统研制过程中不可缺少的重要组成部分,本章介绍这类系统的可用性等相关问题的仿真分析方法,使读者对一般可维修系统分析和建模仿真的基本原理有深入的了解。

10.1　可维修系统可用性分析及其统计量

10.1.1　维修性与可用性概述

为确保系统具有高使用效能,在设计系统时,需要在系统可靠性、维修性及可用性之间进行综合权衡,并在系统使用前对其可用度进行评估。

10.1.1.1　产品维修性

1. 产品或系统状态

对于可修复的产品或系统,会对使用中发生的故障进行修复,修复后再次使用,因此会经历反复使用和修复过程,此时产品的运行随时间的进程是正常与故障交替出现的。如图 10-1 所示,X_i 和 Y_i 分别表示第 i 个使用周期($i=1,2\cdots$)的工作时间和故障修复时间,在工作时间内,产品或系统处于可用状态,在其他时间内则处于不可用状态。在不可用状态中,如果是计划停运,则故障修复时间 Y_i 是事先安排的;如果是强迫停运,则故障修复时间 Y_i 是随机的[3]。

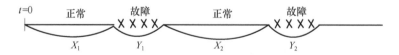

图 10-1　可修产品使用中的状态变化过程

2. 维修性的概率度量

产品或系统的维修性,是指可修产品或系统在规定的条件下和规定的时间内,按照规定的程序和方法进行维修时,保持或恢复其规定状态的能力。维修性的主要量度[2]如下。

（1）维修度函数

维修度 $M(t)$ 是产品在 $(0,t]$ 时间内被修复的概率,若故障产品修复时间为 T_D,则定义为

$$M(t)=P(T_D \leqslant t) \tag{10-1}$$

显然,$M(t)$ 就是修复时间(维修时间)的分布函数,仿真时可取各种常用分布函数,如指数分布、正态分布、对数正态分布和威布尔分布等,若给定 $(0,1)$ 区间的任意随机数 η,则修复时间 T_D 的抽样值为 $T_D = M^{-1}(\eta)$。

（2）维修概率密度函数

维修概率密度函数表示产品在任意时刻 t,单位时间内被修复的概率,即

$$m(t)=\frac{\mathrm{d}M(t)}{\mathrm{d}t} \tag{10-2}$$

（3）维修率(或修复率)函数

维修率(或修复率)函数 $\mu(t)$ 是产品在任意时刻 t,尚未修复的产品在单位时间内被修复的概率,定义为

$$\mu(t)=\frac{m(t)}{1-M(t)} \tag{10-3}$$

3. 维修方式

产品维修方式一般分为修复性维修和预防性维修。修复性维修是指产品发生故障后进行修复或更换。预防性维修是指产品发生故障前进行检测、修复或更换,预防性维修分为定期计划维修、定时检测维修、视情维修等。最常见的维修策略是:在使用过程中若产品或系统的累积工作时间达到规定时间 T 则进行预防性维修,如果未达到规定时间 T 时产品或系统发生故障,则进行修复性维修。

依据产品或系统维修后的效果,又可分为完全修复和基本修复两类[1]。完全修复一般是指产品的故障经维修后,其可靠性完全恢复到全新状态,俗称"好如新"。完全修复是一种理想状态,实际情况是产品发生故障后,多数只进行局部修理或更换个别非主要零件,这种修复状态不能认为产品修复后"好如新",应该更符合基本修复状态,即认为产品修理后的失效率与其修理前的失效率是相同的,俗称"好如旧"。

不同的维修方式对产品或系统的可用性影响不同,为获得产品或系统的最大可用度,应通过理论和仿真分析,确定系统的最佳维修周期。

10.1.1.2　系统可用性

系统的可用性是指在规定的条件下系统在任意时刻处于正常工作状态的能力。其概率度量称为可用度,是指在任一时刻,系统在任务开始时刻处于可使用状态的概率[3]。

对于一个只有正常和故障两种可能状态的可修产品,若时间 $t \geqslant 0$ 时,设

$$X(t)=\begin{cases} 1, & \text{若时刻 } t \text{ 产品正常} \\ 0, & \text{若时刻 } t \text{ 产品故障} \end{cases}$$

产品在时刻 t 的瞬时可用度定义为

$$A(t)=P\{X(t)=1\} \tag{10-4}$$

产品在 $[0,t]$ 时间内的平均可用度定义为

$$\widetilde{A}(t) = \frac{1}{t}\int_0^t A(u)\mathrm{d}u \tag{10-5}$$

若极限 $A=\lim\limits_{t\to\infty}A(t)$ 存在,则称其为稳态可用度。

可用度是可修产品或系统的重要可靠性指标之一,在工程计算中主要关注的是稳态可用度,它的基本计算模型为

$$A=\frac{能工作时间}{总时间}=\frac{能工作时间}{能工作时间+不能工作时间}\tag{10-6}$$

式(10-6)中,不同时间的含义如图10-2所示。系统能工作时间的平均值称为平均可用时间(mean up time,MUT),不能工作时间的平均值称为平均不可用时间(mean down time,MDT)。

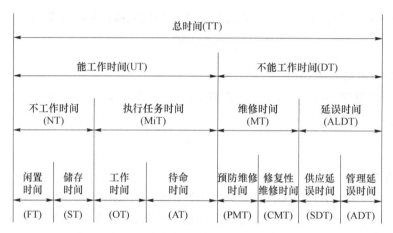

图 10-2　产品使用中的时间分解

10.1.1.3　可用性分析的复杂性

用理论对可维修系统进行分析时,通常假定系统中的产品失效率为常数(即寿命服从指数分布),同时假设产品经修复后其状态"好如新",并且在某些情况下也假设设备的修复率为常数。做这些假设是为了便于理论分析,但在很多情况下,这些假设并不能成立。当可维修系统中存在数量较大的产品单元时、各单元的寿命分布或维修时间分布中存在非指数分布情况时、产品单元存在冗余后备时、产品维修能力存在人员与维修资源限制时,特别是存在不完全维修及预防性维修等情况时建立系统分析的数学理论模型非常困难,用通常的理论分析方法解决系统的可用性计算问题将变得极其复杂。此时,使用蒙特卡罗的可靠性数字仿真方法将非常方便且有效[1,14]。

10.1.2　可用性仿真的统计量

可用性是系统可靠性和维修性的一种综合指标。利用蒙特卡罗方法进行可维修系统可用性仿真分析过程中,需要对涉及可用性的特征量进行统计评估,主要包括以下两类:

① 概率指标:包括可用度、不可用度、故障频度、修复频度等。

② 时间和出现次数的指标:包括平均故障次数、平均修复次数、平均首次故障前时间、平均可用时间、平均不可用时间等。

10.1.2.1　平均故障次数

可修产品随时间的进程是一串正常和故障交替出现的过程。假设给定时间 t,仿真次数为

N，在$(0,t]$时间间隔内，第 i 次仿真中的产品故障次数为 $N_{Fi}(t)$，则平均故障次数的估计值为

$$\hat{N}_F(t) = \frac{1}{N} \sum_{i=1}^{N} N_{Fi}(t) \tag{10-7}$$

显然，$N_F(t)$ 数学期望的无偏估计值就是 $\hat{N}_F(t)$，其方差的无偏估计值 $\hat{\sigma}^2$ 为

$$\hat{\sigma}^2 = \frac{1}{N-1} \Big[\sum_{i=1}^{N} N_{Fi}(t)^2 - N \cdot \hat{N}_F(t)^2 \Big] \tag{10-8}$$

当给定置信度 $1-\alpha$，X_α 为对应 α 的正态分位数时，仿真的绝对误差和相对误差为

$$\delta_{N_F(t)} \leqslant X_\alpha \frac{\hat{\sigma}}{\sqrt{N}} \tag{10-9}$$

$$\varepsilon_{N_F(t)} \leqslant X_\alpha \frac{\hat{\sigma}}{\hat{N}_F(t)} \cdot \frac{1}{\sqrt{N}} \tag{10-10}$$

10.1.2.2　故障频度

若仿真次数为 N，给定时间 t 和时间增量 Δt，第 i 次仿真中，设在 $(0,t]$ 内产品故障次数为 $N_{Fi}(t)$，在 $(0,t+\Delta t]$ 内产品故障次数为 $N_{Fi}(t+\Delta t)$，相应的平均故障次数估计值为 $\hat{N}_F(t)$ 和 $\hat{N}_F(t+\Delta t)$，则产品的故障频度估计值为

$$\hat{w}(t) = \frac{\hat{N}_F(t+\Delta t) - \hat{N}_F(t)}{\Delta t} = \frac{1}{N} \sum_{i=1}^{N} \frac{N_{Fi}(t+\Delta t) - N_{Fi}(t)}{\Delta t} = \frac{1}{N} \sum_{i=1}^{N} \frac{\Delta N_{Fi}(t)}{\Delta t} \tag{10-11}$$

式中，$\Delta N_{Fi}(t)$ 是 $(t,t+\Delta t]$ 内的故障次数。

显然，$w(t)$ 数学期望的无偏估计值就是 $\hat{w}(t)$，其方差的无偏估计值 $\hat{\sigma}^2$ 为

$$\hat{\sigma}^2 = \frac{1}{N-1} \Big[\sum_{i=1}^{N} \Big[\frac{\Delta N_{Fi}(t)}{\Delta t} \Big]^2 - N \cdot \hat{w}(t)^2 \Big] \tag{10-12}$$

当给定置信度 $1-\alpha$，X_α 为对应 α 的正态分位数时，仿真的绝对误差和相对误差为

$$\delta_{w(t)} \leqslant X_\alpha \frac{\hat{\sigma}}{\sqrt{N}} \tag{10-13}$$

$$\varepsilon_{w(t)} \leqslant X_\alpha \frac{\hat{\sigma}}{\hat{w}(t)} \cdot \frac{1}{\sqrt{N}} \tag{10-14}$$

10.1.2.3　平均首次故障前时间

设仿真次数为 N，在第 i 次仿真中的产品首次故障时间为 t_i，则产品的平均首次故障前时间（mean time to first failure，MTTFF）的估计值为

$$\hat{T}_{\text{MTTFF}} = \frac{1}{N} \sum_{i=1}^{N} t_i \tag{10-15}$$

显然，MTTFF 数学期望的无偏估计值就是 $\hat{T}_{\text{MTTFF}}$，其方差的无偏估计值 $\hat{\sigma}^2$ 为

$$\hat{\sigma}^2 = \frac{1}{N-1} \Big[\sum_{i=1}^{N} t_i - N \cdot \hat{T}_{\text{MTTFF}}^2 \Big] \tag{10-16}$$

当给定置信度 $1-\alpha$，X_α 为对应 α 的正态分位数时，仿真的绝对误差和相对误差为

$$\delta_{\mathrm{MTTFF}} \leqslant X_\alpha \frac{\hat{\sigma}}{\sqrt{N}} \qquad\qquad (10-17)$$

$$\varepsilon_{\mathrm{MTTFF}} \leqslant X_\alpha \frac{\hat{\sigma}}{\hat{T}_{\mathrm{MTTFF}}} \cdot \frac{1}{\sqrt{N}} \qquad\qquad (10-18)$$

10.1.2.4 平均修复次数

假设给定时间 t，仿真次数为 N，在 $(0,t]$ 时间间隔内，第 i 次仿真中的故障产品的修复次数为 $N_{Mi}(t)$，则产品的平均修复次数的估计值为

$$\hat{N}_M(t) = \frac{1}{N} \sum_{i=1}^{N} N_{Mi}(t) \qquad\qquad (10-19)$$

显然，$N_M(t)$ 数学期望的无偏估计值就是 $\hat{N}_M(t)$，其方差的无偏估计值 $\hat{\sigma}^2$ 为

$$\hat{\sigma}^2 = \frac{1}{N-1} \Big[\sum_{i=1}^{N} N_{Mi}(t)^2 - N \cdot \hat{N}_M(t)^2 \Big] \qquad\qquad (10-20)$$

当给定置信度 $1-\alpha$，X_α 为对应 α 的正态分位数时，仿真的绝对误差和相对误差为

$$\delta_{N_M(t)} \leqslant X_\alpha \frac{\hat{\sigma}}{\sqrt{N}} \qquad\qquad (10-21)$$

$$\varepsilon_{N_M(t)} \leqslant X_\alpha \frac{\hat{\sigma}}{\hat{N}_M(t)} \cdot \frac{1}{\sqrt{N}} \qquad\qquad (10-22)$$

10.1.2.5 修复频度

若仿真次数为 N，给定时间为 t，时间增量为 Δt，在第 i 次仿真中，设在 $(0,t]$ 内故障产品的修复次数为 $N_{Mi}(t)$，在 $(0,t+\Delta t]$ 内故障产品的修复次数为 $N_{Mi}(t+\Delta t)$，相应的产品平均修复次数估计值为 $\hat{N}_F(t)$ 和 $\hat{N}_F(t+\Delta t)$，则产品的修复频度估计值为

$$\hat{v}(t) = \frac{\hat{N}_M(t+\Delta t) - \hat{N}_M(t)}{\Delta t} = \frac{1}{N} \sum_{i=1}^{N} \frac{N_{Mi}(t+\Delta t) - N_{Mi}(t)}{\Delta t} = \frac{1}{N} \sum_{i=1}^{N} \frac{\Delta N_{Mi}(t)}{\Delta t}$$

$$(10-23)$$

式中，$\Delta N_{Mi}(t)$ 是 $(t, t+\Delta t]$ 内的修复次数。

显然，$v(t)$ 数学期望的无偏估计值就是 $\hat{v}(t)$，其方差的无偏估计值 $\hat{\sigma}^2$ 为

$$\hat{\sigma}^2 = \frac{1}{N-1} \Big[\sum_{i=1}^{N} \Big[\frac{\Delta N_{Mi}(t)}{\Delta t} \Big]^2 - N \cdot \hat{v}(t)^2 \Big] \qquad\qquad (10-24)$$

当给定置信度 $1-\alpha$，X_α 为对应 α 的正态分位数时，仿真的绝对误差和相对误差为

$$\delta_{v(t)} \leqslant X_\alpha \frac{\hat{\sigma}}{\sqrt{N}} \qquad\qquad (10-25)$$

$$\varepsilon_{v(t)} \leqslant X_\alpha \frac{\hat{\sigma}}{\hat{v}(t)} \cdot \frac{1}{\sqrt{N}} \qquad\qquad (10-26)$$

10.1.2.6 平均可用时间、平均不可用时间、平均周期

若仿真次数为 N，设在第 i 次仿真中，产品出现可用和不可用的次数分别为 n_{i1} 和 n_{i2}，且令 $X_{ij}(1 \leqslant j \leqslant n_{i1})$ 为第 i 次仿真中出现的第 j 次可用时间，令 $Y_{ij}(1 \leqslant j \leqslant n_{i2})$ 为第 i 次仿真中出现

的第 j 次不可用时间。则产品的平均可用时间和平均不可用时间估计值为

$$\begin{cases} \hat{T}_{\text{MUT}} = \dfrac{1}{N} \sum_{i=1}^{N} \sum_{j=1}^{n_{i1}} X_{ij} \\[4mm] \hat{T}_{\text{MDT}} = \dfrac{1}{N} \sum_{i=1}^{N} \sum_{j=1}^{n_{i2}} Y_{ij} \end{cases} \qquad (10-27)$$

显然，MUT 数学期望的无偏估计值就是 $\hat{T}_{\text{MUT}}$，其方差的无偏估计值 $\hat{\sigma}^2$ 为

$$\hat{\sigma}^2 = \frac{1}{N-1} \Big[\sum_{i=1}^{N} \big(\sum_{j=1}^{n_{i1}} X_{ij} \big)^2 - N \cdot \hat{T}_{\text{MUT}}{}^2 \Big] \qquad (10-28)$$

当给定置信度 $1-\alpha$，X_α 为对应 α 的正态分位数时，仿真的绝对误差和相对误差为

$$\delta_{\text{MUT}} \leqslant X_\alpha \frac{\hat{\sigma}}{\sqrt{N}} \qquad (10-29)$$

$$\varepsilon_{\text{MUT}} \leqslant X_\alpha \frac{\hat{\sigma}}{\hat{T}_{\text{MUT}}} \cdot \frac{1}{\sqrt{N}} \qquad (10-30)$$

MDT 的绝对误差 δ_{MDT} 和相对误差 ε_{MDT} 的估计方法同上。

产品的平均周期（mean cycle time，MCT）定义为平均可用时间与平均不可用时间的和，其估计值为

$$\hat{T}_{\text{MCT}} = \hat{T}_{\text{MUT}} + \hat{T}_{\text{MDT}} \qquad (10-31)$$

相应的 MCT 仿真的绝对误差和相对误差为

$$\delta_{\text{MCT}} = \delta_{\text{MUT}} + \delta_{\text{MDT}} \qquad (10-32)$$

$$\varepsilon_{\text{MCT}} = \frac{\hat{T}_{\text{MUT}}}{\hat{T}_{\text{MCT}}} \varepsilon_{\text{MUT}} + \frac{\hat{T}_{\text{MDT}}}{\hat{T}_{\text{MCT}}} \varepsilon_{\text{MDT}} \qquad (10-33)$$

10.1.2.7　可用度

设仿真次数为 N，给定时间为 t，在第 i 次仿真试验中，令随机变量 $x_i(t)$ 为

$$x_i(t) = \begin{cases} 1, & \text{第 } i \text{ 次试验中在时刻 } t \text{ 产品可用} \\ 0, & \text{第 } i \text{ 次试验中在时刻 } t \text{ 产品不可用} \end{cases}$$

在时刻 t，产品可用度 $A(t)$ 的估计值为

$$\hat{A}(t) = \frac{1}{N} \sum_{i=1}^{N} x_i(t) \qquad (10-34)$$

当给定置信度 $1-\alpha$，X_α 为对应 α 的正态分位数时，仿真绝对误差和相对误差[2]为

$$\delta_{A(t)} \leqslant X_\alpha \frac{1}{\sqrt{N-1}} \sqrt{\hat{A}(t) \big[1-\hat{A}(t) \big]} \qquad (10-35)$$

$$\varepsilon_{A(t)} \leqslant X_\alpha \frac{1}{\sqrt{N-1}} \sqrt{\big[1-\hat{A}(t) \big] / \hat{A}(t)} \qquad (10-36)$$

在整个寿命期内，产品的稳态可用度估计值为

$$\hat{A}(t) = \frac{\hat{T}_{\text{MUT}}}{\hat{T}_{\text{MUT}} + \hat{T}_{\text{MDT}}} \qquad (10-37)$$

10.2　完全修复产品可用性的仿真

10.2.1　完全修复产品可用性的仿真方法

10.2.1.1　使用与维修假设

产品修复后和全新的产品没有任何区别,称为完全修复。对于完全修复的产品,每次修复后继续工作时,与新产品刚投入使用是完全一样的,即经维修后产品的可靠性完全恢复到其全新的状态。一般情况下将预防维修视为完全修复基本上是可行的,也比较接近实际情况。作为仿真方法的研究,这里将事后维修也假定为完全修复。

对于完全修复产品,需要求解的问题是:①在给定一个预防维修周期 T 后,分析和求解产品的可用度;②是否存在可用度最大的最佳预防维修周期。

产品使用和维修的过程,如图 10-3 所示。图中 Δ_1 和 Δ_2 之间为产品的一个规定的完整预防维修周期,T 为预防维修周期时间,t_1,t_2 是产品工作时间,M_{ct1},M_{ct2} 是事后维修时间,M_{pti},M_{ptj} 是预防维修时间。设 t 为该周期内的产品工作时间,若在一个预防维修周期内,系统无故障发生,则在 $t=T$ 时,产品进行预防维修;若在一个预防维修周期内,发生 k 次故障(图 10-3 中 $k=2$),每次故障后立刻进行事后维修,所有的故障事后维修都假设为完全修复,t' 为最后一次故障(第 k 次)修复后,产品重新开始工作至预防维修时刻的时间,即存在 $t_1+t_2+\cdots+t_k+t'=T$。

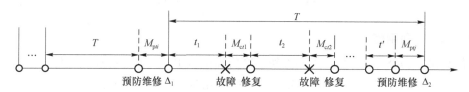

图 10-3　产品使用和维修过程的示意

10.2.1.2　仿真逻辑与数据统计

依照图 10-3 显示的过程,若产品在使用中发生故障,进行事后维修后又继续工作,当系统工作到预先规定的进行预防维修的时间,就进行预防维修。

令预防维修周期时间为 T,产品的故障分布函数为 $F(t)$,事后维修时间分布函数为 $G(t)$,预防维修时间分布函数为 $H(t)$,仿真次数为 N。

在第 j 次仿真中:

① 用(0,1)区间内随机数 $\eta=(\eta_1,\eta_2,\cdots,\eta_i,\cdots)$,依据 $t=F^{-1}(\eta)$ 进行抽样,产生 $k+1$ 个产品完全修复时的故障间隔时间抽样值 $t_{1j},t_{2j},\cdots,t_{kj},t_{(k+1)j}$。

② 用(0,1)区间内随机数 $\beta=(\beta_1,\beta_2,\cdots,\beta_i,\cdots)$,依据 $M_{ct}=G^{-1}(\beta)$ 进行抽样,得到产品的 k 个事后维修时间抽样值 $M_{ct1j},M_{ct2j},\cdots,M_{ctkj}$。

③ 用$(0,1)$区间内随机数 ξ,依据 $M_{pt}=H^{-1}(\xi)$ 进行抽样,得到产品的预防维修时间的抽样值M_{ptj}。

④ 设$M_{ct\sum j}$ 为第 j 次仿真中的累积事后维修时间,T_j 为第 j 次仿真中在任意时刻的累积工作时间,则产品发生第 $k+1$ 个故障时刻之前的累积工作时间有$T_j=\sum_{i=1}^{k+1}t_{ij}$,此时若$T_j\geqslant T$

成立,则第 j 次仿真结束,并记录$M_{ct\Sigma j}=\sum_{i=1}^{k}(M_{cti})_j$。

N 次仿真结束后,进行数据统计,以系统稳态指标为例。

a. 总工作时间

$$总工作时间=NT \tag{10-38}$$

b. 总的事后维修时间

$$总的事后维修时间=\sum_{j=1}^{N}M_{ct\Sigma j} \tag{10-39}$$

c. 总的预防维修时间

$$总的预防维修时间=\sum_{j=1}^{N}M_{ptj} \tag{10-40}$$

d. 总的不能工作时间

$$总的不能工作时间=\sum_{j=1}^{N}(M_{ct\Sigma j}+M_{ptj}) \tag{10-41}$$

e. 稳态可用度

$$A=\frac{总工作时间}{总工作时间+总的不能工作时间}=\frac{NT}{NT+\sum_{j=1}^{N}(M_{ct\Sigma j}+M_{ptj})} \tag{10-42}$$

10.2.2　仿真示例

下面以某液压泵的可用度计算为例,说明可维修产品的可靠性仿真基本方法。

某液压泵使用中采用事后维修策略,若液压泵发生故障则立即进行事后维修,故障修复后又可继续工作。当液压泵工作到事先规定的预防维修时间,就停止工作进行预防维修,预防维修完成后液压泵继续工作。假设液压泵无论进行哪种形式的维修,结果都是完全修复。

依据 304 台液压泵使用现场的故障和维修时间统计数据,获得液压泵故障概率分布见表10-1,液压泵事后维修时间的概率分布见表10-2,液压泵预防维修时间的概率分布见表10-3。

表 10-1　液压泵故障概率分布

故障时间t_1/h	概率分布	分布函数	故障时间t_1/h	概率分布	分布函数
10	0.079	0.079	190	0.056	0.840
30	0.102	0.181	210	0.043	0.883
50	0.105	0.286	230	0.007	0.890

故障时间 t_1/h	概率分布	分布函数	故障时间 t_1/h	概率分布	分布函数
70	0.112	0.398	250	0.020	0.910
90	0.112	0.510	270	0.020	0.930
110	0.086	0.596	290	0.023	0.953
130	0.059	0.655	310	0.022	0.975
150	0.076	0.731	330	0.019	0.994
170	0.053	0.784	350	0.006	1.000

表 10－2　液压泵事后维修时间的概率分布

维修时间 M_{ct}/h	概率分布	分布函数
4	0.19	0.19
10	0.30	0.49
16	0.17	0.66
22	0.12	0.78
28	0.10	0.88
34	0.07	0.95
40	0.05	1.00
—	—	—

表 10－3　液压泵预防维修时间的概率分布

维修时间 M_{pt}/h	概率分布	分布函数
12	0.06	0.06
18	0.16	0.22
24	0.19	0.41
30	0.22	0.63
36	0.18	0.81
42	0.11	0.92
48	0.05	0.97
54	0.03	1.00

　　假设液压泵规定的预防维修周期是 350 h，需要求解的问题是：①液压泵的可用度；②是否存在可用度最大的最佳预防维修周期？

　　依据 10.2.1.2 节给出的完全修复条件下的可用度仿真逻辑，求解过程如下。

　　① 在单独第 j 次仿真试验中，利用(0，1)区间内三个不同的随机数序列和 2.2.1.2 节的方法，分别针对表 10－1、表 10－2 和表 10－3 给出的概率分布进行抽样，得到液压泵的 $k+1$ 个连续故障间隔时间 $t_{ij}(1\leqslant i\leqslant k+1)$、$k$ 个故障修复时间 $M_{ctij}(1\leqslant i\leqslant k)$、1 个预防维修时间的抽样值 M_{ptj}，并在抽样中持续判断液压泵的累积工作时间 T_j，如果 $T_j\geqslant T$ 成立，则结束本次仿真，并记录累积事后维修时间和预防维修时间。表 10－4 给出了液压泵仿真数据中的前 10 次的结果。

表 10－4　液压泵故障和维修时间的仿真结果（仅列前 10 次）

序号	t_1	M_{ct1}	t_2	M_{ct2}	t_3	M_{ct3}	t_4	M_{ct4}	t_5	$\sum\limits_{i=1}^{k+1} t_i$	$\sum\limits_{i=1}^{k} M_{cti}$	M_{pt}
1	90	28	10	10	150	28	90	4	30	370	70	42
2	130	4	170	16	50	—	—	—	—	350	20	48
3	110	22	30	4	30	10	210	—	—	380	36	12
4	270	4	10	16	50	22	50	—	—	380	42	36
5	130	16	90	10	30	4	150	—	—	400	30	30
6	30	10	190	16	130	—	—	—	—	350	26	18
7	90	10	50	10	150	4	10	16	150	450	40	18
8	50	28	290	16	190	—	—	—	—	530	44	30
9	90	4	90	10	30	28	150	—	—	360	42	54
10	10	34	10	16	70	10	250	4	130	470	64	54

② 执行 10 000 次仿真后进行数据统计,结果见表 10-5 的第 7 行,预防维修周期为 350 h 的液压泵稳态可用度为 0.827 752,对应的瞬态可用度如图 10-4 所示。

表 10-5　液压泵完全修复下的不同预防维修周期与可用度结果

序号	维修周期 T/ h	总累积 MUT/ h	总累积 M_{ct}/ h	总累积 M_{pt}/ h	总累积 MDT/ h	稳态可用度 A
1	50	500 000.0	31 808	298 572	330 380	0.602 134
2	100	1 000 000.0	97 424	298 278	395 702	0.716 485
3	150	1 500 000.0	160 548	298 746	459 294	0.765 582
4	200	2 000 000.0	229 848	298 608	528 456	0.790 997
5	250	2 500 000.0	293 896	298 812	592 708	0.808 353
6	300	3 000 000.0	365 286	298 584	663 870	0.818 806
7	350	3 500 000.0	431 374	296 946	728 320	0.827 752
8	400	4 000 000.0	498 860	299 130	797 990	0.833 682
9	450	4 500 000.0	571 370	300 660	872 030	0.837 672
10	500	5 000 000.0	646 948	298 740	945 688	0.840 946
11	550	5 500 000.0	704 758	299 868	1 004 626	0.845 552
12	600	6 000 000.0	782 052	299 352	1 081 404	0.847 292
13	650	6 500 000.0	846 030	298 650	1 144 680	0.850 264
14	700	7 000 000.0	918 646	299 004	1 217 650	0.851 825
15	750	7 500 000.0	980 202	298 260	1 278 462	0.854 364
16	800	8 000 000.0	1 041 504	299 574	1 341 078	0.856 432
17	850	8 500 000.0	1 120 476	299 670	1 420 146	0.856 842
18	900	9 000 000.0	1 187 496	297 246	1 484 742	0.858 391
19	950	9 500 000.0	1 256 506	298 086	1 554 592	0.859 371
20	1 000	10 000 000.0	1 328 136	297 336	1 625 472	0.860 181

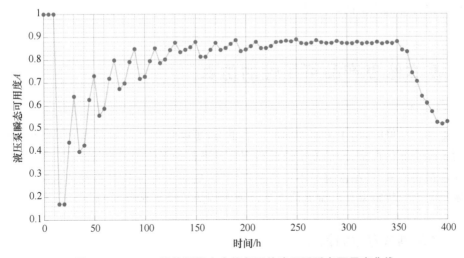

图 10-4　350 h 维修周期完全修复下的液压泵瞬态可用度曲线

③ 计算不同预防维修周期的可用度,研究是否存在可用度最大的预防维修周期。

针对不同的预防维修周期,分别执行 10 000 次仿真后统计相应的稳态可用度,结果见表 10-5,稳态可用度随预防维修周期的变化趋势如图 10-5 所示。由图 10-5 和表 10-5 的仿真结果可见,在完全修复情况下,液压泵的稳态可用度随维修周期 T 的增加而提高,并不存在最佳预防维修周期。稳态可用度的极限值为 0.861。

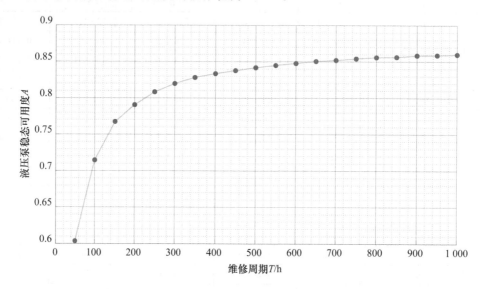

图 10-5 完全修复下的液压泵不同预防维修周期与稳态可用度关系

从仿真结果中可以看出,事后维修采用完全修复时,其可用度随着预防维修周期 T 的增加而增加。显然,每次事后维修均是完全修复时,其作用与预防维修作用(即修理后产品状态是"好如新")相同,而每进行一次预防维修,所花费的平均时间 M_{pt} 比进行事后维修的平均时间 M_{ct} 要大,因此增大 T 意味着减少预防维修次数,系统可用度必然随之而提高。这说明,如果每次事后维修确实能做到完全修复,则对系统进行预防维修已无必要,并且预防维修还会增加总的维修时间并降低系统的可用度。

10.3 基本修复产品可用性的仿真

进行更换性维修时,由于采用相同的产品更换,更换后的产品就是新产品,相当于完全修复。然而实际情况往往是,产品发生故障后多数只进行局部修理或更换个别非主要零件,此时产品存在着损伤积累,产品修复后不可能完好如新,更应该符合基本修复的状态,即认为产品维修后恢复时刻的故障率与其维修前发生故障时刻的故障率是相同的。

10.3.1 产品剩余寿命的抽样

基本修复的产品,维修后恢复时刻的故障率与其维修前发生故障时刻的故障率是相同的。

当产品寿命服从指数分布时,产品修复以后其剩余寿命分布不变,产品下一次工作时间的抽样仍可按照以前的故障率进行抽样。当产品的寿命服从非指数分布时,其故障率为时间的函数,产品修复以后其剩余寿命的分布发生改变,此时就需要讨论剩余寿命的抽样方法。

10.3.1.1 连续型剩余寿命的直接抽样

若产品失效分布函数为 $F(t)$,可靠度函数为 $R(t)$,失效率函数为 $\lambda(t)$。产品从 $t=0$ 时刻开始工作,工作到时间 t_1 后发生故障,按照"累积的故障概率相等"原则,产品第一次基本修复后继续工作,下一次的故障时间 t_2 和以后的故障发生时间 t_3,t_4…如何抽样获得? 以下将利用时间坐标变换和基本修复定义,给出抽样方法。

首先用任意 $(0,1)$ 区间随机数 η_1 抽样,得到产品第一次故障时间 t_1,即有 $t_1=F^{-1}(\eta_1)$。

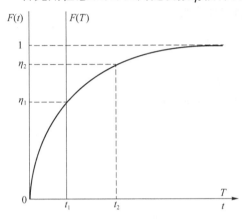

图 10-6 剩余寿命抽样的变换示意

如图 10-6 所示,在原坐标 t—$F(t)$ 中,过 t_1 设置新的坐标系 T—$F(T)$,新、旧坐标系之间的关系为

$$T=t-t_1 \qquad (10-43)$$

设在新坐标系中的产品失效分布函数为 $\widetilde{F}(T)$,可靠度函数为 $\widetilde{R}(T)$,失效率函数为 $\widetilde{\lambda}(T)$。根据基本修复的定义,产品在 t_1 时刻的故障率水平,在故障修复前后保持不变,即有

$$\widetilde{\lambda}(T)=\lambda(t) \qquad (10-44)$$

失效率函数与可靠度函数的关系是

$$\begin{cases} \widetilde{\lambda}(T)=-\dfrac{1}{\widetilde{R}(T)} \cdot \dfrac{\mathrm{d}\,\widetilde{R}(T)}{\mathrm{d}T}=-\dfrac{\mathrm{d}\ln \overline{R}(T)}{\mathrm{d}T} \\[3mm] \lambda(t)=-\dfrac{1}{R(t)} \cdot \dfrac{\mathrm{d}R(t)}{\mathrm{d}t}=-\dfrac{\mathrm{d}\ln R(t)}{\mathrm{d}t} \end{cases} \qquad (10-45)$$

对式(10-43)取微分,可得 $\mathrm{d}T=\mathrm{d}t$,代入式(10-45),并由式(10-44)得到

$$\mathrm{d}\ln \widetilde{R}(T)=\mathrm{d}\ln R(t) \qquad (10-46)$$

求解式(10-46),得到

$$\widetilde{R}(T)=C \cdot R(t) \qquad (10-47)$$

式中,C——积分常数。

产品在 $T=0$(即 $t=t_1$)时刻刚修复,因此其可靠度为 1,有 $\widetilde{R}(T=0)=1$,代入式(10-47)得到

$$C=1/R(t_1) \qquad (10-48)$$

将式(10-48)代入式(10-47),并把可靠度函数转化为失效分布函数的表达,整理得

$$\widetilde{F}(T)=\frac{F(t)-F(t_1)}{1-F(t_1)} \qquad (10-49)$$

将式(10-43)代入式(10-49),即为产品的剩余寿命分布函数,写为一般形式

$$\widetilde{F}(T)=P\{t-t_1 \leqslant T \mid t>t_1\}=\frac{F(T+t_1)-F(t_1)}{1-F(t_1)} \qquad (10-50)$$

给定 $(0,1)$ 区间随机数 η_2，令 $\eta_2 = \widetilde{F}(T)$，由式 $(10-50)$ 得第二次故障发生时间 t_2，有

$$t_2 = F^{-1}[\eta_2(1-\eta_1) + \eta_1] \tag{10-51}$$

令 $y_1 = \eta_2(1-\eta_1) + \eta_1$，则第一次基本修复后产品剩余工作寿命 τ_1 为

$$\tau_1 = t_2 - t_1 = F^{-1}(y_1) - t_1 \tag{10-52}$$

任意给定 $(0,1)$ 区间随机数 η_3，第二次基本修复后的剩余工作寿命 τ_2 应满足

$$\frac{F(\tau_2 + \tau_1 + t_1) - F(\tau_1 + t_1)}{1 - F(\tau_1 + t_1)} = \eta_3 \tag{10-53}$$

若令 $y_2 = y_1 + (1-y_1)\eta_3$，则有

$$\tau_2 = F^{-1}(y_2) - F^{-1}(y_1) \tag{10-54}$$

同理，推导可得到产品第 i 次故障发生时间的抽样公式为

$$\begin{cases} y_i = y_{i-1} + (1-y_{i-1})\eta_{i+1} \\ t_i = F^{-1}(y_{i-1}) \end{cases} \tag{10-55}$$

式中，$\eta_i (i=1,2,3\cdots)$——$(0,1)$ 区间上的随机数，$y_0 = \eta_1$。

因此，第 i 次故障基本修复后的产品剩余工作寿命 τ_i 的抽样公式为

$$\begin{cases} y_i = y_{i-1} + (1-y_{i-1})\eta_{i+1} \\ \tau_i = F^{-1}(y_i) - F^{-1}(y_{i-1}) \end{cases} \tag{10-56}$$

式中，$\eta_i (i=1,2,3\cdots)$——$(0,1)$ 区间上的随机数，$y_0 = \eta_1$。

10.3.1.2 离散型剩余寿命的直接抽样

当寿命 ξ 的失效分布函数为离散型时，即以概率 $p_1, p_2, \cdots p_n$，取值 $t_1, t_2, \cdots, t_n$，且 $t_1 < t_2 < \cdots < t_n$。其分布密度函数记为 $P(\xi = t_i) = p(t_i), i=1,2,\cdots,n$，其累积分布函数 $F(t)$ 表达式为

$$F(t) = P(\xi \leqslant t) = \sum_{t_i \leqslant t} p(t_i) \tag{10-57}$$

对任意 $(0,1)$ 区间随机数 η_i，根据离散随机变量抽样方法，寿命 ξ 的抽样值为 $t_i = F^{-1}(\eta_i)$。

若 $\eta(t_k)$ 表示寿命 $\xi = t_k$ 时对应的随机数取值范围，即根据离散随机变量 ξ 的定义，有

$$\eta(t_k) = \left[\sum_{i=1}^{k-1} p(t_i), \sum_{i=1}^{k} p(t_i) \right] \tag{10-58}$$

则令 $\widetilde{\eta}(t_k)$ 为 $\eta(t_k)$ 的上限取值，即

$$\widetilde{\eta}(t_k) = \sum_{i=1}^{k} p(t_i) \tag{10-59}$$

在使用基本修复方式的条件下，服从离散型随机变量的产品剩余寿命的抽样，与连续型随机变量的剩余寿命的抽样方法是相同的，但要做适当的变换，基本过程如下。

① 取任意 $(0,1)$ 区间的随机数 η_0，由离散型随机变量的抽样方法，求得第一次故障发生时间 t_1，即 $t_1 = F^{-1}(\eta_0)$。

② 利用 t_1 找出其对应的随机数取值范围 $\eta(t_1)$，求取其上限值 $\widetilde{\eta}(t_1)$，并令 $y_1 = \widetilde{\eta}(t_1)$。

③ 对第二次以后各次故障发生时间 t_{i+1} 与剩余工作寿命 τ_{i+1} 的求解步骤如下：

a. 求 $y_{i+1}(i=1,2,\cdots,k)$ 值，计算公式为

$$y_{i+1} = \eta_i(1-y_i) + y_i \tag{10-60}$$

式中，$\eta_i(i=1,2,\cdots,k)$——（0，1）区间的随机数序列；

$\qquad y_i$——对应 t_i 的代表随机数区间的上限取值，即 $y_1=\tilde{\eta}(t_1)$。

b. 用离散型随机变量抽样方法，求取第 $i+1$ 次故障时间 t_{i+1}，即有

$$t_{i+1}=F^{-1}(y_{i+1}) \tag{10-61}$$

求出各次故障后的剩余工作寿命 τ_{i+1}

$$\tau_{i+1}=t_{i+1}-t_i=F^{-1}(y_{i+1})-F^{-1}(y_i) \tag{10-62}$$

④ 直到 t_{i+1} 大于维修周期 T，停止抽样。

10.3.1.3　剩余寿命的其他抽样

由于某些产品的失效分布 $F(t)$ 的反函数 $F^{-1}(t)$ 不一定能给出，此时可以采用舍选抽样方法，剩余寿命的舍选抽样步骤如下：

① 由 $F(t)$ 舍选抽样得到 t_i；

② 若 $t_i>t_{i-1}$，则 $\tau_i=t_i-t_{i-1}$ 为剩余分布抽样值，否则返回步骤①。

直接抽样和舍选抽样从理论上能解决产品剩余寿命的抽样问题，但是在实际仿真计算中，这两种方法并不一定真正有效。因为随着 t_i 的不断增大，$F(t_i)$ 很快就趋近于1。例如，标准正态分布的抽样，当 $t=3$ 时，$F(t)=0.99865$，此时舍选抽样的效率非常低。然而在一般的可修系统仿真中，产品的累计寿命可能很大，这说明采用直接抽样或舍选抽样可能是不行的。

考察式(10-50)，进行失效分布的抽样，本质上讲就是求解式(10-50)的方程。从这个角度讲，可以直接采用各种近似计算方法进行剩余寿命分布的抽样，只要在计算过程中消除 $F(t)=1$ 的影响即可。参考文献[14]给出了服从正态分布的剩余寿命近似抽样方法，有兴趣的读者可参考分析。

10.3.2　基本修复产品可用性的仿真算法

产品使用和维修的过程，如图10-3所示。若产品在使用中发生故障，进行故障的事后维修（假设为基本修复）后又继续工作，当系统工作到预先规定的进行预防维修时间，就进行预防维修。图10-3中规定产品工作时间为 t，事后维修时间是 M_{ct}，预防维修时间是 M_{pti}。

令预防维修周期时间为 T，产品的故障分布函数为 $F(t)$，事后维修时间分布函数为 $G(t)$，预防维修时间分布函数为 $H(t)$，仿真次数为 N。

在第 j 次仿真中：

① 用（0，1）区间内随机数 $\eta=(\eta_1,\eta_2,\cdots,\eta_i,\cdots)$，依据 $\tau_{0j}=F^{-1}(\eta_1)$ 进行抽样，得到产品首次故障时间，然后按照基本修复的抽样方法，利用式(10-56)或式(10-62)进行抽样，产生首次故障后的 k 个产品剩余寿命抽样值 $\tau_{1j},\tau_{2j},\cdots,\tau_{kj}$。

② 用（0，1）区间内随机数 $\beta=(\beta_1,\beta_2,\cdots,\beta_i,\cdots)$，依据 $M_{ct}=G^{-1}(\beta)$ 进行抽样，得到产品的 k 个事后维修时间抽样值 $M_{ct1j},M_{ct2j},\cdots,M_{ctkj}$。

③ 用（0，1）区间内随机数 ξ，依据 $M_{pt}=H^{-1}(\xi)$ 进行抽样，得到产品的预防维修时间的抽样值 M_{ptj}。

④ 设 $M_{ct\sum j}$ 为第 j 次仿真中的累积事后维修时间，T_j 为第 j 次仿真中在任意时刻的累积工作时间，则产品发生第 $k+1$ 个故障时刻之前的累积工作时间有 $T_j=\sum\limits_{i=0}^{k}\tau_{ij}$，此时若 $T_j\geqslant T$

成立,则第 j 次仿真结束,并记录 $M_{ct\sum j} = \sum_{i=1}^{k} (M_{cti})_j$。

N 次仿真结束后,进行数据统计,以系统稳态指标为例。

a. 总工作时间

$$总工作时间 = NT \qquad (10-63)$$

b. 总的事后维修时间

$$总的事后维修时间 = \sum_{j=1}^{N} M_{ct\sum j} \qquad (10-64)$$

c. 总的预防维修时间

$$总的预防维修时间 = \sum_{j=1}^{N} M_{ptj} \qquad (10-65)$$

d. 总的不能工作时间

$$总的不能工作时间 = \sum_{j=1}^{N} (M_{ct\sum j} + M_{ptj}) \qquad (10-66)$$

e. 稳态可用度

$$A = \frac{总工作时间}{总工作时间 + 总的不能工作时间} = \frac{NT}{NT + \sum_{j=1}^{N} (M_{ct\sum j} + M_{ptj})} \qquad (10-67)$$

10.3.3 仿真示例

现仍以 10.2.2 节的液压泵为例,液压泵故障概率分布见表 10-1,事后维修时间的概率分布见表 10-2,预防维修时间的概率分布见表 10-3。这里将液压泵的故障事后维修视为基本修复处理,液压泵的预防维修设为完全修复。若液压泵规定的预防维修周期仍是 350 h,求解:①液压泵的可用度;②是否存在可用度最大的最佳预防维修周期?

依据 10.3.2 节给出的产品基本修复条件下的可用度仿真算法,求解过程如下。

① 在单独第 j 次仿真试验中,利用 $(0,1)$ 区间内三个不同的随机数序列和基本修复的抽样方法,得到液压泵的 $k+1$ 个工作寿命 $\tau_{ij} (0 \leqslant i \leqslant k)$、$k$ 个故障修复时间 $M_{ctij} (1 \leqslant i \leqslant k)$、1 个预防维修时间的抽样值 M_{ptj},并持续判断液压泵的累积工作时间 T_j,如果 $T_j \geqslant T$ 成立,则结束第 j 次仿真,并记录累积事后维修时间和预防维修时间。

② 执行 10 000 次仿真后进行数据统计,见表 10-6 最后一行的结果,预防维修周期 350 h 的液压泵稳态可用度约为 0.788 5,对应的瞬态可用度曲线如图 10-7 所示。

表 10-6 不同预防维修周期的液压泵故障事后维修(基本修复)可用度结果

序号	维修周期 T/h	总累积 MUT/h	总累积 M_{ct}/h	总累积 M_{pt}/h	总累积 MDT/h	稳态可用度 A
1	50	500 000	30 112	299 166	329 278	0.602 934
2	70	700 000	54 226	297 936	352 162	0.665 297
3	90	900 000	77 292	300 540	377 832	0.704 318
4	110	1 100 000	105 026	299 034	404 060	0.731 354
5	130	1 300 000	1 328 54	298 782	431 636	0.750 735

续表 10 - 6

序号	维修周期 T/h	总累积 MUT/h	总累积 M_{ct}/h	总累积 M_{pt}/h	总累积 MDT/h	稳态可用度 A
6	150	1 500 000	159 794	298 344	458 138	0.766 034
7	170	1 700 000	192 018	297 702	489 720	0.776 355
8	190	1 900 000	232 246	296 310	528 556	0.782 358
9	210	2 100 000	271 742	297 816	569 558	0.786 647
10	230	2 300 000	314 092	297 576	611 668	0.789 925
11	250	2 500 000	324 416	299 874	624 290	0.800 182
12	270	2 700 000	356 732	299 094	655 826	0.804 571
13	290	2 900 000	388 704	298 554	687 258	0.808 417
14	310	3 100 000	446 418	298 716	745 134	0.806 214
15	330	3 300 000	519 286	297 774	817 060	0.801 543
16	350	3 500 000	640 960	297 900	938 860	0.788 491

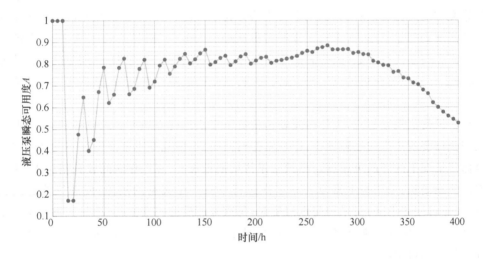

图 10 - 7　350 h 维修周期时的基本修复液压泵瞬态可用度曲线

③ 计算不同预防维修周期的可用度,确定是否存在可用度最大的预防维修周期。针对不同的预防维修周期,分别执行 10 000 次仿真后统计相应的稳态可用度,结果见表 10 - 6,稳态可用度随预防维修周期的变化趋势如图 10 - 8 所示。由图 10 - 8 和表 10 - 6 的仿真结果可见,在基本修复情况下,液压泵存在一个可用度最大的最佳维修周期。从仿真结果看,最佳维修周期约为 290 h,最大可用度约为 0.808 4。

显然,预防维修周期取值较小时,实施预防维修次数过多,液压泵总维修时间增大,其可用度不高;反之,预防维修周期取值较大时,随着工作时间的增加,液压泵失效率越来越大,导致其在一个预防维修周期内的故障数急剧增大,累积的故障事后维修时间大幅增加,也使液压泵可用度下降。这说明,当事后维修采用基本修复时,对具有耗损型失效分布的产品(即失效率随时间增大而增大),通常存在最佳预防维修周期 T,此时可用度取最大值,这一数值能利用可用度仿真方法求出。

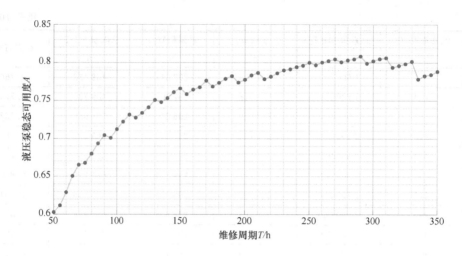

图 10-8　基本修复下的液压泵稳态可用度与预防维修周期的对应关系

从表 10-1 寿命分布数据中发现，液压泵寿命在[10,90]区间的概率较大。通过前面不同事后维修类型的对比可以看到：如果事后维修是完全修复，则每一次液压泵故障后经事后维修均使设备恢复到初始状态，其再次工作时将重新经历[10,90]所包括的区域，导致系统多次运行中将会产生较多的故障数，因而总的事后维修时间会增加。与之相反，当事后维修为基本修复时，设备工作故障时间超过[10,90]区间后，再发生的故障经修复后，其状态并不会重回到初始状态，而是在故障的瞬时具有的失效率基础上继续向下运行。

当预防维修周期较短时，工作时间较短情况下多次运行中所产生的故障数，采用基本修复比采用完全修复所产生的故障数少，即总维修时间较少，因此基本修复情况下的产品可用度大于完全修复情况下的产品可用度。当预防维修周期很长时，在工作时间较长情况下，由于产品失效率的急剧增长，采用基本修复会在多次运行中将产生大量的故障，使总维修时间剧烈增加，引起产品可用度下降；而采用完全修复时，每次故障后已完全修复，产品失效率不是沿着增长方向继续增长，使其总维修时间相对较少，因此基本修复情况下的产品可用度要小于完全修复情况下的产品可用度。

10.4　可维修系统的可用性仿真方法

对于一般的可维修系统，它经历使用→故障→修复→使用的循环过程，系统在任意时刻处于可用状态均是系统可靠性和维修性的函数。当系统的各组成单元寿命和维修时间都服从指数分布时，可利用马尔可夫模型计算系统可用度；如果系统中单元故障间隔时间或维修时间服从非指数分布，系统在任意时刻后的概率规律与该时刻前的发展历史有关，这样的系统用确定性的方法是无法求解的，下面介绍在已知单元寿命和维修时间服从任意分布的情况下，如何实施通用的可修系统可用性分析的仿真方法。

10.4.1　系统的单元状态及状态转换

10.4.1.1　单元状态的类型

为便于分析问题又不失去一般性,本节将系统中各单元的状态划分为四种状态,即正常工作(处于工作状态)、正常待机(处于停机状态)、故障维修(处于正在修理状态)、故障待修(处于等待修理状态)。

如图 10-9 所示,可维修系统中每个单元在工作 t 时间后,可能由于其自身故障或其他单元故障,造成该单元处于一种非工作状态,这种非工作状态包括了故障维修、故障待修、正常停机(由于其他单元故障导致的停机待用)三种可能状态。当相关的故障修复后,该单元会重新进入工作状态。

图 10-9　可维修系统单元的四种状态

若系统由 n 个单元组成,系统状态为 $S=(S_1,S_2,\cdots,S_n)$,单元状态为 $S_i(1\leqslant i\leqslant n)$,则对应不同的单元状态及其取值定义见表 10-7。

表 10-7　单元状态的表示

单元 i 的状态 S_i	$S_i=0$	$S_i=1$	$S_i=2$	$S_i=3$
单元所处状态	正常工作	正常待机	故障维修	故障待修

系统的状态由其组成单元的状态和各单元之间的功能逻辑关系所决定,即如果系统可用,则意味着系统中至少存在一条最小路且可用,如果系统不可用,则当前系统中没有一条最小路可用。

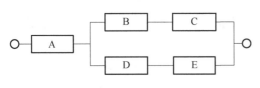

图 10-10　系统可靠性框图

如图 10-10 所示的由 5 个单元组成的可维修系统,初始状态为每个单元都处于正常工作状态。随着系统的不断使用,单元状态可能是正常工作、正常待机、故障维修、故障待修,并且单元状态会随着时间的增加不断发生变化。举例如下:

① 假设单元 B 首先故障,派 1 个维修组进行修理,此时单元 B 处于修理状态,单元 C 处于正常待机状态,而单元 A、单元 D 和单元 E 继续处于正常工作状态。

② 进一步假设,当单元 B 正在修理时单元 A 又发生故障,再派 1 个维修组进行修理,此时单元 A 和单元 B 处于修理状态,单元 C 继续待机,单元 D 和单元 E 也转为正常待机状态,整个系统此时为不可用状态。

③ 再进一步假设,若单元 A 已完成修理而单元 B 仍处于修理中,此时单元 A 状态转为正常工作,单元 D 和单元 E 由待机转为正常工作状态,单元 C 处于待机状态,整个系统此时从不可用状态转为可用状态。

④ 在情况②时,如果系统的维修策略是只有 1 个维修组,无法再派另 1 个维修组去维修单元 A,则此时单元 A 应处于故障待修状态,单元 C、单元 D 和单元 E 处于待机状态。

综上分析可知,系统中单元具体处于哪一种状态,取决于系统逻辑结构(如可靠性框图)和系统的维修策略,如维修组的数量是否充足(如果不充足会引起单元待修)、是否规定要优先修理某个单元等。

10.4.1.2 单元的状态转移

假设系统由 n 个单元 $x_1, x_2, \cdots, x_n$ 组成,系统中包含有 m 条最小路 $A = (A_1, \cdots, A_m)$,记为 $A_i = x_{i1}x_{i2}\cdots x_{ik_i}(i=1,2,\cdots,m)$,表示当单元 $x_{i1}, \cdots, x_{ik_i}$(k_i 为第 i 条最小路包含的单元数)都正常时,第 i 条最小路 A_i 就连通。并且令在某时刻 t,系统仍保持连通的最小路集记为 A_{link}^t,系统包含单元 x_i 的最小路集记为 $A(x_i)$。为准确描述上述可维修系统内的状态变化,下面引入一个队列的概念。

定义:队列是满足下列条件的数据元素的集合。
① 具有相同数据类型的有限个元素 a_i($1 \leqslant i \leqslant n$)的集合 $D = \{a_i \mid i = 1, 2, \cdots, n\}$;
② 元素间关系: $R = \{\langle a_i, a_{i+1} \rangle \mid a_i, a_{i+1} \in D\}$,$a_1$ 为头元素,a_n 为尾元素;
③ 只允许元素按次序在一端添加入队,并按相同的次序在另一端删除出队列。

假设系统的每个单元的故障分布函数为 $F_i(t)$($1 \leqslant i \leqslant n$),故障修复时间的分布函数为 $G_i(t)$($1 \leqslant i \leqslant n$),空闲维修组的数量为 W。系统运行过程中,单元会出现故障后由于维修组忙而等待维修的状态,设单元等待维修队列为 $Q = \{x_j \mid j \in (1, 2, \cdots, n)\}$,等待维修的单元数量为 M,正在修理的单元数量为 V。

假设系统的状态变量为 $S = (S_1, S_2, \cdots, S_n)$,系统初始状态为 $S = (0, 0, \cdots, 0)$,单元 x_i 状态变量为 S_i($1 \leqslant i \leqslant n$),各单元的状态变化表示为时刻向量 $\boldsymbol{T} = (t_{x_1}, t_{x_2}, \cdots, t_{x_n})$,其中下标 x_i 表示单元标号,t_{x_i} 表示单元故障发生时刻或故障修复时刻。

系统由初始状态开始工作,仿真过程中各单元的故障时间和修复时间交替变化,在每一个时间改变点上,单元都可能发生状态的改变转移。如图 10 - 11 所示,单元的状态转移共有 5 种具体形式。

时刻向量在每一个时间改变点上,每个分量由小到大进行排序为 $t_{i_1} \leqslant t_{i_2} \leqslant \cdots \leqslant t_{i_n}$。对应最小时刻 t_{i_1},相应的单元 i_1,依据表 10 - 8 给出的逻辑,进行状态转移。

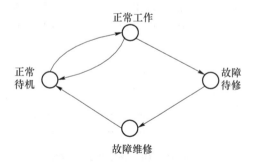

图 10 - 11　单元的五种状态转移

表 10 - 8　单元 i 的 5 种状态转移逻辑

转移序号	t 时刻前状态	t 时刻后状态	状态转移的判断逻辑和处理
1	正常工作 $S_{i_1} = 0$	故障待修 $S_{i_1} = 3$	① 单元 i_1 在时刻 t_{i_1} 发生故障时,单元 i_1 状态由 $S_{i_1} = 0$ 变为 $S_{i_1} = 3$;等待维修单元数为 $M = M + 1$,单元 i_1 加入等待维修队列 Q; ② 单元 i_1 以外的其他单元 $i_2, i_3, \cdots, i_n$ 的状态,应依据系统的最小路集 A 进行检查判断(按照表中第 2 类转移处理逻辑),这些单元的状态有可能会由正常工作转为正常待机

转移序号	t 时刻前状态	t 时刻后状态	状态转移的判断逻辑和处理
2	正常工作 $S_{i_1}=0$	正常待机 $S_{i_1}=1$	① 在时刻 t_{i_1}，包含单元 i_1 的最小路集 $A(i_1)$ 全部断开，找出此刻仍在连通的最小路集 $A_{\text{link}}^{t_{i_1}}$； ② 判断单元 $i_k(k\neq 1)$ 的状态： a. 如 $\forall i_k(k\neq 1)\in A_{\text{link}}^{t_{i_1}}$，即对于包含在连通最小路集 $A_{\text{link}}^{t_{i_1}}$ 中的任何单元 $i_k(k\neq 1)$，单元 $i_k(k\neq 1)$ 的原状态保持不变； b. 如 $\forall i_k(k\neq 1)\notin A_{\text{link}}^{t_{i_1}}$ 且 $i_k(k\neq 1)\subset A(i_1)$，即对未包含在连通最小路集 $A_{\text{link}}^{t_{i_1}}$ 中并且只包含在 $A(i_1)$ 中的任何单元 $i_k(k\neq 1)$，单元 $i_k(k\neq 1)$ 的状态由 $S_{i_1}=0$ 变为 $S_{i_1}=1$
3	故障待修 $S_{i_1}=3$	故障维修 $S_{i_1}=2$	① 如果空闲维修组的数量 $W\geqslant 1$ 并且等待维修队列 Q 不为空，则 Q 的首单元 i_1 的状态由 $S_{i_1}=3$ 变为 $S_{i_1}=2$，表示单元 i_1 进入修理状态，空闲维修组数变为 $W=W-1$，等待维修单元数变为 $M=M-1$，单元 i_1 从等待维修队列 Q 中移出； ② 抽样获得单元 i_1 的修复时间，此时单元 i_1 的状态仍为 $S_i=1$，表示单元 i_1 正处于维修中，正在修理的单元数为 $V=V+1$
4	故障维修 $S_{i_1}=2$	正常待机 $S_{i_1}=1$	① 单元 i_1 在时刻 t_{i_1} 完成故障修复时，正在修理单元数为 $V=V-1$，单元 i_1 的状态由 $S_{i_1}=2$ 变为 $S_{i_1}=1$； ② 抽样获得单元 i_1 的下一次故障时间，赋值给 i_1 的剩余寿命时间； ③ 单元 i_1 故障修复后，空闲维修组数 $W=W+1$，如果等待维修队列 Q 不为空，则按照表中第 3 类转移处理逻辑，将 Q 中的首单元的状态由故障待修转为故障维修； ④ 单元 i_1 故障修复后，系统中所有单元的状态，应依据系统的最小路集 A 进行检查判断(按照表的第 5 类转移处理逻辑)，这些单元的状态有可能会由正常待机转为正常工作
5	正常待机 $S_{i_1}=1$	正常工作 $S_{i_1}=0$	① 找出包含单元 i_1 的最小路集 $A(i_1)$； ② 判断 $A(i_1)$ 中任一最小路 A_j 中任一单元 i_k 的状态：如 $\forall i_k\in A_j$、$S_{i_k}\leqslant 1$，即对于最小路集 $A(i_1)$ 中任一最小路 A_j 中包含的所有单元 i_k，若 i_k 状态值 $S_{i_k}\leqslant 1$，则将 $S_{i_k}=1$ 的单元 i_k 状态值变为 $S_{i_k}=0$，并记录 i_k 的剩余寿命时间；否则单元 i_k 的原状态保持不变

（1）单元 i_1 在 t_{i_1} 时刻由正常工作转为故障待修

单元 i_1 在时刻 t_{i_1} 发生故障时，单元 i_1 状态由正常工作转为故障待修，单元 i_1 加入等待维修队列 Q，等待维修单元的数量 M 加 1。由于单元 i_1 的故障，会对系统状态及单元 i_1 以外的其他单元产生影响，使这些单元的状态有可能会由正常工作转为正常待机，因此必须依据系统的最小路集 A 进行检查判断(处理逻辑见(2))。

（2）单元在 t_{i_1} 时刻由正常工作转为正常待机

单元 i_1 在时刻 t_{i_1} 发生故障，则将包含单元 i_1 的最小路集 $A(i_1)$ 全部断开，并找出此刻仍在连通的最小路集 $A_{\text{link}}^{t_{i_1}}$；对于包含在 $A_{\text{link}}^{t_{i_1}}$ 中的任一单元，该单元的状态应保持不变；对于未包含在 $A_{\text{link}}^{t_{i_1}}$ 中且只包含在 $A(i_1)$ 中的任一单元，该单元的状态由正常工作转为正常待机。

（3）单元 i_1 在 t_{i_1} 时刻由故障待修转为故障维修

在时刻 t_{i_1}，对于故障待修状态的单元 i_1，如果空闲维修组的数量 $W\geqslant 1$，则该单元的状态由故障待修转为故障维修,单元i_1从等待维修队列Q中移出,等待维修单元数M减1,空闲维修组数W减1;进一步抽样获得单元i_1的修复时间,正在修理的单元数V加1。

(4)单元i_1在t_{i_1}时刻由故障维修转为正常待机

单元i_1在时刻t_{i_1}完成故障修复时,单元i_1状态由故障待修转为正常待机,抽样获得单元i_1的下一次故障时间,正在修理单元数为V减1,空闲维修组数W加1;如果等待维修队列Q不为空,则将Q中的首单元的状态由故障待修转为故障维修(处理逻辑见(3));由于单元i_1故障修复后,会对系统中所有单元产生影响,这些单元的状态有可能会由正常待机转为正常工作,因此应依据系统最小路集A进行检查判断(处理逻辑见(5))。

(5)单元在t_{i_1}时刻由正常待机转为正常工作

单元i_1在时刻t_{i_1}完成故障修复时,找出包含单元i_1的最小路集$A(i_1)$,并逐一判断$A(i_1)$中任一最小路A_j中任一单元i_k的状态。即对于最小路集$A(i_1)$中任一最小路A_j中包含的所有单元i_k,若单元i_k的状态均为正常待机或正常工作,则将状态为正常待机的单元i_k状态,改为正常工作,并记录i_k的剩余寿命时间;否则单元i_k的原状态保持不变。

10.4.2 系统可用性仿真逻辑

对可修复系统,假设系统由n个单元$x_1,x_2,\cdots,x_n$组成,每个单元的寿命分布函数为$F_i(t)$($1\leqslant i\leqslant n$),故障修复时间的分布函数为$G_i(t)$($1\leqslant i\leqslant n$),系统各单元在使用中会随着时间反复经历使用和修复过程。假设单元x_i的状态为S_i($1\leqslant i\leqslant n$),状态变化时刻为t_{x_i},单元状态在正常工作、正常待机、故障待修、故障维修这四种状态之间反复变换,各状态取值见表$10-7$。

假设系统初始时的各单元状态均为正常工作,系统包含有m条最小路$A=(A_1,\cdots,A_m)$,系统包含单元x_i的最小路集为$A(x_i)$,系统在时刻t仍保持连通的最小路集为A_{link}^t,维修组数为W,正在修理的单元数为V,等待维修的单元数为M,在t时刻的等待维修队列为Q^t。

可修系统随时间的进程是一串正常和故障交替出现的过程,这是一个比较复杂的模型,如果采用常见的面向过程与基于活动扫描思想进行仿真逻辑设计并编写代码是比较困难的,下面将采用事件调度法来实现系统的可用性仿真。

事件调度法就是以事件为开展分析的基本要素,通过定义事件及每个事件发生后对系统状态的影响,按时间顺序执行每个事件发生时有关的逻辑关系,并策划新的事件来驱动模型的运行。考虑到可用性仿真中的系统及其单元状态的触发条件,定义以下两种基本事件,作为系统可用性仿真中的驱动事件。

① 故障事件:发生故障的时刻及相应故障单元的名称。
② 修复事件:故障修复的时刻及相应被修复单元的名称。
依据事件调度法的模型架构,具体仿真过程如下。

10.4.2.1 仿真初始化

在仿真开始前的初始化,包括对仿真时钟、状态与统计变量、事件列表等赋初值。

1. 仿真时钟初始化
仿真时钟用于记录当前时刻的仿真时间值。
① 仿真时钟$T=0$;
② 仿真结束时间为$T_{\max}$;
③ 总仿真次数为$N_{\max}$。

2. 状态与统计变量赋初值

在第 i 次仿真中：

① 所有单元的状态：$S_j(1 \leqslant j \leqslant n) = 0$，即单元的初始状态均处于正常工作；

② 确定所有单元的维修策略(完全修复或基本修复)；

③ 维修组的数量：$W = w(w \geqslant 1)$；

正在修理单元的数量：$V = 0$；

等待维修单元的数量：$M = 0$；

等待维修单元的队列：$Q = \{\}$；

④ 各单元记录状态变换的时间：$t_{x_j} = 0(1 \leqslant j \leqslant n)$；

⑤ 各单元在 $(0, t]$ 期间内的剩余寿命时间：$n_{ti-x_j}(t) = 0(1 \leqslant j \leqslant n)$；

各单元在 $(0, t]$ 期间内的累计故障次数：$n_{Fi-x_j}(t) = 0(1 \leqslant j \leqslant n)$；

各单元在 $(0, t]$ 期间内的累计修复次数：$n_{Mi-x_j}(t) = 0(1 \leqslant j \leqslant n)$；

⑥ 系统首次故障时间：$t_{S_i} = 0$；

系统的状态值：$S_{sys} = 0$；

系统状态变换的时间：$t_{sys} = 0$；

系统在 $(0, t]$ 期间内累计故障次数：$N_{Fi} = 0$；

系统在 $(0, t]$ 期间内的累计故障修复次数：$N_{Mi} = 0$；

系统的第 j 次可用时间：$X_{ij}(1 \leqslant j \leqslant n_{S_{1i}}) = 0$；

出现的第 j 次不可用时间：$Y_{ij}(1 \leqslant j \leqslant n_{S_{2i}}) = 0$；

系统 t 时刻的状态：$S_{S_i}(t) = 0$。

3. 事件列表初始化

事件列表用于按时间顺序记录仿真过程中将要发生的所有事件,列出了将要发生的各类事件名称及发生该事件的时间。假设事件为一个三元组 $e = (x, t_x, \text{type})$,其中 t_x 为单元 x 发生事件的时间,type 是事件类型(故障或修复),则定义事件列表 $E = \{e_1, e_2, \cdots, e_m\}$ 是 m 个不同事件的有限集合。

仿真开始前需初始化事件列表并设置初始事件:即在第 i 次仿真中,取 $(0, 1)$ 区间内 n 个随机数 $\xi_{i_1}, \xi_{i_2}, \cdots, \xi_{i_n}$,得 n 个单元的首次故障时间抽样值 $t'_{x_1} = F_1^{-1}(\xi_{i_1}), t'_{x_2} = F_2^{-1}(\xi_{i_2}), \cdots,$ $t'_{x_n} = F_n^{-1}(\xi_{i_n})$；将这 n 个故障时间 $t'_{x_1}, t'_{x_2}, \cdots, t'_{x_n}$ 由小到大排序,得到 $t_1 \leqslant t_2 \leqslant \cdots \leqslant t_j \leqslant \cdots \leqslant t_n$ 及相应的单元序号 $k_1, k_2, \cdots, k_j, \cdots, k_n$；将获得的 n 个事件 $e_j = (x_{k_j}, t_j, \text{故障})$,按照 t_j 从小到大的次序,逐个加入事件列表 E 中,同时赋值各单元剩余寿命：$n_{tij-k_j}(t) = t_j(1 \leqslant j \leqslant n)$。

10.4.2.2 仿真主流程控制算法

可用性仿真的主流程将首先扫描事件列表,确定下一事件发生的时间,将仿真时钟推进到该时刻,并把当前事件从列表中移出；然后分辨当前事件的类型,依据是故障事件还是修复事件,调用相应的事件处理子程序。在事件处理子程序中,依据指定事件发生后的功能逻辑,修改系统状态变量值；收集过程数据,计算相关统计变量信息；将处理过程中新产生的事件,按照其发生时间的先后顺序移入到事件列表中。事件处理子程序调用完成后,返回主流程中继续扫描事件列表。在整个仿真运行中,单元的故障或修复事件不断被移入或移出事件列表,这两个动作被反复进行,直到仿真结束。

可用性仿真的具体流程如图 10 - 12 所示。

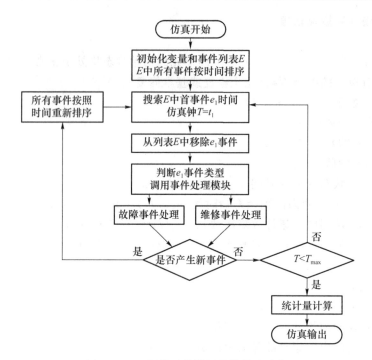

图 10 - 12　可修系统的可用性仿真流程

由图 10 - 12 可知,在系统可用度仿真模型中,事件的队列处理是仿真控制的核心,由此引发了可修系统功能逻辑的执行和各单元不同状态之间的转移处理。在上述过程完成以后,仿真主程序应进行检查以便确定是否应该终止仿真。如果到达了仿真终止时间或满足了终止条件,则主程序调用输出子程序,计算各类统计量数据并输出仿真结果。如果不满足终止条件,则控制返回主程序,继续执行"主程序—时间推进—事件子程序—终止检查"的不断循环,直到最终满足仿真中止条件为止。

10.4.2.3　单元故障事件处理算法

仿真过程中,单元设备的故障处理基本流程,如图 10 - 13 所示。

单元故障后的处理流程,主要包括三个部分(分别对应图 10 - 13 中的(1)、(2)、(3))。

(1) 故障单元 x_i 的维修处理

单元 x_i 发生故障后,其状态首先由正常工作转为故障待修,单元 x_i 加入等待维修队列 Q,等待维修单元的数量 M 加 1,单元 x_i 的累计故障次数 n_{F-x_i} 加 1;然后判断单元 x_i 是否可以直接维修,如果有空闲的维修组,则单元 x_i 从等待维修队列 Q 中移出,其状态由故障待修转为故障维修,等待维修单元数 M 减 1,空闲维修组数 W 减 1,正在修理的单元数 V 加 1;最后抽样单元 x_i 的故障修复时间,并在未来修复时刻发出单元 x_i 的修复事件。

(2) 判定单元 x_i 以外的其他单元的状态

单元 x_i 故障后可能会对其他单元状态产生影响,使这些单元正常待机,因此需要逐个单元进行检查:首先寻找单元 x_i 故障时刻系统仍保持连通的最小路集 $A_{link}^{t_{i_1}}$,对未包含在 $A_{link}^{t_{i_1}}$ 中且只包含在 $A(x_i)$ 中的任一单元 x_j,该单元的状态由正常工作转为正常待机,并修改该单元的剩余工作寿命时间 n_{t-x_j},从系统的事件列表中移除这个 x_j 单元的故障事件,使其从当前时刻工作保持暂停。

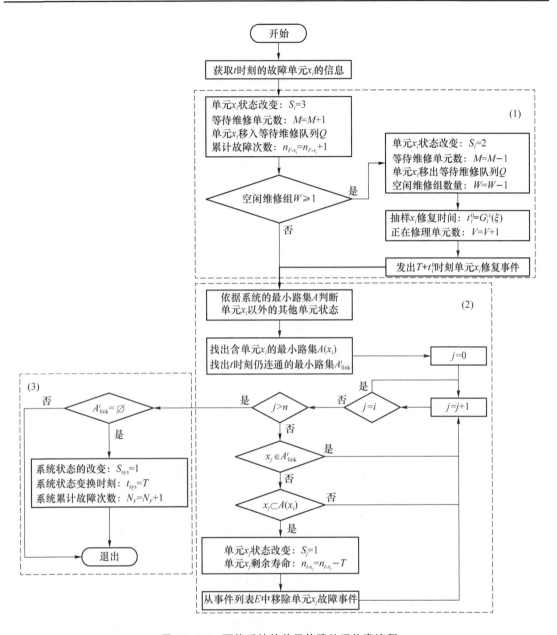

图 10 - 13　可修系统的单元故障处理仿真流程

（3）判定系统的状态

判断单元 x_i 故障后对系统状态产生的影响：如果单元 x_i 故障时刻的系统连通最小路集 $A_{link}^{t_{i1}}$ 为空，则此时系统应处于故障状态，系统故障次数 N_F 加 1，并设置相应系统变量值。

10.4.2.4　单元修复事件处理算法

仿真过程中，发生故障的单元设备完成故障维修后，重新进入系统中开始运行的基本流程如图 10 - 14 所示。

单元故障修复后的处理流程，包括三个部分（对应图 10 - 14 中的（1）、（2）、（3））。

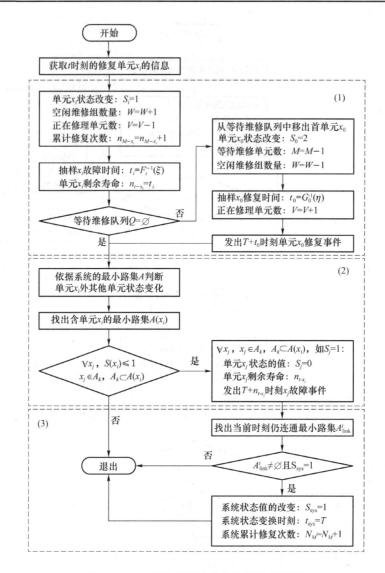

图 10-14 可修系统的单元修复处理流程

(1) 修复单元 x_i 的恢复处理和对其他待修单元处理

单元 x_i 完成故障修复后,其状态首先由故障维修转为正常待机,正在修理单元数 V 减 1,空闲维修组数 W 加 1,单元 x_i 的累计修复次数 n_{M-x_i} 加 1;然后抽样单元 x_i 的下次故障时间,并设置该时间为单元 x_i 的剩余工作寿命 n_{t-x_j};最后判断在当前时刻是否有等待修理的其他单元,若有则把等待维修队列 Q 中首单元 x_0 移出,x_0 状态由故障待修转为故障维修,等待维修单元数 M 减 1,空闲维修组数 W 减 1,正在修理的单元数 V 加 1,同时抽样单元 x_0 的修复时间,并在未来修复时刻发出 x_0 的修复事件。

(2) 判定单元 x_i 以外的其他单元的状态

单元 x_i 修复后会对其他单元状态产生影响,可能使这些单元由正常待机恢复到正常工作,因此需要逐个单元进行检查:首先找出包含单元 x_i 的所有最小路集 $A(x_i)$,然后判断 $A(x_i)$ 中任一最小路 A_k 中任一单元 x_j 的状态,如果对于 A_k 中包含的所有单元 x_j,x_j 状态值 S_j 均小于等于

1,则将 $S_j=1$ 单元的状态值变为 $S_j=0$,即将这些单元由正常待机恢复到正常工作,同时依据这些单元的剩余工作寿命时间 n_{t-x_j},在未来这些单元到寿的时刻分别发出故障事件。

（3）判定系统的状态

判断单元 x_i 修复后对系统状态产生的影响:如果单元 x_i 修复后的系统连通最小路集 $A_{\mathrm{link}}^{t_{i_1}}$ 不是空,并且 x_i 修复前系统处于故障状态,则设置将系统状态修改为正常工作状态,系统修复次数 N_M 加 1,同时设置其他系统变量值。

10.4.2.5　输出统计量

依据前述的变量设置,已知系统的总仿真次数为 $N_{\max}$,第 i 次仿真中系统 t 时刻的可用状态为 $S_{S_i}(t)$,系统首次故障时间为 t_{Si},在 $(0,t]$ 时间内系统故障次数为 N_{F_i},系统的修复次数为 N_{M_i},在 $(t,t+\Delta t]$ 内的故障次数为 ΔN_{F_i},修复次数为 ΔN_{M_i},仿真中出现的第 j 次可用时间为 X_{ij}、不可用时间为 Y_{ij},则有系统输出统计量:

① 系统的平均故障次数估计值

$$\hat{N}_F(t)=\frac{1}{N_{\max}}\sum_{i=1}^{N_{\max}}N_{F_i}(t) \tag{10-68}$$

② 系统的故障频度估计值

$$\hat{w}(t)=\frac{1}{N_{\max}}\sum_{i=1}^{N_{\max}}\frac{\Delta N_{F_i}(t)}{\Delta t} \tag{10-69}$$

③ 系统的平均首次故障前时间估计值

$$\hat{T}_{\mathrm{MTTFF}}=\frac{1}{N}\sum_{i=1}^{N_{\max}}t_i \tag{10-70}$$

④ 系统的平均修复次数估计值

$$\hat{N}_M(t)=\frac{1}{N_{\max}}\sum_{i=1}^{N_{\max}}N_{M_i}(t) \tag{10-71}$$

⑤ 系统的修复频度估计值

$$\hat{v}(t)=\frac{1}{N_{\max}}\sum_{i=1}^{N_{\max}}\frac{\Delta N_{M_i}(t)}{\Delta t} \tag{10-72}$$

⑥ 系统的平均可用时间、平均不可用时间、平均周期估计值为

$$\begin{cases}\hat{T}_{\mathrm{MUT}}=\dfrac{1}{N_{\max}}\sum_{i=1}^{N_{\max}}\sum_{j=1}^{N_{M_i}+1}X_{ij}\\[2mm]\hat{T}_{\mathrm{MDT}}=\dfrac{1}{N_{\max}}\sum_{i=1}^{N_{\max}}\sum_{j=1}^{N_{F_i}}Y_{ij}\\[2mm]\hat{T}_{\mathrm{MCT}}=\hat{T}_{\mathrm{MUT}}+\hat{T}_{\mathrm{MDT}}\end{cases} \tag{10-73}$$

⑦ 系统瞬态可用度 $A(t)$ 与稳态可用度估计值

$$\hat{A}(t)=\frac{1}{N_{\max}}\sum_{i=1}^{N_{\max}}S_{S_i}(t) \tag{10-74}$$

$$\hat{A}(t)=\frac{\hat{T}_{\mathrm{MUT}}}{\hat{T}_{\mathrm{MUT}}+\hat{T}_{\mathrm{MDT}}} \tag{10-75}$$

10.4.3　仿真示例

某能源传输系统的网络拓扑如图 10-15 所示,它由 11 个单元构成,完成从节点 1 到节点 8 之间的能源传输任务。已知各单元的故障时间分布和维修时间分布见表 10-9,系统工作周期为 1 年。以下利用蒙特卡罗法分析该传输系统在 1 年周期内的可用性并计算相关指标。

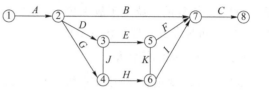

图 10-15　某能源传输系统的网络拓扑图

1. 确定传输网络可靠性模型

依据 5.3.4.2 节的搜索结果,可以找出该传输管网系统共有 9 个最小路集,分别为 $\{A,B,C\}$、$\{A,D,E,F,C\}$、$\{A,D,E,K,I,C\}$、$\{A,D,J,H,I,C\}$、$\{A,D,J,H,K,F,C\}$、$\{A,G,H,I,C\}$、$\{A,G,H,K,F,C\}$、$\{A,G,J,E,F,C\}$、$\{A,G,J,E,K,I,C\}$。

表 10-9　网络各单元寿命分布数据

单元	故障时间分布	故障时间分布参数	维修时间分布	维修时间分布参数
A	指数	$\lambda=0.001\ \mathrm{h}^{-1}$	指数	$\mu=0.04\ \mathrm{h}^{-1}$
B	指数	$\lambda=0.005\ \mathrm{h}^{-1}$	指数	$\mu=0.04\ \mathrm{h}^{-1}$
C	指数	$\lambda=0.001\ \mathrm{h}^{-1}$	指数	$\mu=0.04\ \mathrm{h}^{-1}$
D	指数	$\lambda=0.002\ \mathrm{h}^{-1}$	指数	$\mu=0.04\ \mathrm{h}^{-1}$
E	指数	$\lambda=0.005\ \mathrm{h}^{-1}$	指数	$\mu=0.04\ \mathrm{h}^{-1}$
F	指数	$\lambda=0.002\ \mathrm{h}^{-1}$	指数	$\mu=0.04\ \mathrm{h}^{-1}$
G	正态	$\mu=1\,000,\sigma^2=150$	指数	$\mu=0.04\ \mathrm{h}^{-1}$
H	正态	$\mu=800,\sigma^2=120$	指数	$\mu=0.04\ \mathrm{h}^{-1}$
I	正态	$\mu=1\,000,\sigma^2=150$	指数	$\mu=0.04\ \mathrm{h}^{-1}$
J	威布尔	$\gamma=0,\nu=1\,500,m=2.5$	指数	$\mu=0.1\ \mathrm{h}^{-1}$
K	威布尔	$\gamma=0,\nu=1\,500,m=2.5$	指数	$\mu=0.1\ \mathrm{h}^{-1}$

在第 j 次仿真运行中,首先对 $A\sim K$ 这 11 个单元的故障时间进行抽样,取得每一个单元的故障时间样本 t_j^i,此时单元 x_i 在 t 时刻的状态变量 $S_j^i(t)$ 为

$$S_j^i(t)=\begin{cases}3\,(\text{故障状态}),& t\geqslant t_j^i\\0\,(\text{正常状态}),& t<t_j^i\end{cases}\quad(i=A,B,C,D,E,F,G,H,I,J,K)\quad(10-76)$$

此时系统状态应依据上述 9 个最小路集是否导通进行判断,出现系统故障的时刻 t_{S_j} 则是网络所有最小路集都出现了故障的时刻。不断重复上述抽样和系统状态判定过程,依据图 10-12 所示的逻辑处理单元的故障状况,依据图 10-13 所示的逻辑处理单元的故障维修状况,进行 N 次仿真,可统计得到系统可用性及其指标的结果。

2. 计算机仿真

根据可用性仿真逻辑和图 10-12、图 10-13、图 10-14 的算法,用 Matlab 语言编写了仿真程序(程序清单参考附录 10-1),分析了上述传输系统在 1 年的工作期内的单元故障及其维修的状态变化,并统计计算了传输系统的可用性相关指标,以下列出部分仿真结果。

① 以单月为统计间隔,1 000 次仿真的系统平均故障次数、故障频度、平均修复次数、修复

频度统计结果见表 10 - 10 和图 10 - 16。

表 10 - 10　系统故障和维修指标的统计结果(1 000 次)

指标 时间	平均故障次数 (次数)	故障频度 (10^{-3}次/h)	平均修复次数 (次)	修复频度 (10^{-3}次/h)
1 月	1.398	1.915 1	1.329	1.820 5
2 月	1.574	2.156 2	1.582	2.167 1
3 月	1.502	2.058 5	1.478	2.024 7
4 月	1.436	1.967 1	1.439	1.971 2
5 月	1.517	2.078 1	1.516	2.076 7
6 月	1.466	2.008 2	1.489	2.039 7
7 月	1.511	2.070 9	1.508	2.065 8
8 月	1.523	2.086 3	1.500	2.054 8
9 月	1.548	2.121 5	1.558	2.134 2
10 月	1.480	2.027 4	1.469	2.012 3
11 月	1.514	2.074 4	1.527	2.091 8
12 月	1.513	2.073 6	1.587	2.174 0

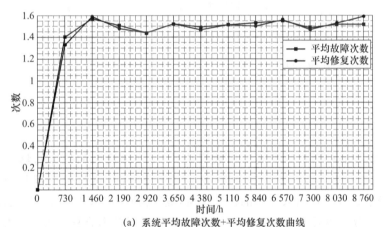

(a) 系统平均故障次数+平均修复次数曲线

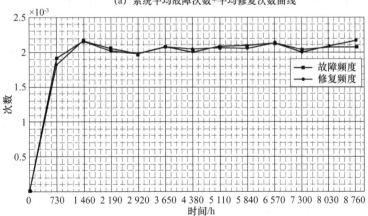

(b) 系统故障频度+修复频度曲线

图 10 - 16　系统平均故障数、故障频度、平均修复数、修复频度统计图

② 1 年工作期内,100 次、1 000 次仿真的系统首次故障前时间、平均可用时间、平均不可用时间、平均周期及稳态可用度的统计对比结果见表 10-11。

表 10-11 系统首次故障前时间、可用时间、稳态可用度等指标的统计结果

指标 次数	首次故障前时间/ h	平均可用时间/ h	平均不可用时间/ h	平均周期/ h	稳态可用度
100 次	424.934 8	8 109.571	650.429	8 760	92.58%
1 000 次	461.386 9	8 111.237	648.763	8 760	92.59%

显然,100 次与 1 000 次系统仿真的稳态可用度结果已经很接近了。

③ 1 年工作期内系统瞬态可用度的结果,如图 10-17 所示。

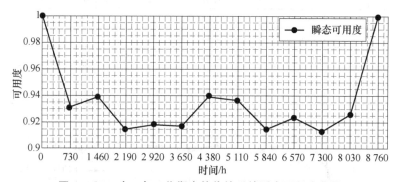

图 10-17 在 1 年工作期内的传输系统瞬态可用度曲线

习　题

1. 某机载设备的检测车的外场工作数据统计,可知该设备的故障间隔时间服从指数分布,其 MTBF=3 200 h。当它发生故障时进行完全修复时,其修复时间服从正态分布,其 $\mu=24$ h,$\sigma=5$ h。试建立该机载设备的仿真模型,编写仿真程序,并求解系统可用度。

2. 已知正态分布单元 $N(500\ h,30\ h^2)$,试计算该单元基本修复后的工作寿命。

3. 已知正态分布单元 $N(150\ h,10\ h^2)$,设其修复时间服从指数分布,修复率 $\mu=0.1\ h^{-1}$,它构成并联系统,试编写仿真程序,分别分析 2 个单元、3 个单元、5 个单元、10 个单元并联时的系统可用度特性。

4. 设每个单元故障和修复时间都服从指数分布,故障率 $\lambda=0.01\ h^{-1}$ 和修复率 $\mu=0.1\ h^{-1}$,5 个相同单元构成桥联模型(图 10-18),试编写仿真程序,分析该模型的平均故障次数、平均修复次数、平均首次故障前时间、可用度。

图 10-18 桥联模型

5. 考虑一个二单元并联系统,其中单元 1 服从指数分布,故障率为 0.001 h^{-1};单元 2 服从两参数威布尔分布 $F(t)=1-e^{(-t/\eta)^m}$,其中 $m=2$,$\eta=600$ h,两个单元的修复时间都服从正态分布 $N(20,5)$ h,假设维修周期为 100 天,两个单元均修复如旧,试用仿真方法计算系统可靠度和可用度随时间的变化。

6. 某系统负责节点 1 到节点 7 间的能源传输任务,其传输通路的拓扑如图 10-18 所示。

该系统由 8 个单元构成,设每个单元故障和修复时间都服从指数分布,故障率 $\lambda = 0.001\ \mathrm{h}^{-1}$ 和修复率 $\mu = 0.25\ \mathrm{h}^{-1}$,试编制仿真程序,计算系统平均故障次数、平均修复次数、平均首次故障前时间、系统首次故障前时间、稳态可用度,并分析 6 个月内系统瞬态可用度。

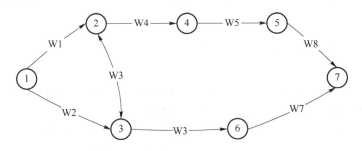

图 10-18　某系统的可靠性模型图

附录 10 - 1 系统可用性仿真程序

```
%% 全局初始化:设定系统参数
clc; clear; close all;
global sysFailTime sysRepairTime repairState partTable partState systemState
SimulationNum = 200;                 % 仿真次数
MaxFailNum = 100;                    % 缺省设定:整个周期内的最大故障数
TimeMax = 8760;                      % 统计的最大工作时间
NumUnit = 11;                        % 系统部件数
NumInter = 12;                       % 统计的间隔区间个数
TimeInter = TimeMax/NumInter;        % 统计的区间的间隔时间
rng(1,'twister');                    % 随机数发生器初始化(种子为1)
sysPathSet = MinRoadSet();           % 获得系统最小路集
% 初始化仿真统计参数
allsumFailNum = zeros(1,NumInter);   % 各区间系统故障次数
allFailFreq = zeros(1,NumInter);     % 各区间系统故障频度
allsumRepairNum = zeros(1,NumInter); % 各区间系统修复次数
allRepairFreq = zeros(1,NumInter);   % 各区间系统修复频度
allMTTF = 0;                         % 系统的累计首次故障时间
allUT = 0; allDT = 0;                % 系统累计可用时间和不可用时间
meanFailNum = zeros(1,NumInter);     % 各区间系统平均故障次数
meanFailFreq = zeros(1,NumInter);    % 各区间系统故障频度
meanRepairNum = zeros(1,NumInter);   % 各区间系统平均修复次数
meanRepairFreq = zeros(1,NumInter);  % 各区间系统修复频度
sysMTTF = 0;                         % 系统平均首次故障时间
MUT = 0; MDT = 0;                    % 系统平均可用时间、平均不可用时间
sumAvaiNum = zeros(1,NumInter);      % 系统可用次数:1—可用;0—不可用
steadyA = 0;                         % 稳态可用度
transA = zeros(1,NumInter);          % 瞬态可用度
%% 每次仿真循环
for num = 1:1:SimulationNum
    % 每一次仿真初始化参数,初始化系统维修状态变量、各单元的记录表、各单元初始故障事件
    sysFailTime = zeros(1,MaxFailNum);  % 单次仿真中记录系统的故障时刻
    sysRepairTime = zeros(1,MaxFailNum) % 单次仿真中记录系统的修复时刻
    curTime = 0;                        % 仿真时钟初始化
    deltaFailNum = zeros(1,NumInter);   % 统计的每个区间系统故障次数
    sumFailNum = zeros(1,NumInter);     % 统计的各区间系统的累计故障次数
    MTTF = 0;                           % 统计的系统首次故障时间
    deltaRepairNum = zeros(1,NumInter); % 统计的每个区间系统修复次数
```

```
sumRepairNum = zeros(1,NumInter);        % 统计的各区间系统的累计修复次数
avaiState = ones(1,NumInter);            % 统计的每个区间系统可用状态(0 或 1)
sumUT = 0; sumDT = 0;                     % 统计的系统可用累计时间、不可用时间
avaiNum = 0;  unAvaiNum = 0;             % 统计的系统可用次数、不可用次数
repairState = struct('People',1,'InRepair',0,'WaitRepair',0,'Queue',[]);
systemState = struct('time',0,'state',0);
                                         % 系统状态:0—正常;1—故障
partState = struct('time',0,'ID',0,'state',0,'ReLife',0);
partTable = struct('time',0,'ID',0,'state',0,'ReLife',0);
eventList = [];
for i = 1:NumUnit
    unitFailTime =  FailTime(i);  % 抽样单元故障时间
    partState(i) = struct('time',0,'ID',i,'state',0,'ReLife',unitFailTime);
    partTable(i) = partState(i);
    % 发出单元的维修完成事件
    newEvent = struct('curTime',unitFailTime,'type','fault','ID',i);
    eventList = addEvent(eventList,newEvent);
end
while(curTime <= TimeMax)                 % 每一次仿真主控程序:事件处理
    curEvent = eventList(1);              % 获取当前事件
    curTime = curEvent.curTime;           % 推进仿真时钟的时间到当前事件发生时间
    eventList(1) = [];                    % 从事件链表中删除首事件
    if curTime > TimeMax break; end
    switch curEvent.type
        case 'fault'
            [eventList] = faultEvent(curEvent,eventList,sysPathSet);
        case 'repair'
            [eventList] = repairEvent(curEvent,eventList,sysPathSet);
    end
end
if sysFailTime(1) > 0   % 每一次仿真统计量处理
    [~,myLen] = max(sysFailTime);
    if sysRepairTime(myLen) == 0 sysRepairTime(myLen) = TimeMax; end
    MTTF = sysFailTime(1);                                % 系统故障首发时间
    for i = 1:1:myLen                                     % 获得区间故障和修复次数
        curSite1 = floor(sysFailTime(i)/TimeInter - eps(1000000)) + 1;
                                                          % 系统故障区间位置
        deltaFailNum(curSite1) = deltaFailNum(curSite1) + 1;   % 系统故障次数加 1
        curSite2 = floor(sysRepairTime(i)/TimeInter - eps(1000000)) + 1;
                                                          % 系统修复区间位置
        deltaRepairNum(curSite2) = deltaRepairNum(curSite2) + 1; % 系统修复次数加 1
        sumDT = sumDT + (sysRepairTime(i) - sysFailTime(i));    % 系统不可用时间累计
        % 判断各区间右端点的系统可用状态
```

```
            if curSite2 > curSite1        % 表示故障修复时刻跨过了故障区间右端点
                avaiState(curSite1) = 0;
            end
        end
    end
    sumUT = TimeMax - sumDT;                                    % 系统累计可用时间
    allsumFailNum = allsumFailNum + deltaFailNum;
    allFailFreq = allFailFreq + deltaFailNum/TimeInter;
    allsumRepairNum = allsumRepairNum + deltaRepairNum;
    allRepairFreq = allRepairFreq + deltaRepairNum/TimeInter;
    allMTTF = allMTTF + MTTF;
    allDT = allDT + sumDT;
    allUT = allUT + sumUT;
    sumAvaiNum = sumAvaiNum + avaiState;
end
%% 仿真后的统计量处理和绘图
meanFailNum = allsumFailNum/SimulationNum;
meanFailFreq = allFailFreq/SimulationNum;
meanRepairNum = allsumRepairNum/SimulationNum;
meanRepairFreq = allRepairFreq/SimulationNum;
sysMTTF = allMTTF/SimulationNum;
MUT = allUT/SimulationNum;
MDT = allDT/SimulationNum;
MCT = MUT + MDT;
steadyA = MUT/MCT;
transA = sumAvaiNum/SimulationNum;
fprintf('系统平均首次故障时间为%d小时\n',sysMTTF);
fprintf('系统平均可用时间为%d小时\n',MUT);
fprintf('系统平均不可用时间为%d小时\n',MDT);
fprintf('系统平均周期时间为%d小时\n',MCT);
fprintf('系统稳态可用度为：%.2f%%\n',100 * steadyA);
x = 0:TimeInter:TimeMax;
figure(1); hold on;
plot(x,[0,meanFailNum],'.-','MarkerSize',15)
plot(x,[0,meanRepairNum],'.-','MarkerSize',15)
figure(1); grid on; grid minor;
title('系统平均故障次数＋平均修复次数曲线');xlabel('时间/小时');ylabel('次数')
legend("平均故障次数","平均修复次数");
figure(2); hold on;
plot(x,[0,meanFailFreq],'.-','MarkerSize',15)
plot(x,[0,meanRepairFreq],'.-','MarkerSize',15)
figure(2); grid on; grid minor;
title('系统故障频度＋修复频度曲线');xlabel('时间/小时');ylabel('次数')
```

```
legend("故障频度","修复频度");
figure(3); hold on; grid on; grid minor;
plot(x,[1,transA],'.-','MarkerSize',15);
title('系统瞬态可用度曲线');xlabel('时间/小时');ylabel('可用度')
legend('瞬态可用度');
% 单元故障处理
function [myEventList] = faultEvent(cEvent,myEventList,myMiniPathSet)
    global sysFailTime repairState partTable partState systemState
    cUnit = struct('time',cEvent.curTime,'ID',cEvent.ID); % 获取故障单元信息
    % 故障单元维修处理
    if repairState.People >= 1
        partState(cUnit.ID).time = cUnit.time;
        partState(cUnit.ID).state = 2;
        partState(cUnit.ID).ReLife = 0;
        lenTable = size(partTable,2) + 1;
        partTable(lenTable) = partState(cUnit.ID);
        repairState.People = repairState.People - 1;
        repairState.InRepair = repairState.InRepair + 1;
        curRepairTime = RepairTime(cUnit.ID);
        newEvent = struct('curTime',cUnit.time + curRepairTime,'type','repair','ID',cUnit.ID);
        % 发出维修事件
        myEventList = addEvent(myEventList,newEvent);
    else
        partState(cUnit.ID).time = cUnit.time;
        partState(cUnit.ID).state = 3;
        partState(cUnit.ID).ReLife = 0;
        lenTable = size(partTable,2) + 1;
        partTable(lenTable) = partState(cUnit.ID);
        repairState.WaitRepair = repairState.WaitRepair + 1;
        repairState.Queue = [repairState.Queue,cUnit.ID];
    end
    % 判定故障单元外的其他单元的状态
    AlinkSet = curOkPathSet(cUnit.ID,myMiniPathSet,partState);
    includeSet = otherSet(cUnit.ID,myMiniPathSet);
    for k = 1:1:length(includeSet)
        if isempty(find(AlinkSet == includeSet(k)))          % 不属于仍保持连通的最小路集
            if partState(includeSet(k)).state == 0
                partState(includeSet(k)).state = 1;
                partState(includeSet(k)).ReLife = partState(includeSet(k)).time + partState
(includeSet(k)).ReLife - cUnit.time;
                partState(includeSet(k)).time = cUnit.time;
                lenTable = size(partTable,2) + 1;
                partTable(lenTable) = partState(includeSet(k));
```

```
                    myEventList = removeEvent(myEventList,partState(includeSet(k)).ID,'fault');
                end
            end
        end
        if isempty(AlinkSet)  %  判断系统状态
            systemState.time = cUnit.time;
            systemState.state = 1;
            [~,id] = max(sysFailTime);
            if sysFailTime(1) > 0 id = id + 1; end
            sysFailTime(id) = systemState.time;
        end
    end
    %  单元修复处理
    function [myEventList] = repairEvent(cEvent,myEventList,myMiniPathSet)
        global sysRepairTime repairState partTable partState systemState
        cUnit = struct('time',cEvent.curTime,'ID',cEvent.ID);  %  获取修复单元的信息
        %  修复单元的恢复处理和对其他待修单元处理
        partState(cUnit.ID).time = cUnit.time;
        partState(cUnit.ID).state = 1;
        partState(cUnit.ID).ReLife = FailTime(cUnit.ID);        %  抽样单元故障时间
        lenTable = size(partTable,2) + 1;
        partTable(lenTable) = partState(cUnit.ID);
        repairState.People = repairState.People + 1;
        repairState.InRepair = repairState.InRepair - 1;
        if ~isempty(repairState.Queue)                          %  判断其他待修单元
            InRepairID = repairState.Queue(1);
            repairState.Queue(1) = [];                          %  移除首个待修单元
            partState(InRepairID).time = cUnit.time;
            partState(InRepairID).state = 2;
            lenTable = size(partTable,2) + 1;
            partTable(lenTable) = partState(InRepairID);
            repairState.People = repairState.People - 1;
            repairState.WaitRepair = repairState.WaitRepair - 1;
            repairState.InRepair = repairState.InRepair + 1;
            curRepairTime = RepairTime(InRepairID);
            newEvent = struct('curTime',cUnit.time + curRepairTime,'type','repair','ID',
InRepairID);  发出维修事件
            myEventList = addEvent(myEventList,newEvent);
        end
        %  判定修复单元 X 所属最小路集中,X 以外的其他单元状态
        includeSet = otherSet(cUnit.ID,myMiniPathSet);
        includeSet = [includeSet,cUnit.ID];       %  把当前修复单元纳入
        ifOk = 0;
```

```
    for k = 1:1:length(includeSet)
        if partState(includeSet(k)).state > 1 ifOk = 1; break; end
    end
    if ifOk == 0      % 如果对于包含所有单元的状态值均小于等于 1
        for k = 1:1:length(includeSet)
            if partState(includeSet(k)).state == 1
                partState(includeSet(k)).time = cUnit.time;
                partState(includeSet(k)).state = 0;
                lenTable = size(partTable,2) + 1;
                partTable(lenTable) = partState(includeSet(k));
                reTime = cUnit.time + partState(includeSet(k)).ReLife;
                newEvent = struct('curTime',reTime,'type','fault','ID',includeSet(k));
                myEventList = addEvent(myEventList,newEvent);
            end
        end
    end
    % 判断系统状态
    if ifExistPath(myMiniPathSet,partState) == 1      % 存在导通的最小路
        if systemState.state == 1;
            systemState.time = cUnit.time;
            systemState.state = 0;
            [~,id] = max(sysRepairTime);
            if sysRepairTime(1) > 0 id = id + 1; end
            sysRepairTime(id) = systemState.time;
        end
    end
end
% 获得系统最小路集的集合
function [mySet] = MinRoadSet()
    myRoadSet(1,1:7) = [1,2,3,0,0,0,0]; myRoadSet(2,1:7) = [1,3,4,5,6,0,0]; myRoadSet(3,1:
7) = [1,3,4,5,9,11,0];
    myRoadSet(4,1:7) = [1,3,4,8,9,10,0]; myRoadSet(5,1:7) = [1,3,4,6,8,10,11]; myRoadSet(6,
1:7) = [1,3,7,8,9,0,0];
    myRoadSet(7,1:7) = [1,3,6,7,8,11,0]; myRoadSet(8,1:7) = [1,3,5,6,7,10,0]; myRoadSet(9,
1:7) = [1,3,5,7,9,10,11];
    mySet = myRoadSet;
end
% 获得包含 X 的所有最小路集 A(X) 中的其他单元,结果不含 ID
function [mySet] = otherSet(ID,myMiniPathSet)
    mySet = [];
    lenPath = size(myMiniPathSet,1);
    for i = 1:lenPath
        curPathSet = myMiniPathSet(i,find(myMiniPathSet(i,:)));
```

```matlab
            if ~isempty(find(curPathSet = = ID))  mySet = union(mySet,curPathSet); end
        end
        mySet = mySet';
        mySet = mySet(find(mySet ~ = ID));
    end
    % 获得所有当前联通的最小路各单元
    function [mySet] = curOkPathSet(ID,myMiniPathSet,unitState)
        mySet = [];
        lenPath = size(myMiniPathSet,1);
        for i = 1:lenPath
            curPathSet = myMiniPathSet(i,find(myMiniPathSet(i,:))); % 去掉最小路位置中的 0 元素
            if isempty(find(curPathSet = = ID))           % 如果是不包含 ID 的最小路
                checkValue = sum([unitState(curPathSet).state]);   % 计算最小路逻辑值
                if checkValue = = 0                        % 如果该最小路是导通的
                    mySet = union(mySet,[unitState(curPathSet).ID]);% 获得该最小路的所有单元
                end
            end
        end
        mySet = mySet';
    end
    % 获得当前是否有联通的最小路
    function [passOK] = ifExistPath(myMiniPathSet,unitState)
        passOK = 0;
        lenPath = size(myMiniPathSet,1);
        for i = 1:lenPath
            mySite = myMiniPathSet(i,find(myMiniPathSet(i,:)));
            if sum([unitState(mySite).state]) = = 0 passOK = 1; return; end
        end
    end
    % 获得各单元的故障时间
    function [unitFailTime] = FailTime(ID)
        switch ID
            case 1; unitFailTime = exprnd(1/0.001);
            case 2; unitFailTime = exprnd(1/0.005);
            case 3; unitFailTime = exprnd(1/0.001);
            case 4; unitFailTime = exprnd(1/0.002);
            case 5; unitFailTime = exprnd(1/0.005);
            case 6; unitFailTime = exprnd(1/0.002);
            case 7; unitFailTime = normrnd(1000,150);
            case 8; unitFailTime = normrnd(800,120);
            case 9; unitFailTime = normrnd(1000,150);
            case 10; unitFailTime = wblrnd(1500,2.5);
            case 11; unitFailTime = wblrnd(1500,2.5);
```

```
        end
end
% 获得各单元的维修时间
function [unitFailTime] = RepairTime(ID)
    switch ID
        case 10
            unitFailTime = exprnd(1/0.1);
        case 11
            unitFailTime = exprnd(1/0.1);
        otherwise
            unitFailTime = exprnd(1/0.04);
    end
end
% 在链表中加入一个事件
function myEventList = addEvent(myEventList,addEvent)
    if ~isempty(myEventList)
        % 按照时间找到对应的节点前面的位置
        cSite = findEvent(myEventList,addEvent.curTime);
        len = length(myEventList);
        if cSite == len                      % 如果是链表的表尾
            myEventList(cSite + 1) = addEvent;
        else
            if isempty(cSite) cSite = 0; end
            for i = (len + 1):-1:(cSite + 2)        % 整体往后移
                myEventList(i) = myEventList(i - 1);
            end
            myEventList(cSite + 1) = addEvent;    % 插入新事件
        end
    else
        myEventList = addEvent;
    end
end
% 从链表中移除一个指定的事件
function myEventList = removeEvent(myEventList,removeID,removeType)
    removeSite = getEvent(myEventList,removeID,removeType);
    if removeSite > 0 myEventList(removeSite) = []; end
end
% 得到链表中指定名称和类型的事件位置
function [site] = getEvent(myList,findID,findType)
    site = 0;
    for i = 1:1:length(myList)
        if myList(i).ID == findID & myList(i).type == findType site = i; break; end
    end
```

```
end
% 按照时间顺序,搜索链表中的对应位置(后)
function [eventSite] = findEvent(myEventList,findTime)
    tt = [myEventList(:).curTime];
    [~,idx] = find(tt < findTime);
    eventSite = max(idx);
end
```

第三部分

第 11 章　基于 Markov 的系统可靠性建模分析

　　系统可靠性建模方法有很多种,不同模型的复杂程度不同,适用范围也不同。简单的可靠性模型对系统的描述能力是最弱的。随着系统行为复杂度的增加,所适用模型的复杂程度也在增加,越是复杂的模型建模过程越复杂,建模中需要的评估技术越复杂,对模型的求解也需要更长的时间。例如,传统的可靠性框图、故障树等模型建模简单,但难以描述系统的应力重分配特性、修复特性等复杂特性,而用 Markov 过程就可以方便地描述系统的修复过程、利用备件对系统进行动态配置及复杂的故障恢复、故障容错等过程。Markov 模型是一种广泛应用于复杂故障容错系统可靠性分析、可修系统可用性分析的模型,它能够灵活地对系统的行为进行建模。本章首先介绍 Markov 模型的一些经典理论,然后重点介绍基于 Markov 的可靠性建模方法及一些求解优化的问题,使读者可以对 Markov 模型的建模与应用有基本的了解。

11.1　Markov 模型

　　事物变化的过程分为确定性和不确定性。在对不确定性变化过程开展研究时,又分为随机过程和模糊理论。Markov 模型就是以随机过程作为基础理论而形成的。Markov 模型最初是由俄国数学家安德雷·安德耶维奇·马尔可夫(1856—1922)于 1986 年提出的一个试验模型。目前,已经发展为比较成熟的 Markov 过程论,并在工程学、生物学、物理学乃至社会科学等领域都得到了广泛的应用。

11.1.1　Markov 过程的基本概念

　　Markov 过程是一个随机过程。当某一过程的未来情况与过去情况无关,只与当前状态有关时,称这一过程具有无后效性又称 Markov 性,而具有 Markov 性的随机过程就称为Markov 过程。

　　随机过程既可以在离散时间上进行观察,也可以在连续时间上观察。前者对应一个离散状态在离散时间上随机转移的过程;后者对应一个离散状态在连续时间上连续转移的过程。这两种系统演化的随机过程都可称为 Markov 过程。因此,Markov 过程可以分为离散时间离散状态 Markov 过程和连续时间离散状态 Markov 过程。前者为离散状态在离散时间上互相随机转移的过程,即状态转移发生的时间参数是离散的;后者是离散状态在连续时间上连续转移的过程,即状态转移发生的时间参数是连续的。二者都表示为系统所处状态只与前一时刻状态有关。

1. 离散时间离散状态 Markov 过程

设$\{X_n\}$是取值在 S$=\{0,1,\cdots,N\}$上的一个随机过程,N为自然数,若对任意自然数n,有

$$P\{X_{n+1}=S_{n+1}\mid X_n=S_n,\ X_{n-1}=S_{n-1},\ X_{n-2}=S_{n-2}\cdots\}=P\{X_{n+1}=s_{n+1}\mid X_n=s_n\}$$

$$(11-1)$$

式中,$S_1,S_2,\cdots,S_n\in S$,则称$\{X_n\}$为离散状态空间 S 上的离散时间 Markov 过程。

对于离散时间离散状态的 Markov 过程,状态转移发生在离散时间$t_1,t_1,\cdots,t_n$,其中,$t_n=t_{n-1}+\Delta t(n)$。为简单起见,假设时间间隔$\Delta t(n)$恒定且不随n的变化而变化。

随机变量X_n表示在t_n时的系统状态,该随机变量给出了系统状态与观察时间t_n对应的信息。例如,$X_5=3$表示在第 5 个时间步,系统处于状态 3。

2. 连续时间离散状态的 Markov 过程

设$\{X(t),t\geqslant0\}$是取值在 $S=\{0,1,\cdots\}$或 $S=\{0,1,\cdots,N\}$上的一个随机过程,若对任意自然数n及任意n个时刻点$0\leqslant t_1<t_2<\cdots<t_n$,均有

$$P\{X(t_n)=i_n\mid X(t_1)=i_1,X(t_2)=i_2,\cdots,X(t_{n-1})=i_{n-1}\}$$
$$=P\{X(t_n)=i_n\mid X(t_{n-1})=i_{n-1}\}$$

$$(11-2)$$

式中,$i_1,i_2,\cdots,i_n\in S$,则称$\{X(t),t\geqslant0\}$为离散状态空间 S 上的连续时间 Markov 过程。

式(11-2)表明,在给定时刻t_{n-1}过程$\{X(t),t\geqslant0\}$处于某个状态的条件下,过程在t_{n-1}以后发展的概率规律与过程在t_{n-1}以前的历史无关。简单地说,当给定过程现在所处状态,则过程将来发展的概率规律与过程的历史无关。

3. 转移概率函数$P_{ij}(t)$

如果对任意$t,u\geqslant0$,均有

$$P\{X(t+u)=j\mid X(u)=i\}=P_{ij}(t)\quad(i,j\in S)$$

$$(11-3)$$

与u无关,则称 Markov 过程$\{X(t),t\geqslant0\}$是连续时间的齐次 Markov 过程。

对固定的$i,j\in S$,函数$P_{ij}(t)$称为转移概率函数,$\boldsymbol{P}(t)=P_{ij}(t)$称为转移概率矩阵。

式(11-3)表示,Markov 过程的转移概率仅与时差t有关,而与起始时刻的位置u无关。一个转移概率稳定的 Markov 过程是无记忆性的。

通常,假定 Markov 过程$\{X(t),t\geqslant0\}$的转移概率函数满足

$$\lim_{t\to0}P_{ij}(t)=\delta_{ij}=\begin{cases}1,&i=j\\0,&i\neq j\end{cases}$$

$$(11-4)$$

将转移概率写成矩阵形式

$$\boldsymbol{P}=(p_{ij})=\begin{bmatrix}p_{00}&p_{01}&\cdots&p_{0j}&\cdots\\p_{10}&p_{11}&\cdots&p_{1j}&\cdots\\\vdots&\vdots&\ddots&\vdots&\cdots\\p_{i0}&p_{i1}&\cdots&p_{ij}&\cdots\\\vdots&\vdots&\vdots&\vdots&\ddots\end{bmatrix}$$

由于概率是非负的,且过程必须转移到某种状态,因此对转移概率函数,显示有以下性质

$$\begin{cases} P_{ij}(t) \geqslant 0 \\ \sum\limits_{j \in S} P_{ij}(t) = 1 \\ \sum\limits_{k \in S} P_{ik}(u) P_{kj}(v) = P_{ij}(u+v) \end{cases} \qquad (11-5)$$

4. 多步转移概率

矩阵 $\boldsymbol{A}$ 的 n 次幂表示第 n 步的转移概率矩阵

$$\boldsymbol{A}^n = \begin{bmatrix} p_{00}(n) & p_{01}(n) & \cdots & p_{0N}(n) \\ p_{10}(n) & p_{11}(n) & \cdots & p_{1N}(n) \\ \vdots & \vdots & \ddots & \vdots \\ p_{N0}(n) & p_{N1}(n) & \cdots & p_{NN}(n) \end{bmatrix}$$

式中,元素 $p_{ij}{}^{(n)}$——从初始状态 i 转移 n 步后达到状态 j 的概率,即

$$p_{ij}{}^{(n)} = P[X(n) = j \mid X(0) = i] \qquad (11-6)$$

式中,$p_{ij}^{(n)}$——所有长度为 n,开始于状态 i,结束于状态 j 的转移概率的加和。

对于一切 $n, m > 0$ 且 $i, j \in S$ 有

$$\begin{aligned} p_{ij}^{(m+n)} &= P\{X_{m+n} = j \mid X_0 = i\} \\ &= \sum_{k \in S} P\{X_{m+n} = j, X_m = k \mid X_0 = i\} \\ &= \sum_{k \in S} P\{X_{m+n} = j \mid X_m = k, X_0 = i\} \cdot P\{X_m = k \mid X_0 = i\} \quad (11-7) \\ &= \sum_{k \in S} P\{X_{m+n} = j \mid X_m = k\} \cdot P\{X_m = k \mid X_0 = i\} \\ &= \sum_{k \in S} p_{kj}^{(n)} p_{ik}^{(m)} = \sum_{k \in S} p_{ik}^{(m)} p_{kj}^{(n)} \end{aligned}$$

称式(11-7)为 Chapman-Kolmogorov 方程,简称 C-K 方程。由 C-K 方程可知,在齐次 Markov 模型中,多步转移概率可以拆分为几小步,最终都能用一步转移概率表示出来。

如图 11-1 所示为状态 2 到状态 3 的转换。

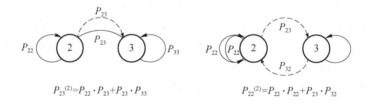

图 11-1 状态 2 到状态 3 的转换

示例 11.1:用一个天气推断例子说明状态转移概率函数。用元素(2,2)表示第一天和第二天均潮湿的条件概率。这个过程可以用 Markov 状态转移图表示,如图 11-2 所示。其中,状态 1 表示干燥,状态 2 表示潮湿。第一天干燥第三天也干燥的概率,可以通过 Markov 过程计算。

从初始状态 $C = [1 \quad 0]$ 开始,在 $n = 2$ 时,得到

$$P(2) = [1 \quad 0] \cdot \begin{bmatrix} 0.8 & 0.2 \\ 0.5 & 0.5 \end{bmatrix} \cdot \begin{bmatrix} 0.8 & 0.2 \\ 0.5 & 0.5 \end{bmatrix} = [0.74 \quad 0.26]$$

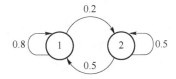

图 11-2　天气状态转移图

向量的第一个元素 0.74 就表示第三天也干燥的概率。

5. 状态逗留概率$P_j(t)$

若令

$$P_j(t) = P\{X(t) = j\} \quad (j \in S) \tag{11-8}$$

它表示时刻 t 系统处于 j 的概率,称为状态逗留概率。

可知,状态逗留概率满足

$$P_j(t) = \sum_{k \in S} P_k(0) P_{kj}(t) \tag{11-9}$$

时齐 Markov 过程具有如下重要性质。

① 对有限状态空间 S 的时齐 Markov 过程,以下极限

$$\begin{cases} \lim_{\Delta t \to 0} \dfrac{P_{ij}(\Delta t)}{\Delta t} = q_{ij}, & i \neq j, i, j \in S \\[2mm] \lim_{\Delta t \to 0} \dfrac{1 - P_{ij}(\Delta t)}{\Delta t} = q_i, & i \in S \end{cases} \tag{11-10}$$

存在且有限。

② 若记 $T_1, T_2 \cdots$ 为过程 $\{X(t), t \geqslant 0\}$ 的状态转移时刻,$0 = T_0 < T_1 < T_2 < \cdots, X(T_n)$ 表示第 n 次状态转移后过程的状态。若 $X(T_n) = i$,则 $T_{n+1} - T_n$ 为过程在状态 i 的逗留时间,有

　　引理 1[3]　对任何 $i, j \in S, u \geqslant 0$,有

$$P\{T_{n+1} - T_n > u \mid X(T_n) = i, X(T_{n+1}) = j\} = e^{-q_i u} \quad (n = 0, 1 \cdots)$$

与 n 和状态 j 无关。

　　因此,有限状态空间的时齐 Markov 过程在任何状态 i 的逗留时间遵从参数 q_i 的指数分布 $0 \leqslant q_i \leqslant \infty$,不依赖于下一个将要转入的状态。若 $q_i > 0$,称状态 i 为稳定态;若 $q_i = 0$,称状态 i 为吸收态。过程一旦进入吸收态就将永远停留在该状态。

　　③ 对有限状态空间 S 的时齐 Markov 过程 $\{X(t), t \geqslant 0\}$,记 $N(t) = (0, t]$ 中 $\{X(t), t \geqslant 0\}$ 发生状态转移次数,则有

　　引理 2[3]　对充分小的 $\Delta t > 0$,有

$$P\{N(t + \Delta t) - N(t) \geqslant 2\} = o(\Delta t)$$

即在 $(t, t + \Delta t]$ 中 Markov 过程 $\{X(t), t \geqslant 0\}$ 发生两次或两次以上转移的概率为 $o(\Delta t)$。

11.1.2　Markov 模型基本组成

　　具有 Markov 性质并以随机过程为基础模型的随机过程/随机模型统称为 Markov 模型。其中包含 Markov 链、Markov 决策过程、隐 Markov 链等随机过程/随机模型。从 Markov 模型的定义来看,随机过程和 Markov 性是关键。

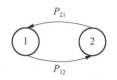

图 11-3　Markov 状态转移图

Markov 模型的组成包括两部分,状态和状态间的转移,通常用状态转移图来进行图形化表示。在 Markov 状态转移图中,需描述两方面内容:一是系统状态及初始条件,二是系统状态间的转移和相应的转移率。其中,状态用圆圈来表示,状态间的转移用带箭头的曲线表示,连接两个状态,箭头所指向的方向即为转移的目的状态。这里所考虑的模型局限于可穷举的离散状态,也就是有限的离散状态。Markov 状态转移图如图 11-3 所示。

模型的工作方式是:假设系统在整个时间段内每一时刻都处于某一种状态,也仅能处于某一种状态,并且可以通过内部转换从一个状态转移到另外一个状态。两个状态转移之间的时间,称为状态维持时间,也可以说是系统处于某一状态所保持的时间。

下面通过一个例子来说明 Markov 模型是如何工作的。

假设在池塘里有许多荷叶,有一只青蛙可以在池塘的荷叶上随意地跳动,并且进一步假设它从来没有掉入到水中。将这样一个实例与 Markov 模型进行对比,可以看到,池塘里荷叶相当于 Markov 模型中的状态,青蛙所在的荷叶就相当于系统的当前状态或者即将发生的状态;青蛙从一片荷叶跳到另外一片荷叶的过程就是 Markov 模型从一个状态到另外一个状态的转移;而青蛙在起跳之前待在木桩上的时间就相当于状态保持时间。对于任何一片指定的荷叶,青蛙仅可能从该荷叶跳到其余的一些有限的荷叶上,而不是所有荷叶,因为一些荷叶太远而达不到,或者是由于存在障碍物被阻挡等原因无法到达其他的荷叶,那么这种跳跃就相当于是模型中的状态输出转移,是有选择地输出。另外在池塘里面,还有一些这样的荷叶,一旦青蛙跳到这里,它就不能够离开了,这些荷叶在 Markov 模型中就相当于吸收状态,也就相当于系统故障状态。

Markov 模型具有如下一些典型的性质。

性质 1　Markov 性也叫做无后效性、无记忆性,即是过去只能影响现在,不能影响将来。当一个随机过程在给定现在状态及所有过去状态情况下,其未来状态的条件概率分布仅依赖于当前状态;换句话说,在给定现在状态时,它与过去状态(即该过程的历史路径)是条件独立的,那么此随机过程即具有 Markov 性质。

性质 2　Markov 过程具有可达性。来自任意两个状态之间的转移概率>0,状态 i 转移到状态 j 的概率为正,状态 i 和状态 j 彼此可达,那么记为 $i \to j$,并称 j 可从 i 到达。Markov 过程的可达性具有传递性,如果 $i \to j, j \to l$,根据传递性,等价于 $i \leftrightarrow l$。因此,整个状态空间的元素可以状态互通。

性质 3　原序列间隔为 k 的子序列仍满足 Markov 性,其一步转移概率等于原序列的 k 步转移概率,即其一步转移概率矩阵就是原序列的 k 步转移概率矩阵。因此,Markov 过程的任意等间隔子序列仍是 Markov 过程。

性质 4　一个 Markov 过程 $\{S(n), n=1,2\cdots\}$ 的相反方向也是 Markov 过程。即对任意正整数 n、k 有

$$P\{S(n)=a(i_n) \mid S(n+1)=a(i_{n+1}), \cdots, S(n+k)=a(i_{n+k})\} \tag{11-11}$$
$$= P\{S(n)=a(i_n) \mid S(n+1)=a(i_{n+1})\}$$

式中,$a(i_n)$——$\{S(n), n=1,2\cdots\}$ 的可能取值。

性质 5　设 Markov 过程 $\{S(n), n=1,2\cdots\}$,对任意正整数 $s<r<n$,当 $S(r)$ 为已知,$S(n)$

与 $S(s)$ 相互独立,即

$$P\{S(n)=a(i_n),S(s)=a(i_s)|S(r)=a(i_r)\} \tag{11-12}$$
$$=P\{S(n)=a(i_n)|S(r)=a(i_r)\}\cdot P\{S(s)=a(i_s)|S(r)=a(i_r)\}$$

性质 6　给定 Markov 过程 $\{S(n),n=1,2\cdots\}$,如果对任意一个 $j\in E$,其中,E 是状态空间,n 是转移概率的极限

$$\lim_{n\to\infty}p_{ij}(n)=\pi_j \tag{11-13}$$

对一切 $i\in E$ 存在且与 i 无关,那么称 $\{S(n),n=1,2\cdots\}$ 具有遍历性(ergodic),或称 $\{S(n),n=1,2\cdots\}$ 为遍历的齐次 Markov 过程。

一个遍历的 Markov 过程经过相当长时间后,它处于各个状态的概率趋于稳定,且概率稳定值与初始状态无关。在工程技术中,当 Markov 过程的极限分布存在时,它的遍历性表示一个系统经过相当长时间后趋于平衡状态,这时,系统处于各个状态的概率分布既不依赖于初始状态,也不再随时间的推移而改变。

性质 7　设 $\{S(n),n=1,2\cdots\}$ 是具有 n 个转移状态 $S_1,S_2,\cdots,S_n$ 的齐次 Markov 过程,$p_i(n)$ 表示系统在时刻 n 处于状态 S_i 的无条件概率,如果对所有的 n 有

$$p_i(n)=p_i(1)\quad(i=1,2,\cdots,n) \tag{11-14}$$

则称该过程是平稳的。

平稳性的物理意义对任意时刻系统处于同一状态的概率是相同的。

齐次 Markov 过程 $\{S(n),n=1,2\cdots\}$ 具有平稳性的充要条件是,无条件概率 $p_i(1)$ 满足

$$p_j(1)=\sum_{i=1}^{s}p_i(1)p_{ij}(1)\quad(j=1,2,\cdots,n) \tag{11-15}$$

式中,$p_{ij}(1)$——一步转移概率。

为使齐次 Markov 过程具有平稳性,可由式(11-15)求解初始无条件概率 $p_j(1)$,$j=1,2,\cdots,n$,但这 n 个方程不是独立的,因此应由式(11-15)前 $n-1$ 个方程及联立求得初始无条件概率。

11.1.3　Markov 模型分类

Markov 模型从不同角度可有不同的分类。根据状态转移时间的特征不同,分为三种类型:齐次 Markov 模型、非齐次 Markov 模型和半 Markov 模型。其中最简单的,也是最常用的模型是齐次 Markov 模型(CTMC)。根据状态转移依赖的状态数量的不同,可分为一阶 Markov 模型和高阶 Markov 模型。根据状态是否可见,可分为显 Markov 模型和隐 Markov 模型。

11.1.3.1　根据状态转移时间特征划分

1. 齐次 Markov 模型

设 Markov 过程 $\{X_n\}$,$n=0,1,2\cdots$ 的状态空间为 $\{S=0,1,2\cdots\}$,如果 Markov 过程现在所处的时刻并不影响其一步转移概率,即

$$(X_{n+1}=j|X_n=i)=p_{ij} \tag{11-16}$$

此时 Markov 过程从状态 i 转移到状态 j 的概率与现在所处时刻 n 无关,只与现在所处的

状态 i 有关,则称这样的 Markov 过程为齐次 Markov 过程。

齐次 Markov 模型主要用于描述那些其状态保持时间呈指数变化且各状态之间的转移率是常数的系统。它的典型标志就是 λ、μ 为常数的可修系统。该种模型的特点是具有 Markov 特性,即无后效性,也就是说下一状态的发生仅与前一状态有关。其状态持续时间服从指数分布,与前后转移无关,状态间的转移率为常数,下一转移发生的时刻与已在当前状态停留的时间长短无关。

2. 非齐次 Markov 模型

对于 Markov 过程$\{X_n\}$,如果其从状态 i 转移到状态 j 的概率与时间 n 有关,即

$$P\{X_{n+1}=j\,|\,X_n=i\}=p_n(i,j) \tag{11-17}$$

则称其为非齐次 Markov 模型。

非齐次 Markov 模型是一种用来描述不同时间段过程的随机过程,用于模拟某种状态的特性,以便对它做出准确的决策和预测。非齐次 Markov 模型的特点是每一个状态的转移概率和下一个状态之间的联系由状态之间的转移变化而产生。非齐次 Markov 模型比齐次 Markov 模型稍复杂一些,它是齐次 Markov 模型的推广。它描述的内部状态转移率是系统时间(一般指任务执行时间)的函数,而非常数。与齐次 Markov 模型相比,非齐次 Markov 模型有一个特别重要的优势就是它能够考虑到转移情况变化的影响。它的状态逗留时间服从指数分布,并且转移率是系统时间的函数。

3. 半 Markov 模型

设随机过程$\{X_n\}$,$n=0,1,2\cdots$的状态空间为$\{S=0,1,2\cdots\}$。在进入状态 i 时,具有:①该过程接下来进入状态 j 的概率为 p_{ij};②已知该过程接下来将进入状态 j,在状态转换之前的时间具有分布 F_{ij},则该过程为半 Markov 过程。

半 Markov 过程(SMP)是齐次 Markov 过程的扩展,半 Markov 过程的每个状态都具有一定的逗留时间,并且逗留时间是一个通用的连续随机变量。在齐次 Markov 过程中,每个状态的逗留时间服从指数分布,由于指数分布的无记忆性,故任一时刻 t 都是更新点,也就是任一时刻都具有 Markov 性。但是,在半 Markov 过程中,状态逗留时间不必服从指数分布,只需要在进入每个状态时满足 Markov 性,即状态转移之间的消耗时间随机,状态逗留时间和转移概率依赖于系统到达当前状态的时间,但转移时刻的状态序列能够构成一个离散的 Markov 链,其可称为半 Markov 模型的内嵌 Markov 链。半 Markov 模型的转移率是状态时间的函数,它依赖于当时系统所处的状态,而不像非齐次 Markov 模型那样其转化率取决于系统时间。与齐次 Markov 相比,半 Markov 能够对复杂场景构建更为通用的模型,需要更高的计算能力,它经常应用于需详细描述故障处理的系统。

11.1.3.2 根据状态转移依赖的状态数量划分

1. 一阶 Markov 模型

一阶 Markov 模型状态间的转移仅依赖于前一个状态,当给定当前状态时,过去的任何信息与下一个时刻的状态预测都无关,这个特性叫做 Markov 过程的一阶无效性。

2. 高阶 Markov 模型

高阶 Markov 模型状态间的转移仅依赖于前 n 个状态,n 为影响下一个状态选择的前 n 个状态。例如,二阶 Markov 过程中从状态 i 转移到状态 j 的概率依赖于最新的两个状态,当前

状态 i 及其之前的状态 h，记转移概率为 p_{hij}。

高阶 Markov 模型可以看作是一阶 Markov 模型的高阶推广，其优势在于能够更加合理地利用先验知识，表明未来状态与当前临近且连续的几个时刻的状态有关系，但与这几个状态之前的其余状态无关。高阶 Markov 模型对于分类数据序列有很多用处，因此多用于比较和分类、描述分类数据序列的特征、对分类数据序列建模并进行预测等。

11.1.3.3　根据状态是否可见划分

1. 显 Markov 模型

显与隐指的是状态序列是否可观测。一般的 Markov 过程均为显过程，状态对于观察者而言是直接可见的，状态的转换概率便是全部的参数，如红绿灯。

2. 隐 Markov 模型

隐 Markov 模型（hidden markov model，HMM）只能观察到输出，但不知道模型产生输出所经历的状态。隐 Markov 模型是一种用参数表示的用于描述随机过程统计特性的概率模型，它是一个双重随机过程。隐 Markov 模型由两部分组成：Markov 链和一般随机过程。其中 Markov 链用来描述状态的转移，用转移概率描述。一般随机过程用来描述状态与观察序列间的关系，用观察值概率描述。

隐 Markov 模型通常表示为

$$\lambda = (\boldsymbol{A}, \boldsymbol{B}, \boldsymbol{\pi}) \tag{11-18}$$

式中，$\boldsymbol{A}$ 为状态转移矩阵；$\boldsymbol{B}$ 为观测概率分布矩阵；$\boldsymbol{\pi}$ 为初始状态概率向量。

$\boldsymbol{A}, \boldsymbol{B}, \boldsymbol{\pi}$ 称为隐 Markov 模型的三要素。

示例 11.2：假设 4 个盒子，每个盒子里装有红、白两种颜色的球，盒子里面的红、白球数量见表 11-1。按如下方式抽球，产生一个球的颜色的观测序列。

① 任选一个盒子，从盒子中随机抽出一个球，记录颜色；
② 按一定规则抽取下一个盒子；
③ 再从这个盒子里随机抽一个球，记录颜色；
④ 重复进行 5 次，得到一个球的颜色的观测序列 O。

表 11-1　盒子里的红球白球数量

名称	盒子			
	1	2	3	4
红球数	5	3	6	8
白球数	5	7	4	2

在这个过程中，观察者只能观测到球的颜色序列，观测不到球是从哪个盒子取出的，即观测不到盒子的序列。这是一个典型的隐 Markov 模型。有两个随机序列，一个是盒子的序列（状态序列），一个是球的颜色的观测序列，前者是隐藏的，后者是可观测的。隐 Markov 模型分析就是通过分析可见数据来计算隐藏状态的发生，从观察的数据恢复相关的状态序列。

隐 Markov 模型在机器学习、故障诊断、预测等方面应用广泛，主要解决三类问题：

① 概率计算问题。给定观测序列 $O = \{O_1, O_2, \cdots, O_t\}$ 和模型 λ，计算在模型 λ 下观测模型出现的概率 $P(O|\lambda)$。

② 学习问题。已知观测序列 O,估计模型 λ 的参数,使在该模型下观测序列 $P(O|\lambda)$ 最大,用极大似然估计的方法估计参数。

③ 预测问题。给定观测序列,求最有可能的对应状态序列。

11.2 Markov 可用性建模方法

11.2.1 基于 Markov 模型的可用性建模过程

Markov 模型的无后效性等特性表明了其非常适用于描述可修系统的可用性,因此 Markov 模型通常用于开展可修系统的可用性建模。

Markov 模型包含两大要素:状态和状态转移。通常,Markov 模型用于进行系统的可靠性、可用性分析时,模型中的状态代表了系统的结构或者功能状况,它指明系统正处于什么样的情形,是运行、故障、降级运行,还是正在进行维护/修理等。从另一角度讲,也意味着,如果系统的工作状态越多,则 Markov 模型的状态空间就越大,例如,系统处于正常、故障及 k 个降级状态,则系统将共有 $(k+2)^n$ 个状态,其中 n 是系统组成的单元数量。

模型中的另一个环节转移,代表的是一个状态向另一个状态的转变。系统从一个状态向另一个状态转移的快慢,称为转移率,它可以是常数也可以是一个时间的函数。在可靠性及可用性模型中,常用率来表示,如失效率、修复率等,在应用 Markov 模型开展可修系统可用性建模时,即用转移率来描述系统的失效率和修复率,前者是从正常状态向故障状态的转移率,后者是从故障状态向正常状态的转移率。综合而言,转移率是单体部件在两个状态转移之间的故障率和修复率的综合体现。

根据系统可靠度、可用度的定义可知转移率是系统从开始到 t 时刻没有发生故障的概率或者是系统可运行的概率。因此,采用 Markov 模型来分析系统的可靠性、可用性时,模型的输出也是一个概率值。对 Markov 模型的求解过程,就是计算模型中每一个状态的概率值,再计算状态子集的概率,进而根据要求获得系统的可靠度。

令 $p_i(t)$ 表示 t 时刻系统处于 i 状态的概率值,则系统的可靠度/可用度可以表示为

$$\left.\begin{array}{r} R_S(t) \\ A_S(t) \end{array}\right\} = \sum_{i \in W} p_i(t) \qquad (11-19)$$

系统的不可靠度/不可用度可以表示为

$$\left.\begin{array}{r} 1 - R_S(t) \\ 1 - A_S(t) \end{array}\right\} = \sum_{j \in F} p_j(t) \qquad (11-20)$$

式中,W 为系统处于正常状态的集合,包括具有完全功能状态或者具有一定降级模式但仍可完成基本功能的状态;F 为系统处于故障状态的集合,包括系统因降级太多而处于故障状态或处于维修及等待维修的状态。

应用 Markov 模型开展系统可用性建模的基本过程如下。

① 定义系统的状态集合,要保证所定义的状态足以区分系统的各种不同状况。令 $S=$

$\{0,1,\cdots,N\}$ 为系统的状态集合,其中 $W=\{0,1,\cdots,K\}$ 和 $F=\{K+1,K+2,\cdots,N\}$ 分别表示系统正常状态集合和故障状态集合。

② 选择恰当的 Markov 模型对系统进行建模,确定系统状态及状态之间的转移。

③ 确定转移率矩阵 $\boldsymbol{A}$。先求出

$$P_{ij}(\Delta t)=a_{ij}\Delta t+O(\Delta t) \quad (i\neq j \text{ 且 } i,j\in S)$$

再进一步写出转移率矩阵

$$\boldsymbol{A}=(a_{ij})$$

式中,$a_{ii}=-\displaystyle\sum_{j\neq i}a_{ij}$。

④ 求状态逗留概率 $P_j(t)$。解微分方程组

$$\begin{cases}(P'_0(t),P'_1(t),\cdots,P'_N(t))=(P_0(t),P_1(t),\cdots,P_N(t))\boldsymbol{A}\\ \text{初始分布}(P_0(0),P_1(0),\cdots,P_N(0))\end{cases}$$

⑤ 求系统可用度、可靠度等统计指标。

11.2.2　单部件可修系统 Markov 可用性建模

单部件组成的可修系统是最简单的可修系统,下面以一个单部件系统为例,详细描述 Markov 可用性建模和求解的过程。

示例 11.3:一台处理器工作,其寿命和修理时间均服从指数分布,故障率为 λ,故障后及时维修,修复率为 μ,试建立其可用性模型。

1. 定义系统状态集合

假定处理器仅有正常和故障两种状态,状态 1 代表正常,状态 2 代表故障。则系统状态集合为

$$S=\{0,1\},W=\{0\},F=\{1\}$$

初始时刻,系统处于正常状态。处理器失效后系统立即进入故障状态,失效后立即开始对处理器进行修复,修好后处理器继续工作。因此,系统工作过程可以由正常和故障两个状态不断交替的过程来描述。建立处理器系统的 Markov 模型状态转移图如图 11-4 所示。

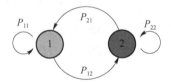

图 11-4　处理器系统的 Markov 模型状态转移图

2. 选择 Markov 模型类别

根据题目说明,处理器的寿命 X 和故障后的修理时间 Y 均服从指数分布,因此有

$$P\{X\leqslant t\}=1-\mathrm{e}^{-\lambda t} \quad (t\geqslant 0,\lambda>0)$$

$$P\{Y\leqslant t\}=1-\mathrm{e}^{-\mu t} \quad (t\geqslant 0,\mu>0)$$

假设 X 和 Y 相互独立,处理器修复后达到"好如新"的状态。由于故障率、修复率均服从指数分布,因此可采用齐次 Markov 模型对处理器的可用性进行建模。

3. 确定转移率矩阵 A

根据处理器工作过程,假设 Δt 非常小,则正常与故障状态之间的转移概率如下

$$P_{12}(\Delta t) = 1 - e^{-\lambda \Delta t} \approx \lambda \Delta t + o(\Delta t) \tag{11-21}$$

$$P_{21}(\Delta t) = 1 - e^{-\mu \Delta t} \approx \mu \Delta t + o(\Delta t) \tag{11-22}$$

再依据 Markov 过程转移概率函数的性质,得到正常状态与故障状态自身的转移概率为

$$P_{11}(\Delta t) = 1 - P_{12}(\Delta t) \approx 1 - \lambda \Delta t \tag{11-23}$$

$$P_{22}(\Delta t) = 1 - P_{21}(\Delta t) \approx 1 - \mu \Delta t \tag{11-24}$$

因此,可知 Markov 模型状态转移图如图 11-5 所示,可写出转移率矩阵 A

$$A = \begin{bmatrix} -\lambda & \lambda \\ \mu & -\mu \end{bmatrix} \tag{11-25}$$

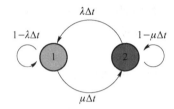

图 11-5　Markov 模型状态转移图

4. 求状态逗留概率 $P_j(t)$,解微分方程组

进一步计算正常状态下的状态逗留概率,为

$$P_1(t+\Delta t) = P_1(t)P_{11}(\Delta t) + P_2(t)P_{21}(\Delta t) \tag{11-26}$$

将式(11-22)和式(11-23)代入式(11-26),可得

$$P_1(t+\Delta t) = P_1(t)(1-\lambda \Delta t) + P_2(t)\mu \Delta t$$

$$= P_1(t) - P_1(t)\lambda \Delta t + P_2(t)\mu \Delta t$$

$$P_1(t+\Delta t) - P_1(t) = -P_1(t)\lambda \Delta t + P_2(t)\mu \Delta t$$

将等式两侧都除以 Δt,可得

$$\frac{P_1(t+\Delta t) - P_1(t)}{\Delta t} = -P_1(t)\lambda + P_2(t)\mu \tag{11-27}$$

如果 $\Delta t \to 0$,则式(11-27)可用另一种形式表示为

$$P_1'(t) = -P_1(t)\lambda + P_2(t)\mu \tag{11-28}$$

同理,可得

$$P_2'(t) = P_1(t)\lambda - P_2(t)\mu \tag{11-29}$$

将式(11-28)和式(11-29)用矩阵形式表示,建立微分方程组

$$(P_1'(t), \quad P_2'(t)) = (P_1(t), \quad P_2(t)) \times \begin{bmatrix} -\lambda & \lambda \\ \mu & -\mu \end{bmatrix} \tag{11-30}$$

将式(11-30)一般化表示为 $\boldsymbol{P}'(t) = \boldsymbol{P}(t) \times \boldsymbol{A}$,采用 Laplace 变换,解出

$$\boldsymbol{P}(s) = \int_0^\infty e^{-st}\boldsymbol{P}(t)\mathrm{d}t = \boldsymbol{P}(0)(s\boldsymbol{I}-\boldsymbol{A})^{-1}$$

$$= \boldsymbol{P}(0) \times \begin{bmatrix} s+\lambda & -\lambda \\ -\mu & s+\mu \end{bmatrix}^{-1}$$

$$= \boldsymbol{P}(0) \times \begin{bmatrix} \dfrac{s+\mu}{s(s+\lambda+\mu)} & \dfrac{\lambda}{s(s+\lambda+\mu)} \\ \dfrac{\mu}{s(s+\lambda+\mu)} & \dfrac{s+\lambda}{s(s+\lambda+\mu)} \end{bmatrix}$$

再进行 Laplace 反变换,解出

$$\boldsymbol{P}(t)=\boldsymbol{P}(0) \times \left(\begin{bmatrix} \dfrac{\mu}{\lambda+\mu} & \dfrac{\lambda}{\lambda+\mu} \\ \dfrac{\mu}{\lambda+\mu} & \dfrac{\lambda}{\lambda+\mu} \end{bmatrix} + e^{-(\lambda+\mu)t} \begin{bmatrix} \dfrac{\lambda}{\lambda+\mu} & -\dfrac{\lambda}{\lambda+\mu} \\ -\dfrac{\mu}{\lambda+\mu} & \dfrac{\mu}{\lambda+\mu} \end{bmatrix} \right) \tag{11-31}$$

5. 求系统可用度

根据已知条件,$t=0$ 时刻系统处于工作状态,即令 $\boldsymbol{P}_1(0)=1,\boldsymbol{P}_2(0)=0$,进行微分方程组求解

$$[A(t),1-A(t)]=[1,0] \times \left(\begin{bmatrix} \dfrac{\mu}{\lambda+\mu} & \dfrac{\lambda}{\lambda+\mu} \\ \dfrac{\mu}{\lambda+\mu} & \dfrac{\lambda}{\lambda+\mu} \end{bmatrix} + e^{-(\lambda+\mu)t} \begin{bmatrix} \dfrac{\lambda}{\lambda+\mu} & -\dfrac{\lambda}{\lambda+\mu} \\ -\dfrac{\mu}{\lambda+\mu} & \dfrac{\mu}{\lambda+\mu} \end{bmatrix} \right) \tag{11-32}$$

该系统的瞬时可用度为

$$A(t)=P_1(t)=\frac{\mu}{\mu+\lambda}+\frac{\lambda}{\mu+\lambda}e^{-(\lambda+\mu)t}$$

系统的稳态可用度应为 $t\to\infty$ 时系统的可用度,可表达为

$$A=\lim_{t\to\infty}A(t) \tag{11-33}$$

因此,该系统的稳态可用度为

$$A(t)=P_1(t)=\frac{\mu}{\mu+\lambda}$$

11.2.3　其他典型系统 Markov 可用性建模

参考 11.2.1 节给出的 Markov 可用性建模思想和过程,本节进一步给出几种典型的可修系统可用性建模的示例,以便更进一步帮助读者理解基于 Markov 模型开展系统可用性建模的方法。

11.2.3.1　串联可修系统

一个由 n 个部件组成的串联系统,当 n 个部件都正常工作时,系统处于工作状态;当任意一个部件发生故障时,系统处于故障状态。部件故障后立即进行维修,当故障部件修复后,所有部件开始工作,系统进入工作状态。

示例 11.4: 上述串联系统,第 i 个部件的寿命和修理时间均服从指数分布,故障率为 λ_i,修复率为 μ_i,其中,λ_i、$\mu_i>0,i=1,2,\cdots,n$。试求其稳态可用度。

1. 定义系统状态集合

假设每个部件仅有正常和故障两种状态，系统有 $n+1$ 种状态，假设状态 0 代表所有部件都正常，状态 i 代表第 i 个部件故障，其他部件都正常，则系统状态集合为

$$S=\{0,1,\cdots,n\},W=\{0\},F=\{1,2,\cdots,n\}$$

初始时刻，系统处于正常状态，任一部件故障后，系统进入故障状态，部件故障后立即开始维修，修好后系统继续工作。因此，系统工作过程是在状态 0 和状态 i 之间不断交替的过程。建立串联可修系统的 Markov 模型状态转移图如图 11-6 所示。

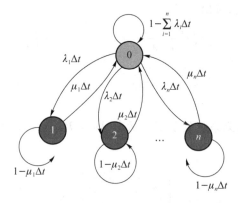

图 11-6 串联可修系统的 Markov 模型状态转移图

2. 选择 Markov 模型类别

根据题目说明，串联系统每一个部件的寿命 X_i 和故障后的修理时间 Y_i 均服从指数分布，进一步假设所有随机变量是相互独立的，部件修复后达到"好如新"的状态。则系统在 t 时刻所处的状态 $X(t)$ 为

$$X(t)=\begin{cases}0, & \text{在时刻 } t,n \text{ 个部件都正常}\\ i, & \text{在时刻 } t,\text{第 } i \text{ 个部件故障，其他部件正常，} i=1,2,\cdots,n\end{cases}$$

可以证明 $\{X(t),t\geqslant 0\}$ 是时齐 Markov 过程，因此可采用齐次 Markov 模型对串联系统的可用性进行建模。

3. 确定转移率矩阵 A

根据串联系统工作过程，可知在 t 和 $t+\Delta t$ 之间极小的 Δt 时间内转移概率矩阵为

$$\boldsymbol{P}(\Delta t)=\begin{bmatrix} 1-\sum_{i=1}^{n}\lambda_i\Delta t & \lambda_1\Delta t & \lambda_2\Delta t & \cdots & \lambda_n\Delta t \\ \mu_1\Delta t & 1-\mu_1\Delta t & 0 & \cdots & 0 \\ \mu_2\Delta t & 0 & 1-\mu_2\Delta t & \cdots & 0 \\ \vdots & \vdots & \vdots & & \vdots \\ \mu_n\Delta t & 0 & 0 & \cdots & 1-\mu_n\Delta t \end{bmatrix} \quad (11-34)$$

转移率矩阵 A 为

$$A = \begin{bmatrix} -\sum\limits_{i=1}^{n}\lambda_i & \lambda_1 & \lambda_2 & \cdots & \lambda_n \\ \mu_1 & -\mu_1 & 0 & \cdots & 0 \\ \mu_2 & 0 & -\mu_2 & \cdots & 0 \\ \vdots & \vdots & \vdots & & \vdots \\ \mu_n & 0 & 0 & \cdots & -\mu_n \end{bmatrix} \qquad (11-35)$$

4. 解微分方程组,求稳态可用度

解微分方程组,可得

$$\begin{cases} p_0 = \dfrac{1}{1+\dfrac{\lambda_1}{\mu_1}+\cdots+\dfrac{\lambda_n}{\mu_n}} \\ p_i = \dfrac{\lambda_i}{\mu_i}p_0, i=1,2,\cdots,n \end{cases}$$

系统的稳态可用度为

$$A = p_0 = \left(1+\sum_{i=1}^{n}\frac{\lambda_i}{\mu_i}\right)^{-1} \qquad (11-36)$$

11.2.3.2　并联可修系统

一个由 n 个部件组成的并联系统,当 n 个部件都故障时,系统才处于故障状态,否则系统处于工作状态。假设只有 1 个维修人员,每次只能修理 1 个部件,当任意一个部件进行维修时,其他故障部件需要等待,依次进行维修,故障部件修好后继续开始工作。假设所有随机变量是相互独立的,部件修复后达到"好如新"的状态。

1. n 个相同部件并联

示例 11.5:上述并联系统,n 个组成部件相同,其寿命和修理时间均服从指数分布,故障率为 λ,修复率为 μ,试求其稳态可用度。

(1) 定义系统状态集合,选择 Markov 模型类别

假设每个部件仅有正常和故障两种状态,系统共有 $n+1$ 种状态,令 $X(t)=j$,时刻 t 系统中有 j 个故障的部件(包含正在修理的部件),$j=0,1,\cdots,n$,则系统状态集合为

$$S=\{0,1,\cdots,\ n\},W=\{0,1,2,\cdots,n-1\},F=\{n\}$$

可以证明 $\langle X(t),t\geqslant 0\rangle$ 是状态空间为 S 的时齐 Markov 过程,因此可采用齐次 Markov 模型对 n 个相同部件组成的并联系统的可用性进行建模。

根据并联系统工作过程,建立该并联可修系统的 Markov 模型状态转移图如图 11-7 所示,为了简便,省略了系统自转移的概率。

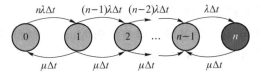

图 11-7　n 个相同部件组成的并联可修
系统的 Markov 模型状态转移图

（2）确定转移率矩阵 A

根据并联系统工作过程，可获得转移率矩阵 A 为

$$A = \begin{bmatrix} -n\lambda & n\lambda & 0 & \cdots & 0 & 0 \\ \mu & -(n-1)\lambda-\mu & (n-1)\lambda & \cdots & 0 & 0 \\ 0 & \mu & -(n-2)\lambda-\mu & \cdots & 0 & 0 \\ \vdots & \vdots & \vdots & & \vdots & \vdots \\ 0 & 0 & 0 & \cdots & -\lambda-\mu & \lambda \\ 0 & 0 & 0 & \cdots & \mu & -\mu \end{bmatrix} \qquad (11-37)$$

（3）解微分方程组，求稳态可用度

解微分方程组，可得[67]

$$\begin{cases} p_0 = \left(\sum_{i=0}^{n} \dfrac{n!}{(n-i)!} \left(\dfrac{\lambda}{\mu} \right)^i \right)^{-1} \\ p_j = p_0 \left(\dfrac{n!}{(n-i)!} \left(\dfrac{\lambda}{\mu} \right)^j \right) = \left(\sum_{i=0}^{n} \dfrac{(n-j)!}{(n-i)!} \left(\dfrac{\lambda}{\mu} \right)^{i-j} \right)^{-1} \end{cases}$$

系统的稳态可用度为

$$A = \frac{\displaystyle\sum_{i=0}^{n-1} \dfrac{1}{(n-i)!} \left(\dfrac{\lambda}{\mu} \right)^i}{\displaystyle\sum_{i=0}^{n} \dfrac{1}{(n-i)!} \left(\dfrac{\lambda}{\mu} \right)^i} \qquad (11-38)$$

2. 两个不同部件并联

示例 11.6：上述并联系统，由两个不同部件组成，其寿命和修理时间均服从指数分布，故障率分别为 λ_1 和 λ_2，修复率分别为 μ_1 和 μ_2，试求其稳态可用度。

（1）定义系统状态集合，选择 Markov 模型类别

假设每个部件仅有正常和故障两种状态，系统共有 5 种状态，分别为：

① $X(t)=0$：部件 1、2 均正常，系统正常工作；

② $X(t)=1$：部件 1 正常、部件 2 故障，系统正常；

③ $X(t)=2$：部件 2 正常、部件 1 故障，系统正常；

④ $X(t)=3$：部件 1 修理、部件 2 故障待修，系统故障；

⑤ $X(t)=4$：部件 2 修理、部件 1 故障待修，系统故障。

则系统状态集合为

$$S=\{0,1,2,3,4\}, W=\{0,1,2\}, F=\{3,4\}$$

可以证明 $\{X(t),t \geqslant 0\}$ 是状态空间为 S 的齐次 Markov 过程，因此可采用齐次 Markov 模型对两个不同部件组成的并联系统的可用性进行建模。

根据并联系统工作过程，建立该并联可修系统的 Markov 模型状态转移图如图 11-8 所示，为了简便，省略了系统自转移的概率。

（2）确定转移率矩阵 A

根据并联系统工作过程，可获得转移率矩阵 A 为

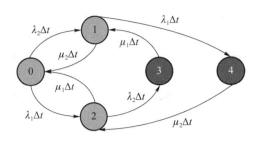

图 11 - 8　两个不同部件组成的并联可修系统的

Markov 模型状态转移图

$$A = \begin{bmatrix} -\lambda_1-\lambda_2 & \lambda_2 & \lambda_1 & 0 & 0 \\ \mu_2 & -\lambda_1-\mu_2 & 0 & 0 & \lambda_1 \\ \mu_1 & 0 & -\lambda_2-\mu_1 & \lambda_2 & 0 \\ 0 & \mu_1 & 0 & -\mu_1 & 0 \\ 0 & 0 & \mu_2 & 0 & -\mu_2 \end{bmatrix} \qquad (11-39)$$

（3）解微分方程组，求稳态可用度

解微分方程组，可得[67]

$$\begin{cases} p_0 = \dfrac{\mu_1\mu_2(\lambda_1\mu_1+\lambda_2\mu_2+\mu_1\mu_2)}{\lambda_1\mu_2(\mu_1+\lambda_2)(\lambda_1+\lambda_2+\mu_2)+\lambda_2\mu_1(\mu_2+\lambda_1)(\lambda_1+\lambda_2+\mu_1)+\mu_1\mu_2(\lambda_1\mu_1+\lambda_2\mu_2+\mu_1\mu_2)} \\ p_1 = \dfrac{\lambda_2(\lambda_1+\lambda_2+\mu_1)}{\lambda_1\mu_1+\lambda_2\mu_2+\mu_1\mu_2}p_0 \\ p_2 = \dfrac{\lambda_1(\lambda_1+\lambda_2+\mu_2)}{\lambda_1\mu_1+\lambda_2\mu_2+\mu_1\mu_2}p_0 \\ p_3 = \dfrac{\lambda_1\lambda_2(\lambda_1+\lambda_2+\mu_2)}{\mu_1(\lambda_1\mu_1+\lambda_2\mu_2+\mu_1\mu_2)}p_0 \\ p_4 = \dfrac{\lambda_1\lambda_2(\lambda_1+\lambda_2+\mu_1)}{\mu_2(\lambda_1\mu_1+\lambda_2\mu_2+\mu_1\mu_2)}p_0 \end{cases}$$

系统的稳态可用度为

$$A = p_0 + p_1 + p_2 \qquad (11-40)$$

11.2.3.3　$k/n(G)$ 可修系统

一个由 n 个相同部件组成的表决系统，当且仅当至少有 k 个部件工作时，系统才处于工作状态；当有 $n-k+1$ 个部件发生故障时，系统故障。系统故障期间，所有设备停止工作，直到有 1 个部件修复时，又有 k 个部件同时进入工作状态，此时系统重新进入工作状态。显然，当 $k=1$ 时，系统是 n 个相同部件组成的并联系统；当 $k=n$ 时，系统是 n 个相同部件组成的串联系统。

假设只有 1 个维修人员，每次只能修理 1 个部件，所有随机变量是相互独立的，部件修复后达到"好如新"的状态。

示例 11.7：上述表决系统，由 n 个相同部件组成，其寿命和修理时间均服从指数分布，故障率为 λ，修复率为 μ，试求其稳态可用度。

根据表决系统定义，将系统中故障的部件个数定义为系统的状态，即

$X(t)=j$，时刻 t 系统中有 j 个故障的部件（含正在修理部件），$j=0,1,\cdots,n-k+1$

则系统共有 $n-k+2$ 种不同状态,系统状态集合为

$$S=\{0,1,\cdots,n-k+1\},W=\{0,1,\cdots,n-k\},F=\{n-k+1\}$$

可以证明 $\{X(t),t\geq0\}$ 是状态空间为 S 的齐次 Markov 过程,采用齐次 Markov 模型进行可用性建模。

根据表决系统工作过程,建立该表决可修系统的 Markov 模型状态转移图如图 11-9 所示,为了简便,省略了系统自转移的概率。

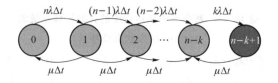

图 11-9 表决可修系统的 Markov 模型状态转移图

根据表决系统工作过程,可获得转移率矩阵 $\boldsymbol{A}$ 为

$$\boldsymbol{A}=\begin{bmatrix} -n\lambda & n\lambda & 0 & \cdots & 0 & 0 \\ \mu & -(n-1)\lambda-\mu & (n-1)\lambda & \cdots & 0 & 0 \\ 0 & \mu & -(n-2)\lambda-\mu & \cdots & 0 & 0 \\ \vdots & \vdots & \vdots & & \vdots & \vdots \\ 0 & 0 & 0 & \cdots & -k\lambda-\mu & k\lambda \\ 0 & 0 & 0 & \cdots & \mu & -\mu \end{bmatrix} \tag{11-41}$$

解微分方程组,求得系统的稳态可用度为[67]

$$A=\frac{\displaystyle\sum_{j=0}^{n-k}\frac{1}{(n-j)!}\left(\frac{\lambda}{\mu}\right)^j}{\displaystyle\sum_{j=0}^{n-k+1}\frac{1}{(n-i)!}\left(\frac{\lambda}{\mu}\right)^j} \tag{11-42}$$

11.3 Markov 模型求解及优化相关问题

Markov 模型有很多优点,重点是描述系统动态行为的灵活性,能描述备件使用行为、时序相关行为、复杂维修行为等。其缺点主要体现在状态空间大小和模型结构上。对现实复杂系统,用 Markov 模型建模后生成的状态空间往往非常大,通常 Markov 模型的复杂度是随着系统中单元的数目呈指数规律增加的,而状态空间的大小直接影响 Markov 模型求解的效率和难易程度,因此状态空间爆炸是 Markov 模型在应用过程中面临的最大问题。本节重点介绍几种典型的 Markov 模型求解算法,并从减小状态空间大小的角度出发,介绍两种 Markov 模型求解的优化方法。

11.3.1 Markov 模型求解算法

在 11.2 节重点介绍了 Markov 模型建模和解算的过程,核心思想是建立 Markov 模型后

解微分方程组以获得系统可用度的瞬态解。但在很多实际应用中,相对于瞬态可用度而言,往往更关注稳态可用度,即需要得到 Markov 过程的稳态概率分布。

以 11.2.2 节中给出的单部件可修系统 Markov 模型为例,对式(11-33)的求解,也可以不解微分方程组,而是直接在式(11-30)的基础上,对此矩阵表达进行转化。由于在稳态时,$P_1(t)=p_1$ 和 $P_2(t)=p_2$ 都为独立于 t 的常数,有

$$P'_1(t)=P'_2(t)=0$$

因此稳态可用度即可转化为下面这个线性系统的解

$$(p_1, \quad p_2) \times \begin{bmatrix} -\lambda & \lambda \\ \mu & -\mu \end{bmatrix} = 0 \tag{11-43}$$

并且服从 $p_1+p_2=1$。

对线性系统求解,当状态的数目较大或采用计算机仿真时,经常会采用迭代法。本节将介绍一些经典的求解大型线性系统的迭代法[50]。

11.3.1.1　矩阵理论相关基础

求解线性系统有两个重要结论:一个为舍曼-莫里森-伍德雷公式,一个为非负不可约方阵的特征值的结果,具体如下。

命题 1(舍曼-莫里森-伍德雷公式)令 M 为非奇异的 $n \times n$ 矩阵,u 和 v 为两个 $n \times l(l \leqslant n)$ 矩阵,并且使 $I_l + v^T M u$ 为非奇异矩阵,则有

$$(M+uv^T)^{-1} = M^{-1} - M^{-1}u(I_l+v^T M^{-1}u)^{-1}v^T M^{-1} \tag{11-44}$$

命题 2(佩龙-弗罗贝尼乌斯定理)令 A 为 m 阶非负不可约方阵,$\rho(A)$ 为 A 谱半径,则有

① $\rho(A)$ 为 A 特征值,其对应的一个特征向量为正特征向量 z,有 $Az=\rho(A)z$。

② 对于 A 的任意其他特征值,都有 $|\lambda| < \rho(A)$。

③ $\rho(A)$ 是 A 的单重特征值。

对线性系统 $Ax=b$ 求解,通常需要将矩阵 A 分裂,并进一步采用迭代方法求解。

以式(11-45)为例,至少有 3 种方法可以实现分裂矩阵 A。

$$Ax = \begin{pmatrix} \dfrac{1}{2} & \dfrac{1}{3} & 0 \\ \dfrac{1}{3} & 1 & \dfrac{1}{3} \\ 0 & \dfrac{1}{3} & \dfrac{1}{2} \end{pmatrix} \begin{pmatrix} x_1 \\ x_2 \\ x_3 \end{pmatrix} = \begin{pmatrix} 5 \\ 10 \\ 5 \end{pmatrix} = b \tag{11-45}$$

$$Ax = \begin{pmatrix} 1 & 0 & 0 \\ 0 & 1 & 0 \\ 0 & 0 & 1 \end{pmatrix} + \begin{pmatrix} -\dfrac{1}{2} & \dfrac{1}{3} & 0 \\ \dfrac{1}{3} & 0 & \dfrac{1}{3} \\ 0 & \dfrac{1}{3} & -\dfrac{1}{2} \end{pmatrix} \text{(情况 1)}$$

$$= \begin{pmatrix} \dfrac{1}{2} & 0 & 0 \\ 0 & 1 & 0 \\ 0 & 0 & \dfrac{1}{2} \end{pmatrix} + \begin{pmatrix} 0 & \dfrac{1}{3} & 0 \\ \dfrac{1}{3} & 0 & \dfrac{1}{3} \\ 0 & \dfrac{1}{3} & 0 \end{pmatrix} \text{(情况 2)}$$

$$= \begin{bmatrix} \dfrac{1}{2} & 0 & 0 \\ \dfrac{1}{3} & 1 & 0 \\ 0 & \dfrac{1}{3} & \dfrac{1}{2} \end{bmatrix} + \begin{bmatrix} 0 & \dfrac{1}{3} & 0 \\ 0 & 0 & \dfrac{1}{3} \\ 0 & 0 & 0 \end{bmatrix} （情况3）$$

$$= S + (A - S)$$

现有

$$Ax = (S + (A - S))x = b$$

因此

$$Sx + (A - S)x = b$$

所以可写成

$$x = S^{-1}b - S^{-1}(A - S)x$$

假定 S^{-1} 存在，先猜 $Ax = b$ 的初始解为 $x^{(0)}$，考虑以下迭代方案

$$x^{(k+1)} = S^{-1}b - S^{-1}(A - S)x^{(k)} \quad (k = 0,1,2\cdots)$$

命题 3 如果 $\| S^{-1}(A - S) \|_M < 1$，则此迭代方案收敛到 $Ax = b$ 的解。

接下来，针对情况 1、2、3，分别介绍不同的经典迭代法进行求解。

令 A 是被分裂的矩阵，b 为右边的向量，用 $x^{(0)} = (0,0,0)^T$ 作为解的初始值。

11.3.1.2 理查森方法

情况 1 $S = \begin{pmatrix} 1 & 0 & 0 \\ 0 & 1 & 0 \\ 0 & 0 & 1 \end{pmatrix} = I$。

$$x^{(k+1)} = b - (A - I)x^{(k)}$$

$$= \begin{pmatrix} 5 \\ 10 \\ 5 \end{pmatrix} - \begin{bmatrix} -\dfrac{1}{2} & \dfrac{1}{3} & 0 \\ \dfrac{1}{3} & 0 & \dfrac{1}{3} \\ 0 & \dfrac{1}{3} & \dfrac{1}{2} \end{bmatrix} x^{(k)} \quad (k = 0,1,2\cdots)$$

$$x^{(1)} = (5 \quad 10 \quad 5)^T$$
$$x^{(2)} = (4.166\,7 \quad 6.666\,7 \quad 4.166\,7)^T$$
$$x^{(3)} = (4.861\,1 \quad 7.222\,2 \quad 4.861\,1)^T$$
$$x^{(4)} = (5.023\,1 \quad 6.759\,3 \quad 5.023\,1)^T$$
$$\cdots$$
$$x^{(30)} = (5.998\,3 \quad 6.001\,4 \quad 5.998\,3)^T$$

当 $S = I$，此迭代法称为**理查森方法**。

11.3.1.3　雅可比方法

情况 2　$S = \begin{pmatrix} \dfrac{1}{2} & 0 & 0 \\ 0 & 1 & 0 \\ 0 & 0 & \dfrac{1}{2} \end{pmatrix} = D$

所以

$$x^{(k+1)} = D^{-1}b - D^{-1}(A - D)x^{(k)}$$

$$= \begin{pmatrix} 10 \\ 10 \\ 10 \end{pmatrix} - \begin{pmatrix} \dfrac{1}{2} & 0 & 0 \\ 0 & 0 & 0 \\ 0 & 0 & \dfrac{1}{2} \end{pmatrix}^{-1} \begin{pmatrix} 0 & \dfrac{1}{3} & 0 \\ \dfrac{1}{3} & 0 & \dfrac{1}{3} \\ 0 & \dfrac{1}{3} & 0 \end{pmatrix} x^{(k)} \quad (k = 0,1,2\cdots)$$

$$x^{(1)} = (10 \quad 10 \quad 10)^{\mathrm{T}}$$

$$x^{(2)} = (3.333\,3 \quad 3.333\,3 \quad 3.333\,3)^{\mathrm{T}}$$

$$x^{(2)} = (7.777\,8 \quad 7.777\,8 \quad 7.777\,8)^{\mathrm{T}}$$

$$\cdots$$

$$x^{(30)} = (6.000\,0 \quad 6.000\,0 \quad 6.000\,0)^{\mathrm{T}}$$

当 $S = D = \mathrm{diag}(a_{11}, \cdots, a_{m})$ 时,此迭代法称为**雅可比方法**。

11.3.1.4　高斯-赛德尔方法

情况 3　$S = \begin{pmatrix} \dfrac{1}{2} & 0 & 0 \\ \dfrac{1}{3} & 1 & 0 \\ 0 & \dfrac{1}{3} & \dfrac{1}{2} \end{pmatrix}$。

$$x^{(k+1)} = S^{-1}b - S^{-1}(A - S)x^{(k)}$$

$$= \begin{pmatrix} 10 \\ \dfrac{20}{3} \\ \dfrac{50}{9} \end{pmatrix} - \begin{pmatrix} \dfrac{1}{2} & 0 & 0 \\ \dfrac{1}{3} & 1 & 0 \\ 0 & \dfrac{1}{3} & \dfrac{1}{2} \end{pmatrix}^{-1} \begin{pmatrix} 0 & \dfrac{1}{3} & 0 \\ 0 & 0 & \dfrac{1}{3} \\ 0 & 0 & 0 \end{pmatrix} x^{(k)} \quad (k = 0,1,2\cdots)$$

$$x^{(1)} = \left(10 \quad \dfrac{20}{3} \quad \dfrac{50}{9}\right)^{\mathrm{T}}$$

$$x^{(2)} = (5.555\,6 \quad 6.296\,3 \quad 5.802\,5)^{\mathrm{T}}$$

$$x^{(3)} = (5.802\,5 \quad 6.131\,7 \quad 5.912\,2)^{\mathrm{T}}$$

$$x^{(4)} = (5.912\,2 \quad 6.058\,5 \quad 5.961\,0)^{\mathrm{T}}$$

$$\cdots$$

$$x^{(14)} = (6.000\,0 \quad 6.000\,0 \quad 6.000\,0)^{\mathrm{T}}$$

当 S 是矩阵 A 的下三角部分时,此迭代法称为**高斯-赛德尔方法**。

11.3.1.5 逐次超松弛法

为了求解 $Ax=b$,可以把 A 分裂为

$$A=\underbrace{L+\omega D}_{S}+(1-\omega)D+U \tag{11-46}$$

这里 L 是 A 的严格下三角部分,D 是 A 的对角部分,而 U 是 A 的严格上三角部分。

示例 11.8：

$$\begin{pmatrix} 2 & 1 & 0 \\ 1 & 2 & 1 \\ 0 & 1 & 2 \end{pmatrix} = \underbrace{\begin{pmatrix} 0 & 0 & 0 \\ 1 & 0 & 0 \\ 0 & 1 & 0 \end{pmatrix}}_{L} + \omega \underbrace{\begin{pmatrix} 2 & 0 & 0 \\ 0 & 2 & 0 \\ 0 & 0 & 2 \end{pmatrix}}_{D} + (1-\omega)\underbrace{\begin{pmatrix} 2 & 0 & 0 \\ 0 & 2 & 0 \\ 0 & 0 & 2 \end{pmatrix}}_{D} + \underbrace{\begin{pmatrix} 0 & 1 & 0 \\ 0 & 0 & 1 \\ 0 & 0 & 0 \end{pmatrix}}_{U}$$

考虑利用 $S=L+\omega D$ 的迭代方案

$$x^{(k+1)} = S^{-1}b - S^{-1}(S-A)x^{(k)} = S^{-1}b + (I-S^{-1}A)x^{(k)} \quad (k=0,1,2,\cdots)$$

式中 $I-S^{-1}A = I-(L+\omega D)^{-1}A$。

这个方法称为**逐次超松弛法**(successive over-relaxation,SOR)。

当且仅当

$$\rho(I-(L+\omega D)^{-1}A) < 1$$

逐次超松弛法收敛到 $Ax=b$ 的解。

11.3.2 状态空间压缩技术

状态空间压缩技术,顾名思义是将 Markov 模型原有的状态空间压缩变小,从而提高模型的解算效率。虽然在 Markov 建模过程中,定义了很多系统的状态,但在一些情况下,并不需要了解系统全部的运行细节,因此,可以根据不同的评价需求,将模型中的某些状态组合合并成一个复合的状态组,又称状态聚合,通过聚合过程来达到减少系统状态数量的需求。

举个例子,一个由三个单元组成的系统,1 表示正常,0 表示故障。如果想要全面反映系统组成单元的信息,则系统共有八个状态,其 Markov 状态转移图如图 11-10 所示。其中,"111"代表三个单元均正常,"011"代表第一个单元故障,"010"代表第一和第三个单元故障,"000"代表三个单元均故障。

对于该系统,只关心系统正常工作的单元数而不关心具体哪个单元故障的情况,则可以描述系统共有四个状态,"0"代表三个单元均正常,"1"代表有两个单元正常,"2"代表有一个单元正常,"3"代表三个单元均故障。因此,可以将上述系统的八个状态根据需求压缩合并成四个状态,这即为状态空间压缩技术。

在实施状态空间压缩的过程中,需要遵循如下 5 个规则:

① 状态合并后,非合并状态间的转移率保持不变;

② 合并状态中各状态到非合并状态的转移率相同;

③ 状态合并后,与非合并状态间的转移用一条转移来代替,非合并状态到合并状态的转移率为原模型中相应各转移率之和,合并状态到非合并状态的转移率为原转移率;

④ 在两个合并块 B1、B2 间,B1 内任一状态到 B2 所有状态的转移率之和相同,反之也相同;

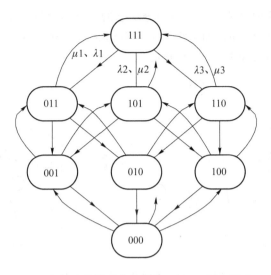

图 11-10　系统 8 个状态的 Markov 状态转移

⑤ 自转移的转移率等于 1 减去离开该状态的转移率之和。

示例 11.9：上述由三个单元组成的系统,假设三个单元故障率相同($\lambda_1=\lambda_2=\lambda_3=\lambda$),修复率也相同($\mu_1=\mu_2=\mu_3=\mu$),试根据上述状态空间压缩规则,将系统的八个完全状态压缩为四个状态。

具体压缩过程如下。

① 分析系统状态需求,只关心系统正常工作的单元数,不关心具体哪个单元故障,可将状态 011、101、110 合并为状态"1",将 001、010、100 合并为状态"2",同时原状态 111 记为状态"0",状态 000 记为状态"3";

② 根据规则②和规则③,设置状态"1"到 111 的修复率为 μ,状态"2"到 000 的故障率为 λ;

③ 根据规则③,设置 111 到状态"1"的转移率为 $\lambda_1+\lambda_2+\lambda_3=3\lambda$;000 到状态"2"的转移率为 $\mu_1+\mu_2+\mu_3=3\mu$;

④ 根据规则④,状态"1"到状态"2"中的 001 状态的转移率为 $\lambda_1+\lambda_3=2\lambda$;状态"1"到状态"2"中的 100 状态的转移率为 $\lambda_3+\lambda_2=2\lambda$;

同理,可得到状态"2"到状态"1"的转移率为 2μ。

最终,可获得系统状态空间压缩后的 Markov 状态转移图如图 11-11 所示。

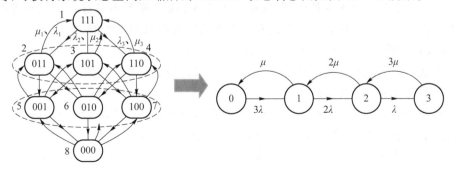

图 11-11　状态空间压缩示意

极端地,如果在建模中仅关注系统中部分状态的集合 S,而不关注 S 之外的其他系统状态集 Z,则当没有 Z 到 S 的转移时,即可将系统状态集 Z 完全压缩成一个状态 z,将系统状态空间予以最大化地合并简化,如图 11-12 所示。

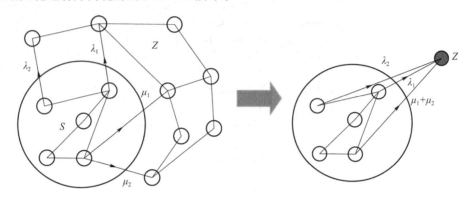

图 11-12　系统状态空间合并简化

具体步骤为:首先将不关心的状态集合 Z 简化为单点状态 z;然后保持关注的状态集合 S 不变;最后,将 S 到 Z 的转移改为 S 到 z 的转移,根据压缩规则,处理状态之间的转移率。

11.3.3　模型剪裁技术

另一个在 Markov 模型中能够减少状态数量的近似技术称为状态修剪,即模型剪裁技术,又称状态截断技术。状态截断就是只对系统中的部分状态予以描述,而将其他状态合并为一个聚合状态(如图 11-12 中的状态 z),并将聚合状态向外的转移截断。状态截断的过程是,先将聚合状态看作失效状态,求解简化后的系统模型,得到保守结果(系统下界);然后将聚合状态看作正常状态,求解简化后的系统模型,得到乐观结果(系统上界)。显然,只要聚合状态发生概率与其他状态相比很小,上述计算过程就可取得很好的精度。

下面以一个多处理器系统为例,介绍模型剪裁技术的分析过程。

示例 11.10:由双冗余总线和三处理器构成的多处理器系统,处理器的失效率为 λ,总线的失效率为 μ,试用状态截断技术估计系统的可靠度。

首先,建立系统的 Markov 模型,如图 11-13 所示,共有八个状态。

假设用来处理这个模型的计算机的内存很小,无法生成这个 Markov 模型,必须对其进行简化和压缩。由于计算机内存的限制,限定只生成 Markov 模型中只有一个单元或更少的失效情况发生的状态。这意味着在这种只有一个单元失效的状态发生时,模型中进一步的状态(具有两个或更多的元件失效)都被综合到这个状态中。

按照前述对状态截断过程的描述,本示例实施状态截断简化过程如下。

(1) 将不关心的状态进行聚合

根据任务要求,将模型中原有的具有两个或更多的单元失效的状态进行聚合,融入一个更少单元故障的状态。因此,将(1,2)、(2,1)、(1,1)和 F1 四状态合并为一个吸收状态 T,如图 11-14 所示。此时,综合状态 T 既包含了运行状态(1,2)、(2,1)和(1,1),又包含了失效状态 F1。

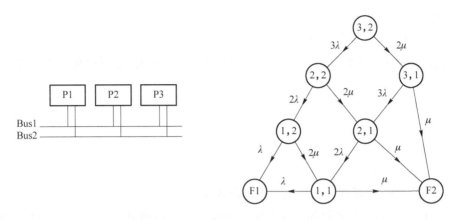

图 11-13　多处理器系统及其 Markov 模型

（2）保留其他状态到 T 状态的转移

即原有 $(2,2)$ 向 $(1,2)$ 状态的转移、$(3,1)$ 向 $(2,1)$ 状态的转移、$(2,2)$ 向 $(2,1)$ 的转移均直接转移到 T 状态。

（3）将 T 状态向外的转移去掉

截断原有 $(1,1)$ 和 $(2,1)$ 向 $F2$ 状态的转移，从而完成模型的剪裁。剪裁后的 Markov 模型如图 11-14(b) 所示。可以看出，模型从原有的八个状态减少到五个状态，整个模型的可靠度就是截断线上面的三个运行状态 $(1,2)$、$(2,1)$ 和 $(1,1)$ 的概率之和。

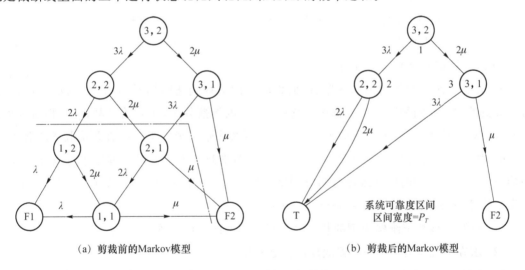

（a）剪裁前的Markov模型　　　　　　　　（b）剪裁后的Markov模型

图 11-14　多处理器系统状态截断过程

（4）分析系统可靠度

首先，先假设 T 为失效状态，则这个截断模型的可靠性就是截断线上面三个运行状态的概率之和。这比整个模型的实际可靠性要小，可将其作为实际系统可靠性的下限值（$R = P_1 + P_2 + P_3$）。

然后，再假设 T 为运行状态，则这个截断模型的可靠性就是六个运行状态和一个失效状态 F1 的概率之和。这比整个模型的实际可靠度要大，可将其作为实际系统可靠性的上限值

$(R=P_1+P_2+P_3+P_T)$。

由此可见,实际系统的可靠度所在区间宽度与综合状态 T 的概率相等,这意味着当截断线下面的状态的概率与截断线上的状态的概率相比而言很小时,分析的精度会很高。

习　　题

1. 什么是 Markov 过程？它用数学式如何表示？

2. 简述根据状态转移时间的特征不同,Markov 模型的种类,并说明不同类型 Markov 模型的特点及适用范围。

3. 一个安全阀有两种失效模式:未正确关闭阀门(PC)和无法关闭阀门(FTC),其失效率分别为$\lambda_{PC}=10^{-3}$/h,$\lambda_{FTC}=2\times10^{-4}$/h,PC 失效模式的平均修复时间假设为 1 h,FTC 失效模式的平均修复时间假设为 24 h,假设维修时间均服从指数分布。

① 建立阀门工作的 Markov 过程,并画出其状态转换图;

② 计算该阀门的稳态可用度。

4. 由三个相同部件组成的并联系统,部件的寿命和修复时间均服从指数分布,$\lambda=0.002$/h,$\mu=0.025$/h,假设初始时刻三个部件都处于正常工作状态,每次只能维修一个部件。

① 建立该系统的状态转换图;

② 试计算该系统的稳态可用度。

5. 某银行有 m 个柜台为顾客服务,假设顾客的平均到达间隔时间为 λ^{-1} 的泊松过程,柜台服务员的服务时间相互独立且都服从均值为 μ^{-1} 的指数分布,在初始时刻,m 个柜台都被占用并且没有等待的顾客,求在完成第一个服务前系统中恰好另有 k 位顾客要求服务的概率。

6. 由 n 台相同的处理器组成一个系统,由 1 名维修工人负责对处理器进行故障维修,处理器正常运行的平均时间和维修时间分别服从均值为 λ^{-1} 和 μ^{-1} 的指数分布,如果有 i 个处理器发生故障,则称系统处在状态 $i(i=0,1,\cdots\cdots,n)$。

(1) 试写出该系统维修模型的状态马尔可夫模型的生成矩阵

(2) 求在系统重有 i 个处理器故障的稳态概率 p_i

7. 随着无人驾驶技术的发展,市场上出现了无人物流车,可用于货物配送、清洁以及监管巡逻等领域,通过人机协同,可以有效提升货物人工配送效率、警察监管效能等。无人车采用通常采用 32 线激光雷达、2D 激光雷达、若干个超声波雷达、双目相机、宽幅广角相机以及 GPS、惯性测量单元(IMU)模块等传感器,共同实现对无人车的导航定位及周边环境识别等功能。为方便仿真计算,假定某简易无人车不同单元的失效率及配置数量见表 11-2,完成上述功能需要至少 1 个雷达、1 个相机、GPS 和 IMU 模块,试建立该系统的马尔可夫模型,并用状态截断技术估计系统工作 5 年时的可靠度。

表 11 - 2　无人车组成单元失效分布信息

序号	组成单元	数量	失效分布类型	分布特征参数
1	32 线激光雷达	1	指数	$1/\lambda = 420000$ h
2	2D 激光雷达	2	指数	$1/\lambda = 380000$ h
3	超声波雷达	2	指数	$1/\lambda = 300000$ h
4	双目相机	1	指数	$1/\lambda = 65000$ h
5	宽幅广角相机	1	指数	$1/\lambda = 72000$ h
6	GPS 模块	1	指数	$1/\lambda = 80000$ h
7	IMU 模块	1	指数	$1/\lambda = 83000$ h

第 12 章　基于 Petri 网的系统可靠性建模分析

Petri 网是一种用于描述事件和条件关系的网状信息流模型,能简洁直观地模拟离散事件系统。当前 Petri 网及其扩展模型已越来越多地用于复杂系统的可靠性建模分析中,与传统可靠性模型相比,它在直观描述系统动态性、相关性及维修等复杂可靠性行为方面更具直观性。本章着重介绍 Petri 网基本原理、扩展高级 Petri 网特性及利用高级 Petri 网开展系统可靠性建模与分析的方法。

12.1　Petri 网基本原理

Petri 网是由德国学者 Carl A. Petri 于 1962 年提出的一种用于描述事件和条件关系的网络,它是一种用简单图形表示的组合模型,具有直观易懂和易用的优点,它能够较好地描述系统的结构,表示系统中的并行、同步、冲突和因果依赖等关系,并以网图的形式,简洁、直观地模拟离散事件系统,并分析系统的动态性质[7]。

12.1.1　Petri 网定义

12.1.1.1　基本术语

① 资源:与系统状态及状态发生变化有关的因素,称为资源。如原料、零部件、产品、人员、工具、设备、数据及信息等。

② 位置(place):是描述状态的元素。资源按其在系统中的作用进行分类,每一类可以抽象为描述一种状态,称为位置,位置不仅表示一个场所,也表示在该场所存放了一定资源。

③ 转移(transition):是描述状态变化的元素,指的是资源的消耗、使用及对应状态元素的变化。

④ 标识(token):是描述资源的元素。

⑤ 容量:位置中能够存储资源的最大数量称为该位置的容量。

12.1.1.2　Petri 网静态结构

任何系统都由两类元素组成:表示状态的元素和表示状态变化的元素。如图 12-1 所示,

在 Petri 网中描述状态的元素用"位置"表示,图形符号常用圆圈"○"表达;状态变化的元素则用"转移"表示,图形符号常用竖线"|"或矩形框"□"表达;描述位置与转移之间的依赖关系,则用"弧"表示,图形符号用箭头"→"表达。

定义 12.1[7] Petri 网为一个三元组 $N=(P,T,F)$,并满足下列条件:

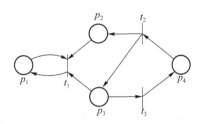

① $P \cup T \neq \Phi, P \cap T = \Phi$;

② $F \subseteq (P \times T) \cup (T \times P)$;

③ $\mathrm{dom}(F) \cup \mathrm{cod}(F) = P \cup T$。

式中,$P = \{p_1, p_2, \cdots, p_n\}$——位置的集合,$n \geqslant 0$;

$\quad\quad T = \{t_1, t_2, \cdots, t_m\}$——转移的集合,$m \geqslant 0$;

图 12-1 一个典型 Petri 网图

$\quad\quad F$——由三元组 N 中的一个 P 元素和一个 T 元素组成的有序偶的集合,分别为 $\mathrm{dom}(F)$ 和 $\mathrm{cod}(F)$,并且满足 $\mathrm{dom}(F) = \{x \mid \exists y: (x,y) \in F\}$,$\mathrm{cod}(F) = \{y \mid \exists x: (x,y) \in F\}$。

定义 12.2 设 $p \in P$ 和 $t \in T$,则转移 t 输入位置集合 $I(t)$ 与输出位置集合 $O(t)$ 表示为

① $I(t) = \{p \mid (p,t) \in F\} = {}^0t$;

② $O(t) = \{p \mid (t,p) \in F\} = t^0$。

针对图 12-1,位置集 $P = \{p_1, p_2, p_3, p_4\}$,转移集 $T = \{t_1, t_2, t_3\}$,关系集合 $F = \{(p_1, t_1), (p_1, t_1), (t_1, p_1), (p_2, t_1), (p_3, t_1), (p_3, t_3), (t_3, p_4), (p_4, t_2), (t_2, p_3), (t_2, p_2)\}$;以转移 t_2 为例,$O(t) = \{p_2, p_3\}$,$I(t) = \{p_4\}$。

12.1.1.3 Petri 网动态特征

Petri 网除具有静态结构外,还包括通过转移启动对位置中标识数量的动态影响。

定义 12.3[7] 具有动态特征的 Petri 网可表示为六元组 $\Sigma = (P, T, F, K, W, M)$,且满足:

① (P, T, F) 含义同 12.1.1.2 节;

② $K: P \to \{1, 2, \cdots, \infty\}$ 为位置上的容量函数,它是位置到正整数集的映射;

③ $W: F \to \{1, 2, 3 \cdots\}$ 是弧上的权函数,它对各弧线赋权,用 $w(p,t)$ 或 $w(t,p)$ 表示由 p 指向 t 或由 t 指向 p 的有向弧的权重,一般弧线用其权值来标注,若权值为 1 可省略标注;

④ $M: P \to \{0, 1, 2, 3 \cdots\}$ 为 N 的一个标识(常用一个点表示),它给出每个位置内包含的标记数量,它是位置到非负整数集的映射,且满足 $\forall p \in P$、$M(p) \leqslant K(p)$,M 初始标识称为 M_0。

对于图 12-2 所示的 Petri 网,有

$M_0 = (1, 0, 0, 0, 0, 0)$

$w(t_2, p_1) = w(t_5, p_6) = w(t_6, p_1) = 2$

$w(t_3, p_3) = 4, w(t_4, p_5) = 3,$

$w(p_1, t_3) = w(t_1, p_2) = \cdots = w(p_2, t_2) = 1$

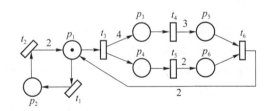

图 12-2 Petri 网的图形符号表达

12.1.1.4 Petri 网的转移启动规则

标识转移表示系统状态的变化,若令 $\Sigma = (P, T, F, K, W, M)$ 为 Petri 网系统,M 是 $(P, T,$

F)上的标识,$t \in T$,$p \in P$,可定义如下的转移启动规则。

① 转移 t 在 M 下的启动(或触发)条件

$$\forall p \in I(t), M(p) \geqslant w(p,t); 且 \forall p \in O(t), M(p) + W(t,p) \leqslant K(p) \quad (12-1)$$

② 若转移 t 在 M 下满足启动条件,则 t 启动后,标识 M 将按以下规则变为新标识 M'

$$M'(p) = \begin{cases} M(p) - w(p,t), & p \in I(t) \\ M(p) + w(t,p), & p \in O(t) \\ M(p) + w(t,p) - w(p,t), & p \in I(t) \wedge p \in O(t) \\ M(p), & 其他 \end{cases} \quad (12-2)$$

规则表明,一个转移能够启动的条件就是"前面够用,后面够放",当该转移启动后,将从其输入位置中拿走与输入弧的权值相同的标识数,同时在其输出位置中放入与输出弧的权值相同的标识数。

图 12-3 所示为产品使用中故障与维修状态的 Petri 网,图中 $M=[1,0]$,根据启动规则 t_1 满足条件启动后,标识从位置 p_1 转移到了 p_2,然后 t_2 满足条件启动后,标识又从位置 p_2 转移回到了 p_1,并且一直循环往复,描述了该产品使用中出现故障、然后又修复并继续使用的过程。

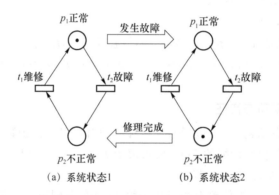

（a）系统状态1　　　　　　（b）系统状态2

图 12-3　使用中产品故障与维修 Petri 图

图 12-4 的 Petri 网[8,19]中令 $K(p_5)=1$,利用上述启动规则,如规定对 t_1,t_2,t_3,t_4 逐项检查,可得:

① 在图 12-4(a)所示的状态下 $M=[0,2,2,0,1,1]$,仅 t_1 满足启动条件,t_1 的三个输入位置 p_2,p_3,p_6 的权值 $w(p_2,t_1)=w(p_3,t_1)=w(p_6,t_1)=1$,$t_1$ 的输出位置是 p_1 的权值 $w(t_1,p_1)=1$。转移 t_1 启动后,各输入和输出位置分别按规则拿走或放入相应标识,有 $M'(p_2)=1$,$M'(p_3)=1$,$M'(p_6)=0$ 以及 $M'(p_1)=1$,结果如图 12-4(b)所示。

② 在图 12-4(b)所示的状态下检查,仅 t_3 满足启动条件。转移 t_3 启动后,其三个输入位置的标识 $M'(p_2)=0$,$M'(p_3)=0$,$M'(p_5)=0$,输出位置的标识 $M'(p_4)=1$,结果如图 12-4(c)所示。

③ 在图 12-4(c)所示的状态下检查,仅 t_4 满足启动条件。t_4 启动后,其输入位置标识 $M'(p_4)=0$,输出位置标识 $M'(p_3)=1$,结果如图 12-4(d)所示。

此后,所有的转移都不能再次满足启动条件,Petri 网的运行结束。

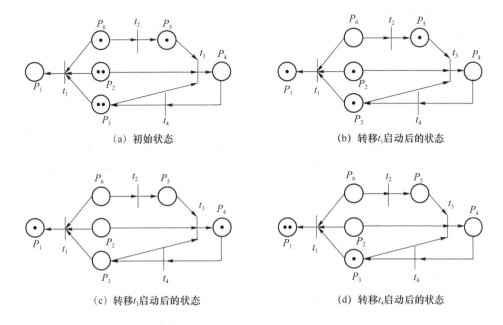

（a）初始状态　　　　　　　　　（b）转移 t_1 启动后的状态

（c）转移 t_3 启动后的状态　　　　　　（d）转移 t_4 启动后的状态

图 12 - 4　Petri 网启动的示例

12.1.1.5　Petri 网描述的事件逻辑关系及行为特性

1. Petri 网描述的事件逻辑关系

利用 Petri 网能有效地模拟离散事件在某一状态时的不同事件间的逻辑关系，图 12 - 5 列举了 Petri 网中常见的六种主要关系。图 12 - 5(a)表示事件 t_1 和 t_2 为顺序关系，图 12 - 5(b)表示事件 t_2 和 t_3 为并发关系，图 12 - 5(c)表示事件 t_1 和 t_2 为通过 t_3 实现同步关系，图 12 - 5(d)表示事件 t_1 和 t_2 为冲突关系，图 12 - 5(e)表示事件 t_1、t_2 和 t_3 为迷惑关系，结果取决于它们的发生次序，图 12 - 5(f)表示事件 t_1 和 t_2 为死锁关系，事件不可能发生。

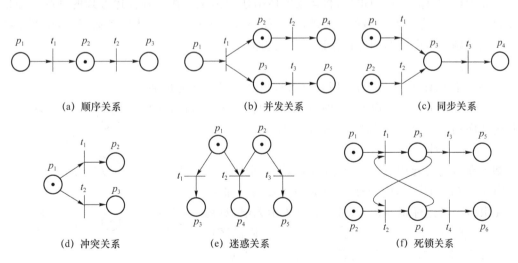

（a）顺序关系　　　　　　（b）并发关系　　　　　　（c）同步关系

（d）冲突关系　　　　　　（e）迷惑关系　　　　　　（f）死锁关系

图 12 - 5　事件逻辑关系的 Petri 网图

2. Petri 网行为特性

Petri 网的行为特性[7,23]包括了可达性、有界性、活性、可逆性、可覆盖性和同步距离等。

（1）可达性

Petri 网在启动运行时,标识量会不断变化移动,运行过程可借助可达树来分析。

如 Petri 网对给定的初始标识M_0和目标标识 M 有一个启动序列σ,可使M_0转换为 M,则称M_0可到达 M,用$M_0 \overset{\sigma}{\rightarrow} M$ 表示,其中$\sigma = t_1 t_2 \cdots t_n$。所有可达标识的集合称为可达集合。可达树是以从$M_0$到各个节点的启动系列为树枝画出的图,它描述了从$M_0$出发的所有可能启动序列的集合,它将可达集合的各个标识作为节点。图 12-6 所示为一个 Petri 网及其可达树。

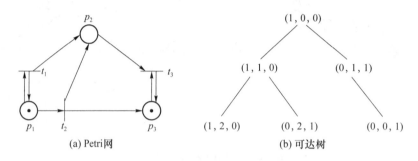

(a) Petri网   (b) 可达树

图 12-6　一个 Petri 网及其可达树

（2）有界性

在一个 Petri 网中，若存在一个整数,使M_0的任何一个可达标识的每个位置中的标识数都不超过 K,则这个 Petri 网为 K 有界。若 $K=1$,则认为这个 Petri 网是安全的,在这种网中,每个位置中要么仅有一个标识,要么就没有标识。

（3）活性

Petri 网应用中,一种建模的常见形式是将活动的系统元素（如机器）描述为转移,将不动的系统元素（如仓库）描述为位置,将运动实体描述为标识。在这种描述方式的系统中如果出现了阻塞,由于没有任何转移可以启动,就可能导致系统局部或整体停止运行,即所谓系统的活性出现问题。一个活的网应该保证没有死锁操作。

（4）可逆性

如果一个 Petri 网可以返回到初始标识,则这个网被称为可逆网。图 12-7 就是一个可逆 Petri 网,初始标识$M_0 = (0,0,1,1,0)$经过转移序列$\sigma_1 = t_2 t_1 t_3 t_4$可以回到初始标识。

（5）可覆盖性

如果在可达集合中存在一个标识M'使得网中的每个位置都有 $M'(p) \geqslant M(p)$成立,则称标识 M 是可覆盖的。如果一个 Petri 网有无限多个可达标识,则引入符号 ω 来表示无限,对每个正整数n,若 $\omega > n$,则 $\omega \pm n = \omega$。这样就可以在一个有限的图中,使每一个可达标识用图中的一个节点表示。图 12-8 所示为一个 Petri 网及其可覆盖可达树。

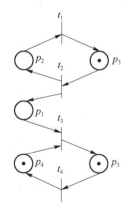

图 12-7　可逆 Petri 网

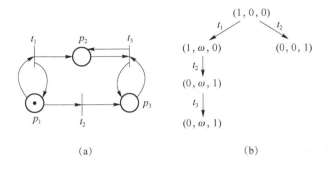

(a)　　　　　　　　　　　(b)

图 12 - 8　一个 Petri 网及其可覆盖可达树

（6）同步距离

同步距离是对未引入时间的 Petri 网动态行为的一种量度。若 $t_1, t_2 \subseteq T$，在系统的每一个启动中，t_1 和 t_2 事件发生的次数是 $\mu_1(t_1)$ 和 $\mu_2(t_2)$，则 $d_{12} = \max|\mu(t_1) - \mu(t_2)|$ 为 t_1 和 t_2 间的同步距离。在图 12 - 9 的并发系统中，t_2, t_3 能同时发生，此时 $d_{23} = 0$；t_2, t_3 也可以一前一后地发生，此时 $d_{23} = 1$。

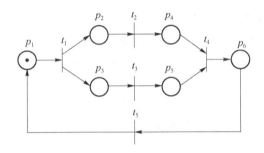

图 12 - 9　并发系统的 Petri 网

12.1.2　Petri 网建模示例

1. 一个小吃摊主与两位就餐者组成的系统

图 12 - 10 是一个由一个小吃摊主与两位就餐者组成的小吃摊 Petri 网。该系统中小吃摊作为就餐点为就餐者提供服务，提供两个就餐位置，小吃摊最多能存放五份食品；规定小吃摊主一次可制作三份食品，摊主只能轮流为一位顾客一次提供两份食品。

在图 12 - 10 中，p_1 表示小吃摊主准备就绪；p_2 表示摊主正在制作食品；p_3 记录了制作食品次数，它的容量是无穷大；p_4 表示小吃摊存放食品数量；p_5 表示有一位就餐者就绪；p_6 表示就餐者占据位置数；p_7 表示就餐者完成了就餐。

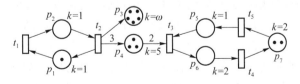

图 12 - 10　一个小吃摊主与两位就餐者的 Petri 网

2. 情报处理的计算机系统

图 12-11 是一个由两个预处理机和一个情报分析计算机组成的情报处理系统 Petri 网。情报到达后,首先进入两个预处理机中的任意一个预处理机进行存储,如果情报分析计算机空闲,则情报由预处理机中转入情报分析计算机中进行处理;如果情报分析计算机无空闲,则情报一直在预处理机中等待。

在图 12-11 中 t_1 表示情报到达,p_1 表示到达的情报数量;t_2,t_3 分别表示情报在两个预处理机中处理,p_2,p_6 分别表示两个预处理机处于空闲,p_3,p_5 分别表示情报在两个预

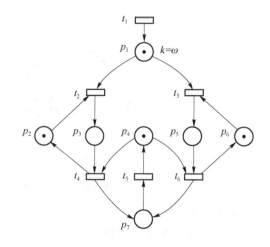

图 12-11　情报处理系统的 Petri 网

处理机中存储;p_4 表示情报分析计算机处于空闲,t_4,t_6 表示情报离开预处理机进入情报分析计算机中处理,p_7 表示正处于分析计算机中的情报,t_5 表示情报已经处理完毕。

3. 一个工业生产线系统[7,25]

图 12-12 是一条工业生产线,它要完成产品的两项工艺加工操作,这两项操作分别用转移 t_1,t_2 表示。第一项操作 t_1 将输入生产线的半成品 p_1 和部件 p_2 用两个螺丝钉 p_3 固定在一起,变成半成品 p_4。第二项操作 t_2 是将半成品 p_4 和部件 p_5 用三个螺丝钉 p_3 固定在一起,变成半成品 p_6。完成操作 t_1 和 t_2 都要用到工具 p_7。由于存放空间限制,部件 p_2 和 p_5 最多不能超过 100 件,停放在生产线上的半成品 p_4 最多不能超过 5 件,螺丝钉 p_3 存放的件数不超过 1 000 件。

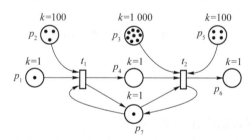

图 12-12　一个工业生产线系统的 Petri 网

12.1.3　Petri 网的扩展

初始 Petri 网被称为普通网(或 P/T 网)。近 30 多年来,随着对离散事件系统的研究,Petri 网模型的研究和改进拓展工作备受关注,Petri 网的理论方法得到了迅速发展,Petri 网的应用领域不断扩大,已在普通网的基础上发展出了许多扩展 Petri 网。从 Petri 网的系统抽象和描述能力方面看,从一般有向弧发展到了禁止弧和可变弧,从自然数标识发展到了概率标识,从原子转移发展到谓词转移和子网转移,从没有时间的网发展到了时间 Petri 网、随机 Petri 网、定随机 Petri 网、广义随机 Petri 网等[31],从仅描述离散事件发展到了能同时表达离

散和连续系统特性,总之 Petri 网已从基本的条件/事件网,经过位置/转移网,发展到了各类高级网,主要包括:着色 Petri 网、谓词 Petri 网(guard petri net,GPN)、随机 Petri 网、混合 Petri 网(hybrid petri net,HPN)及对象 Petri 网(object oriented petri net,OOPN)等。

为提高 Petri 网的描述能力,P/T 网提出了多种类型的扩展,以下作简单介绍。

1. 测试弧和禁止弧

测试弧是由位置指向转移的弧,常用线段表示,如图 12－13 所示。测试弧同普通弧的作用相同,对转移 t 在 M 标识下添加一个测试弧(p_1,t)后,转移 t 的启动条件,除了普通 Petri 网要求的条件外,还要求 p_1 满足 $M(p_1) \geq w(p_1,t)$(这里 $w(p_1,t)$ 表示测试弧(p_1,t)的权重),并且转移 t 启动后,位置 p_1 中的标识不变,即通过测试弧连接的位置并不消费任何标识。

图 12－13　测试弧和禁止弧

禁止弧也是由位置指向转移的弧,常用终点为小圆圈的弧表示,如图 12－13 所示。禁止弧同测试弧的逻辑正好相反,对转移 t 在 M 标识下添加一个禁止弧(p_2,t)后,除了普通 Petri 网要求的条件外,还要求 p_2 满足 $M(p_2) < w(p_2,t)$(这里 $w(p_2,t)$ 表示禁止弧(p_2,t)的权重),同样与禁止弧连接的位置也不消费任何标识。

2. 优先级和权重

给 Petri 网的转移定义优先级,可当多个转移均能启动的条件下,保证高优先级转移能优先启动。若令转移集合 T 到自然数集 N 上的映射 Π 为转移优先级,则在标识 M 下的转移 t 的启动条件是:转移 t 相对其他转移 t',都有 $\Pi(t) \geq \Pi(t')$。

另一种解决 Petri 网的转移冲突问题的方法,是为转移定义权重概率的映射 $\Lambda:T \to \mathbf{R}^+$。即对任何 $t \in T$,$\Lambda(t)$ 表示当 t 与其他有相同优先级的转移冲突时,选取 t 作为启动的可能权重。如图 12－14,当转移 t_1 和 t_2 冲突时,以概率 p 和$(1-p)$选择转移 t_1 或 t_2 启动。

图 12－14　带权重的转移

3. 时间属性

普通 Petri 网并不包含任何时间的概念,但是在可靠性建模分析中,常需为转移启动赋予时间属性以描述事件发生所需时间,因此产生了时间属性的 Petri 网模型。目前有两种增加时间属性的方式:一种是赋予转移以固定启动时间的时间 Petri 网;另一种是赋予转移以随机时间的随机 Petri 网,即 SPN 中转移的启动时间是随机变量,当转移满足启动条件后,该转移仍需经过所属随机变量规定的时间后才能够启动。有时并不是所有转移都需要定义启动时间,这种既有时间转移又有立即转移的网称为广义随机 Petri 网。

4. 转移启动函数

转移启动函数(transition enabling function)是定义在 Petri 网所有可能标识集上的逻辑函数,如图 12－15 所示,转移 t 是带有启动函数,转移 t 在标识 M 下能启动的条件,除了满足基本 Petri 网的要求外,还要求在标识 M 下,转移 t 的启动函数的取值为真。转移启动函数的增加,能简化模型的规模和复杂性。

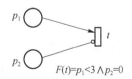

$$F(t) = p_1 < 3 \wedge p_2 = 0$$

图 12－15　转移启动函数

5. 标识的扩展描述

在复杂的离散系统建模中,构建的网络模型会非常庞大。为了建立更简明的 Petri 网模型,将系统中具有相似性质的众多不同要素(在 P/T 网中被描述为标识)进行分组,用分类后的不同标识来分别描述,即将普通 Petri 网中的标识分类细化,这种标识的扩展最早见于着色 Petri 网应用。CPN 中的标识从单一扩展为定义在每个位置 p 上的不同标识色的一个多重集合和每个转移 t 上出现的不同标识色的多重集合。

6. 连续系统特性的表达

普通 Petri 网、甚至 TPN 和 SPN 等高级 Petri 网,也仅能用于离散时间系统的建模分析,当需要研究连续系统性能变换(如故障后转换)及控制等问题时,就产生了混合 Petri 网模型。HPN 中引入了连续转移和连续位置的概念来实现对连续系统特性的描述,其中连续位置可描述系统运行中各类变量,连续转移则通过随仿真时钟步长推进的连续启动,实现对连续位置中变量随时间的状态值变化的描述,实现微分方程的运算能力,详细内容参考本书 12.3 节。

12.2 随机 Petri 网的可靠性建模与分析

Petri 网在早期的应用中没有时间概念,因此应用范围受到限制。为进一步描述系统动态特性,研究者把时间参数引入 Petri 网。一种方式是在每个转移能启动与已启动之间加入一个固定延迟时间或一个时间范围,即每个转移的启动延迟时间是固定的或在一个时间段内,这类把固定时间引入的模型称为时间 Petri 网。另一种方式是在每个转移的能启动与已启动状态之间加入一个随机的延迟时间,这种类型的 Petri 网称为随机 Petri 网,SPN 把转移的启动视为一个随机过程,从而增强了系统模拟能力。因此时间 Petri 网可表示为 $\mathrm{TPN}=(\mathrm{PN},\tau)$,其中 PN 是一般 Petri 网,$\tau$ 是时间参数。$\tau(t)$ 则用来描述转移 t 的时间参数,它表达了转移 t 从开始满足启动条件到实际启动的时间间隔。若 $\tau(t)$ 为确定量,TPN 就为一般意义上的 Petri 网;若 $\tau(t)$ 为一随机变量,则 TPN 就是一个随机 Petri 网。

12.2.1 随机 Petri 网定义及其可靠性解算

随机 Petri 网的基本思想是:对每一个转移 t,从其开始满足启动条件到实际启动的间隔时间,是一个连续的具有不同分布的随机变量。用随机 Petri 网模拟动态系统,实质上是给出离散随机过程的一个图形化描述。由于大多数 SPN 中转移的分布函数被定义为指数分布,从而 SPN 的每个标识都映射 Markov 过程的一个状态,SPN 的状态可达图同构于一个 MC 的状态空间,从而利用 Markov 过程理论,计算出 SPN 每个状态的稳定状态概率,进而计算各种性能指标。

12.2.1.1 随机 Petri 网定义

定义 12.4 一个随机 Petri 网可表示为七元组 $\mathrm{SPN}=(P,T,F,K,W,M,\lambda)$,其中 P、T、F、K、W、M 含义同 12.1 节,各元素满足如下条件:

① $P \bigcup T \neq \Phi$, $P \bigcap T = \Phi$, 其中 $P = \{p_1, p_2, \cdots, p_n\}$ 是位置集合, $n \geqslant 0$; $T = \{t_1, t_2, \cdots, t_m\}$ 是转移的集合, $m \geqslant 0$;

② $F \subseteq (P \times T) \bigcup (T \times P)$, F 是由一个 P 元素和一个 T 元素组成的弧的集合;

③ $K:P\rightarrow\{1,2,\cdots,\infty\}$ 为位置上的容量函数；

④ $W:F\rightarrow\{1,2,3\cdots\}$ 是弧上的权函数，分别用 $w(p,t)$ 或 $w(t,p)$ 表示有向弧的权重；

⑤ $M:P\rightarrow\{0,1,2,3\cdots\}$ 为 P 的标识，满足 $\forall p\in P,M(p)\leqslant K(p)$，初始标识称为 M_0；

⑥ $\lambda:T\rightarrow \mathbf{R}^+$（正实数），是在转移集合 T 上定义的时间函数。对 $t_i\in T,\lambda(t_i)=\lambda_i$ 表示转移 t_i 的启动速率，λ_i 的单位是：次 / 单位时间。t_i 启动的时延 d_i 是一个时间 τ 的随机变量，如果 τ 服从指数分布，一般定义为 $d_i(\tau)=\mathrm{e}^{-\lambda_i\tau}$，因此转移 t_i 的平均时延为 $\widetilde{d}_i=\int \mathrm{e}^{-\lambda_i\tau}\mathrm{d}\tau=1/\lambda_i$。

在随机 Petri 网中，所有的转移都定义了一个指数分布的时延，在解算对应的马尔可夫链时会难以求解，很多时候不是所有转移都需要关联启动时间，有些转移的时延可忽略不计，这种既存在时延转移又存在立即转移的 SPN，就被称为广义随机 Petri 网。

定义 12.5　一个广义随机 Petri 网是对 SPN 的一种扩充，它仍然可表示为一个七元组 $\mathrm{GSPN}=(P,T,F,K,W,M,\lambda)$，其中的元素含义如下。

① P,K,W,M,λ 的含义与 SPN 的定义相同。

② 转移集合 T 划分为两个子集：时间转移子集 T_t 和瞬时转移子集 T_I，即有 $T=T_t\bigcup T_I$ 并且 $T_t\bigcap T_I=\varnothing$，其中 $T_t=\{t_1,t_2,\cdots,t_k\}$，$T_I=\{t_{k+1},t_{k+2},\cdots,t_n\}$。为在表达上有区别，时间转移 T_t 使用带斜纹的空心矩形表示，瞬时转移 T_I 使用实心矩形或粗线段表示。

③ 弧的集合 F 中允许有禁止弧，设 G 为所有禁止弧的集合，则有 $G\subseteq P\times T$。禁止弧仅用于连接位置到转移，它要求与禁止弧连接的位置 p 满足 $M(p)<w(p,t)$，才能使其连接的转移 t 有满足启动的可能，它的作用与其他一般弧正好相反；同时如果其连接的转移 t 能启动，则与禁止弧连接的位置 p 也不消费任何标识。

④ λ 是所有转移 T 对应的数值的集合，时间转移 T_t 的 $\lambda_t=\{\lambda_1,\lambda_2,\cdots,\lambda_k\}$ 对应转移的平均启动速率，瞬时转移的 $\lambda_I=\{\lambda_{k+1},\lambda_{k+2},\cdots,\lambda_n\}$ 对应转移的权重值。

在一个标识 M 下，对由若干转移组成的一个能启动的转移集合 T'，处理如下：

a. 如果 T' 全部由时间转移组成，则在任一时间 $t_i\in T'$ 的启动概率为：$\lambda_i/\sum\limits_{t_i\in T'}\lambda_i$；

b. 如果 T' 包含若干瞬时转移和时间转移，只有瞬时转移能实施；

c. 如果 T' 仅包含若干瞬时转移，则可以为瞬时转移定义不同的优先级（可能通过一个概率分布函数），当瞬时转移发生冲突时，优先级高的获得启动权。

图 12 - 16 所示为一个包含禁止弧的 GSPN 的实例。起始时刻位置 P_1 和 P_3 均包含一个标识，T_1 为时间转移，经过一个时间延迟后 T_1 启动，位置 P_1 和 P_3 中的标识移入 P_2，此时 P_1 和 P_3 中的标识数为零，P_2 获得一个标识。瞬时转移 T_2 的启动条件是 P_2 至少包含一个标识、P_3 不包含标识。显然，此时 T_2 满足条件启动，位置 P_2 中的标识将移入

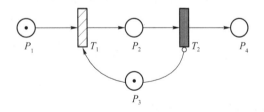

图 12 - 16　GSPN 系统实例

P_4，系统达到稳定状态后，仅位置 P_4 中含一个标识，其余位置无标识。

12.2.1.2　随机 Petri 网的可靠性分析方法

如果一个 GSPN 中各标识相互可达及可达集有限、且转移启动速率和时间无关，则这样

GSPN 的可达图就同构于齐次有限状态、连续时间随机点过程（stochastic point process，SPP），即 GSPN 的状态与相应的 SPP 的状态之间一一对应[58]。借助随机点过程分析，将 GSPN 的标识分为两类：一类是时间转移启动时存在时间延迟的实存状态，一类是瞬时转移启动时出现时间跳跃的消失状态，从而将 GSPN 状态空间分为两个子集。通过随机点过程的计算，GSPN 的稳定状态概率的求解，首先将 GSPN 的实存状态同构于嵌入 Markov 链，然后求解嵌入 Markov 链（reduced EMC），具体步骤如下。

① 对于任意一个给定的 GSPN 模型，给出该 GSPN 模型对应的可达树，用平均启动速率或权重值 λ 代替对应的每条弧的转移，这样就得到对应可达树的一个等效 EMC；

② 从 EMC 中移去消失状态，得到化简的嵌入式 Markov 链（Reduced EMC）；

③ 构造 reduced EMC 的转移速率矩阵，记作 $\boldsymbol{Q}=(q_{ij})_{n\times n}, i=1,2,\cdots,n, j=1,2,\cdots,n$。对 $\boldsymbol{Q}$ 中的第 i 行及第 j 列元素 q_{ij}，按照下面的方法确定其数值：

a. 若 $i\neq j$，如标识 M_i 到 M_j 之间存在有向弧，q_{ij} 为弧的速率值，无弧时 $q_{ij}=0$；

b. 若 $i=j$，$q_{ij}=-\sum\limits_{j\neq i}^{n} q_{ij}$。

④ 计算状态转移概率，依据 Markov 链相关定理及切普曼-科尔莫哥洛夫方程，有

$$\begin{cases} \boldsymbol{PQ}=0 \\ \sum\limits_{i=1}^{n} p_i = 1 \end{cases} \tag{12-3}$$

式中，$\boldsymbol{P}$ 是 reduced EMC 的稳定状态概率的行向量，记为 $\boldsymbol{P}=(p_1,p_2,p_3,\cdots,p_n)$；

⑤ 求解得出系统的稳定状态概率，并对系统各项指标进行分析。

根据上述原理，服从指数分布的有界 SPN 系统同构于有限连续时间 Markov 链，下面给出从 SPN 系统的状态可达图出发，利用 Markov 理论可进行系统可靠性分析方法[55]。

令标识状态用序号表示，标识向量表示为 $\boldsymbol{\Omega}=\{1,2,\cdots,n\}$，其中 $W=\{1,2,\cdots,k\}$ 表示系统的工作状态，$F=\{k+1,k+2,\cdots,n\}$ 表示系统的失效状态。设 $X(t)$ 表示 t 时刻该系统所处的状态，则 $X(t)$ 就是以 Ω 为状态空间的时齐 Markov 过程。设 $p_i(t)=P[X(t)=i]$ 表示系统在 t 时刻处于状态 i 的概率，$p_{ij}(t)=P[X(s+t)=j \mid X(s)=i]$ 表示系统在 s 时刻处于状态 i 并在 $s+t$ 时刻转移到状态 j 的条件概率，t 时刻的系统状态空间分布向量为 $\boldsymbol{P}(t)=(p_1(t),p_2(t),\cdots p_n(t))$，系统的状态转移概率矩阵为

$$\boldsymbol{Q}(t)=\begin{bmatrix} p_{1,1}(t) & p_{1,2}(t) & \cdots & p_{1,n}(t) \\ p_{2,1}(t) & p_{2,2}(t) & \cdots & p_{2,n}(t) \\ \vdots & \vdots & \vdots & \vdots \\ p_{n,1}(t) & p_{n,2}(t) & \cdots & p_{n,n}(t) \end{bmatrix}$$

显然就有 $\boldsymbol{P}(s+t)=\boldsymbol{P}(s)\boldsymbol{Q}(t)$ 存在。

在充分小时间 Δt 内，转移概率函数满足

$$\begin{cases} P_{ij}(\Delta t)=q_{ij}\Delta t+O(\Delta t) & (i,j\in\Omega, i\neq j) \\ P_{ii}(\Delta t)=1+q_{ii}\Delta t+O(\Delta t) \end{cases} \tag{12-4}$$

式中，$q_{ij}=\lim\limits_{\Delta t\to 0} P_{ij}(\Delta t)/\Delta t, i\neq j, i,j\in\Omega; q_{ii}=-\lim\limits_{\Delta t\to 0}[1-P_{ii}(\Delta t)]/\Delta t, i\in\Omega$

借助上述状态转移概率矩阵，系统相关可靠性参数的求法如下。

（1）瞬时可用度

$$A(t) = P\{X(t) = i, i \in W\} = \sum_{i \in W} P_i(t) \tag{12-5}$$

利用全概率公式对 $P_i(t)$ 展开变换并求极限，得到矩阵形式 $\boldsymbol{P}'(t) = \boldsymbol{P}(t)\boldsymbol{Q}$，其初始条件为 $P(0)$，此方程组的解为 $\boldsymbol{P}(t) = P(0)\sum_{n=0}^{\infty} t^n \boldsymbol{Q}^n / n!$。从而用式（12-4）求得系统瞬时可用度。

（2）稳态可用度

系统的稳态可用度，就是系统的瞬时可用度的极限值，若系统是不可约的且是标准的，则系统极限分布存在且满足 $\lim\limits_{t \to \infty} P_i'(t) = 0$ 和 $\lim\limits_{t \to \infty} P_i(t) = \pi_i$，则系统状态空间的极限分布应该为 $\Pi = \lim\limits_{t \to \infty} P(t) = (\pi_1, \pi_2, \cdots, \pi_n)$，代入 $\boldsymbol{P}'(t) = \boldsymbol{P}(t)\boldsymbol{Q}$，由式（12-1）得到

$$\begin{cases} \Pi \boldsymbol{Q} = 0 \\ \sum_{i=1}^{n} \pi_i = 1 \end{cases} \tag{12-6}$$

解此方程组得系统的稳态分布 Π，从而系统的稳态可用度为 $A = \sum_{j \in W} \pi_j$。

（3）可靠度

设系统中的故障状态为 Markov 过程的吸收状态，则式（12-3）中 $q_{ij} = 0, i \in F, j \in W$，因此，系统的状态转移概率矩阵 $\boldsymbol{Q}(t)$ 可以转化为四个部分

$$\boldsymbol{Q} = \begin{pmatrix} \boldsymbol{B} & \boldsymbol{C} \\ \boldsymbol{D} & \boldsymbol{E} \end{pmatrix}$$

式中，$\boldsymbol{B}$ 为 $\boldsymbol{Q}$ 的 $k \times k$ 左上角阵；$\boldsymbol{C}$ 为 $\boldsymbol{Q}$ 的 $k \times (n-k)$ 右上角阵；$\boldsymbol{D}$ 为 $\boldsymbol{Q}$ 的 $(n-k) \times k$ 左下角阵；$\boldsymbol{E}$ 为 $\boldsymbol{Q}$ 的 $(n-k) \times (n-k)$ 右下角阵；此时 $\boldsymbol{D} = 0$、$\boldsymbol{E} = 0$，从而系统瞬时可靠度为

$$R(t) = \sum_{j \in W} p_j(t) \tag{12-7}$$

同样，式（12-7）的 $p_j(t), j \in W$ 满足方程组 $P_w'(t) = P_w(t)\boldsymbol{B}$，其初始条件为 $P_w(0)$，求该方程组的解，从而用式（12-6）求得系统可靠度。

（4）首次故障前平均时间

求得系统可靠度后，系统的首次故障前平均时间为

$$\mathrm{MTTFF} = \int_0^{+\infty} R(t)\,\mathrm{d}t \tag{12-8}$$

（5）故障频度

设 $N(t)$ 为 $(0, t]$ 内系统故障次数，$M_i(t)$ 为系统在 $t = 0$ 时刻从状态 i 出发在 $(0, t]$ 内的系统平均故障次数，即 $M_i(t) = \mathrm{E}\{N(t) \mid X(0) = i\}, i \in \Omega$，当初始分布为 $P(0) = (p_0(0), p_1(0), \cdots, p_n(0))$ 时，可求得系统的稳态故障频度[55]为

$$M = \pi_w C\, \mathrm{e}_F \tag{12-9}$$

式中，$\pi_w = (\pi_1, \pi_2, \cdots, \pi_k)$ 是式（12-4）的解；e_F 是分量均为 1 的 $n-k$ 维列向量。

（6）系统的平均工作时间、平均停机时间

在系统处于稳态时，设 A 是系统稳态可用度，M 是系统故障频度，则系统的平均工作时间 MUT 和平均停机时间 MDT 为

$$\begin{cases} \text{MUT}=A/M \\ \text{MDT}=(1-A)/M \end{cases} \qquad (12-10)$$

以上对于 GSPN 模型的求解,目前已有一些成熟的工具可供选择使用。

12.2.2 随机 Petri 网的典型可靠性建模

利用 Petri 网及其扩展模型,可以对一些典型故障逻辑建立相应 Petri 网,从而进一步构造和描述非常复杂系统的可靠性模型。通常在构建典型故障及修复逻辑时,常用位置来描述系统部件的状态,用转移来描述部件状态的改变(如发生故障或故障被修复)。

1. 典型逻辑关系的表达

常用的逻辑关系与、或、非的 GSPN 模型,可以表示为如图 12-17 所示的方式。

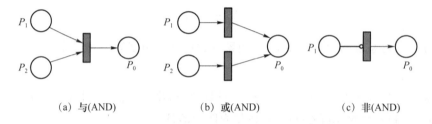

(a) 与(AND)　　　　　(b) 或(AND)　　　　　(c) 非(AND)

图 12-17　与、或、非逻辑的 GSPN 模型表达

2. 系统的串联与并联模型的表达

假设系统有两个部件,服从故障率为 λ_1、λ_2 的指数分布,从系统正常角度构建的 GSPN 模型如图 12-18 所示,图中 P_1、P_2 表示部件正常,P_5 表示系统正常,容量 k 为 1,T_1、T_2 表示部件发生故障,T_3 表示系统状态判定。如果从系统故障角度构建 GSPN 模型,则如图 12-19 所示,图中 P_1、P_2 表示部件正常,P_3、P_4 表示部件故障,P_5 表示系统故障。

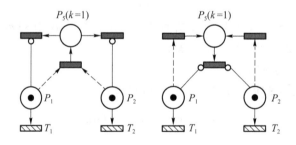

图 12-18　部件串联与并联 GSPN 模型(正常)

3. 系统的 k/n 表决模型与冷备旁联模型的表达

一个 2/3 表决系统的 GSPN 模型如图 12-20 所示,图中 P_1、P_2、P_3 为部件正常,P_4、P_5、P_6 为部件故障,T_1、T_2、T_3 为相应部件故障过程,P_7 代表故障部件数量,T_4 为系统状态判定过程,P_8 代表系统故障,P_7 与 T_4 之间弧的权值为 2。另一个 1 用 1 备旁联系统的 GSPN 模型如图 12-21 所示,图中 P_1、P_4 表示部件工作,P_2、P_5 表示部件故障,P_3 代表部件 2 处于备份状态,P_6 代表系统故障,T_1、T_3 代表部件 1 和 2 发生故障过程,T_2、T_4 是状态判定过程。

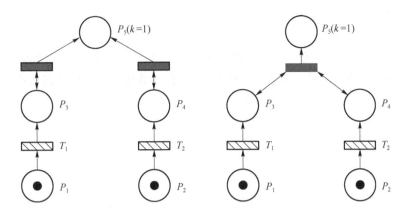

图 12-19　两部件串联与并联 GSPN 模型（故障）

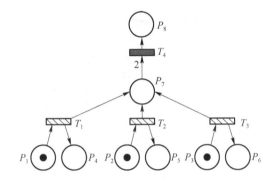

图 12-20　2/3 表决系统的 GSPN 模型

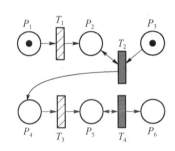

图 12-21　1 用 1 备旁联系统 GSPN 模型

4. 系统的共因故障逻辑和相关失效逻辑的表达

一个两部件共因故障逻辑的 GSPN 模型如图 12-22 所示，图中 P_1，P_2 表示部件正常，P_3，P_4 表示部件故障，T_1，T_2 表示部件以 λ_1，λ_2 激发故障的过程，P_5 代表故障共同原因，T_3 表示共因故障的激发过程，P_6 代表共因出现，T_4，T_5 为状态判定过程。一个两部件相关失效逻辑的 GSPN 模型如图 12-23 所示，图中 P_1，P_2，P_3，P_4，T_1，T_2 含义同上，T_3 则表示部件 2 以故障率 λ_3 发生故障的过程。

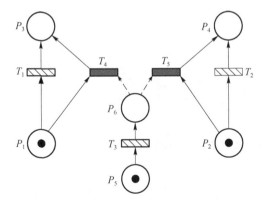

图 12-22　两部件共因故障逻辑的 GSPN 模型

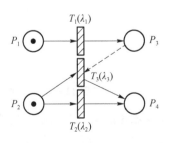

图 12-23　两部件相关失效逻辑的 GSPN 模型

5. 系统故障树逻辑的表达

由于常用的逻辑关系中的与或非关系可以表示为图 12-17 的形式，因此可以很方便地将故障树模型转换为 GSPN 模型。即将故障树中的与门用一个多输入的瞬时转移代替，将或门用多个单输入的瞬时转移代替，事件则由位置所代替，各故障事件的发生过程则由不同的时间转移来描述。图 12-24 展示了一个故障树模型及其对应的 GSPN 模型。

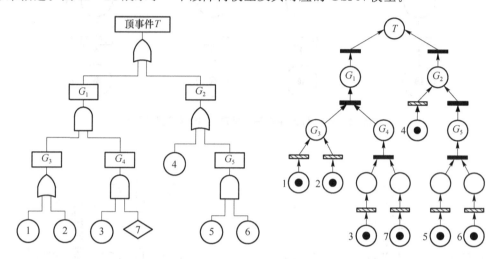

图 12-24　一个故障树模型及其对应 GSPN 模型的示意图

6. 考虑冷备旁联系统转换开关故障的表达

图 12-21 是不考虑旁联系统转换开关的情况，如果考虑了转换开关的故障行为，则 1 用 1 备旁联系统的 GSPN 模型如图 12-25 所示。图中增加了一个位置 P_k 表示转换开关的工作状态，增加了瞬时转移 T_{succ}，T_{fail} 来表示转换开关正常和故障的不同状态，P_1，P_4 表示部件工作，P_2，P_5 表示部件故障，P_3 代表部件 2 处于备份状态，P_6 代表系统故障，T_1，T_3 代表部件 1 和 2 发生故障过程，T_2，T_4 是状态判定过程。如图 12-25 所示的模型逻辑显示，当部件 1 失效后，若转换开关正常，则部件 2 投入工作；若转换开关故障，则系统直接失效。

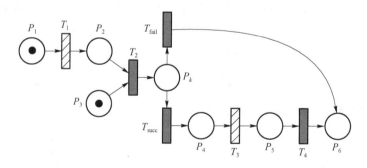

图 12-25　考虑转换开关的 1 用 1 备旁联系统 GSPN 模型

7. 考虑维修的 k/n 表决模型的表达

图 12-20 所示的 2/3 表决系统 GSPN 模型中未考虑维修。如果有三个修理工分别负责三个部件的维修，其 GSPN 模型如图 12-26 所示；若只有一个维修工负责部件维修，则对应的 GSPN 模型如图 12-27 所示。图中 P_1，P_2，P_3 表示部件正常，P_4，P_5，P_6 表示部件故障，T_1，

T_2,T_3 表示正常部件的故障过程,T_4,T_5,T_6 表示故障部件的修复过程,$T_7 \sim T_{12}$ 为部件状态的判定过程,T_{13},T_{14} 为系统状态的判定过程。P_{sum} 代表系统中正常部件的数量,其标识的个数反映处于正常工作状态的部件数,当 P_{sum} 中的标记数大于等于 2 时,位置 P_{state} 得到一个标识代表系统正常,若 P_{state} 中无标识则代表系统故障。若只有一个维修工时,图 12-27 中 P_{worker} 表示修理工处于空闲状态,P_7,P_8,P_9 表示修理工处于忙的状态,$T_{15} \sim T_{17}$ 为修理工空闲或忙状态的判定过程。

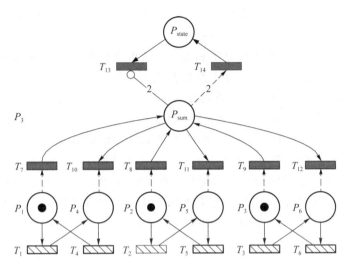

图 12-26　三个修理工 2/3 表决系统的 GSPN 模型

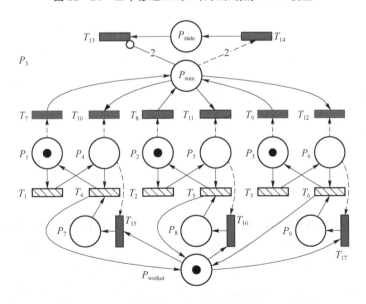

图 12-27　一个修理工 2/3 表决系统的 GSPN 模型

在建立了系统可靠性的 GSPN 模型后,即可利用状态方程得到系统的状态可达图,从而得到系统的状态空间,当系统中所有时间转移的速率为常数(即时间变迁的时间分布服从指数分布)时,可以利用 Markov 方法进行分析;当时间转移中含有非指数分布时,此时系统为非 Markov 系统,可以利用仿真的方法进行系统可靠性分析。

12.2.3　随机 Petri 网可靠性模型分析

一般来说,SPN 模型的每个标识映射成 Markov 链的一个状态,SPN 的状态可达图同构于一个齐次 Markov 链,因此定量分析 SPN 模型的数学基础就是 Markov 过程理论。12.2.1.2 节给出了利用随机 Petri 网进行系统可靠性分析的基本方法,其分析过程包括以下几个步骤:①通过可达性分析获得扩展的可达图;②消除零标识并构造对应的 *Markov* 模型;③对 Markov 模型进行暂态或稳态分析,得到需要的可靠性指标。

针对系统可靠性 SPN 模型进行分析和求解系统可靠性指标,通常可采用解析方法和仿真方法,以下主要介绍利用解析方法求解可维修系统的示例。

示例 12.1：两部件可维修系统的可用性分析[23]。

假设系统由两个并联的相同部件和一个修理工组成,部件的寿命分布为 $F(t)=1-\mathrm{e}^{-\lambda t}$,故障后的部件修理时间分布为 $M(t)=1-\mathrm{e}^{-\mu t}$,系统的 GSPN 模型如图 12-28 所示。图中转移 t_1,t_3 代表两个部件的故障事件,启动速率为 λ;转移 t_2,t_4 代表这两个部件故障后的修复事件,启动速率为 μ。位置 p_1,p_4 中有标识时分别表示两个部件正常,位置 p_3 中的标识则代表修理工。假定 $\lambda=0.005\,1\,\mathrm{h}^{-1}$,$\mu=0.067\,\mathrm{h}^{-1}$,试求解系统稳态可用度、平均工作时间和停机时间。

解：穷举系统的全部标识和状态,得到其可达树如图 12-29 所示。

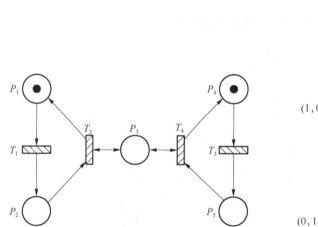

图 12-28　示例系统的 GSPN 模型

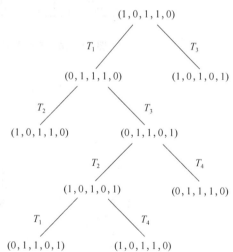

图 12-29　示例的可达图

由图 12-29 可知,系统共有四种状态,其中 $M(1)=[1,0,1,1,0]$,$M(2)=[0,1,1,1,0]$,$M(3)=[0,1,1,0,1]$,$M(4)=[1,0,1,0,1]$。设其稳态概率表达为 $P=[p_1,p_2,p_3,p_4]$,由式(12-3)可知 $p_1+p_2+p_3+p_4=1$,依据式(12-4)可得到系统的状态转移概率矩阵

$$Q=\begin{bmatrix} -2\lambda & \lambda & 0 & \lambda \\ \mu & -(\lambda+\mu) & \lambda & 0 \\ 0 & \mu & -2\mu & \mu \\ \mu & 0 & \lambda & -(\lambda+\mu) \end{bmatrix}$$

得线性方程组

$$\begin{cases} -2\lambda p_1 + \mu p_2 + \mu p_4 = 0 \\ \lambda p_1 - (\lambda + \mu)p_2 + \mu p_3 = 0 \\ \lambda p_2 - 2\mu p_3 + \lambda p_4 = 0 \\ \lambda p_1 + \mu p_3 - (\lambda + \mu)p_4 = 0 \end{cases}$$

解方程得到

$$p_1 = \frac{\mu}{\lambda} p_2, \quad p_3 = \frac{\lambda}{\mu} p_2, \quad p_4 = p_2, \quad p_2 = \frac{\lambda\mu}{(\lambda+\mu)^2}$$

代入 μ 和 λ 的数值后,求得各稳态概率

$$p_1 = 8.635\,33 \times 10^{-1}, \quad p_2 = 6.573\,16 \times 10^{-2}$$
$$p_3 = 5.003\,45 \times 10^{-3}, \quad p_4 = 6.573\,16 \times 10^{-2}$$

因此,得到系统的稳态可用度:$A = p_1 + p_2 + p_4 = 0.995$。

系统的平均工作时间

$$T_w = (-q_{11})^{-1} + (-q_{22})^{-1} + (-q_{44})^{-1} = (2\lambda)^{-1} + (\lambda+\mu)^{-1} + (\lambda+\mu)^{-1} = 125.8(\text{h})$$

系统的平均停机时间

$$T_1 = (-q_{33})^{-1} = (2\mu)^{-1} = 7.5(\text{h})$$

12.3　扩展混合 Petri 网的可靠性建模与分析

为了描述既有连续变量又有离散事件的动态混合系统,20 世纪 90 年代初有学者提出了混合 Petri 网及其扩展模型来描述这类复杂系统。在混合 Petri 网中位置和转移都被分为离散与连续两个部分,连续位置中的标识是一个实数或对象,连续转移采用不包括在网结构中的附加变量描述,常用微分方程组描述。此外在混合 Petri 网中,还引入转移势能函数、位置权重函数、启动条件函数等定义,进一步拓展了混合 Petri 网的应用范围。

12.3.1　扩展混合 Petri 网定义与运行规则

12.3.1.1　扩展混合 Petri 网定义

基于混合 Petri 网及其相关扩展模型,本节给出如下的扩展混合 Petri 网定义。

定义 12.6:扩展混合 Petri 网可表示为十一元组 $\text{EHSPN} = \{P, T, F, K, W, V, G, A, \Pi, D, M\}$,各元素满足如下条件。

① $P = P_D \bigcup P_C = \{p_1, p_2, \cdots, p_n\}$ $(n \geq 0)$ 是位置的有限集合,并且 $P_D \bigcap P_C = \varnothing$,其中 $P_D = \{p_1^D, p_2^D, \cdots, p_k^D\}$ $(k \geq 0)$ 是离散位置的有限集合,常用○表示,$P_C = \{p_{k+1}^c, p_{k+2}^c, \cdots, p_n^c\}$ $(n \geq k+1)$ 是连续位置的有限集合,常用◎表示。

② $T = T_D \bigcup T_C = \{t_1, t_2, \cdots, t_m\}$ $(m \geq 0)$ 是转移的有限集合,并且 $T_D \bigcap T_C = \Phi$,其中 $T_D = \{t_1^D, t_2^D, \cdots, t_l^D\}$ $(l \geq 0)$ 是离散转移的有限集合,用■表示,$T_C = \{t_{l+1}^c, t_{l+2}^c, \cdots, t_m^c\}$ $(m \geq l-1)$ 是连续位置的有限集合,常用▢表示。

上面的 P 与 T 满足:$P \bigcap T = \phi$ 并且 $P \bigcup T \neq \varnothing$。

③ $F \subset (P \times T) \bigcup (T \times P)$ 是由一个 P 元素和一个 T 元素组成的有序偶的有限集合,满足

$F = F_C \bigcup F_S \bigcup F_T \bigcup F_I$ 且 F_C, F_S, F_T, F_I 互不相容,其中:

a. $F_S \subseteq (P \times T_D) \bigcup (T_D \times P)$ 是标准弧,用 → 表示,只用来连接位置与离散转移,只有当连接标准弧的位置 p 满足 $M(p) \geqslant w(p,t)$,转移 t 才有可能满足启动条件。

b. $F_T \subseteq (P \times T)$ 是测试弧,用 → 表示,是由位置指向转移的弧,在判断转移 t 启动时,它与普通弧的作用相同,不同的是转移 t 启动后与测试弧连接的位置 p 中的标识不变。

c. $F_I \subseteq (P \times T_D) \bigcup (P_D \times T_C)$ 是禁止弧,用 → 终端带小圆圈的线段表示,也是由位置指向转移的弧,与禁止弧连接的位置 p 满足 $M(p) < w(p,t)$ 时,才能使其连接的转移 t 有可能满足启动条件,同样在转移 t 启动后与禁止弧连接的位置 p 中的标识不变。

d. $F_C \subseteq (P_C \times T_C) \bigcup (T_C \times P_C)$ 是无向弧,用无向的线段表示,仅用于连接连续位置与连续转移之间的弧。

④ $K: P \rightarrow \{1, 2, \cdots, +\infty\}$ 为位置上的容量函数。

⑤ $W: (F_S \bigcup F_T \bigcup F_I) \rightarrow \{1, 2, 3 \cdots\}$ 是标准弧、测试弧、禁止弧上的权函数,分别用 $w(p,t)$ 或 $w(t,p)$ 表示有向弧的权重,它表示转移启动后标准弧所能传送的标识数目。

⑥ $V: P \rightarrow = \{v_1, v_2, \cdots, v_n\}$ 是与每个位置关联的变量集合,与位置 p 对应的关联变量记作 $v(p)$,当 $p \in P_C$ 且被标识时,$\forall \alpha \in M(p)$,标识 α 的属性依照 $v(p)$ 改变。

⑦ $G: T \rightarrow = \{g_1, g_2, \cdots, g_m\}$ 是与每个转移关联的条件函数的集合,与转移 t 对应的条件函数记作 $g(t)$,当 $\forall t \in T$ 且被启动前,除满足式(12-1)的条件外,也必须同时满足条件函数 $g(t)$,即仅当 $g(t) = \text{True}$ 时转移 t 才可以启动。

⑧ $A: T \rightarrow = \{a_1, a_2, \cdots, a_m\}$ 是与每个转移关联的动作函数的集合,与转移 t 对应的动作函数记作 $a(t)$,当 $\forall t \in T$ 启动后,除执行式(12-2)外,还要执行 $a(t)$。

⑨ $\Pi: T \rightarrow R^+$(正实数)是每个转移的优先级函数,与转移 t 对应的优先级函数记作 $\pi(t)$。

⑩ $D: T \rightarrow R^+$(正实数)是在位置集合 T 上定义的时间函数,对 $t_i \in T, D(t_i) = \tau_i + d_i$。其中:$\tau_i$ 为转移 t_i 的启动速度,当 $t_i \in T_D$ 时,$\tau_i = 0$ 或为常数;当 $t_i \in T_C$ 时,τ_i 就是步长。d_i 为转移的启动延迟时间,当 $t_i \in T_D$ 时,它是 0 或是时间 τ 的随机变量,如 τ 服从指数分布,$d_i(\tau) = e^{-\lambda_i \tau}$,即转移 t_i 的平均启动延迟为 $\tilde{d}_i = \int e^{-\lambda_i \tau} \mathrm{d}\tau = 1/\lambda_i$;当 $t_i \in T_C$ 时 $d_i = 0$。

⑪ $M: P \rightarrow \{0, 1, 2, 3 \cdots\}$ 为 P 的标识,满足 $\forall p \in P, M(p) \leqslant K(p)$,初始标识称为 M_0。

按照上述定义,EHSPN 模型的基本单元之间允许的所有连接关系如图 12-30 所示。

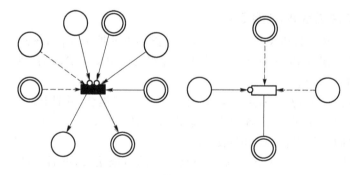

图 12-30 EHSPN 网的三种单元之间的所有允许连接关系

12.3.1.2 扩展混合 Petri 网的启动与运行规则

令 $\Sigma = \{P, T, F, K, W, V, G, \Pi, D, M\}$ 为扩展混合 Petri 网系统,其离散转移和连续转移

的启动规则和运行规则如下。

1. 离散转移的启动规则

$\forall t \in T_D$，令离散转移 t 的输入位置集合为 $I(t)$、输出位置集合为 $O(t)$，则转移 t 在 M 下必须满足以下全部条件，才能启动（或触发）。

① $\forall p \in I(t)$，当 $(p \times t) \in F_S \bigcup F_T$，应满足 $M(p) \geqslant w(p,t)$，即转移 t 的输入位置集合 $I(t)$ 中的任一位置 p，与标准弧或测试弧连接的位置 p 中的标识数需大于或等于与该位置 p 相连的标准弧或测试弧的权值 $w(p,t)$；

② $\forall p \in I(t)$，当 $(p \times t) \in F_I$，应满足 $M(p) < w(p,t)$，即转移 t 的集合 $I(t)$ 中的任一位置 p，通过禁止弧连接的位置 p 中的标识数需小于与该位置相连的禁止弧的权值 $w(p,t)$；

③ $g(t) = \text{True}$；

④ $\forall p \in O(t)$，当 $(t \times p) \in F_S$，应满足 $M(p) + w(t,p) \leqslant K(p)$，即转移 t 的集合 $O(t)$ 中通过标准弧连接的任一位置 p 中的已有标记数与连接位置 p 的标准弧的权值 $w(t,p)$ 之和需小于或等于位置 p 的容量值 $K(p)$。

2. 离散转移的运行规则

设在 τ_0 时刻，转移 t_i 在 M 下满足启动条件，则 t_i 启动后，按照以下规则运行。

① 按照 t_i 的时间函数 $D(t_i)$ 设置，等待一段时间（延迟时间）$d_i(\tau)$，$d_i(\tau) = 0$ 或 $d_i(\tau)$ 是时间 τ 的随机变量，如 τ 服从指数分布时 $d_i(\tau) = \mathrm{e}^{-\lambda_i \tau}$；在延迟时间 $d_i(\tau)$ 内，如转移 t_i 仍满足启动条件，则继续后续过程，否则终止启动。

② $\forall p \in I(t_i)$ 且 $(p \times t_i) \in F_S$，$M'(p) = M(p) - w(p,t_i)$，即在转移 t_i 的位置前集中与标准弧相连的每个位置中，其标识数 $M(p)$ 减去同该位置相连的标准弧的权值数 $w(p,t_i)$。

③ 按照 $D(t_i)$ 设置，再等待一个时间（启动持续时间）τ_i，$\tau_i = 0$ 或为常数。

④ 执行动作函数 $a(t_i)$，执行 $\forall p \in O(t_i)$ 且 $(t_i \times p) \in F_S$，$M'(p) = M(p) + w(t_i,p)$，即在 t_i 的后集位置里与标准弧相连的每个位置中，其标识数增加与其相连标准弧的权值数。

示例 12.2： 如图 12-31 所示的一个 EHSPN 实例。根据转移 T_1 的属性，T_1 此刻已满足启动条件，它的启动过程：T_1 在等待延迟 0.1 s 后，从 P_1 中取出两个标识，从 P_2 中取出一个标识，然后等待 0.5 s 后，产生三个标记放入 P_5 中，同时执行动作更改 P_5 的变量 Z 的值。

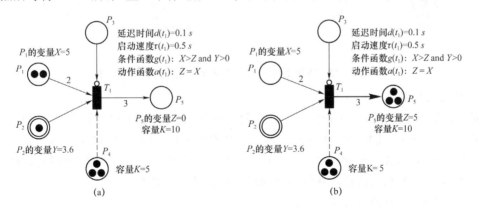

图 12-31　满足条件的离散转移 T_1 启动与结果的示例

3. 连续转移的启动规则

$\forall t \in T_C$，令其位置集合为 $P(t)$，则转移 t 在 M 下须满足以下全部条件，才能启动。

① $\forall p \in P(t)$，当 $(p \times t) \in F_T$，应满足 $M(p) \geqslant w(p,t)$，即转移 t 通过测试弧连接的任一位置 p 中的标识数须大于或等于与该位置 p 相连的测试弧的权值 $w(p,t)$；

② $\forall p \in P(t)$，当 $(p \times t) \in F_I$，应满足 $M(p) < w(p,t)$，即转移 t 通过禁止弧连接的任一位置 p 中的标识数须小于与该位置 p 相连的禁止弧的权值 $w(p,t)$；

③ $g(t) = \text{True}$。

4. 连续转移的运行规则

$\forall t_i \in T_C$，设在 τ_0 时刻，转移 t_i 在 M 下满足启动条件，则依据 t_i 上定义的时间函数 τ_i，作为 t_i 启动的时间步长 $\mathrm{d}\tau$，连续执行动作函数 $a(t_i)$，直到转移 t_i 不再满足启动条件为止。对于 $\forall p_j^c \in P_C(t_i)$，满足 $v(p_j^c)(\tau_0 + \mathrm{d}\tau) = v(p_j^c)(\tau_0) + a(t_i)(\mathrm{d}\tau)$，即在任意一次启动完成后（时间步长为 $\mathrm{d}\tau$），与转移 t_i 连接的所有连续位置 p_j^c 中的关联变量 $v(p_j^c)$，在 $\tau_0 + \mathrm{d}\tau$ 时刻的数值，等于该变量在 τ_0 时刻数值与 t_i 上动作函数 $a(t_i)$ 执行一次后的结果之和。

根据上述规则可知，一个连续转移的启动只能读取其离散位置中的内容，而不能改变其离散位置中的标识数量。

示例 12.3：如图 12-32 所示的一个 EHSPN 实例。根据转移 T_1 属性，T_1 已满足启动条件，因此它连续启动，每次启动它都要执行启动动作，即更改 P_1 变量 X 和 P_4 变量 Y 的数值。可以推算出 T_1 在连续启动四次后就不再满足启动条件，此刻得到图 12-32(b) 所示的结果。

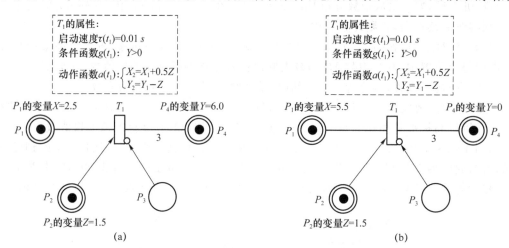

图 12-32 满足条件的连续转移 T_1 启动与结果的示例

5. 冲突及其解决

同一时刻出现多个转移都能启动时，不同转移间可能会出现争夺它们所共享的标识/数据的情况，这称为冲突。EHSPN 中会出现冲突的基本情况包括两类，即两个或多个转移之间要同时消费一个标识，或者要同时更改一个位置的变量数值时。测试弧和禁止弧同转移间的冲突无关，因为与它们相连的位置在转移启动时并不消费标记对象。

对冲突的解决，有两种常用方法：

① 定义转移 t 的优先级函数 $\pi(t)$，对发生冲突的转移，优先级最高的转移先启动。

② 如果发生冲突转移的优先级相同，采取随机抽样确定其中一个转移可优先启动。

12.3.2　扩展混合 Petri 网的可靠性建模与仿真方法

随着系统向大规模、复杂化和容错能力强的方向不断发展,对系统可靠性的要求也越来越高。现有系统中往往存在大量性能可靠性问题,它们是物理损伤和性能不稳定的综合表现,工程上对此进行可靠性分析的手段非常有限。另外,现有可靠性设计与产品性能设计是完全不同的技术体系,因此可靠性设计技术应用中存在很多障碍,工程中迫切需要在产品研发中一次设计能同步完成性能和可靠性两方面要求的综合设计分析技术。扩展混合 Petri 网就是一种能为实现这一需求提供有效支撑的建模分析技术,它不仅能实现系统性能与可靠性的综合分析,还能为分析相关性、多态性、非单调关联系统等棘手的可靠性问题提供可用手段。

12.3.2.1　扩展混合 Petri 网的可靠性建模

扩展混合 Petri 网不但可以描述离散事件系统,而且由于它引用了连续转移和连续位置,还能描述具有动态时间响应的系统,同时由于引入了位置的变量、权函数、转移条件函数、启动时间、延迟时间等要素来描述细节,使其具有更强的逻辑表达和数学计算能力,因此利用 EHSPN 不仅能代替常规可靠性建模,还能在单一环境下实现系统功能建模,并描述和分析具有相关性、多态性及非单调关联性等特点的系统。

1. 拓展了常规可靠性建模与分析

① 替代故障树模型的描述。图 12 - 24(a) 所示的故障树用 EHSPN 建模后的形式,如图 12 - 24(b) 所示。从它们的对应关系中可以看出,故障树的门逻辑被 EHSPN 的离散转移代替,底事件则被 EHSPN 的离散位置代替。

② 替代 Markov 模型的描述。图 12 - 26 展示了考虑维修有三个修理工的三中取二系统的 EHSPN 模型,图中位置 P_{sum} 中的标识数量反映系统中处于正常工作状态的单元数量,当 P_{sum} 中的标记数大于等于 2 时,位置 P_{state} 必然会得到一个标识,代表系统处于正常状态。

③ 对容错单元的描述。对单元容错特性,常用恢复模型(coverage model)[56] 来描述。当有容错能力的单元遇到故障时,单元会依据故障性质的不同而产生三种响应状态:单元恢复(coverage)——对持久故障的恢复;单元重置(reset)——对瞬时故障的重置;单元故障(stop)——无法恢复出现故障。图 12 - 33 展示了一个内存系统恢复模型的 EHSPN 模型图。

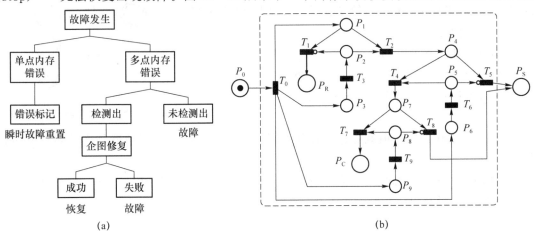

(a)　　　　　　　　　　　　　　　　(b)

图 12 - 33　内存系统恢复模型及其对应的 EHSPN 图

④ 对有多态性或非单调关联性系统的描述。分析多态或非单调关联系统往往是常规可靠性分析中的难题,图 12 - 34 给出了一个具有非单调关联特征的水箱 EHSPN 可靠性模型的示例,具体模型细节和分析结果参考 12.3.3.1 节中的例子。

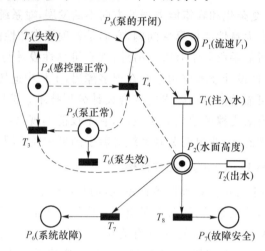

图 12 - 34 水箱控制系统 EHSPN 网

⑤ 分析系统性能可靠性。常规可靠性建模是无法计算系统性能可靠度的,性能可靠度是系统性能保持在规定公差范围内的概率,图 12 - 35 给出了计算一个调谐电子线路的 EHSPN 模型示例,它能计算得到系统输出频率带宽的可靠度。

2. 实施性能与可靠性综合建模

EHSPN 不但能描述离散事件系统,借助连续转移和连续位置的建模要素,利用微分方程的离散化表达,它还能描述动态响应系统,并通过仿真实现对系统数学模型的求解。

以典型振荡环节为例,它的表达式为

$$\begin{cases} \dot{x}_1 = x_2 \\ \dot{x}_2 = -ax_2 - bx_1 + u \\ y = cx_2 + dx_1 \end{cases} \qquad (12-11)$$

振荡环节的 EHSPN 模型如图 12 - 34 所示。设步长为 $\Delta\tau$,对于连续转移 T_1 和 T_2 的第 i 次启动,利用欧拉法将式(12 - 11)变换为

$$\begin{cases} x_1(i+1) = x_1(i) + x_2(i) \cdot \Delta\tau \\ x_2(i+1) = x_2(i) + [u - a x_2(i) - b x_1(i)] \cdot \Delta\tau \\ y(i+1) = c x_2(i+1) + d x_1(i+1) \end{cases}$$

$$(12-12)$$

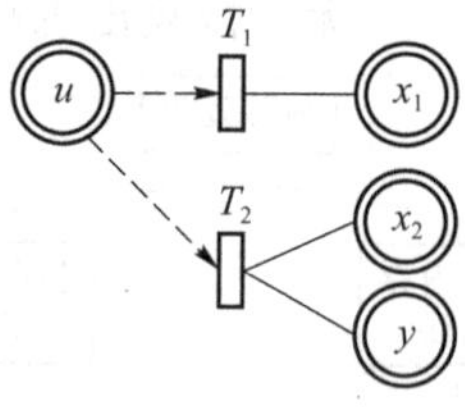

图 12 - 35 振荡器的 EHSPN 图

式(12 - 12)中的第一项就是连续转移 T_1 的动作函数,第二、第三项就是连续转移 T_2 的动作函数。

表 12 - 1 列举了动态时间响应系统的输入函数、积分环节、惯性环节和二阶振荡环节的 EHSPN 模型及经欧拉法变换后的模型中连续转移 t 的动作函数 $a(t)$ 表达式。

表 12 - 1　输入相应函数、积分环节、惯性环节和二阶振荡环节的 EHSPN 图及设置

类型	数学表达	EHSPN 模型图和转移动作函数	系统响应
输入函数	任意时间函数 $f(t)$，以正弦函数为例 $$y=\sin(t)$$ 其中，t 为时间	启动动作函数 $$y(i)=\sin[t(i)]$$ 注：$t(i)$ 是运行到第 i 步时所处的时刻	
积分器	$$\begin{cases}\dot{x}=Ku\\y=x\end{cases}$$ 其中，K 是比例常数；u 是系统输入	启动动作函数 $$y(i+1)=y(i)+Ku\cdot\Delta\tau$$ 注：i 是步数，$\Delta\tau$ 为步长	
阻尼器	$$\begin{cases}\dot{x}=-ax+Ku\\y=x\end{cases}$$ 其中，a 是系数；K 是比例常数；u 是系统输入	启动动作函数 $$y(i+1)=y(i)+(-ax+Ku)\cdot\Delta\tau$$ 注：i 是步数，$\Delta\tau$ 为步长	
振荡器	$$\begin{cases}\dot{x}_1=x_2\\\dot{x}_2=-ax_2-bx_1+u\\y=cx_2+dx_1\end{cases}$$ 其中，a,b,c,d 为系数；u 是系统输入	启动动作函数 $$y(i+1)=y(i)+(-ax+Ku)\cdot\Delta\tau$$ 注：i 是步数，$\Delta\tau$ 为步长。 $T_1:x_1(i+1)=x_1(i)+x_2(i)\cdot\Delta\tau$ $T_2:x_2(i+1)=x_2(i)+[u-ax_2(i)-bx_1(i)]\cdot\Delta\tau$ $y(i+1)=cx_2(i+1)+dx_1(i+1)$	

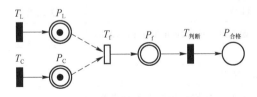

图 12 - 36　调谐线路性能可靠度的 EHSPN 图

在上述动态响应系统的性能分析基础上，EHSPN 模型可以被用于计算系统性能相关指标要求的满足程度，即所谓的性能可靠度。性能可靠度是指系统性能保持在规定公差范围内的概率，在本书第 7 章中关于性能可靠度的计算方法有专门的讨论。这里给出第 7 章中的调谐电子线路性能可靠度计算的 EHSPN 模型，如图 12 - 36 所示。该调谐电子线路包括了一个电感器（$L=50(1+10\%)\mu H$），一个电容器（$C=30(1+5\%)pF$），规定最大的容许频移为 $\pm100\ kHz$。图 12 - 35 中各位置与转移的设置见表 12 - 2。

表 12-2 调谐电子线路 EHSPN 图的设置

单元	设置说明
离散位置T_L	动作函数：$L(i)=\text{NormRnd}[t(i),50,5/3]$，产生正态分布抽样值 $N(50,5/3)$
离散位置T_C	动作函数：$C(i)=\text{NormRnd}[t(i),50,0.5]$，产生正态分布抽样值 $N(30,0.5)$
连续位置P_L	相关的变量为电感值 L，初值为 50
连续位置P_C	相关的变量为电容值 C，初值为 30
连续位置P_f	相关的变量为频率 f，初值为 0
连续转移T_f	动作函数：$f=10^6/(2\pi\sqrt{LC})$
离散位置$P_{合格}$	变量为合格数 n，则频段性能可靠度 $R=n/(T_{\text{SUM}}/\Delta\tau)$
离散转移$T_{判断}$	条件函数：$abs(f-4\,109.4)\leqslant100$
其他	仿真总时长 $T_{\text{SUM}}=10$ s，步长 $\Delta\tau=0.1$ ms

12.3.2.2 扩展混合 Petri 网的仿真实现方法

为实现对一个扩展混合 Petri 网（EHSPN）的分析，需编制相应的仿真程序。下面简要介绍 EHSPN 模型基本单元的数据结构、仿真基本算法和程序总体设计思路，以供读者参考。

1. 网络基本单元的数据结构设计

一种可行的且得到验证的 EHSPN 网基本单元的数据结构见表 12-3。

表 12-3 EHSPN 网络基本单元的数据结构及表达

基本单元类型		数据结构内容	数据结构表达
位置	信息结构	位置名称、ID、容量、关联变量、坐标、初始标识，容纳标识的类型，标识指针等	类或结构
	结点	输入弧链与输出弧链的指针，前和后位置的节点指针等	指针链表
转移	信息结构	转移的名称、ID、坐标，延迟时间，启动时间，优先级，初始值表达式指针，启动条件指针，启动动作指针等	类或结构
	结点	输入弧链与输出弧链的指针，前和后转移的节点指针等	指针链表
	初始值	转移启动的关联变量初值	逻辑表达式
	启动条件	转移启动的条件逻辑表达式	
	启动动作	转移启动后的执行当作表达式	
弧	信息结构	弧的名称、ID、权值、起点、终点坐标等	类或结构
	结点	起始或终止转移的结点指针，起始或终止位置的结点指针，前和后弧的结点指针等	指针链表
标识	信息结构	标识计数器、标识关联变量或数据结构	类或结构
图的结构		网的名称、ID，转移结点首、尾指针，位置结点首、尾指针，弧结点首、尾指针等	类或结构

2. 网络仿真算法

按照 12.3.1 节给出的 EHSPN 网的启动和运行规则，仿真算法如图 12-37 所示。

① 在仿真开始阶段，顺序完成以下任务：

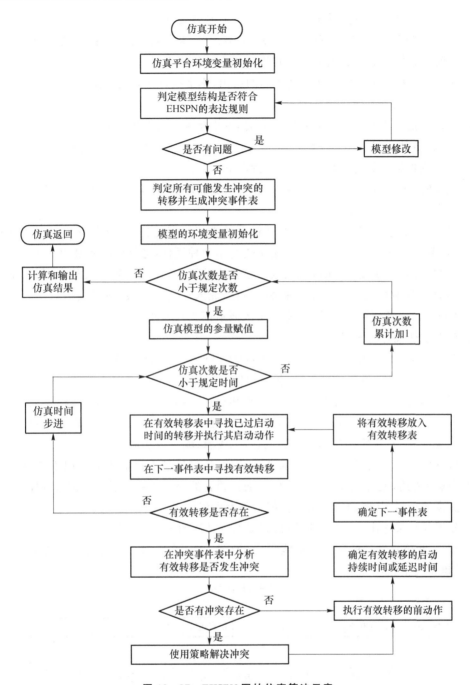

图 12 - 37　EHSPN 网的仿真算法示意

a. 仿真初始化和环境变量的设置；

b. 判定输入模型的表达是否完全符合 EHSPN 网定义的规则；

c. 分析模型的结构，找出所有可能发生冲突的转移，生成冲突事件表。

② 在每一次仿真循环的运行过程中，顺序完成以下任务：

a. 对模型中涉及的所有变量进行重新赋值；

b. 为避免搜索整个模型，通过分析将下次可能启动的所有转移放入下一事件表中；

c. 在下一事件表中寻找满足启动条件的所有有效转移；

d. 判定这些有效转移相互间有无冲突，如有冲突，利用规定的策略解决这些冲突；

e. 将所有选中的有效且无冲突的转移放入有效转移表；

f. 将有效转移表中已经到达启动时间的选出，逐个执行其启动动作；

g. 在某一时刻若不能找到任何有效转移，则将仿真的模拟时钟向下推进；

h. 当仿真的模拟时钟超过规定的时间时，退出单独一次的仿真循环。

在上述任务执行过程中，步骤 b～h 是仿真双循环中的内循环（即时间循环）。

③ 在完成规定次数的仿真循环后，执行以下任务：

a. 根据模型输入时给定的变量标识，确定系统统计量，对这些统计量进行统计；

b. 输出统计量结果，结束仿真。

由于每次仿真中都要计算随时间变化的系统性能状态，同一般仿真问题相比，EHSPN 网仿真需要消耗更多时间，为此在上述算法中进行了两种优化：将每次可能启动的所有转移放入下一事件表中并持续更新，将每次搜索限定在该表范围内，避免反复搜索整个网络；仿真循环前，先分析整个模型并找出所有可能冲突的转移，放入冲突事件表，在后续仿真中将启动转移直接同该表比较。判断和解决冲突，避免每次搜索都要判别冲突。

3. 软件功能设计与开发

根据上述算法及建模分析需要，实现 EHSPN 网仿真分析的软件应具有以下功能。

① 仿真参数设置：设置仿真次数、仿真时间、步进时间、统计变量选择等。

② 模型创建和管理：以可视化形式，定义和描述网络模型的位置信息、转移信息、弧信息及单元间的连接关系；以模型语言形式，定义和描述模型的转移初始化过程、启动条件、启动动作、标记数据结构；对选定的网络模型完成显示、编辑、输出等功能。

③ 仿真模型生成：在完成模型正确性验证后，通过模型编译器生成专用于被分析模型的计算内部解释表达，或者生成源程序代码并通过语言编译生成单独运行的仿真程序。

④ 仿真运行：执行所选定的被分析模型仿真源程序。

⑤ 分析与结果输出：对指定的项目，完成系统性能的分析和结果输出。

EHSPN 网仿真软件的结构和功能组成，如图 12-38 所示。在仿真软件的设计实现中，有三个关键部分的说明如下。

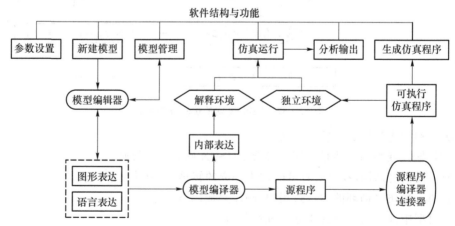

图 12-38 EHSPN 网仿真软件的结构和功能示意

① 模型编辑器：包括模型定义的文本编辑器和图形编辑器。

② 模型编译器：将已生成的文本形式或图形形式的网络模型，解释并转化为计算机内部可识别的数据结构表达，或者转化生成某程序语言（如 C 语言）的源程序。

③ 模型的仿真运行环境：根据需求可建立两种运行环境，一种是解释运行环境，适合于当模型规模较小或者需要动态显示仿真过程与变量数值时；另一种是独立运行环境，适合于当模型规模较大或者不需要监控仿真过程的时候。

④ 语言编译器和连接器：当仿真的模型需要独立运行时，将模型编译器转化生成的被分析模型的源程序语言，通过语言编译器和连接器的编译，生成可单独运行的仿真程序。

12.3.3　扩展混合 Petri 网的可靠性分析

扩展混合 Petri 网提供了一种按性能设计建模且能同步分析系统性能与可靠性的方法，本节通过一个水箱控制系统和一个飞机起落架收放系统的示例，介绍利用 EHSPN 网构建和分析系统可靠性的具体过程。

12.3.3.1　水箱控制系统可靠性分析案例

一个简单的水箱控制系统是一个非单调关联系统，主要由蓄水箱、水泵、传感控制器、阀门等组成，其功能是确保水箱内的水压并提供持续供水。其中，水泵在受控状态下完成向水箱的注水，传感控制器的作用是把水面高度的信号传递给水泵并控制其开闭，阀门则是通过节流实现向用户最终供水，系统供水原理和相关数据如图 12-39 所示。已知水箱内部水面面积为 20 m²，为保证供水系统保持足够水压和不发生溢水现象，要求水箱内水面高度不能低于 1 m 或高于 5 m。假设初始水面的高度为 3 m，当水面的高度低于 2 m 时，控制水泵打开并继续供水；当水面的高度高于 4 m 时，控制水泵关闭并停止供水。

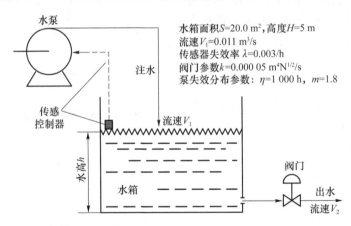

水箱面积 $S=20.0$ m²，高度 $H=5$ m
流速 $V_1=0.011$ m³/s
传感器失效率 $\lambda=0.003$/h
阀门参数 $k=0.000\,05$ m⁴N^{1/2}/s
泵失效分布参数：$\eta=1\,000$ h，$m=1.8$

图 12-39　水箱控制系统原理与主要部件参数

为了简化问题，假设水泵的输出流量为常量，传感控制器故障服从指数分布，且发生故障时仅有无传感器信号一个故障模式；假设水泵的故障服从两参数威布尔分布，故障时也只有错误关闭一个故障模式；其他部件无故障发生。

该系统共有三种功能状态，即正常工作状态、功能失效状态（指水面高度已低于 1 m 或高于 5 m)、故障安全状态(指系统中水泵或传感控制器已出现故障但系统仍能工作)。

基于上述水箱控制系统原理与系统故障状态的分析要求,建立的水箱控制系统 EHSPN 网模型如图 12-34 所示,模型中各单元的设置和相关变量说明见表 12-4。

表 12-4 水箱控制系统 EHSPN 网的设置

单元	设置
P_1	水泵注水,变量 V_1
P_2	实际水面高度,变量 h
P_3	泵的开闭状态,初始标识为 0,表示关闭
P_4	感控器状态,初始标记为 1,表示正常
P_5	水泵的状态,初始标记为 1,表示正常
P_6	系统处于故障状态
P_7	系统处于故障安全状态
T_1	出水,动作函数:$h = h + V_1 \cdot \Delta t / S$
T_2	注水,启动函数:$h = h - K\sqrt{\rho g h} \cdot \Delta t / S$
T_3	启动水泵,条件函数:$h \leqslant 2$
T_4	关闭水泵,条件:$h \geqslant 4$
T_5	感控器故障,延迟时间服从指数分布
T_6	水泵故障,延迟时间服从威布尔分布
T_7	系统故障状态,条件:$h < 1$ 且 $h > 5$
T_8	故障安全状态,条件:$P_6 = 0$ 且($P_4 = 0$ 或 $P_5 = 0$)

利用 12.3.2.2 节给出的方法,对水箱控制系统 EHSPN 网的模型进行仿真分析。单次仿真中系统水面高度的波动情况如图 12-40 所示,对应不同流速 V_1 的系统可靠度 $R(t)$ 的仿真结果如图 12-41 所示,故障安全状态下系统能继续工作的概率如图 12-42 所示。通过水箱控制系统的示例可以看到,虽然多态性或非单调关联系统是常规可靠性分析方法的难题,但是利用 EHSPN 模型却可以较好地表达并解决这些难点。

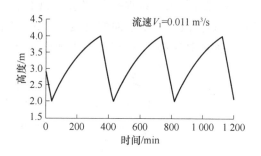

图 12-40 系统水面高度的波动示意

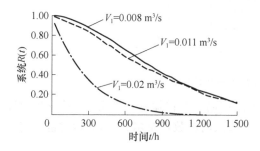

图 12-41 不同流速下的系统可靠度

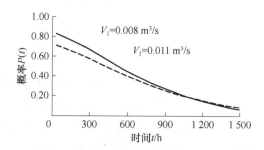

图 12-42 故障安全状态下系统工作的概率

12.3.3.2 起落架开锁故障案例

某飞机主起落架收放系统由液电阀、应急排油阀、主起作动筒、液压油锁、锁钩作动筒、舱门作动筒、协调阀、单向阀、单向限流阀、管路等组成。该系统的组成结构如图 12 - 43 所示。该系统的主要功能是保证主起落架及其附属机构能够按照飞行操作人员的操作指令进行正确地收、放并安全锁定,使用中发生过在飞机停放状态下,主起落架作动筒自动开锁的问题,以下围绕这一故障进行建模和分析。

根据主起落架收放系统工作原理,飞机在地面停放状态下,主起落架及舱门应保持被锁定在放下位置。如果不能保持状态,就是发生了机械锁打开或舱门开锁,使主起作动筒或舱门作动筒出现了相对运动。由 FMEA 分析可知,可能导致该故障的主要故障模式有舱门作动筒漏油、液压油锁漏油、协调阀漏油、单向阀漏油、锁钩作动筒阀口漏油、主起作动筒内部漏油等。

起落架在地面停放时,液压阀在中立位置,系统内各单元无运动,整个系统处于静力平衡状态,因此以液压管路内的不同密闭腔的压力变化为出发点来建模分析,建立的 EHSPN 模型如图 12 - 44 所示。

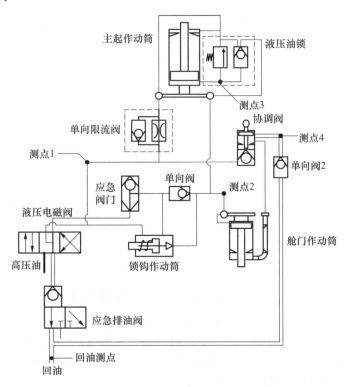

图 12 - 43 主起落架收放系统的结构组成

图 12 - 43 中显示的不同密闭容腔的五个测点压力,在图 12 - 44 中分别由连续位置 $P_1 \sim P_5$ 对应的变量来表达。连续转移 T_{xxx} 则描述了不同测点压力之间的物理关系,如 T_{233} 表示了当液压油锁不漏油时测点 2 和测点 3 压力之间的关系。由图 12 - 43 可知,测点 2 和测点 3 压力之间的关系只与液压油锁阀口及其弹簧有关,因此 T_{233} 的设置如下。

初始条件:
```
ForceSpring1 = Normal_Distribution (8.5, 0.266)    /* 液压油锁的弹簧力服从正态分布
LMaxSpring1 = 10.0                                 /* 弹簧最大可压缩长度
```

```
        LPreSpring1 = 5.0                              / * 弹簧的预压缩长度
        SPassArea = 1.23                               / * 液压油锁阀口的面积
        mT233 = ForceSpring1/LMaxSpring1 * LPreSpring1/SpassArea * 推开弹簧所需最小压差
    启动条件：
        (P2_Press - P3_Press)＞mT233          / * 当测点 2 与 3 的压差大于弹簧压差时阀开启
    启动动作：
        P2_Press = P2_Press -(P2_Press - P3_Press - mT233) * P3_Vol/(P2_Vol + P3_Vol)
        P3_Press = P2_Press - mT233            / * 阀门开启时,测点 2 和 3 的压力变化值
```

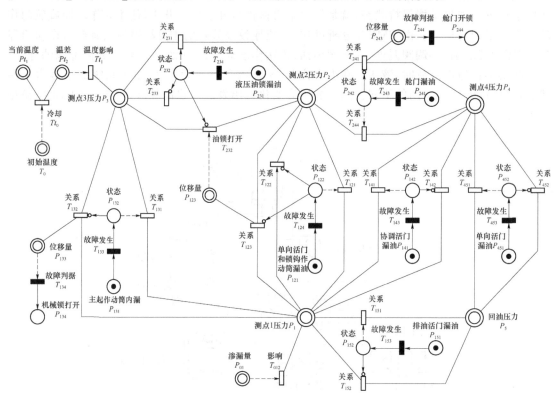

图 12 - 44　主起落架保持放下并锁定的 EHSPN 图

影响密闭容腔压力的故障模式分别用离散位置描述,即 P_{451} 表示单向阀漏油,P_{141} 表示协调阀漏油,P_{121} 表示锁钩作动筒漏油,P_{241} 表示舱门作动筒漏油,P_{231} 表示液压油锁漏油,P_{131} 表示主起作动筒内漏等。相关故障的注入是通过特定的离散转移进行描述,如 T_{234} 表示液压油锁发生漏油,T_{243} 表示舱门作动筒发生漏油等。

对于不同故障发生后对密闭容腔压力的影响,通过特定的连续转移进行描述,例如,T_{231} 表示了在液压油锁发生漏油时的测点 2 和测点 3 压力之间的关系,具体设置如下。

```
    启动条件：
        abs(P2_Press - P3_Press)＞EPS          / * 当测点 2 和 3 的压力不等时;EPS 是系统最小误差值
    启动动作：
        P2_Press = P2_Press -(P2_Press - P3_Press) * P3_Vol/(P2_Vol + P3_Vol)
        P3_Press = P2_Press
```

除考虑对故障影响外,主起作动筒放下腔和液压油锁之间(即测点 3 处)保持有高压油,温

度变化对压力有明显的影响,这里考虑温度从 65 ℃冷却至 35 ℃过程中,对起落架保持放下并锁定功能所产生的影响。图 12－44 中连续转移 T_{t0} 和 T_{t1} 代表了环境温度变化对测点 3 压力的影响,描述了如下的物理关系

$$\begin{cases} T=34.1(1+e^{-0.034t}) \\ \beta(T)=[9.5-1.67e^{-2}(110-T)]\times1.0e^{-4} \\ G(p)=6.37e^{-5}(1+e^{-0.0218p}) \\ \beta(T)\dfrac{dT}{dt}=G(p)\dfrac{dp}{dt} \end{cases} \qquad (12-13)$$

式中,p 为压力;T 为温度;β 为体胀系数;G 为压缩系数。

根据故障逻辑和机械锁、舱门锁参数,系统能保持放下并锁定的可靠度,表达为

$$\begin{aligned} R &= P(\text{MeUnlock} \cup \text{DoUnlock}) \\ &= P(\text{Moffset}>2.5) \cup P(\text{Doffset}>7.0) \end{aligned} \qquad (12-14)$$

式中,MeUnlock 代表机械锁打开事件;DoUnlock 代表舱门锁打开事件;Moffset 代表机械锁的游塞位移量;Doffset 代表舱门锁的游塞位移量。

为简化分析,假定系统所有故障均服从伯努利分布,故障概率数据[56]见表 12－5。

表 12－5　系统主要故障模式数据

系统单元	故障模式	故障概率
舱门作动筒	漏油	4.2×10^{-3}
液压油锁	漏油	5.4×10^{-4}
锁钩作动筒	活门口漏油	2.7×10^{-4}
协调阀	漏油	5.4×10^{-4}
单向阀	漏油	1.35×10^{-3}
主起作动筒	内漏	5.8×10^{-3}

利用 12.3.2.2 节的方法,对图 12－44 所示的 EHSPN 模型图进行仿真分析,在单次仿真中,可得到系统液压管路各测点压力的动态变化情况,图 12－45 和图 12－46 分别展示了测点 1 与测点 3 的压力变化情况。

图 12－45 所示的测点 1 压力值变化表明,既使系统停止了工作,由于保持着供油压力且液压阀存在一定的泄漏,使该测点管路内的压力仍然从 0 逐渐增加到 0.59 Mpa。图 12－46 所示的测点 3 压力值变化表明,主起作动筒收上腔中高压油受温度变化的影响,其压力会逐渐下降,直至降为 0。上述分析结果表明,当主起作动筒弹簧力不足时,机械锁就会被打开。

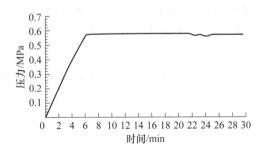

图 12－45　测点 1 的压力曲线图

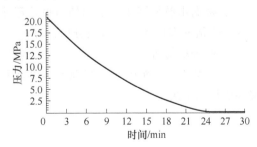

图 12－46　测点 3 的压力曲线图

根据故障数据和故障判据,EHSPN 模型在综合考虑了故障影响、压力波动和环境温度的影响后,通过仿真分析,最终得到了系统保持放下并锁定的可靠度为 0.808 2[56]。另一方面,高压油因温度变化压力下降后,作动筒机械锁的弹簧阻力就成为唯一保障机构。通过对EHSPN 模型中弹簧参数的调整,可进一步分析弹簧参数及其变化范围对放下并锁定可靠度的具体影响,结果见表 12-6。

表 12-6 弹簧参数及其偏差范围对保持放下并锁定可靠度的影响

输入条件		输出:不能保持在放下位置的概率 (不可靠度)
基本条件	机械锁弹簧力 F 的范围/N	
液压阀开关置中立位置,停止工作 30 min,保持供压,此时温度从 65 ℃冷却到 35 ℃左右	[57.2, 66.7)	0.951
	[66.7, 76.2)	0.941
	[76.2, 85.8)	0.581
	[85.8, 95.4)	0.016
	[95.4, 104.9)	0

习 题

1. Petri 网建模和仿真的特点是什么? 它适合研究可靠性中的哪些具体问题?

2. 有如图 12-4 所示 Petri 网,如果规定其转移的扫描顺序为 t_2, t_1, t_3, t_4,试画出该 Petri 网的运行图,并用计算机语言实现 Petri 网的仿真。

3. 有一个理发店,店中有两名理发师,每名理发师有一个理发台。顾客随机到达,如果两名理发师都空闲,则由顾客挑选一名理发师为其理发;如果理发师都在为其他顾客理发,则到顾客队列较短的理发台前等待(每个理发台前都有五张为等待顾客准备的椅子),如果顾客到达后发现椅子都坐满了就会转身离去,试给出系统 Petri 模型。

4. 有一台机器由两个部件组成,由一名修理工负责维修。部件的无故障时间及故障后修理时间各服从一定的分布。试给出:①系统的 Petri 网模型;②若系统初始状态是两个部件均正常,试用 Petri 网分析系统可用度。

5. 根据本教材第 4 章给出的情报处理计算机系统逻辑,参考图 12-11 的模型,试给出一个由 4 个预处理机和 2 个情报分析计算机组成的情报处理系统的 Petri 网模型。

6. 试分析随机 Petri 网在构建系统网络可靠性模型中的适用性。

7. 混合 Petri 网中,离散转移和连续转移的区别是什么? 从描述能力的角度,它们各自有哪些优势和不足?

第 13 章 可靠性仿真分析的工程应用

随着科技的不断发展,仿真技术已成为工程领域不可或缺的一部分,可靠性仿真技术也有着广泛的应用场景,在工程应用中不断落地,取得了极大的效益。本章选取了几种应用较为成熟的可靠性仿真技术,并结合工程应用中的实例进行介绍,使读者能够对可靠性仿真技术有更深入的了解。

13.1 可靠性仿真应用技术体系

可靠性仿真,顾名思义是用仿真的方法解决产品在设计和使用过程中遇到的可靠性问题。本书前面的章节介绍了若干种不同的可靠性建模仿真技术,但在具体工程应用时,在面对复杂装备复杂系统中不同层次的对象、不同类别的产品时,仿真方法的应用大相径庭,而对可靠性工作的不同需求是导致可靠性仿真方法应用不同的主要原因。

从产品对象角度来看,复杂装备、大型设施在结构组成上呈现多层次多样化的特点,不同层次不同类型的系统设计要求完全不同,因此在设计过程中会对装备在不同层次产生不同的可靠性需求。对设备级产品进行可靠性分析,重点关注设备的功能完好性问题,即产品功能是否达到要求,在不同的环境条件下或外部应力作用下设备是否可以保持规定的能力不变。因此,对设备级产品进行可靠性仿真,一方面是从功能完好性角度分析设备的可靠性问题,考察设备在各种故障及扰动因素作用下实现规定功能的能力,另一方面,从失效机理层面研究产品的可靠性或耐久性问题,从微观角度分析产品在规定环境剖面下的应力损伤情况,以便发现产品可靠性设计的薄弱环节,从而指导设计改进,提高产品可靠性水平。对系统级产品进行可靠性分析,重点关注其任务可靠性问题,即在复杂任务剖面下、存在交叉备份或功能重构等复杂逻辑情况下,装备系统完成任务的能力。因此,系统级可靠性仿真重点解决常规可靠性模型无法准确描述的复杂任务可靠性建模问题。对体系级产品或复杂大系统,则更关注体系成员之间的协同及综合权衡问题,即综合考虑任务、故障、维修、保障、经济性等各类因素时,复杂大系统如何满足效能、可用度等综合要求,以及如何权衡的问题。

从不同应用阶段来看,可靠性仿真技术可以用于系统研制过程中的不同阶段。在系统方案论证阶段,可以建立系统的任务可靠性仿真模型,通过对各类系统及同一系统中的各部件,以不同的分布进行仿真分析比较,从而选择最佳方案;也可以通过输入部件不同的可靠性指标来仿真系统的任务可靠性水平,为可靠性分配提供依据。在系统详细设计阶段,可以建立设备的功能可靠性仿真模型,在设备性能仿真的基础上,考察故障、偏差、环境等因素对设备功能的影响,协助尽早找出设计薄弱环节。当设计初步转化为实体之后,可以建立基于故障物理的仿真模型,从故障的确定性理论出发,考察设备在环境剖面作用下的可靠性或耐久性水平,在试验前发现可靠性薄弱环节,并为可靠性加速试验提供参考。当能够获得部件的实际性能及失效分布时,也可以通过系统可靠性仿真来预计系统的可靠性水平。

因此,根据不同层次对象面临可靠性问题的差异及不同类型设备自身特性上的不同,可靠性仿真技术在应用过程中可以分为四大类。

1. 基于故障物理的可靠性仿真

该类仿真是针对微观机理层面,对典型设备开展基于故障物理的可靠性仿真,主要用于电路板仿真、零部件及机械产品仿真等,用于发现可靠性的薄弱环节。

基于故障物理的可靠性仿真,是在不考虑产品功能设计的前提下,从产品的微观机理出发,重点考察产品的结构、互连等部位的可靠性问题,是基于失效机理的可靠性仿真。该方法从微观角度将可靠性与产品的结构、材料及所承受的应力联系在一起,通过应力分析、失效机理模型及累积损伤分析,发现产品的薄弱环节,确定失效发生的根本原因,进而提出切实有效的预防措施。基于故障物理的仿真,主要适用于设备级仿真,根据分析对象的不同可以进一步分为:电子产品可靠性仿真和非电子产品耐久性仿真。

2. 功能可靠性仿真

该类仿真是针对设备功能层面,开展功能可靠性仿真。主要用于设备级仿真,实现设备性能可靠性一体化的仿真分析工作。

功能可靠性仿真,重点从功能完好性角度分析设备的可靠性问题,是基于功能逻辑的可靠性仿真分析。主要针对设备采用产品性能建模与仿真手段,以产品性能仿真模型为基础,通过故障注入等手段,仿真设备在参数、结构和环境等偏差情况下的产品性能,考察设备实现规定功能的能力,以便发现产品可靠性设计的薄弱环节,从而指导设计改进,提高产品可靠性水平。功能可靠性仿真主要适用于设备级仿真,根据专业的不同,又可以进一步分为电子产品功能可靠性仿真、机械产品功能可靠性仿真、液压产品功能可靠性仿真等。

3. 系统可靠性仿真

该类仿真是针对系统逻辑层面,开展系统可靠性仿真。主要用于系统及以上层面的仿真,描述系统的可靠性逻辑,以蒙特卡罗仿真为基础,评价系统可靠度、MTBF 等可靠性指标。

系统可靠性仿真,重点考虑在复杂任务剖面下、存在交叉备份或功能重构等复杂逻辑情况下系统的可靠性问题,是基于任务的可靠性仿真。在建立系统任务可靠性模型过程中,注重对多任务及复杂功能逻辑的描述分析,基于蒙特卡罗思想,通过仿真,预测系统的任务可靠度或MTBF 等指标,可以据此开展系统的优化设计,也可以依据仿真开展可靠性分配等工作。系统可靠性仿真技术适用于装备或系统。

4. 大系统可靠性仿真、效能仿真

该类仿真是针对复杂系统行为层面,开展复杂大系统效能仿真等。主要用于体系或复杂大系统层面的仿真,模拟体系或复杂大系统的真实运行过程,分析故障、维修、保障等一系列因素对大系统可用度、效能等方面的影响。

复杂大系统可靠性仿真/效能仿真,重点考虑系统协同优化问题,是基于行为的可靠性仿真。该方法主要针对复杂大系统或体系,模拟大系统执行任务过程中发生的故障、维修、保障等一系列事件和行为,并基于此进行效能、可用度、经济性等多方面的优化和权衡。该层面仿真可用于早期论证阶段,确定合理的方案和指标;也可以用于中期设计阶段,开展方案之间的权衡设计;还可以用于后期评估和推演阶段,在给定试验或统计数据的基础上评估大系统的总体效能水平。

13.2 基于故障物理的可靠性仿真

13.2.1 基本概念

基于故障物理的可靠性/耐久性仿真分析方法,是从失效机理的角度出发,通过分析产品故障模式产生的机理,了解故障变化微观层面,建立材料、结构等性能参数与环境应力之间的关系模型,从而揭示故障发生和发展的过程。该方法基于故障的确定性理论,认为故障具有确定性,可以用故障物理模型来描述,同时认为产品会随着时间而逐渐退化至故障,即产品寿命是有限的。该方法通过产品数字样机和故障物理模型,将产品工作环境应力与潜在故障发展过程联系起来,结合相关故障物理模型预计出产品的平均首次故障时间或理论寿命,从而可以发现可靠性设计的薄弱环节并采取有效的改进措施。本节以电子产品为对象,进行基于故障物理的可靠性仿真方法介绍,它是电子产品性能与可靠性综合设计的方法之一。

13.2.1.1 故障物理

故障物理(physics of failure,PoF),又称可靠性物理(reliability physics),是对各种工程结构、电子元器件和工程材料的故障行为及规律进行研究的一种方法,它着重从物理、化学和生物学的基本原理出发描述故障的发生与发展过程。

故障物理是对故障机理进行研究的一种技术方法,它从原子和分子的角度出发,解释元器件、材料的失效现象,是一种"物理+工程学"的基础性技术。PoF 方法从物理、化学的微观结构角度出发,通过研究描述元器件和材料的失效过程来描述产品故障发生的过程,研究材料、零件(元器件)和结构的故障机理,并分析工作条件、环境应力及时间对产品退化或故障的影响,为产品可靠性设计、使用、维修及材料、零件(元器件)和结构的改进提供依据。

13.2.1.2 故障机理

故障机理是引发故障的物理、电学、化学、力学或其他过程。故障机理从微观方面阐明故障的本质、规律和原因,可以追溯到原子、分子尺度和结构上的变化。故障机理与故障模式不同,故障模式是故障的表现形式,是可以通过外部观察或简单的仪表即可检查发现的。电子产品典型的故障模式有短路、开路、性能退化、参数漂移、焊点开裂、引脚断裂、接触不良等;电子模块、板极的故障模式有输出参数漂移、无输出等。

故障机理是在内因和外因共同作用下形成的,内因包括产品的材料、结构、工艺等缺陷引发的性能变化、结构变化等,如晶体缺陷、微裂纹等;外因则包括环境条件、使用模式、人为因素等,如热、振动、湿度等环境条件和机械力、电等载荷条件等。

根据引发故障机理原因的不同,故障机理可以分为不同种类的机理。例如,热故障机理是由于过热或者温度的急剧变化而导致的热力耦合故障机理。对电子产品而言,是由于材料之间热性能不匹配造成的,与热和通电所产生的热量有关系。电子产品典型的故障机理如图 13-1 所示。

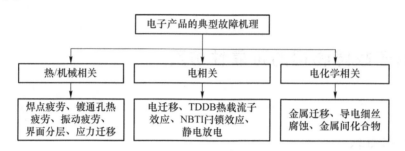

图 13-1 电子产品典型的故障机理

13.2.1.3 故障物理模型

故障物理模型是针对某一特定的故障机理,在基本物理、化学、其他原理公式和(或)分析回归公式的基础上,建立起来的定量地反映故障发生(或发生时间)与材料、结构、应力等关系的数学函数模型。

故障物理模型是故障机理的数学表达,用于描述元器件的应力、性能、强度或是寿命随载荷及时间变化的一个确定的过程或关系。故障物理模型包含失效模型和失效判据两部分。其中失效模型量化地描述了产品失效的应力、性能、强度或是寿命随载荷及时间变化的一个确定的过程或关系,而失效判据在数量上定义了失效发生的条件。针对不同的故障机理,故障物理模型的形式有应力强度模型、寿命模型、性能衰减模型、强度衰减模型等。

以表贴封装类型的一阶焊点热疲劳为例对故障机理及故障物理模型进行说明。造成表贴封装类型的一阶焊点热疲劳故障机理发生的外因是温度循环,内因一是芯片与基板之间的热膨胀系数存在差异,二是焊点材料的蠕变性质导致长时间恒温、恒压下,即使应力没有达到屈服强度,也会慢慢产生塑性变形。因此在内外因的综合作用下,最终导致的结果是在较低的热应力作用下产生裂纹。其故障模式表现为焊点开裂,进而导致电路板电信号传输失真、电接触不良、断路等。故障机理是焊点热疲劳,属于热/机械相关的耗损型机理,其作用示意图如图 13-2 所示。

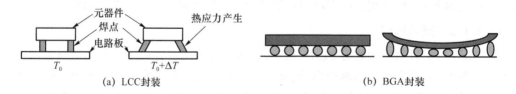

(a) LCC封装   (b) BGA封装

图 13-2 表贴封装类型一阶焊点热疲劳示意

表贴封装类型一阶焊点热疲劳故障机理对应的故障物理模型为

$$N_f = \frac{1}{2}(\Delta\gamma/2\,\varepsilon_f)^{\frac{1}{c}} \tag{13-1}$$

式中，N_f——疲劳失效中位寿命(次数)，(50%的焊点失效)；

　　$\Delta\gamma$——焊料循环剪切应变范围；

　　ε_f——疲劳韧性系数(材料常数)；

　　c——疲劳韧性指数(材料常数)。

故障物理模型中间参数的计算见表 13-1。

表 13-1　表贴封装一阶焊点热疲劳中间参数计算

参数	计算方法
$\Delta\gamma$	$$\gamma=CF\frac{L_D\Delta\alpha\Delta T}{h}$$ F 是用户定义的校准因子，从 0.5 到 1.5 变化，经典值大约 1.0，由拟合寿命结果和预期寿命决定； C 是内部校准因子； L_D 为元器件有效长度，对于正方形元器件取为中心到角落的长度 $0.707L_{edge}$； 对 LCCC 封装取为芯片长度的 1/2，即 $0.5L_{edge}$，单位为 mil①； h 是焊点额定高度(通常假设为 1/2 锡膏厚度，典型值:高为 4~5 mil)； 并且有： $\Delta\alpha\Delta T_o$ 为 $\alpha_c\Delta T_c-\alpha_s\Delta T_s$； $\alpha_c,\alpha_s[ppm/℃]$为元器件和基板分别的线性热膨胀系数，单位为 $10^{-6}/℃$； $\Delta T_c,\Delta T_s[℃]$为元器件和基板分别的循环温变，单位为℃
ε_f	对于共晶焊料，ε_f 为 0.325
C	对于共晶焊料，$c=-0.442-0.000\,6T_{sj}+0.017\,4\ln(1+360/t_D)$，该公式用于使用共晶焊料时计算疲劳韧性指数。 t_D 为半周期中高温持续时间，单位为 min； T_{sj} 为焊点循环温度的平均值，单位为℃； $$T_{sj}=0.25(T_c+T_s+T_o)$$ T_s,T_c 为稳态运行的基板和元器件温度(对组件的功率损耗来说$T_c>T_s$)； T_o 为下半周期温度

注:其中涉及的材料和元器件相关的物理参数来源于事先建立好的模型或数据库，如热膨胀系数、元器件长度与焊点高度等；基板和元器件的温度来源于应力仿真分析结果，校正因子来源于试验结果。

最后，根据模型和应力分析结果，可以获取故障物理模型计算所需参数，计算表贴元器件在温度应力下一阶焊点热疲劳故障模式下的寿命。

13.2.2　基于故障物理的可靠性仿真方法

基于故障物理的电子产品可靠性仿真，是将计算机建模仿真技术与故障物理的思想相结合，在不考虑产品功能设计的前提下，从产品的微观机理出发，将产品潜在故障发展过程与产品的结构、材料及所承受的应力联系起来，在产品数字化样机的基础上，通过施加温度、振动等载荷应力，开展应力仿真分析、故障机理模型及累积损伤分析等，识别可靠性薄弱环节并采取

---

① 1 mil=25.4 μm。

有效的改进措施。它能够在产品研制阶段分析和改进产品设计,开展可靠性的正向设计工作,有助于解决"性能可靠性两张皮"的现象,实现在设计早期阶段消除故障源、提高健壮性、减少试验量、提高产品可靠性等目的。

基于故障物理的可靠性仿真是一个系统性工作,主要包括四方面内容:热应力仿真分析、振动应力仿真分析、故障预计和可靠性评估,每一方面工作的质量和完整性,都与仿真结果的精度有密切关系。其主要内容如图 13-3 所示。

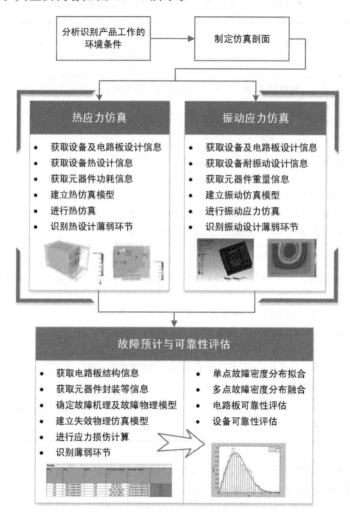

图 13-3 基于故障物理的电子产品可靠性仿真内容

13.2.2.1 热应力仿真分析

电子产品过热引起的可靠性问题目前已成为影响产品可靠性的主要因素。解决电子产品的热问题,首先要对电子产品进行良好的热设计,热设计之后进行热评估,判断热设计是否取得实效。热应力仿真分析即是通过合理的热设计与热评估工作,尽早发现热设计薄弱环节并及时改进,从而保证电子产品能正常可靠地工作。

热应力仿真分析是利用数学手段,通过计算机模拟,在电子产品的设计阶段获得温度分布的方法。它通过建立产品的 CFD 模型,施加温度应力,仿真分析产品在不同环境温度下的温度场。为了最大程度地提高仿真精度,可以对产品进行热测量试验,用热仿真结果和热测量试验数据对比分析,不断优化热仿真模型。通过热仿真可以获得整机和各模块的温度场分布及元器件的壳温等。

开展热应力仿真通常采用成熟的仿真软件进行,要求具有传热分析、流动分析等功能,能得到流体流动状态特征,包括压力场、速度场、温度场分布。软件最好能与常用 CAD 工具有接口,可以方便模型导入,应有很好的后处理功能,给出产品热的稳态分析及瞬态分析并输出热仿真结果。常用软件包括 Flotherm、Ansys、Fluent 等。

13.2.2.2　振动应力仿真分析

振动应力仿真分析以故障物理为基础、计算力学为手段,在计算机上建立产品的几何特性、材料特性、边界条件,用振动剖面作为激励信号,计算出产品各节点/单元的位移、加速度及应力应变等。目的是获得产品的振动模态及给定振动激励条件的响应分布,用于发现设计薄弱环节以指导设计改进,提高产品耐振动设计的合理性。

振动应力仿真分析通过建立产品的 FEA 模型,施加振动应力,对其进行模态分析和随机振动分析,了解产品在激励环境条件下的响应情况。进行产品的振动分析时,主要进行模态分析和随机振动分析。通过模态分析识别产品各阶主要模态的频率特性,确定产品的固有频率和特性。在模态分析的基础上进行随机振动仿真,模拟产品在给定激励条件下的应力传递过程,激发出产品设计环节的薄弱点,得到产品的响应 PSD 谱。为了消除数字样机简化和元器件等效对模型准确度的影响,以及由于参数设置不准确、实物样机的非线性结构、非理想材料、接触问题等对模型仿真结果的影响,可以对产品进行模态试验,并根据试验结果,对 FEA 数字样机进行模型校核。通过振动仿真可以获得整机及各模块的模态分析结果、加速度及位移响应、应力/应变响应和各模块固定点处响应的功率谱等。

开展振动应力仿真通常采用成熟的仿真软件进行,要求具有模态分析、随机响应分析等功能,能得到加速度、位移均方根值和自功率谱密度。软件最好能与常用 CAD 工具有接口,可以方便模型导入,应有很好的后处理功能。常用有限元软件包括 Ansys、Patran/Nastran、Abaqus、Virtual Lab 等。

13.2.2.3　故障预计与可靠性评估

故障预计仿真分析是基于故障物理的方法,对产品的故障机理进行分析,并根据产品相应故障机理的故障物理模型进行计算,获得产品在给定应力条件下潜在故障点的首发故障时间,以识别产品的可靠性薄弱环节,为定量评价产品的可靠性水平提供依据。在故障预计仿真过程中引入材料和工艺的离散情况,通过蒙特卡罗仿真获得各潜在故障点对应不同故障机理的寿命样本,进而通过分布拟合评估设备平均首发故障时间。

电子产品故障预计目前主要针对电路板级开展,主要分析对象为板级互连和重要元器件。根据产品所承受的应力和分析对象自身结构、材料特点,确定可能发生的故障机理,确定其对应的故障物理模型,在此基础上,施加热振综合应力,对产品中的每个故障机理进行应力损伤计算及累积损伤分析,计算失效发生时间。通过故障预计计算,可获得电路板的故障信息矩阵,包括潜在失效位置、潜在失效模式、潜在失效机理和首次失效时间。

进行基于故障物理的可靠性仿真是一项十分复杂的工作,因此多采用成熟的软件进行,常用的故障预计软件包括 Calce PWA、CRAFE、Ansys Sherlock、CAMPLING 等。这些软件内部集成了大量故障物理模型及参数,能够根据产品应力仿真结果针对故障机理进行应力损伤分析,并根据累计损伤原理对故障首发时间进行预计。

13.2.3　基于故障物理的可靠性仿真案例

以某航空电子设备为例,该产品由三个电路模块组成,收集该产品的任务类型、环境剖面和散热方式等使用信息,组成结构、安装方式、重量、功耗、尺寸、材料和元器件类型等设计信息及可靠性指标要求等。其 CAD 数字样机如图 13 - 4 所示。

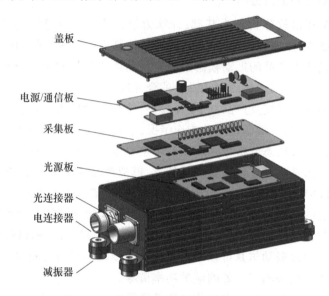

图 13 - 4　某航空电子设备 CAD 数字样机

13.2.3.1　确定仿真剖面

开展环境与载荷条件分析,来确定仿真剖面。剖面要求模拟产品在使用中遇到的综合环境。参考飞机剖面制定的方法和原则,根据产品环境试验剖面情况,将其作为基本试验剖面,然后在此基础上进行简化,确定该设备的仿真剖面,如图 13 - 5 所示,振动谱型如图 13 - 6 所示。

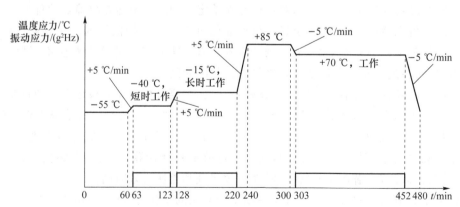

图 13 - 5　可靠性仿真剖面

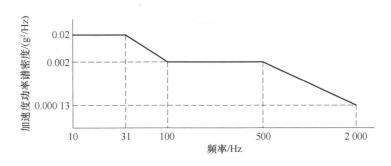

图 13-6　振动谱型

13.2.3.2　热应力仿真分析

利用 Icepak 2022R1 软件进行热仿真分析。根据产品 CAD 数字样机,结合热设计信息建立产品 CFD 数字样机。对所有功耗大于 0.01 W 的器件进行建模及功耗设定,保留所有散热部件,建立热仿真数字样机如图 13-7 所示。

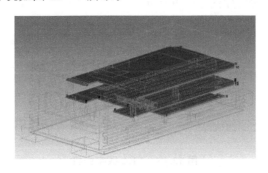

图 13-7　热仿真数字样机

经过实物热测试及模型校核,针对模型进行了热应力仿真,设备在环境温度 70 ℃条件下的整机平均温度为 85.1 ℃,温度场分布结果图 13-8 所示,部分高温器件的温度见表 13-2。

(a) 整机温度分布

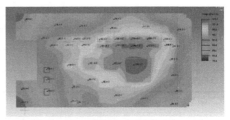

(b) 采集板正面温度分布

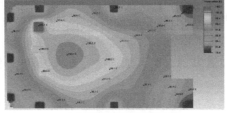

(c) 采集板反面温度分布

图 13-8　温度场分布结果(环境温度 70 ℃)

表 13 - 2　部分高温器件温度仿真结果

序号	名称	位置	类型	功耗/w	仿真温度/℃	允许最大温度/℃
1	U20	正	电压变换器	0.1	90.3	70
2	U3	正	微控制器	1	104.4	125
3	U2	正	混合集成电路	0.45	108.6	85
4	U6	反	混合集成电路 ADC	0.6	105.1	85

仿真结果表明,整机热设计较为合理,电路板上部分元器件较为薄弱,超出元器件许用温度,建议优化元器件选型或进一步采取散热措施。

13.2.3.3　振动应力仿真分析

利用 ANSYS 2023R1 软件,开展振动应力仿真分析。在不影响产品结构特性的前提下,对产品 CAD 数字样机进行必要的简化,对小于 1 g 的小质量元器件采用等重的质量点来建模,建立产品 FEA 数字样机,如图 13 - 9 所示。

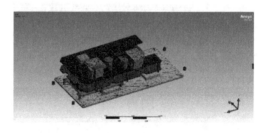

图 13 - 9　FEA 数字样机

对产品进行模态分析及随机振动分析。一阶谐振频率见表 13 - 3,部分振型如图 13 - 10 所示。

表 13 - 3　一阶谐振频率及位置

组成项目	一阶谐振频率/Hz	局部模态位置
整机	149.94	减震器,Z 向拉压
机箱	1 141.9	上盖板正中心
电源板	403.12	板中心处
采集板	403.12	板 C 字缺口处
光源板	583.88	板中心偏向 X_{min} 处

随机振动分析,包含随机振动加速度响应分析、位移分析和等效应力分析。整机的随机振动加速度响应 Y 方向影响最大,最大值为 6.91 g;位移响应 Z 方向影响最大,最大值为 0.067 g;等效应力 Z 方向影响最大,最大值为 21.56,其加速度均方根值云图、位移分布云图及等效应力分布云图如图 13 - 11 所示。

以采集板为例,其随机振动加速度响应 Y 方向影响最大,最大值为 6.73 g;位移响应 Z 方向影响最大,最大值为 0.055 g;等效应力 Z 方向影响最大,最大值为 4.19,其加速度均方根值云图、位移分布云图及等效应力分布云图如图 13 - 12 所示。

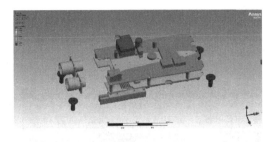

(a) 整机一阶振型　　　　　　　　　　(b) 机箱一阶振型

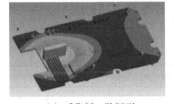  

(c) 采集板一阶振型　　　(d) 采集板二阶振型　　　(e) 采集板三阶振型

图 13 – 10　模态分析振型图

(a) 加速度均方根值云图　　(b) 位移分布云图　　　(c) 等效应力分布云图

图 13 – 11　整机随机振动分析结果

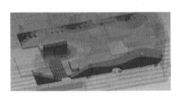  

(a) 加速度均方根值云图　　(b) 位移分布云图　　　(c) 等效应力分布云图

图 13 – 12　采集板随机振动分析结果

13.2.3.4　故障预计

应用 Calce PWA 软件,对该航空电子设备各模块开展故障预计仿真。设置元器件封装材料、印制板材料及焊点材料等材料参数,分别建立元器件、电路板及过孔模型等,以采集板为例,建立的故障预计模型如图 13 – 13 所示。

根据环境剖面及其结构、材料、工艺的特点,分析可能发生的故障机理,选择故障物理模型,设置环境应力和载荷信息,仿真计算,得到采集板的故障信息矩阵见表 13 – 4。

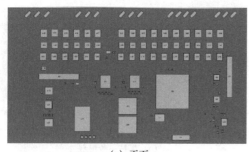
(a) 正面

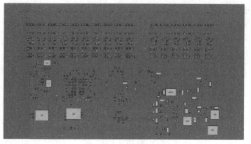
(b) 背面

图 13-13 采集板故障预计仿真模型

表 13-4 采集板故障信息矩阵(部分)

序号	潜在故障点	故障模式	故障机理	故障时间
1	U2	焊点开裂	塑料球栅阵列封装一阶焊点热疲劳	4.27 年
2	L42	焊点开裂	贴片封装一阶焊点热疲劳	5.58 年
3	U65	焊点开裂	塑料球栅阵列封装一阶焊点热疲劳	13.59 年
4	C55	焊点开裂	表贴封装一阶焊点热疲劳	27.29 年
...	...	...	...	...

仿真结果表明,在如 13.2.3.1 节中给定的仿真剖面条件下,采集板上最先发生失效的潜在故障点为混合集成电路 U2,故障模式为焊点开裂,故障物理模型为塑料球栅阵列封装一阶焊点热疲劳对应的模型,在每天工作 12 h 的情况下特征寿命为 4.27 年。

13.3 电子产品功能可靠性仿真

13.3.1 基本原理

随着大规模集成电路的开发应用,电子产品向复杂化、智能化、高速化、高可靠方向快速发展,特别是随着芯片技术发展和 CPLD/FPGA 技术的出现,电子产品原有的可靠性设计分析技术受到挑战。面对市场竞争压力,复杂电子产品对其可靠性及性能分析、优化、测试与验证等方面都有着极高的要求,缩短研制周期、节约成本、实现产品高可靠性,以及尽早发现并排除各种设计缺陷和潜在问题已成为所有电子设计工程师追求的目标,电子产品开发研制过程中对性能和可靠性一体化设计的需求变得越来越迫切。

功能可靠性仿真,顾名思义,重点是从功能完好性角度分析设备的可靠性问题,是基于功能逻辑的可靠性仿真分析。电子产品功能可靠性仿真即是以数字仿真为手段,从电路性能设计的角度出发,以 EDA 仿真模型为基础,强调分析电路内部元器件的参数偏差、过电应力、故障及潜在的应力等对系统性能的影响,建立统一的性能和可靠性分析环境,通过故障注入等手段,仿真设备在参数、结构和环境等存在偏差情况下的产品性能,考察产品实现规定功能的能力,以便发现产品可靠性设计的薄弱环节,从而指导设计改进,为可靠性设计分析、综合评价提供数据支持。其主要思路如图 13 - 14 所示。

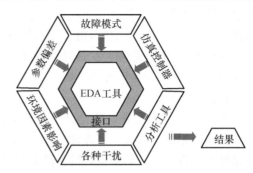

图 13 - 14　电子产品功能可靠性仿真思路

对电子产品开展功能可靠性仿真可以辅助实现电子产品性能与可靠性一体化设计,有助于解决性能与可靠性设计"两张皮"的现象,支持产品设计改进,保证可靠性水平的提升。采用自动化的建模与仿真分析软件工具,有助于提高分析效率、降低工程师的工作量、减少人为分析产生的失误。

13.3.2　电子产品功能可靠性仿真方法

13.3.2.1　电子产品功能可靠性仿真分析主要内容

电子产品功能可靠性仿真以 EDA 为核心,本质上是利用 EDA 仿真的计算能力,来分析各种偏差、故障对电路性能的影响,同时可以利用 EDA 仿真获得的大量电路性能数据来开展其可靠性分析工作。基于 EDA 的电子产品功能可靠性仿真主要包括:故障仿真、容差仿真、可靠性预计、灵敏度仿真、降额分析、潜通路分析、FMEA 分析和测试性预计。其中容差仿真根据方法内容的不同又可以分为蒙特卡罗仿真和最坏情况仿真,如图 13 - 15 所示。

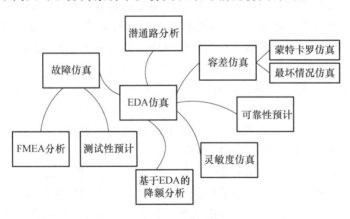

图 13 - 15　基于 EDA 的电子产品功能可靠性仿真内容

① 基于 EDA 的故障仿真分析。电路系统由若干个元器件组成,元器件故障及故障组合会对电路系统的输出造成不良影响,通常情况下该影响需要设计人员对照电路原理图依据经验分析。基于 EDA 的电路故障仿真分析就是在电路设计原理图模型中注入元器件的故障模式,运用仿真手段,自动分析元器件故障情况下电路系统的性能输出情况,并判断其是否满足设计要求。基于 EDA 的故障仿真分析结果可以直接为电路系统的 FMEA 分析和测试性预计工作提供数据输入,为提高二者的分析效率做出很大贡献。

② 蒙特卡罗仿真分析。电子产品中的元器件是非理想元器件,因为制造公差、环境影响、参数退化等因素影响会导致其属性值与标称值之间存在一定偏差。蒙特卡罗仿真分析就是当元器件的参数存在偏差范围时,由各元器件的参数抽样值来分析电路系统性能参数偏差的一种统计分析方法,通过蒙特卡罗仿真分析,将电路各组成部分的参数变化对性能稳定性的影响控制在允许范围内,避免因电路参数的变化导致电子产品不能正常工作,并据此对电路组成部分参数容差进行修正。

③ 最坏情况仿真分析。这是分析在元器件参数最坏组合情况下的电路系统性能参数偏差的一种非概率统计方法。该方法利用已知元器件的变化极限来预计电路系统性能参数变化是否超过了允许范围。如果预计的电路系统性能参数在规定的范围内,则认为该电路设计有较高的稳定性,如果预计值超出了规定的允许变化范围,则需要改进设计。

④ 基于EDA的电路可靠性预计。在基于手册的可靠性预计工具和EDA软件之间建立数据连接,充分利用EDA软件对实际电路仿真后得到的大量有效数据,自动进行元器件相关参数的选取,进而进行可靠性预计。基于EDA数据的可靠性预计可以减少电路设计人员的工作量,有效提高工作效率。

⑤ 灵敏度仿真分析。参数灵敏度仿真分析是通过电路组成单元的主要参数值的变化来考核该参数对电路性能影响的敏感程度,并找出对电路性能有显著影响的参数。目前很多EDA软件工具都提供灵敏度仿真分析方法。

⑥ 基于EDA的电路应力降额分析。将利用EDA仿真获得的电路电流、电压等大量性能数据,输入到电路应力降额分析工具中,判断元器件所承受的工作电应力是否满足了降额要求。它本质上是利用EDA仿真数据提高元器件降额分析工作效率的方法。

⑦ 基于EDA的潜通路分析。潜通路分析的目的是在电子产品所有组成部分均正常工作的情况下,确定会抑制正常功能或诱发出不正常功能的潜在电路,发现电子设备不需要的连接,不是由元器件/组件的失效引起的,而是由事先没有预见到的输入激励或者组合导致的故障。基于EDA的潜通路分析,是在EDA仿真原理图的基础上,自动获取电路的拓扑连接关系及元器件的属性等信息。它也是能够提高潜通路分析效率的一种辅助手段。

⑧ 基于EDA的FMEA分析。FMEA分析是要逐层分析单元故障对上层系统造成的影响,若最低约定层次要分析到元器件,则必须分析元器件故障对电路板或功能电路的影响。基于EDA的FMEA分析是在基于EDA的故障仿真基础上开展的,通过故障仿真获得每一个元器件故障对电路板的影响,然后将故障仿真结果按照一定的规则填入FMEA分析表格中。因此,它本质上也是利用EDA仿真提高FMEA分析效率的一种方法。

⑨ 基于EDA的测试性预计。测试性预计是要预计元器件故障发生时,电路系统不同的检测方式是否能够检测到故障的发生,进而预计故障检测率、故障隔离率等定量指标。基于EDA的测试性预计是在基于EDA的故障仿真的基础上进行的。它通过故障仿真获得元器件的故障模式在不同检测信号下是否可测试,然后再根据一定的算法预计故障检测率、隔离率等指标。它本质上也是利用EDA仿真提高测试性预计效率的一种方法。

13.3.2.2 电子产品功能可靠性仿真分析具体流程

电子产品功能可靠性仿真主要流程如图13-16所示。其中EDA仿真是功能可靠性仿真的基础,负责为故障仿真和容差仿真等提供功能原理模型,标称值下的理想情况输出为故障仿真和容差仿真的故障判据提供依据。

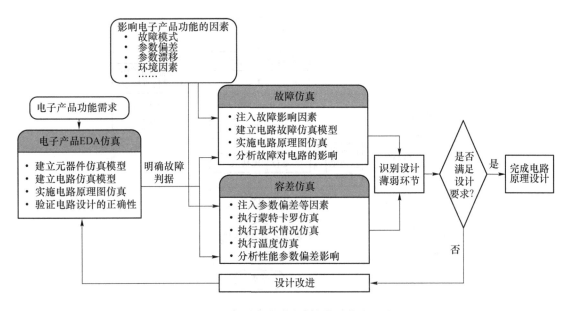

图 13 - 16　电子产品功能可靠性仿真主要流程

首先,根据电子产品功能需求,在 EDA 仿真环境中建立电子产品功能原理模型,开展电路的原理设计,并基于仿真验证电路设计的正确性及功能的完好性。其次,分析影响电子产品功能和性能的因素特征,如故障模式、参数偏差和环境因素等,并建立电路故障判据标准。然后,根据功能可靠性仿真的具体需求,执行相应的功能可靠性仿真项目,如故障仿真、蒙特卡罗仿真、最坏情况仿真等,获得相应仿真结果。最后,进行仿真结果分析,判断故障影响,识别设计薄弱环节,提出改进意见,并对调整后的设计方案再次进行仿真分析。

13.3.3　基于 EDA 的故障仿真

在功能可靠性仿真的各类方法中,故障仿真是核心,也是基础,因此,本节重点介绍此部分内容。基于 EDA 的故障仿真是在电路 EDA 仿真的基础上,模拟系统内部故障并考察故障模式对电路系统功能及性能的影响。该方法利用仿真和故障注入的手段在电路原有功能模型基础上构建电子系统的故障模型,并执行故障仿真,通过分析电路内部各元器件的失效模式及其表现形式,考核电子产品在存在元器件失效、参数漂移等情况下是否能够正常工作,发现设计的薄弱环节,为改进设计和元器件选型提供依据,从而提高电路系统的固有可靠性。基于EDA 的电路故障仿真技术是电子产品功能可靠性仿真技术的核心,它的实现可以为 FMEA分析、测试性预计等提供良好的数据基础。

13.3.3.1　故障仿真流程

电路故障仿真的一般过程是:在电路功能仿真的基础上,对电路中各元器件的主要失效模式及影响因素建立仿真模型,并将这些仿真模型注入到 EDA 环境下的电路正常模型当中,得到电路的故障模型,对注入故障后的电路进行仿真,获取电路注入故障后的响应结果。然后根据设计人员给出的电路输出特性要求,对仿真结果进行判定,确定上述故障对电路性能的影响。其中有两个关键环节:故障建模和故障注入。故障仿真流程如图 13 - 17 所示。

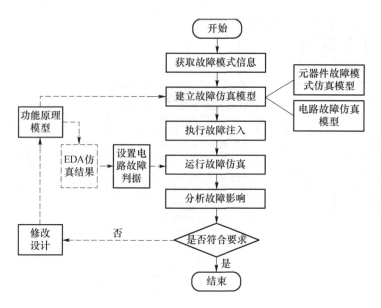

图 13 - 17　故障仿真流程

不同 EDA 工具对故障仿真的支持力度不同,以 Cadence 和 Saber 仿真环境为例,开展电路故障仿真分析的流程分别如图 13 - 18 和图 13 - 19 所示。Cadence 仿真环境自身不具有执行故障仿真分析的功能模块,需要借助其他软件完成,如北京航空航天大学开发的故障仿真工具。Saber 环境下执行故障仿真可以利用"Testify 故障模式分析"模块实现。

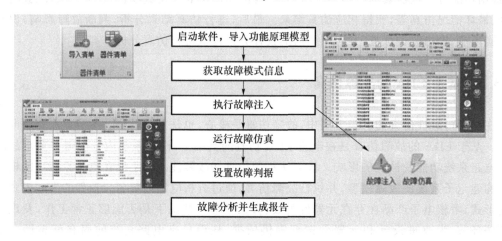

图 13 - 18　Cadence 环境下故障仿真流程

13.3.3.2　故障建模

故障建模指在 EDA 环境下建立电路的故障仿真模型。电路故障通常是由电路中元器件失效引起的,因此分析元器件失效模式及其表现形式的内涵并建立相应的仿真模型是故障建模的核心。建立元器件故障模式仿真模型包含两种方法:直接修改器件模型法和元器件模型重组法。

直接修改器件模型法是在 EDA 环境下,直接对原始元器件中的特性参数进行修改设置,

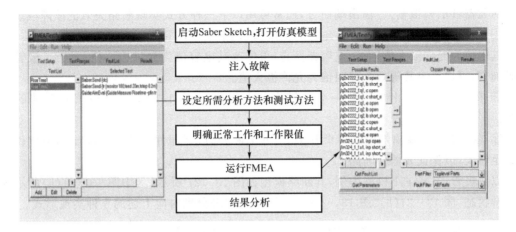

图 13 - 19　Saber 环境下故障仿真流程

包括修改属性值和修改模型数据库参数。元器件模型重组法是在不改变电路原有网络结构的基础上,建立元器件各种失效模式的故障模型并与元器件的初始模型进行连接,从而形成元器件的故障仿真模型,其思路如图 13 - 20 所示。该方法不需要考虑元器件的内部结构,仅考虑元器件发生失效的引脚,通用性更强。

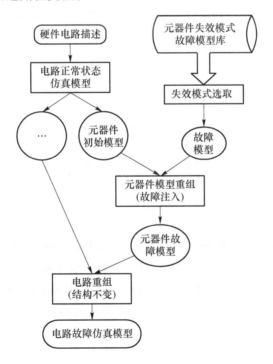

图 13 - 20　元器件模型重组法建立电路故障模型

以断路故障模型为例。断路是电路元器件中最常见的失效模式,无论是分立元器件还是集成电路都存在着断路的失效模式,而且它通常是大多数元器件发生概率最大的一种失效模式。从物理意义上看,这种失效模式可以量化为与元器件发生失效的引脚直接相连的线路电阻无穷大,而由于在仿真中参数值的设定是有限制的,因此可以设置线路电阻足够大。

对元器件的模拟输入/输出端而言,通常可用以下三种方式实现断路失效的故障模型。

① 修改失效元器件参数值为允许的极限值,模拟其断路特性。对于电阻器和电位器,可修改其阻值为允许极大值;对于电容器而言,可修改其电容值为允许极小值;对于二极管或三极管而言,可以修改其等效电路阻值为允许极大值。

② 在元器件的输出端串联一个足够大的电阻(如 $R=1e12\ \Omega$),模拟该元器件的断路故障。

③ 在元器件的输出端串联一个开关,当开关断开时,元器件的输入与输出端阻抗就可以达到足够大,以保证元器件断路。

以二极管 D1N4151 模型为例,其断路模型如图 13-21 所示,其中图 13-21(a)所示为器件正常状态,图 13-21(b)、图 13-21(c)、图 13-21(d)分别对应上述的三种实现形式。

图 13-21 二极管 D1N4151 断路故障模型

由于多数 EDA 软件中,模拟器件和数字器件的计算和处理方式完全不同,因此对数字器件而言,可以建立专门的断路故障器件模型 KAILU,其图形化表示及在 Cadence 中的定义如图 13-22 所示。

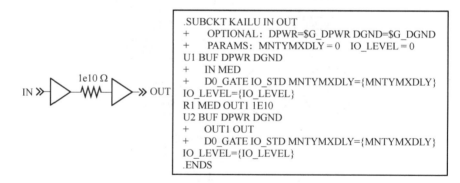

图 13-22 数字器件断路故障模型及其在 Cadence 中的定义

再比如,集成电路的输出失效故障模式,针对其数字信号输出端可以将其量化为三种表现形式:输出固定高电平、输出固定低电平和逻辑输出错误,针对其模拟信号输出端,可以量化为输出零电压或电流。以输出固定高电平为例,建立的故障器件模型 GUGAO 及其在 Cadence 中的定义如图 13-23 所示。

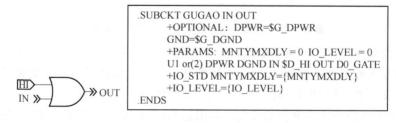

图 13-23 GUGAO 故障模型及其在 Cadence 中的定义

13.3.3.3　故障注入

故障注入是指将故障模式按照一定的故障模型，用人工方法施于被研究的目标系统中，以诱发该系统故障的发生，观测和回收系统对所注故障的反应信息，并对回收信息进行分析的试验过程。基于 EDA 仿真软件的故障注入是按照电路中指定元器件的失效信息，通过对 EDA 仿真环境下电路正常状态仿真模型的修改，形成元器件的失效模式故障模型（元器件模型重组），从而生成电路的故障状态仿真模型的过程。该过程也称虚拟故障注入。

在 EDA 仿真环境下实现电路的故障注入，其关键是电路故障模型的生成与故障注入方法的选取，同时也必须考虑相关 EDA 工具的故障仿真稳定性问题。如果故障模型或故障注入点选择不当，可能会打破 EDA 软件自身数学计算的限制规则，破坏仿真的稳定性或收敛性。

在 EDA 环境下实施故障注入一般有三种方法。

（1）修改电路图法

将已经建好的故障模型器件加入待注入失效元器件的指定位置，生成电路的故障仿真模型，这种方法比较直观。以输出固定高电平故障注入为例，图 13 - 24(a)、图 13 - 24(c)所示为数字器件 CD4081B 的正常工作状态及其输出波形；图 13 - 24(b)、图 13 - 24(d)所示为 CD4081B 输出固定高电平故障注入及故障注入后的输出波形。

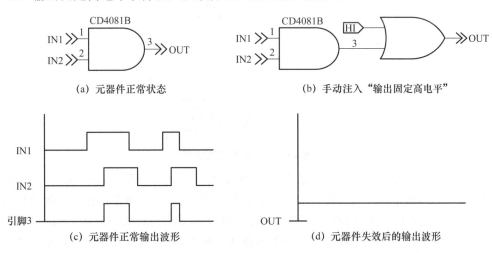

图 13 - 24　使用修改电路图方法注入故障示例

（2）修改电路网单文件法

在 Cadence 环境下，PSpice A/D 进行电路仿真时要根据电路的网单文件获取电路的网络拓扑结构进行仿真，因此通过修改电路网单文件也可以在电路中注入故障。

以图 13 - 24(a)所示元器件为例，电路正常时网单文件中对它的描述为：

　　X_U1A　IN1 IN2 OUT ＄G_CD4000_VDD ＄G_CD4000_VSS CD4081B

其中 X_U1A 为网单文件中元器件 CD4081B 的代号，IN1、IN2、OUT 分别为与其引脚相连的输入端、输出端节点名称，＄G_CD4000_VDD、＄G_CD4000_VSS 为该器件的数字电源和数字地。

在网单文件中加入故障模型器件 GUGAO 后，网单文件改写如下：

X_U1Λ   IN1 IN2 N00001 ＄G_CD4000_VDD ＄G_CD4000_VSS CD4081B

X_U2   N00001 OUT ＄G_CD4000_VDD ＄G_CD4000_VSS GUGAO

其中 X_U2 为所加入的故障器件 GUGAO。网单文件修改后,对电路进行仿真,其输出波形与修改电路图文件得到的效果完全相同。

(3) 修改模型定义法

由于元器件的模型定义放在模型库中,因此修改元器件的模型定义,在其中注入故障,再进行电路仿真也可达到故障注入的目的。这种方法主要用于元器件参数漂移和性能退化。

实施故障注入的一般流程如图 13 - 25 所示。

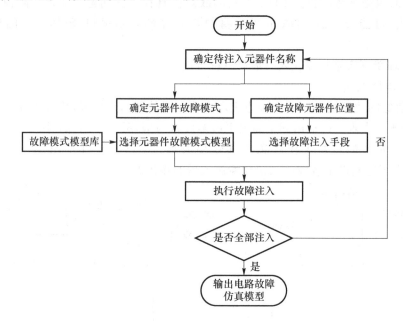

图 13 - 25　故障注入流程

首先,根据设计经验或前期分析结果,确定实施故障注入的对象及范围,确定待注入的元器件清单。然后,确定待注入元器件清单中元器件的故障模式,并确定其相应的故障模式仿真模型。接着,确定故障元器件位置,并选择一种故障注入手段进行故障注入。通常情况下,每一次故障仿真,只注入一个元器件的一种故障模式。最后,可利用自动化手段重复上述步骤直至故障元器件清单中全部故障模式注入完成。

13.3.4　电子产品功能可靠性仿真案例

以某波形转换放大电路为例,其输入为频率 10 kHz、幅值 100 mv 的正弦波,输出为频率 10 kHz、幅值－0.8～5 V 的反向方波,建立该电路在 Cadence 环境下的原理图仿真模型如图 13 - 26 所示。

运行 EDA 仿真,获得电路正常仿真结果如图 13 - 27 所示。

对波形转换放大电路进行故障仿真,分别注入运算放大器 U16A 的"＋管脚断路"故障模式和 D6 开路故障模式,如图 13 - 28 和图 13 - 29 所示,进行故障仿真后,得到输出结果如图 13 - 30 和图 13 - 31 所示。

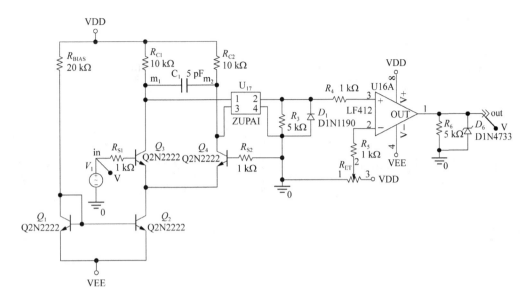

图 13 - 26　波形转换放大电路仿真原理

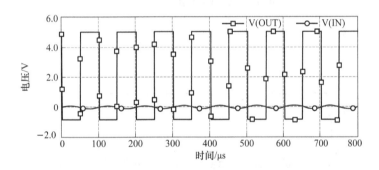

图 13 - 27　波形转换放大电路 EDA 仿真结果

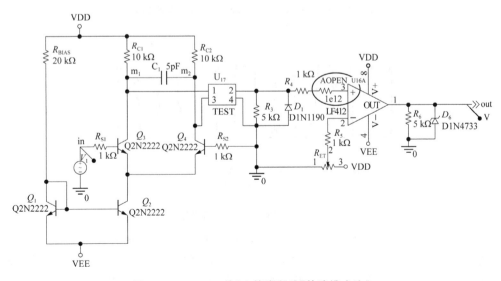

图 13 - 28　U16A 的"十管脚断路"故障模式注入

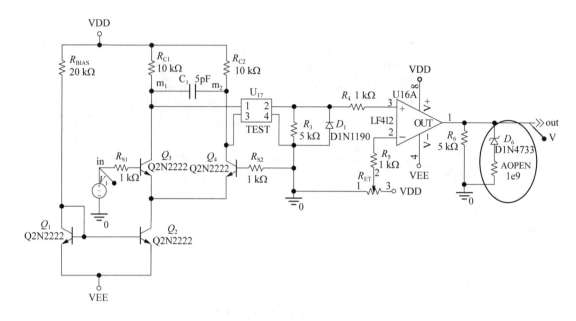

图 13-29　D6 开路故障模式注入

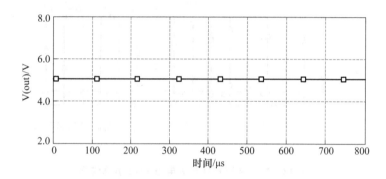

图 13-30　U16A 的"＋管脚断路"故障仿真结果

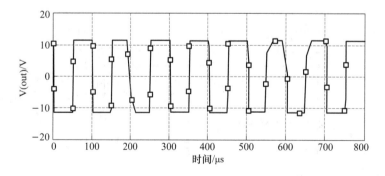

图 13-31　D6 开路故障仿真结果

从图 13-30、图 13-31 中看出,注入 U16A 的"＋管脚断路"故障后,电路仿真输出为直流信号,明显不满足输出反向方波的设计要求,因此 U16A 的"＋管脚断路"导致电路输出故障。注入 D6 开路故障后,电路输出为频率相同的反向方波,但进一步观察幅值可知,图 13-31 中幅值为－10.2～10.2 V,远大于规定的 20～40 mV,因此 D6 开路故障也导致电路输出故障。

13.4 民用飞机大系统可靠性仿真

13.4.1 系统概述

民用飞机具有周期长、复杂度高、市场竞争激烈、重视成本及运营经济性等特点,对运营的民用客机机群而言,安全、可靠、经济的优劣将成为该型客机能否立足市场并具有竞争能力的核心要素,在保证持续适航和正确实施可靠性监控大纲的条件下,民机的航班可靠度、签派可靠度等指标都是最受业界和航空公司关注的指标,也是民机可靠性论证、设计的核心指标。

民机运营是一项系统工程,不仅涉及飞机本身的可靠性问题,还涉及航线制定、飞机使用调度、维修保障能力、人员条件等,对不同航空公司而言,如何运营才能提高签派可靠度、航班可靠度等指标是其最关心的问题。针对此问题及需求,可以采用蒙特卡罗仿真的思想,对飞机及机群的运营过程进行行为模拟,开展民机大系统可靠性仿真,评估民机的签派可靠度和航班可靠度水平。本节重点介绍考虑多因素的民用飞机大系统可靠性仿真方法。

13.4.1.1 基本概念

首先给出一些民机大系统仿真中用到的基本概念。

(1) 签派可靠度

签派可靠度是指没有因为飞机的机械故障原因(技术性原因)造成航班延误或取消而营运离站的百分数,有时也称出勤可靠度。签派可靠度计算公式为

$$DR=1-中断率=1-\frac{地面中断次数}{运营总离站次数}=1-\frac{取消次数+延误次数}{运营总离站次数} \tag{13-2}$$

(2) 运营可靠度

运营可靠度又称航班可靠度,是指飞机开始并完成一次定期运营飞行而不发生由于机载系统或部件故障造成航班中断的概率。航班中断包括大于 15 min 的机械延误、取消航班、空中返航和换场着陆等事件。运营可靠度计算公式为

$$R=\frac{N_z}{N_z+N_w}=1-\frac{地面中断次数+空中中断次数}{运营总离站次数} \tag{13-3}$$

式中,N_z——飞机准时到达各飞机场的次数;

N_w——飞机未准时到达各飞机场的次数。

(3) 日利用率

日利用率(DU)是指单架飞机平均每天的飞行小时数。计算公式为

$$日利用率=运营时间/统计天数 \tag{13-4}$$

式中,运营时间——有经济收入的实际空地飞行时间。

(4) 平均非计划拆换时间

平均非计划拆换时间是指在一段时期内,某部件的非计划拆换间隔时间。

（5）最低设备清单

最低设备清单（MEL）是指在营运飞行中在维持放飞所需的安全性水平的同时所能容许的可以暂时不起作用的设备清单。未在清单上列出的设备出现故障时,则该飞机不能放飞。

（6）返改航设备清单

返改航设备清单指飞机在飞行过程中,空中阶段发现故障时导致返改航的设备清单,用来确定哪些成品的故障后果是致命性的。未在清单上列出的设备出现故障时,则待飞机执行完航班返回本场后再修理。

13.4.1.2 民用飞机大系统组成

通过对国内外有关资料的收集分析及对我国民航局工程司、民航维修基地、机场等地调研发现,在飞机航班延误,取消或返、改航中,天气原因约占 60%,飞机本身机械故障约占 20%。此外,航线结构、调度管理、修理方式、备件供应、维修人员素质等对民机航班可靠度也有相当大的影响,约占 20%。

为了较全面和更真实地研究签派可靠度和航班可靠度,仅考虑民机自身的可靠性、维修性尚显不足,还需考虑支持民机运营大系统中有关因素的影响,即在模型中除计入民机可靠性、维修性参数、最小设备清单、设备配置、故障发现时机、改返航原则等因素外,还应考虑航线结构、飞机数量、调度原则、气象条件、计划或非计划维修及零备件供应等因素。

由此,确定民用飞机大系统仿真主要由以下五部分构成。

① 民机本体。包括整机、系统、成品的可靠性水平（如平均故障间隔时间 MTBF）;成品的修理时间分布;成品的修理方式;成品的配置情况;最低设备清单、故障发现时机等。

② 管理及调度。包括航线结构（如航班表）;飞机使用调度原则;飞机飞行中的返、改航原则;维修周期和时间等。

③ 气象条件。包括本场、经停站、终点站及航路的气象情况,既考虑季节的影响又考虑机场一天中天气变化的情况。

④ 使用保障条件。包括机场设施、零备件供应、运输、加油和维修能力等。

⑤ 人员条件。包括驾驶员等级、维修人员水平等。

13.4.2 系统仿真模型

根据民机大系统的仿真需求,建立民机大系统的仿真模型[66],包括飞机整机、系统及成品的组成模型,飞机的可靠性模型,维修模型,航班管理调度模型,气象模型等。本节选取其中部分典型的模型进行介绍。

13.4.2.1 飞机组成结构模型

为了能够仿真模拟民机系统的实际运营过程,评价飞机的可靠度指标,建立飞机的结构组成模型,描述飞机组成结构及每个单元的基本数据信息,考虑将民机系统至少划分为三级,包括整机、系统和成品三个层级。

针对飞机结构进行故障抽样时,需明确系统故障时间抽样模型和故障发生时机抽样模型。

1. 故障时间抽样

故障时间抽样可采用两种方式,自上而下或自下而上。

（1）自上向下的方式

首先对飞机整机进行抽样,如果此次抽样结果是飞机有故障,则进一步对飞机各系统进一步抽样,判定是哪一个系统发生故障,然后再判定该系统中是哪一个设备发生故障。此时需要已知系统及设备之间的相对故障比率。

（2）自下而上的方式

由成品—系统—整机三级随机抽样产生。成品故障根据其服从的分布及相应参数抽样获得,默认可服从指数分布,抽样公式为

$$T_{f_2} = T_{f_1} + (-1/\lambda)\ln(1-\eta) \tag{13-5}$$

式中,T_{f_1}——上一次飞机故障发生时飞行小时数;

　　　T_{f_2}——本次飞机故障发生时飞行小时数。

2. 故障发现时机

假设设备故障出现于三个阶段,分别为航前、空中和航后。假设三个阶段服从均匀分布,按相对概率产生随机样本来模拟故障发现时机,一次飞行只取其中一种情况。已知每个阶段比率值为 $P_{航前}$、$P_{空中}$ 等。

（1）航前发现

若 $\eta \leqslant P_{航前}$,则表示故障在航前发现。

（2）空中发现

若 $P_{航前} < \eta \leqslant (P_{航前} + P_{空中})$,则表示故障在空中发现。

根据返改航设备清单、飞机与前后两航站的距离及飞行方向,判断直飞或返航。

① 若故障设备 i 在返改航设备清单内,根据该设备造成返航概率抽样,立即作出返改航决定。返回哪个机场,可根据发生故障时飞机所在位置与起始航站和目的航站的空中距离来判断,距离哪个机场近,则飞往哪个机场。

② 若故障设备不在返改航设备清单内,则待飞机执行完航班返回本场后修理。

③ 航后发现

若 $\eta > (P_{航前} + P_{空中})$,则表示故障在航后中发现。

13.4.2.2　飞机可靠性模型

可靠性建模的目的是建立民机系统的可靠性模型,判定飞机运营过程中设备故障对飞机签派和运营的影响。可采用本书中介绍的任一种模型进行建模,通常情况下,可靠性框图模型或者故障树模型均能满足描述要求,为简化起见,也可以直接采用最低设备清单和返改航清单来描述设备故障对于飞机签派的影响。

13.4.2.3　维修模型

维修建模的目的是用于描述民机定检、例检、大修等维修作业情况,对维修工作进行描述。民机运营过程中的主要维修活动如图 13-32 所示。

按照维修目的,描述的维修活动可包括设备修理、飞机定检、例检和大修。设备修理是为了修复已发生的故障而进行的维修活动,设备修理占用维修资源并消耗备件;定检是定期检修,可以理

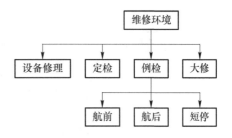

图 13-32　维修活动内容示意

解成小修,大修是为了预防故障的出现而进行的维修活动,一般间隔较长时间进行,定检和大修占用维修资源,但不一定消耗备件;例检是飞机每一个航段起落前后进行的例行检查,包括航前、航后和短停。

以成品修理和飞机定检为例,介绍模型具体内容。

1. 成品修理数学模型

成品的修理方式分为原位修理、离位修理、备件更换和串件更换四种。

设四种修理停场时间服从对数正态分布,其分布密度函数为

$$f(t) = 1/(\sigma \cdot t \sqrt{2\pi}) \exp\{(-1/2)[(\ln t - \mu)^2/\sigma]\}, \quad t \geqslant 0 \tag{13-6}$$

则停场时间为

$$t = \exp[\hat{\mu} + \hat{\sigma} \sqrt{-2\ln \eta_1} \cdot \cos(2\pi \cdot \eta_2)] \tag{13-7}$$

2. 飞机定检模型

飞机定检模型支持描述飞机定检间隔时间及定检停场天数,示意如图 13-33 所示。

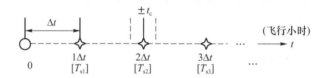

图 13-33   飞机定检模型

其中,Δt ——每次定检间隔(飞行小时);

t_c ——定检缓冲时间(h),正负以间隔点为零点划分;

T_{Si} ——每次定检时停场天数。

若 t 表示飞机飞行小时的整数值,在 t 前后飞机应进行定检,则认为 t 到达定检的缓冲时间内即开始定检(即上一次定检后飞机累计飞行时间 $t \geqslant \Delta t - t_c$),停场修理检查,满足停场时间要求 T_S 后继续运营。

13.4.2.4   航班管理调度模型

航班管理调度模型以飞机航班排班调度方案为建模对象,以适当形式描述航行计划、飞行控制、调度原则等信息,对航班管理工作进行描述。应支持的民机运营过程中主要航班管理相关活动如图 13-34 所示。

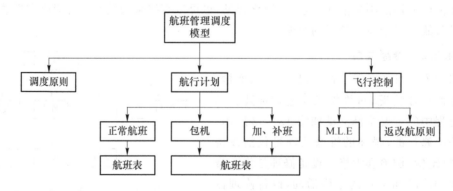

图 13-34   主要航班管理相关活动示意

以调度原则为例进行介绍,建立调度模型如下。

(1) 确定一天航班执行前可使用的飞机架数

可用飞机架数等于在册总架数减去正在定检的飞机数、故障停场和缺件停场(考虑备件供应的情况下)的飞机数、停在外场及正在大修的飞机架数。

(2) 确定当天需要的最少飞机架数

需用飞机架数等于计划航班、包机和补班的飞机总数。

计划航班中考虑一架飞机连续执行两条航线即所谓组合航班的情况。

(3) 飞机够用情况

可用飞机架数大于等于需用飞机架数时,飞机累计飞行小时数大者优先派出。

(4) 飞机不够用情况

可用飞机架数小于需用飞机架数时:

① 飞机累计飞行小时数大者优先派出;

② 航班执行优先次序:包机—计划航班—补班;

③ 航路短者优先执行;

④ 好者优先执行。

13.4.3　系统仿真逻辑

民机大系统仿真采用基于蒙特卡罗思想的离散事件仿真,模拟民机飞行过程中发生的故障、检查、维修、返航、经停等一系列事件。飞机系统、成品故障可能发生在飞行外的任何环节,如图 13 - 35 所示。

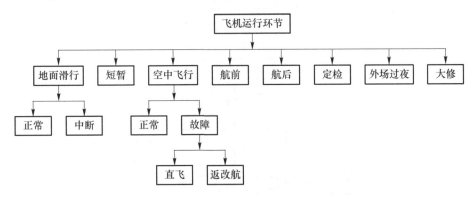

图 13 - 35　飞机运行状态组成

仿真运行过程以实施飞机任务可靠性仿真为内核,通过航班表驱动一天的飞行任务,仿真流程如图 13 - 36 所示,具体步骤如下:

① 获取输入信息,包括整机、系统和成品的结构及其组成单元、各单元 MTBCF、MTTR 参数值或分布,仿真次数及每次仿真时间;

② 初始化系统,产生随机数,抽样各设备失效时间进行故障时间排序;

③ 按时间序列判定成品及系统状态;

④ 按照系统运行逻辑,产生新的事件并抽样其时间;

⑤ 计算统计量。

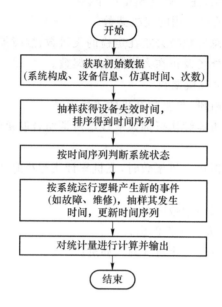

图 13 - 36 基于蒙特卡罗的民机大系统仿真分析流程

其中,机群(指多个机场在册飞机的集合)的飞行仿真流程如图 13 - 37 所示;一架飞机沿给定航线飞行的流程如图 13 - 38 所示[66]。

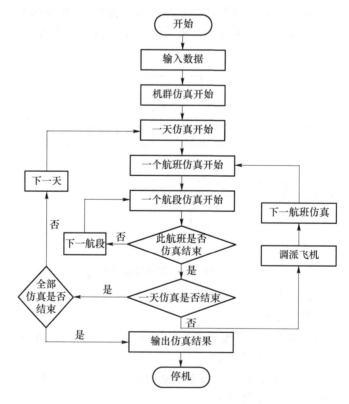

图 13 - 37 机群飞行仿真流程

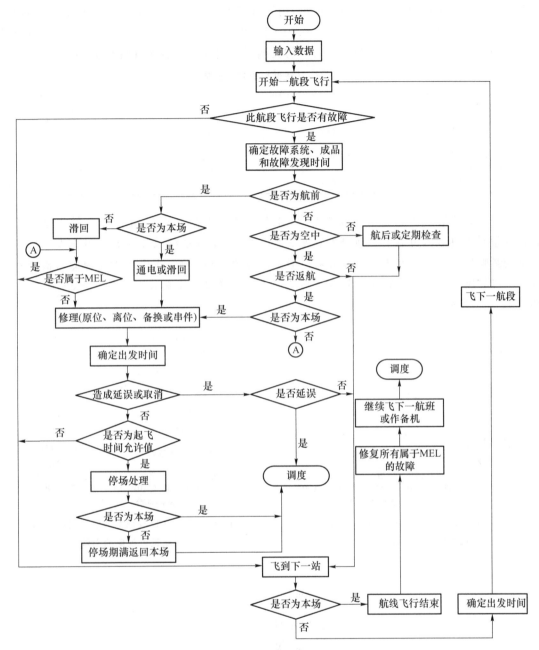

MEL—最小设备清单；本场—航班始发站；外场—航班经停站

图 13 - 38　一架飞机沿给定航线飞行的流程

13.4.4　系统仿真结果

　　针对前述的仿真模型及仿真逻辑,开发相应的软件工具,实现对民用飞机大系统的可靠性仿真。以某航空公司某型飞机为典型案例,建立该机型的组成结构模型、可靠性模型及在北京首都国际机场的维修及航班管理调度模型,仿真该航空公司某型飞机在北京首都国际机场半年的运营状况,得到机群签派可靠度为 0.989 15,航班可靠度为 0.984 51,飞机日利用率达 3.612,与实际统计值误差不超过 5%[66]。仿真结果与实际统计值的对照见表 13-5。

表 13-5 仿真结果与实际统计值的对照

项目	仿真结果	实际统计值	相对误差
签派可靠度	0.989 15	0.985 8	0.34%
航班可靠度	0.984 51	0.982 5	0.2%
飞机日利用率	3.612	3.5	3.2%

进一步分析影响仿真输出的敏感因素,分析飞机组成设备的 MTBF、维修性水平等不同影响因素对机群签派可靠度和航班可靠度的影响程度,不同系统故障对签派可靠度和航班可靠度的影响情况。燃油泵失效率降低对机群签派可靠度的影响、飞机故障率降低对机群签派及航班可靠度的影响、成品 MTTR 变化对机群签派可靠度的影响分别如图 13-39、图 13-40 和图 13-41 所示。

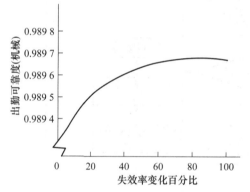

图 13-39 燃油泵失效率降低对
机群签派可靠度的影响

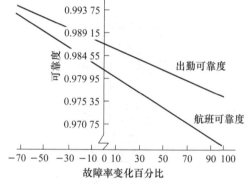

图 13-40 飞机故障率降低对机群签派
及航班可靠度的影响

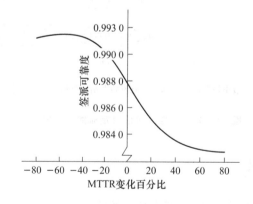

图 13-41 成品 MTTR 变化对机群签派可靠度的影响

13.5　装备 RMS 定量指标论证仿真

13.5.1　基本概念

13.5.1.1　装备 RMS 要求论证

可靠性、维修性、保障性、测试性、安全性等通用质量特性(简称 RMS)是影响装备效能、作战适用性、作战能力、生存性及寿命周期费用的重要因素,装备 RMS 水平的高低直接决定了装备战斗力水平发挥的高低,对战场结果有着重要影响。装备作战效果的好坏直接体现于装备系统效能的高低,因此在装备研制过程中不仅要重视装备个体性能(包括 RMS)水平的高低,更要重视装备系统的整体效能。

装备论证的任务是在处理装备的发展、建设和管理等问题中,针对需要达到的目标提出并选择一种最切实际且效果最佳的方案,并证明其必要性、可行性和优越性。论证是现代装备研制工作的龙头,是决定新研装备能否在当前及未来一段时间内满足需要的关键。装备的 RMS 要求作为重要的战术技术指标,是新研装备的任务需求和使用要求的重要组成部分,是承制方确定装备技术方案、进行研制、生产和试验的依据,也是订购方进行监控、考核及验收的依据。

装备 RMS 要求论证工作是为新研装备确定 RMS 要求(包括定量要求、定性要求、工作项目要求)而开展的一系列的论证活动。它是对未来装备的实际使用与保障情况进行科学分析,对其战备完好与任务成功能力进行合理预测,正确估计 RMS 要求对装备总体效能的影响,并在装备 RMS 需求和实际研制能力之间进行权衡,提出科学合理的装备 RMS 要求,实现尽可能减少装备寿命周期费用、降低对维修和综合保障要求的目标。

13.5.1.2　装备 RMS 定量要求论证

装备 RMS 定量要求论证是装备 RMS 要求论证工作中最重要的组成部分,是合理确定装备 RMS 定量指标的过程。装备 RMS 定量要求论证的一般过程如图 13-42 所示。

首先,明确装备的任务需求、作战使用方案、寿命剖面、典型任务剖面、预想的初始保障方案等论证依据和信息,收集国内外相似装备及其相关 RMS 信息,并根据装备任务需求、初步技术方案、使用方案、初始保障方案等确定装备的 RMS 参数集。其次,根据已定义的装备战备完好和任务成功准则及典型任务剖面,参考相似装备,论证给出新研装备的战备完好性和任务成功性等综合性使用指标的定量要求。接着,进行参数分解,将顶层综合指标分解为可靠性、维修性、保障性等单特性指标,并实现参数转换,将使用参数转换为设计参数。在此基础上,开展 RMS 指标间的权衡,以系统效能为约束目标进行权衡分析,论证给出协调、优化、满足要求的装备 RMS 目标值。然后,进一步对 RMS 指标进行技术可行性和经济可行性分析,在考虑了风险控制、技术成熟度等情况后,将装备的使用参数的指标转换为合同参数的指标,以便研制单位进行设计、分析、试验与管理,并进一步根据 RMS 目标值/规定值确定门限值/最低可接受值,便于后续验证考核。最后,在对 RMS 定量指标进行可验证性分析后,形成装备 RMS 定量要求,评审后纳入相关文件。

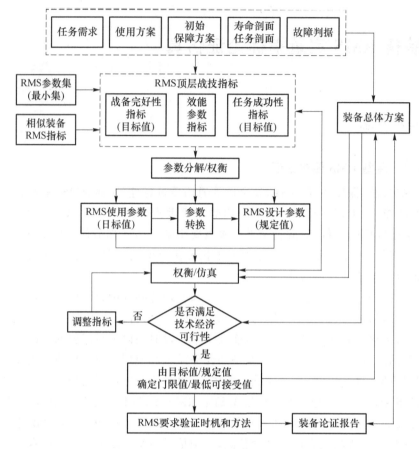

图 13 - 42　装备 RMS 定量要求论证的一般过程

13.5.2　装备 RMS 定量指标论证仿真方法

13.5.2.1　仿真流程

　　装备 RMS 要求论证过程是一个需要反复迭代、不断权衡与优化的过程,论证过程中的每个主要环节,都需要依据装备的实际使用情况进行权衡,以分析所提出的 RMS 指标是否能够满足作战要求对装备任务持续能力(即战备完好性与任务成功性)有何影响。因此,仿真技术被逐步应用到 RMS 论证工作中,建立能够真实反映装备作战运用与维修过程和保障资源供应情况的 RMS 仿真模型及分析环境,将成为装备系统实现 RMS 要求科学论证的主要手段。

　　装备 RMS 要求仿真论证的一般流程如图 13 - 43 所示。装备 RMS 要求仿真论证模型的输入一般包括装备系统作战和使用方案、初始维修保障方案和装备 RMS 参数值方案。仿真输出应包括战备完好性、任务成功性参数值和费用。RMS 定量要求论证仿真的目的,是在一定的作战和使用方案下,模拟装备系统在规定的保障组织、维修资源和任务剖面下的使用和维修保障过程,分析影响装备战备完好性和任务成功性的主要因素,考察初始维修保障方案和装备 RMS 参数指标的优劣,为作战仿真系统提供考虑 RMS 影响的装备状态信息,并通过方案的优化对比,最终得到合理的 RMS 参数指标和初始保障方案。

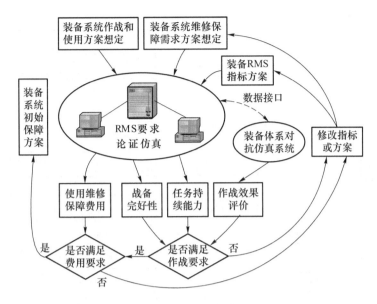

图 13 - 43　装备 RMS 要求仿真论证的一般流程

13.5.2.2　仿真模型

装备 RMS 要求论证仿真模型,是建立在装备典型作战任务与使用保障过程描述的基础上,对装备实际使用过程的行为抽象。为了全面合理地描述装备的实际使用过程,RMS 要求论证仿真模型以一个基本作战单元为建模对象,描述一个基本作战单元在一定时间范围内所经历的所有使用、维修和保障过程,包括了装备本身及其保障系统(即装备系统)。

在充分考虑多种装备系统的作战使用要求和保障需求的基础上,建立 RMS 要求论证阶段装备的通用仿真模型结构如图 13 - 44 所示,主要包括六个部分:功能模型、任务模型、维修模型、保障模型、关系模型和评价模型。功能模型是描述装备及其组成单元特性的模型,包括装备的结构特性、可靠性特性等;任务模型是描述任务实施过程、任务时序和逻辑关系的模型;维修模型是描述维修对象、维修过程(维修时间、维修级别、备件供应)、维修地点及它们之间相互关系的模型;保障模型是描述装备保障系统属性的模型,可分为保障组织、保障资源模型等。关系模型是对上述四个模型之间交互关系的描述,评价模型是建立各类仿真参数的统计模型。

13.5.2.3　仿真逻辑和算法

装备 RMS 定量指标论证仿真是模拟装备战场执行作战任务的过程及故障、维修、保障等一系列环节,属于行为级仿真,具有非常复杂的仿真过程,本节重点介绍两个具有代表性的仿真逻辑,一个是基于事件驱动的仿真流程控制,重点体现离散事件仿真的思想;一个是装备任务过程仿真逻辑,是驱动整个仿真运行的内核。

1. 基于事件驱动的仿真流程控制算法

仿真流程主要由仿真输入、事件队列处理和仿真输出三部分组成。由仿真输入模块提供仿真需要的各项数据,在队列处理模块中进行仿真,并由输出模块计算并统计各项输出数据。其中队列处理模块是仿真的核心模块,由此模块引发仿真系统各种功能的执行。

事件队列中的事件包含了仿真初始化时生成的任务和预防性维修计划及仿真运行过程中产生的各种不同类型的事件。在每次处理完事件队列中的一个事件后,事件队列模块判断事

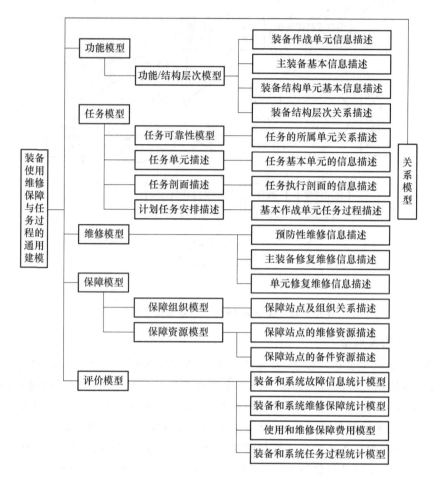

图 13-44 装备 RMS 要求论证仿真模型的总体结构

件队列中是否又收到新的事件。如果收到新事件则按照队列中事件的时间先后顺序,对所有事件重新排序,然后将仿真时钟推进到事件队列中第一个事件的时间并处理该事件,即根据该事件类型转入到相应的处理模块。判断队列处理模块中即将处理的当前事件类型,并为其定位到此事件类型的处理模块中。基于事件驱动的仿真流程如图 13-45 所示。

2. 装备任务过程仿真逻辑算法

装备基本任务的处理流程考虑了任务执行中的使用保障及故障维修问题,如使用保障不能完成则进入有限时间的任务保障等待。当任务期间发生故障时,要依据装备阶段任务可靠性框图判断是否影响任务执行,如影响则依据装备实际情况,进行两种处理:中断执行任务或进行抢修后继续执行阶段任务。对不影响任务执行的严重故障在任务完成后进行维修,在任务完成后,判断是否满足预防性维修条件,满足则要进行预防性维修。装备任务过程的仿真逻辑如图 13-46 所示。

13.5.3 装备 RMS 定量指标论证仿真案例

以某侦察飞机为例,阐述其 RMS 定量指标论证的过程,针对其实际作战任务需求,给出

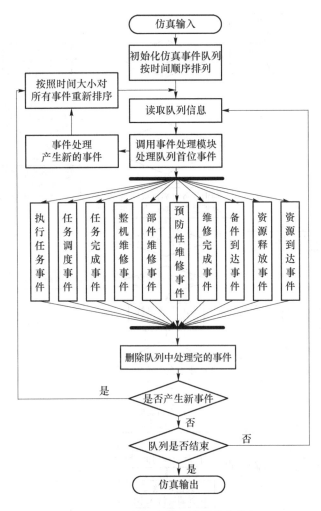

图 13 - 45　基于事件驱动的仿真流程

评价其作战效果的具体指标,建立该类飞机执行作战任务的仿真模型框架,制定仿真流程和具体实现算法[68]。

13.5.3.1　基于作战仿真的侦察飞机 RMS 要求论证过程

基于作战仿真的装备 RMS 指标论证分析,就是根据一定的装备 RMS 指标和作战效能指标,利用攻防对抗仿真方法来获取装备的作战效能指标值,并依据不同作战效能指标值来综合评价相对应的不同装备 RMS 指标方法的优劣。主要过程如下。

(1) 作战环境和具体作战任务的描述

任何装备都是在一定的作战使用条件下工作的,制定作战想定就是提供这样一个特定的作战使用条件,对作战飞机而言,其攻防对抗的过程描述主要有以下内容:

① 作战背景:作战任务(如飞机的作战使命、作战时间和攻击目标等)、作战抵御、作战环境地理和气象条件等;

② 机载系统:类型、技术性能、数量等;

③ 飞机和作战系统的使用原则;

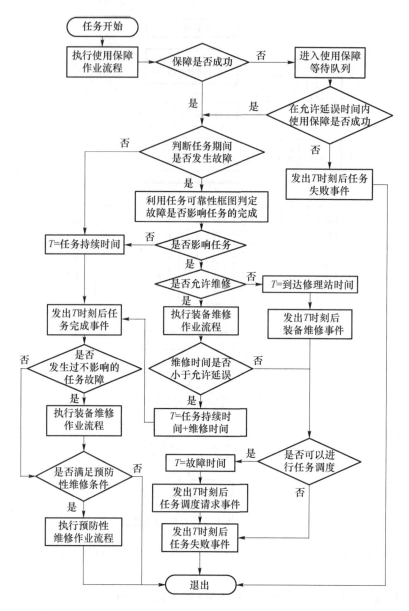

图 13 - 46 装备任务过程的仿真逻辑

④ 目标描述：目标类型、特性、数量、防御情况、目标的应战方法和战术原则等。

在上述内容中，涉及 RMS 指标评价的有关内容需要详细描述，如飞机的典型任务剖面、作战任务的精确定义、任务周期中的所有时间因素的定量值等。

（2）构建评价指标

无论利用作战仿真来进行论证和分析的目标是什么，评价装备的作战效果实质上就是评价一个复杂战争系统中的装备效能。根据作战飞机的运用方式，其相关的战争系统层次可分为五层：

① 战役层，确定作战的环境、任务和规模；

② 作战层，确定敌我双方作战系统的对抗原则和装备体系的战术原则；

③ 单机层,双方飞机在一定原则下的对抗;

④ 系统层,确定飞机和机载系统之间的关系和布置规划;

⑤ 作战技术层,确定作战系统本身的技术性能和战术性能。

这五个层次确定了作战飞机武器系统作战分析的基本框架。

飞机作战效果评价和分析的目的就是选取对飞机作战效果分析、比较和评价的一个或一系列参数和相应指标,通过分析或假设的方法定义这些参数之间的关系,在一定可信和可用的程度上来评估飞机或机载系统性能和 RMS 指标的优劣。因此提出飞机作战效果评价的参数和相应指标的科学性,直接体现了飞机的作战想定及作战要求的真实性。作战效果评价指标的选取最好遵循以下三条原则:

① 能够表达完成军事任务的程度;

② 物理意义明显,能够利用数学模型或仿真模型求解;

③ 对装备的性能参数和 RMS 参数有足够的灵敏程度。

(3) 建立仿真方案和仿真模型

装备作战想定的详细描述确定后,就可根据现有的计算机技术水平和相应设备,建立实现该描述的具体仿真方案和软件,建立相应的系统仿真模型,其中需要着重确定的是装备系统的故障情况描述、维修策略描述、装备保障状态描述、装备 RMS 参数与作战仿真模型间的关系描述等内容。

(4) 仿真试验和评价

仿真软件开发和模型验证完成后,可针对装备 RMS 指标进行仿真试验,评价和考核不同 RMS 指标方案对装备作战的实际影响,确定方案的优劣。一般可利用相似产品类比法或专家评分法,初步确定仿真模型中可靠性、维修性、保障性相关参数的初始值,作为仿真计算的输入和指标论证的起始点。

13.5.3.2　侦察飞机作战想定和评价指标

侦察飞机是用于进行侦察、搜索、监视空中和海上目标的作战支援飞机,一般包括雷达探测、敌我识别、电子侦察、导航与通信等系统。其任务过程可以分为四个阶段:地面准备、起飞到达任务空域、巡逻阶段、飞机返航。其基本作战想定如下:

① 任务要求:在规定的作战日历时限内,在指定的作战空域内,能够保证连续不间断地执行任务;

② 出动原则:所有飞机轮流执行作战任务,出动次序与飞机故障状况、维修状况及地面保障能力有关。飞机调度时要顺序使用,如果地面没有可用飞机时,可将进行航后预先机务准备的飞机立即转入航前直接机务准备;

③ 交接班:理想状态,即正在执行任务飞机准备返航时,接班飞机正好到达任务空域;

④ 故障规定:在执行任务过程中可能会发生故障,对任务造成延误,且在执行任务期间不能进行故障修复,当飞机在空中发生致命性故障(即不能继续执行任务)后,需立即返航并能安全回到基地;

⑤ 维修规定:飞机所有故障的维修均为外场修理,要考虑单机的维修保障活动可能会对其下一架次任务的执行产生影响,并考虑定检情况;

⑥ 保障想定:考虑飞机的基本地面保障活动(包括机务准备、飞机备件、指挥调度、后勤管理等)对执行任务的影响;

⑦ 执行作战任务时不计天气因素的影响。

根据战争系统层次的划分,侦察飞机作战分析主要集中在作战层。当战役层地面指挥中心向作战部队下达作战任务后,飞机将轮流起飞执行作战任务,以保证能够在规定的作战日历时限内连续不间断地执行任务。由于受飞机任务可靠性、基本可靠性、维修性水平的制约,在执行任务期间,出现任务间断现象是不可避免的,作战要求要最大限度地避免任务间断现象的出现和尽量压缩任务间断的时间,将其控制在可接受的范围内。根据对上述作战任务要求的分析,研究选用平均任务空洞时间(指飞机在连续地执行任务时,由于产品故障或维修时间长而出现的任务中断或飞机先后执行任务之间间隔的时间长度的平均值)作为衡量侦察飞机作战效果的评价指标。

13.5.3.3 侦察飞机仿真模型和算法

实现侦察飞机作战仿真的核心是建立其作战仿真模型,而建立正确的作战仿真模型的关键是对飞机任务需求、作战任务剖面、作战任务成功准则、使用保障方案、作战指挥调度原则等内容进行详细描述。并且在使用保障方案中综合考虑航前直接机务准备(包括加油、机械检查、电子系统检测等)、航后预先机务准备(包括航后检查、修理空中或地面故障等)、飞机在地面延误和空中故障导致返航的情况等因素。

作战仿真模型的整体结构如图 13-47 所示。

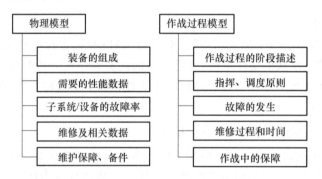

图 13-47 飞机作战仿真模型的整体结构

作战仿真模型中的输入数据包括了飞机的一些性能参数、各分系统的可靠性、维修性合同参数、地面使用保障参数等数据,主要包括:

① 起降机场距离战区的位置参数;

② 飞机的飞行参数,如爬升速度、下降速度、巡航速度、巡航高度等;

③ 与任务相关时间参数,如总任务时间、起飞和着陆时间、飞行时间、值勤任务时间等;

④ 飞行保障时间,如航前、航后的机务准备时间、电子系统检测时间等;

⑤ 飞机各系统的可靠性、维修性参数,见表 13-6。

表 13-6 可靠性、维修性参数的输入表

系统/设备	平均故障间隔时间 MTBF	任务成功概率 MCSP	平均修复时间 MTTR	平均保障延误时间 MLDT
液冷系统				
供电系统				
...				

在对作战需求、作战过程、任务持续时间和任务成功准则、故障时间处理和维修、地面使用保障方案、飞机作战指挥调度原则等内容进行描述后,按照大系统仿真的处理方法,进行仿真逻辑设计。飞机的 RMS 指标论证仿真的总逻辑如图 13-48 所示,图中单机任务及其地面保障部分是仿真算法的核心,其流程如图 13-49 所示。

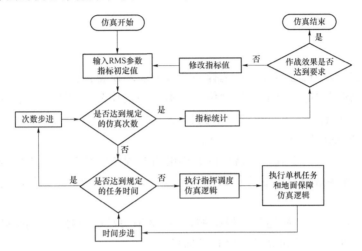

图 13-48　侦察飞机 RMS 论证仿真总逻辑

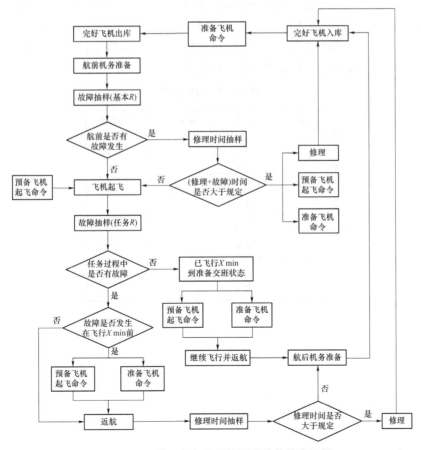

图 13-49　单机任务及其地面保障的仿真逻辑

在对飞机实际执行作战任务状况进行了仿真后,能够统计分析由于飞机自身可靠性、维修性水平制约所导致的任务空洞出现的数量和概率,对未来该飞机的作战能力进行评价。

习　　题

1. 故障物理模型的概念是什么？选择一个故障物理模型,进行具体解释。

2. 基于故障物理的电子产品可靠性仿真基本原理是什么？主要步骤包括哪些内容？

3. 基于 EDA 的电路故障分析的一般流程是什么？如何实现？关键点有哪几个？

4. 简要分析实现电路故障建模的方法。

5. 自行建立一个不少于五个元器件的简单电路原理图仿真模型,并针对其中两个元器件建立其开路、短路和参数漂移的故障仿真模型,在此基础上,实现电路的故障仿真,给出仿真结果并进行分析。

6. 根据本章 13.4.2 节所述故障模拟的内容,试编写故障模拟子程序,实现对飞机整机、系统及成品的故障时间抽样和故障发生时机抽样。

7. 假定南方航空公司在北京首都国际机场某架波音 737 飞机在 10 月 8 日这天的航班安排见表 13-7,考虑的飞机组成、故障发现时机、最低设备清单(MEL)、设备修理时间信息见表 13-8,故障抽样可采用自上向下的方法,飞机故障率为 0.0146。试采用蒙特卡罗方法仿真该架飞机一天的飞行过程,包括空中飞行、航前航后检查环节,模拟飞行过程中附件故障及成品修理的过程,绘制仿真逻辑图,并编程实现仿真过程。

表 13-7　航班安排

时间	航站	航班号	空中距离
07:15 09:50	北京 福州	1505	1 686 km
10:25 12:55	福州 北京	1506	1 652 km
17:00 18:40	北京 南京	1503	976 km
19:15 20:55	南京 北京	1504	942 km

表 13 - 8　飞机组成、故障发现时机、最低设备清单(MEL)、设备维修时间分布等信息

组成名称		单元数量	单元类型	故障数	故障发现时机(百分比)			最低设备清单	维修时间分布		
					航前	飞行	航后	能否放飞	分布类型	参数1	参数2
B737		1	飞机						对数正态分布		
	21-空调	1	系统	4					对数正态分布		
	空调温度传感器	1	附件	2		100			对数正态分布	3.9120	0.3562
	过热电门	1	附件	1		100			对数正态分布	4.2485	0.2457
	涡轮冷却器	1	附件	1		100			对数正态分布	4.4998	0.2591
	22-自动飞行	1	系统	18					对数正态分布		
	飞行方式控制面板	1	附件	10		100			对数正态分布	4.0943	0.2457
	偏航阻尼耦合器	1	附件	3		50	50	y	对数正态分布	3.9703	0.3209
	自动油门计算机	1	附件	1		100		y	对数正态分布	3.9703	0.3209
	自动驾驶控制盒	1	附件	4		100			对数正态分布	3.9703	0.3209
	24-电源	1	系统	3					对数正态分布		
	变压整流器	3	附件	1		100			对数正态分布	3.9120	0.2457
	发电机控制板	1	附件	1		100			对数正态分布	3.5553	0.3267
	继电器	2	附件	1		100			对数正态分布	4.4998	0.1744
	27-飞行操纵	1	系统	22					对数正态分布		
	方向舵配平指示器	1	附件	3		100		y	对数正态分布	4.0073	0.2985
	减速板控制组件盒	1	附件	3		100			对数正态分布	4.0073	0.2985
	襟翼空速电门	1	附件	2		100			对数正态分布	4.0073	0.2985
	失速警告组件	1	附件	12	8.33	88.33	8.33		对数正态分布	3.8067	0.1744
	方向舵动力控制组件	1	附件	1	5	95			对数正态分布	4.0073	0.2985
	自动缝翼计算机	2	附件	1	5	95		y	对数正态分布	4.0073	0.2985
	28-燃油	1	系统	9					对数正态分布		
	燃油增压泵	6	附件	3	33.33	66.67			对数正态分布	4.4998	0.4201
	燃油油量表	3	附件	3	33.33	66.67			对数正态分布	3.5553	0.4619
	油量表传感器	3	附件	2		100			对数正态分布	4.7875	0.0934
	燃油控制组件	1	附件	1		100			对数正态分布	6.4922	0.4728
	32-起落架	1	系统	12					对数正态分布		
	刹车毂	4	附件	11	10		90		对数正态分布	4.4998	0.8402
	防滞刹车传感器	1	附件	1		100		y	对数正态分布	4.2485	0.4619
	34-导航	1	系统	38					对数正态分布		
	无线电高度表收发机	2	附件	11		100		y	对数正态分布	3.9120	0.3562
	无线电高度表指示器	2	附件	5		100			对数正态分布	3.6889	0.4915
	飞行管理计算机	1	附件	4		100			对数正态分布	3.9120	0.3562
	飞行管理计算机控制显示组件	2	附件	2	5	95			对数正态分布	3.9120	0.3562
	测距机	2	附件	3		100			对数正态分布	3.9120	0.3562
	姿态指引仪	2	附件	3		100			对数正态分布	3.9120	0.3562
	备用地平仪	1	附件	1		100		y	对数正态分布	3.9120	0.3562
	导航接收机	2	附件	3		100			对数正态分布	3.9120	0.3562
	应答机控制盒	1	附件	5		100			对数正态分布	3.9120	0.3562
	升降速度表	2	附件	1		100			对数正态分布	3.9120	0.3562
	49-APU	1	系统	9					对数正态分布		
	APU起动机	1	附件	7	100			y	对数正态分布	3.8067	0.4201
	APU控制组件	1	附件	2	50	20			对数正态分布	4.0943	0.8402
	73-燃油与控制	1	系统	5					对数正态分布		
	燃油控制组件	2	附件	2	50	50			对数正态分布	6.4922	0.4728
	燃油流量指示器	2	附件	3		100		y	对数正态分布	3.9120	0.1105

8．假设你作为一款未来新型飞机研制的可靠性总师,简述其可靠性维修性定量指标论证的思路及过程,并给出总的仿真逻辑。

参 考 文 献

[1]   杨为民,盛一兴. 系统可靠性数字仿真[M]. 北京:北京航空航天大学出版社,1990.

[2]   金星,洪延姬. 蒙特卡罗方法在系统可靠性中应用[M]. 北京:国防工业出版社,2013.

[3]   曹晋华,程侃. 可靠性数学引论[M]. 北京:高等教育出版社,2012.

[4]   曾声奎. 可靠性设计与分析[M]. 北京:国防工业出版社,2011.

[5]   康崇禄. 蒙特卡罗方法理论和应用[M]. 北京:科学出版社,2015.

[6]   裴鹿成,王仲奇. 蒙特卡罗方法及其应用[M]. 北京:海洋出版社,1998.

[7]   齐欢,王小平. 系统建模与仿真[M]. 北京:清华大学出版社,2004.

[8]   肖田元,张燕元,陈加栋. 系统仿真导论[M]. 北京:清华大学出版社,2000.

[9]   于永利,朱小东,张柳. 离散事件系统模拟[M]. 北京:北京航空航天大学出版社,2003.

[10]   金星,洪延姬,汪连栋. 系统可靠性评定方法[M]. 北京:国防工业出版社,2005.

[11]   王国玉,肖顺平. 电子系统建模仿真与评估[M]. 长沙:国防科技大学出版社,1999.

[12]   江海峰. 蒙特卡罗模拟与概率统计[M]. 合肥:中国科学技术大学出版社,2014.

[13]   杜比. 蒙特卡洛方法在系统工程中的应用[M]. 为军胡,译. 西安:西安交通大学出版
       社,2007.

[14]   肖刚,李天柁. 系统可靠性分析中的蒙特卡罗方法[M]. 北京:科学出版社,2003.

[15]   方再根. 计算机模拟和蒙特卡洛方法[M]. 北京:北京工业学院出版社,1988.

[16]   朱本仁. 蒙特卡罗方法引论[M]. 济南:山东大学出版社,1987.

[17]   徐钟济. 蒙特卡罗方法[M]. 上海:上海科学技术出版社,1985.

[18]   董加强. 仿真系统与应用实例[M]. 成都:四川大学出版社,2013.

[19]   刘瑞叶,任洪林,李志民. 计算机仿真技术基础[M]. 北京:电子工业出版社,2011.

[20]   彭晓源. 系统仿真技术[M]. 北京:北京航空航天大学出版社,2006.

[21]   李兴玮,邱晓刚. 计算机仿真技术基础[M]. 长沙:国防科技大学出版社,2006.

[22]   劳凯尔顿. 仿真建模与分析[M]. 北京:清华大学出版社,2000.

[23]   顾启泰. 离散事件系统建模与仿真[M]. 北京:清华大学出版社 1999.

[24]   冯允成,邹志红,周泓. 离散系统仿真[M]. 北京:机械工业出版社,1998.

[25]   王维平. 离散事件系统建模与仿真[M]. 长沙:国防科技大学出版社,1997.

[26]   刘藻珍,魏华梁. 系统仿真[M]. 北京:北京理工大学出版社,1998.

[27]   郭绍禧. 计算机模拟[M]. 北京:中国矿业大学出版社,1989.

[28]   BANKS,CARSOV. 离散事件系统模拟[M]. 侯炳辉,张金永,译. 北京:清华大学出版

社,1988.

[29] 杨金标. 系统仿真[M]. 北京:冶金工业出版社,1982.

[30] 黄宁. 网络可靠性及评估技术[M]. 北京:国防工业出版社,2020.

[31] 金光. 复杂系统可靠性建模与分析[M]. 北京:国防工业出版社,2015.

[32] 金星,洪延姬. 工程系统可靠性数值分析方法[M]. 北京:国防工业出版社,2002.

[33] 程林,何剑. 电力系统可靠性原理与应用[M]. 北京:清华大学出版社,2015.

[34] 赵宇,杨军,马小兵. 可靠性数据分析[M]. 北京:国防工业出版社,2011.

[35] 周源泉. 质量可靠性增长与评定方法[M]. 北京:北京航空航天大学出版社,1997.

[36] 航空技术装备寿命和可靠性工作暂行规定[N],航空技术装备寿命和可靠性文件汇编,全国航空装备可靠性标准化分技术委员会. 1985:6 - 34.

[37] TRIVED K S,BOBBIO A. Reliability and Availability Engineering——Modeling,Analysis,and Applications[M]. Cambridge:Cambridge University Press,2017.

[38] FAULIN,JUAN,MARTORELL. 复杂系统可靠性与可用性仿真[M]. 曹军海,申莹,杜海东,译. 北京:电子工业出版社,2016.

[39] ENRICO. 可靠性与风险分析蒙特卡罗方法[M]. 翟庆庆,赵宇,译. 北京:国防工业出版社,2014.

[40] ENRICO. 可靠性与风险分析算法[M]. 李梓,译. 北京:国防工业出版社,2014.

[41] 董陇军. 安全人机工程学[M]. 北京:机械工业出版社,2022.

[42] 张力. 数字化核电厂人因可靠性[M]. 北京:国防工业出版社,2019.

[43] 金星,洪延姬. 系统可靠性与可用性分析方法[M]. 北京:国防工业出版社,2007.

[44] CHAN RH,NG MK. Conjugate Gradient Method for Toeplitz Systems[J],SIAM Reviews,1996(38):427 - 482.

[45] LIM JS. Two - Dimensional Signal and Image Processing[M]. New Jersey:Prentice Hall,1990.

[46] RAFTERY A. A Model for High - order Markov Chains[J],Jouranl of Royal Statistical Society——Series B,1985(47):528 - 539.

[47] PRISETLEY M. Spectral Anslysis and Time Series[M],New York:Academic Press,1981.

[48] TRENCH WF. An Algorithm for the Inversion of Finite Toeplitz Matrices[J]. SIAM Journal of Applied Mathematics,1964(12):515 - 522.

[49] 张福渊,郭绍建,萧亮壮等. 概率统计及随机过程[M]. 北京:北京航空航天大学出版社,2012.

[50] 程纬琪,黄晓敏,吴国宝,等. 马尔可夫链——模型、算法与应用[M]. 陈曦,译. 北京:清华大学出版社,2015.

[51] 刘东,张红林,王波,等. 动态故障树分析方法[M]. 北京:国防工业出版社,2013.

[52] 邢留冬,汪超男,LEVITIN,等. 动态系统可靠性理论[M]. 北京:国防工业出版社,2019.

[53] 邢留冬,AMARI. 二元决策图及其扩展形式在系统可靠性分析中的应用. 李宝柱,刘广,译. 北京:国防工业出版社,2017.

[54]　何正友. 复杂系统可靠性分析在轨道交通供电系统中的应用[M]. 北京:科学出版社,2015.

[55]　原菊梅. 复杂系统可靠性 PETRI 网建模及其智能分析方法[M]. 北京:国防工业出版社,2011.

[56]　孙宇锋. 功能可靠性仿真技术研究[D]. 北京:北京航空航天大学,2000.

[57]　蒋昌俊. PETRI 网的行为理论及其应用[M]. 北京:高等教育出版社,2003.

[58]　林闯. 计算机网络和计算机系统的性能评价[M]. 北京:清华大学出版社,2001.

[59]　PETERSON. PETRI 网理论与系统模拟[M]. 吴哲辉,译. 徐州:中国矿业大学出版社,1989.

[60]　陈颖. 故障物理学[M]. 北京:北京航空航天大学出版社,2020.

[61]　赵广燕. 装备可靠性仿真内涵及方法体系研究[R]. 科技报告,2019.

[62]　赵广燕. 典型电路功能可靠性仿真研究和软件实现[D]. 北京:北京航空航天大学,2003.

[63]　吴跃. 基于 EDA 的电路故障仿真研究[D]. 北京:北京航空航天大学硕士论文,2004.3.

[64]　王自力. 可靠性维修性保障性要求论证[M]. 北京:国防工业出版社,2011.

[65]　刘明哲. 基于仿真的典型装备效能与经济性综合分析平台设计[D]. 北京:北京航空航天大学,2012.

[66]　《民机整机系统可靠性和维修性》课题办公室. 民机整机系统可靠性和维修性课题研究资料汇编[G]. 1990.

[67]　卢明银,徐人平. 系统可靠性[M]. 北京:机械工业出版社,2008.

[68]　孙宇锋. 基于仿真的飞机可靠性维修性保障性指标论证方法[J]. 中国航空学会可靠性专业委员会第 10 届学术年会论文集,2005.